数字景观
——中国第六届数字景观学术论坛

成玉宁　杨　锐　主编

东南大学出版社
·南京·

图书在版编目(CIP)数据

数字景观：中国第六届数字景观学术论坛／成玉宁，杨锐主编．— 南京：东南大学出版社，2023.10
　ISBN 978-7-5766-0866-3

Ⅰ．①数… Ⅱ．①成… ②杨… Ⅲ．①数字技术－应用－景观设计－国际学术会议－文集 Ⅳ．①TU986.2-39

中国国家版本馆CIP数据核字(2023)第166633号

责任编辑:朱震霞　　责任校对:张万莹　　封面设计:唐　军　　责任印制:周荣虎

数字景观——中国第六届数字景观学术论坛

SHUZI JINGGUAN——ZHONGGUO DI-LIU JIE SHUZI JINGGUAN XUESHU LUNTAN

主　　编:	成玉宁　杨　锐
出版发行:	东南大学出版社
社　　址:	南京市四牌楼2号　邮编:210096
出 版 人:	白云飞
网　　址:	http://www.seupress.com
电子邮箱:	press@seupress.com
经　　销:	全国各地新华书店
印　　刷:	广东虎彩云印刷有限公司
开　　本:	889 mm×1 194 mm　1/16
印　　张:	27.75
字　　数:	850千字
版　　次:	2023年10月第1版
印　　次:	2023年10月第1次印刷
书　　号:	ISBN 978-7-5766-0866-3
定　　价:	185.00元

本社图书若有印装质量问题,请直接与营销部联系。电话:025-83791830

编委会名单

主　　编：成玉宁　杨　锐

编 委 会（按姓氏笔画排序）：

　　　　　　万　敏　王　云　王　成　王志芳　王　浩　田如男
　　　　　　包志毅　兰思仁　朱育帆　朱　玲　刘　晖　刘　颂
　　　　　　刘滨谊　许大为　杜春兰　李险峰　李　晖　李　雄
　　　　　　张大玉　张延龙　张青萍　张春彦　张　斌　陈龙清
　　　　　　陈其兵　邵　健　林广思　金荷仙　郑文俊　郑晓笛
　　　　　　郑　曦　俞　晖　夏宜平　高　翅　唐景全　黄大庄
　　　　　　曹　磊　彭东辉　董建文　韩　锋　潘远智　戴　菲

主办单位：东南大学建筑学院
　　　　　　教育部高等学校建筑类风景园林学科专业指导分委员会
　　　　　　全国风景园林专业学位研究生指导委员会
　　　　　　中国风景园林学会教育工作委员会
　　　　　　中国风景园林学会信息专业委员会
　　　　　　《中国园林》杂志社
　　　　　　江苏省土木建筑学会

支持单位：中国风景园林学会

承办单位：东南大学建筑学院

未 来 已 来

　　数字景观的发展旨在聚焦人居生态景观环境的特征与规律,探寻人居环境复杂的生态与景观问题。过去的近30年间,数字景观经历了两个阶段的发展,并逐步进入到3.0新时期,以数字孪生景观、XR为代表,在构建全流程孪生景观环境概念的基础上,利用多元化的前沿数字技术,重构可持续人居生态景观环境规划设计方法,通过对景观要素和系统的数字化采集、分析、评价、模拟与规划设计,探索可持续人居环境规划设计途径与技术。物联网与传感器的普及让人类能够更系统、实时地认知外部世界及其变化,更加精准地识别人居环境生态和形态的变化特征,推动人类对于生态景观环境的认知从对经验的积累转变为对规律的把控,实现虚拟空间与现实空间的交互,帮助人们进一步了解人居环境的变化机制。由此,数字景观技术的发展将在基于规律的基础上,实现人居生态环境及其系统优化与调控,从根本上推动人居环境规划设计途径、方法与技术的科学进步。

　　人居生态环境作为一个复杂的巨系统,一方面具有自然的原初属性,遵循自然演替的规律;另一方面作为人工组构的生态系统,同时具有人为干预的属性。数字化、智能化的技术与方法可以为研究人居生态环境的相关复杂问题提供高效路径,数字景观理论、方法与技术帮助设计师系统认知人居生态景观环境及其构成规律,奠定了景观规划设计的数字化基础。随着人工智能技术的普及,基于数字孪生环境中的海量数据,AI可根据需求建立智能数据库,实现数据的自动获取、存储与调取,通过智能化的数据研判,极大地提升对于人居环境干预的精准性与科学性。以机器学习为代表的前沿方法与技术是人工智能运用于人居环境规划设计领域的重要途径,通过不同类别环境要素的大量样本数据训练,机器学习可以广泛应用于遥感影像的精准化解译与识别、景观空间图像识别与信息提取、景观环境变化规律的模拟预测等,惠及景观规划设计工作的各个环节。机器学习作为支撑孪生环境系统的重要技术,基于人工智能技术学习数据样本,加以人工干预研究分析结果,辅助掌握环境规律与空间美学的秩序,可极大提升规划设计的科学性和效率,进而实现从形态表象到定量规律的突破。人工智能技术可通过多轮优化的迭代机制,在景观规划设计领域中从辅助推进到全流程的智能化。

以数字孪生为基础、多参数调节为手段、系统优化为目标,参数化生成式数字景观已成为新的发展方向之一,精准化、高效率、智慧化必将成为景观规划设计的主流。在数字景观理论方法与技术的引导下,人居环境的高质量发展成为必然,建成环境蓝绿空间融合规划、双碳目标下建成环境的碳足迹、数字孪生支持下各种类型的景观规划设计,将成为数字景观研究与实践的新领域。

中国第六届数字景观学术论坛
成玉宁
2023.10

目 录

• 数字孪生与蓝绿空间 •

景观环境的数字孪生 …………………………………………………… 成玉宁　樊柏青（1）
基于多源遥感的低碳城市绿地评估与循证优化途径研究 …………… 刘喆　刘阳　吕英烁　郑曦（12）
基于云计算和SD-WAN的数字景观平台的设计与实现
　　……………………… 刘晖　左翔　张玮琦　秦树新　王晶懋　张晓彤（18）
基于CiteSpace的人地系统远程耦合的研究进展 …………………………… 王云才　刘玲（26）
基于数字景观语境的场地生态学虚拟仿真实践教学设计研究
　　……………………………………………… 高伟　刘邑君　阙青敏　冼丽铧（33）
面向古树名木保护的数字孪生树木技术应用研究 …………………………… 郭湧　孙宇轩（39）
数字孪生背景下传统村落景观地文特征数字化转型研究
　　——以北京密云县吉家营村为例 ………………… 张学玲　张大玉　石炀　杨艺璇（47）
实景三维与知识图谱技术协同的城市绿地数字孪生评估分析方法初探 ……………… 王兆辰（54）
闽西北县域尺度蓝绿空间碳汇生态产品量化分析及空间格局研究 …… 洪婷婷　黄晓辉（62）
基于XGBoost-SHAP模型的城市蓝绿空间格局与碳汇效益关联量化分析方法研究
　　……………………………………… 袁旸洋　郭蔚　汤思琪　张佳琦　成玉宁（70）
表面流人工湿地水动力-水质精细化数值模拟与空间形态设计研究 … 汪洁琼　王蓉蓉　胡梦雨（82）
结合沉浸式虚拟环境（IVEs）与脑电探索短时间自然暴露的恢复性效益
　　………………………………………… 张高超　陈雨凝　范楚洺　佘佳镁　钟启瑞（91）
城市宁静区域与蓝绿空间POI分布关联性研究
　　……………………… 洪昕晨　郭联欢　王嘉炳　林京松　储生智　成玉宁（99）
Digital Landscape Architecture: Unleashing the Power of GeoAI …………………… Jinwu Ma（103）
数字孪生支持下的建成环境蓝绿空间融合规划 ………………………… 王雪原　成玉宁（115）
乡村生态景观环境的数字孪生 ……………………………………………… 谈方琪　成玉宁（121）
数字孪生背景下风景园林多模态时空数据可视化技术的应用与发展
　　………………………………………………… 韩笑　李哲　张琪馨　陈海妮（128）
基于数字孪生技术的乡村尾水湿地水质预警信息平台构建研究
　　——以厦门市同安区三秀山村为例 ………………… 祝雨晴　张恒　郑少劲　李俐（136）

• 景观环境与数字模型 •

基于冬夏温湿环境特征数字识别的城市通风廊道精准优化研究 ……………… 王敏　潘文钰（143）
城市绿地干旱生境中园林树种选择的理论与方法
　　………………………… 张德顺　李科科　姚鳗卿　刘玉佳　张百川　战颖　姚驰远　陈莹莹（152）
基于InVEST和Ca-Markov模型的北京大兴区碳储量时空变化研究 ……… 黄莹　王鑫　李雄（162）
低影响开发下的白马河公园碳汇效能量化研究 ………………… 王晶懋　刘晖　王千格　韩都（172）
基于数字景观技术的城市滨河空间风环境模拟研究 ……………………… 黄焱　李天劼（181）

基于风景园林信息模型(LIM)技术的植物设计应用研究
　　——以民航科技创新示范区 B-02 地块景观设计为例
　　　　　　　　　　　　　　　　　　　　　　　　　　　　杜欣波　刘彦彤　柳杉　万雅欣　吴达新(188)
基于缓冲区评估方法的公园降温强度研究
　　——以南京市为例　　　　　　　　　　　　　　　　　　　　　　　　肖逸　潘超　赵兵(196)
基于双量计算和 ENVI-met 模拟的城市交通沿线绿地减污降碳研究 … 颜郑菲　徐梦娴　陈烨(206)
基于数值模拟的夏冬季节城市公园植物空间热舒适度影响因素研究…………黄钰麟　金云峰(217)
基于生成对抗网络的场地条件约束下城市公园绿地布局生成设计研究
　　　　　　　　　　　　　　　　　　　　　　　　易行健　姚雪琦　张献月　赵晶　陈然(227)
基于数字技术的城市湿地公园有机更新鸟类友好设计初探
　　——以深圳市定岗湖湿地公园为例………胡剑东　高祝敏　唐颖栋　赵思远　郑钦烨　赵强(238)
生活圈视角下社区公共绿地布局公平性评价研究
　　——以上海市静安区为例　　　　　　　　　　　　　　　　　　　　　　吴钰宾　金云峰(248)
数据中的城市：基于数字足迹的景观研究…………谢伊鸣　刘雅旭　汤雨杭　周详(256)
基于 Fluent 碳流情景模拟的城市绿地生态廊道低碳营建途径研究　　　　　　　　李婧(265)
WebGIS 在美国城市绿色基础设施建设中的应用　　　　　　　黄艳玲　周凯漪　张炜(278)
基于改进 2SFCA 方法的老年人公园绿地运动服务公平性研究
　　——以哈尔滨市为例　　　　　　　　　　　　　　　　刘一鸣　夏谱睿　张国伟　侯韫婧(289)
基于生态系统服务量化的城市绿地空间公平性研究
　　………………………谢慧黎　施智勇　王圳峰　王欣珂　胡晓婷　黄柳菁　刘兴诏(297)

· 数字景观与技术应用 ·

基于数字技术的园林假山遗产结构性保护探究……………张青萍　职慧　王岑岑(307)
山水城市阆中古城景观特征感知研究
　　——基于网络文本的内容分析　　　　　　　　　　　　　　　　　　　　陈丹阳　杜春兰(318)
基于点云技术的园林遗产三维数字化信息模型构建
　　——以苏州园林艺圃为例　　　　　　　　　　　　　　　　　　肖湘东　徐安祺　陶冶(327)
历史文化街区路网结构与商业业态分布关联分析
　　——以南京高淳老街为例　　　　　　　　　　　　　　　　　　　　　　张清海　王加倍(339)
Landscape Characterization and Mapping of the West Branch of the East African Rift Valley Section of the Tazara Railway ………………… Shi Jiaying　Yu Mengyao　Wang Nan　Li Zhe(349)
基于多模态数据的大学校园公共空间实景感知研究
　　——以东南大学四牌楼校区为例　　　　　　　　　　　　李雨昕　董薇　吴廷金　吴锦绣(365)
基于增强现实技术的自然保护地环境解说系统应用研究
　　——以梵净山国家公园创建区为例　　　　　　　　　　　　　　　　　　甄安琪　徐菲菲(375)
基于全景相机图像自采集与深度学习技术的绿色空间智能感知方法研究
　　——以广州市珠江公园为例　　　　　　　　　　　　　　　　　　　　　赵旭凯　林广思(382)
A 3D Window View Green Exposure Assessment System Based On User Preferences
　　—combining 3D point cloud and residents' feedback surveys
　　　　　　　　　　　　　　　　　　　　　　　　Xia Tianyu, Zhang Jinguang, Zhao Bing(394)
基于生成对抗网络的健康花园布局智能化循证设计研究…………李海薇　张芷彤　陈崇贤(403)
基于格局与过程的景观生态风险评价与管控研究
　　——以江苏省溧阳市为例　　　　　　　　　　　　　　　　　　　　　　范向楠　成玉宁(412)
基于三维数字技术的假山分析评价研究
　　——以南京部分公共园林假山石洞为例……张舒典　郭雯蔚　宋宇飞　陈柯如　顾凯(423)

· 数字孪生与蓝绿空间 ·

景观环境的数字孪生

成玉宁　樊柏青

摘　要　万物互联时代,数字景观进程加速发展,作为数字景观3.0时期的核心,数字孪生景观能够支持人居生态环境的全要素、系统化的数字映射,生态与形态的动态感知以及多场景应用。运用相应的软硬件系统,开展景观空间模型、逻辑模型、算法模型的构建,形成系统化的数字孪生景观环境,全面服务于人居生态环境识别与认知、生态环境分析与研判、规划设计与优化、运维与环境管控四大场景,推动人居环境规划设计的科学化和精准化。

关键词　数字孪生;人居环境;动态感知;数字映射;多场景应用

2021年3月,《中华人民共和国国民经济和社会发展第十四个五年规划和2035年远景目标纲要》提出"探索建设数字孪生城市"的相关要求,数字孪生景观环境作为人居环境的重要组成部分,通过数字化映射人居生态客观环境,能够服务于风景园林多场景应用,是筑牢人居生态安全与形态优美的"数字底座"。人居生态环境可持续发展离不开数字技术支持的定量化、精准化研究与实践。数字景观在经历了1.0时期、2.0时期后,数字孪生景观成为3.0时期的关键性技术之一[1],是实现生成式智慧设计的基础。创新构建人居生态景观环境数字孪生理念、方法与途径,对于推动风景园林事业的科学化进程、服务人居生态景观环境高质量发展具有重要意义。在万物互联的支持下,数字孪生景观环境可以广泛服务于人居生态景观环境的分析、评价与规划设计及管控。

1　数字孪生景观环境的特征

数字孪生景观能够实现人居生态景观环境的全数字化映射,在实现景观环境生态与形态动态感知的基础上,可以实时精准地了解景观环境的变化及其发展,从而为制定精准、适当的干预策略提供依据,并且可在现实与孪生环境之间构建起双向动态关联,通过在孪生条件下改变环境要素及其构成,将实体要素与虚拟要素在孪生环境中予以重组,并模拟、预测景观环境的实时动态变化,结合比较与评估多种人为干预(规划设计)方案的绩效,从而实现景观规划设计的动态优化,支持多场景应用。

1.1　多源异构数据的采集与融合

景观环境具有客观属性,其中涉及的数据包括生态和形态两大领域,且包含人居景观环境的多尺度数据,这些数据既包括采集得到的基础数据,也包括借助其他专业化平台及软件得到的分析评价数据。

景观环境中的多来源数据采集渠道,有卫星及航空遥感、实时传感、实地测绘、网络爬取等。大尺度数据可通过卫星遥感、网络爬取等渠道获取,中尺度可以通过倾斜摄影、激光扫描等三维实景采集等渠道获取,小尺度与高精度数据可通过实时传感、实地测绘等渠道获取。基于多类型的获取渠道,可获得多种格式的数据,包括shp、tiff、img、sxd、mxd、jpeg、mp4、mp3、doc、xls等,呈现出多源、异构的属性。基于数字孪生景观环境的理念,可建立生态数据与形态数据的数据分类架构,并在此基础上建立动态数据库。

由于景观环境中多类型、多来源、多格式的数据具有复杂性,所以数据需要在孪生环境内进行融合,以辅助规划设计。首先,建立多源异构数据的融合标准,包括数据的格式标准、空间定位标准、数据属性标准、数据命名标准;将储存在数据库中的数据录入,存储包括结构化数据(如各类传感器获取的温度、湿度等数据)、半结构化数据(包括XML、JSON格式等)、非结构化数据(包括Word、PDF、Excel以及图像、视频等)在内的底层

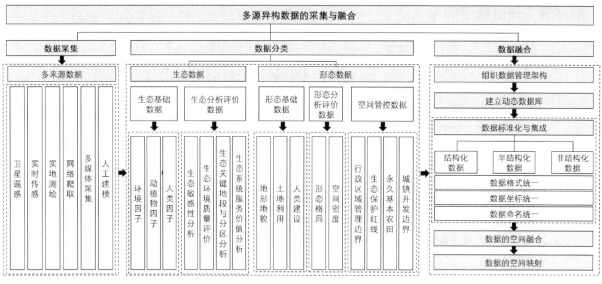

图 1 多源异构数据的采集与融合

数据,并实时更新,确保数据处理和转换的正确性和时效性;其次,建立数字化空间模型作为数字孪生底座,调取动态数据库中的数据,在同一地理信息系统中进行数据的融合,并通过联网发布等形式将融合后的数据录入数字孪生环境中,实现数据的精准定位、提取、共享(图1),进而为不同场景的分析与设计等过程提供数据佐证。

1.2 连续、动态与精准数字映射

风景园林研究的对象既包括具备自然属性的环境,如风景名胜区、国家公园及自然保护地等,也包括人工组构的景观环境,如建成环境中的各类绿地。这两类环境均具有自然客观规律属性,其生态与形态均是不断变化的,数字孪生景观不仅要对两大系统进行完整的映射,更在于反映其系统的动态过程,因此数字孪生景观环境具有连续性、动态性与精准性的特征(图2)。

连续性体现在突破对景观环境中仅能采集单一时间切片中的信息限制,将碎片化的描述引向完整、连续的系统映射;动态性体现在映射景观环境中随日际、季相、年际更迭的复杂动态变化:在多种采集技术的支持下,从现实景观环境中获取实时信息和数据,并将其映射在相应的数字孪生景观环境中,实现数据在现实和数字环境中的空间对位,同时能够将景观环境的一系列动态变化过程及其规律在数字孪生体中得以呈现。精准性则在于以全流程数据链的方式进行数据和信息的采集、传输、存储、编辑等过程,避免转译过程的数

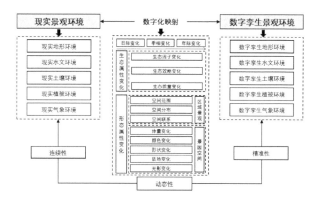

图 2 景观环境的连续精准与实时动态映射

据缺失和失准。数字孪生景观不仅能够获得可视化的体验,更能够全过程记录并反映客观景观环境的变化及其规律。

1.3 景观环境评价与决策辅助

景观环境中的各类数据具有多元化、多要素的特征,风景园林规划设计不仅要生成形式优美的空间环境,更在于组构高效能且能持续支持景观空间形态的生态秩序,动态分析生态和形态两大系统,是景观规划设计的关键。为解决生态要素和形态要素彼此游离的状态,需要在同一数字环境中进行协同分析。

在地理信息系统的支持下,能够实现数字孪生景观环境多元数据的生态敏感性评价、土地利用适宜性评价,并可以辅助道路选线、水体生成、竖向设计、建筑物选址等。在GIS平台中建立分析评价模型,赋予各类因子不同的权重,并运用系

统工具箱中的栅格计算器工具进行高程、坡向、植被覆盖、水体缓冲、交通可达性、土地利用类型等各类因子的加权函数运算，能够对一定区域的加以评价，如生态敏感性评价、土地利用适宜性评价等；通过GIS平台的因子叠加分析，可以得出规划设计区域的综合因子费用，利用空间分析工具箱中的成本距离工具以及最短路径分析，得出道路节点之间的最小成本距离，以支持道路的选线与优化；利用汇水分析确定径流的分级，利用盆域分析可以辅助精准规划设计景观水系；运用GIS的坡度、坡向、高程分析，在 Civil 3D 辅助下，可进行景园空间的竖向设计；在建设适宜性分级的基础上，选择适宜建设的区域，并结合项目选址要求（例如与水体或道路的间距、适宜建设的面积等），可以辅助进行建筑和场地的选址。

在得到景观环境分析与评价数据结果的基础上，还可以将规划设计方案"嵌入"数字孪生体中，再次进行模拟以校验方案的可行性及其效能，同时为景观工程的造价调控提供精准决策支持，从而高效实现工程投资与景观效果的系统优化，引领景观规划设计、决策、建设、管控转向智慧与精准（图3）。

2 数字孪生景观环境的实现途径

针对人居生态环境的特点，尤其是人工环境的生成及其运行规律，数字孪生景观方法与技术通过协同生态与形态，为重组和优化人居环境规划设计提供有力支撑。数字孪生环境通过对现实的映射，全过程、实时动态反映景观环境的变化，能够有效支持多种场景应用。

2.1 孪生：对现实的数字映射

数字孪生（Digital Twin），也可称之为数字映射，是采用数字化方法完整地映射景观环境的静态和动态属性。数字孪生景观借助物联网和传感器等技术，可以随着客观景观环境的变化而实时更新数字模型，从根本上提升了对景观环境的认知与掌控。据此，可以改变传统规划设计的经验科学属性，为规划与设计实现"精准干预""低影响开发""减量设计"提供定量依据。数字孪生景观环境的数据主要分作四类：生态数据、形态数据、文态数据以及人因数据。

生态数据包括利用遥感卫星及传感器获取的植被、土壤、气象、水文等环境实时监测数据，这些数据能够映射环境中生态过程的实时变化；基于采集的多来源数据计算得到的生态环境评价分析数据，例如植被净初级生产力数据、生态质量评价数据、生态适宜性数据等，能够全面反馈环境的生态信息。基于以上数据能够实现对生态环境及其质量的映射，消除以往由于生态过程的不可见性而导致的对于环境认知的局限性。

形态数据的映射包括二、三维形态的映射与形态量化参数的映射。二维形态的映射能够通过遥感影像、无人机影像、空间图像的采集实现；三维形态的映射能够通过无人机倾斜摄影技术、激光雷达技术等进行倾斜摄影数据、点云数据的采

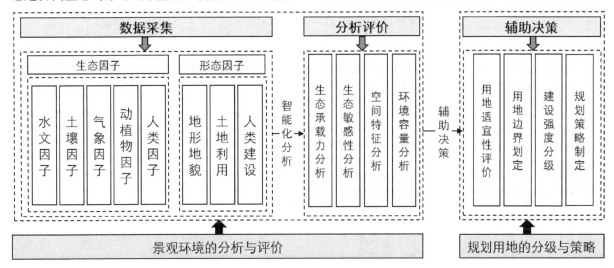

图3　数字孪生景观环境支持下的规划设计

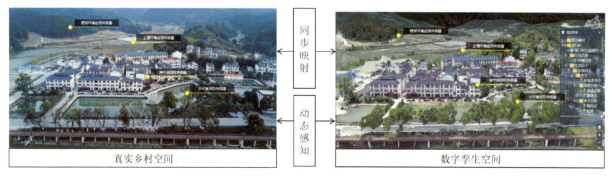

图4 东南大学乡村生态景观平台中"孪生与现实"

集及空间建模,以反映真实的环境形态信息(图4);通过在数字孪生景观环境中对二、三维形态数据进行量化分析,生成各类空间量化指标。依据以上几个方面,可实现形态信息的映射。

文态数据的映射是对于场所文脉信息的数字孪生,通过在数字孪生景观环境中映射,揭示空间的文脉。不同的场所具有异化的文化属性,因而表现出外化的空间形态与人文特征,一方面,可以通过在孪生环境中将场所中的文态信息融入进虚拟空间环境中,进行空间的"落位";另一方面,结合混合现实(Mixed Reality,MR)等相关技术,实现遗址空间、历史文化场景与现实空间的融合,从而构建起文态保护、传承与更新的空间坐标。

人因数据的映射主要是对景园空间中人群行为及心理、审美取向等进行数字化复刻,在数字孪生平台上融入人因数据,从而可以完整呈现现实场景。通过红外摄像头、眼动仪、皮电仪、脑电仪等采集景观环境中人的行为、心理等数据,在孪生环境中映射人在空间环境中的实时活动状态,通过整合分析,反映景观环境中人因要素的变化;针对设计方案的研究,在数字孪生环境中,模拟人的行为和视角变化,并通过视觉等多方位的沉浸式体验,采集不同设计方案对于使用者的感知度、行为偏好及相应生理数据的影响,以此作为优化设计方案的依据。

2.2 全过程的动态映射

人工构建的景观生态环境在其全生命过程中,生态与形态始终处于不断变化中,准确把握景观环境变化及其趋势,是景观设计思维的主要依据,不仅引导设计方案的发展,更可以确保人工构建的人居生态景观环境,在其全生命周期的不同阶段均可保持相对理想的状态。对景观环境动态变化的映射是数字孪生的主要构成部分。

生态的动态映射包括对生境动态过程及生物动态变化的映射,以数据、图像等形式映射在数字孪生环境中。具体体现在对景观环境中包括水环境、气候环境、土壤环境、植被环境等在内的生境的映射,以及对环境中动物及人群的映射。对生境的动态映射,依托从真实环境中采集的各类生态数据,包括利用遥感技术采集的各类正摄影像数据,此类数据按分辨率分类主要可以分为高分辨率卫星数据,如 WorldView 卫星数据、QuickBird-2 卫星数据、国产高分系列卫星数据等;中分辨率卫星数据,如 Landsat 系列卫星数据、SOPT 系列卫星数据等;低分辨率卫星数据,例如 MODIS 卫星数据,AVHRR 数据等。根据研究尺度和精度的需求,将卫星数据经过解译、反演等计算过程,可以映射动植物生态状况、环境资源状况、环境生态质量等生态信息,通过对不同阶段遥感数据的生态解译,也能反映各类生态要素时空变化的状况和规律,如植被指数的时空变化、固碳量时空变化、生态系统服务价值的时空变化等,以实现生态环境信息的动态映射。

形态的动态映射内容包括道路、水体、地形、植物、建构筑物等。通过正摄卫星影像的遥感解译,能够实现对土地覆被类型和空间格局的识别,对不同日期采集的遥感影像数据进行解译,可获得任意时间段内的环境形态变化信息,以实现景观环境二维空间形态的动态映射;通过各类数码摄录像机采集的影像数据、二维照片、三维照片、全息照片等,可以反映环境中特定点位的真实图像;通过连接互联网以定期或实时更新数据,在孪生环境中进行动态映射。除此之外,通过五轴倾

表1　不同数字孪生开发环境对比

	虚幻引擎（UE）	WebGIS	HTML	Lumion	Revit
类型	游戏引擎	网页端地理信息系统	标记语言	专业渲染软件	专业的建筑信息模型（BIM）软件
主要支持数据格式	三维模型数据（3DS、DAE、MAX等）、图像与多媒体（WAV、MP3、tif等）、纹理与素材（bmp、PNG、PSD等）、文本数据交互（JSON）、矢量数据（shp、kml等）	矢量数据（shp、kml等）、GPS数据（GPX、NMEA等）、图像数据（tif等）、数据库（GeoDatabase等）	配置文件数据（XML）、图像和多媒体（PNG、JPEG、GIF、MP3、MP4等）	三维模型数据（3DS、skp、FBX等）	二维图形数据（dwg、dxf等）、BIM数据交换格式（IFC）、三维模型数据（3DS、FBX）
优势	渲染能力强、开发接口多（可开发性强）	易访问和共享、较好的交互性与开发性	可用于构建数字孪生平台的前端界面	渲染能力强、自带素材和纹理库，适用于形态模拟	拥有构件库且具备属性信息，便于BIM的全生命周期管理
局限	建模、分析能力不如专业软件	不具备场景渲染能力	不能提供分析、计算、建模等功能	不具备分析与计算能力，可开发性低	不能数字化映射景观环境的生态与形态过程，不支持复杂场景的渲染模拟
适用范围	孪生环境的数字化映射、仿真场景渲染、环境交互动态模拟、规划设计软件对接	孪生环境的数字化映射、空间分析、地图发布	孪生环境的数字化映射、数据与信息的发布	仿真场景渲染	三维建模、建筑全生命周期管理

斜摄影技术、激光雷达（LiDAR）等空间测绘技术采集空间环境的倾斜摄影、点云数据等三维实景模型数据，定期的采集与更新能够实现数字孪生环境的动态映射。景观环境由生态与形态两大要素组成，两者间相互影响、相互依存，数字孪生环境能够实时反映景观环境生态与形态的变化规律及其内在关联。

2.3 多元化的数字孪生环境

数字孪生环境是实现数字孪生的重要基础，数字孪生具备现实与虚拟环境间的交互性、动态性、实时性和历时性的特点。数字孪生环境的构建不仅限于映射客观环境的变化，更在于寻求客观环境的变化规律，应选择多通道、多接口的软件作为数字映射环境，并能够支持分析、评价、规划、设计、建造和管控等，有效推动风景园林规划设计与运维的技术进步。

对比虚拟引擎（Unreal Engine，UE）、WebGIS、HTML、Lumion、Revit等数字化语言及平台，整体而言，不同的数字孪生软件适用于不同的应用场景（表1）。譬如，UE适合高度逼真的三维场景和虚拟现实交互，且支持包括二、三维数据（3DS、shp、tif等）在内的多种数据格式，其最大的优势为渲染仿真性强、可开发性强，可使用蓝图、C++插件、外部库以及编辑器扩展等方式对孪生环境的功能进行拓展，且可以使用相关插件实现如SuperMap等特定软件的实时对接；WebGIS作为网页端地理信息系统，可以将地理空间信息在网页端呈现，通过传感器及物联网技术，将采集的环境信息实时映射在孪生环境中。其支持矢量、图像、数据库等各类数据，并通过算法开发实现空间分析功能；使用地图发布等功能，与ArcGIS软件联动，将地理信息分析的相关数据映射在孪生空间中；HTML属于一种计算机标记语言，用于建立跨平台的Web界面，形成应对多用户的可视化终端，对于地理数据的加载和展示需要通过Openlayers（地图库），利用基于WebGIS的技术方案实现；Lumion作为一款专业的渲染软件，其渲染能力强、易用性高，支持各类三维模型数据的导入，如3DS、skp、FBX等，作为孪生环境可以实现不同视角的方案查看，便于方案的调控和比选（图5），但是其可开发性较低，不能对接

图5 数字孪生环境中对城市滨水空间及其界面的连续动态分析与设计策略

地理信息数据;Revit更适合建筑行业的建模和管理,支持dwg等二维图形数据、3DS等三维模型数据的导入,适用于BIM全生命周期管理,但在景观环境形态与生态及其进程的数字化映射方面存在明显的短板。

综合而言,选择孪生环境的数字化平台首先需要明确面向的应用场景,根据其具体特点确定依托的主平台;其次则需要为各个子流程或对应的功能模块寻求适用的专业化软件,并形成主环境、多软件的匹配模式,建立多通道数据对接方式,打通全流程的数据链。例如,乡村生态景观平台的构建利用WebGIS、HTML技术,并外接ArcGIS软件搭建了数字化孪生环境,实现了乡村生态景观的查看、分析、评价与管控;参数化拟自然水景平台利用3D仿真、二维动画及HTML、WebGL技术搭建了水景设计的实验环境,用户利用网页端即可实现水文分析、水量计算、水系设计、水景模拟等全数字化分析与设计流程(图6)。

图6 东南大学"参数化拟自然水景设计虚拟仿真实验"项目

3 数字孪生景观环境的构建及应用

依据不同的应用场景选择适宜的数字孪生软硬件系统,通过构建空间、逻辑和算法模型,形成数字孪生景观环境的底座。

3.1 数字孪生景观的软硬件环境

实现数字孪生景观环境的构建需要软硬件结合,包括面向人居生态环境的各类软件(图7),和支持多应用场景及全过程、多用户的各类终端。

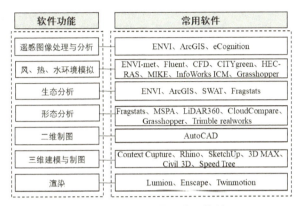

图7 数字孪生景观常用软件

常用的遥感图像处理与分析软件包括ENVI、ArcGIS、eCognition,可用于处理不同光谱信息的遥感数据,以掌握人居环境生态状况;ENVI-met、Fluent、CITYgreen、HEC-RAS、MIKE、InfoWorks ICM等软件可用于风、热、水环境的模拟;用于生态分析的常用软件除了遥感图像处理与分析软件外,还有SWAT、Fragstats等;用于形态分析的则包括Fragstats、MSPA等空间格局分析软件,LiDAR360、CloudCompare等点云数据分析软件,Trimble realworks等图像语义分割软件;设计阶段运用二、三维软件进行方案的设计和推敲,常用的二维制图软件主要是AutoCAD,三维建模与制图软件包括用于三维实景建模的Context Cupture,用于方案设计和推敲的Rhino[内置插件Grasshopper实现参数化调节(图8)]、SketchUp、3D MAX、Civil 3D等,植物建模软件包括Speed Tree、Plant Factory等,其输出的植物模型,可按植物的不同生命阶段导出至三维建模软件及各渲染器中;常用的渲染软件包括Lumion、Enscape等,另外,利用Twinmotion可以实现植物形态的动态模拟。所有常用软件均可通过代码编写的方式,从孪生环境或平台中达成跳转操作,实现孪生环境与专业规划设计软件的匹配结合。

支持数字景观孪生环境的硬件设施包括物联网环境传感设备,如智能传感器、无线通信设备、摄像头等,可以采集生态与形态数据并通过网络将信息数据传输到平台与数据库中;数据计算设备如工作站、高性能计算机等,可以支持智能化的模型训练以及孪生环境中复杂数据的处理;VR眼镜、操作手柄等支持虚拟现实(VR)和增强现实(AR)的设备,能够支持数字孪生环境多视角、沉浸式体验与设计;移动终端,如智能手机、笔记本电脑等,便于用户进行各类数据及信息的异地查看与处理;显示终端,如户外显示大屏等,能够为游客和其他使用者提供数字孪生环境与数据展示

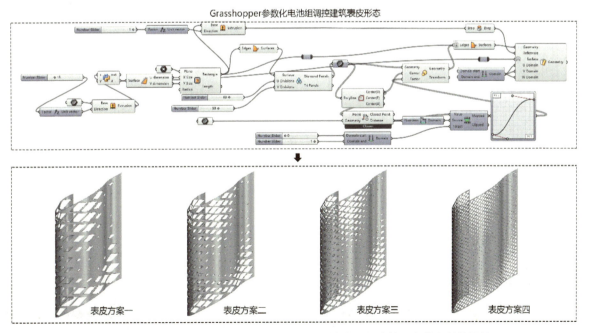

图8 利用Rhino与Grasshopper在孪生环境中进行建筑形态的参数化调控

3.2 数字孪生景观环境的建模

数字孪生景观包含了对生态及形态两部分过程与结果的映射，就建模内容而言，可分为空间模型、逻辑模型以及算法模型（图9）。

空间建模能支持数字孪生映射模型底座的构建。其中生态建模包括对环境中各类生态信息的数字化映射，通过遥感卫星、传感器、地面基站采集多种生态数据，包括水文环境、气候环境、土壤环境、植被环境；形态建模则包括卫星地图提供的动态卫星影像底图，利用无人机和激光雷达采集的真实环境倾斜摄影或点云模型（图10），以及规划设计的三维空间模型。构建孪生环境的空间模型，首先搭建动态卫星底图环境；其次，将带有坐标信息的三维实测空间模型与规划设计模型融合在卫星底图上；再利用多源异构数据的融合技术，将生态与形态数据映射在同一数字化空间内。空间模型能够为各类数据的查看以及对比分析提供三维可视化环境，例如，乡村生态景观平台通过空间模型的构建，可实现全国范围内任意乡村的生态景观信息检索与查看，且具有良好的可拓展性。另外，在规划设计阶段，空间模型可辅助提供规划设计基座，过程中产生的模型数据也可在基座中实现可视化以及设计的推敲。

逻辑模型是依据人工组构的景观环境特点，从原理及机制层面梳理出从规划设计到建设的过程，以及在自然和人工双重作用下生成的景观环境特征，以实现生态与形态的协同，为科学的景观规划设计提供依据。笔者课题组长期研究生态层面的人居环境精细化规划设计逻辑建模、蓝绿空间融合规划逻辑建模、城乡生态系统服务逻辑建模、双碳目标下人居环境逻辑建模等，以蓝绿空间融合规划逻辑建模为例，为了协同调配城市中的蓝绿空间，实现蓝与绿两个子系统效能的系统优化，通过定量研究地表径流的分布，推演蓝绿空间的分布，进而实现蓝绿空间定位，由此将基于经验的蓝绿空间规划，转变为以定量研究为基础，得出蓝绿基础设施对应的空间位置与规模，从根本上解决城市绿色基础设施规划设计的关键问题。

算法模型在逻辑模型限定了所研究问题的规则及约束基础上，构建能够实现逻辑架构的计算

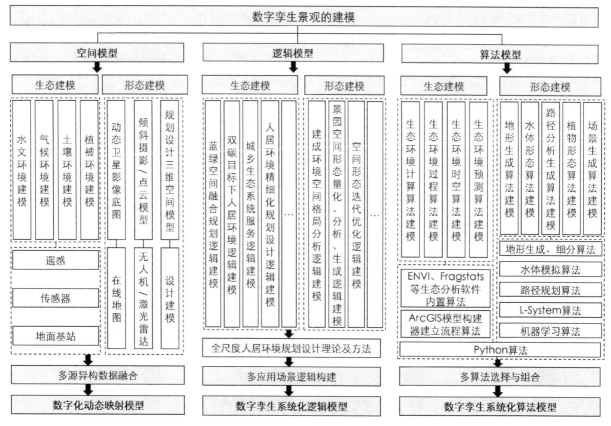

图9 数字孪生环境的建模

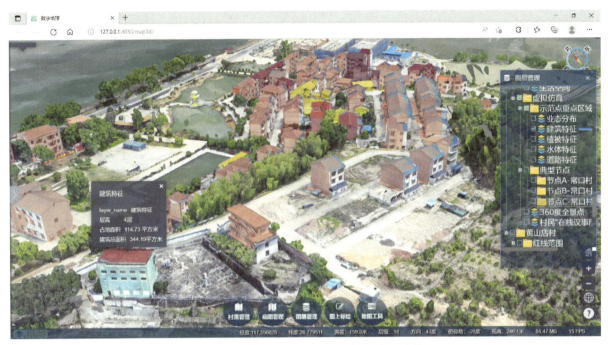

图 10　乡村生态景观平台的数字孪生空间建模

过程,用于解决具体的计算或优化问题。算法模型包括了一组明确定义的步骤,这些步骤能够将输入数据转换为所需的输出。生态算法模型涵盖能够支撑各类研究专题的多种算法,包括生态环境计算算法建模、生态环境过程算法建模、生态环境时空算法建模、生态环境预测算法建模。形态算法模型包括景园空间内各类要素的分析以及生成算法,包括地形生成算法、水体形态算法、路径分析生成算法、植物形态算法、场景生成算法等。生态环境的各类基础分析和研判可以利用 ENVI、Fragstats、ArcGIS 各类地理信息处理软件的内置算法实现,空间形态的基础建模则可以由各类二、三维建模软件的预设算法实现。当软件的基础算法不能满足需求时,则可使用更为灵活的方式进行算法流程的搭建,如地理分析类的流程可以使用 ArcGIS 模型构建器建立流程算法的形式加以实现,空间形态生成类的流程可以使用 Rhino 的 Grasshopper 插件,搭建电池组,实现形态的参数化调控;也可利用 Python 算法针对各类目标进行编程语言构建,突破各类软件内置算法的限制。

3.3　数字孪生多场景应用体系

在数字孪生景观环境数字化建模的基础上,针对人居环境全尺度应用,建立数字孪生多场景应用体系,实现人居生态环境分析与研判,支持迭代优化的规划设计、运维治理与环境管控各个方面。在此基础上,根据风景园林规划设计不同阶段的需求进行应用场景的选择与组合,结合相应的软件及算法,使数字孪生景观环境能够有效支持各类人居景观环境规划、设计及研究(图11)。

以笔者团队的研究与实践为例,数字孪生方法与技术在多场景得到运用。人居环境分析与评价是制定规划设计策略的前提,包括生态环境信息的实时感知、土地利用与土地覆被的解译、人居环境空间格局识别、城乡土地要素与特征识别、生态环境计算与分析、生态系统服务评价、生态质量评价、城乡开发边界划定、建成环境规划分区等;如应用于土地特征的分析,在孪生环境中分别对土地利用类型和城乡生境类型加以识别[2];乡村生态景观平台能够在孪生环境中对各类乡村生态景观进行分析与评价,并实现相应数据的调取,以应对国土空间关键监测要素管理及管控现实的需求。数字孪生方法与技术还可以支持城乡土地规划与优化、参数化景观方案生成、规划设计多目标优化、规划设计多方案比选、规划设计方案迭代与优化等;南京市江宁区某片区下垫面的结构与优化中,利用优化算法进行迭代运算,得出不同导向下海绵设施的空间布局[3];在宁德东湖片区蓝绿空间融合规划中,综合分析生态本底,模拟不同重

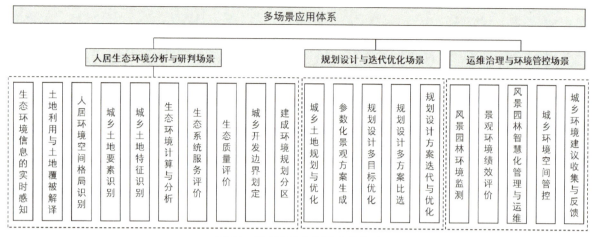

图 11　数字孪生多场景应用体系

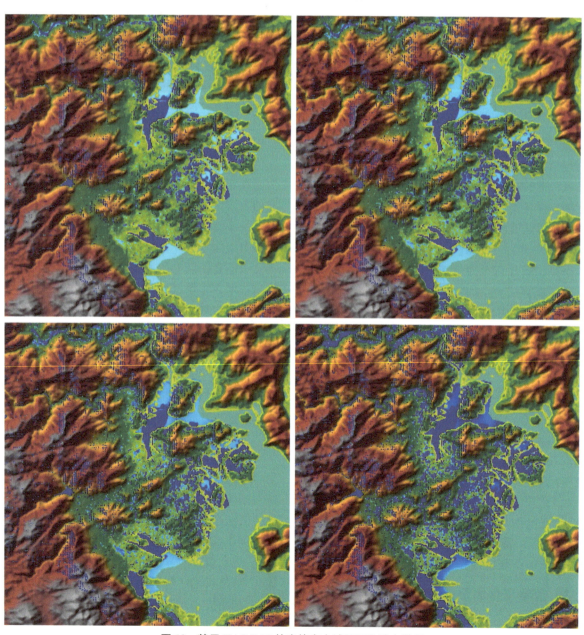

图 12　基于 HAC-RAS 的宁德市主城区雨洪动态模拟

图 13　江苏省徐州市襄王路项目海绵绩效监测

现期下的雨洪时空变化情况,并通过生态保护评价、生态阻力评价优化蓝绿空间结构与分布,构建高质量的蓝绿生态体系,增强城市韧性,提升生态环境的综合效益(图12);在宁德东湖片区城市设计中基于数字孪生技术,创造多视角的沉浸式体验景观环境,基于湖面动态游览视觉景观评价,研究不同滨湖地段空间视觉特征及其优化策略。运维治理与环境管控场景包括风景园林环境监测、景观绩效评价、风景园林智慧化管理与运维、城乡环境空间管控、城乡环境建议收集与反馈等;在徐州市襄王路生态路系统建设中,利用实时传感器和物联网技术对其海绵绩效进行监测(图13),同时建立雨水渗透系统、雨水收集分配系统、雨水储存利用系统,实现海绵系统的数字孪生,从而既解决了洪涝的矛盾,又优化了景观效果,实现了生态与形态的协同;另外,在徐州市韩山路节点海绵系统设计中,根据场地现状竖向情况,因地制宜将场地设计成季节性雨水花园,实现雨水滞留蓄积及净化处理。通过传感器的实时监测,实现了对于雨水滞留、蓄积、净化效果的实时掌握。

4　结语

风景园林研究与实践领域包括建成环境与自然风景环境两大类,数字孪生景观从建成环境和自然风景环境的内在逻辑出发,孪生景观环境的生态与形态及其动态变化过程,将景观环境调查评价、规划设计、建设运维等全过程引向可控化、定量化与精准化。数字孪生景观方法与技术是景观规划设计智慧化的基础,更是助力风景园林专业与事业转型、人居环境高质量发展的保障。

参考文献

[1] 成玉宁,樊柏青.数字景观进程[J].中国园林,2023,39(6):6-12.

[2] 樊柏青,成玉宁.乡村生态景观识别与生境网络优化:以南京市江宁区为例[J].风景园林,2023,30(4):27-33.

[3] 谢明坤,董增川,成玉宁.基于数字景观的海绵城市研究框架、关键技术与实践案例:从水文分析到智能测控[J].中国园林,2023,39(5):48-54.

作者简介:成玉宁,东南大学特聘教授,博士生导师,建筑学院景观学系主任,江苏省设计大师。研究方向:风景园林规划设计、景观建筑设计、景园历史及理论、数字景观及其技术。

樊柏青,东南大学建筑学院景观学系在读博士研究生。研究方向:风景园林规划设计、数字景观及其技术。

基于多源遥感的低碳城市绿地评估与循证优化途径研究

刘喆　刘阳　吕英烁　郑曦

摘　要　城市绿地的增汇固碳对城市碳中和及绿地质量的提升至关重要。由于缺乏精细化的评估技术，低碳绿地建设和管理的优化策略难以落地。本研究结合近年来多源遥感技术在城市绿地评估领域的发展，旨在构建低碳城市绿地的循证优化方法。本文梳理了绿地遥感识别反演、城市绿地群落空间与形态解析领域的技术概况，结合优化算法创建了"评估-优化"的循证绿地空间优化系统框架。以北京市绿地碳增汇空间格局优化、成都天府新区低碳群落规划优化和北方城市乡土骨干树国槐生产碳足迹评估优化为例，从空间布局、植被群落到单树尺度探索多源遥感技术结合优化算法在绿地低碳优化中的应用路径。

关键词　城市绿地；多源遥感；低碳优化；循证；碳封存

1　引言

城市绿地是建成环境绿色空间的重要组成部分。绿地不仅可以通过植被光合作用将大气中的二氧化碳转化为有机物，从而长期封存碳，还可以通过降温、增湿和通风等途径间接减少城市中人类活动的碳排放[1-2]，但城市绿地的人为干预减少甚至抵消了植被的碳封存[3]。综合提升城市绿地缓解气候变化的能力是实现城市碳中和、建立低碳城市可持续发展途径的重要议题之一[4]。

以往的研究主要以建成绿地的碳封存评估为主，几乎没有研究探讨如何在规划设计阶段和建设管理阶段，优化未实施或已建成的绿地碳封存绩效或进行低碳化改造。规划设计和绿地管理与城市绿地研究的脱节，成为城市绿地低碳优化的主要障碍。存在的主要问题是城市绿地碳封存、碳排放的研究缺乏精细化的评价手段，大多数评估研究的尺度和深度，难以在规划设计和管理层面提供实用性的低碳优化视角和优化手段。

近年来，高精度的多源遥感技术和高性能的算法提升了绿地多尺度异构数据提取的精度，丰富了城市绿地碳封存和碳排放等领域的研究手段[5-6]，为城市绿地的低碳建设和管理优化提供新的视角和数据来源[7]。为了建立数字技术精准评估与科学优化相结合的系统性方法，本研究以循证的"评估-优化"原则为基本框架，通过梳理以多源遥感技术为基础的城市绿地碳封存评估方法及其进展，建立根据评估结果实施循证优化的技术框架。下文介绍在此框架下实施的三个城市绿地低碳评估与优化实施案例，揭示多源遥感技术结合优化算法在绿地低碳优化中的应用路径。

2　低碳城市绿地循证优化方法

在绿地空间格局优化过程中，城市发展的刚性需求约束绿色空间数量的增长，通常需要在一定范围、条件下进行土地利用变换，协同各类用地的生态效益与经济效益，达到土地利用整体效益最优化的目标。多目标线性规划模型（MOP）作为一种数学规划模型，可以积极协调城市复杂的土地利用和社会经济约束条件，提高土地资源配置的科学性和精确性。该模型已广泛应用于城市土地利用与生态空间规划领域，在城市绿色空间规划实践中具有广阔的应用前景。对于格局优化，目前国内外主流的模拟模型包括CA—Markov模型、Logistic回归模型、CLUE-S模型、FLUS模型、系统动力学模型等。相比于这些常用模型，PLUS模型结合了logistic-CA模型的转化分析策略（Transition Analysis Strategy, TAS）以及CLUE-S和FLUS模型的格局分析策略（Pattern Analysis Strategy, PAS），并且可以通过随机森林（RF）算法确定每种土地利用类型的开发潜力，更精确地模拟斑块级别的土地利用变化，有效地支撑绿色空间规划。

群落尺度的优化依赖对群落植被空间结构的

识别和单树的碳储量提取。通过单树碳储量、郁闭度和树种评估可以更准确地识别高碳汇群落，与结构参数建立统计关系，指导植物群落的选型。传统的空间优化常采用一维参数（例如郁闭度、树种组成、树龄等），而通过三维空间遥感采集技术提取的高维参数可以从群落空间结构指数[8]定量分析和优化植被的三维空间结构，比仅采用一维参数更具对群落形态的控制能力。建立基于空间优化算法的群落选型与自动设计，可以进一步利用空间结构参数，例如通过元胞自动机、机器学习等方法生成群落的空间形式，通常结合植物群落的最优搭配模式、种间竞争、空间适应性等指标[9-10]。

单树尺度的碳封存优化以往以树种优化为主，城市绿地管理中大部分管理措施在单树尺度进行，如杀虫、施肥、修剪等，产生的碳排放在空间格局和群落尺度难以进行有效的优化。结合定量结构模型能够识别树木在不同碳封存表现下的体积分布差异或形态差异，从管理措施方面归因并进行定量改进。

评估与优化之间循证优化途径的联结是遥感提取的绿地特征参数，多源遥感技术能够获取图形特征、光谱特征等二维信息，也可通过高精度的传感器采集竖向特征、林下特征和树木形态等三维信息。在空间格局层面，二维特征具有良好的适用性，但遥感技术的发展提升了数据精度，三维特征的获取允许对城市绿地进行更精细的优化。

多源遥感技术、绿地特征参数和优化对象与方法的系统框架见图1。

3 低碳城市绿地循证优化实施案例

3.1 城市绿地碳增汇格局优化

在进行城市绿地碳汇格局优化时，必须考虑整个市域范围内的绿色空间，以实现更全面的效益提升。城市绿地碳汇效益不仅局限于中心城区，与城市结构、人口分布、交通网络、生态系统连通性等密切相关。通过统筹规划市域范围内的绿色空间，可以最大限度地优化碳循环效益，促进不同绿地区域的协同作用。此外，全域规划还能增强生态系统的连通性、满足不同区域居民的绿地需求、改善气候环境、防止生态恶化、合理配置资源，从而实现更大范围的碳汇效益和环境质量提升。

3.1.1 基于多源遥感数据的碳抵消能力评估

城市绿色空间的碳抵消能力（COC）表示为绿色空间CO_2净吸收量与城市CO_2排放量的百分比[11]。一般而言，COC的范围在0~1之间，数值越大则意味着绿色空间能够更好地吸收和固定城市的CO_2排放量。通过科学评估绿色空间的CO_2净吸收量和城市CO_2排放量，明确现状

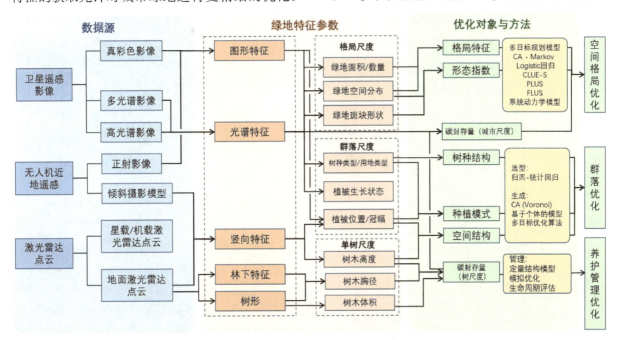

图1 低碳城市绿地精细化评估与循证优化方法框架

绿色空间的碳抵消能力,是实现碳平衡导向下城市绿色空间数量-空间协同优化方案的基本步骤。

以北京市市域范围内的绿色空间为研究对象,北京市绿色空间2020年CO_2净吸收量约为898.88万t;北京市2020年由人类活动引起的CO_2排放总量约为24 012.47万t。计算2020年绿色空间植被CO_2净吸收量和人类活动引起的CO_2排放量的比值,得到绿色空间的碳抵消能力为3.74%(图2)。

3.1.2 城市绿色空间数量-空间协同智能优化

基于2020年北京市绿色空间的碳抵消能力(3.74%),并参考国内外城市绿色空间碳抵消能力的评价结果,设置2035年北京市绿色空间碳抵消能力提升的多个候选目标,候选目标的提升梯度为5%;建立STIRPAT模型预测2035年北京市CO_2排放量。结果显示,2035年各绿色空间碳抵消能力分别为3.93%(5%)、4.11%(10%)、4.30%(15%)、4.49(20%)和4.68%(25%),预测CO_2排放量为26 540万t。首先,基于碳抵消能力候选目标、预测CO_2排放量和标准绿色空间(林地)的单位面积碳吸收量,计算对应候选目标下的标准绿色空间数量。其次,将碳抵消能力候选目标下的标准绿色空间数量,作为碳约束条件,将2035年规划用地数量作为土地利用约束条件,建立社会-生态效益最大化的多目标规划模型,从而确定最佳候选目标及其对应的标准绿色空间数量。最终确定满足城市发展规划约束条件的最佳碳抵消能力为4.19%,此时标准绿色空间数量为13 012.24 km²。最后,使用PLUS模型来实现一定数量绿色空间的布局优化(图3)。

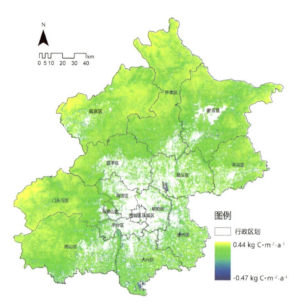

图2 北京市2020年绿色空间碳汇评价结果

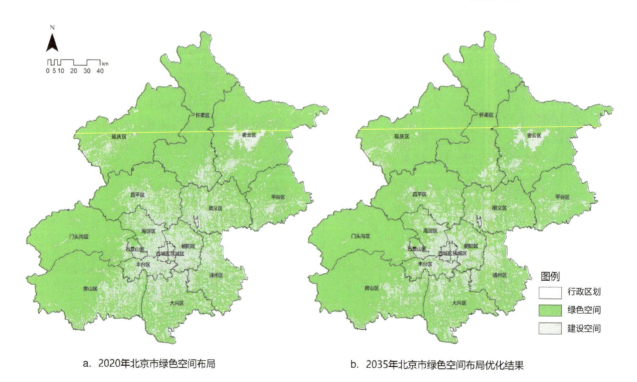

a. 2020年北京市绿色空间布局   b. 2035年北京市绿色空间布局优化结果

图3 北京市绿色空间布局优化[11]

3.2 城市绿地群落碳增汇优化

天府新区成都直管区位于成都东南部,规划面积 564 km²,以平坝、浅丘为主,四周环抱 3 处生态区,内含 5 条河流,并规划有 3 条绿廊、6 大建设片区(图4)。如何利用有限城市绿地空间,考虑植被群落在物种组成、空间结构、植被状况等生物物理特性所导致的环境效益差异性和异质性,最大限度地精准促进城市绿地群落碳增汇优化,是新区绿地建设亟待解决的技术与实践问题。

3.2.1 基于地面激光雷达的高碳汇群落影响机制评估

针对天府新区碳排与碳汇载体面积不同尺度的差异,将区域性绿地、结构性绿地、社区性绿地三大尺度对应下的公园绿地、生态绿地、防护绿地、附属绿地四大类型,分别划定 1 ha、50 m×50 m、20 m×20 m 三个尺度的样地,并考虑纯林、混交林、复层混交、灌丛、地被、湿地 6 种植被类型,结合净初级生产力评估选取具有较高碳汇效能的群落样地。

3.2.2 城市绿地高碳汇群落优化调控

根据植物群落基本植被信息,利用林木生长量模型,进行单株植物生物量的计算与植物群落生物量的加和,并利用相关系数进一步转化为碳储量、碳密度。构建以碳密度为因变量、平面与垂直结构参数为自变量的两个随机森林模型,分析植物群落碳密度影响参数的相对重要性,基于随机森林回归模型,推导不同影响参数与碳密度间的非线性关系,最终得到影响碳密度的关键结构因素,碳增汇植物群落与林草比、郁闭度、植被结构等 6 大关键调控参数最为相关,但最佳调控阈值与取值范围略有不同;在 20 m×20 m 社区绿地尺度下,碳增汇植物群落与地被盖度、群落结构等 4 大关键调控参数最为相关,且与其他尺度的最佳阈值出现差异(图5)。

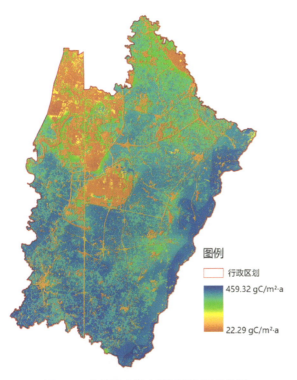

图 4　天府新区成都直管区碳汇评价结果

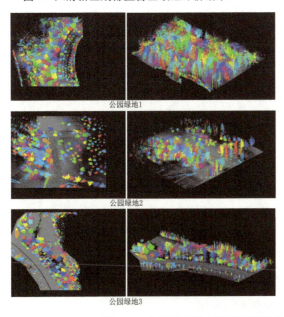

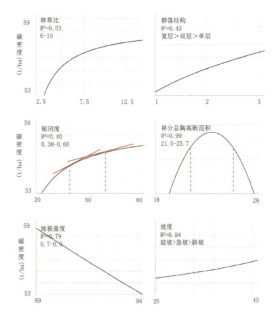

图 5　天府新区成都直管区不同尺度绿地植物群落调控参数集推荐阈值

3.3 苗木生产碳足迹评估和优化

以苗圃中的国槐(Sophora japonica L.)作为研究对象,采用生命周期评价法分析15年树龄的国槐生产碳足迹,并结合激光雷达点云生成的树木定量结构模型解析碳封存量与修剪量(图6),从而定量评估苗木修剪所产生的碳排放和苗木生产碳足迹,从低碳的角度优化苗木的生产流程。

3.3.1 基于地面激光雷达的苗木生产修剪和碳足迹评估

选取北京市大兴区某大型综合苗圃作为苗木生产过程的调查区域。苗圃中国槐的生产流程包括扦插育苗、露天幼苗培育和露天定植培育3个阶段,均在苗圃内部进行。整个生命周期的系统边界为扦插育苗到出圃的完整流程,即"从摇篮到大门"。国槐生产的碳足迹评估在生命周期评价的标准框架上实施。全生命周期LCA的评价流程根据ISO生命周期评估指南进行[12],包括目标和范围定义;生命周期清单(LCI)分析;生命周期影响评估(LCIA)和解释4个部分[13-14]。

根据碳足迹的评估结果,15年树龄的国槐在"从摇篮到大门"的整个生产过程中的碳排放量均值为 99.68 kg CO_2e,地上木质生物质的碳封存量均值为 157.96 kg CO_2e,净碳足迹的均值为 −58.28 kg CO_2e。其中修剪环节占所有碳排放总量的 86.68%,修剪以外的环节所产生的碳排放 12.82 kg CO_2e。根据各个环节碳排放的均值,修剪废弃物制成的覆盖物的分解,是生产生命周期中占比最高的碳排放环节,占碳排放总量的 84.56%。除了修剪,养护环节的碳排放量贡献依次递减是施肥(5.38 kg CO_2e)、灌溉(3.25 kg CO_2e)和收获(3.09 kg CO_2e)。

3.3.2 基于生命周期评估的苗木生产流程低碳优化

修剪导致的生物源碳排放是构成树木生产碳排放的主要来源,根据本研究中各环节的碳排放计算,在考虑了修剪环节后,15年国槐的碳排放是未考虑修剪环节的5~10倍。修剪所导致的碳足迹不仅取决于修剪移除的生物质量,也受到废弃物处理方式的显著影响[15-17]。不同的废弃物处理方式所造成的环境影响具有很明显的差异。将绿化废弃物直接填埋所产生的碳排放较高,平均生产一株15年树龄的国槐将产生 419.67 kg CO_2e 的填埋碳排放,这导致所有的国槐在生产阶段都成为了净碳源;燃烧发电、燃烧制热、制成生物炭和覆盖物处理情景下国槐均为碳汇。使用废弃物焚烧发电展现出最好的环境效益,焚烧之后回收电能的替代效益抵消了焚烧产生的部分碳排放。不同的情景下苗木所表现出的温室气体排放影响具有很大的差别;所有情景中废弃物处理所产生的净碳排放,都是国槐生产环节中最主要的碳排放环节。因此,选择合适的废弃物处理方式对于降低苗木生产的碳排放十分重要,建立具有替代效益的废弃物利用模式,能够降低修剪导致的碳排放(图6)。

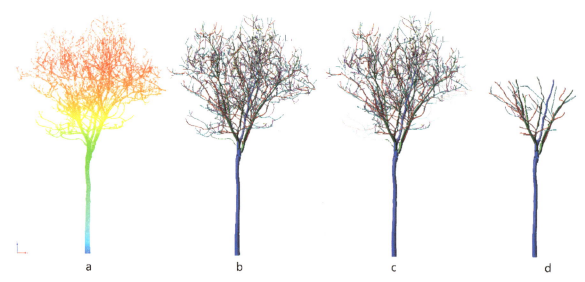

图6 国槐点云模型与修剪可视化

a.国槐单树点云;b.国槐定量结构模型;c.国槐整形修剪可视化模型;d.国槐截干修剪可视化模型

4 结论与展望

多源遥感技术在城市绿地评估中的应用拓展了优化途径的视角,提升了低碳城市绿地优化的实施精度。城市绿地在循证优化过程中评估的信息维度得到提升,可以更好地结合低碳优化的算法。

前文所述案例实施的过程是多种遥感技术方法和优化算法的集成。根据具体的绿地低碳优化需求积累循证方法的具体实施流程和实施案例,是低碳绿地优化走向成熟需要进一步的研究拓展。

本研究中所总结的高分辨率多源遥感技术大部分仍具有较高的实施成本。对于城市绿地的低碳优化而言,需要建立"评估-优化-再评估"的实施闭环,从而揭示循证优化实施的具体效益,提升人们对绿地低碳效益的认知,促进优化手段的完善,支撑低碳优化实践走向更广泛的绿地实践。

参考文献

[1] Jo H K, McPherson E G. Indirect carbon reduction by residential vegetation and planting strategies in Chicago, USA[J]. Journal of Environmental Management, 2001, 61(2): 165-177.

[2] Akbari H. Shade trees reduce building energy use and CO_2 emissions from power plants[J]. Environmental Pollution, 2002, 116(suppl 1): S119-S126.

[3] Zhang Y, Meng W Q, Yun H F, et al. Is urban green space a carbon sink or source? — A case study of China based on LCA method[J]. Environmental Impact Assessment Review, 2022, 94: 106766.

[4] Seto K C, Churkina G, Hsu A, et al. From low to net-zero carbon cities: The next global agenda[J]. Annual Review of Environment and Resources, 2021, 46: 377-415.

[5] Shahtahmassebi A R, Li C L, Fan Y F, et al. Remote sensing of urban green spaces: A review[J]. Urban Forestry & Urban Greening, 2021, 57: 126946.

[6] Zhuang Q W, Shao Z F, Gong J Y, et al. Modeling carbon storage in urban vegetation: Progress, challenges, and opportunities[J]. International Journal of Applied Earth Observation and Geoinformation, 2022, 114: 103058.

[7] Feltynowski M, Kronenberg J, Bergier T, et al. Challenges of urban green space management in the face of using inadequate data[J]. Urban Forestry & Urban Greening, 2018, 31: 56-66.

[8] 惠刚盈,赵中华,陈明辉. 描述森林结构的重要变量[J]. 温带林业研究, 2020, 3(1): 14-20.

[9] 刘喆,郑曦. 近自然森林景观空间结构参数化设计研究[J]. 北京林业大学学报, 2023, 45(6): 100-107.

[10] 钱小琴,刘喆,赵天祎,等. 基于宫胁造林法的近自然城市森林数字化设计探索:以河北省绿博园邢台林为例[J]. 景观设计学(中英文), 2021, 9(6): 60-76.

[11] Liu Y, Xia C Y, Ou X Y, et al. Quantitative structure and spatial pattern optimization of urban green space from the perspective of carbon balance: A case study in Beijing, China[J]. Ecological Indicators, 2023, 148: 110034.

[12] ISO. Environmental Management: Life Cycle Assessment-Requirements and Guidelines. EN ISO 14044:2006.

[13] Ingram D L. Life cycle assessment of a field-grown red maple tree to estimate its carbon footprint components[J]. The International Journal of Life Cycle Assessment, 2012, 17(4): 453-462.

[14] Meng W Q, He M X, Li H Y, et al. Greenhouse gas emissions from different plant production system in China[J]. Journal of Cleaner Production, 2019, 235: 741-750.

[15] Araújo Y R V, de Góis M L, Junior L M C, et al. Carbon footprint associated with four disposal scenarios for urban pruning waste[J]. Environmental Science and Pollution Research, 2018, 25(2): 1863-1868.

[16] Speak A, Escobedo F J, Russo A, et al. Total urban tree carbon storage and waste management emissions estimated using a combination of LiDAR, field measurements and an end-of-life wood approach[J]. Journal of Cleaner Production, 2020, 256: 120420.

[17] Lan K, Zhang B Q, Yao Y A. Circular utilization of urban tree waste contributes to the mitigation of climate change and eutrophication[J]. One Earth, 2022, 5(8): 944-957.

作者简介:刘喆,北京林业大学园林学院在读博士研究生。研究方向:风景园林参数化设计。

刘阳、吕英烁,北京林业大学园林学院在读博士研究生。研究方向:风景园林生态规划。

郑曦,博士,北京林业大学园林学院教授、博士生导师。研究方向:风景园林规划设计与理论。

基于云计算和SD-WAN的数字景观平台的设计与实现

刘晖 左翔 张玮琦 秦树新 王晶懋 张晓彤

摘 要 当下数字景观平台技术的发展正经历着由自动化向智能化升级的过程。现有平台所采用的"本地计算+广域网（WAN）网络"的技术构成模式已不能较好满足智能应用对算力、效率、安全性的需求，并暴露出了部署成本的问题。本研究在剖析这一技术构成模式的基础上，指出了"云计算+软件定义的广域网（SD-WAN）"的新技术构成模式在改善上述问题方面的优势和潜力。基于该模式设计了数字景观平台，实现了景园生态智能监测、要素动态显示、数据在线分析和可视化、智慧导览、语音科普、智能告警等功能，在传感器精度、数据采集速度、存储能力、处理速度、平台操作响应速度、系统稳定性等技术指标方面表现优秀，并大幅减低了数字景观平台的搭建成本。本研究对进一步推动数字景观平台技术体系走系统云端化、网络智能化、功能定制化道路有积极意义，为风景园林科研、教学、实践、管理业务的智能化升级提供了参考案例。

关键词 数字景观平台；云计算；SD-WAN；生态监测；智能化

随着风景园林专业的不断深化发展，跨尺度数据需求的剧增、研究要素的多元化、数据分析的复杂化、应用范围和服务对象的泛化等特征越发突出，传统技术途径在面对上述需求时能力短板暴露、经济和人力成本增加，不能满足专业和行业深入发展的需求。信息技术领域的创新为解决风景园林领域出现的新问题提供了数字化方法，越来越多的研究者开始搭建数字景观平台，为行业的研究与实践提供集成式、专业化解决方案。数字景观平台是景园生态、空间形态、环境行为的数据采集、分析、模拟、呈现平台，由一系列具有专业功能的软硬件子系统组成[1]。数字景观平台面向的是当下风景园林科研、教学、实践创新发展的核心需求，具有重应用价值。在科研领域，数字景观平台能提供可靠的全尺度、全过程、全要素的环境数据来源，成为科研数据管理、分析、模拟、可视化的一站式工作台；在教学领域，数字景观平台能为风景园林教学提供基于客观定量分析、多维直观呈现的知识教授途径，促进规划设计教学由"直觉经验式"向"逻辑推演式"转变；在实践领域，数字景观平台能为场地量化分析、环节的一体协同、成果的动态反馈提供数字化方法，促进规划设计由"基于感性判断"向"基于理性分析"转变，同时进一步提升实践活动的效率。

数字景观平台的发展经历了从自动化、半智能化到智能化的过程。20世纪90年代中期，微型计算设备和新型传感器材料出现，为克服传统的仪器设备在进行环境测量时存在的人力资源浪费、监测范围有限、数据采集不及时等问题，研究者建立了有线传感器网络。该网络中传感器通过有线方式连接到数据采集系统，数据传输相对稳定，但受布线限制，部署和扩展不便。20世纪90年代末期无线传感器网络（WSN）的出现革命性地改变了环境监测的方式。无线传感器节点可以分布在监测区域内，通过无线通信传输数据，不受布线限制，使得监测范围更广、更灵活。如Lopez-Iturri[2]等为实现对学校花园环境参数的观察、分析和处理，构建了一个集成在花园的WSN监测网络。但此阶段传感器网络功能、服务和资源的集成程度较小，尚不具备"平台"的特点。2005年至2015年，由于射频识别技术（RFID）[3]、无线传感器网络技术、纳米技术[4]、智能嵌入技术[5]和数据处理技术[6]的进一步发展，设备更复杂、计算和通信能力更强的物联网技术逐渐成熟[7]。在此阶段，网络技术不仅仅局限于传感器节点的连接和数据传输，而是将更多的功能和服务集成在一个整体性的系统中，具备了"平台"的属性。如杨亚南[8]构建了一个基于Zigbee和NB-IoT技术的园林景观监测系统，利用无线通信技术将物联网设备连接在一起，以获取更加实时精确的监测数据。

近年来，大数据、数字孪生、人工智能、机器学习等智能化技术的进展，促进数字景观平台技术开始迈入智能化升级的新阶段，越来越多的智能应用接入平台。如Song[9]等应用了卷积神经网络(CNN)技术进行景区人流特征和游客喜好的图像识别,并使用协同过滤算法对游客在景点的异常表现进行主动推荐,以实现对景区的协同监测。钱玮钰[10]将信息集成管理系统融入江苏省园博会扬州园的景观设计中,增强游览的互动体验,并加深展园中景观文化的表达。智能化应用的融入,有利于进一步健全数字景观平台的功能体系,但仍存在一些问题:算力受限于本地物理服务器资源,无法有力支持各类智能化应用更好地融入平台;网络部署和运营成本比较高昂,存在网络延迟及安全风险等问题。此外,数字景观平台多为专门监测某一类数据的平台,功能服务面较窄。为解决这些问题,本研究在分析研究人员、专业教师、场所游客、管理人员等不同使用者需求的基础上,利用云计算和SD-WAN(软件定义广域网)虚拟局域网技术,设计并实现了数字景观平台,进一步提升了系统的计算性能、网络性能、安全性能,降低了平台建设运维成本;服务场景更好地覆盖了科学研究、科普教学、实践活动、管理运维等不同应用场景,提升了平台功能的集成度和服务面。本研究对进一步推动数字景观平台技术体系走系统云端化、网络智能化、功能定制化道路有积极意义,为风景园林科教和实践的智能化升级提供了参考案例。

1 本地部署数字景观平台面临的问题

数据存储和处理技术以及通信技术通常是决定整个生态环境监测平台性能高低的关键技术。上一代数字景观平台多采用"本地部署计算设备＋广域网(WAN)网络传输数据"的技术构成模式。这种模式在数据的本地实时处理、隐私保护上具有优势,但随着监测规模、范围和节点数量的增加及用户需求的变化,这种技术构成模式也暴露出以下问题。

1.1 成本问题

本地计算平台需要在每个监测站点部署独立的硬件设备,需花费较高的采购、部署、安全措施配置、设备维护、数据管理费用。由于生态环境监测的许多站点都布置在偏远的地区,WAN网络的连接费用相对较高,且面临较高的数据交换和管理成本。当需要增加硬件设备和网络带宽时,还会导致较高的扩展成本。

1.2 智能化应用问题

本地计算平台受到硬件资源的限制导致计算能力不足,可能难以支持大规模模型应用。由于数据传输效率低下,可能影响人工智能算法的训练和推理速度。而当需要更新和部署新的算法和模型时,需要针对每个监测站点进行独立的操作,过程复杂、耗时。

1.3 效率问题

由于数据需要传输到本地进行处理,可能会出现监测数据的实时性较差、网络延迟等问题。WAN网络受制于公共互联网的稳定性和带宽限制,可能在数据传输过程中面临网络延迟、拥塞和丢包等问题。且由于每个站点的计算需求因时因地不一,可能导致计算资源利用率较低。

1.4 安全问题

采用本地部署平台的监测数据需要通过公共互联网传输到本地服务器,可能面临数据在传输过程中被截获、泄漏或篡改的风险;远程访问监测站点进行管理和维护时,可能面临远程入侵的风险;当多个用户共享同一套监测平台时,可能造成数据泄漏或交叉访问;本地部署的平台可能面临数据丢失的风险。

2 基于云计算和SD-WAN网络的平台技术优势

风景园林平台数智化升级的关键在于搭建计算能力和数据传输能力的基础设施底座,难点在于如何促进智能技术更好地与风景园林行业需求相融合,打造行业定制化的专业应用。近年来云计算和SD-WAN网络技术的发展为数字景观平台的成本、效率、智能化应用和安全问题提供了有效的解决方案。

云计算是指由位于网络中央的一组服务器把其计算、存储、数据等资源以服务的形式提供给请求者,以完成信息处理任务的方法和过程[11],如今已成为现代IT领域的重要支撑。其主要特点是计算服务资源池化,且处理能力具有可扩展性,可按需弹性调整,极大提高了计算资源的利用率[12]。

SD-WAN是一种通过软件定义的方式,对广域网连接进行集中管理和优化的网络技术[13],为企业分支机构提供更高效、灵活和安全的广域网连接解决方案。随着SD-WAN技术日益成熟,包括主流的云服务商在内的大量企业和机构采用SD-WAN技术来替代传统的MPLS网络,为云上应用提供更高效、灵活、安全的广域网连接。使用"云计算+SD-WAN网络"技术构成模式构建数字景观平台具有以下优势。

2.1 智能化应用得到算力保障

云计算为大数据技术提供了高性能的数据处理和分析平台,能够在分布式计算环境中快速处理海量数据并提取有效信息;为机器学习和深度学习模型训练提供了高性能硬件加速器,可以大幅缩短模型训练的时间;SD-WAN网络可以优化设备连接,保证数据传输的高效性,也可为环境物联网、数字孪生等应用提供可靠、低延迟的通信环境。

2.2 平台搭建成本极大降低

在云计算模式中,用户只需根据实际需求租用云服务商提供的计算和存储资源,大大降低了初始投资成本;云服务商负责设备的运维和管理,用户可以将更多精力集中在业务开发和应用优化上。此外,SD-WAN技术通过优化广域网连接,降低企业的网络带宽成本,通过提供边缘计算支持,将部分计算任务下放到边缘设备,降低云计算费用。

2.3 平台部署和运行效率极大提升

云计算平台提供了即开即用的服务,使得生态监测平台可以在短时间内快速部署,且可以即时调整云资源的规模,节省了时间成本;云计算平台通常提供高性能计算(HPC)实例和硬件加速器(如GPU、TPU等),相比本地计算模式更具优势。SD-WAN技术通过优化广域网连接,提高了监测数据传输的效率。

2.4 数据和平台设施安全性极大增强

云计算平台可以自动对用户数据进行备份,并提供多地域分布式数据中心,以保障数据的安全性和可靠性;采用数据加密等安全措施,确保数据在传输和存储过程中不被窃取或篡改;提供灵活的访问控制和权限管理功能,用户可以细粒度地控制访问和操作权限。SD-WAN技术通过建立虚拟专用网络(VPN)隧道,对数据进行加密传输,防止敏感数据被窃取或篡改;提供了对DDoS攻击的防御机制,可以快速检测并封锁恶意流量;支持快速恢复机制,确保生态监测平台的稳定性和持续性。

综上,"云计算+SD-WAN网络"技术构成模式在各方面具有显著的优越性。下文介绍基于云计算和SD-WAN开展数字景观平台的设计。

3 数字景观平台设计与实现

3.1 需求分析

为使数字景观平台的功能与风景园林学科应用需求适配、充分实现定制化,通过分析研究人员、教师、游客、场地管理者平台四类主要使用者的需求,建立平台功能设计目标,主要包括高性能、数据集成与处理、可视化、系统安全、实时更新等(表1)。

3.2 系统架构和网络结构设计

3.2.1 系统架构

平台系统架构包括感知层、数据资源层、数据支撑层、应用服务层(图1)。其中感知层主要由前端数据采集设备和通讯网络构成,负责监测数据并将其经网络层传送至数据资源层。数据资源层由数据适配服务和数据库构成,不同类型的数据在该层进行融合,并形成应用层可以直接利用的数据。数据支撑层主要负责对大量数据信息进行数据处理,并最终在应用服务层为用户提供有价值的服务。虚拟化管理层主要采用腾讯和华为的云服务器实现功能,云服务器提供了多种云计算产品,可以满足不同场景下的需求。应用服务层在平台数据和服务的基础上,搭建了多种应用模块,针对应用对象的不同,开发了PC客户端和手机微信小程序。

表 1　平台使用者及其对应需求

对平台的需求		平台使用者			
需求	描述	科研人员	教师	游客	场地管理者
高性能	能快速处理大量数据并在各设备流畅运行	●			
数据集成与处理	能对来自各种源的数据进行集成与处理	●			
可视化	能清晰直观的展示各类信息	●	●	●	
系统安全	能保障数据的安全和隐私	●			
实时更新	能实时或近实时地更新数据	●			
监测与告警	能对监测数据的异常信息进行及时告警	●			●
科普宣教	能对场地动植物、生态知识进行讲解		●	●	
智慧识别	能够对进入场地的人或动物进行识别与分析	●			
智慧导览	能提供科学合理的园区导览功能			●	
便捷性	能通过手机等移动设备轻松获取信息	●	●	●	●
易用性	能确保非专业用户能轻松地操作平台		●	●	●
场地监管	能够远程监测和周界管理	●			●

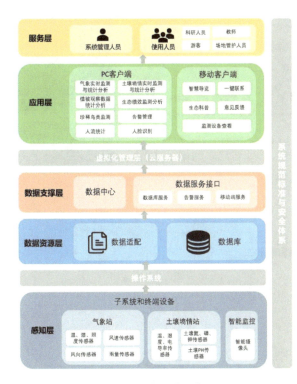

图 1　平台系统架构

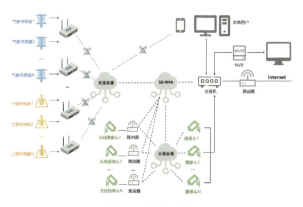

图 2　网络架构图

3.2.2 网络架构

平台采用 SD-WAN 组网,总体架构的分层如下:第一层是应用层,主要负责应用数据的流量识别和优化。第二层是控制层,主要负责 SD-WAN 网络的控制和管理,包括 SD-WAN 控制器和管理平台。第三层是数据层,主要负责数据的传输和转发。第四层是底层网络,包括传统的广域网和局域网,提供 SD-WAN 网络的基础设施,包括物理链路、网络设备等(图 2)。

通过这样的分层架构,SD-WAN 实现了网络的灵活性、可靠性和可管理性的要求。应用层优化确保了关键业务的性能,控制层的智能管理提高了网络的可靠性,数据层的安全传输保护了数据的隐私,底层网络的稳定性保证了整个网络的可靠运行。

3.3 传感器部署

根据城市生境研究的需求,设置了建成环境阳生生境(西安建筑科技大学雁塔校区南门花园)、建成环境阴生生境(东楼花园)、大型绿地生境（西咸新区白马河公园）、屋顶特殊生境（西咸新区云顶农场）四处典型生态监测样地（图3），并部署基站和传感设备用于采集环境数据（图4、图5），现阶段应用的监测系统包括小气候监测系统和土壤墒情监测系统。监测系统由传感器、数据采集器、通讯系统、供电系统、整体支架、计算机软件六部分组成，各传感器的测量指标及主要技术参数见表2。

本平台还在生态监测区域应用了智慧识别功能，主要包括"人流统计""人脸识别"和"目标识别"。"人流统计"是针对场地的人流进行出入统计；"人脸识别"是对进入场地的人员进行人脸抓拍和性别识别；"目标识别"是对进入场地的人员进行"白名单"和"黑名单"识别比对，并对进入场地的珍稀动物进行抓拍与分析。智慧识别功能不仅可以帮助景观科研工作者实时监控试验场地的人流量、出入场地的游人特征，还有助于观察游客的时空行为、活动偏好及人与环境之间的相互作用关系。此外，对珍稀动物的抓拍与分析功能使景观科研工作者能够追踪并研究试验场地内的生物多样性，有助于进一步保护和管理这些生物种群。

图3　生态监测样地分布

图4　基站

图5　各类传感器

表 2　各传感器的测量指标及主要技术参数

设备名称	测量参数	测量范围	分辨率	精度
温湿度、照度传感器	大气温度	−50～100 ℃	0.1 ℃	±0.5 ℃
	大气湿度	0～100％	0.1％	±5％
	光照强度	0～200 000 lux	10 lux	±7％
风速传感器	风速	0～45 m/s	0.1 m/s	±(0.3＋0.03 V) m/s(V:风速)
风向传感器	风向	0～360°	1°	±3°
雨量传感器	降雨量	0～999.9 mm	0.2 mm	±4％
土壤温湿度、电导率传感器	土壤温度	−40～80 ℃	0.1 ℃	±0.5 ℃
	土壤湿度	0～100％	0.1％	±5％
	土壤电导率	0～10 000 μs/cm	1 μs/cm	±5％
土壤氮磷钾传感器	土壤氮磷钾	1～1 999 mg/kg	1 mg/kg	±2％FS
土壤 PH 传感器	土壤 pH	0～14	±0.1	0.01

3.4　数据采集、传输、存储和处理

环境数据采集器通过 GPRS 与腾讯云服务器之间进行通讯,需要实时响应的视频监控设备则通过 SD-WAN 虚拟局域网络与华为云服务器进行通讯,以保证数据传输的稳定性和速度。通过在云计算平台上建立 Microsoft SQL Server 数据库实现大规模数据的存储和处理。平台客户端与各服务器之间通过 HTTP 协议进行通讯。数据接收与处理通过后台服务进行,后台服务定时扫描所有设备的数据接口,及时获取数据并将数据处理后存入数据库,数据库通过用户、设备、告警、实时数据、碳汇、植物群落、样方等数据表对数据进行操作。

3.5　数据分析和可视化

平台主页面可以实时显示多个监测站点的大气温度、大气湿度、土壤温度、土壤水分等 14 个重要监测指标,并以仪表盘、直方图、散点图、折线图等各种动态图表方式直观展示(图 6),远程实时监测提高了景观科研工作中的数据采集效率,而直观显示方式在很大程度上简化了数据解读过程,使景观科研人员可以更快地理解和应用这些数据。

平台通过数据统计分析功能可以对收集到的数据进行自动计算和整编,提供按天、按年、按月,分场地、分设备、分参数的报表下载功能,有效提高了数据整编的效率和精度。此外,该平台还支持对 4 个或 4 个以下参数进行参数之间的相关性

图 6　平台主界面

图 7　数据分析界面

分析(图 7),该功能为科研工作者实时观察不同参数的变化及各参数间的关系,提供了极大的便利,有助于在监测过程中发现科学问题和规律。

3.6　实时监测与安全保障

平台配置了实时监测和告警系统,主要包括"实时监测告警"和"周界告警",其中"实时监测告

警"在生态监测过程中,当数据出现异常或超过正常阈值时,这个功能就会立即启动并发出告警信号,确保在发生异常或重要事件时能够及时通知相关人员。"周界告警"是针对满足告警规则的行为,如接近基站设备或进入种植区踩踏,系统会及时生成告警信息,发送到后台,便于场地管理人员监督游人的行为,为场地维护和管理提供方便(图8)。

此外,本平台还采取了组合安全措施来确保系统和数据安全,包括防火墙、安全组策略、加密通讯、加密传输、访问控制、角色分类、身份认证等措施。在容灾与备份功能实现方面,针对数据的安全采用多重备份方式和异地备份方式,来确保数据在发生意外的情况下能够及时恢复。

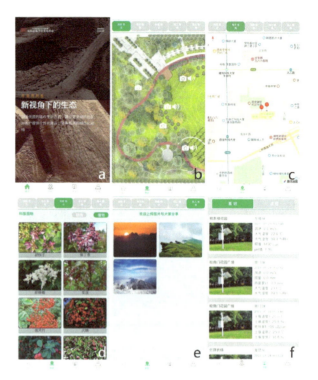

图9 小程序功能界面

a.首页简介;b.智慧导览;c.电子地图;d.科普知识;e.互动分享;f.生态监测

图8 周界告警界面

3.7 移动端开发

除PC端外,本平台还开发了手机微信小程序,主要搭载的功能模块包括首页简介、智慧导览、电子地图、科普知识、互动分享、生态监测等。其中,"首页简介"模块为用户提供平台介绍、开发者信息等,帮助用户了解平台项目情况(图9a),"智慧导览"模块主要面向游客参观提供导览地图,当用户行至标注位置将自动唤起语音讲解,为用户讲解景点相关内容,提升游客的参观体验(图9b)。"电子地图"模块将向游客用户提供监测区的地理位置信息,帮助用户寻找到达路线(图9c)。"科普知识"模块主要以图文形式为学生用户提供生物多样性等学科相关知识(图9d)。"互动分享"模块为场地参观者提供文字和照片上传的入口,为用户提供在线互动交流平台(图9e)。"环境监测"模块为研究人员在线查看实时监测数据提供系统登录入口,便于了解环境动态(图9f)。

4 平台性能评价

经测试,监测基站系统时钟达72 MHz,指令执行速度1.25 DMIPS/MHz,数据采集速度500 ms/次。FLASH存储容量4 Mbits,同时可扩展至32 Mbits。当前每个监测点每个参数每分钟上传1条数据的条件下,数据库每月数据存储量约500 MB。由于数据库构建在云平台上,存储空间可根据需要随时调整扩充,高效应对未来TB/PB级数据的大数据处理场景。在数据处理速度方面,以统计图表生成为例,从获取数据处理分析到数据可视化展示,整个过程时间不超过1 s。平台登录实际响应时间340 ms,普通页面跳转响应时间平均136 ms。系统支持Modbus通讯协议,提供标准有线(485/232/USB)、无线(GPRS/4G/LAN/WIFI)等多种通讯方式,支持性良好。目前数字景观平台在监测主要性能参数指标均达到了生态监测实验设计标准,已通过专家验收。

在成本控制方面,若采用本地计算方式构建数字景观平台,需要额外增加机房装修和机房设备投入预算约15万元,机房人工维护费用7.2万元/年,专线网络费用0.45万元/年。而采用云计算,则可免除以上所有费用，只需要缴纳云服务器的租用费用0.6万元/年，4G通讯费0.13万元/年，大大降低了平台搭建成本。

5 结论

在智能化技术进一步发展、数字景观平台需要进行智能化升级的背景下，研究针对基于"本地计算＋广域网（WAN）网络"技术构成模式的平台，在部署智能应用时计算性能、网络性能、安全性能不足和成本高昂的问题，提出了基于"云计算＋软件定义的广域网（SD-WAN）"数字景观平台新技术构成模式。为验证新技术构成模式的可行性，研究从风景园林学科的科研、教学、实践、管理需求出发，通过系统架构和网络结构设计，传感器部署，云平台数据采集、传输、存储和处理功能构建，数据分析和可视化功能设计，实时监测与安全保障功能设计，移动端开发等步骤，构建了基于云计算和SD-WAN技术数字景观平台。

平台在传感器精度、数据采集速度、存储能力、处理速度、平台操作响应速度、系统稳定性等技术指标上表现优秀，具备了进一步开展大数据、人工智能等应用研究的底层能力；同时在功能上，平台集成了景园生态智能监测、要素动态显示、数据在线分析和可视化、智慧导览、语音科普、智能告警等功能，较好地满足了风景园林领域研究人员、专业教师、场所游客、管理人员等不同使用者的应用需求，实现了数字景观平台专业功能的定制化。在成本控制上，新的技术构成模式有效规避了本地部署中的软硬件购买、专线网络开通、机房搭建、人工维护等费用，大幅降低了数字景观平台的搭建成本。

目前研究所构建的数字景观平台初步具备了一定的专业应用能力，未来还将进一步融入机器视觉、数字孪生、虚拟现实、云端仿真生态等技术，提升平台智能化应用水平，更好地推进数字景观平台向数智化迈进。

参考文献

[1] 成玉宁. 数字景观：逻辑·结构·方法与运用[M]. 南京：东南大学出版社，2019.

[2] Lopez-Iturri P., Celaya-Echarri M., Azpilicueta L., et al. Integration of autonomous wireless sensor networks in academic school gardens[J]. Sensors, 2018, 18(11): 3621.

[3] Cui L, Zhang Z H, Gao N, et al. Radio frequency identification and sensing techniques and their applications: A review of the state-of-the-art[J]. Sensors, 2019, 19(18): 4012.

[4] Makarucha A J, Todorova N, Yarovsky I. Nanomaterials in biological environment: A review of computer modelling studies[J]. European Biophysics Journal: 2011, 40(2): 103-115.

[5] Boutekkouk F. Embedded systems codesign under artificial intelligence perspective: A review[J]. International Journal of Ad Hoc and Ubiquitous Computing, 2019, 32(4): 257.

[6] Krishnamurthi R, Kumar A, Gopinathan D, et al. An overview of IoT sensor data processing, fusion, and analysis techniques[J]. Sensors, 2020, 20(21): 6076.

[7] 苏美文. 物联网产业发展的理论分析与对策研究[D]. 长春：吉林大学，2015.

[8] 杨亚南. 基于Zigbee和NB-IoT的园林景观监测系统的设计与实现[J]. 电子技术与软件工程，2023(3): 21-24.

[9] Song Z Z, Lu J. Early warning and management method of abnormal performance of tourist scenic spots assisted by image recognition technology [J]. Discrete Dynamics in Nature and Society, 2022: 1-8.

[10] 钱玮钰. 信息集成管理系统驱动下的城市展园设计：以江苏省园博会扬州园为例[D]. 南京：南京理工大学，2020.

[11] 全国科学技术名词审定委员会. 科学技术名词·工程技术卷（全藏版）[M]. 北京：科学出版社，2016.

[12] 赵斌. 云计算安全风险与安全技术研究[J]. 电脑知识与技术，2019，15(2): 27-28.

[13] Wang D W. Software defined-wan for the digital age [M]. CRC Press, 2018.

作者简介：刘晖，西安建筑科技大学建筑学院教授，博士生导师；西北地景研究所所长。研究方向：西北脆弱生态环境景观规划设计理论与方法，中国地景文化历史与理论。

左翔、张晓彤，西安建筑科技大学风景园林学在读博士生。研究方向：生境营造与景观规划设计。

秦树新，西安航天电子侦查科技孵化中心有限公司，工程师。研究方向：物联网感知与应用。

张玮琦，西安航天电子侦查科技孵化中心有限公司，高级工程师。研究方向：计算机技术。

王晶懋，西安建筑科技大学建筑学院副教授。研究方向：城市绿地生态设计。

基于 CiteSpace 的人地系统远程耦合的研究进展

王云才　刘玲

摘　要　远程耦合将多个远程人类与自然耦合系统进行连接,成为全面了解社会经济和环境相互作用关系的框架。本文借助 CiteSpace 软件辅助分析远程耦合的研究概况、研究基础和研究热点,得到相应数据信息和图谱,并归纳总结关键词和共被引文献等内容。结果显示:生态系统服务流、土地利用/覆被变化和社会经济环境的相互作用是目前远程耦合研究的热点领域;社会生态系统、全球环境治理、可持续发展目标、土地系统、生态系统服务流等领域是远程耦合研究的重要基础。

关键词　人地系统;远程耦合;生态系统服务;土地利用/覆被变化

1　引言

人地系统耦合是在人地关系地域系统基础上的深化与延伸,关注人类社会与自然生态环境的复杂耦合作用和交互机制,目前主要有 Couples Human-Environment System（CHES）、Social-Ecological System（SES）、Coupled Human and Natural System（CHANS）、Coupled Natural-Human（CNH）4 种表述[1]。远程耦合(社会经济和环境的远距离相互作用)是 2013 年由刘建国提出的概念与框架,它拓展了人地系统耦合的研究,强调远距离空间各要素的耦合与关联,该框架由五个相关部分组成:系统、流、相关利益者、原因和影响,其中系统与系统之间通过流进行连接,每个单独的系统均包括相关利益者、原因和影响三部分[2]。

风景园林学科从古至今以协调人与自然关系为根本使命,风景园林空间是提供生态系统服务并满足人类福祉和需求的重要空间形式,人类福祉需求是风景园林空间不断研究和发展的动力[3],这与人地系统耦合的研究思想具有一致性。随着全球化和城镇化的发展与推动,风景园林空间与人类福祉出现了跨越空间尺度的耦合现象,如空气质量调节、洪涝调节和休闲旅游等,这些具有外溢特征的服务在经过远程传输后,与实际满足人类需求的空间状况和数量会存在差异,如何认知和理解两者远程耦合的运动机制,成为当前研究的热点。本文对人地关系远程耦合的研究现状、研究动态、研究基础和前沿进行梳理,以期为风景园林空间与人类福祉的耦合研究提供新思路和新方法。

2　数据来源与研究方法

2.1　数据来源

本文以 Web of Science(WOS)核心合集数据库为文献来源,WOS 是公认的最权威科学文献索引工具,可保证文献数据的完整性并可作为 CiteSpace 可视化分析的数据源。研究以主题＝("telecoupling"OR "telecoupled") AND 语种＝(English) AND 文献类型＝(Article) AND (Review)进行检索,检索时间为 2023 年 06 月 30 日,共获取 232 篇文献数据。从图 1 可知自 2016 年远程耦合的研究文献呈现较快增长趋势,2018—2022 年每年有 30～40 篇文献发表,且呈现较为稳定的研究趋势。

2.2　研究方法

CiteSpace 软件常用来绘制和分析科学文献

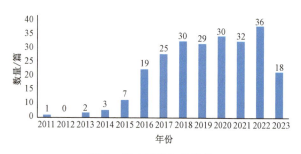

图 1　发文量的年度变化

数据,它主要基于共引分析理论和寻径网络算法等对某一领域的文献进行量化分析,探寻该领域演化的路径和知识拐点,并通过图谱进行可视化呈现[4]。本文运用 CiteSpace 6.2.R4(64-bit)软件对研究对象进行文献可视化分析,包括基本研究概况、研究基础和研究热点等内容。

3 结果分析

3.1 研究概况

3.1.1 研究者和研究机构

对 WOS 检索的 232 篇文献的研究者进行可视化分析,文献数量排名前 10 的作者分别是:Liu,J.G.、Kastner,T.、Batistella,M.、Bicudo,D.S.、Zaehringer,J.G.、Chung,M.G.、Dou,Y.、Bagstad,K.J.、Carlson,A.K.、Challies,E.。其中 Liu,J.G. 发表该主题文献 49 篇,约占总文献数的 21%(图 2)。Liu,J.G. 和 Zaehringer,J.G. 两位作者的中介中心性高于 0.1,表明两位作者与其他作者合作联系广泛。

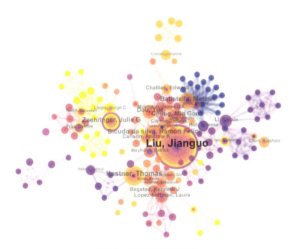

图 2　研究者共现图

文献发文量较多的研究机构有 Michigan State University/密歇根州立大学、Humboldt University of Berlin/洪堡大学、Chinese Academy of Sciences/中国科学院、University of Bern/伯尼尔大学、Vrije Universiteit Amsterdam/阿姆斯特丹自由大学、Universidade Estadual de Campinas/坎皮纳斯州立大学等。其中 Michigan State University/密歇根州立大学发文量最高,为 60 篇,约占总文献数的 25.9%,Humboldt University of Berlin/洪堡大学和 Chinese Academy of Sciences/中国科学院发文量分别是 22 篇和 21 篇(图 3)。Chinese Academy of Sciences/中国科学院和 Michigan State University/密歇根州立大学的中介中心性已超过 0.25,表明这两所研究机构与其他机构合作联系更为广泛。

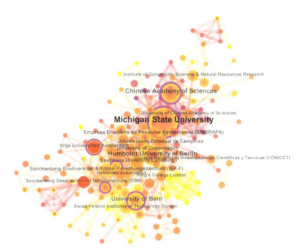

图 3　研究机构共现图

3.1.2 文献学科分布

根据 WOS 检索的 232 篇文献中共计学科类别 41 个,发文量最多的是 environmental sciences/环境科学和 environmental studies/环境研究两大学科,其发文量分别占总文献数的 48.3% 和 42.7%,其次是 ecology/生态学、green & sustainable science & technology/绿色可持续科学技术、geography/地理学等,说明远程耦合在这些学科中已被广泛研究。environmental sciences/环境科学、environmental studies/环境研究、ecology/生态学、green & sustainable science & technology/绿色可持续科学技术、water resources/水资源、marine & freshwater biology/海洋和淡水生物学学科中介中心性大于 0.1,说明这些学科与其他学科联系广泛,并成为学科交叉联系的重要枢纽(图 4)。

3.1.3 文献期刊共被引

对文献期刊共被引进行知识图谱分析,可了解远程耦合研究领域的主要参考期刊来源。通过 CiteSpace 分析发现被引期刊主要以生态学、环境科学、地理学等学科类型为主,最高被引用的期刊包括:*Ecology and Society*/生态和社会、*Proceedings of the National Academy of Sciences of the United States of America*/美国国家科学院院刊、*Science*/科学、*Global Environmental Change-Human and Policy Dimensions*/全球环境变化—人与政策维度、*Ecological Economics*/生态经济学、*Nature*/自然、*Environmental Research Letters*/环境研究快报、*Current Opinion in Environmental Sustainability*/环境可持续性的当前观点、*Sustainability*/可持续性等，这些期刊是远程耦合研究的基础和重要参考文献来源（图5）。

3.2 研究热点和研究基础

3.2.1 关键词共现分析

关键词代表检索文献的核心思想，可反映远程耦合研究的热点领域。运用CiteSpace软件对文献关键词进行可视化展示，根据出现频次由高到低依次为：ecosystem service/生态系统服务，sustainability/可持续发展，framework/框架，management/管理，deforestation/砍伐森林，conservation/保护，climate change/气候变化，trade/贸易，land use/土地使用，governance/治理等（图6），通过对关键词进行聚类分析，总结当前远程耦合的研究热点主要集中于生态系统服务流、土地利用/覆被变化、社会经济和环境相互作用等方面，表1列举出有关生态系统服务流和土地利用/覆被变化两个领域的重要关键词及其频次和中心性等信息。

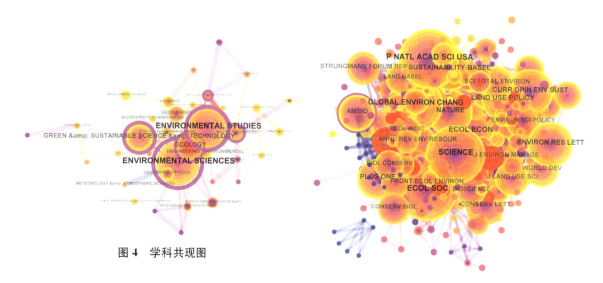

图4　学科共现图

图5　期刊共被引图

表1　重要研究热点领域的关键词信息表

生态系统服务流			土地利用/覆被变化		
重要关键词	频次	中心性	重要关键词	频次	中心性
ecosystem service	44	0.11	deforestation	28	0.21
sustainability	35	0.2	trade	24	0.07
management	28	0.07	governance	23	0.12
climate change	25	0.23	land use	23	0.05
conservation	25	0.11	globalization	22	0.11
biodiversity	17	0.09	environment	14	0.04
flows	8	0.02	land use change	13	0.06
consumption	8	0.04	social-ecological systems	8	0.01
nature-based tourism	2	0	patterns	7	0.02
ecosystem service flow	2	0	agricultural intensification	6	0.01

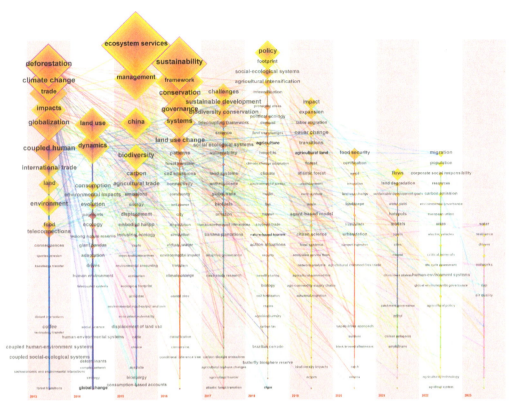

图6 关键词时区图

3.2.2 文献共被引分析

（1）共被引文献聚类分析

通过 CiteSpace 软件对232篇有关远程耦合研究的文献进行共被引聚类分析，得到13个聚类，聚类模块化 Q 值=0.6555，表明聚类结构显著且聚类效果好，同时聚类轮廓值均在0.7以上，表明聚类结果的可信度高。文献共被引前10的聚类分别是♯0 social-ecological systems/社会生态系统，♯1 social-ecological systems 全球环境治理，♯2 agribusiness/农业综合企业，♯3 sustainable development goals/可持续发展目标，♯4 ecosystem service flows/生态系统服务流，♯5 wolong nature reserve/卧龙自然保护区，♯6 land systems/土地系统，♯7 international progress/国际进程，♯8 trade/贸易，♯9 nature-based tourism/基于自然的旅游。共被引分析中最大的聚类是♯0 social-ecological systems/社会生态系统，♯3 sustainable development goals 可持续发展目标和♯1 social-ecological systems 全球环境治理两大聚类研究文献的平均形成时间最新，该聚类中的研究处于相对前沿的位置，是近年远程耦合研究的热点。本文筛选出3个聚类并分析聚类中的平均年份、总被引频次和代表性文献研究内容等，其中代表性文献研究内容以每个聚类中被引频次、中介中心性和突现值高的文献为主要阅读对象（表2）。

1）社会生态系统聚类。该聚类是文献共被引分析中最大的聚类，平均形成时间是2016年，共计文献89篇，本文筛选出该聚类被引频次最高的5篇文献进行分析（表2）。刘建国在2013年提出远程耦合的综合框架，包括系统、流、原因、影响和相关利益者，是解释远距离空间社会经济和环境要素的相互作用关系，及其对可持续发展带来的影响[2]。远程耦合框架提出之后，运用该框架对实际案例进行定性和定量分析的研究逐步开展，如中国和巴西大豆贸易对碳排放、生态系统服务、农民生计等的影响研究[2]，卧龙自然保护区产生的远距离旅游、信息传播、产品贸易等的整合分析[5]，南水北调工程实现南北方水资源远距离调动对社会经济和环境的影响分析[6]、中国森林覆盖率变化的远程耦合分析为制定可持续政策提供依据[7]、物种迁徙保护研究[8]等。

2）全球环境治理聚类。该聚类平均形成时间是2018年，共计文献54篇，本文筛选出与全球

表2 重要聚类的共被引文献信息表

聚类名称	被引频次	第一作者	代表性文献研究内容
#0 social-ecological systems 社会生态系统	69	Liu, J. G.	首次提出远距离社会经济与环境相互作用的综合框架[2]
	41	Liu, J. G.	卧龙自然保护区远程耦合的量化研究[5]
	36	Liu, J. G.	南水北调工程实现中国南北方淡水服务的远程供需匹配[6]
	29	Liu, J. G.	中国森林覆盖率变化的远程耦合研究[7]
	29	Hulina, J.	*Setophaga kirtlandii* 迁徙地和栖息地等不同区域之间的系统性研究[8]
#1 global environment governance 全球环境治理	33	Liu, J. G.	揭示外溢系统对全球可持续性治理的影响[9]
	9	Munroe, D. K.	远程流动空间治理是实现土地系统可持续发展的重点[10]
	9	Newig, J.	远程耦合治理面临的五大挑战及治理方法[11]
	9	Newig, J.	远程耦合三种不同治理理念的对比研究[12]
#4 ecosystem service flows 生态系统服务流	13	Schröter, M.	通过四个案例揭示生态系统服务的跨区域流动,并提出发送和接收系统间生态系统服务流动的概念框架[13]
	4	Bagstad, K. J.	运用ARIES建模潜在和实际生态系统服务流[14]
	4	Kleemann, J.	德国贸易、迁徙物种、防洪和信息服务的跨国流动量化研究[15]
	4	Semmens, D. J.	通过空间补贴计算*Danaus plexippus*迁徙的生态系统服务流量[16]
	4	Koellner, T.	提出四种区域间生态系统服务流动的指导步骤和量化指标[17]

环境治理紧密相关的4篇文献进行分析(表2)。在全球互联互通的当下,人地系统的远程耦合为全球环境治理提出更多挑战,如外溢系统对于全球环境治理具有重要意义,为促进全球可持续发展,提出外溢系统研究的总体目标是,最小化外溢系统的负面影响和最大化外溢效应的积极作用[9];同时治理流动也是影响可持续发展的重要因素,提出有效治理土地系统的远程变化,需要相关利益者的集体决策和谈判[10]。

3)生态系统服务流聚类。该聚类平均形成时间是2017年,共计文献36篇,本文筛选出与生态系统服务流紧密相关的5篇文献进行分析(表2)。生态系统服务的空间特征具有原位性、全向性和定向性[18],这表明,生态系统服务不仅可以满足原位空间的人类福祉,还可以全向或定向流动和转移至远程空间,这种具有流动特征的生态系统服务称之为"非原位生态系统服务"。非原位生态系统服务产生的服务流,可以连接存在空间分异的人类需求空间和自然供给空间,同时生态系统服务流也是认知供需空间交互关系的关键。生态系统服务供需关系的研究现已从级联、反馈响应逐步转向耦合关联的研究[19],而远程耦合能够有效揭示生态系统服务供需空间联动的复杂关系,同时生态系统服务流也是远程耦合研究的重点领域。Schröter, M.等将具有远程流动特征的生态系统服务流细化为人为携带运输、物种迁徙扩散、被动扩散流和信息网络传递四种,认为一个系统的变化会影响另一个系统的可持续性[13]。Koellner, T.等提出了评估生态系统服务流的流程步骤:识别目标和范围、评估生态系统服务和解释评估结果、进行定期监测[17]。当前的实践研究也多依据Schröter, M.等对于生态系统服务流的分类展开。

(2)高被引文献分析

高被引文献是远程耦合研究领域的知识基础,通过CiteSpace筛选出被引频次最高的10篇文献发现:Liu, J. G.有5篇文献入选,他是远程耦合框架提出和实践应用的先行者。10篇文献研究主题,集中在远程耦合理论框架研究和远程耦合实践应用探索两个方面。

理论框架研究包括表3中序号1、5、10的文献,其中1号文献提出远程耦合研究的框架,并结

表3 高被引文献信息表

序号	年份	第一作者	文献名称	被引频次
1	2013	Liu, J. G.	Framing Sustainability in a Telecoupled World[2]	69
2	2015	Liu, J. G.	Multiple telecouplings and their complex interrelationships[5]	41
3	2016	Liu, J. G.	Framing ecosystem services in the telecoupled Anthropocene[6]	36
4	2014	Eakin, H.	Significance of telecoupling for exploration of land-use change[20]	34
5	2018	Liu, J. G.	Spillover systems in a telecoupled Anthropocene: typology, methods, and governance for global sustainability[9]	33
6	2017	Hulina, J.	Telecoupling framework for research on migratory species in the Anthropocene[8]	29
7	2016	Deines, J. M.	Telecoupling in urban water systems: an examination of Beijing's imported water supply[21]	29
8	2014	Liu, J. G.	Forest Sustainability in China and Implications for a Telecoupled World[7]	29
9	2017	Sun, J.	Telecoupled land-use changes in distant countries[22]	28
10	2019	Kapsar, K. E.	Telecoupling Research: The First Five Years[23]	28

合两个实际案例,帮助解释和理解远程社会经济和环境的耦合关系;5号文献在远程耦合框架研究的基础上,进一步强调外溢系统的重要性;10号文献是对远程耦合框架提出5年内的应用情况进行回顾,包括使用远程耦合框架的情况、流类型、研究尺度和未来研究的重要方向等。

实践应用包括表3中序号2-4、6-9的文献,通过对卧龙自然保护区、淡水服务、物种迁徙、森林覆盖率、大豆贸易、土地系统等案例揭示研究对象与远程社会经济和环境的相互作用关系,为全球可持续发展的全面认知提供实践依据。

4 结论与启示

本文主要通过 CiteSpace 软件的关键词共现和共被引分析功能,对远程耦合领域的研究进行文献可视化分析,并对重点共被引文献进行研读,将远程耦合研究的基础和热点,主要归纳为以下三方面。

(1)生态系统服务流

生态系统服务流是耦合人类系统和自然系统的纽带,可以有效表征生态系统服务"供-流-需"的全过程,是当前地理学、生态学和风景园林学等学科研究的重点和难点。远程耦合框架可以深化认知风景园林空间所提供的非原位生态系统服务,同时生态系统服务理论可以为人地系统远程耦合的研究提供理论支撑和量化方法,为揭示风景园林空间和人类福祉的复杂耦合关系提供理论和实践方法的指导。

(2)土地利用/覆被变化

远程土地利用/覆被变化与社会经济和环境的耦合作用紧密相关,厘清土地利用/覆被变化的远程驱动力、影响、相关利益者及其相互作用的机制,可以提升土地管理能力、提升土地的生态系统服务传输效率等,是当前风景园林学科研究需重点关注的议题。

(3)社会经济和环境相互作用

远程耦合关注各类社会经济和环境的相互作用关系,包括生态系统服务流、土地利用/覆被变化、贸易与环境变化、环境变化与生计等,通过认知远程耦合的复杂关系,引导和制定特定的治理方法,从而实现空间的有效治理。

参考文献

[1] 赵文武,侯焱臻,刘焱序.人地系统耦合与可持续发展:框架与进展[J].科技导报,2020,38(13):25-31.
[2] Liu J G, Hull V, Batistella M, et al. Framing sustainability in a telecoupled world [J]. Ecol Soc, 2013, 18(2): 19.
[3] 刘文平.景观服务及其空间流动:连接风景园林与人类福祉的纽带[J].风景园林,2018,25(3):100-4.
[4] 陈悦,陈超美,刘则渊,等.CiteSpace 知识图谱的方法论功能[J].科学学研究,2015,33(2):242-53.

[5] Liu J G, Hull V, Luo J Y, et al. Multiple telecouplings and their complex interrelationships [J]. Ecol Soc, 2015, 20(3): 17.

[6] Liu J G, Yang W, Li S X. Framing ecosystem services in the telecoupled anthropocene [J]. Front Ecol Environ, 2016, 14(1): 27-36.

[7] Liu J G. Forest Sustainability in China and implications for a telecoupled world [J]. Asia Pac Policy Stud, 2014, 1(1): 230-50.

[8] Hulina J, Bocetti C, Campa H, et al. Telecoupling framework for research on migratory species in the Anthropocene [J]. Elementa-Sci Anthrop, 2017, 5: 23.

[9] Liu J G, Dou Y E, Batistella M, et al. Spillover systems in a telecoupled Anthropocene: typology, methods, and governance for global sustainability [J]. Curr Opin Environ Sustain, 2018, 33: 58-69.

[10] Munroe D K, Batistella M, Friis C, et al. Governing flows in telecoupled land systems [J]. Curr Opin Environ Sustain, 2019, 38: 53-59.

[11] Newig J, Challies E, Cotta B, et al. Governing global telecoupling toward environmental sustainability [J]. Ecol Soc, 2020, 25(4): 17.

[12] Newig J, Lenschow A, Challies E, et al. What is governance in global telecoupling? [J]. Ecol Soc, 2019, 24(3): 5.

[13] Schröter M, Koellner T, Alkemade R, et al. Interregional flows of ecosystem services: Concepts, typology and four cases [J]. Ecosyst Serv, 2018, 31: 231-41.

[14] Bagstad K J, Villa F, Batker D, et al. From theoretical to actual ecosystem services: Mapping beneficiaries and spatial flows in ecosystem service assessments [J]. Ecol Soc, 2014, 19(2): 14.

[15] Kleemann J, Schröter M, Bagstad K J, et al. Quantifying interregional flows of multiple ecosystem services-A case study for Germany [J]. Glob Environ Change, 2020, 61: 102051.

[16] Semmens D J, Diffendorfer J E, Bagstad K J, et al. Quantifying ecosystem service flows at multiple scales across the range of a long-distance migratory species [J]. Ecosyst Serv, 2018, 31: 255-64.

[17] Koellner T, Schroter M, Schulp C J E, et al. Global flows of ecosystem services [J]. Ecosyst Serv, 2018, 31: 229-30.

[18] Fisher B, Turner R K, Morling P. Defining and classifying ecosystem services for decision making [J]. Ecolo Econo, 2009, 68(3): 643-53.

[19] 邱坚坚,刘毅华,袁利,等. 人地系统耦合下生态系统服务与人类福祉关系研究进展与展望[J]. 地理科学进展,2021,40(6):1060-72.

[20] Eakin H, DeFries R, Kerr S, et al. Significance of telecoupling for exploration of land-use change [M]//Rethinking Global Land Use in an Urban Era. The MIT Press, 2014: 141-161.

[21] Deines J M, Liu X, Liu J G. Telecoupling in urban water systems: An examination of Beijing's imported water supply [J]. Water Int, 2016, 41(2): 251-70.

[22] Sun J, Tong Y X, Liu J G. Telecoupled land-use changes in distant countries [J]. J Integr Agric, 2017, 16(2): 368-76.

[23] Kapsar K E, Hovis C L, Bicudo Da Silva R, et al. Telecoupling research: The first five years [J]. Sustain, 2019, 11(4): 1033.

作者简介：王云才,同济大学建筑与城市规划学院景观学系教授、博士生导师,同济大学建筑与城市规划学院生态智慧与生态实践研究中心副主任,同济大学高密度人居环境生态与节能教育部重点实验室、国土生态规划设计与环境效应研究中心主任。研究方向：图式语言与景观生态规划设计。

刘玲,同济大学建筑与城市规划学院在读博士研究生。研究方向：景观生态规划、风景园林规划与设计。

基于数字景观语境的场地生态学虚拟仿真实践教学设计研究

高伟 刘邑君 阙青敏 冼丽铧

摘要 以场地生态学为核心原理的场地生态适应性设计流程,是基于场地空间中的生态因子以研判场地生态适应性设计目标,并利用生态适应性设计目标、生态因子、景观要素之间的量化关系,形成具有科学性的适应性设计过程。虚拟仿真技术作为数字景观时代下高等教育改革的热点之一,其利用信息化仿真相关的技术,使学生在以真实场地为背景的虚拟环境中认知生态适应性设计的核心逻辑,探讨不同目标下设计的可能性,输出个性化的实验成果。虚拟仿真实践教学平台将生态适应性设计流程转化为通过反复调整景观要素、实时反馈生态因子与适应性设计目标的过程。本研究利用机器学习方法,建立生态适应性目标、生态因子与景观要素之间的算法模型,作为虚拟仿真技术的核心反馈机制,应用于虚拟仿真教学平台。

关键词 数字景观;虚拟仿真技术;场地生态学;场地生态适应性设计;实践教学

1 基于数字景观的场地生态学虚拟仿真实践教学背景

数字技术的发展带来了风景园林规划设计方法与方式的变革[1]。在数字景观时代,风景园林规划设计逐步由关注设计结果,转化为重视设计过程[2],对设计过程的认知与探讨也成为风景园林教学课程中需要重点更新的教学环节。《教育部高等教育司2023年工作要点》中指出:"深化实验教学改革,加快'虚仿2.0'建设,加强国家级实验教学示范中心、虚拟仿真实验教学中心建设指导[3]。"为响应虚拟仿真教学平台建设要求,推进信息技术与实验教学深度融合,以数字化赋能高等教育高质量发展,完善风景园林本科实验教学体系,华南农业大学风景园林学科联合"光辉城市"共同研发了"场地生态虚拟仿真教学平台"教学项目,本实验方案依托于华南农业大学本科必修《场地生态学》理论课程中学生进行科学性设计的要求,针对风景园林规划设计课程中学生对场地认知的要求,解决风景园林专业学生在设计过程中不严谨、随意性的问题,让风景园林设计教学的知识教授、方案生成和方案评价有据可依、有章可循,强化设计课程学习的理性与逻辑性。

《场地生态学》是中小尺度场地风景园林生态学以及风景园林规划设计的基础理论。场地生态学的核心在于揭示景观空间本体——场地在生态因子、景观要素及其耦合作用下所形成的地方性生态环境(自然与人文)的构成、特征、过程及整体性和差异性,研究场地空间内生态景观的耦合及生态要素的协同过程与机理(场地生态关系与过程,主要包括自然要素之间、人的活动与自然要素之间的关系),其实践教学重点在于,通过定量结合定性的方式对风景园林本体空间生态关系进行精准认知与表达,重视场地生态适应性设计方案的形成过程,使学生通过对数据的精确控制进行实践演练,锻炼学生的严谨思维,训练学生科学性设计和研究性设计能力。

数字景观的出现不仅促进了风景园林规划设计过程的可视化,更在于将动态的过程变量通过数字的方法加以模拟,以准确预测环境变化及其发展趋势等[4]。虚拟仿真技术作为数字时代高等教育改革的热点之一,其特征在于利用信息化仿真相关技术,创建高度仿真的实验场景与实验对象,学生在以真实场地为背景的虚拟环境中开展实验,在其中探讨、试错并逐步完成教学大纲要求的教学目标[5]。虚拟仿真实验运用前沿的数字化技术使建成环境中各类复杂的生态关系可视化,并可以系统模拟和反映场地环境的生态与形态及其相互关系,以定量途径实现分析、评价与设计全过程数字调控,为适应性设计提供精准的路径与技术。此外,虚拟仿真人机交互的形式在理性与逻辑性的教学实验中融入了感性,既能减少传统设计教学中的主观性与随机性[5],又能在理性的基础上保证个性化的输出。

1.1 虚拟仿真技术应用于场地生态学实践教学的必要性与优势

生态实践问题本身是抗解问题(Wicked Problem),是在人与自然和谐相处的大前提下调整之间具体关系时所面临的状况,是一个试错、补过的过程[6]。生态实践是否正确,需要长时间的反复试验进行证明[7]。场地生态学虚拟仿真教学平台弥补了传统生态实践教学过程中实验成本高且耗时长、实验操作不可逆、难以支持大型综合性实践等传统教学模式的缺憾。

场地生态学虚拟仿真教学平台坚持虚拟仿真实验建设"两性一度"的总体原则,即高阶性、创造性、挑战度[8]。高阶性与创造性体现在采用全动态数据驱动的实验类型,即无内置固化数据,实时生成动态实验数据,使得不同实验者可通过不同的操作路径,形成个性化数据结果。场地生态学虚拟仿真教学平台的构建紧密结合实践,采用建成环境中的真实场地作为实验案例,在构建平台的过程中,其立地环境建模、素材库建模与数据反馈机制,均采用建成环境中的实测数据加以处理及应用。挑战度体现在实验以学生为中心,实验步骤的设计与实验的考核,均围绕着学生对相关课程的知识点应用、逻辑设计能力培养展开。实验没有对学生的操作进行过多限制,学生需要具备相关课程的理论基础,将线下场地的认知与线上的实验操作相结合,才可以形成更好的实验成果。

1.2 场地生态学虚拟仿真教学平台的教学目标

利用虚拟仿真技术,在场地生态学、风景园林设计基础、风景园林规划设计1&2等课程中进行数据化、效能性、即时性的设计教学实验。

1.2.1 培养学生进行科学性设计的能力

风景园林设计基础、风景园林规划设计1&2等课程是风景园林专业的设计类课程,这类课程的实践训练往往存在模糊性、随意性,很多设计方案缺乏科学依据。本实验通过虚拟仿真技术,学生在数据精确控制的状况下进行实践演练,锻炼严谨思维,训练进行科学性设计的能力。

1.2.2 训练学生研究性设计能力

场地生态学课程中,生态因子(如温湿度、噪音、负氧离子等)和景观要素(如植物要素、水体要素、铺装等)的关联性和互动机制是重要的研究领域,对风景园林设计质量的提升有重要作用。本实验以虚拟仿真软件为平台,以生态因子和景观要素的关联性和互动机制为切入点,通过对真实生活语境中的风景园林设计进行虚拟仿真模拟(改变某一景观要素,导致哪些相应生态因子的变化以及如何变化),让学生在可持续设计目标(如提高生物多样性或提高人体热舒适度等)的导向下对场地进行模拟设计与建设、方案修改和方案评价,树立目标导向意识,训练专项研究能力。

1.2.3 提升学生场地认知与模拟能力

对场地客观深入的认知是对场地进行规划设计的坚实基础。风景园林设计类课程中,受到课时和场地的限制,实践训练的时间和内容(场地)是有限的。本实验借助于虚拟仿真技术对训练内容(场地)实时模拟和即时变换,不仅可以使学生更加熟练地掌握调研场地的仪器设备,且能使学生对场地内部生态因子和景观要素之间的关联性和互动机制有更加深入的理解。另一方面,借助于虚拟仿真技术可更加高效地展现设计方案的建成效果。学生实时体验自己的设计方案建成效果,并根据授课老师的点评即时修改和深化设计方案,以此丰富学生的设计模拟建成经验。

2 场地生态学虚拟仿真教学平台建设基础

"场地生态学虚拟仿真教学平台"建设的重要基础在于实验逻辑的构建。本实验的核心理论基础是场地生态学理论。场地生态学是研究景观空间中生态因子、场地特性、景观要素及其相互间生态关系,以及这些要素的时空变化的理论。基于场地生态学理论原理的风景园林规划设计实践更强调生态关系,由生态关系决定景观表象,生态因子决定设计要素,进而影响景观空间。因此,依托于场地生态学理论的场地生态适应性设计,主要分为以下6个步骤(图1)。

场地生态学虚拟仿真教学平台实现场地生态适应性设计的关键技术,在于如何将设计目标与生态因子的量化指标可视化,以实现设计方案的实时反馈,实现操作可逆,且不同操作反馈不同的实验结果。通过反复调整场地中的景观要素,从而改变场地中的生态因子,进而实现场地生态适应性设计目标(图1)。

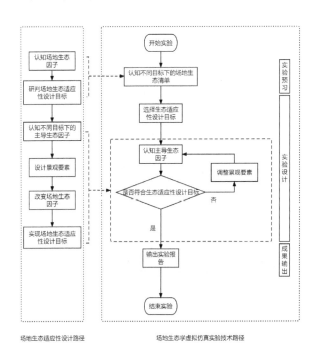

图1 场地生态适应性设计路径与虚拟仿真实验技术路径

3 场地生态学虚拟仿真教学平台建设过程

3.1 实验量化指标构建

场地生态学虚拟仿真教学平台的构建来源于实验研究团队研究成果的转换[9-10],为实验建立真实数据库提供基础。平台在已有研究的基础上,增加提升人体热舒适度这一生态适应性设计目标,以探讨场地使用者在场地不同的生态因子空间(包括不同立体空间与不同时间段)中的动态反馈机制。

人类是建成环境中最主要的场地使用者,保护公共健康和福祉是建筑、风景园林以及规划相关专业的核心,城市环境对人类福祉有积极与消极作用,而规划相关专业面临的最大挑战就是最大限度地增加有益方面,尽量减少消极影响[11]。场地环境可以在诸多方面对公共福祉产生正向影响,例如提供最佳的场地可达性;支持与鼓励体育活动;支持心理健康与社交;营造舒适的微气候等,但关键的挑战在于如何衡量这些功能的发挥,探索人和环境之间潜在的相互作用[12]。

热舒适性是亚热带高密度城市建成环境中,影响人类公共福祉的关键指标[13]。在亚热带高密度城市中,人类福祉与景观微气候息息相关,人类活动、生理和心理感受都会受到微气候空间的影响[14]。尤其在夏季,热不舒适性会引起晒伤、中暑、热抽筋等身体不适,也会对热感受、情绪、注意力等心理健康因素造成一定影响[15]。

结合已有研究成果并加以补充,本平台选择面向人类健康与福祉的三个细化目标:提升人类生理健康水平、提升人类心理健康水平以及提升人体热舒适度,作为该阶段虚拟仿真平台支持探讨的生态适应性设计目标。

微气候生态因子在各个场地尺度的生态适应性设计目标中均起到主导性作用。为适配虚拟仿真教学平台的教学目标,形成多样化的成果输出,选取大气温度(Temperature, T)、热应力指数(Heat Stress Index, HSI)、风寒指数(Wind Chill Index, WCI)、相对湿度(Relative Humidity, RH)、负氧离子(Negative Oxygen Ion, NOI)、PM2.5浓度、噪度(Noisiness, N)、照度(illumination, I)作为场地生态因子的量化指标,可代表城市物理环境的热环境、湿环境、风环境、大气环境、光环境、声环境等六个维度[9],作为生态适应性设计目标的基础的要素。

在已有研究成果[16]的基础上结合场地的现场条件,平台选择了绿化覆盖率、乔木绿量占比、单位面积乔木量、乔木平均树高、乔木绿量、灌木面积占比、灌木高度、地被面积占比、临近水体面积、铺装面积占比、建筑高度、建筑面积占比、建筑距离作为景观要素的量化指标。

3.2 核心算法构建

以广州具有代表性的建成环境空间为数据采集样地,通过仪器测量及问卷调查收集了生态适应性设计目标、生态因子与景观要素三种类型的数据,在Python 3.9.13和Scikit-learn 1.3.0中采用多种机器学习方法对实验数据进行拟合。Scikit-learn中包括分类与回归决策树(Classification and Regression Trees, CART)、K最邻近分类算法(K-Nearest Neighbor, KNN)、多元线性回归（Multiple Linear Regression，MLR）、随机森林（Random Forest by Randomization，RF）。由于实验数据集主要由实际测量的生态因子数值变量和主观投票组成，这种机器学习的方法选择，确保了预测偏差能够较好地平衡，防止了特定算法导致的预测过度或预测不足[17]。为了使模型更好地拟合，对所有因变量进行归一化处理，显示使用分类与回归决策树、随机森林两种算法具有较高的拟合结果。算法结果现已应用于场地生态学虚拟仿真平台中，形成实现场地生态适应性设计目标、生态因子和景观要素之间产生反馈逻辑的内核算法，并将其以实时动态实验数据可视化的形式展现。

在 Python 3.9.13 分析相应算法下各个指标的权重，并进行排序，生成各个目标量化指标下的场地生态认知清单。不同的场地生态适应性设计目标，如提升使用者生理健康水平，对应不同的生态因子排序结果，不同的生态因子也对应不同的景观要素排序结果。权重分析可以直观展示各指标对上一级指标的贡献程度，在制作场地生态清单时，依据权重结果制定的场地生态认知清单对实验设计阶段具有指导意义，现已应用于场地生态学虚拟仿真平台中的各认知阶段。

4 场地生态适应性设计研究成果在场地生态学虚拟仿真教学平台中的应用

"场地生态学虚拟仿真教学平台"的建设与场地生态适应性设计研究同步进行，将场地生态适应性设计的研究成果作为关键参数与关键算法，结合计算机编程技术与计算机建模技术，进行虚拟仿真教学平台的制作与软件开发，现已取得阶段性建设成果。平台采用 Unity 进行开发，学生通过浏览器，即可访问场地生态学虚拟仿真实验平台。

4.1 场地生态学虚拟仿真教学平台实验对象的构建

场地生态学虚拟仿真教学平台中搭建的场地为华南农业大学"善境花园"，现实中位于华南农业大学林学与风景园林学院与昭阳湖之间，总占地面积 2690.28 m²。平台中场地基本地形依据"善境花园"施工图文件进行建模，最大程度上还原场地现状（图2）。

场地生态学虚拟仿真教学平台依据真实景观要素数据建立素材库。素材库分主要为五个大类：植物、水体、铺装、建筑、地形，每个素材模型中用于反馈机制计算的量化指标信息，由系统根据虚拟仿真平台中实际景观要素情况，进行实时数据抓取，并通过核心算法的研究结论计算生态因子模拟值，形成生态因子模拟值动态变化的可视化效果。素材库的每个模型均支持通过放置、缩放、拉伸、增加、删除等方式改变要素位置、形态、数量，进而改变要素的具体指标（图3）。

4.2 操作步骤及对应原理

场地生态学虚拟仿真实验将场地生态适应性设计的技术路径转化为如图 1 所示的几个步骤。本小结结合虚拟仿真平台的实际操作步骤，依次将场地生态适应性设计研究成果对应到各环节中进行阐述。

4.2.1 实验预习环节

实验预习环节学生要了解实验的背景和目

图 2　实验初始界面

图 3　实验设计调整界面

的。依据场地生态学理论,不同的场地主导的生态因子是不一样的,故需要识别出不同目标下主导的生态因子,进而建立符合该目标的设计路径。实验预习阶段通过点击"场地生态认知"按钮,认知不同目标下的场地生态清单,包括适应性设计的技术路径与各目标下主导生态因子及景观要素,应用核心算法的研究结论,各指标均按权重高低进行重新排序(图4)。

图4　场地生态认知界面

4.2.2　实验设计环节

实验设计环节是实验的核心部分,也是场地生态适应性设计的关键环节。学生通过反复调整景观要素、改变生态因子,实现场地生态适应性设计目标。在选定特定场地生态适应性设计目标后,学生可以通过打开"设计目标认知"按钮,获取该目标下各个指标的初始值(图5)。

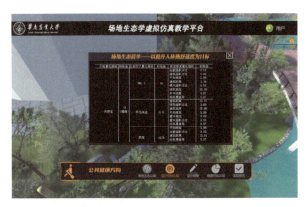

图5　设计目标认知界面

在屏幕中点击"数据显示"按钮,学生可以实时关注生态因子的动态变化。通过操作场地中原有的景观要素,或打开"设计调整"面板获取素材库,通过对素材库中的景观要素进行放置、缩放、拉伸、增加、删除等操作,改变要素位置、形态、数量等,从而改变要素的量化指标,使得生态因子的模拟值发生改变(图3)。

"数据比对"用于判断实验结果是否可输出(图6)。若结果在建议阈值范围内,则可选择跳转至"实验报告"环节进行输出。若结果与建议的阈值相差甚远,则需要返回"设计调整"环节,重新设置景观要素。

图6　实验数据比对界面

4.2.3　成果输出

"实验报告"记录了实验者所有的实验数据。本实验项目采用综合评价的方式考核学生对场地生态适应性设计中各个环节的认知与操作,在打分方面,系统会根据各个步骤相应的评分规则,给出各步骤的客观分数;同时教师根据实验结果进行评价,一起提交后获得最终评分。

5　思考与展望

场地生态学虚拟仿真教学实验平台建设实验样点选择的是场地生态学教学线下实践样点,聚焦真实场地问题,应用真实场地数据,以避免应用的数据信息、研究成果与现实的实践尺度不匹配。学生在以真实场地为数据背景的虚拟环境中掌握场地生态学课程中场地生态认知环节,并应用于探讨场地生态适应性设计,即学生在反复调整景观要素的实验中,认知景观要素与生态因子之间的互动机制,并根据实验结果的反馈,理解生态因子与不同场地生态适应性设计目标之间的逻辑关系,达到生态与形态协同设计[2]的整合性设计成果。

场地生态虚拟仿真教学平台在建设过程中,逻辑构建、程序编写等方面是建设的难点,面对不同生态适应性设计目标的算法构建,动态调控的虚拟仿真效果仍有待优化的空间。

目前场地生态虚拟仿真平台还处在探索阶

段,教学团队根据研究需求补充相关实验测量设备的购置,以期丰富以场地生态学为基础理论、场地生态适应性设计路径为研究技术路径的科研成果,不断优化平台中可支持探讨的生态适应性设计目标,并将其转化为虚拟仿真实验设计逻辑,实现研究成果与实践收获之间的转换。

参考文献

[1] 成实,张潇涵,成玉宁. 数字景观技术在中国风景园林领域的运用前瞻[J]. 风景园林,2021,28(1):46-52.

[2] 袁旸洋,成玉宁. 过程、逻辑与模型:参数化风景园林规划设计解析[J]. 中国园林,2018,34(10):77-82.

[3] 教育部高等教育司 2023 年工作要点[EB/OL]. (2023)[2023-03-29]. http://www.moe.gov.cn/s78/A08/tongzhi/202303/t20230329_1053339.html

[4] 成玉宁. 数字景观开启风景园林 4.0 时代[J]. 江苏建筑,2021(2):5-8.

[5] 袁旸洋,成玉宁,李哲. "金课"背景下风景园林专业虚拟仿真实验教学项目建设研究[J]. 风景园林,2020,27(S2):70-74.

[6] 象伟宁,王涛,黄磊,等. 生态实践学:一个以社会—生态实践为研究对象的新学术领域[J]. 国际城市规划,2019,34(3):9-15.

[7] 象伟宁,孙江珊,黄静如,等. 历史多次证明伊恩·麦克哈格是对的[J]. 南京林业大学学报(人文社会科学版),2019,19(6):23-31.

[8] 实施一流本科课程"双万计划" 让本科课程优起来——教育部印发《关于一流本科课程建设的实施意见》. (2019)[2019-10-31]. http://www.moe.gov.cn/jyb_xwfb/xw_fbh/moe_2606/2019/tqh20191031/sfcl/201910/t20191031_406261.html

[9] Gao W, Tu R X, Li H, et al.. In the subtropical monsoon climate high-density city, what features of the neighborhood environment matter most for public health? [J]. International Journal of Environmental Research and Public Health, 2020, 17(24): 9566.

[10] Yong F L, Que Q M, Tu R X, et al. How do landscape elements affect public health in subtropical high-density city: The pathway through the neighborhood physical environmental factors[J]. Building and Environment, 2021, 206: 108336.

[11] Steiner F. Ecological urbanism for health, well-being, and inclusivity[M]//The Routledge Companion to Ecological Design Thinking. New York: Routledge, 2022: 107-119.

[12] Arbib M, Banasiak M, Villegas-Solís L O. Systems of Systems: Architectural atmosphere, neuromorphic architecture, and the well-being of humans and ecospheres[M]//The Routledge Companion to Ecological Design Thinking. New York: Routledge, 2022: 64-74.

[13] Mansi S A, Barone G, Forzano C, et al. Measuring human physiological indices for thermal comfort assessment through wearable devices: A review[J]. Measurement, 2021, 183: 109872.

[14] Xu T T, Yao R M, Du C Q, et al. A method of predicting the dynamic thermal sensation under varying outdoor heat stress conditions in summer[J]. Building and Environment, 2022, 223: 109454.

[15] Liu B Y, Lian Z F, Brown R D. Effect of landscape microclimates on thermal comfort and physiological wellbeing[J]. Sustainability, 2019, 11(19): 5387.

[16] 方永立,阙青敏,高伟. 基于支持公共健康导向的城市建成环境要素优化策略研究[J]. 西部人居环境学刊,2022,32(2):47-55.

[17] Liu S C, Schiavon S, Das H P, et al. Personal thermal comfort models with wearable sensors[J]. Building and Environment, 2019, 162: 106281.

作者简介: 高伟,华南农业大学林学与风景园林学院风景园林专业主任,教授。研究方向:城乡历史环境活化再生。

刘邑君,华南农业大学林学与风景园林学院在读硕士研究生。研究方向:风景园林规划设计。

阙青敏,华南农业大学林学与风景园林学院实验师。研究方向:场地生态学。

冼丽铧,华南农业大学林学与风景园林学院实验师。研究方向:风景园林植物应用与生态修复研究。

面向古树名木保护的数字孪生树木技术应用研究

郭湧　孙宇轩

摘　要　通过对山东省烟台市烟台山古栾树进行持续地面激光雷达扫描，获取了其不同时期的点云数据，构建了该古树的量化结构模型，作为数字孪生模型的基础。对该模型进行数据分析，将其与LIM环境进行交互，更准确地获取了该古树树高、胸径等反映其生长状况的参数，并在LIM环境中可视化地呈现了该古树真实形态与生长的动态变化等情况。由此为古树名木保护提供了信息化的技术方法与定量的数据参考；为风景园林工程项目的设计、建造和运营等过程提供了数字化的依据与支撑；为数字孪生技术提供了面向古树名木保护的应用途径与方向。

关键词　古树名木；数字孪生树木；地面激光雷达扫描；量化结构模型；风景园林信息模型

1　研究背景

1.1　古树名木保护研究现状

古树名木是自然界和前人留下的珍贵遗产，是森林资源中的瑰宝，具有极其重要的历史、文化、生态、科研和经济价值[1]。古树名木保护是园林绿化管理工作的重要内容。在数字化、信息化技术快速发展的时代背景下，新一代信息技术应用为古树名木保护提供了新的技术支持，也为古树名木保护的方法路径更新提供机遇。近年来，在数字中国建设的背景下，智慧城市和智慧园林系统的应用快速发展，有关数字孪生树木技术研究不断开展。数字孪生树木技术作用于古树名木保护实际工作已经成为可能。

古树名木保护研究是园林绿化行业长期关注的领域。其保护工作可分为技术层面与管理层面，技术层面主要包括古树树龄检测、复壮技术与病虫害防护等相关内容；管理层面主要包括法律法规、动态监测、信息建档及信息系统建设等方面，具体如表1所示。

2023年2月，中共中央、国务院印发了《数字中国建设整体布局规划》，指出要建设绿色智慧的数字生态文明，运用数字技术推动山水林田湖草沙一体化保护和系统治理[12]。古树名木作为森林资源和园林资源中的瑰宝，在数字生态文明发展的总体进程中，运用数字技术支撑和辅助古树名木保护工作既是时代要求，也是技术发展的必然。古树名木保护研究的丰富成果已经为数字化技术在具体的古树名木保护和管理业务中加以应用提供了良好基础。

同时，也应看到数字化技术在古树名木保护和管理工作中的应用仍不充分，实现数字生态文明的要求仍需要大量的新技术应用探索和实践。例如，在树龄检测及信息调查方面，目前仍以传统测量方法为主。《古树名木普查技术规范》中规定，树龄检测通过测高器或测高杆测定树高、胸径尺测定胸径、皮卷尺测定树冠冠幅垂直投影等信息[13]。新一代信息技术尚未在此类工作中得到充分应用。古树名木的监测、信息系统建设等方面主要依托地理信息系统，主要管理的是属性数据及空间信息等内容。针对古树名木的三维数据以虚拟植物模型构建为主，缺少反映植物真实三维形态的方法。由于这些问题，在数字化环境中，难以基于古树名木的真实生长状态进行及时的检测、诊断和保护。

1.2　数字孪生树木技术进展

数字孪生是充分利用物理模型、传感器更新、运行历史等数据，集成多学科、多物理量、多尺度、多概率的仿真过程[14]。2010年以来数字孪生概念在建筑建造行业快速发展，基于BIM模型构建建筑物的数字孪生体，实现虚实双向的感知、模拟和控制功能。相关技术在水利等基础设施建设领域进一步发展，数字孪生体拓展为GIS＋BIM的多尺度模型，基于数字孪生的感知、模拟、

表1 古树名木保护工作的主要研究进展

主要工作内容	针对具体工作内容的研究进展
树龄检测研究	张妍(2019)对长沙县古樟树进行调查分析后,以树龄作为因变量,胸径、树高及冠幅作为自变量,并根据自变量的个数分别建立单因子模型、双因子模型和三因子模型,使用7种常见的树木生长模型分别进行拟合,根据相关系数R判断自变量与树龄的相关性[2]。 秦春等(2021)采用树轮年代学方法调查敦煌市莫高镇窦家墩村四组梨园中最老的香水梨树树龄,调查同时采集不同树龄的香水梨树样芯,建立树木径向生长生理年龄曲线,据此估算缺失段的树轮数。结合准确树轮计数,复原香水梨树树龄[3]。 丛日晨等(2023)对现有古树树龄测定方法及其应用案例进行了分析,指出文献法、访谈法、年轮鉴定法存在诸多不足,针刺法、14C测定法、CT扫描法由于受各类限制,无法准确测定古树树龄。研究认为数学模型法是未来古树树龄测定的优势方法。实践中应根据被测古树的特点,选择多种测定方法共同测定[4]。
复壮与病虫害防治研究	郜旭芳等(2018)分析了古树名木常见病虫害种类,并提出了具有针对性的综合防控技术及措施,为复壮工作提供了参考[5]。
现有法律法规研究	王枫等(2021)对我国出台的15部古树名木保护地方性法规和规章出台时间、主要内容进行了归纳分析,并提出了完善古树名木保护立法的建议[6]。
动态监测研究	王春玲等(2015)通过在古树名木上部署433 MHz有源无线射频识别和ZigBee无线温湿度传感器,对古树名木温湿度值进行实时监控。在Microsoft.NET开发环境下,采用Visual C♯语言和SQL Server 2008数据库,开发了基于物联网的古树名木监控管理系统[7]。
信息系统建设研究	王元胜等(2003)在对北京香山公园进行古树普查后,利用VB对GIS系统进行二次开发,建立了北京香山公园古树名木信息管理系统[8]。 孟先进等(2009)利用MapObjects组件、C语言、Access数据库和NET开发环境,设计开发了东莞市古树名木地理信息系统,实现了古树名木属性数据的管理、空间信息的管理、数据查询、数据导出、古树名木立地环境的了解等功能[9]。 唐丽玉等(2012)通过OntoPlant-ParaTree进行古树名木植物建模,利用虚拟植物和地理信息系统的集成技术,实现了古树名木三维管理信息系统的设计和开发[10]。 孙海宁等(2020)根据北京市古树名木资源管理的需要,以北京市古树名木管理信息系统的开发和应用为主要内容,完成了以Web为基础的北京市古树名木管理信息系统的构建[11]。

预测和控制功能随着应用场景的复杂而逐步发展;同时,数字孪生城市和数字孪生乡村的概念也开始涌现和发展。

2020年前后,有关数字孪生树木的研究在国内外研究团队中发展起来。相关技术应用研究主要关注乔木数字几何模型的构建方法、生长模拟的实现路径、微气候影响模拟、传感和通信技术的应用等方面。相关研究进展如表2所示。

数字孪生树木技术不仅能够对植物生长进行模拟、通过相应指标的定量计算辅助规划设计决策,还能够对物理实体进行数字化模型的真实映射,为城市环境中生态系统服务等评估提供基础信息[18],支持乡村景观规划、设计、建设、管控等各类场景的应用[19]。

数字孪生树木目前的技术进展可以支持利用点云逆向构建古树名木的数字模型,利用模型实时准确提取相关参数,并模拟古树名木生长或修剪效果,以及微气候影响与生态系统服务效益等。这些技术进展可以为古树名木保护工作提供支撑。

1.3 研究目的和意义

本研究意在面向古树名木保护实践的实际需求,开展数字孪生树木技术应用实验,探索利用点云数据,构建古树名木数字孪生模型的技术路径。通过数字孪生模型,在数字空间中反应古树实际生长状况,以频繁更新的源数据接近实时地反映古树名木的生长变化动态。

研究结果将服务于古树名木保护工作的技术路径开拓创新、工具体系扩展和方法机制的更新。

2 研究对象与研究方法

2.1 研究对象与数据来源

本研究选取位于山东省烟台市芝罘区烟台山公园中的古栾树为研究对象。烟台市地处山东半

表 2　数字孪生树木的技术进展

研究团队及时间	具体研究内容
Andreas Luka, 郭湧等（2021）	在 BIM/LIM 环境中构建了一种树木模型，模型根据树种描述树木的形态特征，根据指定树种的异速生长方程，模拟树木的形状和体积随时间的变化，该模型能够保证项目生命周期中的一致性，并能与建筑环境形成更好的联系[15]。
Michael 等（2022）	针对澳大利亚悉尼的一个试验项目中挑选出的物种，在虚拟模型中结合计算技术，进行了植物生长的模拟，在动态增长模型中实现剪枝等维护过程[16]。
Ervine 等（2022）	将开发的 BIM 植物模型库同时应用于种植设计与 ENVI-met 中的微气候模拟，并进行迭代调整，通过构建统一的植物模型数据库，减少了在设计阶段评估景观设计微气候影响的差错[17]。
郭湧等（2022）	在城市树木的点云数据基础上，构建树木的量化结构模型（QSM），并提取树木形态控制的参数，创建树冠三维模型，对其进行生长模拟，预测了植物生长与生物量的变化[18]。

岛中部，位于北纬 36°16′~38°23′，东经 119°34′~121°57′，市域内土层肥沃，降水充沛，空气湿润，气候温和。根据 2012 年烟台市第 3 次古树名木普查登记结果，烟台市现有古树名木 940 株，分属 29 科 51 属 60 种及变种，树龄 300 年以内占 60.7%，300~499 年占 24.7%，≥500 年占 14.6%[20]。据现场实际调查及相关部门提供的参考，研究对象树龄约 600 年，据信是见证了烟台从明代建制以来的城市发展历程，具有相当重要的历史与文化价值。构建其数字孪生模型对其自身的保护监测具有重要意义、对烟台市古树名木保护工作的开展具有重要参考价值。本研究持续对此树木进行地面激光雷达扫描（TLS），获取该古栾树与其周边环境在 2021 年与 2023 年的两组点云数据集，将其作为研究数据来源。（图1）。

2.2　研究方法

研究中进行了点云数据的初步处理，处理完成后进行单木分割及量化结构模型的构建，对于初步构建完成的模型进行精细化处理，从而得到

2021 年采集

2023 年采集

图 1　古栾树点云数据

最终的古栾树数字孪生模型；对模型进行数据分析，将其导入 LIM 环境中使其与周边场地点云数据相结合，进行可视化呈现的同时对其动态变化等情况进行进一步评估。

2.2.1　点云数据初步处理与单木分割

数据处理在 CloudCompare、CompuTree/SimpleForest 环境中进行，将扫描得到的场地原始点云数据进行裁剪，去除周边场地与模型构建无关的数据点，并对部分缺失的地面点云依据现状进行补点，处理后得到初步建模所需古栾树点云数据。

由于该古栾树生长的场地内存在部分其他不同高度的乔木与灌木，植物在现实环境中生长相互交错，在点云数据中表现为分属不同植物的点处于相近的空间位置，某一空间位置处的多个点同时包含相近的 RGB、反射强度等信息，表明这些点可能同属于枝干或叶片，但并不一定属于同一植物，人为分割的处理方式难以精确地处理此部分数据。因此对初步处理完成的点云数据提取预选点，依据 Dijkstra 算法[21]计算提取单棵树木的枝干[22]，达到单木分割的效果并再次去噪，处理完成后得到能够用于建模的点云数据，具体流程如图 2 所示。

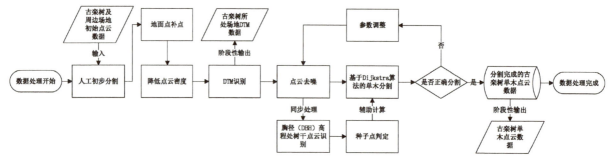

图 2 古栾树点云数据处理流程

2.2.2 古栾树数字孪生模型构建

对处理完成的古栾树点云数据,根据Hackenberg等[23]提出的方法,将圆柱体拟合至点云数据中,这些圆柱体以分层的树状结构数据呈现,不仅能够描述树木的分支结构,并且在封装树木枝条间空间关系的同时,保留树木生长方向的信息。拟合后即完成了古栾树量化结构模型的初步构建。

初步构建的模型由于噪点的干扰并不能够完全反映出古栾树的真实形态,部分枝条的半径与实际不符,因此需要对此模型进行进一步细化处理。根据Shinozaki等提出的管道模型理论[24]并在Côté等[25]的研究基础上对部分枝条的半径模型进行修正。算法生成用以表征树干模型的最底部圆柱体略高于地面高程且具有一定倾斜角度,需将其外推至地面高程使建模结果更为精确,数据处理完成导出后,即得到古栾树的数字孪生模型,如图3所示。模型构建的具体流程如图4所示。

2.2.3 模型数据分析及其与LIM环境的交互

将处理得到的模型及其数据在R中进行分析,获取表征其生长特征的定量结构参数。为了更好地观测古栾树生长动态变化,及其与周边环境的相互关系,将模型导入至LIM环境中对其进

图 3 量化结构模型作为古栾树数字孪生模型基础

行进一步评估与分析。由于构建的古栾树量化结构模型以PLY(Polygon File Format)文件格式储存,将其转换为DWG格式文件能更好地与LIM环境进行交互。转换后的DWG格式文件按原地理坐标导入Civil 3D与Revit软件中,并在LIM环境内与点云数据进行叠加,呈现古树与周边环境的实际状况。模型构建的结果能够在LIM环境交互,说明其可在BIM/CIM系统中完成数据交付,进一步与物联网关联,最终实现数字孪生的功能。

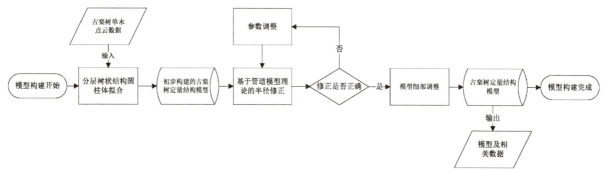

图 4 古栾树量化结构模型构建流程

3 结果与分析

3.1 古栾树数字孪生模型数据及分析

基于上述方法处理得到两组古栾树的数字孪生模型及其数据,在 R 中对其具体的结构参数进行定量的数据分析,最终结果如表 3 所示。

表 3 古栾树数字孪生模型结构参数

数据采集时间	树高/m	胸径/m	地径/m	树冠投影面积/m^2	树木枝干体积/m^3
2021 年	9.85	0.60	0.60	92.15	131.13
2023 年	9.77	0.60	0.60	85.34	113.88

由上表可见,量化结构模型作为数字孪生模拟的基础可以映射古栾树的真实几何形态,从中定量提取各项量化指标。

比较 2021 年和 2023 年的数据,可以发现树高有所减小,从 9.85 m 降低到 9.77 m。古栾树的胸径与地径从 2021 年到 2023 年未发生变化,均为 0.60 m。2023 年的树冠投影面积较 2021 年有所缩小,从 92.15 m^2 减小到 85.34 m^2。树木枝干的体积由 2021 年的 131.13 m^3 降低到 113.88 m^3。

上述数据准确反映了古栾树的实际生长状态。根据现场踏勘,古栾树北侧较低的主枝两年来有所枯萎,因此造成了树冠投影面积和树木枝干体积的缩减。现场观察的结果与数字模型反映的情况一致。

3.2 古栾树数字孪生模型与 LIM 环境的交互与分析

将处理得到的古栾树数字孪生模型导入 LIM 环境,如图 5、图 6 所示。在 LIM 环境内该模型能够与场地的点云数据相结合,真实反映古树实际生长状况及其与周边环境的关系。图 5、图 6 中展示了古栾树的数字孪生模型在 LIM 环境中与原始场地点云数据相结合的效果。通过将古树的数字孪生模型与点云数据进行整合,可以看到模型与场地中其他要素(如建筑物、地形等)之间基于其地理空间信息的精确匹配,呈现出古树在实际环境中的真实位置和形态。

点云数据提供了场地的三维信息,包括地形、建筑物、植被等的精确几何数据。将点云数据与古树的数字孪生模型相融合,不仅提供了更全面的可视化展示,且反映了场地尺度下单棵古树对象与周围环境的关系。古树数字孪生模型在 LIM 环境内的呈现可以为研究人员、设计师和决策者提供更准确的信息,辅助其更好地理解古树的生长状态、评估其与场地的相互作用,并支持决策制定和规划设计;同时也是从 LIM 交付到 CIM 平台,进而融入智慧城市治理系统的路径。

3.3 古栾树数字孪生模型在 LIM 环境内的动态监测

在 LIM 环境中将 2021 与 2023 年采集建模的两组数据进行对比,能够反映出古栾树数字孪生模型在真实环境中的动态变化,如图 7 所示。

通过两组数字孪生模型的对比,可视化地呈现出了古栾树真实树高、胸径、树冠形态等参数的动态变化情况,实现了在 LIM 环境下对其生长的动态监测,并为进一步实现古树的动态监测和基于监测结果的诊断提供技术路径。这成为制定合适的保护策略,包括复壮、修剪、养护及管理等措施的决策依据。

4 结论与讨论

综上所述,本研究通过持续对古栾树进行地面激光雷达扫描,获取了该古树不同时期的点云数据。基于此数据精细化、逆向地构建了该古树的量化结构模型,是为数字孪生模型的重要基础。将不同时期数据的建模结果接入至 LIM 环境进行对比,为古树名木保护提供了信息化、智慧化的技术方法与定量的数据参考;为风景园林工程项目的设计、建造和运营等过程提供了科学、数字化的依据与支撑;为数字孪生技术提供了面向古树名木保护的应用途径与方向。

本研究未来在以下方面可进行扩展与深入的探索:

第一,面向古树名木保护,针对古树名木树龄检测方面,该数字孪生模型可以为古树树龄检测提供精确的胸径、冠幅、树高等数据,提高数学模型方法估算古树树龄的准确性;针对古树名木动态监测方面,该数字孪生模型可以通过持续的数据更新实时同步,未来可与物联网技术相结合,为

44 数字景观——中国第六届数字景观学术论坛

图 5　Civil 3D 环境中的古栾树数字孪生模型

图 6　Revit 环境中的古栾树数字孪生模型

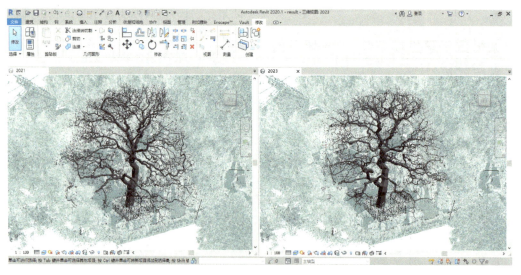

图 7　古栾树数字孪生模型在 LIM 环境中的动态变化（2021 年/2023 年）

古树名木动态监测提供可能的研究方向;针对古树名木信息建档及管理方面,与现有的古树名木信息管理系统相结合,通过对数据格式进一步研究与更新,以具有三维结构的数字孪生模型替代二维空间的坐标点位,可以为古树名木的数字化、信息化、智能化管理提供新的模式与路径。

第二,面向古树名木所处的城市环境更新,通过持续更新该数字孪生模型的源数据,并将模型接入至LIM环境,实现了物质世界中植物要素在数字空间里真实、定量、动态的表达。基于现阶段多数风景园林工程项目在设计、建造、运营等过程中无法将现实环境中各要素定量化的现状,该表达不仅能够近实时地反映客观世界的实际变化,且能够为上述过程提供科学参考与定量的数据支撑。接入LIM环境的数据格式与BIM/CIM环境相互连通,独立封装、能够以自身属性定义表征真实城市环境要素的该古树数字孪生模型,同样能够在上述环境中得到充分应用,为未来智慧城市的构建提供可靠的数据来源。

第三,面向该古树数字孪生模型自身构建,在点云数据单木分割方面,可以通过分割算法的优化进一步提高点云数据质量,为模型逆向重建提供更好的数据基础;在量化结构模型构建方面,未来可通过对算法及不同建模环境的研究,进一步提高模型自身的精度;在模型数据分析方面,可进一步研究编程语言对模型本身结构参数进行量化分析,深度发掘面向古树名木保护及规划设计参考的定量数据指标,为该数字孪生模型赋予更充分的应用价值。

参考文献

[1] 全国绿化委员会.全国绿化委员会关于进一步加强古树名木保护管理的意见[J].国土绿化,2016(2):8-10.

[2] 张妍.古树树龄判别回归模型研究:以长沙县古香樟为例[D].长沙:中南林业科技大学,2019.

[3] 秦春,夏生福,秦占义,等.基于树木年轮学的古树树龄估算:以敦煌市香水梨为例[J].应用生态学报,2021,32(10):3699-3706.

[4] 朱婧,时慧欣,孙宏彦,等.对古树树龄测定方法的若干思考[J].中国园林,2023,39(1):124-127.

[5] 郜旭芳,张新权.古树名木病虫害综合防控技术[J].绿色科技,2018(17):36-37.

[6] 王枫,秦仲,陈幸良.古树名木保护地方立法评析与建议[J].资源开发与市场,2021,37(1):51-55.

[7] 王春玲,佘佐彬.基于物联网的古树名木监控管理研究[J].计算机工程,2015,41(5):316-321.

[8] 王元胜,甘长青,周肖红.香山公园古树名木地理信息系统的开发技术研究[J].北京林业大学学报,2003,25(2):53-57.

[9] 孟先进,杨燕琼,叶永昌,等.东莞市古树名木地理信息系统的设计与开发[J].华南农业大学学报,2009,30(1):104-106.

[10] 王晶晶,唐丽玉,林定,等.基于虚拟植物的古树名木三维管理信息系统的设计与实现[J].中南林业科技大学学报,2012,32(2):60-63.

[11] 孙海宁,孙艳丽.北京市古树名木管理信息系统的开发与应用[J].林业资源管理,2020(2):161-166.

[12] 中共中央 国务院印发《数字中国建设整体布局规划》.https://www.gov.cn/zhengce/2023-02/27/content_5743484.htm

[13] 国家林业局.古树名木普查技术规范:LY/T2738-2016[S].北京:中国标准出版社,2017.

[14] 陶飞,刘蔚然,刘检华,等.数字孪生及其应用探索[J].计算机集成制造系统,2018,24(1):1-18.

[15] Luka A, Guo Y. Planting SMART: The Parametric Approach for Trees in BIM with Full Lifecycle Application [C]//Digital Landscape Conference, Köthen, German, 2021.

[16] White M G, Haeusler M, Hank, et al. Simulation and visualisation of plant growth using a functional-structural model[C]//Digital Landscape Conference, Boston, America, 2022.

[17] Lin E S, Gobeawan L, Xuan L, et al. The linking of microclimatic simulations and planting design using a species-level Building Information Modelling (BIM) vegetation library[C]//Digital Landscape Conference, Boston, America, 2022.

[18] Guo Y, Luka A, Wei Y. Modeling urban tree growth for digital twins: transformation of point clouds into parametric crown models[C]//Digital Landscape Conference, Boston, America, 2022.

[19] 袁旸洋,谈方琪,樊柏青,等.乡村景观全要素数字化模型构建研究:以福建省将乐县常口村为例[J].中国园林,2023,39(2):50-56.

[20] 牟进鹏,曹国玉,张兴泽,等.烟台市古树名木资源现状及保护对策[J].四川林业科技,2013,34(06):106-108.

[21] Dijkstra E W. A note on two problems in connexion with graphs[J], Numerische Mathematik, 1959, 1(1): 269-271.

[22] Côté J F, Fournier R A, Egli R. An architectural model of trees to estimate forest structural attributes using terrestrial LiDAR[J]. Environmental Modelling & Software, 2011, 26(6): 761-777.

[23] Hackenberg J, Morhart C, Sheppard J, et al. Highly accurate tree models derived from terrestrial laser scan data: A method description[J]. Forests, 2014, 5(5): 1069-1105.

[24] Shinozaki K, Yoda K, Hozumi K, et al. A quantitative analysis of plant form—the pipe model theory: I, Basic analyses, Jpn, J. Ecol, 1964, 14, 97-105.

[25] Côté J F, Fournier R, Frazer G, et al. A fine-scale architectural model of trees to enhance LiDAR-derived measurements of forest canopy structure. Agricultural and Forest Meteorology, 2012, 166: 72-85.

作者简介：郭湧，清华大学建筑学院助理教授。研究方向：风景园林技术科学、风景园林信息技术应用、风景园林信息模型。

孙宇轩，清华大学建筑学院景观学系硕士研究生。研究方向：风景园林规划设计、风景园林信息技术应用。

数字孪生背景下传统村落景观地文特征数字化转型研究[*]
——以北京密云县吉家营村为例

张学玲 张大玉 石炀 杨艺璇

摘 要 在数字中国、乡村振兴战略导向下,以大数据、物联网、云计算、人工智能、虚拟现实为代表的新一代信息技术快速发展,数字乡村建设已成为我国传统村落创造性转化、创新性发展核心目标之一,传统村落景观地文特征的数字孪生体研发成为其数字化转型与迭代发展的重要内容。本文以地文特征概念解析及其在传统村落研究与实践中的应用发展为主线,在数字孪生逻辑及数字景观理论支持下,结合住建部等四部门"中国传统村落数字博物馆"建设开展实际情况,以北京密云县吉家营村为例,采用现场踏勘、村民访谈、无人机倾斜摄影、360°全景拍摄等方法,对传统村落景观地文特征进行系统采集并建立数据库,结合 GIS、VR 等数字技术进行村落地文景观要素数字化采集解析、融合转化与映射展示,为传统村落数字孪生体建设、景观地文特征数字化转型发展提供研究基础与方法途径,为传统村落数字博物馆建设提质增效提供案例参考。

关键词 传统村落景观;地文特征;数字化转型;数字孪生体;吉家营村

1 引言

高质量城乡发展已成为 21 世纪人居环境主旋律,科学化、精细化、精准化发展已成为人居环境规划设计与建设的总趋势[1]。我国高度重视乡村生态文明建设和数字化转型发展,"乡村振兴""数字中国"及系列相关政策、纲要、文件的颁布,为数字乡村建设与高质量发展指明了战略方向。与此同时,新兴数字景观逻辑、理论、方法与技术研究的蓬勃兴起,为乡村景观内生规律与地文特征挖掘提供了理性、客观的量化分析手段,极大提高了乡村景观研究科学性与高效性。伴随数字方法与技术在风景园林研究的应用与普及,数字景观发展已经从以 AutoCAD、3DS 及 VR 等软件应用为代表的 1.0 时期,以 3S 技术、AR 技术的运用推动定量、定位与定性研究的 2.0 时期,迈入到以数字孪生景观与 XR 等技术为引擎的 3.0 时期[2]。数字孪生景观通过构建景观物理世界和虚拟空间之间,一一对应、相互映射、协同交互的复杂系统,实现了人居环境生态与形态全要素的实时、动态、精准映射与可视化,是建设新型智慧景观的崭新技术路径,也是景观数字化、智能化和可持续化的前沿先进理念与模式[3]。

传统村落是指拥有丰富传统资源,具有明显的自然资源优势与景观特征,富含人文及历史、艺术等社会价值,应予以科学保护与传承发展的乡村与聚落环境[4]。自 2012 年住房和城乡建设部等部门启动中国传统村落遴选以来,至今已公布 6 批共 8155 个国家级传统村落,形成规模最大、内容和价值最丰富、保护最完整的活态传承农耕文明遗产保护群[5]。中国传统村落是农耕文明的物质承载,凝结着中华民族历史文化记忆,地文特征显著,具有极高的自然禀赋与历史、艺术乃至科学价值[6]。在保护、恢复和延续美丽的传统村落风貌,延续并发展自然演进和历史积淀下形成的传统村落地文景观同时,传统村落地文特征的数字化识别、信息化管控与集成转型发展,已经成为当前传统村落景观研究前沿与实践示范重点,成为传统村落数字博物馆高质量建设与地文景观研究数字化转型的核心问题,亟待开展针对性探索与建设途径研究。

---

[*] 国家自然科学基金项目"基于 eCognition 遥感测度的乡村蓝绿景观形态耦合解析技术及其优化算法研究——以京西典型传统村落为例"(编号:52108036);国家自然科学基金项目"中国传统村落保护发展的理论与方法研究"(编号:51938002);北京建筑大学 2022 年"双塔计划"—"金字塔人才培养工程"英才项目(编号:JDYC20220802)。

2 数字景观视野下的传统村落地文特征研究概述

2.1 传统村落地文特征解读

传统村落是形成年代较早,拥有较丰富的文化与自然资源,具有一定历史、文化、科学、艺术、经济、社会价值,应予以保护的村落[7]。《庄子·应帝王》有云"乡吾示之以地文"。《经典释文》有载"文,犹理也"。"文"在我国古文中是"理"的一种表达。法国学者巴特认为,"文"是表示事物都是有规律可循的,传达事物的规律与内在本质间的紧密联系。"Landscript"即为"地文",可解释为"书写在土地上的字",是生生不息的有机体,有魂、有灵、能言,如同将生命的故事书写在土地上。传统村落地文特征,就是在乡村与聚落特定自然环境要素和历史人文要素的共同作用下逐渐形成,以自然要素、人文要素和人居要素共同作用并形成的地域性景观表征,是复杂自然过程和人类活动在大地上的烙印,如同指纹和掌纹,是乡村基因和往昔记忆在土地上留下的印迹。

纵观传统村落发展,其地文特征受自然、地理、历史、社会、经济、文化等众多因素综合影响和作用,以村落文化传承与延续为核心,呈现出鲜明地域特征和乡土气息的风格与外貌,是村落发展过程中内在与外在特征的共同体现,是传统村落生态人居智慧与农耕文明的精华体现。

2.2 我国传统村落景观数字化发展

2.2.1 基于3S技术的传统村落地文特征研究

目前,基于3S技术优势,相关研究主要侧重于传统村落自然环境特征、产业结构与布局、交通系统、土地利用等方面的识别与解译。其中自然环境特征包括地形高程、坡度坡向、水体水质、植被类型与分布、耕地类型与分布等方面;产业结构与布局包括产业布局关系、结构特点、业态分布等;交通系统涵盖村落道路结构、街巷肌理等[8]。3S技术的应用为传统村落保护规划、空间演变研究等提供数据和技术支撑。

2.2.2 基于倾斜摄影测量技术的传统村落三维模型研究

随着空间信息技术的快速发展,科技力量赋能传统村落,使得传统村落数字化研究成为推进乡村景观提质增效与地文景观高质量发展的重要驱动力量。倾斜摄影测量技术作为一项新兴技术,突破了传统航空摄影只能采集景观顶部影像数据的局限,通过增加倾斜视角,可采集具有一定倾斜角度、分辨率高且侧面纹理丰富的景观影像数据,为进一步三维实景建模提供有效数据支持[9]。

基于倾斜摄影测量技术实现的实景三维模型可直观并清晰地反映村落格局、山水环境、建筑分布等特征,为传统村落数字化保护提供准确又真实的空间地理信息和技术手段。目前,综合运用倾斜摄影测量技术,充分发挥其空间建模与测量数据优势,能够为传统村落保护与发展提供生态环境、自然地貌、植被资源、土地利用现状、文化资源、村落建筑、特色资源点及其细部大样等系统性数据,为传统村落地文景观数据采集、三维模拟、场景虚拟乃至风貌控制等提供技术支撑。

2.2.3 基于虚拟现实技术的传统村落可视化研究

虚拟现实技术是一系列高新技术的汇集,是能建造精确反映现实的物理性质及动态行为的人造环境技术,通过计算机创建虚拟环境,利用人的感官系统,使人产生身临其境的感觉。在虚拟环境中,参与者可通过相关工具与环境进行实时交流,从而增加环境的真实感。虚拟现实技术与实景三维模型结合,可实现传统村落三维全景直观展示与体验。目前,虚拟现实技术在传统村落的应用主要以动态交互的方式开展全景沉浸式体验,为传统村落地文景观感知与传播提供新的模式。

综合相关人居环境可视化研究成果可见,现阶段,虚拟现实技术在传统村落景观中的数字化应用主要从三个层面展开,一是以典型场景图像采集、数据存储为核心的信息留存技术;二是以三维模型搭建为基础,自然景观与村落建构筑物外观影像、风貌数据搭载形成的模型融合处理技术;三是以VR和"互联网+"为平台的虚拟展示技术。相关研究融合空间测量、影像处理、信息统计、计算机软件与应用、建筑科学与乡村规划、自然地理与测绘学等多学科知识,形成多源信息融合与多学科协同研发的鲜明趋势[10]。

3 传统村落景观地文特征数字化转型模式

3.1 景观地文特征研究的数字化转型

依托数字景观理论与数字技术手段实现传统村落景观地文特征的数字孪生,是新时代传统乡村景观传承与延续、地文景观创新发展的重要途径,也是实现传统农耕文明源远流长的有力手段。传统村落地文特征全要素数字化是乡村数字孪生的重要组成部分[11]。传统村落承载着传统文化影响形成的天人合一营建理念和乡土文化精髓,其选址、布局善于合理利用自然环境,尊重景观肌理和自然规律,反映了长期历史发展中人居环境营建与自然协调共生的传统智慧和经验,是中国传统文化和农耕文明传承的重要物质遗产[12]。

自然特征要素是传统村落形成基础。根据已有研究成果,地形地貌、气候条件、河流水域等自然要素,是决定传统村落形成和延续的基础因素。自然地理环境奠定了传统村落宏观分布的基本特征,其主要构成要素包括自然环境和山水格局。同时,乡村是农耕文明发展的高地,传统村落是乡村文化传承与发展的集中体现(表1)。传统村落人文特征要素,主要包含对村落形成与发展有重要影响的历史文化、宗族伦理、宗教信仰等非物质要素;人居特征要素是与人的生活、生产密切相关的物质实体,是影响村落形式、形态以及发展变化的直接动因,主要包括村落选址、村落风貌以及农耕生产等方面。

3.2 传统村落景观地文特征数字孪生逻辑构建

当代传统村落景观地文特征数字孪生是在乡土景观理论时代发展基础上,集成空间信息测量技术、全要素数字建模技术、标识感知技术、虚拟仿真技术、深度学习技术的新型数字景观技术体系,具有全局视野、系统采集、关联耦合、精准映射、虚实联立、深度学习与智慧成长的特征。

表1 传统村落地文特征典型要素

自然特征要素	自然环境	气候特征	平均气温、平均湿度、平均降水、主导风向、海拔等
		土壤特征	土壤类型、土壤酸碱度、土壤湿度等
		动物特征	动物种类等
		植被特征	植被类型、植物种类等
	山水格局	地形地貌	高程、坡度、坡向、地形起伏度、地貌类型等
		水文特征	水体类型、水体形态、水体密度、地上水位、地下水位、径流、盆域、倾泻点等
人文特征要素	历史文化	村落历史	建村历史、历史人物、历史事件、族谱家训等
		民俗文化	节庆活动、祭祀崇礼、婚丧嫁娶、地方方言、手工技艺、美食特色等
	宗族伦理	宗族伦理	族谱家训、村规民约等
	宗教信仰	宗教信仰	主要宗教信仰
人居特征要素	村落选址	选址智慧	选址特点、区位优势等
	村落风貌	村落格局	格局特征
		建筑风貌	建筑类型、建筑年代、建筑质量、建筑风格、建筑层数等
		村落街巷	街巷类型、街巷肌理、空间特征、街巷尺度等
		公共空间	空间分布、空间规模、空间特征、空间设施、空间功能等
		历史环境要素	古石碾、古石井、古树、古碑等
	农耕生产	农耕景观	分布特征、形态特征、景观类型等
		产业生产	主导产业、生产类型等

其中，空间信息测量技术快速采集地表全要素信息，聚类集成形成数据库；全要素数字建模技术根据深度学习路径，自主进行传统村落三维模型搭建，自行加载并突出表达其景观地文要素，结合算法优化凸显地文特征；标识感知技术实现真实物理环境的实时监控与数据读写转译；虚拟仿真技术实时渲染并精准再现村落地文特征"前世今生"；深度学习技术结合信息更新、数据迭代与使用经验积累，助力传统村落景观演进与地文特征刻画与推演。上述技术融通发展，共同助力数字孪生背景下传统村落景观地文特征的数字化转型，并使传统村落数字孪生体具备自我学习、遗传与智慧生长能力。基于以上技术集群，当代传统村落景观地文特征数字孪生体系，由虚实互动孪生体、地文特征动态模型、全要素数字化网络构成。

一是构建传统村落虚实互动孪生体。传统村落地文特征属于非物质文化遗产，其档案不健全、数据分散、城建环保等管理部门各行其是已是不争事实。通过数字孪生体建立与现实村落的全息影像，既有利于提升对其保护与发展的管控、运维能力，同时可实现虚实互动、时空穿梭，通过沉浸式体验促进其旅游等产业增效。

二是建立传统村落景观地文特征动态模型，复现劳作生息、季节交替、时相气相乃至自然演进与历史过程，逐步发展成为农耕文明实体演进多元数据融合模型。相关模型具有实时、动态特征，并融合地文特征与具体活动，如欢庆民俗节日、庆祝播种丰收活动、建设奠基与更新改造建设等，包含农作、木作、石作、瓦作等丰富数据，成为文化传承与发展的重要时空载体。

三是构建传统村落地文特征全要素数字化网络，可以满足传统村落数字化保护、展示和体验。通过3S地理空间信息技术、无人机倾斜摄影技术、360°全景影像采集技术以及文献收集、村民访谈等方法，获取传统村落从宏观到微观尺度下的地文特征要素数据，通过对多源数据筛选、融合和分析，结合互联网＋以及虚拟现实技术，搭建现实与虚拟之间的传统村落地文特征体验和交互桥梁，促进传统村落数字化保护和发展。

3.3 传统村落景观地文特征数字孪生的重点

传统村落数字孪生系统是乡村物理世界和虚拟世界之间一一对应、相互映射、协同交互的复杂系统，地文特征作为乡村实体环境中的抽象文化性、观念性特征，必须借助其物质载体的全要素数字化与可视化才能得以实现[13]，其数字化转型的重点包括以下。

① "空间信息"与"语义信息"的多源信息融合方法。地文特征的多尺度表达会导致景观要素内容的实时响应与数据变化，数据实时生成与模型即时渲染，需要地文要素数据的即时关联响应，融合空间位置与语义知识的方法有助于解决这一问题。

② 地文景观典型场景的"合规律性""合目的性"评价体系。典型场景布局与渲染是否达到预期既与数字孪生模型构成机制有关，也与生成后的视觉感知有关，其是否符合地文特征组织的规律性、是否满足数字映射的合目的性，有待纵深研究。

③ 地文特征动态模型的高逼真、轻量化技术研发。三维模型的数据量与其精细化程度正相关，地文特征动态模型何以在保留高精度、高品质的同时有效压缩数据量，是大规模场景建模与渲染亟待解决的问题之一。

4 传统村落地文特征数字化转型吉家营村案例

住房和城乡建设部、文化部、文物局、财政部四部门于2012年启动了全国传统村落普查和申报认证工作，并于2018年开始实施传统村落数字博物馆建设，至今已有200余个传统村落纳入数字博物馆系统，建设独立的传统村落数据库并进行线上展示。中国传统村落数字博物馆的建设，旨在展现具有地域性、民族性的村落自然与文化风貌，展现现阶段传承、保护与发展成果，体现中华历史与农耕文明特点，使之成为弘扬优秀民族文化、保护宣传传统村落的有效途径[14]。

4.1 吉家营村概况

吉家营村位于北京市密云区新城子镇南部，距离密云县政府所在地47.9 km，距北京城中心约137 km。村落位于三山夹两川的河谷地带，村域面积约1 025.13 hm^2。村落东靠雾灵山，南北为雾灵山余脉，自然景观资源丰富、环境优美。境

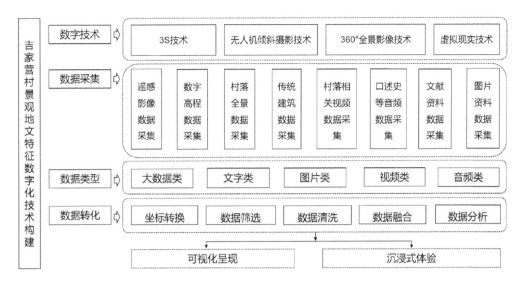

图 1 吉家营村景观地文特征数字化技术构建

内北侧小清河自东向西、安达木河自东北向西南流经,水资源丰富。吉家营营城设有东西两座城门,错街而设,村庄历史悠久,地文特征显著。作为一个由戍边城堡发展而来的山村,原属于修筑在长城线以外的城堡,主要功能是屯兵戍边。随后逐渐由一个驻兵生产生活的基地变化成为一个传统的村落。2013 年 8 月,吉家营村入选住建部公示第二批中国传统村落名录。

4.2 地文特征数据采集

地文特征基础数据涉及吉家营村自然特征要素、人文特征要素以及人居特征要素等多源、多类数据采集,从数据类型可分为文字类、照片类、视频类、音频类以及大数据类等 5 种类型,构成吉家营传统村落地文特征数据库。

其中文字类数据采用 Word 文档收集整理。照片类数据包括常规照片、航拍照片和 360°全景照片,其中常规照片以专业摄影图像为主;航拍照片主要通过静态图像表现村落环境风貌、传统建筑特色,拍摄时对天气、光线、构图等严格斟酌,并按一年四季时节区分,采集每一季节代表性照片;360°全景照片要求源文件单张照片像素高于 1 200 万,最后拼接好的原始全景图像分辨率为 14 000×7 000 像素。视频类数据,包括航空视频和常规视频,航空视频即低空摄像视频,视频大小不超过 1 000 M,分辨率不低于 1 920×1 080 像素,30 帧/s,支持 H264 的 MP4 文件格式;常规视频展示村落历史、文化等特征,视频大小不超过

1 000 M,支持 H264 的 MP4 文件格式。音频类数据,主要收集乡音、民俗等方面的声音材料,格式类型为 MP3,总大小不超过 20 M。大数据类主要针对宏观、中观尺度的地文特征要素采集,包括遥感影像数据、DEM 高程数据、典型地文要素经纬度数据、无人机倾斜摄影数据等。

4.3 地文特征数字展示平台

传统村落的乡土文化、地理环境、山水格局等地文特征通过数字技术,实现要素与资源的完整保存,通过数字化转化将其文化价值转变为社会效应,对于传统村落活态保护与传承以及乡村振兴具有重要意义[15]。吉家营村景观地文特征展示平台通过 3S 地理空间信息技术、无人机倾斜摄影技术、360°全景摄影技术等对吉家营村地文特征数据进行全方位、多角度信息采集,对数据进行整理、归纳,构建三维实景模型。在实景三维数字化基础上,将村落历史文化、民俗活动等信息的文字、图片、音频等数据,以 VR 和"互联网+"为核心展示技术进行数字化展示(图 1)。

吉家营村景观地文特征展示平台包括村落概况、全景展示、历史文化、环境格局、传统建筑、民俗文化、美食物产和旅游导览共 8 个主题板块(图 2)。其中村落概况板块展示村落基本情况、地理信息、历史文化沿革等方面;全景展示板块重点展示村落景观、风景名胜、历史遗迹等自然和人文景观;历史文化板块展示建村历史、历史人物以及重要历史事件(图 3);环境格局板块涵盖自然环境、

村落选址、村落格局、风景名胜、文物古迹、历史环境要素等内容；传统建筑板块包括传统民居院落、文保单位、历史文物与重要遗存、建筑细部、木作彩画等；民俗文化板块包括节庆活动、祭祀崇礼、婚丧嫁娶、

图2　吉家营村景观地文特征数字展示平台界面

图3　历史文化板块

特色文化等内容；旅游导览板块包括入村路线和村内导览等。依托中国传统村落数字博物馆端口，结合互联网＋手机、电脑等终端即可进入吉家营村景观地文特征展示平台，以全景漫游、三维实景、图文、影像等形式，全方位了解吉家营村地文特征和景观特色，体验村落文化。

4.4　地文特征数字映射与沉浸体验

针对吉家营村14处传统民居及重要建筑遗产点，如灵山庙遗址、关门城堡、吉家营城堡等，建立对应数字化模型与全景影像，展示真实状态；搭建地文特征数据库与动态模型，采用三维激光扫描仪获取点云数据，结合 Leica Cyclone 和 Geomagic Studio 进行数据处理和分析，在三维几何模型基础上增加纹理贴图，形成与实物相对应的数字孪生模型；综合尺度、形状等特征要素，依据具体地理位置建立坐标系，将数字孪生模型与全景影像进行融合。

吉家营村数字孪生体可结合VR、360°全景漫游及虚拟仿真技术进行沉浸式体验，沉浸技术可以让人们进入虚拟化的实体村落空间，在空间可感知、可观赏的前提下，更多元地呈现地文特征代表性节点，介绍分析地文场景的艺术性与文化内涵，充分诠释物质文化与非物质文化的紧密相连性。在表达形式上，吉家营村景观地文特征展示平台在传统图文表达基础上，借助 Idea VR、Mars 以及720云元宇宙创作平台，采用沉浸式、交互式的数字化手段实现全景漫游，达到虚实世界交互映射（图4）。

图4　通过360°全景漫游沉浸式体验

5　总结与展望

作为农耕文明载体、地文综合体的传统村落，拥有丰富的自然和文化景观资源，蕴含丰富的历史、文化、科学、艺术、经济、生态和社会价值，实现数字化转型发展已成为其时代命题。基于数字孪生理念开展传统村落地文特征数字映射，通过网络平台建立与实体村落相应的全要素、精准化虚拟映像，进一步发展形成传统村落数字化孪生体，不仅有利于传统村落地文特征保护，更方便开展虚实互动，提升传统村落全民保护、传承与发展效能。需要关注的是，传统村落地文特征是一个复杂系统，不仅包括建筑、空间等物质方面，还包括传统技艺、历史文化等非物质方面，需加强传统村落景观环境及其地文特征的理论探究，深入挖掘地文要素特征、联立机制、展现方式与其孪生复现能力，让传统村落延续历史、传颂乡情、诉说当下、昭示未来。

参考文献

[1] 成玉宁.数字景观开启风景园林4.0时代[J].江苏建筑,2021(2):5-8.

[2] 成玉宁,樊柏青.数字景观进程[J].中国园林,2023,39(6):6-12.

[3] 贺彪,郭仁忠,张琛,等.面向数字孪生城市的自然场景构造方法[J].测绘通报,2022(7):87-92.

[4] 曹伟.传统村落[M].北京:中国建材工业出版社,2021:6.
[5] 张大玉.传承与创新:让传统村落在乡村振兴中焕发生机[J].城乡建设,2023,(10):13-15.
[6] 胡燕,陈晟,曹玮,等.传统村落的概念和文化内涵[J].城市发展研究,2014,21(1):10-13.
[7] 住房和城乡建设部办公厅.关于做好第五批中国传统村落调查推荐工作的通知,建办村函[2017]52号[G],2017.
[8] 成实,张潇涵,成玉宁.数字景观技术在中国风景园林领域的运用前瞻[J].风景园林,2021,28(1):46-52.
[9] 舒斌龙,王忠杰,王兆辰,等.风景园林信息模型(LIM)技术实践探究与应用实证[J].中国园林,2020,36(9):23-28.
[10] 王云才,刘滨谊.论中国乡村景观及乡村景观规划[J].中国园林,2003,19(1):55-58.
[11] 袁旸洋,谈方琪,樊柏青,等.乡村景观全要素数字化模型构建研究:以福建省将乐县常口村为例[J].中国园林,2023,39(02):50-56.
[12] 李春青,金恩霖,孔杰,等."活态遗产保护方法"视角下的传统村落保护要素构成及分级分类认定研究[J].城市发展研究,2023,30(2):70-77.
[13] 李德仁.数字孪生城市—智慧城市建设的新高度[J].中国勘察设计,2020(10):13-14.
[14] 住房和城乡建设部办公厅.关于做好中国传统村落数字博物馆优秀村落建馆工作的通知,建办村函[2017]137号[G],2017.
[15] 陈刚.数字博物馆概念、特征及其发展模式探析[J].中国博物馆,2007,24(3):88-93.

作者简介:张学玲,博士,北京建筑大学建筑与城市规划学院讲师、硕士生导师。研究方向:数字景观理论与技术、乡村景观规划设计及其理论。

张大玉,博士,北京建筑大学建筑与城市规划学院教授、博士生导师。研究方向:景观规划与设计、村镇规划与设计等。

石炀,博士,北京建筑大学建筑与城市规划学院副教授、硕士生导师。研究方向:历史城市保护更新、社区治理。

杨艺璇,北京建筑大学建筑与城市规划学院在读硕士研究生。研究方向:乡村景观规划设计及其理论。

实景三维与知识图谱技术协同的城市绿地数字孪生评估分析方法初探

王兆辰

摘 要 信息技术的革新给规划设计活动带来了更多可能性,但在风景园林规划设计领域,部分新技术受限于传统的工作组织思路,无法快速、深度融入实践工作。实景三维技术可以对现实世界进行高效数字化重建,是创建数字孪生体的重要手段;知识图谱是一种知识表达途径,是 AI 技术开发中重要的基础环节、数字孪生引擎智慧化赋能的重要供给。通过二次开发将常规建模软件(Rhino)和带有关系图谱功能的笔记软件(Obsidian)连通为一个工作平台,整合运用两种技术,构建几何图形与非几何信息协同管理的工作思路。在数字孪生"虚拟实体—赋能引擎—服务功能"的局部场景中,以城市绿地的评估分析应用为例,探索两种技术与数字孪生规划设计的融合途径。

关键词 实景三维;知识图谱;数字孪生;城市绿地;风景园林

1 研究背景

在以往的风景园林工程实践中,评估分析的成果多以图表或二维图纸的方式呈现。现状或规划条件只作为一个固定背景,很少与后续的方案设计工作实现数据上的贯通。各类分析成果很少以三维的、对象化的形式直接导入后续工作流程,设计方案成果也往往止步于二维的表现图、施工图。这种工作模式难以跟进数字孪生发展及应用的最新需求,因此本研究基于"实景三维"和"知识图谱"这两种有可能深刻影响设计师人机交互方式的新技术,截取数字孪生应用框架中的部分场景,以城市绿地评估分析为例,尝试构建一种新的规划设计工作思路。

1.1 技术概念解读

1.1.1 数字孪生技术

数字孪生技术在规划建设领域的应用主要是工程全生命周期的跟进,包括现实空间的测量感知、虚拟数字孪生体构建、数字孪生引擎及其智慧化赋能、数字孪生服务等环节(图1)。建筑信息

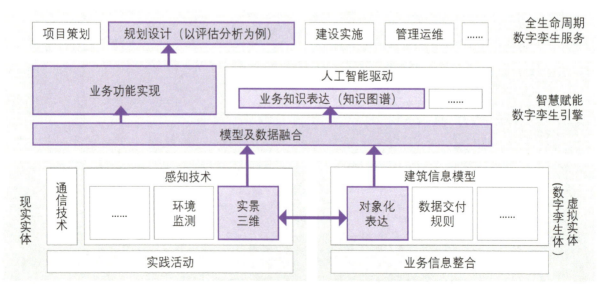

图1 本研究在数字孪生应用框架中的定位

模型(BIM)技术和数字孪生技术有着密切联系，其建模方法、工程实体的对象化表达、数据交付、平台构建及实践应用技术与上述数字孪生场景存在高度重合。

推进数字孪生及信息模型技术在规划设计工作中的应用，关键在于实现从"附加"到"融合"的转变，让设计师不仅仅为提交到第三方平台创建额外的工作成果，并且让新技术在规划设计的工作环境中直接发挥价值。

1.1.2 实景三维技术

实景三维技术是指通过激光雷达、照片建模等手段对现实空间物体进行数字化重建的技术。综合运用无人机、架站、手持等不同设备载体和测量手段，可以对现实世界进行宏观（规划）到微观（工程设计）不同尺度和精度的全方位感知测量。在数字孪生领域，实景三维技术是感知现状、创建虚拟数字孪生体的重要手段。

在风景园林项目中，这种逆向建模技术可以很好地解决设计师对现状条件掌握不够精确、跑现场拍照效率低、人工测绘精度低的问题。全生命周期视角下，还可以基于竣工实景模型，对建设成果进行数字化归档或评估。但目前设计师对实景三维模型的应用大部分局限于"模型预览和标记"，尚未将这一技术广泛应用到量化分析、方案设计等环节。

1.1.3 知识图谱技术

在数字孪生引擎的赋能技术中，人工智能技术是非常重要，也是前景最为广阔的技术之一。人工智能与不同行业的融合并非简单的加法，传统业务与新兴人工智能产品的简单拼接，也难以发挥长远价值；行业知识表达、数据积累是稳步推进行业AI变革的重要工作。知识图谱是一种知识表达方法，与其他数据库技术相比，最大的特点是直观。地理信息时空知识图谱和规划设计业务的结合已具备一定研究基础。

图数据库技术学习成本较高，对于常规实践工作来说略显繁琐。文档图谱技术是知识图谱技术低门槛、产品化的应用形式，能够以更开放、灵活的方式记录业务信息及其逻辑，形成半结构化的知识数据。使用文档图谱软件开展工作，既能实现图谱展现，又可以通过数据治理形成结构化行业知识数据，让使用者快速参与到行业知识数据积累的过程中。

1.2 研究工作内容

综合上述技术的特点及其与实践融合的切入点，参考数字孪生在规划设计领域应用的基本框架，将本研究对应的场景划定为：基于实景三维模型，在常规制图软件中进行信息模型对象的表达及数据整合，辅助规划设计工作中模型交互展示、定量分析、信息管理等功能的实现，并将这一过程涉及的业务数据与知识进行图谱化表达。

综合考虑技术实力和开发成本，基于对技术的开放式理解，本研究规避图数据库、信息模型技术复杂的应用生态，采用常规制图软件进行几何图形与非几何信息的"对象化表达"，实现数字孪生体的创建，采用笔记软件实现行业知识的半结构化表达。研究侧重工作思路和方法的研究，并非成熟的产品或理想形态。

Rhino ceros作为比较普及的制图软件，可以对实景三维模型进行多种编辑操作，并挂载自定义信息，轻量化方面表现也较为良好。Grasshopper是目前最为普及的参数化设计工具，提供了开放式的低代码编程环境，并且有大量拓展资源（food4Rhino社区上的各种插件）。Obsidian作为一款笔记软件，其学习成本较低，并且提供了一种简单高效的关系图谱构建方法（文档反向链接），可以实现图谱的快速构建与直观交互。数据方面，采用由无人机倾斜摄影获取实景三维模型，在街区尺度下构建城市绿地评估分析场景，形成"实景三维信息模型＋文档关系图谱"的应用示例。

1.3 总体技术路线

研究工作分为三大部分，基础层解决两款软件工作环境的整合问题；资源层解决信息表达规则、各阶段之间数据交付以及后续数据治理的问题；应用层则基于以上成果，实现实景三维图谱功能展现和评估分析功能（图2）。

所有工具和应用的开发，都服务于同一个底层逻辑，即"现实实体—虚拟实体—知识实体"之间对应关系与数据传递规则。本研究从软件工具实现的角度，将三者对应为"图形实体对象""信息模型实体对象"和"文档实体对象"，后续内容也将主要围绕这三者的关系展开介绍。

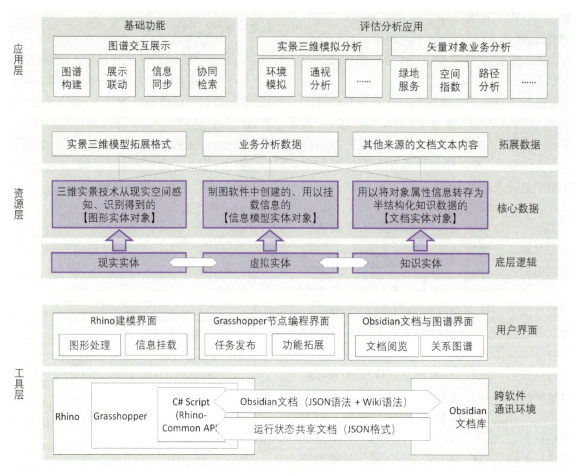

图 2 总体技术路线

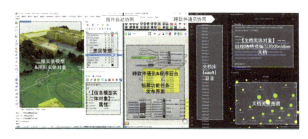

图 3 用户交互界面

2 工具层：软件平台

2.1 用户交互界面

本项目的交互界面由三部分组成。其中，Rhino 的图形界面和 Grasshopper 的节点编程界面本身处于同一运行环境下，可以直接交互。在解决了 Obsidian 到"Rhino-Grasshopper"环境之间的跨软件通讯问题后，即可实现三个界面的协同交互（图3）。

从"三类对象"的角度看，"图形实体对象"和"信息模型实体对象"的转换在 Rhino＋Grasshopper 环境中转换，"文档实体对象"在 Obsidian 环境中处理，所以需要通过跨软件通讯技术来实现"信息模型实体对象"和"文档实体对象"之间的关联。

2.2 跨软件通讯环境

Rhino 和 Grasshopper 都以独立工程文档储存工作成果，Grasshopper 可以通过运算器或脚本读取当前文档的工作状态。Obsidian 通过在资源管理器中创建文档库（vault）的方式管理数据，所有文件夹和文档都存储在文档库对应的根目录下，根目录下的"/.obsidian"文件夹中存储了一系列 JSON 文档，Obsidian 的界面状态会实时记录到这些文档中。

通过 Grasshopper 读取 Obsidian 运行状态文档，可以在 Rhino 环境中对 Obsidian 的操作做出响应，即图谱到模型的通讯。通过 Grassho-

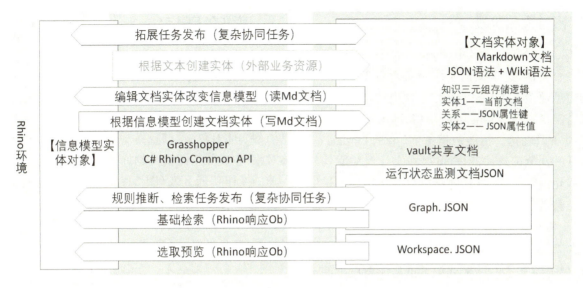

图 4　跨软件通讯环境构建

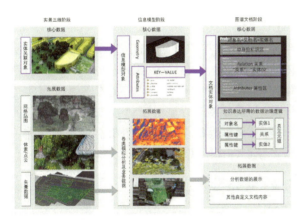

图 5　数据资源对应关系

pper 读、写 Obsidian 文档，可以实现模型到图谱的通讯，即"信息模型实体对象"和"文档实体对象"的转换。规则检索等复杂任务的发布以 Grasshopper 为核心，实现两端数据的整合、运算（图 4）。

3　资源层：数据规则

资源层主要开发工作包含信息交付的对象及其规则，即上文提到的"三类对象"的对应关系及数据治理、传递规则。从流程上，将数据归为实景三维、信息模型、图谱文档三个阶段，其核心数据分别为"图形实体对象""信息模型实体对象""文档实体对象"。其他业务功能所涉及的各类异构数据为拓展数据不做特殊的交付要求，按照实际需求灵活管理（图 5）。

3.1　实景三维阶段

本研究采用无人机倾斜摄影实景三维模型，所获取的一手数据是已经经过空间三维转换的 OSGB 格式倾斜摄影模型。将 OSGB 数据进行轻量化处理，并转换为 Rhino 能够读取的 OBJ 数据（网格模型）和 PLY 数据（点云模型）。

核心数据方面，倾斜摄影模型转换为网格后，虽然可视化效果良好，但仍然不易于编辑操作，高质量的矢量模型仍需要借助手动翻模。综合考虑软件性能等因素，本研究采取了通过目视识别描绘的简化几何图形作为图形实体对象，进行属性信息挂载和后续展示。拓展数据方面，以网格贴图模型作为可视化展示，以点云及较高精度（1～2 m）的体素模型作为模拟分析的基础数据，并描绘业务功能所需的必要地理空间矢量数据（路径、面域等）。

3.2　信息模型阶段

核心数据方面，将 Rhino 对象（Rhino. DocObjects. RhinoObject）作为信息模型对象，通过用户属性文本的方式，在信息模型对象上挂载键值对，借助 Grasshopper 将这些键值对转换为其他格式的结构、半结构化数据。本研究将键值对分为三类，分别用于记录身份标识、知识关系和实体属性。拓展数据方面，Rhino 和 Grasshopper 中有各种专项分析功能，比如 Butterfly、Ladybug、Groundhog 等插件生成计算机模拟分析数据。

3.3 图谱文档阶段

核心数据方面,将 Obsidian 中的每一个文档作为一个实体,这个文档实体对象对应着 Rhino 中的信息模型实体对象。将信息模型对象的信息按照特定格式写入 Obsidian 文档,即可实现图谱展现和知识表达。拓展数据方面,由于 Obsidian 本身是一款笔记软件,用户可以在实体对应文档的格式化内容之后,或者创建单独的文档灵活记录各类拓展信息。

3.3.1 图谱展示

为方便后续知识表达的数据治理,在 Obsidian 文档中,用 JSON 格式记录信息模型对象的键值属性。每个文档内含一个 JSON 对象(对应一个 Rhino 对象),这一对象含有 Identity(身份标识)、Relation(知识关系)、Attributes(属性)三个键,对应的值也是 JSON 对象,分别存储信息模型对象挂载的三类键值对。

其中,在 Relation 类下属的值列表中使用 Obsidian 创建反向链接所用到的 Wiki 语法,即在列表项的前后加"[["和"]]",就能在最小限度改变数据内容的情况下,在 Obsidian 中实现文档关系的图谱化展现。

3.3.2 知识表达

知识图谱中知识表达的基本格式就是三元组(实体1—关系—实体2),本研究构建的数据治理逻辑,就是将 JSON 键值对变成三元组:将"键"作为关系,将"实体名(可以存储在对象的身份标识字段中)"和"值"的内容作为实体,通过这种方式,将三维模型中的业务信息转化为三元组。当值内容为列表时,则一个键值对就每个列表项形成一个三元组。

4 应用层:功能示例

围绕实景三维和知识图谱的技术特征,主要开展了两方面的应用功能开发:一方面是文档关系图谱与三维模型的协同交互功能;另一方面,结合住建部《城市信息模型(CIM)基础平台技术导则》中的内容和风景园林实践中常见的评估分析场景,开发计算机模拟分析、城市绿地指标分析等功能。

4.1 图谱交互展示

4.1.1 协同展示

该部分功能基本对应跨软件通讯以及核心数据传递规则的实现。首先是从实景三维模型识别并创建图形实体对象、给实体挂载信息以形成信息模型实体对象、将信息模型对象输出为文档实体对象、生成关系图谱文档库这一过程基本功能和辅助操作功能开发(图3);其次是 Rhino 对象属性的修改,或 Obsidian 文档内容修改的同步(模型和图谱实体之间的同步);最后是在实景三维模型中,高亮显示 Obsidian 当前正在阅览的文档(图4)。

Obsidian 本身即具备多层级图谱展示、局部图谱展示、实体节点分类设色等功能,可以对实体对象之间的业务逻辑进行直观展示。

4.1.2 检索交互

在实现基本的协同功能之后,可以通过对实体的单体检索、分类检索、规则检索等方式进行信息查询、预览及管理(图6)。如图谱可按照实体分类、关系分类进行显示控制:只显示某类实体的图谱、只显示具备包含关系的图谱,或根据实体关联路经查询途经实体。

4.2 评估分析应用

与传统的勘察测绘成果相比,实景三维数据有两方面优势:一是能更加真实、细致地反映物体的三维几何信息,让计算机更加真实地模拟现实空间。二是高度直观的可视化效果,可以提高目视识别对象的效率和准确度,或者说提升了几何信息与非几何信息关联的准确性,更方便业务逻辑的嵌入。因此本研究以"直接基于实景模型的计算机模拟分析"和"基于矢量图形的业务分析"两方面进行数字孪生服务功能演示。

4.2.1 实景三维模拟分析

传统的空间模拟分析受到数据来源问题的影响,往往难以深入精确到人本尺度。比如日照分析等只基于建筑体块,并不能将各类地物考虑在内。利用实景三维模型,可以很好地将此类模拟分析精确到人本尺度。本研究将倾斜摄影模型转换为分析工具能够识别的网格模型(mesh)以及体素模型(voxel),进行视线分析、日照时长分析、风环境模拟分析、雨水汇流分析作为样例,并以时

图6 图谱检索功能示意图

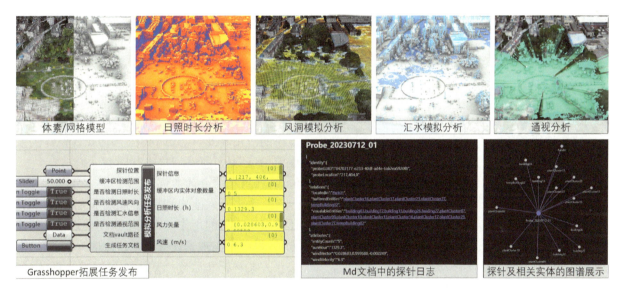

图7 实景三维模拟分析示意图

空知识图谱的形式辅助展示。

由于本类分析过程对算力需求较大,运算过程慢,成果数据量大,实时交互的难度较高,所以本例中,日照和风环境模拟使用预先分析好的数据。汇流和通视分析采用探针选取点位的方式进行实时分析,通过图谱展示观察分析结果以及探针点位和其他实体的关系(图7)。这种方式主要服务于图谱交互,具体工作中有多种灵活的数据成果处理方式。

4.2.2 矢量图形业务分析

此处的"矢量图形对象"包含前文中提到信息模型阶段核心数据,即信息模型实体对象,以及根据实景模型描绘的线路、面域等拓展数据。与计算机模拟分析相对固定的分析模式不同,此类业务分析有着更加灵活的拓展性,可以在常规的计量统计、用地比例、缓冲区分析等方法之上,开展创新指标设计或定制化分析。

本例中使用绿地面域、建筑面域、不同类型的植被面域、可通行路径等数据,对街区的绿地服务覆盖度、每栋建筑在特定距离内可达的绿地面积进行了分析,此外,还尝试了绿色空间指数计算、最短路径及可达范围分析等。相较于基于城市尺度的路网、地块、体块的空间分析,本例中的对象分析能在人本尺度反映更具针对性的结论。

此类分析的数据量可控,可以实时分析,而且可根据分析目标进行灵活组织,所以采用每项分析对应一个运算器组(Grasshopper Cluster)的任务发布方式,并以图谱对分析结论和数据进行直

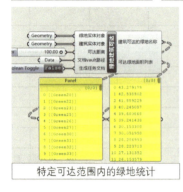
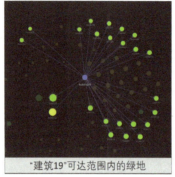
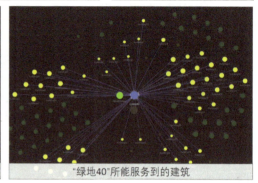

图8 矢量图形业务分析示意图

观展示。如"建筑可达的绿地统计分析"中，节点大小即反映了每栋建筑的绿地供给充足程度，以及每块绿地服务建筑数量的多少（图8）。

5 总结

本研究的主要内容属于信息技术与业务逻辑的整合创新，包含部分开发文档属性的内容。这里从规划设计从业者的实践应用和技术开发两个视角进行总结与反思。

5.1 实践应用角度

5.1.1 价值与必要性

本研究为数字孪生技术与规划设计实践的结合提供了一种思路，也为实景三维技术、知识图谱基础提供了一种学习成本相对较低的应用方法。基于实景三维数据开展的人本尺度模拟分析、空间分析，也在传统的宏观尺度规划分析方法和微观的工程方案设计之间建立了更为可靠的联系。

虽然本研究采取的软件工具和开发路径并非成熟产品的理想形态，但提出的工作思路本身作为一种风景园林对象信息化管理方式，在强化几何和非几何信息的关联，优化人机交互体验，推动三维正向、量化设计方面存在着一定价值。

新软件、新技术、新工作思维的普及难度是逐级递增的，行业对新事物的需求短期内也十分有限。本研究也仅仅抛砖引玉，并不期望能带来成规模的应用普及，风景园林信息化规划设计的发展前景，还是有待有识之士共同探寻。

5.1.2 有待完善的功能

受个人开发能力和项目资源等所限，本研究还有多项未尽的工作。在数字孪生规划设计应用方面，目前只实现了现状环境的评估分析，这一方法在方案解析和后置绩效评估可以部分借鉴；但就方案设计、方案表现等环境开发尚未开展。受设备条件所限，并未采用传感器等获取现实环境的数字孪生数据，计算机模拟分析数据缺乏比对验证，仅仅实现了几何形象和部分业务属性信息的"数字孪生"。

实景三维方面，虽然将模型导入了常用制图软件，但仍缺少一种高效处理大量实景三维网格数据的方法，仍需人工目视识别、翻模来实现模型的矢量化与对象化。人工智能方面，知识图谱或文档关系图谱仅作一种潜在的资源储备，未能将成熟的人工智能技术应用嵌入数字孪生应用体系。

5.2 技术开发角度

5.2.1 可行性、拓展性

本研究选用的两款软件以其轻量化、开源的

特点和较低的二次开发门槛,保持着规模可观的开发者社区,未来拓展与优化的空间较大。目前已完成原型开发和部分业务功能设计之间,其实不存在明显的耦合性,可以给其他业务领域的优质资源整合、两款软件多种插件的功能互通互补提供新的可能性,提出了一种"大众化"的数字孪生开发思路。今后的信息化发展进程中,软件载体、开发形式必然会有变化,但以信息模型和图数据库驱动数字孪生及人工智能应用的思想是有有可能延续的。

5.2.2 知识图谱的开放性理解

严格来说,用 Obsidian 文档创建关系图谱并不是正式的图数据库,而是创建了一种可以作为知识图谱素材的"半结构化过程数据",并结合笔记软件、制图软件以图谱、可视化的方式展现出来。这种"用对象(Object)表达三元组的"的方法虽然不够稳定、规范,但优势在于开放性和交互性,为数据的生成和收集提供了更多可能性,未来如果形成一定的使用规模,再结合针对性的数据治理,将图形和文档中的知识输入专业图数据库,有潜力形成一种图数据库在规划设计领域的应用范式。

5.2.3 待解决的问题

由于笔者并非专业的开发者,本研究的开发工作还存在诸多问题。数字孪生平台开发方面,由于两款软件的处理的数据类型多样,操作自由度较高,所以在稳定性、数据治理、规则制定方面还不够完善。实景三维角度,目前只进行了数据格式转换,在实景模型的自动化解译、对象拆解、聚类等方面未能有所创新;知识图谱方面,知识数据的治理和后续应用可行性尚有待论证。

参考文献

[1] 陈栾杰,李玮超,彭玲,等.基于时空知识图谱的地籍数据质检与更新方法研究[J].自然资源遥感,2023,35(1):243-250.

[2] 陈思,冯学兵,刘阳.基于倾斜摄影实景三维模型单体化分类与应用[J].北京测绘,2018,32(4):409-414.

[3] 李加忠,程兴勇,郭涌,等.三维实景模型在景观设计中的应用探索:以金塔公园为例[J].中国园林,2017,33(10):24-28.

[4] 李少杰,罗强,孙亚松.基于时空知识图谱的空间分析方法研究[J].地理信息世界,2021,28(6):72-78.

[5] 孙一贺,于浏洋,郭志刚,等.时空知识图谱的构建与应用[J].信息工程大学学报,2020,21(4):464-469.

[6] 田玲,张谨川,张晋豪,等.知识图谱综述:表示、构建、推理与知识超图理论[J].计算机应用,2021,41(8):2161-2186.

[7] 曲林,冯洋,支玲美,等.基于无人机倾斜摄影数据的实景三维建模研究[J].测绘与空间地理信息,2015,38(3):38-39.

[8] 王文敏,王晓东.基于 ContextCapture Center 平台的城市级实景三维建模技术研究[J].测绘通报,2019(S1):126-128.

[9] 张吉祥,张祥森,武长旭,等.知识图谱构建技术综述[J].计算机工程,2022,48(3):23-37.

[10] 张炜,王凯.基于绿色基础设施生态系统服务评估的政策工具:绿色空间指数研究:以柏林生境面积指数和西雅图绿色指数为例[J].中国园林,2017,33(9):78-82.

[11] 张雪英,张春菊,吴明光,等.顾及时空特征的地理知识图谱构建方法[J].中国科学:信息科学,2020,50(7):1019-1032.

[12] 钟琳颖,沈婕,毛威,等.基于时空知识图谱的古城叙事地图设计与实现[J].遥感学报,2021,25(12):2421-2430.

[13] 陆剑峰,张浩,赵荣泳.数字孪生技术与工程实践:模型+数据驱动的智能系统[M].北京:机械工业出版社,2022.

[14] 张尧学,胡春明.大数据导论[M].2 版.北京:机械工业出版社,2021.

[15] 住房和城乡建设部建筑节能与科技司.城市信息模型(CIM)工作导读[M].北京:中国建筑工业出版社,2022.

作者简介:王兆辰,中国城市规划设计研究院风景园林和景观研究分院,工程师。研究方向:风景园林工程信息化。

闽西北县域尺度蓝绿空间碳汇生态产品量化分析及空间格局研究

洪婷婷　黄晓辉

摘　要　碳汇生态产品价值的实现能够促进生态文明理念的落地,助力"双碳"目标的实现和提升景观生态绩效。由于碳汇生态产品分类体系不完善,无法全面评估景观生态绩效,因而构建完整的碳汇生态产品分类体系对完善景观生态绩效评价至关重要。本文以清流县内的生态空间为例,利用直接碳排放量法计算碳汇载体的碳汇量,并以碳汇价值量核算法、金融价值量核算法、服务价值量核算法计算同一碳汇载体不同的价值量,定量化构建出碳汇生态产品分类体系,并通过ArcGIS将结果可视化。定量化地对碳汇生态产品进行分类,目的在于为碳汇产业的可持续发展和应用提供借鉴,同时也为景观生态绩效评价提供新的视角。

关键词　碳汇生态产品;分类;GIS;生态空间;景观绩效

景观绩效是衡量景观方案在实现其价值的同时满足可持续性方面效率的指标,其优劣与否可体现城市景观规划方案价值实现的效率,因此提升景观生态绩效尤为重要。通过低碳发展理念引导景观规划和管理,可以促进景观生态绩效的提升。增汇是贯彻"低碳"理念的重要手段,如何促进增汇逐渐成为社会的焦点。推广碳汇生态产品既是促进城市增汇的有效措施,也是实现城市经济绿色可持续发展的重要途径之一,碳汇生态产品增汇实现机制与模式得到全国各地的高度重视与关注[1]。

国内研究认为生态产品是维系生态安全、保障生态调节功能、提供良好人居环境的自然要素;在国外与其相近的概念为生态系统服务[2]。在针对生态产品概念和内容方面的研究中,廖茂林、孙博文等[3-4]从产品的表现形式、产品功能等方面进行了总结,证明了生态产品的优势。生态产品类型多样,有大量学者在不同尺度下展开了对生态产品分类的研究。在城市全域尺度上,樊轶侠等[5]根据公益性程度和供给消费方式将生态产品分为公共性生态产品、经营性生态产品及准公共性生态产品三种类型;张二进[6]综合了大量相关生态产品的研究,将生态产品分为物质产品、文化服务产品和调节服务产品等三类。在局部尺度上,窦亚权等[7]依据森林生态产品相关概念,按照生态产品的不同属性进行分类,如按产品表现形式将森林生态产品分为有形产品、无形产品,按照其所有权将其分为公共产品和"私人"产品,按照其经营性质将其分为公益性产品和非公益性产品;李京梅等[8]根据海洋生态系统的类型,将海洋生态产品分为海湾生态产品、河口生态产品、盐沼生态产品、红树林生态产品、珊瑚礁生态产品、海草生态产品等类别;李淑娟等[9]依据相关专项研究,将海洋保护地生态产品分为供给服务产品、文化服务产品和调节服务产品三类;杨晓梅等[10]基于《全国主体功能区规划》,将农业生态产品分为物质供给类生态产品、调节服务类生态产品、文化服务类生态产品等三类。

当前针对生态产品进行分类的基础主要还是学者们对生态产品的主观认识,以生态产品客观价值量进行分类的研究较为罕见。受限于此,当前对生态产品的分类并没有定论,导致无法合理地评价景观绩效。此外,当前对生态产品价值的探讨主要集中在生态产品的价值特征,更多的偏向于经济学领域,缺少对生态产品增汇功能的涉及,导致当前的研究难以揭示生态产品与双碳目标实现的双向影响作用。

三明市是习近平生态文明思想重要的实践地,且已通过了国家生态县考核验收。县域内拥有大面积的连片林带资源,林下产业丰富,生态空

---

* 中国工程院战略研究与咨询项目"福建省特色村镇潜力评估与人居环境更新技术集成研究"(编号:2021-FJ-XY-6)。

间规模超过全域规模的80%,包含了丰富的碳汇生态产品,对开展碳汇生态产品类型划分探索等方面研究有着很大优势。本研究基于三明市清流县的土地利用数据,提取生态空间,获得各类碳汇载体的分布及规模数据,应用碳汇量核算、金融价值量核算及服务价值量核算相结合的方法,在对清流县生态空间内碳汇生态产品进行量化并分类,以期为减排增汇提供科学依据,力求进一步完善景观生态绩效评价体系。

1 研究区域与研究方法

1.1 研究区域

清流县位于福建省闽西北地区,全域东西宽53.8 km,南北长65.2 km,包括龙津镇、嵩溪镇、嵩口镇等13个乡镇,总面积约为1806.35 km²。第七次人口普查数据显示清流县常住人口数为11.62万,其中城镇人口5.99万,户籍人口15.21万。2022年全县地区生产总值129.06亿元,增长率8.0%。清流县地形特征整体呈现为四周高中间低(图1a),全县生态空间面积大,约占全县面积的80%,生态条件优越(图1b)。其中林地规模最大,约1457.47 km²,占全域面积的80.69%,草地面积约7 km²,湿地面积约为0.07 km²(图1c)。

1.2 研究思路

本文首先基于2022年清流县的土地利用数据,利用ArcGIS Pro3.0.1软件提取出生态空间,并将其细分为草地、湿地、林地3类碳汇载体;其次,结合各类碳汇载体的实际用途采用碳汇价值量计算、金融价值量计算及服务价值量计算等方法对各类碳汇载体的碳汇价值量、金融价值量及服务价值量进行核算;最后通过对比各类产品的碳汇价值、金融价值以及服务价值量的大小将碳汇生态产品进行量化分类。

1.3 数据来源及预处理

研究首先从土地部门获取到清流县土地利用数据,该数据中用地类型可细分至二级分类,如商业用地、居住用地、草地等;其次还选用了研究区内的数字高程数据(DEM),精度为30m。在研究前期,利用土地利用数据提取出清流县生态空间内的主要用地,总共提取出3种类型的用地:林地、草地、湿地,后期研究中也以这3类用地作为碳汇载体。

1.4 研究方法

研究通过不同价值量大小比较结果对碳汇生态产品进行分类。基于此,研究根据碳汇载体的具体用途,分别计算得到碳汇生态产品的碳汇价值量、金融价值量和服务价值量。除此之外,还运用了碳排放系数法对碳汇载体的碳汇量规模进行核算。

1.4.1 直接碳排放量计算

本次研究的碳汇量核算采用碳排放系数法。因为研究针对生态空间内的碳汇载体,因此可直

a. 清流县高程　　　　　　　　b. 清流县生态空间分布情况　　　　　　　　c. 清流县碳汇载体分布

图1　清流县基本情况

接使用直接碳排放测算法进行碳汇量计算。直接碳排放测算结果，即各类用地面积与各自碳排系数乘积之和。公式如下：

$$E_c = \sum C_i = \sum S_i \cdot \partial_i \qquad (1)$$

式中：E_c 为直接碳排放量；C_i 为不同土地利用类型产生的碳排放量；S_i 为各类用地类型面积；∂_i 为各类用地的碳排放（吸收）系数，正数为碳源，负数为碳汇。

目前已经有大量学者在针对碳排放计算研究中，做了各类用地类型碳排放系数的研究[11-15]。其中孙赫等[12]对现有部分研究各类用地碳排放系数做了相应总结，并将众多学者研究所选碳排放系数取平均值，以此作为研究使用碳排放系数。此方法系数的选择较为精确，误差较小，因此本文也平均现有学者研究所得的碳排放系数，确定本研究中林地、草地、湿地的各自碳排放系数（表1）。

表1 各类非建设用地碳排放系数

用地名称	碳排放系数(∂_i)/kg/(m²·a)
林地	−0.057 8
草地	−0.002 1
湿地	−0.025 2

1.4.2 碳汇价值量核算

碳汇价值量是指通过吸收和储存大气中的二氧化碳来减缓气候变化所带来的经济效益。通常，企业和政府为使生产不受一定的限制，会通过购买碳信用点或碳配额来衡量、交易和消纳其排放的温室气体，这些碳信用点或碳配额的主要来源就是吸收和储存二氧化碳的项目，如自然公益林等。因此需计算各种碳汇载体的碳汇价值量，为碳汇载体的碳汇功能"定价"。本文采用碳汇量与二氧化碳价格相乘进行计算，计算公式为：

$$V_1 = Q_1 \times C_c \qquad (2)$$

式中：V_1 为碳汇价值量（元/a）；Q_1 为碳汇量。C_c 为二氧化碳价格，根据《福建省生态产品总值核算技术指南（试行）》，确定采用福建省碳交易市场价格 23 元/t[16]。

1.4.3 金融价值量核算

部分碳汇载体会以金融产品的形式流入市场进行交易，此时的碳汇载体将不仅有碳汇作用，更是以一种金融产品的形式存在并拥有其金融价值量。本文将这种价值称为碳汇载体的金融价值量；为计算此类价值量，本文采用碳金融产品的持有量与交易价格相乘进行计算：

$$V_2 = \sum_{i=1}^{n} Q_{2i} \times C_{fi} \qquad (3)$$

式中：V_2 为金融价值量（元/a）；Q_{2i} 为第 i 次碳金融产品的持有量；C_{fi} 为第 i 次碳金融产品的流转市场价格；i 为流转次数，即碳金融产品投入市场后，每级持有方都可以根据自己的需求、按照一定比例将碳金融产品进行处理，包括融资、持有、交易、抵消等，每一次流转都产生相应的金融价值。

1.4.4 服务价值量核算

部分碳汇载体因其有原料生产、水源供养及景观美学等作用，满足人群食物供给及游览的需求，因此具有服务类型的价值，本文称为碳汇载体的服务价值量。为计算此类价值量，选取了当量因子法，即采用生态产品面积与该生态产品基础当量、1个标准单位价值当量因子的价值量相乘进行计算：

$$V_3 = S_i \times F_i \times D \qquad (4)$$

式中：V_3 为服务价值量（元/a）；S_i 为第 i 类生态产品的面积；F_i 为第 i 类碳汇载体的价值基础当量（表2）；D 为1个标准单位价值当量因子的价值量（元/hm²），其计算公式如下：

$$D = S_r \times F_r + S_w \times F_w + S_c \times F_c \qquad (5)$$

式中：S_r、S_w 和 S_c 分别表示 2021 年全国稻谷、小麦和玉米的播种面积占三种作物播种总面积的百分比（%）；F_r、F_w 和 F_c 分别表示 2021 年稻谷、小麦和玉米的单位面积平均净利润（元/hm²）。依据《中国统计年鉴2022》《全国农产品成本收益资料汇编2022》，得到 D 值为 1 837.42 元/hm²。

研究结合生态空间分类及生态功能分类，归纳简化得到基础当量表（表2）。

1.4.5 碳汇生态产品量化分类

将同一碳汇载体核算得出的碳汇价值量 V_1、金融价值量 V_2、服务价值量 V_3 进行数值比较，以该碳汇生态产品主要表现的价值量属性作为分类依据，得到表3所示生态产品价值分类。

2 结果与分析

2.1 碳汇载体规模及空间分布

清流县生态空间内主要的碳汇载体为林地,其次为草地,湿地则相对较少。由图 2、表 4 可知,林地规模大且完整,总面积约 1457.47 km²。其中余朋乡的林地面积(152.12 km²)占乡域总面积的 89.77%,表示余朋乡接近 90% 的国土类型为林地,生态条件极其优越,此外温郊乡、田源乡、灵地镇、赖坊镇、沙芜乡的林地资源也较为丰富,占比均大于 80%,其他乡镇的林地占比也在 70%~80% 之间。故从整体来看,清流县总的林地资源较为丰富。

清流县全域的草地面积约 7 km²,规模相对较小,占全域的 0.40%。根据图 3,不难发现清流县的草地分布较为分散,每个乡镇的草地占各乡镇全域规模的比重均不超过 1%。相对来说,嵩溪镇、林畲镇的草地占比相对较大,超过 0.7%,而长校镇、沙芜乡、里田乡的草地占比均小于 0.2%,草地最少。

清流县全域中湿地面积约为 0.07 km²,不难看出研究区内湿地规模十分小(图 4),这与清流县属于典型山地城市,水域相对较少有关。清流县整体湿地较少,且零散分布在各乡镇之中,但林畲镇、温郊乡、嵩口镇、赖坊镇 4 个乡镇不存在湿地,而其他乡镇内的湿地规模相近,均只有 0.01 km² 左右。

表 2 单位面积碳汇生态产品价值基础当量

生态空间分类	供给服务			文化服务
一级分类	食物生产	原料生产	水资源供给	景观美学
林地	0.25	0.58	0.30	0.93
草地	0.23	0.34	0.19	0.59
湿地	0.51	0.50	2.59	4.73

表 3 生态产品价值分类

分类依据	主要价值量	价值类型	碳汇生态产品举例	具体特征
$V_1 > V_2 \& V_1 > V_3$	碳汇价值量	保值类型	林地、草地、湿地等	价值量总体较小,但其价值较为稳定,不易受到人为因素的干预
$V_3 > V_1 \& V_3 > V_2$	服务价值量	增值类型	发展林下经济的林地、进行特许经营的湿地等	有碳汇价值量,此外还增加了大量服务价值
$V_2 > V_1 \& V_2 > V_3$	金融价值量	转化类型	碳金融产品	产品进入金融市场进行交易,其金融价值量远大于服务价值量与碳汇价值量

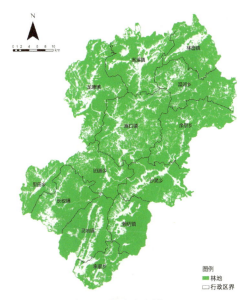

图 2 林地分布情况

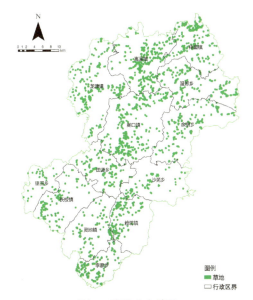

图 3 草地分布情况

图4 湿地分布情况

2.2 碳汇载体碳汇量规模及分布

碳汇是指自然界中能够吸收二氧化碳并将其储存在生物体或地球表层的系统。草地、林地和湿地都是重要的生态系统,它们不仅可以吸收大量的二氧化碳,减少大气中的温室气体含量,还可以提供许多其他的生态服务,如水源涵养、土壤保持、生物多样性保护等。

整体来看,清流县生态空间的总体碳汇量为84 258.22 t,其中,清流县东部地区的碳汇量较大(图5),这些区域林地较为完整且规模较大。从草地整体来看(图6),清流县的草地分布较为分散,且规模也较少,因此草地的碳汇量基本较少,只在北部存在零散的碳汇量较多区域。而对于整体的湿地来说(图7),其不仅规模最小且碳汇量同样也是最小。

通过表4分析不同乡镇的草地、林地和湿地碳汇量,不难发现长校镇的湿地碳汇量均比其他乡镇高,这意味着该乡的湿地对二氧化碳的吸收和固定能力更强;嵩口镇林地碳汇量高达10 404.56 t,这是清流县林地碳汇量最大的一个乡镇;其次是龙津镇及余朋乡,分别高达8 801.61 t、8 792.50 t;此外,还可以发现有些乡镇的林地碳汇量虽然相对不大,但草地的碳汇量较高,如林畲镇,这意味着该乡镇的草地对二氧化碳的吸收和固定能力,较其他乡镇强。总结这一发现,即不同乡镇主要依靠的碳汇载体存在较大的差异,说明清流县各乡镇的植被覆盖类型等方面的生态条件存在较大差异。

表4 各类碳汇载体用地规模及总体碳汇量

乡镇名称	林地面积(km^2)	草地面积(km^2)	湿地面积(km^2)	乡镇面积(km^2)	林地碳汇量(kg)	草地碳汇量(kg)	湿地碳汇量(kg)
赖坊镇	93.171 2	0.348 7	0.000 0	114.230 0	5 385 295.360 0	732.270 0	0.000 0
李家乡	54.798 1	0.355 6	0.008 5	77.100 0	3 167 330.180 0	746.760 0	214.200 0
里田乡	56.157 8	0.066 2	0.001 3	70.230 0	3 245 920.840 0	139.020 0	32.760 0
林畲镇	85.237 1	0.827 4	0.000 0	114.030 0	4 926 704.380 0	1 737.540 0	0.000 0
灵地镇	113.633 7	0.314 0	0.010 0	133.960 0	6 568 027.860 0	659.400 0	252.000 0
龙津镇	152.277	0.801 4	0.009 1	197.740 0	8 801 610.600 0	1 682.940 0	229.320 0
沙芜乡	109.088 1	0.220 7	0.002 4	134.540 0	6 305 292.180 0	463.470 0	60.480 0
嵩口镇	180.009 7	0.927 6	0.000 0	226.290 0	10 404 560.660	1 947.960 0	0.000 0
嵩溪镇	128.580 9	1.263 8	0.008 6	171.340 0	7 431 976.020 0	2 653.980 0	216.720 0
田源乡	96.068 8	0.311 5	0.010 3	110.880 0	5 552 776.640 0	654.150 0	259.560 0
温郊乡	129.865 4	0.670 8	0.000 0	149.550 0	7 506 220.120 0	1 408.680 0	0.000 0
余朋乡	152.119 3	0.643 0	0.007 0	169.450 0	8 792 495.540 0	1 350.300 0	176.400 0
长校镇	106.463 1	0.245 6	0.012 1	137.010 0	6 153 567.180 0	515.760 0	304.920 0

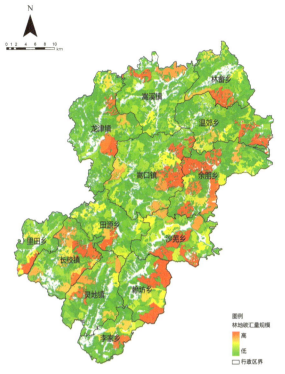

图 5　林地碳汇量大小及分布

图 7　湿地碳汇量大小及分布

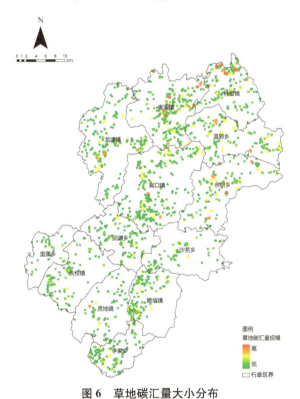

图 6　草地碳汇量大小分布

2.3　碳汇生态产品价值量大小及分类

根据公式 2、公式 3、公式 4 的计算结果,结合表 3 中 V_1、V_2、V_3 的比较依据,清流县全域的生态产品总体上可分为 3 类:保值类型、增值类型、转化类型。三者的规模关系为保值类型(67.14%)＞增值类型(27.79%)＞转化类型(5.07%),且三种载体内具体的生态产品类型各有不同。

2.3.1　林地载体生态产品

林地内的生态产品可分为 3 类:保值类型、增值类型、转化类型,规模关系为保值类型(66.99%)＞增值类型(27.92%)＞转化类型(5.09%),详见图 8。在林地这类碳汇载体中,保值类生态产品主要分布在余朋乡、龙津镇以及嵩口镇,三个乡镇的保值类型生态产品规模均超过 100 km²,分别拥有 129.86、107.49、131.45 km²,这些乡镇的纯碳汇作用的碳汇载体规模大;增值类生态产品主要存在于赖坊镇、沙芜乡、灵地镇和嵩口镇,分别有 42.99、72.15、49.75、43.93 km²;转化类生态产品主要分布在龙津镇、温郊乡以及余朋乡,分别存在 15.28、15.59、10.57 km²。在这些乡镇中,保值类型生态产品规模大的地区存在大量未开发的山林,开发率低,此类林地碳汇过程产生的价值,即此类地区最主要的价值;增值类型生态产品所处的乡镇一般存在自然风景区、自然湿地等用地,如沙芜乡的九龙洞群风景名胜区、九龙湖湿地、九龙溪湿地等,这些用地在拥有碳汇价值的基础上还有观赏价值;而转化类生态产品的分布,主要取决于政府对碳金融产品区域的划

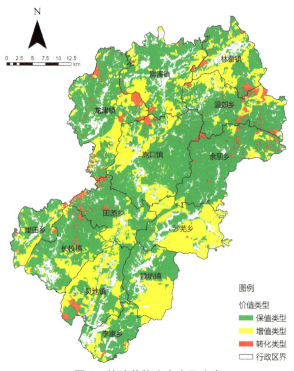

图8 林地载体生态产品分类

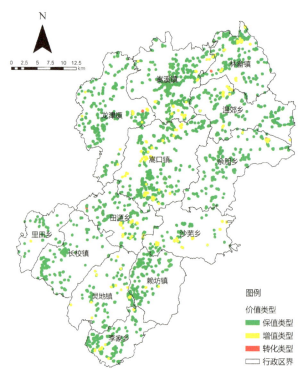

图9 草地载体生态产品分类

定,其产生的价值量取决于该金融产品在市场间转化的次数,转化次数越多生态产品产生的价值量越大,反之则越小。

2.3.2 草地载体生态产品

相比林地内各类生态产品的规模关系,草地内各类生态产品的关系差异更大,其关系为保值类型(96.44%)＞增值类型(3.10%)＞转化类型(0.46%)。根据图9,保值类生态产品均匀分布在全域,而增值类生态产品基本呈南北向分布在清流县的中部,东西两侧分布较少。进一步深入观察,不难发现在草地这类碳汇载体中,保值类生态产品主要分布在嵩溪镇、嵩口镇,分别拥有1.24、0.88 km^2;增值类生态产品主要存在于嵩口镇、沙芜乡、温郊乡,分别有0.05、0.04、0.03 km^2;转化类生态产品主要分布在龙津镇(0.01 km^2)。

2.3.3 湿地载体生态产品

由于清流县湿地的规模较小,分布也较为集中,通过计算湿地内的生态产品价值量后仅可将生态产品分为1类:保值类型,而没有增值类型和转化类型,保值类型占100%。根据图10,在湿地这类碳汇载体中,保值类生态产品虽规模小,但分布情况也占了清流县的9个乡镇。进一步深入观察,不难发现保值类生态产品主要分布在长校镇,拥有0.01 km^2,而里田乡仅存在0.001 km^2 的保

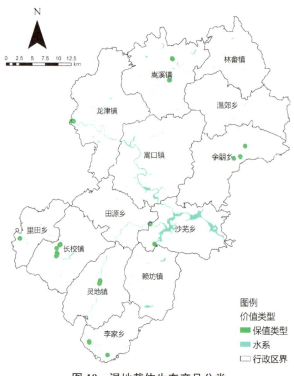

图10 湿地载体生态产品分类

值类生态产品。

3 结语

碳汇生态产品是近年来受到广泛关注的一种

新型产品,其通过吸收和固定二氧化碳来减少温室气体的排放,从而达到环保和节能的目的。通过对碳汇生态产品的分类,可引导增汇效益,明确城市贯彻"低碳"理念的方向,提升景观生态绩效。随着全球对增汇的重视,碳汇生态产品作为一种既有经济效益又有生态效益的要素,具有环保、可持续发展等特点,在全球市场上的需求和前景都非常广阔。

本文旨在探究碳汇生态产品的分类体系,以期为提升景观生态绩效提供新思路。以清流县的生态空间为例,提取出3类碳汇载体,通过对比价值量大小,获得清流县生态空间内的碳汇生态产品类型,即保值类型、增值类型、转化类型。同时分析对比了清流县不同乡镇的碳汇量大小,和不同碳汇生态产品的规模关系,分析可知,清流县不同乡镇之间生态环境存在较为明显的差异,如余朋乡、龙津镇以及嵩口镇的生态条件较好,碳汇量大,碳汇生态产品规模也较大,而灵地镇、沙芜乡等乡镇则反之。依据这些乡镇碳汇生态产品规模及碳汇量大小的特征,针对性地调整不同类型碳汇生态产品规模,以一种"低成本高效率"的形式提升城市景观生态绩效,提高城市的生态环境质量。

参考文献

[1] 周伟,沈镭,钟帅,等.生态产品价值实现的系统边界及路径研究[J].资源与产业,2021,23(4):94-104.

[2] 李宇亮,陈克亮.生态产品价值形成过程和分类实现途径探析[J].生态经济,2021,37(8):157-162.

[3] 廖茂林,潘家华,孙博文.生态产品的内涵辨析及价值实现路径[J].经济体制改革,2021(1):12-18.

[4] 孙博文,彭绪庶.生态产品价值实现模式、关键问题及制度保障体系[J].生态经济,2021,37(6):13-19.

[5] 樊轶侠,王正早."双碳"目标下生态产品价值实现机理及路径优化[J].甘肃社会科学,2022(4):184-193.

[6] 张二进.回顾与展望:我国生态产品价值实现研究综述[J].中国国土资源经济,2023,36(4):51-58.

[7] 窦亚权,杨琛,赵晓迪,等.森林生态产品价值实现的理论与路径选择[J].林业科学,2022,58(7):1-11.

[8] 李京梅,王娜.海洋生态产品价值内涵解析及其实现途径研究[J].太平洋学报,2022,30(5):94-104.

[9] 李淑娟,梁晓丽,隋玉正,等.生态旅游视角下海洋保护地生态产品价值实现机理与路径[J].生态学报,2023,43(12):5224-5233.

[10] 杨晓梅,尹昌斌.农业生态产品的概念内涵和价值实现路径[J].中国农业资源与区划,2022,43(12):39-45.

[11] Cui Y F, Li L, Chen L Q, et al. Land-use carbon emissions estimation for the Yangtze River Delta urban agglomeration using 1994-2016 landsat image data[J]. Remote Sensing, 2018, 10(9): 1334.

[12] 孙赫,梁红梅,常学礼,等.中国土地利用碳排放及其空间关联[J].经济地理,2015,35(3):154-162.

[13] 石洪昕,穆兴民,张应龙,等.四川省广元市不同土地利用类型的碳排放效应研究[J].水土保持通报,2012,32(3):101-106.

[14] 郑欣,程久苗,郑硕.基于土地利用结构变化的芜湖市碳排放及其影响因素研究[J].水土保持研究,2012,19(3):259-262.

[15] 肖红艳,袁兴中,李波,等.土地利用变化碳排放效应研究:以重庆市为例[J].重庆师范大学学报(自然科学版),2012,29(1):38-42.

[16] 福建省生态环境厅,福建省发展和改革委员会,福建省自然资源厅.《福建省生态产品总值核算技术指南(试行)》[EB/OL].(2021-9-8).https://sthjt.fujian.gov.cn/zwgk/zfxxgkzl/zfxxgkml/mlstbh/202109/t20210917_5690947.htm.

作者简介:洪婷婷,福州大学建筑与城乡规划学院风景园林系主任,宾夕法尼亚大学魏茨曼设计学院城市研究中心访问学者,副教授,硕士生导师;中国风景园林学会文化景观分会会员,中国城市科学研究会景观学与美丽中国建设专委会委员。研究方向:韧性城市、低碳城市、城乡地域文化景观、应急避险。

黄晓辉,福州大学建筑与城乡规划学院在读硕士研究生。研究方向:韧性城市、低碳城市、定量遥感数据处理。

基于XGBoost-SHAP模型的城市蓝绿空间格局与碳汇效益关联量化分析方法研究*

袁旸洋　郭蔚　汤思琪　张佳琦　成玉宁

摘　要　城市蓝色与绿色空间在增汇减碳方面具有协同作用,两者的空间格局与碳汇效益的关联具有复杂的非线性特征,基于线性函数的相关性分析方法无法有效量化分析,而基于机器学习方法能够突破非线性关系量化的局限。本研究以南京中心城区为案例,2000年、2010年、2020年为研究年份,对城市蓝绿空间格局与碳汇效益的关联进行量化分析研究。采用斑块层和类型层指标从单一斑块与整体形态指征城市蓝绿空间格局特征;基于CASA模型估算3个研究年份研究区的碳汇量;基于机器学习的XGBoost-SHAP模型量化分析蓝绿空间格局特征与碳汇效益关联。本研究为城市蓝绿空间格局与碳汇效益关联量化分析提供了一种科学有效的方法,有助于推动城市景观生态与形态内在关联的研究,研究结论可为城市规划与管理中城市蓝绿空间格局的优化提供参考。

关键词　数字景观;城市蓝绿空间;NPP;空间格局指标;机器学习

近年来CO_2等温室气体排放加速全球变暖[1],极端气候频发,引发了一系列环境和社会问题。为了应对气候变化所产生的威胁,2016年《巴黎协定》敦促世界各国通过实际行动减少温室气体排放,增强固碳能力,减缓全球变暖的速度。建立更加有效的气候治理体系、实现碳中和已成为各国城市建设的共识[2]。中国在第75届联合国大会上提出了碳中和和碳达峰战略,2020年9月正式提出"二氧化碳排放力争于2030年前达到峰值,努力争取2060年前实现碳中和"的承诺。现有研究表明,尽管城市面积只占了全球陆域总面积的3%,却承载了超过1/2的全球人口,产生了超过70%的碳排放[3]。因此,城市在中国"双碳"战略的实施中具有关键地位,推动城市空间碳源汇结构与布局向绿色低碳转型[4]是重要研究内容。

蓝色与绿色空间作为城市碳汇效益的主要载体,两者在增汇减碳方面具有协同作用,但是当下对于城市蓝绿空间整体格局对碳汇效益影响的研究尚不足。本研究旨在从系统角度,采用机器学习的XGBoost-SHAP模型突破非线性关系量化的局限,构建一种城市蓝绿空间格局与碳汇效益关联量化研究的方法。

1　城市蓝绿空间格局与碳汇效益关联的相关研究

城市蓝绿空间(Urban Blue-Green Space, UBGS)是城市发展过程中留存或新建的绿色空间、蓝色空间的总和,包括所有自然、半自然、人工的绿地和水体,是城市生态系统的重要组成部分[5]。蓝绿空间具有直接增碳汇、间接减碳排的双重生态效益,是城市中发挥碳汇效益的主要载体[6]。城市蓝绿空间具有相似的自然生态属性,在生态功能和物质交换、能量流动等自然过程中相互影响、相互依存,具有强关联性和整体性,共同构成了城市自然碳汇系统。

以往关于空间格局与碳汇等生态效益之间的相关性研究中,多采用皮尔逊或斯皮尔曼相关分析法分析单个变量与生态效益之间的关系[7],或采用多元线性回归,探究多个特征变量与生态效益之间规律[8]。以上相关性分析方法基于因变量与自变量之间先验的广义线性假设,无法估算出非线性关系。然而,城市绿色与蓝色空间两者彼此交织、融合,与单一的蓝色或绿色空间相比,对碳汇效益的影响因

---

* 国家自然科学基金重点项目"低影响开发下的城市绿地规划理论与方法"(编号:51838003);东南大学"至善青年学者"支持计划"城市建成区蓝绿空间布局对碳汇效益的影响机制研究"(编号:2242023R40002)。

素与机制更为复杂。仅基于线性函数的相关性分析方法,对探究蓝绿空间格局对碳汇效益的影响具有一定的局限性。为了克服传统统计模型的不足,近年来学者们开始尝试机器学习等方法。Random Forest(RF)、Boosted Regression Tree(BRT)、eXtreme Gradient Boosting(XGBoost)等机器学习模型,摆脱了解释变量对于被解释变量线性影响的假设,为非线性关系的探讨提供了多样化工具[9],为探明变量间的复杂关系提供了有效的方法[10]。

基于集成算法的机器学习模型虽然有着较为优秀的性能,但随着模型复杂度的提高,无法深入了解输入特征与输出结果之间的关系,这种模型也被称为黑箱模型。为解决此类模型的可解释性问题,理解模型如何进行预测,并回答诸如输入和输出之间的关系,以及在驱动预测时最重要的特征等问题,LIME(Local Interpretable Model-agnostic Explanation)、SHAP(SHapley Additive exPlanations)等方法已经应用到对黑箱模型的解释中。其中,LIME 是一种局部解释方法,只能用来评估特征对单个预测的贡献,不能对模型进行全局解释。SHAP 方法则没有这种局限性,它可准确解释机器学习模型中每个特征对结果的贡献度,提供全局模型和单个特征的局部解释结论[11],适用于探讨城市多个蓝绿空间格局特征对碳汇效益的影响关联。因此,本文选用 SHAP 模型,对 XGBoost 模型结果进行解译分析。

2 数据获取与计算

本研究以南京中心城区为研究区域,为避免单个研究年份的遥感及气象数据因精度、极端气候等带来误差,选取 2000、2010、2020 年 3 个研究年份。数据的获取与计算主要包括基于 CASA 模型的碳汇效益估算、城市蓝绿空间格局计算。

2.1 研究区域

南京市(31°14′—32°37′N,118°22′—119°14′E)是中国东部特大城市,也是江苏省省会,总面积 6 587.02 km²,截至 2020 年常住人口 942.34 万[12]。属于北亚热带湿润气候,四季分明,年均降水量 1 090.4 mm。市域内自然风貌良好,水域面积达 11%以上[13],绿化覆盖率为 45.16%[14],植被类型主要为落叶阔叶林、常绿针叶林和草本群落。本研究以南京中心城区为研究对象(图1)。该区域是南京市的核心区域,由江南主城和江北新主城构成[15],总面积为 804 km²[16]。中心城区具有"山水城林"的特色景观风貌,但建筑密度高,蓝绿空间面积有限且空间分布不均。

2.2 数据获取

本研究数据包括土地利用数据、气象数据、植被类型数据、NDVI 数据及 NPP 数据(表1)。

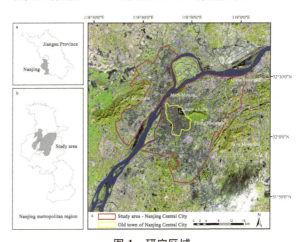

图 1 研究区域
(a. 江苏省;b. 南京市;c. 南京中心城区)

表 1 数据类型和来源

数据类型		数据来源	数据精度
土地利用数据		地理空间数据云平台(https://www.gscloud.cn/search) Landsat-5(2000年)、landsat-7(2010年)、Landsat-8(2020年)	30 m×30 m
气象站点数据	气温	地理遥感生态网(http://www.gisrs.cn/)	30 m×30 m
	降水		
	日辐射		
植被类型覆盖图		地理遥感生态网(http://www.gisrs.cn/)	30 m×30 m
NDVI 数据		Google Earth Engine(https://earthengine.google.com/) Landsat-5(2000年)、landsat-7(2010年)、Landsat-8(2020年)	30 m×30 m

基于土地利用数据,采用 ArcGIS10.7 重分类工具,将林地、草地重分类成绿色空间,水体重分类成蓝色空间,获得 3 个研究年的南京中心城区蓝绿空间分布(图 2),作为计算蓝绿空间格局的基础数据。

2.3 碳汇效益计算

净初级生产力(NPP)指绿色植物在单位面积、单位时间内由光合作用产生的有机物质总量扣除自身呼吸所需要有机物后的剩余部分,被用来表示碳汇效益。本研究选用 CASA(Carnegie-Ames-Stanford Approach)模型计算 NPP(图 3)。CASA 模型是以光能利用效率为基础的过程模型,由 Potter 等在 1993 年提出[17],适合用于区域尺度上的 NPP 研究和估算。模型中所计算的 NPP 可以由植物吸收的光合有效辐射($APAR$)及光能利用率(ε)两个因子来表示,其计算表达式如下:

$$NPP(x,t)=APAR(x,t)\times\varepsilon(x,t) \quad (1)$$

式中,NPP 表示像元 x 在 t 月的植被净初级生产力(单位:$gC·m^{-2}·a^{-1}$),$APAR(x,t)$ 表示像元 x 在 t 月吸收的光合有效辐射(单位:$gC·m^{-2}·month^{-1}$),$\varepsilon(x,t)$ 表示像元 x 在 t 月的实际光能利用率(单位:$gC·mJ^{-1}$)。

植被吸收的光合有效辐射取决于太阳辐射和植物本身的特征,$APAR$ 的计算表达式如下:

$$APAR(x,t)=SOL(x,t)\times FPAR(x,t)\times 0.5 \quad (2)$$

式中,$SOL(x,t)$ 表示 t 时期像元 x 在 t 月的太阳总辐射(单位:$mJ·m^{-2}·month^{-1}$),$FPAR(x,t)$ 为植被层对入射光合有效辐射的吸收比例,常数 0.5 表示植被所能利用的太阳有效辐射占太阳总辐射的比例。

$$FPAR(x,t)=\alpha FPAR_{NDVI}+(1-\alpha)\times FPAR_{SR} \quad (3)$$

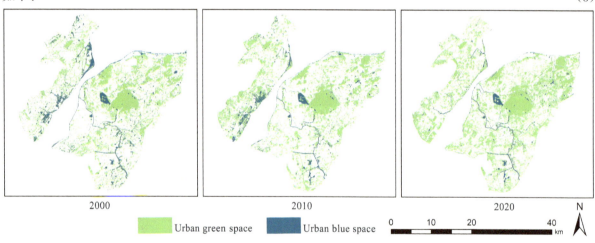

图 2 研究区蓝绿空间分布图

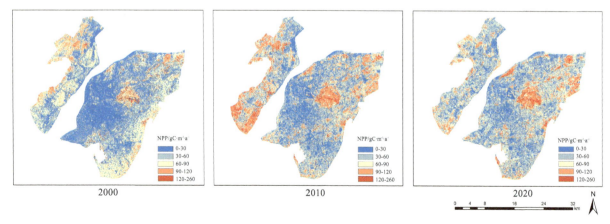

图 3 NPP 计算结果

式中，α 值为两种方法间的调整系数，本研究中将调整系数 α 值定为 0.5。

$$\varepsilon(x,t) = T_{\varepsilon 1}(x,t) \times T_{\varepsilon 2}(x,t) \times W_{\varepsilon}(x,t) \times \varepsilon_{max} \quad (4)$$

式中，$T_{\varepsilon 1}(x,t)$ 和 $T_{\varepsilon 2}(x,t)$ 分别指月高温、月低温对光能利用率的胁迫作用系数；$W_{\varepsilon}(x,t)$ 为水分胁迫的影响系数；ε_{max} 是理想条件下的最大光能利用率（$gC \cdot mJ^{-1}$）。

2.4 城市蓝绿空间格局计算

采用斑块层与类型层的景观格局指标表征城市蓝绿空间格局特征（表 2）。斑块层指标强调单个蓝绿斑块的特征，类别层强调对蓝绿空间整体形态特征的描述。在 Fragstats 4.3 软件中，对 3 个研究年份的 UGBS 格局进行量化。

表 2 蓝绿空间格局指标

指标分类	指标名称	计算公式	内涵
斑块层	面积（AREA）	$AREA = a_{ij}\left(\dfrac{1}{10\,000}\right)$	斑块的面积
	周长（PERIM）	$PERIM = p_{ij}$	斑块的周长，包括斑块内部孔隙的边缘长度
	回旋半径（GYRATE）	$GYRATE = \sum_{r=1}^{z} \dfrac{h_{ijr}}{z}$	斑块边缘与斑块质心之间的平均距离
	周长面积比（PARA）	$PARA = \dfrac{p_{ij}}{a_{ij}}$	形状复杂性的度量
	分形维数（FRAC）	$FRAC = \dfrac{2\ln(.25 p_{ij})}{\ln a_{ij}} \ (1 \leqslant FRAC \leqslant 2)$	反映了空间尺度（斑块大小）范围内的形状复杂性
	近圆指数（CIRCLE）	$SQUARE = 1 - \left[\dfrac{a_{ij}}{a_{ij}^{s}}\right] \ (0 \leqslant CIRCLE \leqslant 1)$	对于方形斑块，CIRCLE=0，对于细长线性斑块，CIRCLE=1
	邻近指数（CONTIG）	$CONTIG = \dfrac{\left[\dfrac{\sum_{r=1}^{z} c_{ijk}}{a_{ij}^{s}}\right] - 1}{v - 1} \ (0 \leqslant CONTIG \leqslant 1)$	斑块的空间连通性或邻近性
类型层	面积占比（PLAND）	$PLAND = \dfrac{\sum_{j=1}^{n} a_{ij}}{A}$	量化了蓝绿斑块面积的比例
	最大斑块指数（LPI）	$LPI = \dfrac{\max(a_{ij})}{A}$	一种空间类型的优势度量
	边缘密度（ED）	$ED = \dfrac{E}{A}$	边缘与面积之比，在一定程度上表征空间形状复杂度
	景观形状指数（LSI）	$LSI = \dfrac{0.25 E}{\sqrt{A}}$	提供总边缘或边缘密度的标准化度量，可根据景观区域大小进行调整
	聚集度（AI）	$AI = \left[\dfrac{g_{ii}}{\max \to g_{ii}}\right]$	同一斑块类型的斑块聚集程度
	分裂度（SPLIT）	$SPLIT = \dfrac{A^2}{\sum_{j=1}^{n} a_{ij}^2}$	衡量空间的分裂程度
	内聚力指数（COHESION）	$COHESION = \left[1 - \dfrac{\sum_{j=1}^{m} P_{ij}}{\sum_{j=1}^{m} P_{ij}\sqrt{a_{ij}}}\right]\left[1 - \dfrac{1}{\sqrt{A}}\right]^{-1}$ $(0 < COHESION < 100)$	用来衡量对应斑块类型的物理连通性

3 XGBoost-SHAP 模型构建

XGBoost-SHAP 模型的构建流程如图 4 所示,主要包括数据集的创建、XGBoost 模型的建立、超参数调优、精度验证、SHAP 解释模型的建立等。

图 4　XGBoost-SHAP 模型的构建流程

3.1 数据集的创建

分别基于斑块层和类型层 2 类指标及其相对应的 NPP 值构建 2000 年、2010 年、2020 年 3 个研究年份的 6 个数据集。以 2020 年为例,基于 ArcGIS 10.7 中随机取样工具,在建立斑块层数据集时,创建随机取样点共 20 000 个,将斑块层各指标和 2020 年 NPP 计算值提取至点;在建立类型层数据集时,考虑到取样点的均匀分布以及数据量的大小,在研究区内创建随机取样点共 40 000 个,剔除不属于蓝绿空间的点。为避免模型的过拟合现象发生,首先对数据集进行了正则化处理,并将 80% 数据作为训练集,20% 作为测试集,用于模型验证。

3.2 XGBoost 模型构建

XGBoost 是由 Chen 等人提出的一种结合监督学习和集成学习方法的极限梯度提升树算法[18]。该算法为一种监督学习方法,通过迭代输入-输出对来调整各参数,以获得最优化模型。针对本研究数据集庞大、特征复杂的状况,XGBoost 模型训练结果稳定、模型训练效率高,可很好地避免过拟合现象的发生[19]。XGBoost 判断模型优化性的方法主要是利用目标函数。XGBoost 的目标函数,通常由训练损失和正则化两部分组成,可以记作:

$$Obj(\theta) = L(\theta) + \Omega(\theta) \quad (5)$$

式中,L 为训练损失函数,Ω 为正则化项。训练损失用来衡量模型在训练数据上的性能;正则化项用以控制模型的复杂性,如过拟合。

每棵树的复杂度通常用以下公式计算:

$$\Omega(f) = \gamma T + \frac{1}{2}\lambda \sum_{j=1}^{T} \omega_j^2 \quad (6)$$

式中,T 是叶节点的个数;ω 是叶节点得分的向量。

XGBoost 的结构分数是目标函数,即

$$Obj = \sum_{j=1}^{T} \left[G_j\omega_j + \frac{1}{2}(H_j + \lambda)\omega_j^2 \right] + \gamma T \quad (7)$$

式中,ω_j 是相互独立的。$G_j\omega_j + \frac{1}{2}(H_j + \lambda)\omega_j^2$ 的形式是二次的。

3.3 XGBoost 模型的超参数调优

本研究采用贝叶斯优化方法(Tree-structured Parzen Estimator,TPE)来调整 XGBoost 模型超参数,选取模型中的主要超参数 n_estimators、max_depth、learning_rate 进行优化(图 5)。其中,n_estimators 为基学习器数量,数量越大,模型的学习能力越强,但模型也越容易过拟合;max_depth 为树的深度,是重要的剪枝参数;learning_rate 为迭代决策树的补偿,又名学习率,它控制算法迭代速率,常用于防止过拟合。

图 5　XGBoost 超参数优化

表3 模型评价结果

年份	数据集		RMSE	MAE	R^2	十折交叉验证结果
2000	斑块层	训练集	0.069	0.047	0.936	0.635
		测试集	0.169	0.116	0.611	
	类型层	训练集	0.055	0.047	0.851	0.839
		测试集	0.058	0.049	0.835	
2010	斑块层	训练集	0.044	0.032	0.984	0.780
		测试集	0.137	0.084	0.817	
	类型层	训练集	0.055	0.047	0.947	0.939
		测试集	0.059	0.051	0.938	
2020	斑块层	训练集	0.048	0.037	0.966	0.796
		测试集	0.089	0.060	0.953	
	类型层	训练集	0.055	0.047	0.953	0.945
		测试集	0.059	0.051	0.944	

3.4 XGBoost 模型验证

选择平均绝对误差（Mean Absolute Error，MAE）、均方根误差（Root Mean Squared Error，RMSE）和决定系数（R^2）作为预测效果的评价指标。其中，R^2 越接近于1，表明模型拟合效果越好。其表达式分别为：

$$MAE = \frac{1}{n}\sum_{i=1}^{n}|y_i - \hat{y}_i| \qquad (8)$$

$$RMSE = \sqrt{\frac{1}{n}\sum_{i=1}^{n}(y_i - \hat{y}_i)^2} \qquad (9)$$

$$R^2 = 1 - \frac{\sum_{i=1}^{n}(\hat{y}_i - y_i)^2}{\sum_{i=1}^{n}(\bar{y}_i - y_i)^2} \qquad (10)$$

利用十折交叉验证法检验模型的泛化能力，将数据集随机分成10等份，轮流将其中9份用于确定模型的参数，剩余1份作为测试集来评估模型，重复进行10次，用10次验证结果的均值对预测模型精度进行估计[20]。

模型精度验证结果如表3，6个数据集的 RMSE、MAE 较小，绝大部分 R^2 值接近于1，十折交叉验证结果在 0.635~0.945。表明建立的 XGBoost 模型在训练集和测试集上的精度水平是令人满意的。

3.5 SHAP 解释模型构建

SHAP 用于解释模型的输出，由 Lundberg 和 Lee(2017)提出[21]。SHAP 值源自于博弈论（Game Theory）中的沙普利值（Shapley Value）[22]，是受博弈论启发建构的一种解释模型，模型中所有特征都被视为"贡献者"[19]。SHAP 可以对树模型进行快速地解译[23]，以量化模型中每个特征的贡献，明确各特征的贡献为正或负，解释模型中输入与输出之间的关系[24]。此外，SHAP 与 XGBoost 集成良好，可通过 Tree SHAP 算法有效地估计 SHAP 值[25]。SHAP 的主要贡献是生成局部可加性特征属性，公式如下：

$$\hat{y}_i = shap_0 + shap(X_{1i}) + shap(X_{2i}) + \cdots + shap(X_{pi}) \qquad (11)$$

式中，为观测 i 的模型预测值，$shap_0 = E(y)$ 为所有观测值的均值预测，$shap(X_{ji})$ 为观测 i 的第 j 个特征的 $shap$ 值，表示该特征对预测的边际贡献。

假设一个 XGBoost 模型其中一组 N（具有 N 个特征）用于预测输出（N）。在 SHAP 中，每个特征（ϕ_i 是特征 i 的贡献）对模型输出 $v(N)$ 的贡献是基于它们的边际贡献分配的。基于几个公理来帮助公平地分配每个特征的贡献，公式如下：

$$\phi_i(val) = \sum_{S \in \{x_i, \cdots x_p\} \setminus \{x_j\}} \frac{|S|!(p-|S|-1)!}{p!}$$
$$[val(S \cup \{x_j\}) - val(S)] \quad (12)$$

式中，p 是特征的总数，$\{x_i, \cdots x_p\} \setminus \{x_j\}$ 是不包括 x_j 的所有可能特征组合的集合，S 是 $\{x_i, \cdots x_p\} \setminus \{x_j\}$ 的特征集，$val(S)$ 是特征在 S 中的模型预测，$val(S \cup \{x_j\})$ 是在 S 加上特征 x_j 的模型预测。

4 城市蓝绿空间与碳汇效益关联分析

基于 XGBoost-SHAP 模型输出的特征密度散点图及单特征依赖图，综合分析城市蓝绿空间特征与碳汇效益之间的关联，包括重要性排序及正负相关性；同时，对单个特征与碳汇效益之间的关联性量化，可更为精确地分析单个蓝绿空间特征的变化对碳汇效益产生的影响。

4.1 整体结构分析

图7、图8反映了所有指标对碳汇效益的影响，量化了不同特征对模型的贡献程度，按重要性程度从上到下排序。

2000年，蓝绿空间格局斑块层指标重要性排序显示（图6a），相较于 GYRATE、PARA、PERIM、AREA 四个指标，CIRCLE、CONTIG、FRAC 对 NPP 的影响程度更突出。其中，CIRCLE 对 NPP 的影响最高，并且与 NPP 呈现负相关关系；其次是 CONTIG，与 NPP 呈现正向相关关系。同样，FRAC 与 NPP 也呈现一定程度上的正相关关系。蓝绿空间格局类型层指标重要性排序（图6）前四分别是 SPLIT、ED、AI、COHESION。其中，SPLIT、AI 表征蓝绿空间的破碎度与聚集度，SPLIT 与 NPP 呈负相关，但 AI 与 NPP 之间的呈正负相关关系在散点图中不明晰。ED、LSI 表征蓝绿空间形状复杂度，均与 NPP 呈正相关关系，其中边缘密度 ED 的影响更为显著。PLAND、LPI 表征蓝绿空间整体规模大小，对 NPP 有一定程度的影响。

2010年，蓝绿空间格局斑块层指标重要性排序显示（图7a），对 NPP 影响最显著的指标是 FRAC，呈正相关关系。重要性排名第2、3、4的分别是 AREA、GYRATE、PERIM，其中 AREA、PERIM 与 NPP 呈现正相关，GYRATE 与 NPP 呈负相关关系。重要性排名第5的是 CONTIG，与 NPP 呈正相关。第6是 CIRCLE，与 NPP 呈显著负相关。PARA 在2010年对 NPP 的影响不显著。蓝绿空间格局类型层指标重要性排序显示（图7b），对 NPP 影响最显著的4个指标依次是 PLAND、ED、SPLIT 和 COHESION。其中，PLAND、ED、COHESION 对 NPP 的影响呈现正相关关系，而 SPLIT 与 NPP 呈现负相关关系。LPI、LSI 以及 AI 对 NPP 也有一定程度上的影响。其中，LPI 与 NPP 呈现正相关关系，LSI、AI 与 NPP 的正负相关关系在散点图中表达不明确，说明 LSI、AI 对 NPP 的影响并非单调增或者单调减的。

2020年，蓝绿空间格局斑块层指标重要性排序（图8a）中 CONTIG 对 NPP 的影响最为显著，呈正相关关系，其次是 PARA。重要性排序为第3、4、5分别是 AREA、GYRATE、FRAC。其中，面积指数 AREA、分形维数 FRAC 与 NPP 均呈现正相关关系，GYRATE 与 NPP 呈负相关关系。此外，CIRCLE、PERIM 对 NPP 有较小程度的影响。蓝绿空间格局类型层指标重要性排序显示（图8b），对 NPP 影响最显著的4个指标依次是 SPLIT、ED、COHESION 和 LPI。其中，SPLIT 对 NPP 的影响最为显著，呈现负相关关系。ED 排序第2，与 NPP 呈现正相关关系。同样，COHESION、LPI 与 NPP 也呈现正相关关系。LSI、PLAND、AI 对 NPP 也有一定程度的影响，但正向或负向影响特征不明确，说明它们的值在不同区间内对 NPP 的影响不同。

综上所述，在斑块层中，城市蓝绿空间格局的 CONTIG、FRAC、GYRATE、AREA 是影响 NPP 的4个主要特征；在类型层中，ED、SPLIT、COHESION 三个指标对 NPP 的影响显著。城市蓝绿空间格局斑块层指标对碳汇效益的影响程度排序，在3个研究年份有一定的波动，其原因是在研究的二十年时间跨度中，研究区内蓝绿空间格局发生了一定程度的变化。聚焦于单个蓝绿斑块，每个蓝绿斑块的景观特征有较大幅度的改变，而单特征本身变化幅度的大小也是指标重要程度排名的影响因素之一。相较于斑块层指标在3个研究年份呈现出的较大波动性，表征蓝绿空间整体特征的各个类型层指标

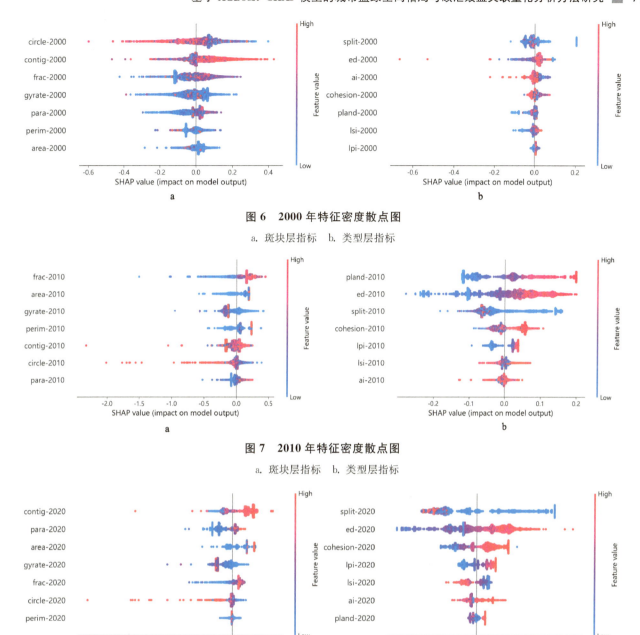

图 6　2000 年特征密度散点图
a. 斑块层指标　b. 类型层指标

图 7　2010 年特征密度散点图
a. 斑块层指标　b. 类型层指标

图 8　2020 年特征密度散点图
a. 斑块层指标　b. 类型层指标

相对较为稳定,可能原因在于 3 个研究年份的类型层指标变化不大。

4.2　特征依赖分析

4.2.1　斑块层指标

图 9 展示了城市蓝绿空间格局各个斑块层指标与 NPP 之间的单特征依赖关系。2000 年、2010 年、2020 年的各个斑块层指标对 NPP 影响的总体趋势具有类似性。

表征斑块大小的 3 个指标 AREA、PERIM、GYRATE 中,AREA 和 PERIM 对 NPP 的影响相似,均表现为指标值越大,SHAP 值越高,即与 NPP 呈正相关关系。值得注意的是,当 AREA 与 PERIM 的值在 0 附近时,对应的 SHAP 值变化区间较大。而从整体上看,GYRATE 与 NPP 呈现负相关关系,GYRATE 值在[200,1 000]区间时有波动,当大于 1 000 时,虽然 GYRATE 值增大,但 SHAP 值整体保持稳定。

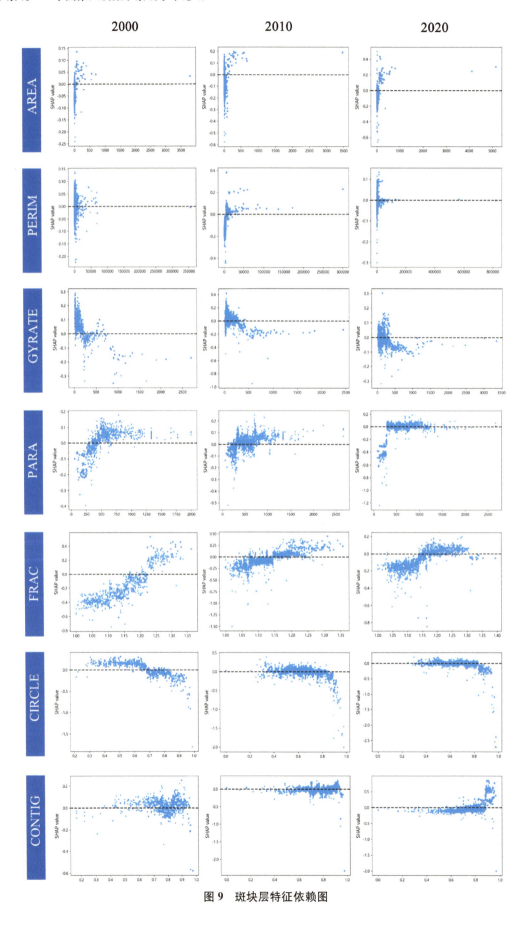

图 9 斑块层特征依赖图

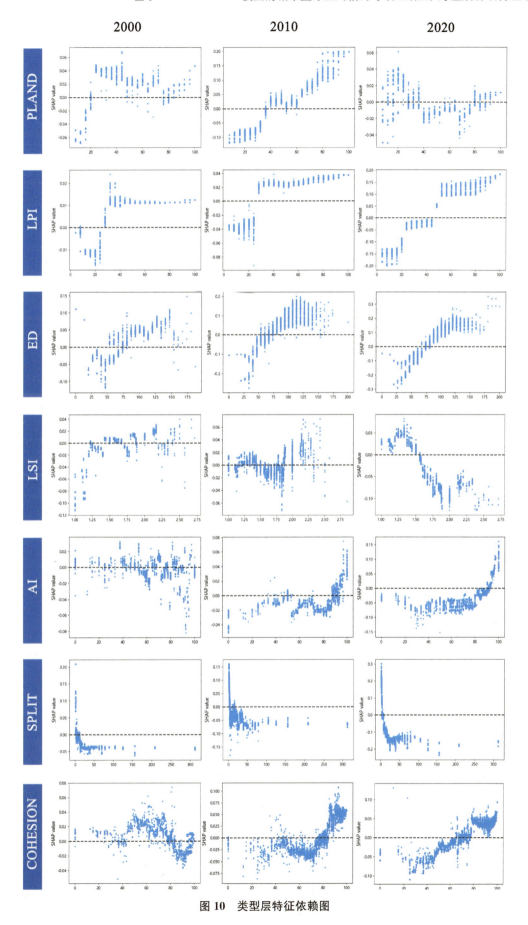

图 10 类型层特征依赖图

表征斑块形状的 3 个指标 PARA、FRAC、CIRCLE 中，PARA、FRAC 均与 NPP 呈现正相关关系，当 FRAC＞1.20，PARA＞1 500 时，SHAP 上升的趋势减缓。而近圆指数 CIRCLE 与 NPP 呈负相关关系，在[0.8,1.0]区间内，随着 CIRCLE 值的增大 SHAP 值下降幅度较大，对 NPP 有负向影响。此外，斑块连接度 CONTIG 的值在[0,0.8]区间内，SHAP 值保持稳定，但在[0.8,1.0]区间，随着 CONTIG 值的增大，SHAP 值有显著的上升趋势，即在该区间 CONTIG 对 NPP 有积极的促进作用。

4.2.2 类型层指标

图 10 展示了城市蓝绿空间格局各个类型层指标与 NPP 之间关系的单个特征依赖。表征蓝绿空间占比及优势度的 2 个指标 PLAND、LPI 中，PLAND 与 NPP 之间的拟合趋势在 3 个研究年份中有所不同。2000 年和 2020 年的趋势相对一致，表现为在[0,20]区间内，PLAND 值越大，NPP 值越高；在[20,70]区间内，随着 PLAND 值增大，NPP 值下降。但在 2010 年，除了[40,60]区间内 NPP 值有下降的趋势，其他区间 NPP 值均随着 PLAND 值的增大而上升。LPI 对 NPP 的影响趋势在研究的 3 个年份保持稳定，对 NPP 呈明显的正向推动关系，即 LPI 值越高，蓝绿空间的碳汇效益越好。

表征蓝绿空间形状的指标 ED、LSI 中，ED 与 NPP 呈现正相关关系，[0,125]区间的 NPP 值随着 ED 的增大而上升，[125,200]区间 NPP 值随着 ED 的增大而降低；LSI 对 NPP 的影响趋势在 3 个年份中不同，分别在 1.25 和 2.25 左右出现两个峰值。

表征聚集度的指标 SPLIT、AI 中，SPLIT 与 NPP 呈负相关关系，而 AI 基本呈正相关关系。当 SPLIT 值在[0,30]区间，NPP 值随着 SPLIT 值的增大呈现明显下降趋势。当 AI 值在[80,100]区间，NPP 值随着 AI 值的增大呈现上升趋势，并在 2010 和 2020 表现得较为明显。表征连通性的 COHESION 与 NPP 的关系在 2000 年有波动变化，在 2010 年、2020 年基本呈现正相关关系。对比 3 年 COHESION 值对 NPP 的影响，在[40,60]区间 SHAP 值出现第 1 个峰值，2010 和 2020 年 COHESION 值接近 100 时 SHAP 值最高，对 NPP 有较为显著的正向推动作用。

5 结论与展望

本文基于机器学习算法构建了一种城市蓝绿空间格局与碳汇效益关系的研究方法，以南京市中心城区为例，2000 年、2010 年、2020 年为研究年份，量化了城市蓝绿空间的格局特征，采用 CASA 模型计算城市蓝绿空间的碳汇效益，采用 XGBoost-SHAP 探究了城市蓝绿空间格局特征与碳汇效益之间的联系，研究结果可为城市规划与管理中城市蓝绿空间格局的优化提供参考。

从研究结果中看，XGBoost 模型在探究城市蓝绿空间特征与碳汇效益关联性的研究中表现良好，不预设解释变量与被解释变量之间的关系，从大量数据中学习客观规律，突破了传统关联性研究的局限。SHAP 模型使得 XGBoost 模型变得可解释，使精细化地研究对象之间的关联性成为可能。此类融合机器学习与解释模型的方法为探索景观环境生态与形态的相互作用及其机制、理清两者的内在关联[26]提供了可行的方法，也为探明风景园林其他复杂系统中存在的非线性关联提供了参考。由于仅采用 XGBoost 模型探究城市蓝绿空间特征与碳汇效益的关联性，本研究存在着一定的局限性。3 个研究年份的研究结果具有一定的差异性，其原因可能是每一年份的降水量、高温持续时间等气候条件存在不稳定性，影响了城市蓝绿空间碳汇效益的发挥。在今后的研究中，可尝试选取不同的机器学习方法，对其精度及训练结果进行比较，选定适合研究数据集特征的最佳机器学习模型，提升研究结果的精度与准确性。

参考文献

[1] Abelson P H. Constraints on Greenhouse Gas Emission[J]. American Association for the Advancement of Science, 1997: 783.
[2] 石铁矛, 李沛颖, 汤煜. 碳中和背景下城市碳汇功能及提升策略: 以沈阳核心区为例[J]. 中国园林, 2022, 38(3): 78-83.
[3] Stocker T. Climate change 2013: the physical science basis: working group I contribution to the Fifth assessment report of the Intergovernmental Panel on

Climate Change[M]. New York: Cambridge University Press, 2014.

[4] 中华人民共和国中央人民政府. 习近平在第七十五届联合国大会一般性辩论上发表重要讲话[EB/OL]. (2020-09-22)[2022-10-15]. http://www.gov.cn/xinwen/2020-09/22/content_5546168.html.

[5] Yu Z W, Yang G Y, Zuo S D, et al. Critical review on the cooling effect of urban blue-green space: A threshold-size perspective[J]. Urban Forestry & Urban Greening, 2020, 49: 126630.

[6] 武静, 蒋卓利, 吴晓露. 城市蓝绿空间的碳汇研究热点与趋势分析[J]. 风景园林, 2022, 29(12): 43-49.

[7] Xu X H, Wang C, Sun Z K, et al. How do urban forests with different land use histories influence soil organic carbon? [J]. Urban Forestry & Urban Greening, 2023, 83: 127918.

[8] Li X M, Zhou W Q. Optimizing urban greenspace spatial pattern to mitigate urban heat island effects: Extending understanding from local to the city scale [J]. Urban Forestry & Urban Greening, 2019, 41: 255-263.

[9] Wang Y C, Sheng S, Xiao H B. The cooling effect of hybrid land-use patterns and their marginal effects at the neighborhood scale [J]. Urban Forestry & Urban Greening, 2021, 59: 127015.

[10] 赵晶, 曹易. 风景园林研究中的人工智能方法综述[J]. 中国园林, 2020, 36(5): 82-87.

[11] Lundberg S M, Erion G, Chen H, et al. From local explanations to global understanding with explainable AI for trees [J]. Nature Machine Intelligence, 2020, 2(1): 56-67.

[12] 南京市2021年国民经济和社会发展统计公报. 南京市统计局官网. http://tjj.nanjing.gov.cn/site/tjj/search.html.

[13] 南京市政府, 自然概况. https://www.nanjing.gov.cn/zjnj/zrzk/201910/t20191014_1676314.html.

[14] 南京市统计局, 自然概况. http://tjj.nanjing.gov.cn/site/tjj/search.html.

[15] 南京市规划和自然资源局. 南京市国土空间总体规划(2021—2035年), 2022.

[16] 江苏省统计局, 国家统计局江苏调查总队. 江苏统计年鉴2020, 2020.

[17] Potter C S, Randerson J T, Field C B, et al. Terrestrial ecosystem production: A process model based on global satellite and surface data[J]. Global Biogeochemical Cycles, 1993, 7(4): 811-841.

[18] Chen T Q, Guestrin C. XGBoost: A scalable tree boosting system[C]// Proceeding of the 22nd ACM SIGKDD International Conference on Knowledge Discovery and Data Mining. August 13-17, 2016, San Francisco, California, USA. New York: ACM, 2016: 785-794.

[19] Yang C, Chen M Y, Yuan Q. The application of XGBoost and SHAP to examining the factors in freight truck-related crashes: An exploratory analysis[J]. Accident Analysis & Prevention, 2021, 158: 106153.

[20] Ye M, Zhu L, Li X J, et al. Estimation of the soil arsenic concentration using a geographically weighted XGBoost model based on hyperspectral data[J]. Science of the Total Environment, 2023, 858: 159798.

[21] Lundberg S M, Lee S I. A unified approach to interpreting model predictions[C]//Proceedings of the 31st International Conference on Neural Information Processing Systems. December 4-9, 2017, Long Beach, California, USA. New York: ACM, 2017: 4768-4777.

[22] Shapley L S. A value for n-person games[M]. Princeton University Press, 1953.

[23] Zhang J Y, Ma X L, Zhang J L, et al. Insights into geospatial heterogeneity of landslide susceptibility based on the SHAP-XGBoost model[J]. Journal of Environmental Management, 2023, 332: 117357.

[24] Li Z Q. Extracting spatial effects from machine learning model using local interpretation method: An example of SHAP and XGBoost[J]. Computers, Environment and Urban Systems, 2022, 96: 101845.

[25] Lundberg S M, Erion G G, Lee S I. Consistent individualized feature attribution for tree ensembles [EB/OL]. 2018: arXiv: 1802.03888.

[26] 成玉宁, 樊柏青. 数字景观进程[J]. 中国园林, 2023, 39(6): 6-12.

作者简介: 袁旸洋, 东南大学副教授、硕士生导师。研究方向: 风景园林规划设计及理论、数字景观技术、城市蓝绿空间规划。

郭蔚、汤思琪、张佳琦, 东南大学景观学系在读硕士研究生。研究方向: 园林规划与设计。

成玉宁, 东南大学特聘教授、风景园林学科带头人、景观学系系主任、博士生导师, 江苏省设计大师。研究方向: 风景园林规划与设计、风景园林历史与理论、数字景观及技术、景观建筑设计。

表面流人工湿地水动力-水质精细化数值模拟与空间形态设计研究

汪洁琼　王蓉蓉　胡梦雨

摘　要　人工湿地作为城乡蓝绿基础设施以及海绵城市建设的关键设计形式与组景单元，亟需突破其设计过程中水景观、水环境与水生态三者难以协同的瓶颈问题，实现生态系统综合服务效能的提升。表流湿地是最接近天然湿地的人工湿地，可提供多种生态系统服务。从学科交叉融合角度出发，选取上海后滩公园表流湿地、上海某工业园区表流湿地两个案例进行实证研究，基于MIKE模型进行多方案的"水动力-水质"精细化模拟，演算出影响表流湿地水动力-水质特征的三维形态与水生植被关键设计参数，最终形成表流湿地三维地形与水生植物配置的优化策略与设计导则，以期在风景园林空间营造的角度完善表面流湿地的科学设计理论，并为数字景观的发展做出贡献。

关键词　表面流人工湿地；数值模拟；生态系统服务；水质调节；水动力

面向我国"十四五"时期水生态文明建设"人水和谐"总体目标及"统筹治水"战略方针，人工湿地作为城乡蓝绿基础设施以及海绵城市建设的关键设计形式与组景单元，其应用场景不断拓展。在人工湿地设计与实践过程中，不同的专业角度有不同的关注点，例如环境工程聚焦水质净化效能，生态学关注生物多样性与生境健康，而风景园林偏向湿地的空间营造，如何在人工湿地工程中更好地协同水景观、水环境与水生态三者，是当前湿地工程实践面临的主要瓶颈问题。人工湿地按照水流形态分为表面流湿地与潜流湿地系统。表面流湿地由于造价与运行成本较低，空间可塑性强，景观效果好，在调蓄雨水、削减面源污染、提升人工湿地的生物多样性等多方面有独特优势[1]，深受风景园林师的青睐。针对水生态环境问题，风景园林向着数字化方向不断发展，出现基于参数化设计、水文模拟、水动力模拟、水生态模拟等定量循证设计研究[2]。本研究以表流湿地为研究对象，针对水景观、水环境与水生态三者难以协同的瓶颈问题，从学科交叉融合角度出发，聚焦水质调节服务。

表面流湿地的"水动力""水质"研究主要集中在湿地三维形态、水生植被及其他管理控制型参数三方面。首先，在研究湿地三维形态对水动力-水质影响方面，研究者们普遍认为在表流湿地中增加障碍物有助于提升水力效率，例如椭圆状表面流湿地通过减少死区，而有更多的有效湿地体积改善湿地性能[3-4]；使用TABS-2模拟规则状挡墙高出水面和低于水面状态下水力效率的区别并予以分级评价[5]；万荻研究湿地长度与挡墙长度的比值对表流湿地水力和净化能力的影响[6]，对于挡墙形态、相对距离与位置等具体给表流湿地水动力或水质带来的影响尚未探究；其次，在研究水生植被对水动力-水质的影响方面，相关研究包括以下。一是植物类型与分布对水动力的影响，如发现了设计不当的湿地植被布局会导致湿地系统水力效率显著降低[7]、检验了异质植被分布的统计特性对湿地处理性能的影响[8]、研究了三个植物品种给水力效率带来的影响[9]；二是植物的种类与组合对净化功能的影响，国内诸多学者先后对不同湿地植物针对不同污染物的净化能力做出了实验研究[10]。综上，表流湿地的水质调节服务与其三维形态、水生植被状况有着密切关联，须通过多参数控制变量方案设计的模拟揭示其影响机制。

鉴于此，研究采用MIKE模型，选取上海后滩公园内河净化湿地，和上海市某工业园区尾水处理湿地中的表流湿地作为实证案例，建立以"水动力-水质"精细化模拟为核心的水质调节服务测度方法，实现三维形态与水生植被多参数控制变量的多方案"水动力-水质"精细化模拟，定量揭示影响表流湿地水动力-水质特征的三维形态与水生植被关键设计参数,为表流湿地的空间营造方面提供定量技术工具与设计方法的参考。

1 研究方法与数据收集

1.1 数值模拟法

表流湿地的数学模型复杂多样[11],经综合考虑本研究选取 MIKE 软件作为模型技术工具。一方面使用 MIKE 21 FM 水动力模型,构建实证案例的水动力模型,并从水位与流速两方法进行验证,得到可信的水动力模拟参数;另一方面使用 MIKE ECOlab 水质模型,在实证案例可信的水动力模型基础上构建其水质模型,并通过出水口多指标污染物浓度进行验证,从而得到可信的水质净化模拟参数。

1.2 关键指标

1.2.1 水动力测度关键指标:水力效率(λ)与"死区"分布

水动力特征常用来表征表流湿地的水质净化效能。基于笔者所在团队在 2022 年采用 Delft3D 模型对水动力数值的模拟研究[12],研究选取"水力效率 λ"测度水力整体特征,选取"死区分布"测度内部水动力异质性特征。

1.2.2 水质测度关键指标:综合污染物去除率

目前水质综合评价的主要方法包括模糊综合评价法、内梅罗污染指数法,以及主成分分析法等[13]。研究侧重于主要污染物指标的相对变化关系,因此在各指标原值基础上进行简单数据处理。考虑到综合营养状态指数法中总氮、总磷、COD 的权重基本一致,定义污染物综合去除率指标为单项污染物去除率指标的平均数。

$$F_i = (\eta_{iCOD} + \eta_{iTP} + \eta_{iNH_3-N} + \eta_{iTN})/4 \times 100\% \tag{1}$$

式中,η_{iCOD}、η_{iTP}、η_{iNH_3-N}、η_{iTN} 分别为 COD、TP、NH_3-N、TN 的单项去除率指标。

1.3 研究对象

研究选择上海市后滩公园内河净化湿地中的表流湿地以及上海某工业园区尾水处理湿地中的表流湿地为实证案例。前者模拟的表流湿地范围拟定在土壤净化区至清水蓄水区,面积 23 590 m²,是以表流湿地为主的经典水系统案例(图1)。后者处理对象是园区附近的河道河水,和厂区工业无机废水处理后的尾水,其中以芦苇区为模拟部分,面积 34 295 m²,是典型尾水处理表流湿地(图2)。二者具有明显的学科特征与类型代表性,且湿地尺度、地理环境上差异较小。

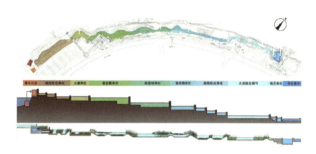

图1 后滩公园湿地概况图[14]

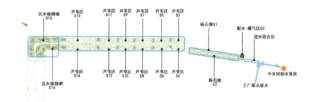

图2 某工业园区尾水处理湿地平面图

1.4 模型构建与验证

1.4.1 MIKE 21 FM 水动力模型构建与验证

在 MIKE 21 FM 的 Mike Generator 模块,根据边界与地形进行 MESH 构建,为多方案模拟提供基础模型与依据。在 Hydrodynamic 对水动力模型进行参数与初始设定。在两个实证案例上下游边界中心位置设置点状开口边界作为进出水口,出水口设置观察点监测出水口示踪剂浓度变化,以 RTD 曲线读取。下一步即可结合 GIS,得到水力效率 λ。水动力模型建立流程,可参考笔者所在团队在 2022 年水动力数值的模拟研究[12]。

水动力模型通过水位及观测点流速进行模拟与实测数据对比。其一,MIKE 21 水动力模拟得到两个实证案例的水位模拟与设计水位基本持平,跌落处模拟效果良好,水位结果可信。其二,流速验证选取水文模拟常用的两种拟合度检验方法,分别是确定性系数与均方根误差 RMSE。RMSE 越小,拟合度越高,R^2 越接近 1 可信度越高。两个实证案例中各选取流速高的三点与实测比较,得 R^2 分别为 0.92 与 0.94,RMSE 为 0.011 与 0.024,可见实证案例表流湿地正常运行时,流速模拟结果基本可信。

1.4.2 MIKE ECOlab 水质模型构建与验证

水质模型建立的流程包括如下。先进行模板文件制作,然后进入 ECOlab 设置相关参数,边界条件选取某一日实测的污染物浓度,研究需要基于不同植物的净化能力进行精细化模拟,故 COD、氨态氮、硝态氮、总磷的去除速率根据植物品种不同分区赋值。

水质模拟结果为各项污染物出水口浓度,验证内容为污染物浓度与实测值对比。水质模拟验证方法,同样采用确定性系数与均方根误差 RMSE 进行拟合。结果显示,后滩公园表流湿地 RMSE 基本小于 1.5,但其中 COD 的 RMSE 较高,因此后滩公园的拟合度基本良好,R^2 大于 0.9,接近于 1,可信度较高;工业园区 RMSE 小于 1,拟合较好,R^2 接近于 1,可信度高。

1.5 试验设计

1.5.1 三维形态多方案设计

研究进行表流湿地三维形态的多参数控制变量方案设计,作为"水动力-水质"模拟工作的基础。聚焦驳岸形式、水深、"岛屿"微地形及挡墙[15]四个设计参数,在平面轮廓、进出口、流量保持一致的前提下,进行多个方案的设计与模拟。后滩公园表流湿地中,三维特征是台阶式驳岸的使用与大面积水深较深的处理,因此以后滩基底研究驳岸与水深参数变化。工业园区表流湿地驳岸相对单一,三维特征是模拟经典"蛇形挡墙"错落其中的接岸高岛,因此以工业园区基底研究"岛屿"微地形因子变化。

(1) 基于后滩表流湿地的驳岸形式多方案设计

研究所指驳岸为断面形态基本一致的岸线水下剖面,在后滩实证案例的基础上,进行了驳岸形式的多方案设计,包括 HT-BK 组(后滩驳岸)6 个方案(图 3),其中台阶型驳岸主要考虑台阶横截面阶长变化和台阶阶数,即其截面复杂程度。

(2) 基于后滩表流湿地的水深多方案设计

研究对水深设计了 HT-DEP 组(后滩水深)6 个模拟方案,以不同水深以及不同水深面积占比变化,研究水深对水质调节服务的影响(图 3)。

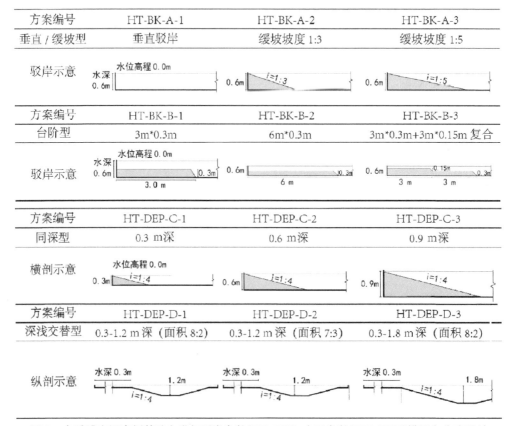

图 3 在后滩实证案例基础上进行驳岸参数(HT-BK)、水深参数(HT-DEP)模拟多方案设计

(3)基于工业园区表流湿地的"岛屿"微地形与挡墙多方案设计

对"岛屿"微地形与挡墙进行多方案设计,包括GY-ISL组12个方案(图4),考虑岛屿是否与岸相接、高度是否露出水面、形态是否规则,挡墙分布角度与位置。

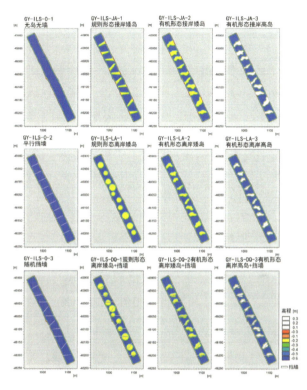

图4 在工业园区实证案例基础上进行"岛屿"微地形与挡墙变量模拟多方案设计

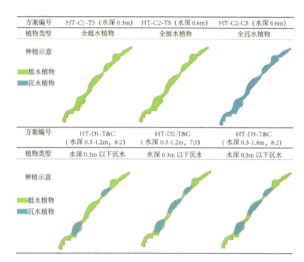

图5 后滩实证案例基础上植物种植模拟方案设计

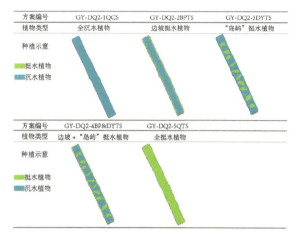

图6 工业园区实证案例基础上植物种植模拟方案设计

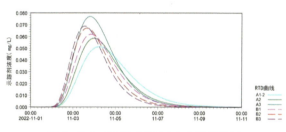

图7 HT-BK组方案RTD曲线模拟图

1.5.2 水生植被多方案设计

选取前文部分三维形态方案为基础进行植被方案设计,假定植物种植密度、生长情况一致,进行多个方案的水质模拟,明晰不同植物类型的面积占比与种植位置,在不同三维形态的表流湿地中对水质净化效果产生的作用。

(1)基于后滩表流湿地不同水深、地形的种植方案设计

探讨不同水深情况下,相似的植物种植方式对水质效果的影响,设置6个模拟方案(图5)。

(2)基于工业园区表流湿地不同植物类型的种植方案设计

选定优选方案有机形态离岸矮岛加挡墙方案GY-ISL-DQ-2为基础,进行挺水植物与沉水植物种植面积比、种植位置变化时的水质净化模拟(图6)。

2 结果分析

2.1 三维形态多方案水动力模拟结果

2.1.1 驳岸形式多方案的水动力模拟结果

HT-BK组(后滩驳岸)6个方案的水力效率(λ)差别不大(图7),驳岸形式对表流湿地水力效率影响比较小。A组缓坡驳岸水力效率值随着坡度变缓略有增加;B组台阶型驳岸随着所占截面积增加及截面复杂程度增加,水力效率同样上升。

HT-BK 组(后滩驳岸)6个方案死区分布结果如图8所示。死区研究采用 2~10 d 的表观停留时间,流量等于平均流速乘过水面积,估算后滩模拟中平均流速理想值为 $6.0\times10^{-4}\sim3.0\times10^{-3}$ m/s,流速低于 6.0×10^{-4} m/s 的区域为潜在"死区",即图8中橘红色区。驳岸组死区分布类似,基本在岸线转折处、弧线弯曲大处、岸线锐角处、孤立的内凹空间中;故平滑的弧线岸线可有效避免死区,但变化曲率较大的内凹空间具有一定风险;垂直驳岸死区最大,缓坡与台阶驳岸都可有效降低死区面积。

2.1.2 水深多方案的水动力模拟结果

HT-DEP 组(后滩水深)6个方案中,水深依次增加水力效率(λ)依次下降,D 组整体水深大于 C 组,水力效率低于 C 组(图9)。可以得出水深对水力效率(λ)影响大,水深平稳时,水深越深,水力效率(λ)越低。D2 相比 D1,水深 1.2 m 的位置面积更大,但水力效率(λ)上 D2>D1,D3 水深 1.8 m,水力效率(λ)与 D1 基本持平。当水深深浅变化时,在深浅标高之间的变化频次越多,水力效率(λ)越高。

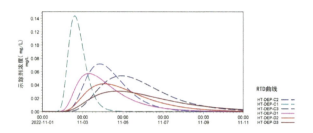

图9 HT-DEP 组停留时间分布(RTD)曲线模拟图

HT-DEP 组(后滩水深)的"死区"易发性区域与 HT-BK 组(后滩驳岸)基本一致,平面形态对"死区"分布影响显著。如图10中橘红色区域所示,C1 水深 0.3 m 时死区面积最小,可见整体水深较浅时不易发生死区。流量一定时过水截面积越小流速越快,浅水深相当于整体加快了流速,因此可有效避免"死区",但同时也有大幅度减少实际水力停留时间的弊端。

2.1.3 "岛屿"微地形与挡墙多方案的水动力模拟结果

GY-ISL 组(工业微地形组)的水动力模拟结果如图11所示。挡墙方案增加了 Tp 及 λ,JA-3 可证实接岸高岛和挡墙有相似功能。DQ 组对比

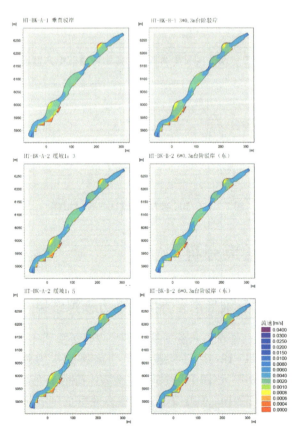

图8 HT-BK 组方案流速数值模拟及"死区"分布

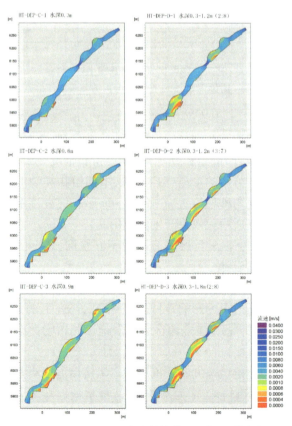

图10 HT-DEP 组流速数值模拟及"死区"分布

可知挡墙与"岛屿"微地形结合时同样有效。表流湿地的三维形态设计,可通过使用接岸且高于水面的地形或装置,完全改变水流方向并延长主流径长度,大幅延长 Tp 从而增大 λ。由 LA-3 知独立的高岛对水流影响比矮岛要大,仍可有效提升水力效率。其他矮岛水力效率仍高于 0-1 无岛无墙,即表流湿地空间"岛屿"微地形的使用利于水力效率提升。矮岛方案中,"岛屿"形态、位置、容积变化,整体水力效率差距不大,相比 0-1 有一定提升效果,因此形态设计也相对自由。综合容积、TP 值、水力效率值对比得,"岛屿"与挡墙要素中,数量与长度一致时,对于水力效率的影响力"岛屿"高度＞是否接岸＞形态与体积＞分布。

工业园区"死区"平均流速小于 4.0×10^{-4} m/s,由图 12 橘红色区知"岛屿"微地形与岸夹角、高岛形态风格、相对位置等参数是影响"死区"面积与分布的关键因素。矮岛方案无挡墙时,水面下的矮岛区域水流平均速度高于周边,整体无明显"死区",但可看出流速较慢的浅黄区域易分布在远离水流主线的区域,矮岛与岸的相对距离影响潜在"死区"分布。高岛方案系列中,"岛屿"分隔了水流,高岛的形态、相对位置都对"死区"位置分布影响较大。在高岛内凹处有更多的"死区"存在,并且当高岛的布置间距较近且平行于主水流方向时,高岛相互之间易出现"死区"。当使用接岸高岛或挡墙时,与岸相交处,尤其是锐角部分或形态蜿蜒复杂的区域更容易水动力不足。可以看出,将锐角区域设置在水流上游一侧可以有效缓解这个问题,下游岸线自身角度或与挡墙交接角度不宜小于 $90°$。

2.2 水生植被多方案水质净化模拟结果

2.2.1 不同水深地形的水生植被多方案水质净化模拟结果

图 13 所示 C2-TS 和 D1-T&C 综合去除率较高,当去除目标均衡时,它们是优选。当目标以氨态氮和总磷为主,则浅水深、挺水植物较多的方案更优。COD 为主时,适当加大水深。水深加深时,水质净化效果整体很可能会降低,水深越深,占比越应控制在较小范围。且同一基底同样种植与水质条件下,并非水力效率越高综合去除率一定更高。水力效率是保障湿地健康运行的重要指标,但水质仍受多条件影响。

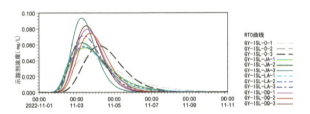

图 11 GY-ISL 组 RTD 曲线模拟图

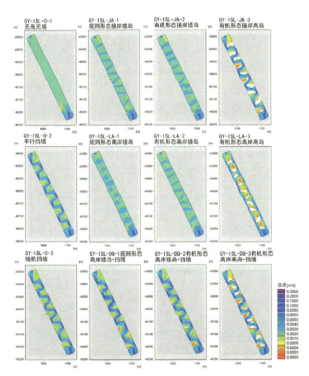

图 12 GY-ISL 组流速数值模拟及"死区"分布

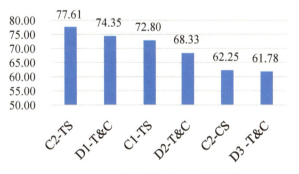

图 13 HT 组方案综合去除率对比(%)

2.2.2 不同植物类型的水生植被多方案水质净化模拟结果

如图 14,挺水植物越多污染物去除率越高,且种植于表流湿地中主流径矮岛上时,比种在边坡上效果要好,当需要开阔水面时,边坡和岛屿共同种植挺水植物也能达到较好净化效果。

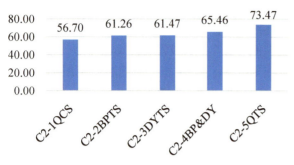

图 14　GY 组方案综合去除率对比(%)

3　讨论：表流湿地三维形态及水生植被优化策略

3.1　三维形态优化策略

岸线曲折程度影响"死区"，建议岸线最小夹角大于 100°且以平滑流畅的弧线为主。设计时可通过水面的进水口与出水口的连线，大致判断水体主流径路线，顺应其路线安排岸线变化，避免过于内凹的区域出现，尤其偏离主流径的地方，否则易造成较大的死水区域(图 15)。

驳岸形式对水力效率影响较小，横截面积增加水力效率略提升但容积减少大，在减小"死区"方面应避免使用过于复杂的断面，不占用过多水处理容积。建议湿地宽度 30 m 以内时，单边驳岸平均宽度不超过湿地平均宽度的 1/3，反之，单边驳岸宽度不超过 10 m。若用台阶型驳岸，水深 0.6 m 以内台阶层数一层为宜(图 16)。

进水污染物总磷、氨态氮为主时，水深宜为 0.3～0.6 m，水深加深，多数挺水植物不宜生存，降低污染物去除速率。进水污染物比较综合时，增加部分区域水深可增加 COD 及总氮去除能力，深水区域建议以 0.9～1.2 m 为主，不宜超过

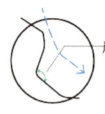

图 15　平面轮廓策略示意图

1.8 m。深水区域分布上，将其分散布置，营造深浅变化的水底有利于水力效率提升。相关论文同样认为，微地形的异质性可以增强湿地的除氮能力[16]。且深水区域会降低流速，有增加"死区"的可能，不宜布置在偏离主流线或过于近岸的位置(图 17)。

"挡墙＋矮岛"方案净化表面积大、水力效率高，"死区"的形成相对较少，是利用微地形与挡墙结合的优选方案。矮岛体积不宜超过表流湿地原体积的 15%；同时注意挡墙数量、分布距离及其与岸的夹角影响。挡墙与岸线形成锐角，应位于表流湿地上游，这样形成的"死区"面积远小于锐角位于下游。高岛需要注意平面形态、相互间距、平面面积及所占容积，离岸相比接岸有更好的服务效能。高岛形态设计可相对自由，规则或有机形态都可选择，其形态不宜过于曲折变化，需要避免锐角。高岛形态内凹处应处于主水流迎水方向，避免在下游，长边与主水流方向垂直为宜，在

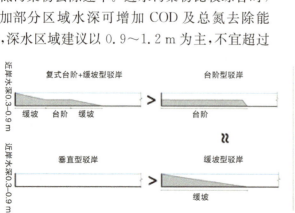
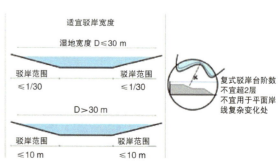

图 16　驳岸策略示意图

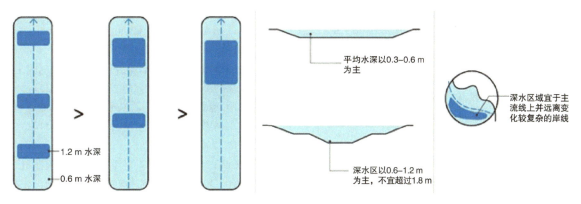

图 17 水深策略示意图

靠近或与岸线相交的地方应尽量简单。接岸高岛相互间距应尽量均匀排布。离岸高岛沿主流径尽量错开设置,避免平行于水流方向密集排布。接岸高岛与挡墙类似,与岸的下游夹角不宜小于90°;接岸高岛平面面积建议不大于表流湿地原净化表面积的20%,离岸高岛建议不大于15%,总体高岛平面积不宜大于原水面积的20%(图18)。

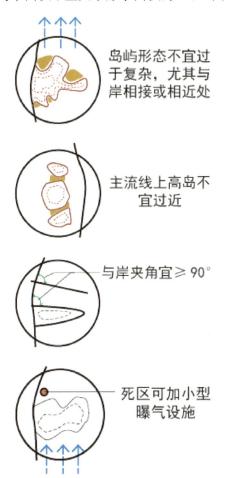

图 18 "岛屿"微地形与挡墙策略示意图

3.2 水生植被优化策略

通常挺水植物净化能力优于沉水植物,二者种植面积占表流湿地面积的比例对水质净化能力影响大,建议表流湿地可净化表面积水生植被覆盖率超过98%。在主流线上,种植净化能力高的品种,在污染物浓度有所下降后,可从多样性出发,增加一些观赏性强的水生植物。

4 结论

研究综合采用水质检测、数值仿真模拟等手段,选取上海后滩公园表流湿地、上海某工业园区表流湿地两个案例进行实证研究,构建基于精细化模拟的"水动力-水质调节服务"测度方法,进行表流湿地三维形态与水生植被多参数控制变量的多方案设计。主要研究结论包括:构建了基于MIKE的表流湿地"水动力-水质"精细化模拟方法,得到相关实证案例的水动力与水质的精细化模拟参数;定量揭示了影响表流湿地水动力特征的三维形态关键设计参数;定量揭示了影响表流湿地水质净化效能的水生植被关键设计参数与三维形态关键设计参数;研究发现了水深与植物类型、种植面积、种植位置都会影响水质净化效果;从平面轮廓、驳岸形式、水深、"岛屿"微地形与挡墙这5方面总结了三维形态优化设计策略,从水生植物品种、水生植物种植位置及面积占比这3方面总结水生植被优化设计策略。

研究构建了基于MIKE模型的"水动力-水质"精细化模拟方法并取得初步成果,在以下方面还可做进一步研究与改进:①受疫情影响当年水质数据检测工作受到阻碍,实例的水质历史资料采样间隔较久,缺乏进水数据长时间序列资料及相应的环境数据,对于气候、风环境、细菌、底泥分布等因素的异质没有考虑在内;②更全面准确地考虑水生植被净化能力的异质性,未来可进一步考虑季节、温度、种植密度等因素对植物净化能力与反应速率的影响[17]。

参考文献

[1] 梅菁,姚成雷,樊绿叶,等. 表面流人工湿地改善城市河道水质的工程试验[J]. 环境科技,2020,33(4):34-39.

[2] 汪洁琼,陈奕,毛永青,等. 基于Delft3D污染物扩散模拟的城市湖泊景观水体三维形态循证设计[J]. 中国园林,2021,37(5):44-49.

[3] Sabokrouhiyeh N, Bottacin-Busolin A, Savickis J, et al. A numerical study of the effect of wetland shape and inlet-outlet configuration on wetland performance[J]. Ecological Engineering, 2017, 105: 170-179.

[4] Su T M, Yong S C, Shih S S, et al. Optimal design for hydraulic efficiency performance of free-water-surface constructed wetlands[J]. Ecological Engineering, 2009, 35(8): 1200-1207.

[5] Chang T J, Chang Y S, Lee W T, et al. Flow uniformity and hydraulic efficiency improvement of deep-waterconstructed wetlands[J]. Ecological Engineering, 2016, 92: 28-36.

[6] 万荻,崔远来,郭长强,等. 环境流体动力学模拟优选人工湿地设计中隔板湿地长度比[J]. 农业工程学报,2019,35(18):62-69.

[7] Jenkins G A, Greenway M. The hydraulic efficiency of fringing versus banded vegetation in constructed wetlands[J]. Ecological Engineering, 2005, 25(1): 61-72.

[8] Sabokrouhiyeh N, Bottacin-Busolin A, Tregnaghi M, et al. Variation in contaminant removal efficiency in free-water surface wetlands with heterogeneous vegetation density [J]. Ecological Engineering, 2020, 143: 105662.

[9] Guo C Q, Cui Y L, Dong B, et al. Tracer study of the hydraulic performance of constructed wetlands planted with three different aquatic plant species[J]. Ecological Engineering, 2017, 102: 433-442.

[10] 平云梅,潘旭,崔丽娟,等. 沉水植物分解对人工湿地水质的影响[J],水利水电技术,2017,48(9):24-29.

[11] 周刚,熊勇峰,呼婷婷,等. 地表水水质模型综合评价技术体系研究[J]. 环境科学研究,2020,33(11):2561-2570.

[12] 汪洁琼,王蓉蓉,宋昊洋,等. 表面流人工湿地Delft3D水动力数值模拟与空间形态设计研究[J]. 中国园林,2023,39(3):40-45.

[13] 周默. 几种水质评价方法在地表水评价中的应用及比较研究[J]. 水资源开发与管理,2022,8(9):50-55.

[14] 俞孔坚. 城市景观作为生命系统:2010年上海世博后滩公园[J]. 建筑学报,2010,(7):30-35.

[15] Shih S S, Wang H C. Spatiotemporal characteristics of hydraulic performance and contaminant transport in treatment wetlands[J]. Journal of Contaminant Hydrology, 2021, 243: 103891.

[16] Kristin L. Microtopography enhances nitrogen cycling and removal in created mitigation wetlands[J]. Ecological Engineering, 2011, 37(9): 1398-1406.

[17] Liu J J, Dong B, Guo C Q, et al. Variations of effective volume and removal rate under different water levels of constructed wetland[J]. Ecological Engineering, 2016, 95: 652-664.

作者简介:汪洁琼,博士,同济大学建筑与城市规划学院副教授、博士生导师,同济大学建筑与城市规划学院建成环境技术中心副主任,高密度人居环境生态与节能教育部重点实验室(同济大学)水绿生态智能分实验中心联合创始人,自然资源部大都市区国土空间生态修复工程技术创新中心成员。研究方向:水绿生态智能、景观生态规划与设计、水生态、城市生态修复工程。

王蓉蓉,上海市园林设计研究总院有限公司景观设计师。研究方向:景观规划与设计。

胡梦雨,同济大学建筑与城市规划学院在读硕士生。研究方向:数字景观与工程技术。

结合沉浸式虚拟环境(IVEs)与脑电探索短时间自然暴露的恢复性效益

张高超　陈雨凝　范楚洺　佘佳镁　钟启瑞

摘　要　本研究尝试通过在沉浸式虚拟环境(IVEs)中进行的实验,验证短时间暴露于自然环境对心理状况的影响,并探索其潜在的机制。参与者随机观看城市森林和室内环境的视频,并分别使用PSS-14量表和Stroop任务测量其观看前后的自我感知和认知表现,使用脑电图(EEG)监测他们在观看期间的大脑活动。PSS-14量表和Stroop任务的结果证实了短时间的自然暴露对减少压力和改善认知表现有益。在自然暴露中大脑的节律活动显示出更好的注意状态的特征。此外,在自然暴露过程中,参与者大脑不同部位之间表现出更强的功能连通性,显示出更好的认知灵活性。从空间上看,存在显著功能连接差异的区域与默认模式网络高度重叠,表明当暴露于自然环境中时,认知负荷更低。研究结果支持了自然的恢复作用主要来自于自然环境中更为低耗的假设。

关键词　恢复效益;城市森林;沉浸式虚拟环境;脑电图;对照实验

1　引言

调查发现,自然接触与认知和行为发展[1]、心理健康[2]之间存在正相关关系。实验研究的发现强调了自然对心理功能所具有的广泛而不可替代的益处,尤其表现在恢复注意力[3]和减轻压力[4]方面;有研究表明,这些影响可能部分是由低水平物理特征决定的感官处理(如环境中的分形量或曲线和直线的数量)驱动,同时由自然环境的高级场景语义(如树木、水)介导[5]。目前,此类研究非常有限,还需要更多的研究以深入探索这些益处的作用机制。

有研究将自然对心理健康的好处归因于处理自然来源的信息时的认知特性[6]。在城市生活和工作的人须屏蔽大量的负面信息,对需要集中注意力的行动需求做好响应准备[7]。因此,城市生活需要人们不断维持自上而下的认知加工,这将消耗注意力等有限的认知资源[6]。当这些认知力资源耗尽时,就会出现精神疲劳。处理自然来源的信息被描述为低耗的自下而上的处理,能带来认知资源的恢复[6]。值得注意的是,即使作为上述推断的核心生理基础,自然暴露过程中的神经功能特征在理论框架和实证研究中,也几乎没有被提及[8]。这一不足,部分是由于对基于行为测量(如问卷调查、自我评估)研究方法的依赖,行为测量并不能反映参与者实时和微妙的神经功能反应[8]。

Berman等人提议探索建立神经成像和与之配合的行为测量的结合[8]。功能磁共振成像(fRMI)的应用为理解对神经功能的影响提供了绝佳的机会,因为它可以从体内精确监测人类大脑。然而,在fMRI实验中,受试者必须严格在幽闭空间中保持静止,这带来不佳的沉浸体验。另一种成熟应用的无创神经成像方法——脑电图(EEG),为研究人员提供了进行神经成像的机会。基于此,我们的研究旨在结合沉浸式虚拟环境(IVEs)和脑电图(EEG)探讨短时间暴露于自然环境对心理健康的影响。IVEs为参与者提供了更高的现实感、沉浸感和存在感。由于这些优势,IVEs在环境暴露研究中的使用稳步增加,比如最近IVEs已被用于研究自然对缓解压力、情绪改善和认知表现[9]的影响。与自然的短期接触有着重要的公共卫生意义,尤其是对于因身体限制或繁忙工作而难以进入自然的人群。时间尺度上的短期自然暴露很大程度上依赖于直接的知觉和感官经验。在本实验研究中,我们假设:① 短期暴露于森林中会改善心理功能,这将反映在感知压力的减少和注意力表现的提升;② 暴露于森林的个体脑电图在θ波段等内在注意节律上,表现出更强烈的自发振荡，表明正在补充认知资源以支持注意力；③当暴露于森林时，大脑中有望体现一些特征，指向更有效的信息处理和更少的认知负担。

2 材料和方法

2.1 实验设计

本实验以室内环境为对照，探讨短期接触城市森林对心理功能的影响。经历疲劳活动过程后，参与者暴露在森林或室内360°全景视频中，由头皮脑电图记录其在暴露期间的大脑活动，通过测量被试者在暴露前后的自我感知压力水平和任务表现，评估自然暴露的情感和认知影响。

2.2 研究材料

我们使用了分辨率为4K的360°立体视频，研究的环境背景设置为城市森林和室内工作环境。以往对于户外环境的研究中，某些不属于研究相关的物理环境成分会诱发负面效果，可能导致不可预测的短暂影响，例如人的身体活动和交通流量，IVEs中排除了这些因素。室内场景来自一个典型的办公空间，没有华丽的艺术装饰和生产力工具；而森林场景是在奥林匹克森林公园拍摄的。我们选择了植被多样性良好、视野中无建筑、无茂密植被遮挡的森林场景，视频和环境声以成年人静坐视角（镜头高度为1.25 m）摄录于8月天气晴朗的下午。拍摄使用Insta360 Pro2全景相机，置于地面并避免阳光直射。原始视频用Insta360 Sticher剪辑，没有进行图像调整（如颜色和亮度）；使用HTC Vive Pro Eye虚拟现实系统来实现IVEs暴露。参与者佩戴头戴式显示器（HMD）观看视频，佩戴后无需使用该系统进行操作，由实验者使用与HMD连接的高性能工作站（Dell Precision 7920）控制视频显示。

使用B-Alert X24无线脑电图系统进行脑电图记录。该设备是非侵入性的，电极根据10～20个电极系统分布；采样率为256 Hz，共模抑制比（CMRR）为-115 dB。在暴露过程中，使用B-Alert Live软件（v01.24，ABM）连续记录18个脑电图通道，并采集双侧乳突电极的记录信号作为参照。

2.3 参与者

本研究在网上招募了无身心疾病的健康成年人，其他要求包括中文流利、右撇子以及裸眼视力正常（允许佩戴隐形眼镜矫正）。实验前与参与者进行沟通，告知他们实验要求和数据使用的保密性。符合标准并同意实验条款的参与者进入实验。同性别参与者随机分配到两个IVEs组，暴露于城市森林或室内环境。

参考现有的相关研究，大多数近似实验通常涉及20～40名参与者。本研究招募了52名参与者，实际有效数据包含51名受试者的数据集，包括"室内"组26名（9名男性）和"森林"组25名（8名男性）。"室内"组平均年龄21.81岁（SD=2.74），"森林"组平均年龄21.33岁（SD=2.31）。

2.4 实验程序

进入实验室之前，参与者先进入准备室，在那里他们被告知实验程序，并签署同意书。参与者必须在进入实验室前一小时内洗过头，以方便收集脑电图数据。在暴露之前，参与者需要完成一项引起疲劳的任务来消耗他们的认知资源。首先填写一张疲劳量表（FS-14表格），用于评估疲劳过程的有效性。参与者根据实际情况陈述对每个项目选择"是"或"否"来评估他们的疲劳感。"是"得分为1分，"否"得分为0。然后进行准备过程，以确保参与者可以清晰地观看视频，并对穿着HMD感到舒适；调整后参与者戴上脑电帽等设备，参与一项使认知力紧张的任务以诱导精神疲劳，即完成包含三部分缩减版马库斯和彼得斯算法（MPA）的测试，其后进行第二个FS-14量表填写。FS-14量表中的一个样本t检验显示，两组患者在疲劳任务后的感知疲劳水平都显著增加，证实了这一疲劳过程的有效性。

由此暴露测试正式开始，并持续约25 min（图1）。Stroop颜色词任务被用来测量注意力和认知表现。参与者在暴露前后完成两轮Stroop任务，每轮包含六个部分；参与者对所陈述的部分任务尽快、准确地做出反应，他们需完成顺序随机分配的同一组问题。每次试验的结果（对或错）和反应时间（ms）被自动记录。Stroop任务程序通过使用PsychoPy v3.0进行，参与者在暴露于IVEs前后分别完成一次Stroop任务，并填写感知压力量表(PSS-14)。对于 PSS-14 表格中的 14 项内容,参与者以 0"从不"到 4"经常"进行评分,以评估与压力相关的状况。为了减少脑电图记录中的噪声,要求参与者在过程中尽可能少地吞咽、眨眼或移动视线,上半身尤其是头部需要保持稳定舒适,可以用脚轻轻旋转转椅来改变视野。刚开始时主要进行旋转,之后相对静止于最中意的视角。每个参与者都观看了两个 4.5 min 的视频(两个森林场景或两个室内场景);该时长是为了避免参与者产生倦怠与眼部疲劳,同时确保高质量的脑电图分析数据。观看视频前,参与者闭眼 1 min;测试过程中连续记录脑电图数据,以 B-Alert Live(v01.24、ABM)实时监测背景中的脑电图记录,确保参与者在观看视频时没有闭上眼睛。观看视频后,参与者摘下 HMD 进行暴露后的 Stroop 任务。

2.5 数据分析

基于 Matlab R2019b 的 EEGLAB(v2020.0)对原始脑电图数据进行离线预处理。每个数据中剔除前 30 s 的记录,以减少参与者身体(频繁的旋转和眼球运动)和对新环境的心理适应所产生的数据干扰。每个参与者在测试期间的脑电图数据合并成一个完整脑电图数据集,进行进一步的数据清理和分析。通过对原始数据的审查,确保测试过程被有效记录,如有坏电极则进行插值处理;线上参考的乳突通道被去除。以高通 1 Hz、低通 80 Hz 滤波,50 Hz 带通(陷波)滤波器来减少环境共频干扰;然后将其余通道数据进行重参考(均值参考)。接下来,使用独立成分分析(Independent Component Analysis,ICA)识别伪影(眼部伪影、肌肉伪影和来自其他类型的非神经活动伪影),并将伪迹成分去除。按照传统静息态脑电图数据分析方法,将清理后的脑电图数据切片成 2 s 长度进一步分析。

静息状态下大脑自发的节律性活动可以反映认知功能。神经振荡分为不同频带,本研究采用 delta(1~4 Hz)、theta(4~8 Hz)、(8~12 Hz)、(12~30 Hz)和 gamma(30~80 Hz)波段。比较暴露在森林和室内环境下脑电图的功率谱密度(PSD),以研究各波段下大脑活动的差异;比较每个电极上的 PSD 时,采用独立样本 t 检验,并对 p 值进行多重比较校正。同时,研究分析了神经功能连接性,以探索在不同环境中,空间上不同的神经组织之间的相互作用[10]。本研究选用加权相位滞后指数(WPLI),反映的相位同步状况评估不同大脑区域的协同状态。WPLI 的取值范围为 [0,1],对噪声干扰具有较好的容忍度,并排除了体积传导效应的影响。通过独立样本 t 检验五个频段各个电极的 WPLI 差异。对 Stroop 任务结

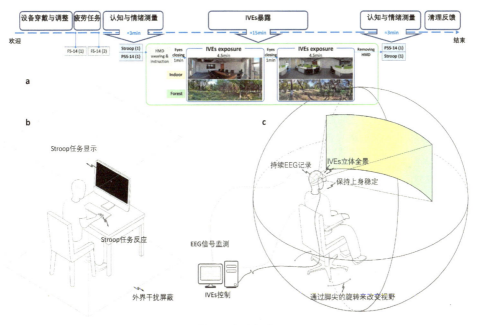

图 1 实验程序

a. 实验流程图;b. 执行 Stroop 任务模式;c. 沉浸式虚拟暴露

果的准确性和反应时间,以及受试者的感知压力水平进行重复测量方差分析(Repeated Measures ANOVA),评估不同环境暴露前后 Stroop 表现和感知压力水平的差异。

3 结果

3.1 IVEs 暴露对行为指标的影响

"组"效应指来自不同环境的影响,"暴露"效应指是否暴露在不同环境带来的影响。对感知压力的重复测量方差分析显示,"组"和"暴露"效应有显著的交互作用,并达到中等效应量($\eta_p^2 = 0.061$)(表1)。

比较显示,两组间暴露前后的感知压力均无显著差异,仅森林组在暴露前后出现显著的简单效应($p<0.001$)。暴露于森林环境后,感知压力显著下降(图2),而暴露于室内环境后则略有增加。

准确率的重复测量方差分析显示"组"和"暴露"两个主效应因素无显著影响。交互效应边缘显著(表2),达到了中等效应量($\eta_p^2 = 0.061$)。检验显示,在任何简单效应上都没有显著差异。

Stroop 反应时间的重复测量方差分析显示(表3),主效应中,"组"效应对于反应时间的影响不显著,但是否"暴露"对反应时间有显著影响。交互效应呈现边缘显著性($p=0.065$)。

比较显示,两组间暴露前后的反应时均无显著差异,且两组暴露后反应时间均显著减少(图3)。森林环境暴露相较于室内环境暴露,改善效果更为显著。

表1 暴露前后感知压力方差分析

效果	MS	MSE	df1	df2	F	P	η_p^2
组	10.95	103.00	1	49	0.11	0.746	0.012
暴露	10.39	3.32	1	49	3.13	0.083	0.000
暴露×组	62.16	3.32	1	49	18.69	<0.001***	0.061

注:MS—均方;MSE—均方误差;df1—假设自由度;df2—误差自由度;***—差异显著,$p<0.001$;η_p^2—偏 eta 方。

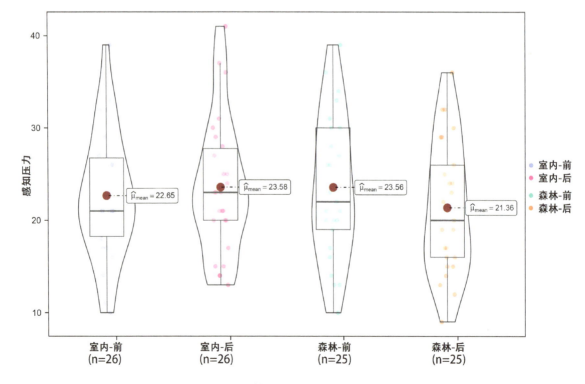

图2 PSS-14 测量的 IVEs 暴露前后感知压力平均值分布

表 2　暴露前后 Stroop 任务准确率的重复测量方差分析

效果	MS	MSE	df1	df2	F	P	η_p^2
组	0.00	0.00	1	49	0.59	0.446	0.012
暴露	0.00	0.00	1	49	0.01	0.920	0.000
暴露×组	0.00	0.00	1	49	3.21	0.079	0.061

注：MS—均方；MSE—均方误差；df1—假设自由度；df2—误差自由度；***—差异显著，p<0.001；η_p^2—偏 eta 方。

表 3　暴露前后的平均反应时间重复测量方差分析

效果	MS	MSE	df1	df2	F	P	η_p^2
组	0.02	0.02	1	49	1.53	0.223	0.030
暴露	0.18	0.00	1	49	84.70	<0.001***	0.634
暴露×组	0.01	0.00	1	49	3.55	0.065	0.068

注：MS—均方；MSE—均方误差；df1—假设自由度；df2—误差自由度；***—差异显著，p<0.001；η_p^2—偏 eta 方。

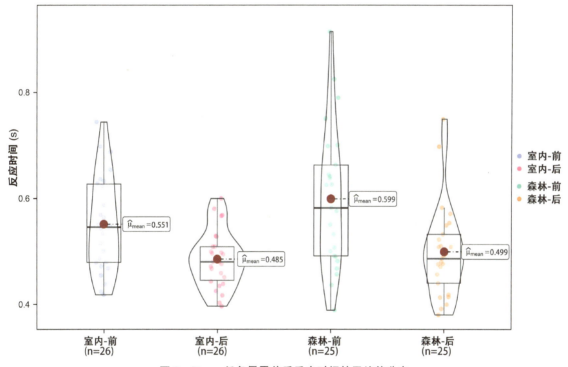

图 3　Stroop 任务暴露前后反应时间的平均值分布

3.2 IVEs 暴露时的脑电图功率谱密度

森林组在 delta 的两个电极、theta 的六个电极和 alpha 的四个电极上明显有更大的 PSD，具有中效应量。PSD 地形图显示，森林组表现出明显更强的节律性神经电振荡，主要集中在顶叶上方头皮区域周围的电极上(P3、Pz、P4、Poz)，尤其是在 theta 波段(图 4)。对应的 p 值和 Cohen's d 分别为 P3(p=0.024,Cohen's d=0.65)、P4(p=0.022,Cohen's =0.67)、Pz(p=0.014,Cohen's d=0.71)、Poz(p=0.007,Cohen's d=0.79)。

3.3 脑电图反映的神经功能连接性

WPLI 仅在 theta 波段上有显著性差异。与室内环境相比，WPLI 矩阵显示暴露在森林环境中表现出更好的神经功能连接性(图 5a)。有显著差异的"电极对"只出现在森林比室内强的方向(图 5b 和图 5c)。差异显著的电极对分别为 Fp1-

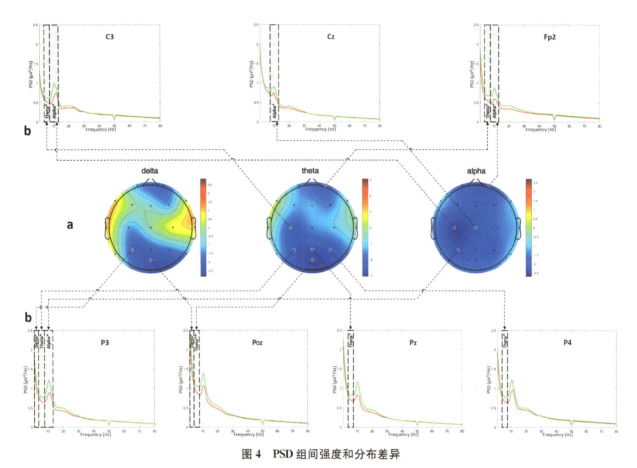

图4 PSD组间强度和分布差异

a. t值的强度分布图。负值表示室内组的平均值更低；标记白点的是在PSD上有显著差异的电极。b. 电极的组水平PSD在某些波段显著差异。浅黄色覆盖的频率范围为差异显著的频带；* 表示在p＜0.05水平差异显著，** 表示在p＜0.01水平差异显著。红线（室内组）或绿线（森林组）表示某一电极上脑电图的频率（横轴）和相应的PSD（纵轴）之间的关系曲线。

T6、T4-F4、T5-F4、Fp2-Pz、P3-F4、P3-C3、Pz-Poz和Poz-Cz），差异具有中等效应量。

4 讨论

4.1 短期暴露于城市森林表现出减压和注意力提升的恢复性作用

行为数据分析显示，与室内暴露相比，自然暴露后的压力感知有显著改善，Stroop任务表现有显著的边际改善，且达到了中等效应量，这证实了先前的研究结论以及ART等理论说法，即自然接触具有情感和认知上的益处。值得讨论的是，与之前的一些研究相比，暴露于自然环境后认知表现的改善比较温和，这可能和本实验中较少的暴露剂量等有关。同时，研究在对比环境的选择上也不同于传统。常用的对照有大量负面的干扰，消耗认知资源[6]，而本研究使用的室内环境清洁安静，这使得对照组参与者在暴露后的反应时间也有所改善，尽管没有实验组显著。

4.2 暴露于城市森林时大脑有更好的认知准备

PSD分析显示，暴露于自然环境中的参与者大脑在theta波段显示出更强的节律性活动。同时，差异显著的电极主要聚集在头皮顶叶区域。人类的大脑并非环境刺激的被动分析器，而是对可能出现的感官刺激和将要发生的事件持续进行预测[11]。顶叶区与人们的选择性认知高度相关，关系过滤信息输入以进行进一步处理的功能性过程[12]。theta被称为注意力节拍，视觉注意在7～8 Hz的频段进行[13]。大脑自发的theta频段震荡为人类的认知系统提供了生理准备，支持注意力进行有效的执行控制[12]。静息状态下顶叶区域更强的theta振荡表明当暴露于自然环境时，大脑在生理上具有更好的注意力准备。

当面对较高认知负荷时,其强度较低[16]。在自然暴露期间,DMN 相关区域的连通性越好,表明在处理来自自然环境的信息时认知负担越低。本研究中神经功能连通性的差异支持了处理自然环境中的信息更为高效低耗的观点。

5 结论

当前从神经认知的角度对于自然环境恢复性作用的理解有限。本研究结合 IVEs 和 EEG,探讨短期暴露于自然的恢复作用及其机制。短期暴露于城市森林表现出恢复性作用,包括减少感知压力和改善认知表现。在自然条件下,大脑有更活跃的 theta 频段信号来支持更好的注意力准备,大脑也具有更好的认知灵活性和较低的认知负担,这反映在神经功能连通性分析中。未来需要进一步探索暴露于不同环境时神经活动的区别,以及长期暴露于自然环境时对大脑的影响,以提高对更健康生活环境建设的证据支持。

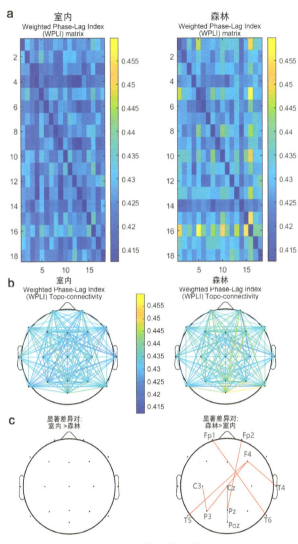

图 5 Theta 波段不同组的 WPLI

a. 电极对之间的 WPLI 矩阵;b. 电极对之间的 WPLI topo 连通性图;c. 室内环境暴露与城市森林暴露之间 WPLI 有显著差异的电极对

4.3 在城市森林大脑反映出更好的认知灵活性

神经功能连通性分析显示,暴露于森林环境下,theta 频段多个区域间的神经功能连通性明显强于室内环境,表明大脑更好地维持着不同大脑区域的协同合作[14]。在静息状态,这种神经活动的协调形成人类认知灵活性的基础[15]。同时,功能连接差异的空间分布显示了与默认模式网络 DMN 分布的一致性[16]。DMN 是静息状态下相对固定的自发大脑活动网络,它允许连接到网络的神经元组件及时重新配置,以支持认知功能和满足行为需求[15,17]。DMN 的一个基本特征是,

参考文献

[1] Dadvand P, Nieuwenhuijsen M J, Esnaola M, et al. (2015). Green spaces and cognitive development in primary schoolchildren[J]. *Proceedings of the National Academy of Sciences of the United States of America*,112(26):7937-7942.

[2] McMahan E A, Estes D. (2015). The effect of contact with natural environments on positive and negative affect:A meta-analysis[J]. *The Journal of Positive Psychology*,10(6):507-519.

[3] Bratman G N, Hamilton J P, Daily G C. (2012). The impacts of nature experience on human cognitive function and mental health[J]. *Annals of the New York Academy of Sciences*,1249:118-136.

[4] Stigsdotter U K, Corazon S S, Sidenius U, et al. (2018). Efficacy of nature-based therapy for individuals with stress-related illnesses:Randomised controlled trial[J]. *The British Journal of Psychiatry:the Journal of Uentan Science*,213(1):404-411.

[5] Kotabe H P, Kardan O, Berman M G. (2016). The order of disorder:Deconstructing visual disorder and its effect on rule-breaking[J]. *Journal of Experimental Psychology:General*,145(12):1713-1727.

[6] Kaplan S. (1995). The restorative benefits of nature: Toward an integrative framework[J]. *Journal of Environmental Psychology*, 15(3): 169-182.

[7] Sullivan W, Li D. (2021). Nature and Attention. In Schutte A, Torquati J, Stevens J. (Eds.) *Nature and Psychology: Biological, Cognitive, Developmental, and Social Pathways to Well-being* (1st ed., pp. 7-30). Springer International Publishing.

[8] Berman M G, Cardenas-Iniguez C, Meidenbauer K L. (2021). An environmental neuroscience perspective on the benefits of nature[M]//Schutte A R, Torquati J C, Stevens J R. *Nature and Psychology*. Cham: Springer, 61-88.

[9] Mostajeran F, Krzikawski J, Steinicke F, et al. (2021). Effects of exposure to immersive videos and photo slideshows of forest and urban environments[J]. *Scientific Reports*, 11: 3994.

[10] Gillebert C R, Mantini D. (2012). Functional connectivity in the normal and injured brain[J]. *The Neuroscientist*, 19(5): 509-522.

[11] Engel A K, Fries P, Singer W. (2001). Dynamic predictions: Oscillations and synchrony in top-down processing[J]. *Nature Reviews Neuroscience*, 2(10): 704-716.

[12] Behrmann M, Geng J J, Shomstein S. (2004). Parietal cortex and attention[J]. *Current Opinion in Neurobiology*, 14(2): 212-217.

[13] Fries P. (2015). Rhythms for cognition: communication through coherence[J]. *Neuron*, 88(1): 220-235.

[14] Canolty R T, Knight R T. (2010). The functional role of cross-frequency coupling[J]. *Trends in Cognitive Sciences*, 14(11): 506-515.

[15] Ganzetti M, Mantini D. (2013). Functional connectivity and oscillatory neuronal activity in the resting human brain[J]. *Neuroscience*, 240: 297-309.

[16] Greicius M D, Krasnow B, Reiss A L, et al. (2003). Functional connectivity in the resting brain: A network analysis of the default mode hypothesis[J]. *Proceedings of the National Academy of Sciences of the United States of America*, 100(1): 253-258.

[17] Varela F, Lachaux J P, Rodriguez E, et al. (2001). The brainweb: Phase synchronization and large-scale integration[J]. *Nature Reviews Neuroscience*, 2(4): 229-239.

作者简介:张高超,东南大学建筑学院讲师。研究方向:环境感知、开放空间更新与设计。电子邮箱:open_space@seu.edu.cn

陈雨凝、范楚洺、佘佳镁、钟启瑞,东南大学建筑学院本科生。

城市宁静区域与蓝绿空间 POI 分布关联性研究

洪昕晨　郭联欢　王嘉炳　林京松　储生智　成玉宁

摘　要　城市噪声对居民身体健康和精神状况的影响是公众关注的热点之一。城市蓝绿空间提供了人们休闲、娱乐和放松的场所，但是城市蓝绿空间中的宁静区域如何识别尚不明确。本研究通过噪声投诉数据和 POI 数据解析城市蓝绿空间和宁静区域在空间分布上的关联性。研究结果表明：①主要噪声投诉数据集中在鼓楼区和台江区，宁静区域主要分布在仓山区南部和晋安区东北部；②对于噪声投诉和蓝绿空间 POI 数据的空间相关性，在鼓楼区南街街道、水部街道、温泉街道以及台江区的上海街道呈现负相关，存在符合宁静特征的蓝绿空间；③广场空间噪声投诉相对较少。研究结果为城市蓝绿空间研究和宁静城市营造提供参考。

关键词　蓝绿空间；宁静城市；POI 数据；噪声投诉

1　引言

城市噪声是城市无形污染源之一，许多国家和地区都制定了相关法律和政策，来限制噪声污染和保护公众健康。这些法律和政策包括设定噪声限制标准、限制噪声源的使用时间和地点、规范噪声源的排放等。例如，欧盟制定了环境噪声指令，要求成员国采取措施减少环境噪声的影响[1]。国际组织如世界卫生组织（WHO）发布了关于噪声危害和预防的健康指南和标准，提供了相关的建议和指导；这些指南和标准包括了噪声限制值、噪声影响评估方法、噪声控制策略等，帮助各国制定和实施相关的政策和措施[2]。2022 年我国提出"宁静中国"科技行动计划，《中华人民共和国噪声污染防治法》贯彻实施。Guo 等研究表明城市居民噪声环境质量明显改善，有助于降低城市居民长期暴露在噪声环境中所带来的健康风险[3]。田静等研究认为建设更加宜居和宁静的城市，能有效提升居民群众的生活品质和幸福感[4]。

城市蓝绿空间提供了人们休闲、娱乐和放松的场所[5]，城市公园、湖泊水系等为居民提供了自然美景和宁静的氛围，缓解压力和疲劳，促进身心健康。Perfater 等研究表明，城市蓝绿空间的自然植被和水体可以吸收和隔离噪声，减少交通、工业和建筑等噪声源对城市居民的干扰[6]。植被和水体等自然元素通过降低噪声的传播和反射，创造宁静的环境。因此，城市蓝绿空间在城市宁静区域的营造中起着重要的作用。但是，城市蓝绿空间和宁静区域在空间分布上的关联性尚不明确，这成为本研究关注的议题。本研究通过噪声投诉数据和 POI 数据解析噪声投诉空间分布和蓝绿空间 POI 分布，挖掘噪声投诉少且蓝绿空间 POI 多、符合宁静特征的蓝绿空间。

2　研究区域和研究方法

2.1　研究区域

研究区域选择在中国福建省福州市。福州市是福建省省会，地处中国东南沿海，属于亚热带季风气候，年平均气温为 20～25 ℃，年相对湿度 77%。在福州主城区中，鼓楼区、台江区、仓山区、晋安区为主要人口聚集区域，常住人口为 306 万，占福州六区总人口的 73.5%，能够反映福州市主要社会人口感知倾向和 POI，因此本研究选定这四个行政区内的建成区作为研究区域范围（图 1）。其中，鼓楼区总面积 35.7 km²，位于福州市城区西北部，鼓楼区东北与晋安区相邻，南与台江区相邻，西南沿闽江支流与仓山区隔江相望，西北以大腹山为界，与闽侯县毗连；台江区总面积 18 km²，位于福州市城区中部，东北与晋安区一河之隔，南与仓山区隔闽江相望，北及西北与鼓楼区毗邻；仓山区总面积 150 km²（其中建成区 142 km²），地处福州城区南部，辖整个南台岛，四面临江，北隔闽江分别与鼓楼区、台江区、晋安区、

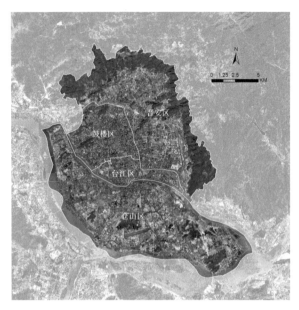

图 1 研究区域

马尾区相望;晋安区总面积 552 km²(其中建成区 114.8 km²),地处福州市区东北部,东与连江县、马尾区相邻,南与台江区和仓山区分别隔光明港和闽江相望,西南、西与鼓楼区毗邻,西北接闽侯县,北与罗源县接壤。

在四个行政区内进行声环境的实地测量。从等效声压级来看,研究区域范围内 L_{Aeq} 的平均值为 55.3 dBA,最高值在鼓楼区(58.2 dBA),最低值在仓山区(51.9 dBA)。从背景声来看,研究区域范围内 L_{90} 平均值为 47.9 dBA,最高值在鼓楼区(52.7 dBA),最低值在仓山区(46.0 dBA)。从前景声来看,研究区域范围内 L_{10} 平均值为 57.1 dBA,最高值在鼓楼区(59.6 dBA),最低值在仓山区(52.8 dBA)。声源变异量 L_{10-90} 值为 9.2 dB,说明研究范围内存在相对宁静和非宁静区域。

2.2 数据来源

本研究以市民服务平台"12345 热线"为主要数据来源,对城市声环境的公众感知数据进行数据采集。数据采集的投诉关键内容包括"噪声""不满意的声音""不希望的声音""不期待的声音""有损害的声音"。共收集福州市鼓楼区、台江区、仓山区、晋安区研究区范围内的噪声投诉数据 12 792 条。

高德地图兴趣点 Point Of Interest(POI)包括名称、类别、坐标和分类四个属性,可以反映地理信息系统中多类功能单元的位置信息。本研究主要提取了蓝绿空间和广场空间的 POI 数据。

2.3 研究过程与步骤

2.3.1 噪声投诉数据处理

获取的噪声投诉数据包括标题、时间、内容、处理情况等。为了根据噪声投诉中的特定城市问题进行后续的地理空间分析,首先需要对投诉内容的文本进行了数据预处理。噪声投诉数据以文本格式为主,由于个人表达方式不同,投诉数据内容的语言风格具有随意性[7]。因此,在预处理中需要对投诉文本进行语义分解、获取指向性数据信息,包括时间、地点、来源和类型。

2.3.2 地理编码

为了对获取的噪声投诉进行空间分析,需要对文本数据进行地理编码处理。本研究针对含有地名信息的噪声投诉记录,利用百度地图的 API,通过地名匹配其对应的经纬度,提取每条噪声投诉的空间坐标,并增加经纬度字段至对应记录中,以便进行后续的空间分析。

2.3.3 噪声投诉时空分布可视化处理

获取的城市噪声投诉数据经过空间匹配,形成矢量点图层数据。每个点表征一个噪声投诉信息,记录时间、地点、来源等属性数据。通过 Excel 工具统计日噪声投诉数量,使用 ArcGIS 工具进行可视化分析,并探究噪声投诉行为和 POI 空间分布特征关系。

2.3.4 数据分析

通过 Multivariate(多元分析)进行空间相关性分析。选择 Bandcollection statistics(波段集统计)工具对噪声投诉分布与 POI 分布图层进行相关分析,可得到各个栅格图层自身的统计特征值,各个图层间的协方差矩阵、相关矩阵使用皮尔逊相关系数。

3 结果与分析

3.1 噪声投诉与 POI 数据分布

如图 2 所示,研究区内的主要噪声投诉数据集中在鼓楼区和台江区,呈现在图中的淡蓝色部分,是噪声投诉数量大于 222 次的主要区域。仓山区内的噪声投诉主要集中在西部和北部,晋安

城市宁静区域与蓝绿空间 POI 分布关联性研究

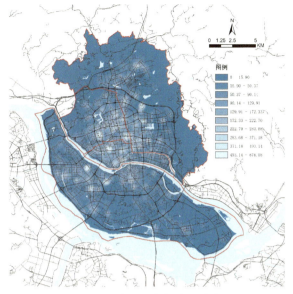

图 2 噪声投诉数据空间分布

区内主要集中在中南部。总体来看，大部分噪声投诉集中在福州市二环路内，而在福州市二环路和三环路之间主要分布 129～172 次数量区间的噪声投诉，一定程度上反映人群活动和噪声源的强度。研究区内的宁静区域主要分布在仓山区南部和晋安区东北部（三环路外），呈现为图中的深蓝色部分，是噪声投诉数量小于 50 次的区域。鼓楼区内的宁静区域主要分布在西北部（二环路外），台江区内的宁静区域破碎化程度高，主要呈零星分布。总体来看，城市安静区域主要分布在路网密度较低的区域以及三环路外部，反映了宁静区域分布在生产活动较少空间的特征。

如图 3 所示，蓝绿空间的 POI 数据广泛分布在福州市二环路内以及二环路和三环路之间，而广场空间 POI 数据主要分布在 2 环路内部。结合图 2 可以看出，二环外的蓝绿空间 POI 与宁静区域的位置相近，但在行政区内不同街道存在一定差异，因此需要结合不同街道的空间耦合分析进行进一步探究。

3.2 空间耦合分析

从表 1 可以看出，噪声投诉数据与蓝绿空间 POI 数据在鼓楼区和台江区呈现较好的空间相关性，其中两者在鼓楼区南街街道、水部街道、温泉街道以及台江区的上海街道呈现负相关，说明这些区域内存在噪声投诉较少且 POI 数据量较多的位置，即符合宁静特征的蓝绿空间。而噪声投诉数据与蓝绿空间 POI 数据在鼓楼区鼓东街道以及台江区瀛洲街道、苍霞街道、义洲街道呈现正相关，说明这些区域内的蓝绿空间存在一定的噪声污染，需要开展进一步的声环境治理和优化。另一方面，噪声投诉数据和广场空间 POI 数据在研究范围内都呈现了一定的相关性并且大部分呈现负相关，说明广场空间噪声投诉较少，这是由于开阔广场更有利于噪声的扩散和衰减。

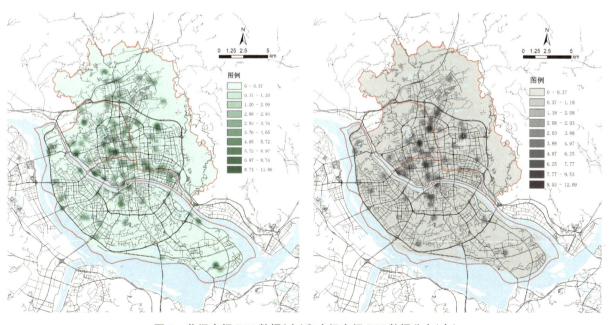

图 3 蓝绿空间 POI 数据（左）和广场空间 POI 数据分布（右）

表1 噪声投诉空间与蓝绿空间、广场空间POI数据的空间相关性

行政区	街道(镇)名称	蓝绿空间	广场空间
鼓楼区	东街街道	-0.158 5	-0.511 6
	南街街道	-0.403 4	-0.476 5
	安泰街道	-0.160 1	-0.332 3
	水部街道	-0.421 3	-0.219 0
	温泉街道	-0.428 7	-0.359 8
	鼓东街道	0.358 8	-0.390 5
	华大街道	0.024 8	0.404 8
台江区	茶亭街道	-0.042 6	-0.379 3
	瀛洲街道	0.502 1	0.150 4
	苍霞街道	0.539 5	-0.330 4
	义洲街道	0.332 5	-0.578 0
	上海街道	-0.362 5	-0.433 1
	宁化街道	0.038 7	-0.362 7
	鳌峰街道	0.382 4	0.514 1
仓山区	仓前街道	0.024 9	-0.720 5
	临江街道	0.123 7	-0.393 6
	三叉街街道	—	0.306 0
	对湖街道	0.146 9	-0.504 0
	上渡街道	-0.130 0	-0.467 2
晋安区	茶园街道	0.586 1	0.037 9
	王庄街道	0.356 5	-0.142 0
	象园街道	0.046 0	-0.388 5
	新店镇	0.391 2	0.332 4

4 结论

城市蓝绿空间为居民提供了自然美景和宁静的氛围,在城市建设中显得愈发重要且受到居民关注。本研究从空间分布的角度对市民投诉数据和POI数据进行耦合分析,挖掘福州市主城区内具有宁静特征的蓝绿空间,得到的主要结论有:①福州市宁静区域主要在二环路外部,台江区内的宁静区域呈现破碎化程度高的情形;②研究区域内存在噪声投诉较少且POI数据量较多的位置,即符合宁静特征的蓝绿空间。本研究结论为城市蓝绿空间研究和宁静城市营造提供参考。

参考文献

[1] 洪昕晨. 当代城市声景研究进展[J]. 风景园林, 2021, 28(4): 65-70.

[2] Skänberg A, Öhrström E. Adverse health effects in relation to urban residential soundscapes[J]. Journal of Sound and Vibration, 2002, 250(1): 151-155.

[3] Guo L H, Cheng S, Liu J, et al. Does social perception data express the spatio-temporal pattern of perceived urban noise? A case study based on 3,137 noise complaints in Fuzhou, China[J]. Applied Acoustics, 2022, 201: 109129.

[4] 田静, 蒋伟康, 邵斌, 等. "宁静中国"与噪声治理关键技术的若干重大问题[J/OL]. 科学通报, 2023: 1-5.

[5] 袁旸洋, 张佳琦, 汤思琪, 等. 基于文献计量分析的城市蓝绿空间生态效益研究综述与展望[J]. 园林, 2023, 40(4): 59-67.

[6] Perfater M A. Community perception of noise barriers[R]. Virginia Highway and Transportation Research Council, 1980: 2.

[7] Xiao H, He X, Jin X, et al. Urban Acoustic Environment Research by Public Perception Based on Web Big Data[J]. The Administration and Technique of Environmental Monitoring, 2020, 32(5): 18-22.

作者简介:洪昕晨,东南大学建筑学院博士后,福州大学建筑与城乡规划学院副教授、硕士生导师。研究方向:宁静城市营造理论、数字景观技术。

成玉宁,东南大学特聘教授,博士生导师,建筑学院景观学系主任,江苏省设计大师。研究方向:风景园林规划设计、景观建筑设计、景园历史及理论、数字景观技术。

郭联欢、王嘉炳、林京松、储生智,福州大学建筑与城乡规划学院硕士研究生。研究方向:城乡规划技术科学。

Digital Landscape Architecture: Unleashing the Power of GeoAI

Jinwu Ma

Abstract: This paper explores the paradigm shift in landscape architecture, driven by the integration of Digital Twins, GeoAI, and Deep Learning technologies. Leveraging the capabilities of 3D Analyst, Lidar data, and AI-driven techniques, the paper emphasizes the role of feature extractions in shaping sustainable and resilient landscapes. Drawing insights from authoritative references, including Esri and scientific articles, this study showcases the transformative potential of Digital Landscape Architecture in contemporary urban environments.

Key words: GeoAI; Digital Twins; Digital Landscape Architecture; Lidar data; Feature extractions; Deep Learning

1 Introduction

Digital Landscape Architecture represents a groundbreaking discipline that seamlessly integrates the capabilities of Digital Twins, GeoAI, and Deep Learning, bringing about a revolutionary transformation in traditional landscape design and planning. This paper explores the profound importance of feature extractions in landscape architecture, harnessing the potential of 3D Analyst and Lidar data integration to propel AI-powered landscape decision-making.

2 Unraveling the Evolution of Artificial Intelligence (AI): A Historical Perspective—A journey through the history of AI

(Tate, 2014)

AI experiences ups and downs throughout modern history. Here's a brief re-capture of AI's history:
- AI research began in the 1950s with the Turing test and the development of expert systems.
- In the 1970s, AI research slowed due to lack of funding, but continued in the academic community.
- In the 1980s, there was a resurgence of interest in AI with the development of machine learning.
- In the 1990s, there was progress in machine learning with the development of deep learning.
- In the 2000s, there was a new wave of excitement about AI with the development of deep learning.
- Today, AI is being used in a wide variety of applications.

And here are some of the key milestones in the history of AI:
- 1950: Alan Turing proposes the Turing test.
- 1956: John McCarthy coins the term "artificial intelligence".
- 1965: Marvin Minsky and Seymour Papert publish Perceptrons.
- 1972: Edward Feigenbaum and his colleagues develop Dendral.
- 1981: John Hopfield and David Rumelhart develop Hopfield networks and Boltzmann machines.
- 1993: Geoffrey Hinton and his colleagues

develop the backpropagation algorithm.
- 2006: Fei-Fei Li and her colleagues release ImageNet.
- 2012: Alex Krizhevsky and his colleagues publish AlexNet.
- 2015: Google DeepMind's AlphaGo program defeats a professional Go player.
- 2017: OpenAI's Five program defeats a professional Dota 2 team.

AI is a rapidly evolving field, and it is difficult to predict what the future holds. However, it is clear that AI has the potential to revolutionize many aspects of our lives.

AI's transformative role in reshaping the field of Digital Landscape Architecture has been revolutionary, ushering in unprecedented advancements and redefining traditional approaches to landscape design, planning and management. By combining the power of AI with geospatial data and digital technologies, AI has made significant contributions in the following ways:

1) Enhanced Data Analysis: AI algorithms can process vast amounts of geospatial data, including satellite imagery, Lidar data, and topographic maps, with remarkable speed and accuracy. This enables landscape architects to gain deeper insights into the terrain, vegetation and land use patterns, facilitating more informed decision-making.

2) Automated Feature Extractions: AI-powered feature extraction techniques have streamlined the process of identifying and analyzing landscape elements, such as trees, buildings, roads and water bodies. Through deep learning algorithms, AI can automatically detect and classify these features from various data sources, reducing manual efforts and accelerating the design process.

3) Predictive Modeling: AI allows landscape architects to simulate and predict the impact of different design choices on the landscape's behavior and ecology. By leveraging AI-based simulations, designers can visualize how a proposed development or intervention might affect the environment, biodiversity and overall ecosystem dynamics.

4) Precision and Efficiency: AI-driven tools, like 3D Analyst and Lidar data processing, enhance precision and efficiency in landscape modeling. By automating tasks that were previously time-consuming, AI frees up valuable resources, enabling architects to focus more on creative design aspects and sustainable solutions.

5) Design Optimization: AI algorithms can optimize landscape design based on specified criteria, such as minimizing environmental impact, maximizing green spaces and improving accessibility. This assists in creating more efficient and environment-friendly urban environments.

6) Smart Decision Support Systems: AI-powered decision support systems offer real-time feedback and analysis during the design process. This empowers landscape architects to make data-driven choices, optimizing designs for various factors, including climate resilience, energy efficiency, and social well-being.

7) Personalized User Experiences: AI and GeoDesign converge to create personalized user experiences, allowing stakeholders and the public to interact with landscape proposals and provide valuable input. This inclusive approach ensures that the design aligns with the needs and preferences of the community.

8) Sustainable Urban Planning: AI-enabled tools assist in developing sustainable urban plans by analyzing the interplay of various factors, such as urban heat islands, air quality and water runoff. By integrating AI's analytical capabilities, landscape architects can devise environment-friendly and resilient urban landscapes.

9) Continuous Learning and Improvement: AI is continually evolving, learning from previous landscape designs, projects and outcomes. This capacity for continuous learning enables landscape architects to refine and optimize their

designs based on past successes and challenges, leading to more innovative and effective solutions.

AI's transformative role in Digital Landscape Architecture cannot be overstated. Its integration has led to data-driven, efficient and sustainable landscape design processes, reshaping the field and revolutionizing how landscape architects envision, plan and create resilient and people-centric urban environments. As AI technologies continue to advance, the possibilities for further innovation and positive impact in the field of Digital Landscape Architecture are boundless.

3 Digital Twins and GeoAI: Reshaping Landscape Architecture

Unveiling Digital Twins in landscape design: concepts, applications and benefits

Concepts: A digital twin is a virtual representation of a physical object or system. It is a complete and up-to-date record of the object or system, including its physical attributes, its behavior and its interactions with the environment. Digital twins can be used to simulate the behavior of the object or system, and to test the impact of different design decisions.

Applications: Digital twins can be used in a wide variety of applications in landscape design, including:

- Analyzing the performance of existing landscapes: Digital twins can be used to analyze the performance of existing landscapes, such as their ability to provide shade, reduce stormwater runoff, or support biodiversity. This information can be used to identify areas that need improvement or to plan for future changes.
- Simulating the impact of different design decisions: Digital twins can be used to simulate the impact of different design decisions, such as the placement of trees, the design of a stormwater management system, or the selection of materials. This information can be used to make better decisions about the design of landscapes.
- Testing the resilience of landscapes to climate change and other stressors: Digital twins can be used to test the resilience of landscapes to climate change and other stressors, such as flooding, drought, or heat waves. This information can be used to design landscapes that are more resilient to these challenges.
- Engaging the public in the design process: Digital twins can be used to engage the public in the design process. By allowing the public to interact with a digital twin, they can get a better understanding of the proposed design and provide feedback.

Benefits: There are a number of benefits to using digital twins in landscape design, including:

- Improved decision-making: Digital twins can help landscape architects to make better decisions about the design of landscapes by providing them with a better understanding of the performance of different design options.
- Increased efficiency: Digital twins can help to automate tasks that were previously done manually, such as the collection of data and the analysis of results. This can save time and money.
- Enhanced collaboration: Digital twins can help to improve collaboration between landscape architects, engineers and other stakeholders. By allowing everyone to interact with the same digital twin, they can work together more effectively to design landscapes.
- Improved communication: Digital twins can help to improve communication with

the public about proposed landscape designs.

Overall, digital twins have the potential to revolutionize the way landscapes are designed and managed. As digital twins technology continues to develop, we are likely to see even more innovative applications of digital twins in this field.

The emergence of GeoAI: Enhancing geospatial analysis with Artificial Intelligence (esri, n.d.)

GeoAI stands for Geospatial Artificial Intelligence. It is a field that combines Geographic Information Systems (GIS) with Artificial Intelligence (AI). GeoAI can be used to enhance geospatial analysis by providing new tools and techniques for processing, analyzing and visualizing geospatial data.

The emergence of GeoAI represents a significant milestone in the field of geospatial analysis, revolutionizing the way we interpret and derive insights from geospatial data. GeoAI combines the power of AI and geospatial technologies, enabling advanced analytical capabilities, smarter decision-making and more efficient resource management.

• Advanced Geospatial Analysis:

GeoAI augments traditional geospatial analysis techniques by leveraging AI algorithms to process and interpret complex spatial data. This integration enables the extraction of valuable patterns, trends and relationships that might otherwise go unnoticed. With GeoAI, the analysis of massive geospatial datasets becomes faster and more accurate, empowering researchers, urban planners, environmental scientists and policymakers with unprecedented levels of information.

• Data Fusion and Integration:

One of the primary strengths of GeoAI is its ability to fuse and integrate diverse geospatial data sources, such as satellite imagery, Lidar data, topographic maps, weather data and sensor data. AI algorithms can harmonize these disparate datasets, providing a comprehensive and holistic view of the landscape, infrastructure and environmental conditions. This integration enhances the understanding of complex spatial phenomena and supports evidence-based decision-making.

• Automated Feature Detection and Classification:

GeoAI excels in automated feature detection and classification tasks, eliminating the need for manual identification and annotation. For instance, AI algorithms can automatically identify land use types, vegetation cover, water bodies and built structures from satellite images. This automation accelerates data processing, reduces human error, and allows experts to focus on higher-level analysis and interpretation.

• Predictive Modeling and Simulation:

By coupling geospatial data with AI-driven predictive modeling, GeoAI enables the simulation of future scenarios and environmental changes. Researchers can analyze how landscapes may evolve under different climatic conditions, urban development scenarios, or natural disasters. Such predictive capabilities facilitate proactive planning, risk assessment, and climate change adaptation strategies.

• Smart Decision Support Systems:

GeoAI powers the development of smart decision support systems that integrate geospatial data with AI-driven analytics. These systems provide real-time insights and recommendations for various applications, such as disaster response, transportation optimization and precision agriculture. The combination of geospatial intelligence and AI enhances decision-makers' ability to respond swiftly and effectively to dynamic situations.

• Environmental Monitoring and Conservation:

GeoAI plays a pivotal role in environmental monitoring and conservation efforts. It assists in tracking changes in land cover, deforestation, habitat fragmentation and wildlife migration patterns. By analyzing historical data and realtime information, GeoAI contributes to understanding ecological trends, identifying potential threats to biodiversity, and formulating strategies for sustainable land use and conservation.

• Urban Planning and Smart Cities:

In the context of urban planning and smart cities, GeoAI supports comprehensive spatial analysis for optimizing infrastructure, transportation networks, and public services. It aids in identifying ideal locations for new developments, assessing the impact of urban expansion on natural resources, and designing resilient urban environments.

The emergence of GeoAI represents a transformative paradigm shift in geospatial analysis. By fusing AI with geospatial technologies, GeoAI enhances our ability to comprehend, model and manage complex spatial phenomena. Its applications span across various fields, from environmental conservation to urban planning, opening up new possibilities for sustainable development and improved decision-making in our rapidly evolving world. As GeoAI continues to advance, it will undoubtedly lead to further innovations, creating opportunities for profound positive impacts on our environment and society.

4 Leveraging 3D Analyst and Lidar Data for Advanced Feature Extractions (esri, n. d.)

Empowering landscape analysis with 3D Analyst in ArcGIS

Empowering landscape analysis with 3D Analyst in ArcGIS unlocks a suite of powerful tools and capabilities that revolutionize the way landscape data is visualized, analyzed and interpreted. As an extension of ArcGIS, 3D Analyst facilitates in-depth exploration of three-dimensional geospatial data, providing landscape architects, planners and researchers with invaluable insights for informed decision-making and creative design solutions.

• Precise Terrain Modeling:

3D Analyst excels in accurately modeling complex terrains, enabling landscape architects to visualize elevation changes, slopes and landforms in stunning detail. By creating high-resolution digital elevation models (DEMs) and surface representations, 3D Analyst allows for a deeper understanding of the landscape's topography, essential for designing infrastructure, identifying suitable building sites and evaluating slope stability.

• Visualization and Realism:

The integration of 3D visualization in landscape analysis brings unparalleled realism to the design process. With 3D Analyst, stakeholders can immerse themselves in realistic virtual landscapes, allowing them to better grasp the spatial context of proposed projects. This immersive experience fosters more effective communication and collaboration among multidisciplinary teams, clients and the public.

• Watershed and Hydrological Analysis:

3D Analyst enables advanced hydrological analysis by simulating the flow of water across the landscape. Watershed delineation, flow direction modeling and flood mapping become seamless tasks, supporting flood risk assessments, water resource management and ecological conservation planning.

• Viewshed Analysis and Visual Impact Assessment:

Viewshed analysis is a critical component of landscape analysis, helping identify visible areas from specific locations. 3D Analyst empowers designers to assess the visual impact of proposed developments on the landscape, ensuring that scenic views, cultural landmarks and natural features are preserved and integrated harmoniously.

• Skyline Analysis and Sun Shadow Studies:

Sun shadow studies are vital for understanding how sunlight interacts with the landscape at different times of the day and year. 3D Analyst's skyline analysis tools facilitate the assessment of solar exposure, guiding decisions on building orientation, shading and sustainable energy planning.

• Integration of 3D Models and Lidar Data:

By incorporating 3D models and Lidar data, 3D Analyst enables architects and planners to overlay and integrate detailed information on buildings, vegetation and other landscape elements. This integration enhances the accuracy and realism of visualizations, supporting data-driven design decisions.

• Slope Analysis and Site Suitability:

3D Analyst streamlines slope analysis helps identify areas susceptible to erosion, landslides or other hazards. This information is invaluable for site suitability assessments and designing environmentally resilient landscapes.

• Simulation and Scenario Planning:

Through 3D Analyst's simulation capabilities, landscape architects can explore different design scenarios, such as urban expansion, infrastructure projects or green space planning. By comparing various alternatives, decision-makers can identify the most viable and sustainable solutions.

3D Analyst in ArcGIS is a transformative toolset that empowers landscape analysis and design in diverse ways. From precise terrain modeling to viewshed analysis and scenario planning, 3D Analyst equips professionals with necessary insights and visualization tools to create sustainable, aesthetically pleasing, and resilient landscapes. As technology and data continue to evolve, the potential for 3D Analyst in ArcGIS to drive innovative landscape solutions will only expand, shaping a more informed and sustainable future for our environments and communities.

Unearthing the potential of Lidar data: Precise terrain modeling and vegetation assessment

Unearthing the potential of Lidar data unveils a transformative capability for precise terrain modeling and vegetation assessment, revolutionizing the field of landscape analysis and design. Lidar (Light Detection and Ranging) technology utilizes laser pulses to measure distances to the Earth's surface, generating highly accurate and detailed 3D point cloud data. Leveraging Lidar data empowers landscape architects and researchers to gain unprecedented insights into terrain characteristics, vegetation distribution and ecological patterns.

• Precise Terrain Modeling:

Lidar data serves as a powerful tool for creating high-resolution Digital Elevation Models (DEMs) and Digital Terrain Models (DTMs). The precision of Lidar measurements enables landscape architects to capture fine-scale topographic features, such as ridges, valleys, and gullies, with unparalleled accuracy. These detailed terrain models serve as a foundation for designing infrastructure, identifying flood-prone areas, and optimizing land use planning.

• Flood Modeling and Risk Assessment:

In flood-prone regions, Lidar-derived terrain models are invaluable for hydrological modeling and flood risk assessment. By simulating potential flood scenarios, landscape architects can evaluate flood inundation patterns, predict flood extents, and devise effective flood management strategies.

• Vegetation Assessment and Analysis:

Lidar data facilitates advanced vegetation assessment, enabling the accurate identification and characterization of vegetation types, density and structure. This information is instrumental in understanding forest health, urban green spaces and biodiversity patterns. Additionally, Lidar helps quantify tree heights, canopy cover and biomass, supporting sustainable forest management and urban tree planning.

- Landform Analysis and Geomorphology:

With Lidar data, landscape architects can delve into detailed landform analysis and geomorphological studies. By identifying erosion-prone areas, landform evolution and sediment transport patterns, Lidar data assists in designing landscape interventions that mitigate erosion and protect sensitive ecosystems.

- Wildlife Habitat Mapping:

Lidar's ability to capture terrain details, along with vegetation structure, aids in mapping wildlife habitats. Landscape architects can assess critical wildlife corridors, nesting sites and habitats, contributing to conservation planning and wildlife protection efforts.

- Urban Infrastructure Planning:

In urban environments, Lidar data plays a pivotal role in infrastructure planning and design. The precise terrain models support the optimization of road alignments, drainage systems and utility networks, ensuring efficient and sustainable urban development.

- Ecological Restoration:

For ecological restoration projects, Lidar data provides essential information for identifying degraded areas, assessing ecosystem health and planning restoration strategies. The accurate representation of terrain and vegetation aids in the implementation of effective restoration plans that promote ecological resilience and biodiversity conservation.

- Change Detection and Monitoring:

Lidar data allows for frequent and precise monitoring of landscape changes over time. By comparing multiple Lidar datasets, landscape architects can detect changes in terrain, vegetation and land use, helping identify environmental trends and potential threats.

Lidar data unlocks unprecedented opportunities for landscape architects and researchers to conduct precise terrain modeling and vegetation assessment. The combination of high-resolution data and sophisticated analytical tools enables informed decision-making, facilitating sustainable landscape design, habitat conservation and urban planning. As Lidar technology continues to advance and become more accessible, its potential to revolutionize landscape analysis and design will only grow, leading to more resilient, ecologically sound, and aesthetically pleasing environments.

5 Feature Extractions through Deep Learning and AI

The transformative impact of Deep Learning algorithms in landscape architecture

The transformative impact of Deep Learning algorithms in landscape architecture heralds a new era of innovation, efficiency and creativity in the field. Deep Learning, a subset of AI, employs neural networks to process vast amounts of data and recognize complex patterns. In landscape architecture, Deep Learning algorithms have the potential to revolutionize various aspects of the design and planning process, leading to enhanced decision-making, sustainable solutions and more engaging environments.

- Enhanced Data Processing and Analysis:

Deep Learning algorithms excel in processing large and diverse datasets, such as satellite imagery, Lidar data and topographic maps. By efficiently analyzing these datasets, landscape architects gain valuable insights into the landscape's features, land use patterns and ecological characteristics. Deep Learning automates labor-intensive tasks like feature extraction, classifying land cover types and identifying specific landscape elements, streamlining the design process.

- Automated Feature Detection and Classification:

One of the key strengths of Deep Learning in landscape architecture lies in its ability to automatically detect and classify landscape features. For instance, Deep Learning algorithms can identify trees, buildings, roads and water bodies in satellite imagery or Lidar data. This automation saves significant time and effort, enabling landscape architects to focus on higher-level design and creative aspects of their projects.

• Predictive Modeling and Simulation:

Deep Learning empowers landscape architects to create predictive models and simulations, aiding in scenario planning and decision-making. By feeding historical and real-time data into Deep Learning models, architects can forecast how landscapes might evolve under different conditions, allowing for more informed design choices and policy interventions.

• Smart Landscape Planning and Design:

Deep Learning facilitates smart landscape planning by integrating AI-driven analysis with geospatial data. By considering factors like population density, traffic patterns and environmental impacts, Deep Learning can optimize urban development, green space distribution, and transportation networks. This results in more sustainable and user-centric landscapes that cater to the needs of communities.

• Environmental Impact Assessment:

Deep Learning algorithms contribute significantly to environmental impact assessments of landscape projects. By analyzing the potential effects of developments on air quality, noise pollution and water resources, landscape architects can propose designs that minimize negative impacts and promote ecological conservation.

• Creative Design Exploration:

Deep Learning's ability to process vast datasets and identify patterns unlocks new opportunities for creative design exploration. By drawing inspiration from AI-generated concepts and incorporating them into their designs, landscape architects can create innovative and unconventional landscapes that harmonize with nature and meet the unique needs of users.

• Public Engagement and Visualization:

Deep Learning aids in visualizing complex design concepts, making them more accessible to the public and stakeholders. By using AI-generated renderings and virtual reality simulations, landscape architects can engage the community in the design process and garner valuable feedback, resulting in more inclusive and participatory landscape projects.

The transformative impact of Deep Learning algorithms in landscape architecture is multifaceted, elevating the profession to new heights of efficiency, sustainability and creativity. By automating data analysis, enabling predictive modeling and fostering smart landscape planning, Deep Learning empowers landscape architects to design environments that balance the needs of people and nature. As the field of Deep Learning continues to evolve and its applications in landscape architecture expand, it will undoubtedly open up even more possibilities for innovative, resilient and environmentally conscious landscape design.

AI for Lidar Feature Extraction: Enhancing the accuracy and efficiency of data processing

AI for Lidar Feature Extraction represents a game-changing approach in enhancing the accuracy and efficiency of processing vast Lidar datasets in landscape analysis and design. Lidar technology captures detailed three-dimensional point cloud data, providing rich information about terrain, vegetation, buildings and other landscape features. However, extracting meaningful insights from such dense data can be time-consuming and resource-intensive. AI-powered algorithms address these challenges, revolutionizing the landscape architecture field in several key ways:

• Automatic Feature Detection:

AI algorithms enable automatic feature detection in Lidar point cloud data. Traditional methods often require manual identification and annotation of features, which can be laborious and prone to errors. AI-driven algorithms can autonomously recognize and classify objects like trees, buildings, roads and water bodies, significantly streamlining data processing and analysis.

• Improved Accuracy:

AI-driven feature extraction achieves higher accuracy compared to conventional methods. Machine Learning models can learn from vast amounts of labeled data, refining their capabilities to detect and classify features with greater precision. The result is more reliable and consistent information for landscape architects to base their decisions on.

• Scalability and Efficiency:

The scalability of AI-powered algorithms allows them to process massive Lidar datasets quickly and efficiently. This capability is crucial for large-scale projects or those requiring frequent updates and monitoring. AI's efficiency saves valuable time and resources, accelerating project timelines and enabling faster responses to dynamic landscape changes.

• Multi-Feature Extraction:

AI-based solutions can simultaneously extract multiple features from Lidar data. For instance, an AI model can detect trees, buildings and roads in a single pass, rather than requiring separate analyses for each feature. This multi-feature extraction capability expedites data processing and enables holistic landscape analysis.

• Adaptability to Various Environments:

AI algorithms are adaptable and robust, capable of handling diverse landscape environments and varying data quality. They can effectively analyze Lidar data from different terrains, urban areas, forests and coastal regions, accommodating the unique challenges and features presented by each environment.

• Continuous Learning and Improvement:

AI-driven systems have the ability to continuously learn and improve their performance over time. Landscape architects can leverage this capability to refine the algorithms based on new data and emerging trends, ensuring the models stay up-to-date and accurate.

• Customization for Specific Projects:

AI for Lidar Feature Extraction can be tailored to meet specific project requirements. Landscape architects can fine-tune the AI algorithms to focus on particular features of interest or to optimize performance for the project's objectives.

AI for Lidar Feature Extraction is a groundbreaking advancement in landscape architecture, delivering heightened accuracy and efficiency in processing Lidar datasets. By automating feature detection, enhancing accuracy and providing scalability, AI empowers landscape architects to make informed decisions, optimize design solutions and create more sustainable and resilient landscapes. As AI technologies continue to evolve, their integration with Lidar data analysis promises even more sophisticated and transformative applications in the field, revolutionizing the landscape architecture industry for years to come.

6 Case Studies: Implementing Digital Landscape Architecture

Feature Extraction from Imagery in ArcGIS (esri, 2020)

ArcGIS Pro is a Geographic Information System (GIS) software that includes a number of tools for deep learning. These tools can be used to extract and classify features in data using deep learning algorithms. Feature extraction is the process of identifying and classifying different features in data. This can be a challenging task, as data can be very complex. Deep learning is a type of machine learning that uses artificial neural networks to learn from data. Neural networks are inspired by the human brain, and they have been shown to be very effective at learning complex tasks.

Steps to use deep learning to extract and

classify features in data using ArcGIS Pro (Sangeet Mathew and Pavan Yadav, 2021):

- Data preparation: The first step is to prepare the data for deep learning. This includes cleaning the data, normalizing the data and splitting the data into training and testing sets.
- Model training: The next step is to train a deep learning model. This is done by feeding the training data to the model and allowing the model to learn from the data.
- Model evaluation: Once the model is trained, it is evaluated using the testing data. This helps to determine how well the model will perform on new data.
- Model deployment: Once the model is evaluated, it can be deployed to production. This means that the model can be used to extract and classify features in new data.

Benefits of using Deep Learning for feature extraction and classification:

Accuracy: Deep learning algorithms can be trained to extract and classify features with a high degree of accuracy.

Efficiency: Deep learning algorithms can be used to process large datasets quickly and efficiently.

Robustness: Deep learning algorithms can be trained to be robust to noise and other factors that can affect the quality of data.

Deep learning is a powerful tool for extracting and classifying features in data. As the technology continues to develop, we are likely to see even more innovative applications of deep learning in this field.

Best Practices for Classifying Lidar Data to Generate 3D Trees (Arthur Crawford and Caleb Buffa, 2023)

Lidar is a remote sensing technology that uses laser pulses to measure the distance to objects on the ground. This data can be used to create accurate 3D models of terrain and vegetation.

Tree classification is the process of identifying and classifying different types of trees in Lidar data. This can be a challenging task, as trees can vary in size, shape and color.

Best practices for classifying Lidar to generate 3D trees include:

- Use a high-quality Lidar dataset: A high-quality Lidar dataset will provide more accurate measurements of the distance to trees, which will improve the accuracy of tree classification.
- Use a robust tree classification algorithm: There are a number of different tree classification algorithms available. Some algorithms are more robust than others, and they may perform better on different types of Lidar data.
- Use a post-classification filtering process: A post-classification filtering process can be used to remove misclassified trees from the dataset. This can help to improve the accuracy of the 3D tree model.

Lidar point cloud classification—conventional way vs. deep learning approach

Conventional way:

1) Create DSM and DTM Raster Tiles with Buffer;
2) DSM and DTM to Composite Mosaic Dataset;
3) Replace Mosaic Dataset Processing Templates;
4) Extract Draft Building Footprint Polygons;
5) Regularize Draft Building Footprint Polygons;
6) Batch Regularize Draft Building Footprint Polygons.

Deep learning approach (esri, 2020) (Jie Chang, 2022):

1) Prepare Training Data;
2) Train a Model (can be time consuming);
3) Classify Point Cloud Using the Model;

4) Evaluate the Classification.

7 Future Directions and Challenges

The untapped potential of emerging GeoAI technologies holds the promise of revolutionizing the field of geospatial analysis and unlocking new possibilities for various industries and applications. GeoAI, the integration of AI with GIS, offers unique capabilities to process and analyze vast geospatial datasets, providing valuable insights and solutions that were previously unattainable. Here are some key aspects that illustrate the untapped potential of emerging GeoAI technologies:

- Enhanced Data Analysis:

GeoAI technologies can efficiently process and analyze massive geospatial datasets with a level of speed and accuracy that surpasses traditional methods. This enables organizations to gain deeper insights into complex spatial patterns, detect trends and identify anomalies, thereby supporting better decision-making in various domains, including urban planning, environmental monitoring, agriculture and disaster management.

- Geospatial Prediction and Forecasting:

GeoAI can predict and forecast various geospatial phenomena, including weather patterns, natural disasters and urban growth. By analyzing historical data and real-time inputs, predictive models can provide valuable early warnings, enabling authorities and communities to take proactive measures and mitigate potential risks effectively.

- Contextual Analysis and Spatial Relationships:

Emerging GeoAI technologies enable more profound contextual analysis by considering spatial relationships between various features. Spatial AI algorithms can understand how different elements interact with each other, leading to more informed decisions and targeted interventions. For example, GeoAI can assess the impact of land use changes on ecological systems or identify optimal locations for infrastructure development.

- GeoAI in Autonomous Systems:

The integration of GeoAI in autonomous systems, such as self-driving cars and drones, has the potential to revolutionize transportation, logistics and surveillance. These intelligent systems can use real-time geospatial data to make informed decisions and navigate through dynamic environments safely and efficiently.

- Climate Change and Environmental Monitoring:

GeoAI technologies can play a vital role in monitoring and mitigating the impact of climate change. By analyzing satellite imagery, sensor data and historical records, GeoAI can monitor changes in land use, vegetation cover and environmental conditions. This data-driven approach aids in understanding climate trends and supporting sustainable land management practices.

- Urban Resilience and Smart Cities:

In the context of smart cities, GeoAI can contribute to enhancing urban resilience and sustainability. From optimizing traffic flow to monitoring air quality and energy consumption, GeoAI-driven solutions support cities in becoming more efficient, livable, and environmentally conscious.

- Interdisciplinary Collaboration:

GeoAI encourages interdisciplinary collaboration by bridging the gap between geospatial experts, data scientists and domain-specific professionals. By combining spatial data with non-spatial datasets and applying AI techniques, new insights and solutions can emerge, fostering innovation and problem-solving across diverse sectors.

In summary, the untapped potential of emerging GeoAI technologies lies in its capacity to transform geospatial analysis and applications across industries. As these technologies continue to advance and become more accessible, their impact on decision-making, sustainability and innovation is poised to reshape the way we interact with our environment and address global challenges. Embracing GeoAI represents a pivotal step towards a more informed, sustainable, and data-driven future.

8 Conclusion

This paper highlights the revolutionary impact of Digital Landscape Architecture, blending Digital Twins, GeoAI and Deep Learning to drive advanced feature extractions. By harnessing the capabilities of 3D Analyst, Lidar data, and AI-driven techniques, landscape architects can craft sustainable, resilient and vibrant urban environments that strike a balance between ecological preservation and human well-being.

References

[1] Arthur Crawford and Caleb Buffa. (2023, 7, 12). Classifying Lidar to Generate 3D Trees: Best Practices. San Diego, California, USA.

[2] esri. (2020, 5, 11). *AI for LiDAR Feature Extraction*. Retrieved from esri video.

[3] esri. (2020, 6, 12). *Feature Extraction from Imagery*. Retrieved from esri video: https://mediaspace.esri.com/media/t/1_f7gwraks

[4] esri. (n. d.). *ArcGIS 3D Analyst*. Retrieved from esri. com: https://www.esri.com/en-us/arcgis/products/arcgis-3d-analyst/overview?resource=%2F3danalyst

[5] esri. (n. d.). *GeoAI*. Retrieved from esri.com: https://www.esri.com/en-us/capabilities/geoai/overview

[6] Jie Chang. (2022, 6, 4). *Classify a point cloud with deep learning in ArcGIS Pro*. Retrieved from ArcGIS Blog: https://www.esri.com/arcgis-blog/products/arcgis-pro/3d-gis/classify-a-point-cloud-with-deep-learning-in-arcgis-pro/

[7] Sangeet Mathew and Pavan Yadav. (2021, 8, 2). *Performing Feature Extraction & Classification Using Deep Learning with ArcGIS Pro*. Retrieved from ArcGIS Blog: https://www.esri.com/arcgis-blog/products/arcgis-pro/imagery/performing-feature-extraction-classification-using-deep-learning-with-arcgis-pro/

[8] Tate, K. (2014, 8, 25). *History of A. I.: Artificial Intelligence (Infographic)*. Retrieved from LiveScience: https://www.livescience.com/47544-history-of-a-i-artificial-intelligence-infographic.html

Author: Jinwu Ma, esri, USA
Email: jma@esri.com

数字孪生支持下的建成环境蓝绿空间融合规划*

王雪原　成玉宁

摘　要　传统功能导向的规划及管控方法聚焦于单一维度的空间环境,致使建成环境中原本具有互馈关系的蓝、绿系统彼此游离,且在模拟城市生态进程与协同各子系统的方面存在片面化、全局性低的问题。数字孪生技术为解决城市环境复杂问题提供了系统化、精细化的方法途径以及多种运行平台与可行渠道。通过构建蓝绿空间的数字孪生环境,将物理世界映射到虚拟模型并加入时间变量实现动态过程模拟。通过全链条全时段的系统化动态模拟,识别并研判既存建成环境与规划可能产生的问题,协同不同时空间条件下各子系统间的作用关系,精准调节参变量实现蓝绿融合并适应既有规划。通过重塑蓝绿融合机制、提高城市生态体系的效率,驱动城乡生态环境高质量可持续发展的新范式与新技术。

关键词　蓝绿空间；规划方法；数字孪生；多规合一；生态过程

1　既有规划下的建成环境蓝绿空间特征与存在问题

我国城市发展开始从增量时代迈入存量时代,传统的城市规划以功能为导向以及人的意志为目标；为解决开发需求,通过功能布局决定城市的空间形态,通过专项规划相对独立地调控单一系统。例如通过排水规划解决洪涝问题,通过调水补水规划来解决城市缺水问题,以及通过增加规模或提高标准的方式来提高工程措施效能,常常存在着资源利用低效、已建基础设施更新成本高等问题。各专项规划游离也进一步加剧了城市建设中的矛盾与冲突,如硬化的下垫面改变自然的水文过程、蓝绿分离加剧城市旱涝矛盾、"人绿争水"加剧水资源短缺等。这些问题各自具有特定的时空特征,在不同情景下表现新的研究焦点,如不同重现期下雨洪的问题变化及矛盾转化、绿地对地表径流的蓄用过程年际间的变化等。

1.1　规划体系：蓝与绿子系统相对独立的空间规划

由于管理及专业的分工,蓝绿系统归属于不同行业,蓝绿相对独立的规划与管控模式进一步加剧了蓝绿系统的割裂。绿地规划和管理由园林部门负责,包括城市公共绿地、专属绿地等各类绿地的规划、建设、实施及管护等；水系规划和管理主要由水务部门负责,包括城市河道、湖泊、水库等各类水体的规划与建设,以及水文监测、水资源调配、水利工程建设、水污染治理等；雨水排水规划从属于防洪排涝规划,主要目标是在雨期将雨水通过灰色体系与地表水系高效地排向下游,以防止洪涝灾害。水系和绿地的规划与管理独立进行,这种模式忽略了水系和绿地的伴生与协同机制,加剧水资源浪费、城市绿地缺水及水污染等问题。

1.2　生态效能：蓝绿两个子系统呈现出生态弱关联

旱涝问题一直是城市生态环境治理的重点与难点,而蓝绿系统的分离进一步加剧了城市洪涝、绿地缺水的两极化矛盾。城市建设活动及土地利用开发改变了蓝绿系统的自然联系与生态过程,降水冲刷硬质下垫面产生的初期雨水裹挟地表污染快速集聚,在污染水环境的同时加剧了雨洪的生成。与此同时,城市绿地需要消耗大量的水资源,在我国东部城市每平方米绿地年均灌溉用水量为 1.2~1.5 t,进一步加剧了城市用水负担。雨水作为天然的降水资源,支持着城市的有机生

---

* 国家自然科学基金重点项目"低影响开发下的城市绿地规划理论与方法"(编号:51838003)。

命系统,是绿地系统、农业系统以及自然生境发育生长的关键要素。

1.3 应对策略:简单应对与"补丁"思维

在应对极端降雨状况时,当现有的防洪排涝设施标准无法满足排涝要求易出现城市洪涝,造成不同程度的城市基础设施停滞与经济损失。传统的工程应对方法常为"补丁"思维,以增加基础设施规模或提高标准与规格的方式来应对,存在着老城区基础设施更新困难、资源低效、经济成本高等情况。在应对城市洪涝问题时,通过增加防洪排涝设施标准,难以完全适应不断发展的城市环境,简单地以解决洪涝为目标的海绵城市建设也无法根治城市的旱涝矛盾。

如何在高质量发展时期解决既有城市的生态系统问题,以及在有限的增量规划下避免上述既有规划造成的缺陷,从"补丁"思维转向"系统"思维,从传统的功能布局转向对城市内部空间资源的有效整合与配置利用,需要重新梳理规划思维与方法,在数字技术的驱动下寻求营造高质量人居环境的新路径与新技术。

2 基于数字孪生的蓝绿空间融合规划策略

数字孪生环境将物理世界映射至虚拟的孪生模型,为加入时间变量动态模拟提供了多种平台与渠道,基于数字孪生来研究建成环境的蓝绿空间关系,能够识别并预判客观存在或规划可能产生的问题,实现蓝绿空间全链条、全时段的系统化动态模拟,协同不同时空条件下各子系统间的作用关系。

2.1 既存建成(规划)环境问题的识别

相比于传统的规划与模拟方法,孪生环境下解析建成环境蓝绿生态问题与时空特征,能够实现基于物理环境结合规划条件的映射识别,并预判客观存在或可能产生的问题。基于现状的下垫面分布情况、地表竖向特征、雨水设施分布与规模等数据,模拟不同重现期下的雨洪过程。数字孪生环境可以考虑降雨事件的频率、强度和时空分布等因素,模拟出城市内部的径流产生、积聚和流动过程,识别并预测可能出现的雨洪问题。

在此基础上数字孪生环境根据规划调整的用地特征和雨水系统进行模拟。在规划阶段,可以根据不同的用地规划方案,模拟蓝绿空间的布局和设计。例如,可以模拟不同用地的绿地覆盖率、绿地分布等因素对雨洪过程的影响。通过数字化建模和预测分析识别潜在的生态问题,指导规划设计的优化和改进。

2.2 全过程、全时段的系统化动态模拟

将数字孪生环境应用于研究建成环境中的蓝绿空间关系,能够实现全面的系统分析与动态变化模拟,从而辅助规划者深入分析和理解建成环境中蓝绿空间关系的复杂性和动态性,通过模拟实验和优化设计形成科学的决策支持。

数字孪生环境可以全面模拟建成环境中的蓝绿空间,并还原实际环境中的各个细节和特征。通过数字孪生技术获取真实的地理数据、水文特征、植被分布等信息,从而准确模拟和分析建成环境中的蓝绿空间关系。通过引入时间因素,可以模拟不同情景、不同时段下蓝绿空间的变化情况,以及其对于周边环境的影响,定量化呈现蓝绿空间在不同时空条件下的演变规律。如在模拟城市水文过程时,数字孪生环境可以实现多时间的过程推演,能够更好地模拟特殊时间点的矛盾、极端天气下的生态问题,进而通过孪生发现规划条件下的不足,优先建立预警机制,结合多源异构数据支持各子系统的规划统调,通过孪生环境发现问题、解决问题、模拟检验的规划反馈优化迭代过程。

2.3 建成环境的生态系统融合途径

通过数字化模拟现状城市环境与规划条件下的土地利用情景,模拟城市水系统、绿地系统、雨水系统等各子系统的互馈机制,基于蓝绿本身的伴生关系重建蓝与绿子系统的生态关联,突破单一目标或单一要素的专项研究,实现多维度的城市子系统协同研究。

数字孪生为研究建成环境中的蓝绿空间关系提供了强大的工具和平台,能够实现不同子系统之间的互馈模拟和多维度协同。数字孪生技术整合各个子系统的数据,并模拟它们之间的相互作用,在数字孪生环境中模拟城市水系统中的降雨、径流、排水等过程,与绿地系统中

的植被、雨水渗透等因素进行耦合模拟。这样的模拟过程能够揭示不同空间要素之间的协同作用和影响，为用地与基础设施调控提供更全面、科学的决策支持。

3 数字孪生下蓝绿空间融合规划特征

与既有的相关专项规划比较，数字孪生支持下的建成环境蓝绿空间融合规划，具有系统融合多源异构数据、实现物联动态反馈、映射物理空间与生态过程、支持两大类规划场景、数字流贯穿规划全流程的五大特征，实现蓝绿子系统在同一空间中的多目标融合，在统一孪生模型数据底座上对不同时间条件下的蓝绿生境状况进行统筹安排，通过参变量的调节精准化融合蓝绿空间并使之适应与协同既有规划。

3.1 实时性：数字孪生连接城市蓝绿空间物联网实现动态反馈

对城市蓝绿空间生态特征的全面监测、信息采集、实时感知是实现数字孪生的重要基础和前提[1]。数字孪生通过连接城市蓝绿空间物联网，实现动态模拟与数据分析。

数字孪生环境通过与物联网的连接，可以实时获取蓝绿空间的各种数据，例如环境监测数据、气象数据、水质数据等，以及与蓝绿空间相关的设施、设备状态信息。通过各种传感器和设备收集城市蓝绿空间中的实时数据，并将这些数据传输到数字孪生环境中进行处理和分析。构建数字孪生模型，基于实时数据对城市蓝绿空间进行动态的模拟，如通过物联网传感器采集的植被生长、土壤湿度、水位变化数据等，结合季节、气候等因素评估蓝绿生态系统状态。通过对实时数据的收集和处理，可以进行数据挖掘、统计分析等，提取有关蓝绿空间的关键特征和规律，帮助决策者和规划者更好地了解蓝绿空间协同做功情况，从而制定相应的管理策略和规划方案。

3.2 系统性：数字孪生支持多源异构蓝绿数据融合

数字孪生环境可以整合不同来源和不同格式的蓝绿数据，并进行数据融合和集成分析。蓝绿数据包括但不限于地理信息数据、遥感数据、实测数据、气象数据等。这些数据可能存在不同的数据格式、空间分辨率、时间分辨率等差异，数字孪生技术可以充分利用数据的多样性和丰富性，将各种数据进行整合和融合[2]。

在蓝绿数据融合的过程中，数字孪生可以采用多种方法和技术，例如数据插值、数据切片、数据重采样等，将不同数据源的信息进行交互和统一表达。通过数据融合，可以获取更准确、更全面的蓝绿信息，为后续的模拟分析提供更可靠的数据基础。

基于统一的数据底板，整合建模要素实现蓝绿空间的三维建模，将蓝绿空间各专项信息数据在同一空间体系和标准下进行有效对照印证，高精度、强实效性的蓝绿空间生态数据在不同尺度可用于分析、解决相应尺度下蓝绿空间规划设计中存在的问题，多源异构数据的融合使各项评价更加客观全面[3]。

此外，数字孪生还能够实现异构数据的语义提取和关联分析。通过对蓝绿数据进行语义解析和语义建模，可以识别不同数据之间的关联关系，进一步提高数据的综合利用和分析能力。因此，数字孪生技术可以有效支持多源异构蓝绿数据的融合，实现各种数据的交互和整合，为蓝绿空间的模拟、分析和决策提供更精确和全面的数据支持。

3.3 全方位：蓝绿孪生建模实现对物理空间与生态过程的映射

蓝绿空间建模是数字孪生的核心部分，为物理实体提供多维度、多时空尺度的高保真数字化映射。数字孪生通过建模整合现实世界的感知数据、模型生成数据和其他相关数据，来反映真实环境的状态和特征。

在数字孪生环境中通过地理信息系统技术将收集到的数据整合起来，构建出城市蓝绿空间的虚拟模型，建模要素涵盖城市用地、道路网络、建筑物分布、绿地覆盖、水体分布、人工基础设施等，以及与之相关的环境数据和规划设计方案。城市蓝绿空间的数字孪生建模融合并动态可视化各种数据如地形数据、植被信息、土壤质量、水文特征等，以及城市规划设计的相关数据，以精确模拟和映射城市蓝绿体系的物理空间。

在孪生的蓝绿虚拟模型中实现系统分析和模

拟，如对不同规划方案进行模拟，评估其蓝绿空间的生态效能，基于数据分析定量解析城市不同子系统之间的关系和潜在影响，优化蓝绿分布与规模，促进其协同与高效做功。

3.4 多场景：孪生支持待建区蓝绿体系建构与已建区蓝绿重组提质

构建蓝绿空间数字孪生环境，能够支持两大类蓝绿空间融合规划的场景，即待建城市区蓝绿体系建构与已建城区蓝绿重组提质。待建城市区蓝绿体系建构，是指在城市规划和建设的初期阶段，通过数字孪生环境来模拟和优化蓝绿空间的布局和设计。通过构建蓝绿数字孪生环境，基于地理信息系统，对蓝绿空间及其生态过程进行分析模拟和优化，并反馈规划设计方案以提高蓝绿空间的布局高效性。已建城区蓝绿重组提质是指在现有城市区域中，通过数字孪生环境对已有的蓝绿空间进行分析和改造，以提升其蓝绿做功效能，实现对已有蓝绿空间的精细化管理和优化提质。通过传感器网络和遥感技术，可以实时监测和收集蓝绿空间的各项指标和要素，通过数据分析和建模，可以识别出问题区域和瓶颈，制定相应的改造方案，并模拟不同方案对城市生态系统的影响。

3.5 数字流：数字孪生实现蓝绿空间融合规划全流程

数字孪生方法能够充分支持蓝绿空间规划的全过程，实现蓝绿空间物理实体的真实全面感知、多维多尺度模型的精准构建、全要素和全流程的规划运算支持、动态化的绩效评估。

针对规划体系与流程构建模块化的算法规则，支撑蓝绿融合规划的分析评价、蓝绿定量、空间定位、用地定性、绩效评估的全过程。数字孪生整合不同数据源和模型，对蓝绿空间的各个要素和过程进行模拟和计算，从而支持规划方案的制定和优化。通过与现实世界的数据实时对接和模拟，可以对蓝绿空间规划方案的实施效果进行动态评估和监测，及时调整和优化规划策略。基于数字孪生的蓝绿融合规划通过科学的算法和规则，有效减少和消除规划的主观经验判断，基于系统的分析评价构建高效的城市生态体系。

4 数字孪生支持下的蓝绿空间融合规划途径

4.1 蓝绿生态问题诊断及研判

相比于传统的生态评价分析方法，构建数字孪生环境，可以更为全面地诊断蓝绿生态系统状态，并基于规划条件的孪生建模预判未来可能会出现的生态问题。通过构建数字孪生体，整合遥感、气象、水文等多源异构数据来更真实地反映城市生态系统的复杂性和多样性，为生态问题诊断提供更为准确、系统的数据支持。构建建成或规划城市的蓝绿生态空间数字孪生模型，实现对城市生态系统的高精度映射，从生态系统的结构、功能、过程等多个方面剖析生态问题的矛盾与根源。以宁德主城区为例（图1），孪生模型通过整合多源异构数据，对城市水环境、绿地系统等进行全面的分析与评价，通过再现城市的水资源供需情况、不同情景下的雨洪特征以及水污染情况等，揭示城市水环境系统的运行机制，诊断与评价生态环境，并进一步提出体系化的应对方案与治理措施[4]。

4.2 统调蓝绿空间定量与定位

基于数字孪生环境的定量模拟与分析，迭代优化蓝绿空间格局，精细化、系统化地实现蓝绿规模定量、空间定位及用地定性。以宁德东湖片区为例（图2、图3），蓝绿空间融合规划基于生态优

图1 宁德主城区蓝绿空间生态问题诊断

先,通过蓝绿本底模型的解译、蓝绿空间融合构建生态格局、基于蓝绿格局的用地规划、城市生态与形态优化等步骤,迭代调整宁德主城区的蓝绿空间规模与分布,提升蓝绿协同的生态效能,促进用地规划的集约化、高效化。

4.3 双重校验优化蓝绿空间分布

基于数字孪生环境通过双重校验调整蓝绿空间分布,科学保障城市的韧性适应能力,积极应对雨涝风险、提高雨水资源利用率,实现更为精准、系统的结构性调控。基于孪生环境构建规划条件下的城市用地情景,根据实际的用地情况与规划限制条件来调整蓝绿空间的分布,优化蓝绿空间融合所形成的初步定位。联合 ArcGIS 与 HEC-RAS 双平台的雨洪模拟,作为强降雨情景或特殊地域特征城市的校验手段,根据规划条件,模拟极端天气下的雨洪过程,依次计算不同暴雨重现期下的降水强度、水系库容、现状及规划水系流量、对应水系标高,基于雨洪风险评估校正蓝绿分布,保障雨洪安全(图4)。

4.4 调控附属绿地,保障蓝绿融合

在数字孪生环境下,预调控附属绿地可以有效保障蓝绿空间的融合和落位。基于既有规划和可持续发展目标,确定蓝绿空间的总量,并保证其符合规划要求。利用数字孪生技术,分析现有城市土地利用情况,计算可释放进行重组优化的蓝绿空间数量和位置。以南京市江宁区地铁小镇蓝绿空间融合规划为例,结合蓝绿空间融合规划,根据已有规划和设计原则,计算各类用地需要的附属绿地规模(图5)。结合已批复土地利用规划、控制性详细规划和城市设计等,对地块内部的绿

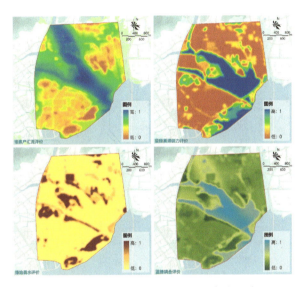

图 2 宁德东湖片区蓝绿空间融合度评价

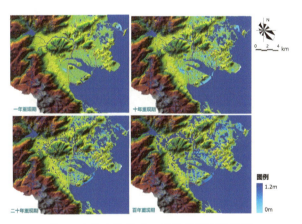

图 4 宁德东湖片区不同重现期雨洪模拟

图 3 宁德东湖片区基于蓝绿融合的空间格局

图 5 南京市江宁区地铁小镇蓝绿空间用地规划

地规模和分布进行调整，以实现蓝绿空间融合规划的要求。根据计算结果和调整方案，在数字孪生环境中形成预先定位的附属绿地。在数字孪生环境下进行预调控附属绿地、协同既有规划，通过优化配置蓝绿生态体系、健全城市生态本底结构，促进建设用地的高质量集约发展。

5　结语

数字孪生融合多源异构数据映射物理世界并实时动态地模拟运行过程，进行精确的预测和仿真，在"真实"条件下来研究城市问题。在蓝绿空间融合规划中，数字孪生环境支持识别并研判既有环境与待实施规划的生态系统特征和潜在问题，建立蓝绿具有相互调节的互馈关系和协同做功的互惠关系，通过水系规划、绿地规划、雨水排水规划的系统协同提升城市"蓝绿灰"子系统的做功效能，重构建成环境可持续、高质量的生态体系。

参考文献

[1] 陶飞,张贺,戚庆林,等.数字孪生十问:分析与思考[J].计算机集成制造系统,2020,26(1):1-17.

[2] 袁旸洋,谈方琪,樊柏青,等.乡村景观全要素数字化模型构建研究:以福建省将乐县常口村为例[J].中国园林,2023,39(2):50-56.

[3] 鲍巧玲,杨滔,黄奇晴,等.数字孪生城市导向下的智慧规建管规则体系构建:以雄安新区规划建设BIM管理平台为例[J].城市发展研究,2021,28(8):50-55.

[4] 成玉宁,王雪原,朱雅洁.生态智慧与数字技术支持下的山地理水方法:以南京紫金山霹雳涧水系为例[J].中国园林,2022,38(7):6-11.

作者简介：王雪原，东南大学建筑学院博士生，研究方向：蓝绿空间规划、数字景观及其技术。

成玉宁，东南大学特聘教授、博士生导师，东南大学建筑学院景观学系主任，东南大学景观规划设计研究所所长，江苏省设计大师。研究方向：风景园林规划设计、景观建筑设计、景园历史及理论、数字景观及其技术。

乡村生态景观环境的数字孪生

谈方琪 成玉宁

摘 要 乡村生态景观数字化转型应基于精准化、便捷化、智能化的技术及方法,实现乡村生态景观环境的数字孪生是促进数字化转型、建设生态智慧乡村的有效途径。以乡村"三生空间"为数字孪生的物理原型,构建乡村生态景观映射模型;分析基于不同使用人群的数字孪生应用场景,设计对应的服务环境;依托数字孪生平台支撑模型和服务环境的构建,系统构成乡村生态景观的数据孪生。基于乡村生态景观多源异构数据融合、乡村生态景观数据库构建及管理、用户友好的平台生成及应用,初步进行乡村生态景观环境数字孪生的应用探索和实践。

关键词 乡村;生态景观;数字孪生;孪生环境;数字技术

乡村生态景观数字化转型是当前乡村振兴的重要研究内容,应采用更精准、便捷、智能的手段实现快速转型。数字孪生作为前沿方法和技术,正引领风景园林领域进入新阶段,在提升工作效能的基础上,更深入地探究风景环境的生成机制[1]。目前数字孪生在乡村生态景观保护、管控中的探索仍处于初级阶段,存在着数字化基础尚不坚实、全要素数字化模型待构建、专业化平台待形成等问题[2],数字孪生下的乡村生态景观环境内容及其实现方法有待进一步明晰。本文将乡村景观环境的数字孪生作为实现数字乡村、智慧乡村的有效途径,讨论乡村生态景观环境的数字孪生目的、构成和实践,以支撑乡村生态景观的科学认知、分析、管控、保护和建设。

1 乡村生态景观环境的数字孪生目标

1.1 映射乡村生态景观环境系统信息

乡村生态景观既包括反映生态过程的生态信息,也包含反映空间形态特征的形态信息,呈现出类型复杂、数量庞大和生形信息关联的特征。首先,乡村是一个复杂的综合体,乡村生态景观要素不但包括原始植被空间,半自然状态的耕地、园地和人工林地,亦包括人类活动频繁、地表硬化程度高的农村建设用地、交通用地和其他设施用地,乡村生态系统的结构和物质流动形式多样,乡村生态景观信息来源、类型复杂多变。其次,不同于人工构筑物的短生命周期,乡村生态景观作为生态系统其生命周期是漫长的,为了解、监测乡村生态景观产生的信息量是巨大的。最后,乡村生态景观要素的生态与形态信息相互关联,任意一方的变化将直接或间接地影响另一方,所以生态与形态信息需要同步呈现、统筹分析。数字孪生技术能够应对上述乡村生态景观环境生形信息特征,快速搜集乡村生态景观数据,在数字空间中进行集成融合,实现现实物理空间和生态过程的数字化映射。

1.2 感知乡村生态景观环境动态过程

乡村生态景观的数字孪生应贯穿景观研究的三个部分——结构、功能和变化[3],通过研究多时段乡村生态景观格局、生境条件、动物及人类活动,识别乡村生态景观环境动态变化过程,分析评价乡村生态景观特征和价值,引导乡村生态景观管控、规划与设计向更科学、更特色、更宜人的方向发展。基于数字孪生中的全流程信息采集和智能模拟预测功能,依托智能化计算分析环境,感知、模拟、预测其生态和形态变化,从而在映射生

---

* 国家重点研发计划重点专项"乡村生态景观营造关键技术研究"项目"乡村生态景观数字化应用技术研究"课题(编号:2019YFD1100405)。

形信息的基础上,强化对乡村生态景观动态过程的理解。

1.3 服务乡村生态景观的多应用场景

国土空间的体系化保护、开发与管控已成为必然趋势,但是对于尺度更小、特征更鲜明、需求更广泛的乡村,面向乡村生态景观数字化转型的服务平台数量较少且分散游离,暂未形成明晰的数字化分析、评价、管控服务流程闭环。在倡导国土空间规划"一张图"、全国一体化政务服务等上下协同、化繁为简、信息化集成的发展背景下,乡村生态景观也亟需通过统一平台应对多应用场景。乡村生态景观的数字孪生能够在数字空间构建现实乡村的映射模型,基于多元数据解析乡村生态景观特征,模拟乡村生态景观内在生态过程和机制,辅助形成多场景下的乡村生态景观保护、管控策略和方案;同时确定重点区域管控范围,监测其用地变化和人类活动。乡村生态景观数字孪生成为推动乡村景观信息化发展必不可少的重要工具。

2 乡村生态景观环境的数字孪生构成

2.1 乡村三生空间原型及其孪生

乡村"三生空间"是乡村生态景观的重要研究对象,也是乡村生态景观环境数字孪生的物理原型,其数字孪生内容包含三类空间的外部形态和内在生态过程。由于不同空间的特征及关注重点差异,其数字孪生方式应将宏观与微观映射相结合(图1)。首先三生空间均需进行基本环境条件认知和整体空间建模,基于遥感监测数据获取快、更新速度稳定、信息覆盖面积广的特征,采用遥感技术和方式孪生三生空间的生态过程及竖向条件,能够从宏观层面快速映射乡村生态景观总体信息。其次面对三生空间的具体管控需求,分别进行更为细致的映射孪生。为了尽量减少人工操作对于生态空间映射的干扰,可通过无人机航测获取分辨率更高、内容更加丰富的生境条件和生物生长状况信息;生产空间可通过传感器检测孪生农田生产条件,从而适时干预、调控作物生长环境;生活空间重在反映聚落的视觉特征和人类活

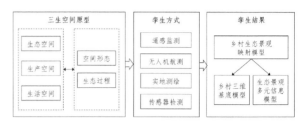

图1 乡村三生空间孪生路径

动情况,所以一方面可结合实地测绘孪生高仿真、高精度的构筑物,另一方面在传感器支持下评估生活环境质量。

基于系统的孪生数据采集和融合,在建模技术支持下生成乡村生态景观映射模型,以此作为乡村三生空间的数字孪生成果。乡村生态景观映射模型,由乡村三维基底模型和生态景观多元信息模型构成,共同反映乡村生态景观在多维数字空间中的生形信息。其中,乡村三维基底模型是基于三维实景模型、三维人工模型、数字高程模型(Digital Elevation Model,DEM)和数字表面模型(Digital Surface Model,DSM)等构建的三维"底座",一方面展示乡村生态景观视觉特征,另一方面也为生态景观多元信息提供三维展示基础。生态景观多元信息模型是通过乡村生态景观多源异构数据的空间融合,将离散的生形信息在同一地理参考坐标系中进行空间对位和叠合,最终在三维空间模型的基础上引入时间轴,集成多时段数据模型,实现乡村生态景观全生命周期的映射模型构建。

2.2 应用场景及其数字孪生构成

乡村生态景观分析、管控、保护的数字孪生过程涉及三类用户人群——专家学者及技术人员、政府部门及工作人员、普通村民及游客,不同角色参与乡村生态景观数字孪生全流程的不同阶段,并具有不同的应用需求,由此需提供针对性的孪生服务场景,根据用户需求分析可将其分为乡村生态景观分析环境、乡村生态景观管控环境和乡村生态景观仿真体验环境(图2)。

2.2.1 乡村生态景观分析环境

乡村生态景观保护和管控的前提是对其特征有基本的认知,依托乡村生态景观分析环境的智能信息处理能力和规则推理模型,专家学者及技术人员可从庞杂的数据中高效精准地筛选、识别、归纳、提炼需求信息,进行相应的形态和生态分析

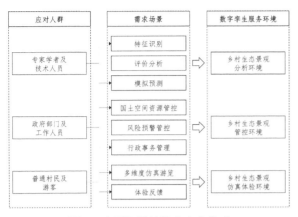

图 2 应用场景的数字孪生构成

评价,辅助提高判断和决策能力,从而为政府部分及工作人员提供科学依据,引导相关策略和规划的生成。

乡村生态景观分析环境主要用于评价分析和模拟分析,从解析既有特征和预测模拟可能事件两个层级着手。首先基于对乡村生态景观特征及其分析评价体系的构建研究[4],设计乡村生态本底分析模块、乡村人居建设分析模块、乡村景观风貌分析模块与乡村综合发展分析模块,构建相应的评价规则模型和数据流路径,综合表征乡村生态景观特征。不能忽视的是,对过去和现在的分析是为了更好地服务未来,通过模拟各情景下的乡村生态景观变化和发展方向,引导更有效、科学的决策和规划,减少试错成本。

2.2.2 乡村生态景观管控环境

政府部门及工作人员在乡村生态景观管控中起到了桥梁和纽带的作用,通过政策制定、项目审批、监督执行、合作协调等行政职能保障乡村生态景观的有效管控。一方面乡村生态景观管控实施离不开全时段、多途径的监测途径,通过物联网络密切监测国土空间资源和生态环境风险,帮助行政部门快速获取关键管控信息,制定高效精准决策并保障其实施效果。另一方面,构建政府部门及工作人员与专家学者和村民的沟通通道,满足决策制定—决策实施—决策反馈的数字化转型,提升乡村生态景观的治理效率。

具体而言,首先,在推行国土空间管控的背景下,生态保护红线、永久基本农田和城镇开发边界是乡村管控中最重要的三条控制线,其控制范围内的土地流转情况和人类活动应密切监测。通过自动识别关键管控范围内的各类用地占比及相互转移情况,与历史数据及标准数据进行比对,展现实际管控效果,及时预警不良破坏行为。同时通过视频监测功能长期记录重点管控区,智能识别突发性活动及灾难,保障生态环境质量和安全。其次,乡村生态环境条件管控需要对三生空间进行不同目标导向下的风险监测,农业空间通过关键样点的土壤环境(土壤水分、土壤温度、土壤养分、土壤酸碱度)监测以及 CO_2 浓度监测预判农业种植风险,指导进一步的农耕活动;通过移动气象站监察生态敏感区和生态保育区的气象条件,包括空气温度、空气湿度、空气质量、光照强度、风速、风向等,通过传感数据分析生态空间的环境质量和承载力,引导生态调控行为。最后,基于互联网技术辅助政府部门发布管控政策和预警通知,确保相关信息能够快速被村民获取并发挥应有作用,同时搜集村民反馈信息,综合专家学者建议及实际管控效果引导进一步的研判。

2.2.3 乡村生态景观仿真体验环境

对于普通村民及游客而言,沉浸式、高仿真的乡村生态景观孪生环境,可以实现足不出户便能云游乡村美景的愿望,同时根据体验结果将优化建议反馈于行政部门与工作人员,作为参与主体共同助力乡村生态景观保护、管控、建设工作的人性化和科学化发展。

乡村生态景观仿真体验环境可分为基础三维展示环境、典型场景呈现环境和虚拟仿真体验环境,在呈现高仿真、高同步的虚拟乡村生态景观环境基础上,通过多空间维度切换和视点切换,在不同层面感知生态和形态信息。首先,以基础三维展示环境为可视化呈现及操作基础,基于乡村生态景观映射模型形成在线多维数字沙盘。其次,融合乡村典型生态景观场景的多媒体数据,拓展典型场景的视觉和听觉感知体验。最后,结合扩展现实(Extended Reality,简称 XR)技术及设备,设置路径漫游、自由漫游、虚拟化身漫游等多种漫游模型,提供步行、飞行、驾驶等多种虚拟体验方式,再现不同季节、不同天气情况、不同民俗节日的多元场景,实现乡村生态景观映射模型和乡村典型景观场景的仿真浏览体验。

2.3 乡村生态景观数字孪生平台构建

乡村生态景观数字孪生的最终实现和应用需依托数字化平台,以平台作为展现数字孪生成果的载体,同时集成多个服务环境和应用界面,协同不同人群的沟通合作。现阶段相关领域数字孪生平台多服务于建筑信息模型(BIM)和城市信息模型(CIM),其主要功能是辅助建筑及城市的规划、设计、实施和运维,均为人工构筑物的映射和孪生。对于乡村生态景观环境而言,其自然属性与人工属性并存,不但需要满足人们的生活需求,更要满足农业生产和生态保护需求;不但需要映射系统信息,更要满足长时段的生态过程和格局演变映射。现有的数字孪生平台无法较好实现乡村生态环境映射和服务环境构建,需要在充分理解乡村生态景观环境特征和功能需求的基础上,融合现有数字孪生平台构建技术,进行专有平台的研发和建设。

现有的数字化平台开发架构包括 B/S 架构和 C/S 架构,B/S 架构主要应用 HTML 技术进行平台构建,图示表达效果好,操作简便,可视化形式和互动体验形式丰富,面向普通村民、游客、政府部门及工作人员这类非专业人群具有较好的应用效果。C/S 架构基于桌面应用开发技术进行平台构建,数据更新加载方式灵活,无需较高的网络通讯能力,可高效响应复杂计算分析需求,适用于专业化程度高的访问人群,例如专家学者及技术人员。在此基础上,基于平台空间融合及多维可视的总体需求,以地理信息系统为开发引擎,进行平台环境的开发构建。最终确定乡村生态景观数字孪生平台的研发综合 C/S 架构和 B/S 架构,在 HTML 技术、桌面应用开发技术和地理信息系统开发技术的支持下,通过平台功能架构设计、平台开发架构确定、平台界面组织设计、基于编程的平台构建、数据库和子平台加载更新以及平台运行检验生成数字孪生平台(图3)。该平台不但能够满足乡村生态景观的多应用场景需求,还具有开发效率高、访问方式灵活、跨平台对接流畅、人性化程度高的特点,在面向乡村环境时具有易用性、推广性、可持续性强的优势。

3 乡村生态景观环境的数字孪生实践

3.1 乡村生态景观多源异构数据融合

乡村生态景观多源异构数据融合关键在于空

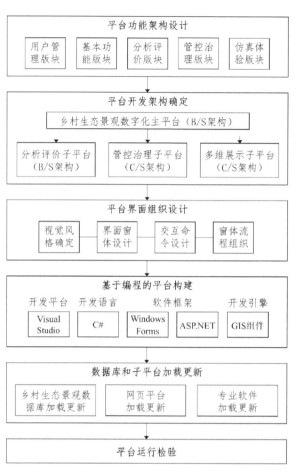

图3 乡村生态景观数字孪生平台构建路径

间融合,具体流程包括数据采集、空间参考标准化、非空间数据空间化、三维可视化表达和多时空维度集成[5]。首先基于乡村生态景观物联网络采集需求数据,根据空间融合需求,将其分为空间数据和非空间数据。对于空间数据而言,考虑到我国统一采用 2000 国家大地坐标系,全球范围多采用 WGS-84 坐标系,部分空间数据存在空间参考系不统一导致无法精确对位的问题,应统一所有空间数据的空间参考信息。其次根据数据可视效果需求,将非空间数据作为属性数据,与相应图形数据共同组成空间矢量数据。再对所有空间数据进行校正与配准,实现非空间数据的空间化。再次,以乡村三维基底模型为多源信息模型的三维属性获取来源,辅助生态景观多元信息模型的定位、融合、呈现,满足乡村生态景观孪生模型的三维可视化表达(图4)。最后,为反映乡村生态景观的演进过程,体现孪生数据交互下的共同演化特性,需要引入时间维度。将乡村生态景观二维、三维模型和时态地理信息系统融合,使其同时满足空间和时序分析,从而实现乡村生态景观环境的实时孪生。

3.2 乡村生态景观数据库构建及管理

乡村生态景观数据库由乡村生态景观数据文件集合而成,为了方便数据的管理和使用,以数据文件为基本管理单元,一方面从顶层管理出发,根据数据的属性及特征,将其进行区分和归类,向上形成数据集。从乡村生态景观研究角度可将乡村生态景观数据库分为乡村生态景观基础数据集、乡村生态景观分析评价数据集、乡村生态景观管控治理数据集、乡村生态景观三维仿真数据集4大类;另一方面,从数据的底层物理结构看,可将数据文件层层细化为数据元素和数据项,从而记录具体的乡村生态景观信息(图5)。在数据库实体构建的基础上,需要借助数据库管理平台实现数据加工、数据储存、数据移除和数据调用等操作。首先基于乡村生态景观物联网络收集孪生数据,其次根据数据入库标准和加工规则进行数据抽取、数据转换、数据计算,在数据编码、数据属性转化、数据内容整合等环节支持下生成标准化数据。再根据乡村生态景观数据库的组织结构,对数据进行分类分区归并、存储、处理,完成数据组织操作。最后通过应用程序接口(Application Programming Interface,API)接受用户指令,将需求数据调用至乡村生态景观孪生平台,实现数据的应用(图6)。

3.3 用户友好的平台生成及应用

3.3.1 信息管理与查询

基于乡村生态景观数据库实现信息的集成、融合和管理,为信息化应用平台提供远程数据服务,同时考虑乡村生态景观的地域性特征,以各村为信息集成主体进行数据隔离。在地点检索功能辅助下定位目标乡村,访问目标乡村即连接该乡村专有数据库,集中展示该村的生态景观数据和风貌。同时随着数据的不断更新和扩充,数据必将趋于海量,通过关键词检索以及分类浏览,实现

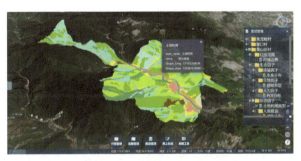

图4 多源数据同步呈现与信息查询

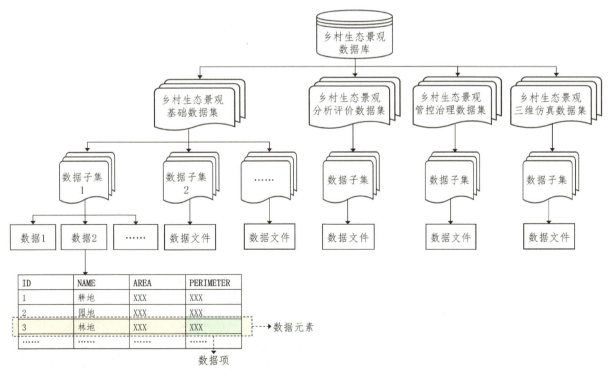

图5 数据库组织结构

乡村生态景观多源数据的快速查询和获取(图7)。

3.3.2 智能评价与分析

将评价流程及计算模型封装为评价单元,使用时直接调取乡村生态景观数据库数据,设置相应参数,即可快速实现乡村生态景观特征的提取,从而指导后续管理。同时为了平台的灵活性及易用性,设计用户本地端 ArcMap 和 ArcScene 快速启动功能,进而实现其他需求下的二维和三维空间分析(图8)。

3.3.3 数字化管控治理

为了更利于管理部门及人员实现数字化乡村治理,一方面集成"三区三线"管控范围,随时查看土地流转变化情况;另一方面,将管理及反馈流程集成于主平台,通过政府信息公开(图9)、气象预警(图10)和公众反馈三个板块,使平台更适用于真实管控治理场景,帮助政府管理部门快速、精准了解生态景观现状,综合专家意见解决实际问题,及时通过点评反馈功能与公众沟通,完成"监督-反馈-改善-答复"的治理过程。

3.3.4 多维展示与体验

借助乡村生态景观映射模型搭建三维展示界面,选择游览乡村和底图,调取乡村生态景观全要素信息,通过360°全景图片、摄影照片、解说和导览音频等丰富典型场景的展示形式,提供多种漫游和体验模型(图11);同时在空间分析、日照分析、视域分析等功能支持下了解重点区域特征和典型节点信息(图12),在虚拟空间中全面反映乡村景观风貌,深化使用者的多元感官体验。

图6 数据管理配置界面

图9 政府信息编辑发布

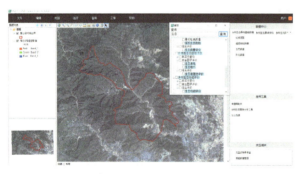

图7 基于关键词的数据查询与加载

图10 气象及灾害预警

图8 评价分析功能启动

图11 典型场景呈现

图 12　基于倾斜摄影模型的日照分析

4　结语

乡村生态景观环境的数字孪生是实现乡村数字化转型、建设生态智慧乡村的有效方法,通过乡村"三生空间"的数字孪生构建乡村生态景观映射模型,设计应对不同人群需求的服务环境,依托数字孪生平台支撑模型和服务环境的构建,系统构成乡村生态景观的数据孪生。通过初步的应用研究,在多源异构数据融合、数据库构建与管理、数字孪生平台生成应用上取得了较好的实践效果,有助于乡村生态景观科学、有序、集约发展,对乡村生态景观的永续发展具有重要意义。

参考文献

[1] 成玉宁,樊柏青.数字景观进程[J].中国园林,2023,39(6):6-12.

[2] 农业农村部新闻办公室.中国数字乡村发展报告(2020年)[DB/OL].http://www.moa.gov.cn/xw/zwdt/202011/t20201128_6357205.htm

[3] Forman R T T. Basic principles for molding land mosaics[M]//The Ecological Design and Planning Reader. Washington, DC: Island Press/Center for Resource Economics, 2014: 299-319.

[4] 王云才,陈照方,成玉宁.新时期乡村景观特征与景观性格的表征体系构建[J].风景园林,2021,28(7):107-113.

[5] 袁旸洋,谈方琪,樊柏青,等.乡村景观全要素数字化模型构建研究:以福建省将乐县常口村为例[J].中国园林,2023,39(2):50-56.

作者简介:谈方琪,东南大学建筑学院在读博士研究生。研究方向:数字景观及其技术。

成玉宁,东南大学建筑学院特聘教授,博士生导师,风景园林学科带头人,景观学系系主任,江苏省城乡与景观数字技术工程中心主任。研究方向:风景园林规划与设计、景观建筑设计、风景园林历史与理论、数字景观及其技术。

数字孪生背景下风景园林多模态时空数据可视化技术的应用与发展[*]

韩笑　李哲　张琪馨　陈海妮

摘　要　数字中国建设背景下，多模态时空数据对风景园林数字化发展与科学化进程起到重要推动作用，其可视化发展对实时、精准映射景观环境，提升风景园林调查分析、规划设计与运维管控的科学性与高效性具有重要意义。本文通过梳理风景园林多模态时空大数据的类型与内涵特征，从基础数据的可视化、解译数据的可视化和决策数据的可视化三个层级归纳现有时空数据可视化技术，并对数字孪生背景下风景园林多模态时空数据可视化技术的研究难点与发展方向进行探讨。研究认为，当代风景园林多模态时空数据可视化信息集成框架已经得到学界共识，相关信息融合与再现技术已形成多层次、多角度探索。面向人机物三元空间深度融合的多模态时空数据可视化成为当前发展要点，建立覆盖全要素、全业务、全流程、全生命周期的数字孪生模型是关键问题，其解决途径主要包含多模态时空数据的实时呈现与平台高效集成、海量信息智能处理与科学映射、针对现实需求的数字孪生体，与之相关的技术发展潜能巨大，可为数字中国背景下智慧园林研究发展奠定基础。

关键词　多模态时空数据；可视化技术；数字孪生；景观映射；风景园林

第四次工业革命背景下，"数字城市（Digital City）""数字孪生（Digital Twin）"相关发展理念不断涌现。虚拟现实、机器学习、云计算、大数据和物联网等新一代信息技术的迅速发展，以及遥感影像、水文地质、信息科学等多学科的动态观测技术广泛应用于风景园林信息获取[1]，使得时空数据呈现爆发式增长。如何从海量、高维、动态的多模态时空数据中，有效集成具有潜在研究价值的风景园林信息数据，对景观环境的动态演变与发展过程进行形式化描述，进而实现科学合理的推理与决策，已成为风景园林数字化进程中迫切需要解决的关键问题。

吉姆·格雷（Jim Gray）提出，在历经实验、理论、计算仿真后，人类的科学研究手段迎来了第四范式即"数据密集型科学"，用以指导和更新相关领域的专业研究[2]。可视化技术能够从数据中提取关键信息，是解释多模态时空数据的有效手段之一。在此基础上建立风景园林空间信息可视化模型，是对风景园林时空信息高效管控与综合治理的基础，也是构建数字景观孪生体的前提条件。本文通过系统梳理多模态时空数据的类型与内涵特征，对可视化技术在风景园林中的应用进行归纳与总结，探讨时空数据可视化技术的发展方向，以期为集成管理、运算分析与科学预测风景园林时空信息提供理论依据与技术支持。

1　多模态时空数据的内涵特征与类型解析

1.1　多模态时空数据的内涵特征

时空数据（Spatio-Temporal Data）是指基于统一时空基准、活动在时间和空间中与位置直接或间接相关联的数据集合。多模态时空数据是指对于一个待描述的时空对象，通过不同的数据获取方法或描述手段所采集到的、包含不同特征空间的时空数据，收集这些数据的技术途径或描述所得到的某个特征空间称之为模态（Modality）[3]。

---

[*] 国家自然科学基金"基于脑电'唤醒-效价'情绪模型的生活街区消极空间数字制图及其景观提质研究——以南京为例"（编号：52278051）；江苏省研究生科研与实践创新计划"基于结构方程模型的当代商业步行街区景观效能量化研究"（编号：KYCX22_0192）。

多模态的时空数据能够充分刻画人类社会与信息空间、物理世界中时空对象全生命周期中的位置、几何、行为以及语义关联关系等全息特征信息,较之于海量数据(Mass Data)、大数据(Big Data)强调数据的规模性,时空数据更关注数据的复杂形式与快速变化,以及数据所蕴含的耦合关系。

"空间、生态、功能与文化"是景观环境的重要组成[4],既涉及地质地貌、河流水系、生态系统等自然要素,也涉及由人类活动及其产生的影响,如社会经济、历史文化、城镇体系等人文要素[5]。各类信息以不同的比重广泛存在于风景园林场所之中,进而呈现出千变万化的景观。近年来,随着对地观测传感器技术及人类活动感知技术的迅速发展,研究者得以更为精准、全面、实时地刻画景观环境。在此基础上发展的风景园林多模态时空数据具有其独特的性质,主要体现在多源异构、数据高维、尺度多样、动态演化、复杂关联等特征[6-7]。

多模态风景园林时空数据所反映的特征信息是建构数字景观孪生体的重要基础,同时也是数字景观研究的定量科学依据。也因此,如何有效整合不同来源、粒度、类型的时空数据,实现全生命周期的信息集成、映射、解析、呈现与管理,已成为当前风景园林信息技术研究亟待突破的重点与难点。

1.2 多模态时空数据的类型解析

面对来源广泛、构成复杂、种类繁多且属性特征多样的多模态时空数据,需要根据数据类别和特征进行划分,从而降低数据组织管理的复杂度。综合考虑多模态时空数据的类型、变化频率、维度和来源,结合数字景观孪生体对数据可视化的差异性需求,将多模态时空数据梳理为基础空间数据、智能感知数据及关联关系数据三部分(表1)。

基础空间数据是数字景观孪生场景构建的背景数据,空间位置和几何形态相对稳定,其特点主要体现为规模大、变化小、更新慢。基础空间数据主要用于描绘风景园林基础物质场景,所形成的基础框架,将为后续分析和探索提供时空基准与物质载体,为数字景观孪生体的真实性和完整性提供保障。

智能感知数据为具有时空信息的动态数据,具有时空序列性强、数据规模大、更新速度快等特点。智能感知数据常被研究者用于计算分析,挖掘数据背后隐含的信息与规律,并对其增强可视化呈现,从而为预测和决策提供依据。

关联关系数据在社会空间、物理空间和信息空间中交叉融合、相互作用,表现出时空对象、过程和事件在空间、时间和语义等方面的关联关系,呈现出高维性、动态性和复杂性等特征。这类多模态场景数据,通常用于推理景观环境的生成机制与变化规律,发现时空数据之间的内在关联及影响因素,为风景园林场景的协同管控和智能优化提供条件。

表1 多模态时空数据类型划分

分类	亚类	子类
基础空间数据	二维空间数据	正射影像数据、众源地理数据等
	三维空间数据	数字地形数据、实景三维模型、人工建模数据等
	属性特征数据	景观资源、场地设施、社会经济等
	抽象化符号	管控边界、兴趣点/面、文字标签等
智能感知数据	环境监测/模拟数据	气象数据、土壤数据、水文数据、植被数据、光照数据等
	人类活动监测/模拟数据	手机信令、位置轨迹、活动行为等
	人类主观感知数据	社交网络点评、多媒体采集数据等
关联关系数据	空间关系	空间坐标、空间邻近关系、空间拓扑关系等
	时间关系	时间点、时间区间、时间序列等
	时空关联	时空位置、时空事件、时空模型等
	网络关联	网络拓扑、网络属性、网络动力学等

2 多模态时空数据的可视化技术途径

数据可视化是将数据及其中所蕴含的信息和规律,通过视觉编码和表达转化为可交互的图形或图像。可视化表达是对数据挖掘分析结果的有效补充,能够增强人类对信息认知以及控制能力。

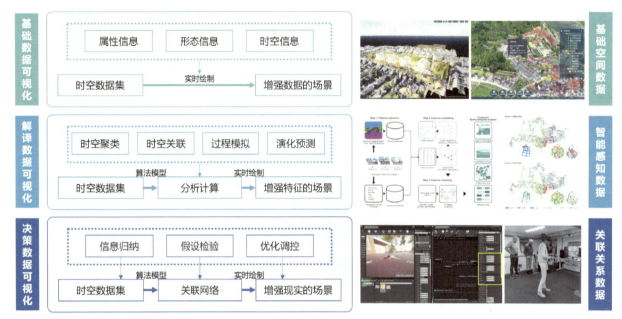

图 1　多模态时空数据可视化技术运行机制

随着数据结构的复杂化和数字技术的进步,对高维、多源、非结构化信息的可视化需求逐渐增加。根据当代风景园林信息可视化需求,多模态时空数据的可视化技术途径可被归纳为基础数据、解译数据和决策数据的可视化三个层次。它们分别对应基础空间数据、智能感知数据和关联关系数据,同时能够满足不同场合对数据直观描述、信息交互解析、规律推演和智能决策的多种功能可视化任务需求,相关运行机制如图1所示。

2.1　基础数据的可视化

基础数据的可视化是对风景园林数据集的直观展示,强调实时呈现时空数据的分布、聚集、演变等动态特征。根据数据类型不同,可将基础数据的可视化技术分为形态数据可视化、时序数据可视化、轨迹数据可视化、网络可视化四类。

2.1.1　形态数据可视化

形态数据可视化是指将形状、大小、结构等多维数据,通过符号化专题地图制作或真实化场景表达的方式进行呈现。符号化专题地图主要用于表示某一专题要素在一定空间区域内的大致分布情况,可细分为点、线、面三种类型。点状信息分布图如POI兴趣点,线状或带状要素分布的专题如水系图、交通图等。对于资源分布、用地规划、自然保护等间断而成片状分布的面状要素,用范围线和色块表示;等高线、等深线等连续分布且数

图 2　乡村景观全要素信息模型

图片来源:袁旸洋,谈方琪,樊柏青,等.乡村景观全要素数字化模型构建研究:以福建省将乐县常口村为例[J].中国园林,2023,39(2):50-56.

值逐级变化的面状要素以等值线表示。真实化场景表达则主要通过集成影像数据、高程模型数据、三维模型数据和新型测绘产品数据(倾斜摄影、实景影像、激光点云等),将景观环境中的地形、建构筑物、植被等元素构建形成三维模型(图2)。

2.1.2　时序数据可视化

时序数据可视化是指将随时间变化的数据通过图形、图表等可视化手段来呈现和表达的方法,通常可以分为静态和动态两种表征方法[8]。传统静态方法通过扇形图、环形图、堆积图和折线图等进行呈现,针对高维数据的静态表征方法如平行坐标图、梳形图、时间轮图等。对于变化频繁的时序数据,主要结合颜色、形状、大小、纹理等视觉变量进行表征,例如使用动态曲线图、热力图、散点

图等可视化方式，通过交互式操作查看具体的数据值和变化趋势(图3)。

2.1.3 轨迹数据可视化

轨迹数据可视化主要用于展示运动路径和轨迹分布情况。传统的轨迹数据可视化以散点图为代表，将每个轨迹点独立显示在地图上，来调查独立实体的活动位置[9]。面对大规模、多变元的轨迹数据，研究者更关注轨迹点的空间密度与集聚特征，空间热力图、边界聚类技术被应用于大规模流量数据主要流型提取中。对于不记录具体移动路径的出发地—目的地数据(Original-Destination)，强调出发地与目的地两点之间的直线流，通常使用OD矩阵、OD和弦图等方法进行可视化表达[10](图4)。

2.1.4 网络可视化

网络可视化以节点表征对象，以弧段表征对象间的关系，被广泛运用于具有多维度、复杂关联关系的时空属性数据的表达[11]。根据节点的特征和属性关系，通过设置节点的形状、颜色、大小、高度、距离等视觉特征，用以编码父子节点之间的继承关系及边缘概率，设置弧段的粗细用以编码变量之间的相关程度，用边的颜色区别正相关和反相关。主要的布局方法如圆形布局、放射状布局、树形布局、力导引布局、地理位置布局和基于属性布局等[12]。

2.2 解译数据的可视化

解译数据的可视化通过分析模拟风景园林时空现象或过程的演变规律，利用增强现实技术将多模态时空数据的隐含信息进行可视化表达，突出显示数据中的特征与关联关系。解译数据的可视化涉及的核心分析任务包括时空聚类分析、时空关联分析、时空过程模拟和时空演化预测。

2.2.1 时空聚类分析

时空聚类分析旨在揭示景观要素在时空域上的集聚特征与相互依赖关系，以深入了解景观设施配置模式、识别景观资源热点、监测景观要素变化。根据聚类方法考虑的要素不同，可以将当前时空聚类分析方法，分为时空位置聚类与非空间专题属性的时空聚类两类。时空位置聚类用于发现景观要素在空间位置上邻近、时间上相近的聚集格局；非空间专题属性的时空聚类则旨在发现具有相似属性的景观要素或现象，在时空域上的聚集分布特征。此类分析通常使用热点图、聚类图等可视化手段直观展现分析结果(图5)。

2.2.2 时空关联分析

时空关联分析旨在从时空数据集中识别景观要素间连续变化的时空过程，有助于理解景观中各组分在时空域内的相互联系与交互特征。风景园林研究者主要从三方面展开研究：一是将时间因素纳入空间关联分析，借助时空分治或时空耦合策略，识别景观元素在邻近时空位置频繁同时或依次出现的集合，如同时活跃的游客聚集区；二是由欧氏空间拓展至拓扑空间，以拓扑空间最短路径距离定义地理实体间的邻近关系[13]，例如使用空间句法分析景观节点之间的连通性、可达性；三是由全局空间转向局部空间，考虑景观空间异质性，通过区域划分或聚类分析识别特定区域内景观元素的关联规律。相关计算结果主要利用热

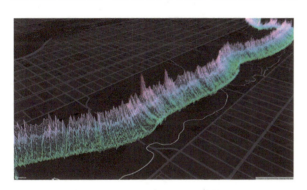

图3 声音网格时空可视化

图片来源：https://medium.com/senseable-city-lab/sonic-cities-listening-to-parks-during-lockdown-f9027b7deb46

图4 被盗自行车的去向时空轨迹可视化结果

图片来源：https://senseable.mit.edu/bike-trafficking/

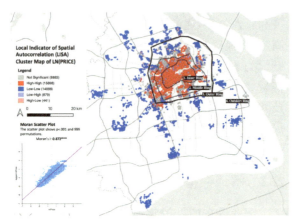
(a) 时空位置聚类可视化结果

图片来源：Qiu W S, Li W, Zhang Z, et al. Subjective and objective measures of streetscape perceptions: Relationships with property value in Shanghai[J]. Cities, 2023, 132:104037.

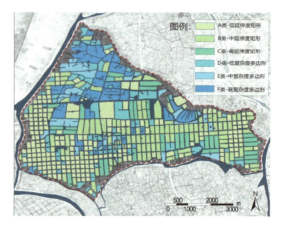
(b) 非空间专题属性的时空聚类可视化结果

图片来源：李哲, 卢馨逸, 施佳颖, 等. 基于小圩形态指数的宣芜平原圩田景观肌理量化研究：以固城湖永丰圩为例[J]. 中国园林, 2023, 39(1):41-46.

图5 时空聚类分析可视化结果

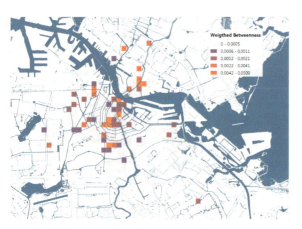

图6 基于网格单元的时空关联分析可视化结果

图片来源：Venverloo T, Duarte F, Benson T, et al. Tracking stolen bikes in Amsterdam[J]. PLoS One, 2023, 18(2):e0279906.

力图、关系网图、平行坐标图等进行地理映射与呈现（图6）。

2.2.3 时空过程模拟

时空过程模拟是经计算机模拟、构建并呈现复杂时空变化规律的方法。对于时空过程模拟的可视化，主要包括对时空事件和实体过程可视化两方面。时空事件可视化以实际事件为线索，利用三维数据模型对时空对象进行模拟分析，记录其演变过程与状态变化；实体过程可视化是对特定时空对象迁移过程的可视化，如植被种群的动态演变、景观异质性的时空变迁等。时空过程模拟能够辅助决策者从大量信息中辨明事物发展的规律与走向，以此科学指导风景园林建设（图7）。

2.2.4 时空演化预测

时空演化预测是通过反映时空变量间关系的模型对未知的要素属性进行估计，根据不同算法可分为时空统计模型和机器学习模型。时空统计模型基于统计推断描述变量之间的关系，如地统计学模型、时空自回归移动平均模型可以处理时空依赖性，地理时空加权回归模型则可以表达时空异质性。相较而言，机器学习模型能够自适应地对复杂非线性关系进行建模，近年来在时空演化预测中得到了广泛应用。时空演化预测的可视化方法，能够将景观环境在不同时间和空间尺度上的变化过程和未来趋势进行呈现，辅助研究者更好地理解和评估研究对象的历史演变、现状特征和发展趋势。

2.3 决策数据的可视化

决策数据的可视化是多模态时空数据可视化的最高层级，其核心任务是在时空模型和数据驱动分析的基础上引入人机交互驱动。基于交互界面对特定对象的增强现实操作，或是对模型参数优化调控、假设检验及知识归纳等交互探索，实现时空数据、人、机器和景观环境之间的有机耦合。

2.3.1 人机交互探索

人机交互探索是用户通过交互界面对可视化系统的数据、计算以及绘制等阶段进行直接控制，从而进行假设检验、模型调优以及知识归纳。具体实现途径，如在不同地点或不同设备上的多个

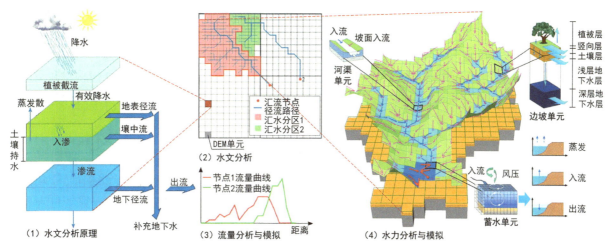

图 7 水文分析与模拟可视化结果

图片来源：侯庆贺，成玉宁.建成环境景观水文研究框架构建：基于数字景观技术的景观水文分析、评价与优化[J].中国园林，2023，39(7)：77-82.

图 8 利用 VR 技术从不同角度观测景观环境

图片来源：Hayek U W. Sensing River and Floodplain Biodiversity[J]. Journal of Digital Landscape Architecture，2023，8.

用户同时参与到可视化分析中，共享信息、协作解决问题；根据不同需求修改场景中显示的数据类型或维度，以及图形的样式与布局。此外，还可以与 AR、VR 设备相结合，通过语音、手势、眼动等方式实现人机交互探索（图 8）。

2.3.2 辅助决策与智能调控

辅助决策与智能调控是多模态时空数据可视化的高级应用，在完成时空对象的特征、规律与演化态势等解译分析的基础上，使用分析模型或优化算法形成可行的调控方案。决策者可进一步优化相关参数，生成更符合现实需求与期望的方案，并将其反馈到数字孪生模型中，实现虚拟与现实环境间的双向映射和同步更新，同时监测和评估方案的实施效果（图 9）。

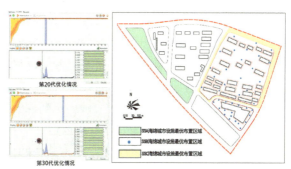

图 9 海绵设施布局优化过程与决策结果可视化呈现

图片来源：谢明坤，董增川，成玉宁.基于数字景观的海绵城市研究框架、关键技术与实践案例：从水文分析到智能测控[J].中国园林，2023，39(5)：48-54.

3 可视分析技术在风景园林中的发展趋势

伴随数字景观 3.0 时期的到来，融合多模态时空数据实时映射景观环境，并对其进行动态分析与预测，已成为这一时期的主要研究方向。目前，风景园林研究者从上述三个层次初步构建了可视化技术框架，并在此基础上进行了分析研究和数据映射。然而，要建立覆盖全要素、全业务、全流程、全生命周期的数字孪生模型，实现多源异构数据的高效融合和实时更新、交互、响应，仍面临着诸多挑战。展望未来，多模态时空数据的可视化技术在风景园林中的发展和突破，主要可以从以下几个方面进行。

（1）多模态时空数据的实时呈现

增强复杂数据流的实时呈现与交互是数据可

视化的主要突破点。将多模态时空数据映射到数字景观孪生体上，并在同一空间内进行有机融合、分析和计算，可以系统地再现和模拟景观环境的特征和关系[14]。然而，跨部门和跨领域的多模态时空数据规模庞大、种类众多、格式各异、频度与规模不一致，复杂数据融合、实时呈现与交互共享面临着较大挑战，海量且持续更新的数据也带来了数据存储、索引、查询和更新的高成本。

Nys等人提出简化模型作为解决方案，但在一定程度上会牺牲数字孪生体的精确度[15]。这种矛盾体现在构建完整、综合的三维实景模型一方面需要较高的细节程度，以更好地可视化数字景观孪生体；另一方面则要求模型的大小尽可能小，以便更好地处理数据，从而充分利用其进行分析、预测和进一步的应用。因此，如何根据研究对象确定适宜的精细尺度和观测手段，并根据数据反馈频率平衡不同的实时性需求，设计合适的数据模型、编码方式、可视化元素和交互方式，以保证数据存储、传输、处理和渲染的效率，构建实现数据融通的数字基底，这需要在实践中不断探索。

（2）多模态时空数据平台高效集成

在解译数据的可视化阶段，为了满足不同任务需求，多模态时空数据需要在不同专业平台（如ArcGIS、Web、UE、Unity3D、Rhino、eCognition、SWMM、Python等）上选择合适的分析工具以辅助分析，然后再回到主体平台进行最终呈现。因此，需要进一步开发更丰富的语义信息，制定通用数据标准以简化模型的开发和实施，从而促进不同领域和系统之间的数据管理和互操作性[16]。

此外，不同使用群体对数据呈现内容的需求也不尽相同，例如，公众更偏好景观环境信息处理结果的交互展示；而研究者与政府决策者则更关注环境描述与分析、预测、决策的过程展示。因此，如何高效整合多种信息处理平台，进而实现多模态时空数据的一体化和个性化可视呈现，是亟待解决的问题之一。Castelli等人建议分层组织时空数据[17]，通过针对不同群体分配不同级别的授权访问，以整合城市环境的各个领域和维度，实现数据共享并促进利益相关者参与方案设计与场地评估。

（3）海量信息智能处理与科学映射

在数字孪生背景下，多模态时空数据需要通过多种模型、算法进行分析，以发现并调控时空异常。然而，不准确的数据会直接影响输出结果的准确性，并导致数字孪生体无法为决策或场景的预测提供有效帮助[18]。由于模型与算法众多且各有差异，其运算结果是否与实际一致，还需与动态监测相结合进行交互验证。如何构建和集成适用于时空数据的算法、模型，并将其有效映射至地理空间，是当前研究难点之一。

VR、AR、XR等虚拟现实技术使得人们对大样本感知信息的采集不再局限于传统的实地调查，通过结合参与式感知数据，能够在一定程度上改善使用者的可视化体验，支持研究者更为直观快速地了解城市。但由于主观判断的或然性且传感器通常缺乏校准，相关测度数据的准确性有待进一步验证[19]。未来的研究需要在人工智能、自动化建模等技术的支持下，提高模型的准确性和稳定性，在此基础上实现信息呈现的科学性与可读性，并采用多种交互方式满足使用者在不同维度下解读、表达各维度之间的关联信息。

（4）打造解决现实需求的数字孪生体

高效清晰的时空数据可视化呈现是数字孪生技术应用的基础，但同时应避免过度注重精细化建模、可视化效果，而忽视仿真推演、挖掘分析、辅助决策等实用价值。当前数字孪生仍面临着从虚拟世界到现实环境的信息输出问题，需要开发更多的执行器与响应系统，以便数字孪生体可以直接作用于现实环境中的对应实体要素，并实时产生影响。

另一方面，应当坚持应用导向，建设具有使用价值、解决现实需求的数字孪生体，例如涉及多种信息流交互的管理场景（如多重信息流交织的建成环境管理等），以及涉及重大决策支持的仿真试验场景（如碳中和推演、项目选址分析等），避免数字孪生技术应用与应急响应、辅助决策等实际业务脱节，造成效果不佳和资源浪费。

4 总结与讨论

多模态时空数据作为数字景观孪生体的时空信息基础，对推动信息化发展具有重要作用。随着数字城市建设的快速推进，人机物三元空间的深度融合，对多模态时空数据可视化提出了新挑战，也为全空间信息系统的发展提供了新机遇。

本文针对时空大数据多源、多粒度、多模态和时空复杂关联的特点，从基础数据、解译数据和决策数据三个层级构建全空间全信息时空关联、由浅入深的多层次可视化技术，在此基础上探讨时空数据可视分析的发展方向。研究认为，当代风景园林多模态时空数据可视化信息集成框架已经得到学界共识，相关信息融合与再现技术已获得多层次、多角度探索。多模态时空数据可视化技术的发展和突破途径，主要包含信息的实时呈现与平台高效集成、海量信息智能处理与科学映射、研发针对现实需求的数字孪生体。

数字景观环境是人机物泛在融合的复杂系统，数字景观孪生体的构建，涉及众多领域与关键技术的融合和应用，其信息的复杂性也使得数字孪生的建设和可视分析面临诸多困难和挑战。尽管目前在风景园林领域，对多模态时空数据可视化技术的应用尚未完全成熟，但随着未来传感技术、物联网、大数据分析等智能技术的协调发展与持续探索，将不断完善风景园林时空信息可视化技术体系，为实现景观环境的精细化调查分析、智能化规划设计以及全生命周期运维管控奠定基础。

参考文献

[1] Lee J G, Kang M. Geospatial big data: Challenges and opportunities[J]. Big Data Research, 2015, 2(2): 74-81.

[2] Tony H, Steward T, Kristin T. 第四范式：数据密集型科学发现[M]. 潘教峰等译. 北京：科学出版社, 2012.

[3] Lahat D, Adali T, Jutten C. Multimodal data fusion: An overview of methods, challenges, and prospects[J]. Proceedings of the IEEE, 2015, 103(9): 1449-1477.

[4] 袁旸洋. 基于耦合原理的参数化风景园林规划设计机制研究[D]. 南京：东南大学, 2016.

[5] 党安荣, 张丹明, 李娟, 等. 基于时空大数据的城乡景观规划设计研究综述[J]. 中国园林, 2018, 34(3): 5-11.

[6] 周成虎. 全空间地理信息系统展望[J]. 地理科学进展, 2015, 34(2): 129-131.

[7] 李德仁. 展望大数据时代的地球空间信息学[J]. 测绘学报, 2016, 45(4): 379-384.

[8] Aigner W, Miksch S, Müller W, et al. Visualizing time-oriented data: a systematic view[J]. Computers & Graphics, 2007, 31(3): 401-409.

[9] 蒲剑苏, 屈华民, 倪明选. 移动轨迹数据的可视化[J]. 计算机辅助设计与图形学学报, 2012, 24(10): 1273-1282.

[10] Demšar U, Virrantaus K. Space-time density of trajectories: Exploring spatio-temporal patterns in movement data[J]. International Journal of Geographical Information Science, 2010, 24(10): 1527-1542.

[11] 陈为, 朱标, 张宏鑫. BN-Mapping: 基于贝叶斯网络的地理空间数据可视分析[J]. 计算机学报, 2016, 39(7): 1281-1293.

[12] 孙扬, 蒋远翔, 赵翔, 等. 网络可视化研究综述[J]. 计算机科学, 2010, 37(2): 12-18.

[13] Yu W H, Ai T, He Y K, et al. Spatial co-location pattern mining of facility points-of-interest improved by network neighborhood and distance decay effects[J]. International Journal of Geographical Information Science, 2017, 31: 280-296.

[14] 成玉宁, 樊柏青. 数字景观进程[J]. 中国园林, 2023, 39(6): 6-12.

[15] Nys G A, Billen R, Poux F. Automatic 3d buildings compact reconstruction from LiDAR point clouds[J]. The International Archives of the Photogrammetry, Remote Sensing and Spatial Information Sciences, 2020, 43: 473-478.

[16] Lu Q, Parlikad A, Woodall P, et al. Developing a digital twin at building and city levels: Case study of West Cambridge campus[J]. Journal of Management in Engineering, 2020, 36: 05020004.

[17] Castelli G, Cesta A, Diez M, et al. Urban intelligence: a modular, fully integrated, and evolving model for cities digital twinning[C]//2019 IEEE 16th International Conference on Smart Cities: Improving Quality of Life Using ICT & IoT and AI (HONET-ICT). October 6-9, 2019, Charlotte, NC, USA. IEEE, 2019: 33-37.

[18] Nochta T, Wan L, Schooling J M, et al. A socio-technical perspective on urban analytics: The case of city-scale digital twins[J]. Journal of Urban Technology, 2021, 28(1/2): 263-287.

[19] Kim H, Ham Y, Kim H. Localizing local vulnerabilities in urban areas using crowdsourced visual data from participatory sensing[C]//Computing in Civil Engineering 2019. Atlanta, Georgia, Reston, VA: American Society of Civil Engineers, 2019: 522-529.

作者简介：韩笑，东南大学建筑学院风景园林学在读博士研究生。研究方向：数字景观及其技术。

李哲，东南大学建筑学院景观学系系主任，教授，博士生导师。研究方向：风景园林规划设计、数字景观及其技术。

张琪馨、陈海妮，东南大学建筑学院风景园林学在读硕士研究生。研究方向：风景园林规划设计。

基于数字孪生技术的乡村尾水湿地水质预警信息平台构建研究
——以厦门市同安区三秀山村为例

祝雨晴 张恒 郑少劲 李俐

摘 要 乡村尾水湿地维护简单、运行费用低廉,在我国乡村污水治理中逐渐得到广泛的应用。由于当前乡村地区缺乏专项资金和专业配套人员,对建成后的尾水湿地难以进行精细化和科学化管理,造成了大量设施的闲置,因此对湿地进行有效的监测管理尤为重要。基于数字孪生技术的乡村尾水湿地水质预警信息平台,为乡村尾水湿地智能化管理提供了新的手段。本研究以厦门市同安区三秀山村尾水湿地为例,构建三维映射模型和数据模型构成的水质预警信息平台,实现乡村尾水湿地数字孪生系统,直观展示尾水湿地的水质模拟分析结果。本文将尾水湿地的水质预警作为数字孪生系统的主要实现内容,以期为乡村尾水湿地数字化管理提供依据,为乡村尾水湿地的设计与建设提供参考。

关键词 数字孪生;乡村尾水湿地;水质预警;信息平台

1 引言

改善农村人居环境,建设美丽宜居乡村,是实施乡村振兴战略的一项重要任务,而乡村污水治理是实现乡村宜居和振兴的重要举措之一[1-2]。在乡村污水治理的过程中,尾水处理是最后一环,具有尾水排放量大且集中的特点。目前多数尾水排放并不能达到地表水所执行的标准[3];而增加三级处理设施不仅会显著提高污水处理成本,残留药剂也会影响受纳水体安全。面对乡村污水尾水处理的这一困境,尾水湿地在乡村污水治理的研究与实践中应运而生,并因投资成本低、污水回收利用率高、生态功能丰富、景观环境优美等特点在乡村地区得到广泛的应用[4]。但在尾水湿地管理运维过程中,乡村地区缺乏相关配套资金和专业管理人员,尾水湿地设施荒废现象严重。良好的尾水湿地运营维护,是实现乡村污水治理、水资源循环利用、生态补偿、环境美化等多目标的乡村水系统综合管理的重要保障[5-6]。

在数字化赋能乡村振兴的背景下,数字孪生技术所具有的监管效率高、运维成本低、智慧决策强等特点,为可持续的乡村尾水湿地运维管理提供了经济可行的方案。数字孪生技术集成了多源数据融合、虚拟仿真、信息实时反馈、深度学习等多种新型技术[7],在我国的城市规划实践领域中率先展开实践[8],尤其在城市管理领域广泛应用[9-10],在城市尺度上构建灾害预警数字孪生模型,为优化城市管理运维提供了有效支撑[11]。在水系统管理领域,目前数字孪生技术较多应用于我国的城市地区,探索对地下基础设施进行可视化监测与模拟[12]。数字孪生技术在乡村地区的研究与应用则相对不足,面向乡村尾水湿地的数字孪生应用研究有待拓展。

乡村尾水湿地的构成要素复杂,主要包括尾水来源、湿地植被、土壤和沉积物、水体和微生物,而水质作为最容易识别与监测的对象,能直接反映湿地状况,构建与实体湿地虚实映射、实时联动的数字孪生尾水湿地水质预警信息平台,对于乡村尾水湿地智慧化管理有重要意义。本研究以厦门市同安区三秀山村尾水湿地为例,整合场地环境SketchUp高精度三维复原模型和污水站CAD管网设施模型,将水样检测数据、污水站水处理数据、气象数据等多源数据进行融合联动,作为构建虚拟数字孪生体的数据基础,利用SWMM+51WORLD开源平台,构建乡村尾水湿地水质预警信息的数字孪生系统架构,探索智慧化乡村污水治理新模式。

2 研究区域与研究方法

2.1 区域现状

在人工构筑的水池或沟槽，底面铺设防渗透隔水层，填充一定深度的基质层，并种植水生植物，用以蓄纳污水处理站出口排放的水，利用基质、植物、微生物的物理、化学、生物三重协同作用，使污水得到净化，此即尾水湿地系统。本文研究对象位于厦门市同安区五显镇三秀山村，该区域属我国东南沿海地区，气候冬暖夏热。三秀山村尾水湿地面积为 616 m²，是该村重要的蓝绿基础设施(图1)。由于缺乏专业的湿地管理与维护人员，尾水湿地处于无人看守的境地。本文通过构建三秀山村尾水湿地数字孪生系统，融合不同数据流，实现"监控＋分析＋模拟"的科学化定量管理模式，以期提高乡村尾水湿地的智能管理水平。

2.2 数字孪生平台

2.2.1 实地调查

通过对水源的实地调研直接获得第一手数据资料，为后期数据模型构建收集数据材料。通过对该项目调研可知，湿地的水源主要有四个方面：①污水站处理后的尾水；②蓄水池排出的积水；③山上的泉水；④雨水。本研究所需实地采集的数据包括水源水样、湿地水样，以及乡村污水处理站每日进水排水的数据。

2.2.2 基于SWMM的水质预测模型建构

SWMM(Storm Water Management Model，暴雨洪水管理模型)是动态的降水-径流模拟模型，主要用于城市某单一降水事件或长期的水量和水质模拟[13]；在本研究中用来模拟乡村尾水湿地的水质变化情况。实地调查的相关数据和管道设计的CAD图纸是构建SWMM模型的基础。SWMM建模的方法与流程可分为以下七个步骤：(1)利用MySQL创建数据库：利用前期的调研数据进行特征提取，得到有意义的特征；(2)创建模型网格：根据CAD图纸在SWMM软件中创建乡村尾水湿地区域的模型网格；(3)定义降雨和气象条件：根据实际的降雨数据，定义模型中的降雨条件；(4)设置污水排放点和径流入口；(5)设定水质模拟的参数：根据需要，乡村尾水湿地的水质参数设定围绕COD、SS、N、P。(6)模拟运算：根据设定的降雨条件和实际数据进行模拟运算；(7)验证模型：比较模拟结果与实测数据的差异，对模型进行调整和校正。

2.2.3 数字孪生信息平台搭建

本研究利用51WORLD数字孪生平台完成三秀山尾水湿地水质预警信息平台的封装。首先，利用三维建模软件SketchUp完成三维空间的建模，实现对物理空间的数字映射，作为数字孪生世界的基底；其次，搭建数字孪生体平台，将三维空间模型与数据进行整合；最后，预测结果展示和应用：将训练好的水质预测模型应用到实际的水质预测中，并将预测结果以直观、易懂的方式展示给用户。可以通过图表、地图或其他可视化方式来实现，以帮助用户更好地理解和分析水质预测结果。同时设置实时监测和报警功能，及时检测并报告水质异常情况。

除此之外，再利用相关的气象数据网站，如Tutiempo等来获取相关的历史气象数据，所需的气象数据内容包括降雨量、温度和风速。

图1 三秀山村尾水湿地实景

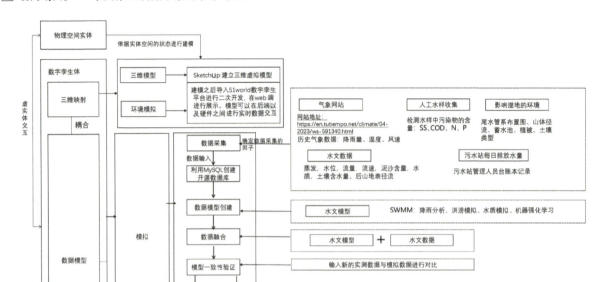

图 2 三秀山村尾水湿地水质预测数字孪生信息平台框架图

3 结果分析

3.1 三秀山村乡村尾水湿地水质预测数字孪生信息平台建设内容

三秀山村尾水湿地水质预测数字孪生信息平台由物理空间实体和数字孪生体两大部分组成（图2）。其中物理空间是构建数字孪生体的重要参照物与构建依据；数字孪生体是由三维映射空间和数据模型耦合而成的。

3.1.1 三维映射

三维映射指的是将物理空间实体真实情况反映在虚拟空间的过程，主要包括以下两个步骤：

（1）三维模型的搭建

三维模型主要反映真实世界的空间特征，由SketchUp完成三维空间的建模作为数字孪生世界的基底（图3）。

（2）环境模拟

湿地是一个复杂的生态系统，除了其本身物质实体外，它还会受到外界各种要素的影响，其中气候条件与周边的场地条件是影响湿地的重要因素。借助51WORLD数字孪生平台进行二次开

图 3 三维建模

发，将湿地周围的环境信息链接入三维模型，并在web端进行可视化的展示。模型可以在后端以及硬件之间做到实时数据交互。

3.1.2 数据模型

数据模型是三秀山尾水湿地水质预警信息平台最重要的组成部分，它关系到输出结果是否准确可靠，是判断水质情况与管理湿地的重要依据。该数据模型主要由模拟模块、预测模块和调控模块三个部分构成。

（1）模拟模块

模拟模块是整个数据模型的基础，它的完整性与正确性直接影响数据模型的精度。模拟模块涉及到六个部分：①数据采集；②创建数据库；

③数据模型创建；④数据融合；⑤模型一致性验证；⑥孪生模型建立。

根据实地调研与文献收集的结果，确定数据采集的因子包括以下五个部分：①从气象网站Tutiempo获取2023年3月到5月的历史气象数据，包括降雨量、温度和风速；②人工水样采集（图4）。采集包含污水处理站尾水、蓄水池、山泉水和尾水湿地上下两端五个点的水样（图5）。需要检测水样中的水质指标包括化学需氧量（COD）、固体悬浮物（SS）、氮（N）、磷（P）；③影响湿地的环境：尾水管系布置图、山体径流、蓄水池、植被、土壤类型；④水文数据：蒸发量、水位、流量、流速、泥沙含量、后山地表径流；⑤污水站每日排水量：污水站管理人员台账本记录。

收集完成相关数据后，利用MySQL建立开源数据库，再利用SWMM创建水文模型。SWMM模型操作简单且界面友好，在Windows运行环境下，提供了数据输入、水文条件设置、水质水量模拟等功能，计算由管网、渠、蓄水设施、处理设施、水泵、闸阀等构成的排水系统内产生的径流情况（图6）。为了保证建立的数据模型与真实情况保持高度一致性，需要重新输入新的实测数

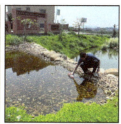

图4 人工水样采集

图5 水体采样点位图

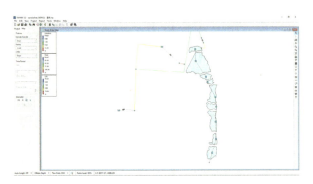

图 6 SWMM 建立的模拟模型

据与模拟数据进行对比。如果通过率定，相关数据符合，则输出该数字孪生模型；如果相关数据不符合，则需要修改模型相关参数，再次进行数据拟合分析，直至该模型的模拟情况与真实世界的运行情况相符合，再输出数字孪生模型。

（2）预测模块

根据相关文献中的研究结果[14-15]，确定天然雨水中的四种污染物的浓度分别为 COD 20 mg/L、SS 10 mg/L、TN 1.0 mg/L、TP 0.02 mg/L，将其在模型汇总设置为各水质指标的起始增长值，再通过设置污水站每日排水量、蓄水池每日排水量、山体径流的水质参数，进行 SWMM 水质模型的预测。

研究设定的时间段为厦门市同安区 7 月 1 日—7 月 7 日，时间步长为 24 h、72 h、96 h、120 h、144 h、168 h。利用天气预报信息（weather.com.cn）将此一周的降雨量数据作为输入数据，将气候变化作为模型预测的自变量，尾水排放、蓄水池水位以及山体径流等一系列数值变化作为因变量，在这些因素的共同作用下预测湿地水质的变化（图 7）。

（3）调控模块

根据水质预警的结果中的 SS、COD、N、P 污染物的含量变化来做决策分析，促使管理人员提前做好准备，比如提前排空蓄水池、投放药物、补水等。

3.2 三秀山村尾水湿地信息管理平台

数字孪生系统能够实现乡村尾水湿地的三维实景展示和可视化模拟。通过构建具有物理机制的水质预测模型，对乡村湿地水质变化进行模拟，可以有效预测不同因素作用下水质中污染物含量的变化，支撑乡村尾水湿地的运维与管理，以及在

Elapsed Tim	Subcatchme	Subcatchment WETS_8 COD (MG/L)
0.25	0	0
0.5	0	0
0.75	0	0
1	0	0
1.25	0	0
1.5	0	0
1.75	0	0
2	0	0
2.25	0	0
2.5	0	0
2.75	0	0
3	0	0
3.25	0	0
3.5	0	0
3.75	0	0
4	0	0
4.25	0	0
4.5	0	0
4.75	0	0
5	0	0
5.25	0	0
5.5	0	0
5.75	0	0
6	0	0
6.25	0	0
6.5	0	0
6.75	0	0
7	0	0
7.25	0	0
7.5	0	0
7.75	0	0
8	0	0
8.25	0	0
8.5	0	0
8.75	0	0
9	0	0
9.25	0	0

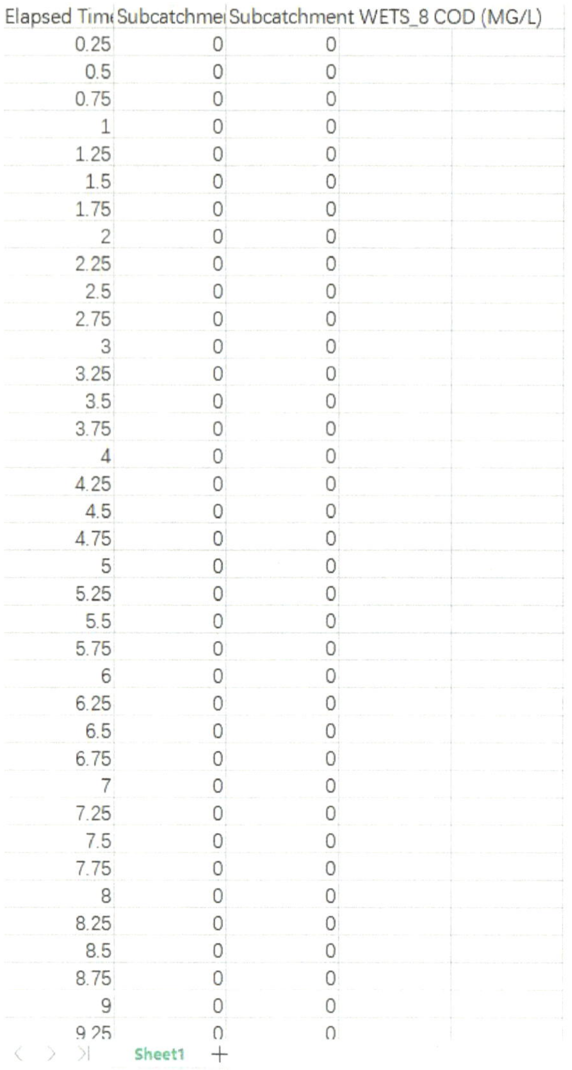

图 7 尾水湿地中污染物浓度的变化

极端气候条件下提前做好防护措施，同时此信息平台也为景观绩效的评估提供了有力的数据支撑（图 8）。

通过与实时气象数据进行连接，实现对水质变化的实时监测与预报。本实验进行了 7 月份一周的乡村尾水湿地水质变化的模拟及可视化呈现，可清晰获取场地内水质变化的因素，从而帮助管理人员及时做好应对措施。

3.3 三秀山村尾水湿地数字孪生系统运行机制

本研究从乡村尾水湿地水质预警实体验证、运维策略虚拟模型验证、虚实映射实时交互三部分探索基于数字孪生的乡村尾水湿地水质预警运行机制。图 9 中阶段①是乡村尾水湿地水质预警

图8 三秀山村尾水湿地水质预警信息平台模拟运行效果

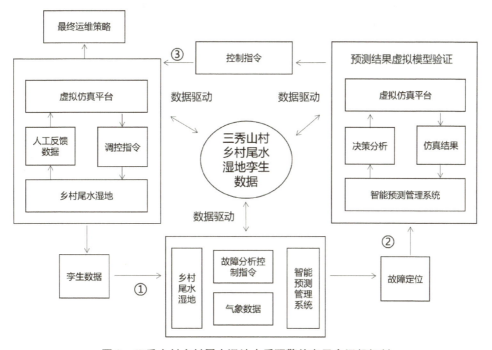

图9 三秀山村乡村尾水湿地水质预警信息平台运行机制

实体验证过程,展现了乡村尾水湿地水质和数字孪生水质预测结果的交互。当乡村尾水湿地实体接收到水质预警的信息时,可以在孪生数据的驱动下,生成初始运维方案,帮助管理人员进行维护。阶段②是运维策略的虚拟模型验证。虚拟仿真平台在接受上一阶段的水质预警报告结果后,在历史数据、孪生数据的驱动下,进一步修正和优化预测模型,并反馈至虚拟平台。阶段③是虚实映射过程,反映了三秀山尾水湿地水质情况与虚拟仿真平台之间的实时交互。

通过以上三个阶段,最终实现对山秀山尾水湿地的水质预测。同时该孪生数字信息平台不断更新和完善,保证物理实体与孪生模型的高度一致性。

4 结论

本研究以厦门市同安区三秀山村尾水湿地为例，利用数字孪生技术，建立了乡村尾水湿地水质预测的信息平台，并通过数据模拟和验证实验，探索了不同因素对水质的影响。通过模型优化和改进，提高了水质预测的准确性和稳定性。研究结果表明，数字孪生体在乡村尾水湿地水质预测中具有良好的应用潜力。通过建立合适的模型和采集充足的监测数据，可以有效预测尾水湿地的水质变化趋势，为乡村尾水湿地管理和决策提供科学依据，其分析结果可作为景观空间暴雨内涝以及干旱情况下风险管理依据，并通过信息平台发送给相关管理人员，为乡村基础设施的管理提供方便。

与以往的仿真模型相比，数字孪生技术在物理空间与信息空间连续、高度交互融合，打通了不同模型之间信息交互的闭环。然而，本研究还存在一些局限性。首先，模型的预测能力仍需进一步提升，特别是对于复杂的生态系统和水质问题。其次，数据质量和可靠性对模型预测的影响较大，目前所采集的数据样本量还不足，需要进一步加强数据收集和处理的工作。未来的研究工作可聚焦于完善数字孪生体模型，改进预测精度和稳定性，并探索更多对水质影响的因素。

综上所述，数字孪生技术在乡村尾水湿地水质预测中具有广阔的应用前景和发展空间。通过不断创新和改进，数字孪生体除了可以为乡村尾水湿地保护和管理提供重要的支持和决策参考，还可进一步推动乡村尾水湿地在设计方面的发展与完善。

参考文献

[1] 于法稳,于婷.农村生活污水治理模式及对策研究[J].重庆社会科学,2019(3):6-17.

[2] 成实,张潇涵,成玉宁.数字景观技术在中国风景园林领域的运用前瞻[J].风景园林,2021,28(1):46-52.

[3] 林卉,姜忠群,冒建华.人工湿地在农村生活污水处理中的应用及研究进展[J].中国农业科技导报,2020,22(5):129-136.

[4] 魏俊,赵梦飞,刘伟荣,等.我国尾水型人工湿地发展现状[J].中国给水排水,2019,35(2):29-33.

[5] 郭芳,陈永,王国田,等.我国农村生活污水处理现状、问题与发展建议[J].给水排水,2022,58(S1):68-72.

[6] 徐志荣,叶红玉,卓明,等.浙江省农村生活污水处理现状及其对策研究[J].生态与农村环境学报,2015,31(4):473-477.

[7] Luo J J, Liu P Y, Cao L. Coupling a physical replica with a digital twin: A comparison of participatory decision-making methods in an urban park environment [J]. ISPRS International Journal of Geo-Information, 2022, 11(8): 452.

[8] 张新长,李少英,周启鸣,等.建设数字孪生城市的逻辑与创新思考[J].测绘科学,2021,46(3):147-152.

[9] Dembski F, Wössner U, Letzgus M, et al. Urban digital twins for smart cities and citizens: The case study of herrenberg, Germany [J]. Sustainability, 2020, 12(6): 2307.

[10] 罗俊杰,曹磊,雷泽鑫,等.基于数字孪生的城市公园产汇流可视化模拟：以天津梅江公园为例[J].景观设计,2023(1):18-23.

[11] Ford D N, Wolf C M. Smart cities with digital twin systems for disaster management [J]. Journal of Management in Engineering, 2020, 36(4): 04020027.

[12] Lei B Y, Janssen P, Stoter J, et al. Challenges of urban digital twins: A systematic review and a Delphi expert survey [J]. Automation in Construction, 2023, 147: 104716.

[13] 王李琳.基于SWMM的CSO调蓄池设置方法研究[D].天津:天津大学,2019.

[14] 车伍,刘燕,李俊奇.国内外城市雨水水质及污染控制[J].给水排水,2003,29(10):38-42.

[15] 熊赟,李子富,胡爱兵,等.某低影响开发居住小区水量水质的SWMM模拟[J].中国给水排水,2015,31(17):100-103.

作者简介：祝雨晴，华侨大学建筑学院硕士研究生。研究方向：数字景观，低碳城市。

张恒，华侨大学建筑学院副教授。研究方向：数字景观，低碳城市。

郑少劲，华侨大学建筑学院硕士研究生。研究方向：数字景观，低碳城市。

李俐，华侨大学建筑学院副教授。研究方向：数字景观，低碳城市。

·景观环境与数字模型·

基于冬夏温湿环境特征数字识别的城市通风廊道精准优化研究*

王敏　潘文钰

摘　要　现有的通风廊道规划方法,多针对解决城市夏季的热岛问题,忽略了其在冬季可能带来的负效应,因而有待寻求适应冬、夏季气候差异的通风廊道优化方法。本研究以昆山市密集城区的188个街区单元为例,通过遥感反演的方法对街区冬、夏季温湿环境进行分析,聚类获得7类小气候特征街区。通过计算流体动力学模拟提取现状通风廊道并分析宽度、方向、类型等特征,结合街区冬夏小气候特征研判其中存在的问题,提出对应的精准优化策略。

关键词　通风廊道;温湿环境;气候调节;遥感反演;数值模拟;夏热冬冷地区

城市通风廊道能同时缓解城市热岛与潮湿问题,是有效改善城市小气候的自然生态设施。近年来,全球诸多人口密集城市均在构建城市通风廊道上有所尝试[1-3],并在解决空气污染、热岛效应等问题上取得成效[4]。目前的城市通风廊道规划多着眼于解决城市夏季热岛问题,忽视了通风廊道在冬季可能对小气候带来的消极影响。在冷环境中,若通风廊道保持较大风速,一方面容易使行人产生吹风感,降低人体舒适度[5],另一方面会促使城市进一步降温,进而还可能引发冬季冰冻雨雪灾害。因此,城市通风廊道规划既要保障其在夏季能有效调节小气候,还需尽可能削弱其在冬季带来的不良影响,亟需在相关规划策略中进一步甄别可能造成消极影响的通风廊道,并进行针对性修复。

基于此,本研究关注江南水网高密度城市建设区的冬、夏季小气候调节问题,以江苏省昆山市密集城区中的街区为具体分析单元,运用遥感影像反演方法进行冬、夏温湿环境特征的数字识别与分类,基于ENVI-met软件进行现状风环境特征的数字模拟识别,在此基础上分析现状通风廊道在冬、夏季调节小气候方面可能存在的问题,并提出精准优化策略。

1　研究区域

研究区域选择江苏省苏州市下辖的昆山市中心密集城区。昆山市地处东经120°48′21″~121°09′04″,北纬31°06′34″~31°32′36″之间,属于夏热冬冷地区[6],气候类型为亚热带季风气候,夏季湿热,冬季干冷,冬夏温差较大,且雨热同期,因而亟需探索兼顾冬、夏季温湿调节需求的城市通风廊道适应性规划方法。

受冬、夏季风影响,昆山市冬、夏主导风向差异较大。夏季主导风向为东-东南风,平均风速为2.1 m/s;冬季主导风向为西北与东北风,平均风速为1.9 m/s。

根据昆山市气象站2015~2019年监测数据,昆山市月平均气温最高出现在7月(29.39 ℃),最低出现在1月(5.25 ℃);近年来极端气温多发,多次出现超过38 ℃的极热天气及低于0 ℃的低温天气。同时,昆山属于湿润地区,年平均降水量大,相对湿度高,一年中频繁出现极端潮湿天气,更加剧了人体的不适感。

本研究选取昆山市城市总体规划中的10个城镇综合单元作为研究区域,面积共110.1 km²。参考昆山市15 min社区生活圈规划,根据主要道路及河流等将研究单元细分为188个街区,平均

---

* 国家自然科学基金"基于多重价值协同的城市绿地空间格局优化机制:以上海大都市圈为例"(编号:52178053)。

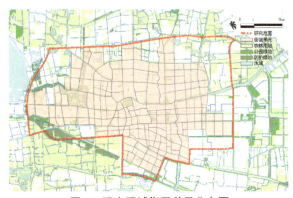

图 1 研究区域街区单元分布图

规模为 39.7 hm²(图 1)。

2 研究方法

2.1 技术路径

为了揭示昆山市密集城区现状通风廊道在适应冬、夏温湿环境上存在的问题并进行精准修复，研究主要分 3 步展开。首先，基于遥感反演，对街区单元冬、夏季热环境及湿环境进行评价，并通过聚类分析识别街区单元主要小气候特征；其次，基于风环境数值模拟，提取现状通风廊道，并从宽度、类型、方向等方面进行分析；最后，结合通风廊道分析结果与街区主要小气候特征类型，判断现状通风廊道存在的问题，并提出精准优化策略(图 2)。

2.2 冬、夏温湿环境特征的数字识别与评价方法

冬、夏季热环境评价主要以平均空气温度估算结果作为评价指标。基于 Landsat 8 遥感影像，利用辐射传输方程法分别对研究区冬、夏季地表温度进行反演，并估算空气温度[7]。参考空气温度对人体舒适度的影响，结合研究区冬、夏季温度情况，将夏季温度从低到高分为 5 个等级，并进行 1~5 分赋值；将冬季温度从低到高分为 3 个等级，并进行 1、3、5 分赋值。

因常用的湿度指标通常缺少空间属性，难以用于街区尺度研究，本研究选择与地面湿度参量有明显相关性[8]的平均大气水汽含量反演结果作为街区冬、夏季湿环境评价指标。基于 Landsat 8 遥感影像，利用劈窗协方差-方差比值法[9]对研究区冬、夏季大气水汽含量进行反演，并根据研究区整体情况，将夏季大气水汽含量从低到高分为 5 个等级，并进行 1~5 分赋值；将冬季大气水汽含量从低到高分为 3 个等级，并进行 1、3、5 分赋值。

在单一小气候环境评价基础上，以街区为单元提取冬、夏季热环境及湿环境评价结果，并通过 K-Means 聚类算法得到街区主要小气候特征类型分类。

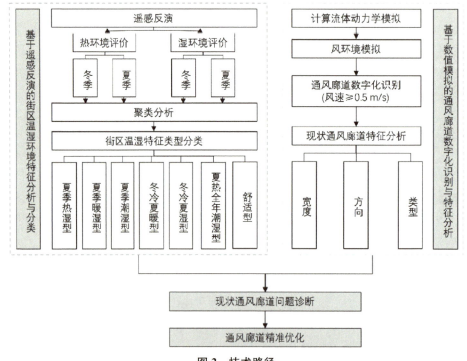

图 2 技术路径

2.3 现状通风廊道的数字识别及特征分析方法

计算流体动力学(Computational Fluid Dynamics)是风环境模拟评估的常用方法[10]。本研究基于研究区基础地理数据与夏季典型日气候条件,以 6 m×6 m 网格进行建模,运用 ENVI-met 软件对研究区夏季风环境进行模拟,并提取风速 ≥0.5 m/s 的区域作为现状通风廊道。

从宽度、方向、类型等方面对现状通风廊道进行分析。其中,宽度分析将通风廊道按宽度分为三类,80 m 以上宽度通风廊道通风条件较优;30～80 m 宽度通风廊道通风条件一般;30 m 以下宽度通风廊道通风条件较差[11-12]。方向分析分别将现状通风廊道方向与冬、夏季主导风向进行比对,与主导风向平行的通风廊道通风条件最佳,夹角在 30°以内的通风廊道通风条件一般,而夹角大于 30°的通风廊道通风条件较差[11]。类型分析依托空间特征将通风廊道分为硬质型、河流型、绿地型等。

3 研究区域温湿环境评价与问题识别

3.1 冬、夏季热环境评价

分别根据 2021 年 1 月 30 日(冬季典型日)及 2021 年 8 月 26 日(夏季典型日)遥感影像反演地表温度并估算空气温度,将所得结果与地面监测站实测数据进行比较验证,误差均较小,在可接受范围内,说明该结果能较好反映城市热环境情况。

冬季典型日反演结果显示(图3),研究区当日气温在-3.7～14.5 ℃之间,平均温度为 6.75 ℃。研究区内街区单元整体气温较低,呈东北热西南冷的趋势;根据其平均气温可分为三类,大部分街区冬季气温处于偏冷水平,广泛分布于研究区中;冬季较冷的街区主要集中分布于西部与南部绿地较多处,也有少量散布于东部及北部;冬季较温暖的街区主要分布于东南部及北部邻近工业用地处。

夏季典型日反演结果显示(图4),研究区当日

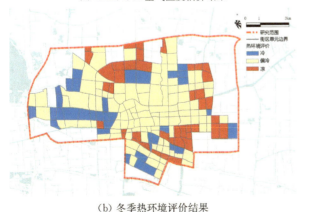

(a) 2021.1.30 空气温度估算结果

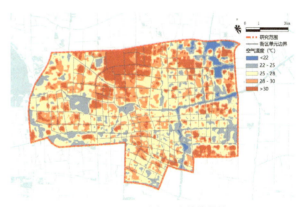

(a) 2021.8.26 空气温度估算结果

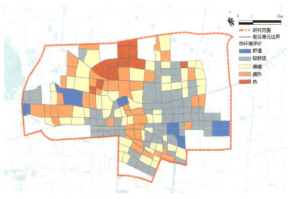

(b) 冬季热环境评价结果

图 3 冬季典型日热环境评价

(b) 夏季热环境评价结果

图 4 夏季典型日热环境评价

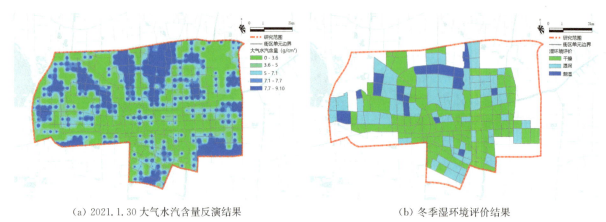

(a) 2021.1.30 大气水汽含量反演结果　　　　　　(b) 冬季湿环境评价结果

图 5　冬季典型日湿环境评价

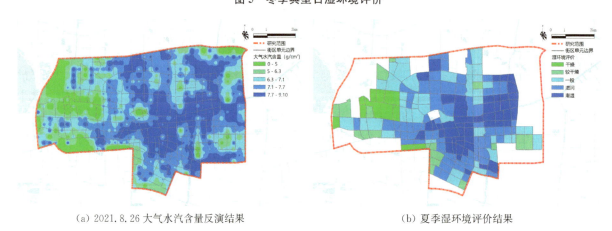

(a) 2021.8.26 大气水汽含量反演结果　　　　　　(b) 夏季湿环境评价结果

图 6　夏季典型日湿环境评价

气温在 17.8～42.5 ℃之间，平均气温为 27.38 ℃。研究区内街区单元夏季气温跨度较大，整体呈西热东凉的趋势；根据其平均气温可分为五类，其中气温水平极热的街区，集中分布于北部建筑密集处；较热的街区广泛分布于中部及西部，少数散布于东部；偏暖的街区分布较为零散，广泛分布于研究区内各处；较舒适街区主要分布于东部及南部；舒适街区数量最少，主要分布于河流沿岸及绿地充足处。

3.2　冬、夏季湿环境评价

根据 2021 年 1 月 30 日（冬季典型日）及 2021 年 8 月 26 日（夏季典型日）遥感影像反演大气水汽含量，利用所得结果计算相对湿度并与地面监测站实测数据进行比较验证，误差在可接受范围内，说明反演结果相对可靠。冬季典型日大气水汽含量反演结果显示（图 5），研究区平均大气水汽含量约为 4.95 g/cm²，参照湿度标准将街区分为三类，其中大部分为干燥街区与湿润街区，极少数潮湿街区集中分布于研究区北部、西部。夏季典型日大气水汽含量反演结果显示（图 6），研究区平均大气水汽含量约为 6.82 g/cm²，整体呈东高西低分布。参照湿度标准将街区分为 5 类，其中湿度最高的街区集中分布在研究区中部及东北部，湿度最低的街区集中分布于西部及南部。

3.3　街区单元温湿类型识别

基于街区冬、夏季热环境及湿环境评价结果，通过 K-Means 聚类分析，将 188 个研究街区单元分为 7 类，分别为夏季热湿型街区共 19 个，夏季暖湿型街区共 30 个，夏季潮湿型街区共 24 个，冬冷夏暖型街区共 34 个，冬冷夏湿型街区共 37 个，夏热全年潮湿型街区共 30 个，以及舒适型街区共 14 个（表 1、图 7）。夏季热湿型街区夏季高温高湿问题显著，而冬季相对干暖舒适，主要在内环线附近沿河流分布；夏季暖湿型街区在夏季高温问题上较夏季热湿型街区稍缓和，但仍存在夏季高湿问题，冬季温度适中且干燥，大部分集中分布于研究区中南部，少量散布于西南、西北、东北部；夏季潮湿型街区夏季潮湿问题显著但气温凉爽，冬季温度适中且干燥,主要分布在河流两侧;冬冷夏暖型街区主要面临着冬季温度较低的问题,且夏季气温偏暖,主要分布于绿地占比较高的街区;冬冷夏湿型街区冬季偏冷干燥,而夏季凉爽潮湿,大部分集中分布于研究区南部,而少量散布于北部;夏热全年潮湿型街区全年潮湿问题显著,气温夏热冬暖,主要分布于临靠河流且建筑密集的街区;舒适型街区全年气候条件最佳,夏季凉爽湿润,冬季温暖干燥,主要分布于绿地占比较高的滨水街区。

4 通风廊道数字化识别及特征分析

4.1 通风廊道数字化识别

选取研究区中一个 300 m×270 m 的小街区,分别进行冬、夏季风环境模拟并提取其风速≥0.5 m/s 的区域作为通风廊道,对二者结果进行对比发现分布趋势基本一致(图8),因此可认为

表1 街区冬、夏温湿环境特征分类结果

聚类类型 温湿环境	夏季热湿型街区	夏季暖湿型街区	夏季潮湿型街区	冬冷夏暖型街区	冬冷夏湿型街区	夏热全年潮湿型街区	舒适型街区
冬季热环境	凉	较凉	较凉	较冷	较冷	较凉	凉
夏季热环境	热	偏暖	较凉爽	偏暖	较凉爽	热	较凉爽
冬季湿环境	较干燥	干燥	较干燥	较干燥	干燥	较潮湿	干燥
夏季湿环境	较潮湿	较潮湿	潮湿	较干燥	较潮湿	较潮湿	湿润

图7 街区单元冬夏温湿类型

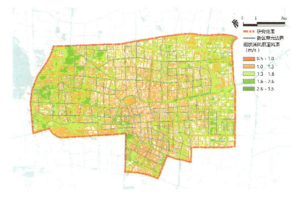

图9 通风廊道数字化识别

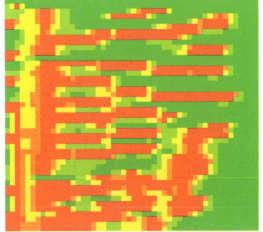

(a)夏季风环境模拟结果

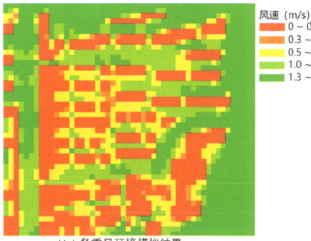

(b)冬季风环境模拟结果

图8 冬、夏季风环境模拟结果对比

基于夏季风环境模拟所提取的通风廊道能，代表研究区现状通风廊道分布情况。利用ENVI-met软件对研究区夏季风环境进行模拟，选取其中一个模拟单元的模拟数据，与中国气象数据网站上GIS数据页面的实时风速进行对比验证，误差约为7.3%，在可接受范围内，可认为模拟模型较为可靠。

根据风环境模拟结果（图9），提取风速≥0.5 m/s的区域作为现状通风廊道。现状通风廊道主要分布在开阔的户外空间中，整体风速在0.5~3.51 m/s之间；其中建筑周围风速较低；绿地中乔木密集处风速一般，而水体、裸地处风速明显较高；其余大部分区域风速在1.3~1.6 m/s之间，极少出现风速大于2.6 m/s的区域。

4.2 现状通风廊道特征分析

从宽度、方向、类型三方面对现状通风廊道特征进行进一步分析。

根据现状通风廊道宽度将其分为三级（图10a），其中宽度在30 m以下的通风廊道数量最多，主要由街区内部建筑之间空地以及等级较低的道路、河流等形成；宽度在30~80 m之间的通风廊道呈四周多中部少的特征分布，主要为街区间的主、次干道及河流；宽度在80 m以上的通风廊道主要分布于贯穿研究区的重要河流、快速道路、铁路及东西部开阔的蓝绿空间中。

根据通风廊道与昆山市夏季主导风向形成的夹角大小，将通风廊道按方向分为三级（图10b）。研究区域现状通风廊道中，平行于夏季主导风向的通风廊道（67.5°~112.5°、135°~180°）数量最多，总占比为57.7%，其中以东-西向的通风廊道为主，大部分位于密集街区中的建筑与建筑之间，宽度较窄且连续性较差；小部分位于东西方向的主要河流、道路上，宽度及连续性均较高；东南-西北方向通风廊道数量较少，主要位于外围蓝绿空间中，宽度较宽，通风条件更好。与夏季主导风向之间形成不大于30°夹角的通风廊道（37.5°~67.5°、112.5°~135°、180°~210°）占总体的40.2%，呈四周多中央少的趋势分布。与夏季主导风向夹角超过30°的通风廊道（210°~217.5°）数量极少，仅占总体的1.9%，且主要位于研究区外围大片蓝绿空间中，对整体通风影响较小。

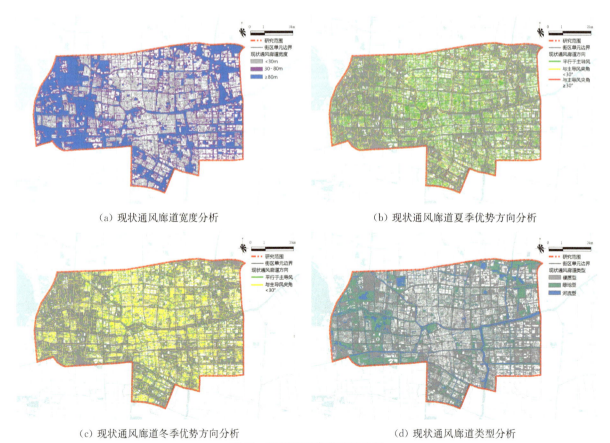

(a) 现状通风廊道宽度分析　　(b) 现状通风廊道夏季优势方向分析

(c) 现状通风廊道冬季优势方向分析　　(d) 现状通风廊道类型分析

图10　现状通风廊道特征分析

根据通风廊道与昆山市冬季主导风向形成的夹角大小，可将通风廊道分为两级（图10c）。研究区域现状通风廊道中，与冬季主导风向形成夹角的通风廊道（67.5°～112.5°、165.5°～202.5°）数量最多，占总体的70%，其中大部分为研究区中部密集街区中建筑间东西方向狭窄的通风廊道，通风条件较差；也有部分依靠研究区主要道路、河流及绿地等形成。与冬季主导风向平行的通风廊道（22.5°～67.5°、112.5°～165.5°）数量较少，且主要分布在研究区东部和西部。

根据现状通风廊道的依托空间特征，将其分为硬质型、河流型与绿地型三类（图10d）。其中河流型通风廊道由于水汽蒸发，导致沿途街区湿度升高，主要有东西向6条、南北向5条贯穿研究区域。绿地型通风廊道在研究区中部分布较为分散，与硬质型通风廊道交错分布，在研究区西部、东北部呈较连贯分布。硬质型通风廊道在研究区中部连续性较差且宽度较小，而在东、西部能较连贯分布。

5 通风廊道问题识别与优化

5.1 现状通风廊道问题识别

耦合188个街区单元的小气候特征类型与现状通风廊道特征，分析研究区域现状通风廊道存在的主要问题。

（1）夏季热湿型街区

夏季热湿型街区主要以东西方向狭窄的通风廊道为主，少数街区中存在较大型通风廊道，但与夏季主导风向之间形成夹角且连续性较差；街区中缺少宽度大、平行于夏季主导风向且连续通畅的通风廊道，难以驱散夏季街区中密集建筑组团产生热量。另一方面，该类型街区多紧邻大型河流型通风廊道，因而造成了街区内的潮湿问题。

（2）夏季暖湿型街区

夏季暖湿型街区多位于河流型通风廊道的北岸或西岸，潮湿气流会随着夏季主导风吹向街区内部，造成街区夏季潮湿问题。同时街区以东西向的狭窄通风廊道为主，缺少宽度较大的通风廊道，因而导致街区夏季气温偏高。

（3）夏季潮湿型街区

夏季潮湿型街区主要围绕几条重要河流分布，其中大部分有平行于夏季主导风向的大型河流型通风廊道，或是垂直于河流的大型通风廊道，而将潮湿空气引入街区内部，导致街区夏季空气湿度较高。

（4）冬冷夏暖型街区

冬冷夏暖型街区大部分有宽度大的通风廊道经过，能在夏季起到较好的散热降温作用，因而夏季气温不致过高。但同时由于通风廊道宽度过大，且其中部分平行于冬季主导风向，加剧了冬季热量流失，造成了街区冬季低温不适的问题。

（5）冬冷夏湿型街区

冬冷夏湿型街区主要受街区中平行于夏季主导风向的大型河流型通风廊道影响，且街区内部也存在宽度较大的通风廊道，使得来自河流的水汽更容易进入到街区内部，致使街区夏季湿度较高。而在冬季，由于主导风向的改变，街区不再受河流型通风廊道影响，转而因街区内众多宽度较大的通风廊道造成热量迅速流失，最终导致街区冬季气温偏低。

（6）夏热全年潮湿型街区

夏热全年潮湿型街区大部分区域建筑密集，街区内有较多狭窄的东西向通风廊道，但缺少平行于夏季主导风向的大型通风廊道，因而造成街区夏季高温；另有少数街区虽有较大宽度通风廊道经过，但以硬质型通风廊道为主，缺少绿地型通风廊道，也会造成街区夏季高温。另外，夏热全年潮湿型街区还受邻近的河流型通风廊道影响，而导致全年湿度均较高。

5.2 通风廊道优化

针对不同类型街区现状通风廊道存在的问题，提出优化策略（表2）。其中，夏季热湿型街区以缓解夏季高温问题为首要任务，应尽量增加平行于夏季主导风向的大型通风廊道。夏季暖湿型街区需平衡夏季高温与潮湿问题，因而应在增加较大通风廊道宽度的同时，避免选择河流型通风廊道。夏季潮湿型街区应尽量避免大型河流型通风廊道，且可通过种植气根植物以减少气流中的水汽[13]。冬冷夏暖型街区需同时兼顾冬季寒冷与夏季偏暖的问题，因此应尽量保留正南北或正东西方向的通风廊道，而减少其他方向的通风廊道，同时控制通风廊道宽度，以在保持夏季通风的同时尽量降低冬季的风速；类型上应以种植落叶乔木的绿地型通风廊道或河流型通风廊道为主，

表2 研究区域城市通风廊道规划导控策略

	通风廊道宽度控制	通风廊道主导方向	通风廊道类型引导
夏季热湿型街区	至少2条80 m以上，多条30~80 m通风廊道	30 m以上通风廊道需平行于夏季主导风向	以绿地型或硬质型通风廊道为主
夏季暖湿型街区	多条30 m以上通风廊道	30 m以上通风廊道需平行于夏季主导风向	尽量避免宽度大的河流型通风廊道
夏季潮湿型街区	河流型通风廊道应控制在30~80 m	尽量平行于夏季主导风向	尽量避免宽度大的河流型通风廊道；垂直于河流的通风廊道应以种植有气根植物的绿地型通风廊道为主
冬冷夏暖型街区	通风廊道控制在30~80 m之间	保留正南北或正东西方向而减少其他方向通风廊道	以种植落叶乔木的绿地型或河流型通风廊道为主
冬冷夏湿型街区	通风廊道控制在30 m左右	以正南北或正东西方向为主	尽量避免河流型通风廊道，以种植落叶乔木的绿地型通风廊道为主
夏热全年潮湿型街区	多条30 m以上通风廊道	30 m以上通风廊道以东南-西北方向为主	尽量避免河流型与硬质型通风廊道；现状河流型通风廊道两侧密植常绿乔木；垂直于河流的通风廊道应以种植有气根植物的绿地型通风廊道为主
舒适型街区	保持至少1条80 m以上，多条30~80 m通风廊道	以正南北或正东西方向为主	以绿地型通风廊道为主

夏季通过遮阴及水汽蒸散促进街区降温[14]，冬季通过增加地面辐射为街区增温。冬冷夏湿型街区应以缓解冬季寒冷问题为主，并同时兼顾夏季潮湿问题，因此通风廊道宽度应尽量控制在30 m左右，以减少冬季通风；类型上尽量避免河流型通风廊道，以缓解夏季潮湿问题。夏热全年潮湿型街区需同时兼顾夏季高温以及全年的潮湿问题，因此需设置多条30 m以上且为东南-西北方向的通风廊道，以保障全年通风；类型上应尽量避免河流型及硬质型通风廊道，且应在现状河流型通风廊道两侧密植常绿乔木，在垂直于河流的其他通风廊道两侧补植有气根的植物，以缓解潮湿问题。舒适性街区需保持至少1条80 m以上、多条30 m以上的绿地型通风廊道，以维持舒适的现状。

6 结语

面临日益严峻的气候问题，寻求适应气候变化的生活居住方式，成为当今人居环境科学的重要课题。本研究以夏热冬冷典型地区——昆山市密集城区为例，采用定量和定性研究相结合的方法，通过引入遥感反演、计算流体动力学模拟等数字方法，基于对社区冬、夏小气候特征的综合评价，识别现状通风廊道存在的问题，并提出针对性优化策略，使其能适应于冬、夏季多变的气候环境。研究在高密度建成环境中，尝试通过基于自然的蓝绿空间解决方案回应通风廊道在适应冬、夏季气候变化中存在的问题，为打造可持续发展的绿色宜居城市提供新思路。

参考文献

[1] 刘姝宇,沈济黄.基于局地环流的城市通风道规划方法：以德国斯图加特市为例[J].浙江大学学报(工学版),2010,44(10):1985-1991.
[2] Ng E, Yau R, Wong K, et al. Urban Climatic map and standards for wind environment-feasibility study [R]. Hong Kong: Planning Department, 2011.
[3] 尹杰,詹庆明.武汉市城市通风廊道挖掘研究[J].现代城市研究,2017,32(10):58-63.
[4] 任超,袁超,何正军,等.城市通风廊道研究及其规划应用[J].城市规划学刊,2014,(3):52-60.
[5] 田元媛,许为全.热湿环境下人体热反应的实验研究[J].暖通空调,2003,33(4):27-30.
[6] 中国建筑科学研究院,西安冶金建筑专修学院,浙江大学,等.民用建筑热工设计规范[Z].国家质检总局,1993.
[7] 侯英雨,张佳华,延昊,等.利用卫星遥感资料估算区域尺度空气温度[J].气象,2010,36(4):75-79.
[8] 杨景梅,邱金桓.用地面湿度参量计算我国整层大气

可降水量及有效水汽含量方法的研究[J]. 大气科学, 2002, 26(1): 9-22.
[9] 王猛猛, 何国金, 张兆明, 等. 基于Landsat 8 TIRS数据的大气水汽含量反演劈窗算法[J]. 遥感技术与应用, 2017, 32(1): 166-172.
[10] 王敏, 周梦洁. 城市绿地风环境模拟与多尺度应用研究综述[J]. 中国城市林业, 2021, 19(2): 1-6.
[11] 匡晓明, 陈君, 孙常峰. 基于计算机模拟的城市街区尺度绿带通风效能评价[J]. 城市发展研究, 2015, 22(9): 91-95.
[12] 梁颢严, 李晓晖, 肖荣波. 城市通风廊道规划与控制方法研究: 以《广州市白云新城北部延伸区控制性详细规划》为例[J]. 风景园林, 2014, (5): 92-96.
[13] 刘丽, 付祥钊, 刘丽莹, 等. 植物气生根除湿能力的试验研究[J]. 建筑节能, 2010, 38(7): 52-55.
[14] Wang M, Song H Y, Zhu W, et al. The cooling effects of landscape configurations of green-blue spaces in urban waterfront community [J]. Atmosphere, 2023, 14(5): 833.

作者简介: 王敏, 博士, 同济大学建筑与城市规划学院景观学系副系主任, 副教授, 博士生导师; 高密度人居环境生态与节能教育部重点实验室(同济大学)水绿生态智能分实验中心(Eco-SMART LAB)联合创始人; 自然资源部大都市区国土空间生态修复工程技术创新中心成员。研究方向: 蓝绿空间生态系统服务、城市绿地与生态规划设计、韧性景观与城市可持续。

潘文钰, 同济大学建筑与城市规划学院风景园林专业在读硕士研究生。研究方向: 风景园林规划设计。

城市绿地干旱生境中园林树种选择的理论与方法

张德顺　李科科　姚鳗卿　刘玉佳　张百川　战颖　姚驰远　陈莹莹

摘　要　目前全球范围内的气候变化及城市化发展加剧了城市绿地生境干旱,进而导致城市局地立地条件恶劣。本研究基于风景园林视角,以优化城市绿地生态功能和改善人居环境为目的,探究了园林耐旱树种资源以及应对气候变化的树种规划策略。依据近年的气象资料,分析华北区域的干旱气候特征与变化趋势;参照野外样地调查结果,通过植物的形态特征、生态习性和生物学特性构建干旱适应性评价模型,筛选园林耐旱树种;探究不同干旱生境类型中园林树种的干旱响应机制,制定针对性规划设计策略;构建多指标园林耐旱树种的评估与筛选体系。以期为城市绿地干旱生境的树种选择及合理规划提供理论依据和实践指导,提高响应干旱胁迫的绿地生态系统韧性。

关键词　城市绿地;干旱生境;园林树种;选择机制

1　引言

干旱问题在农业、林业、地理、气象、生态等领域被广泛研究[1-4],在城市绿地中也时常出现,是气候变化、局地生态系统人工化和城市下垫面性质改变等因素综合作用的结果[5-13]。城市绿地干旱生境受到气候、土壤和水资源条件的制约,其生态系统较脆弱、物种多样性较低,严重影响绿地系统的生态、景观和社会效益。合理的树种选择是破解城市绿地干旱胁迫的有效途径之一,是确保城市绿化充分发挥生态系统服务功能、维持生态安全和绿地健康的重要手段[14-16]。园林树种选择常采用三种模式:① 适应性选择——以应对城市气候变化为目的,选择适宜城市气候的树种[17-18];② 系统性选择——以增强城市生态系统韧性为目标,针对不同生境类型进行园林树种的科学规划[19];③ 精准性选择——针对城市不同立地气候和土壤特点,遵循"因地制宜,适地适树"原则进行树种的选择和配置[20]。

目前风景园林学科中,应对干旱条件的树种选择研究面临的主要问题是:① 关于植物耐旱指标的研究多集中在牧草、粮食作物和经济作物等,缺乏对园林植物的关注[21-23];② 针对城市绿地干旱生境类型的精确划分还有待完善和深入;③ 不同类型的城市绿地干旱生境与园林耐旱树种的匹配度低,影响干旱生境的生态健康。本研究以华北地区为例,通过对区域干旱气候的分析,结合常见园林树种的形态特征调研,以及在不同生境中的生理指标测量结果,构建应对城市干旱生境的多指标园林耐旱树种的评估体系与选择方法,旨在提升园林耐旱树种选择的多样性,提高不同生境类型和耐旱树种匹配的精确性,增强园林耐旱树种配置的科学性与生态适应性。

2　城市绿地干旱生境中园林树种选择的尺度特征

2.1　区域尺度——探究我国气候变化趋势及重点地区的干旱特征

基于文献综述来分析华北区域近55年的干旱特征及未来气候变化的动态趋势。

华北区域在未来20～30年间气温会显著升高,而降水则相反,研究预测21世纪后期华北地区降水总量会减少0～25%,这会导致地表潜在蒸散量的增加。增温、降水减少、蒸发量增加等,将会加速华北地区成为我国干旱最为严重的区域之一(图1)。

---

* 国家自然科学基金"城市绿地干旱生境的园林树种选择机制研究"(编号:31770747)。

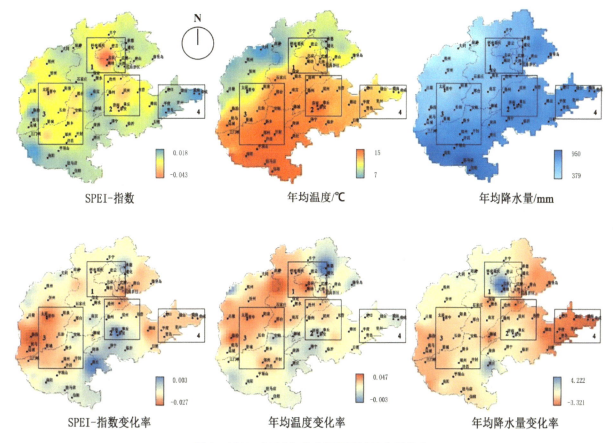

图1 1961~2016年华北干旱区域的空间分布

华北地区城市气候效应对干旱的影响超越海陆梯度的降水差异。从sc-PDSI指数发现，华北半湿润区各城市的干旱化程度均呈现加重的趋势。其中，天津和北京的平均sc-PDSI倾向率最高，分别达到－0.901/10a和－0.787/10a。其他城市的平均sc-PDSI倾向率，则呈现出由近海向内陆依次递增的趋势，其中太原的干旱化程度相比石家庄的略低，但是远高于郑州和济南（图2）。

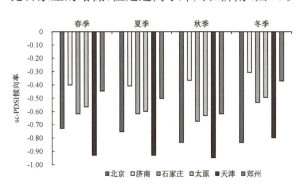

图2 1961~2014年各城市四季sc-PDSI倾向率

我国近50年来平均温度升高1.1℃，增温率为0.22℃/10a，而北京市近55年的增温率达到0.42℃/10a。作为我国特大型城市的代表，北京和天津的高速城市化进程改变了自然原生生态系统，城市变暖速率远大于全球平均水平。

2.2 局地尺度——通过植物形态特征和生态习性初步构建耐旱指标体系

园林耐旱植物可分为两类，一类是能够适应频繁或长期干旱的植物，均表现出形态和结构上的干旱适应。另一类是能够适应暂时或短期干旱的植物，均表现出生理反应上的干旱适应。在自然干旱环境中稳定生长的植物，其特殊的形态特征、生态习性和生物学特性，能帮助我们准确地评估植物的干旱适应性。本研究基于济南南部山区的野生植被调研结果，构建面向城市园林树种的形态学干旱适应性评估框架与选择方法。

调研中的51种园林乔木树种按照耐旱能力可划分为4组。第1组以豆科和榆科为核心，共10种，该组植物具有硬木、多毛、羽状小叶和枝刺等耐旱形态；第2组以壳斗科、黄连木（Pistacia chinensis）和柿树（Diospyros kaki）为核心，共16种，该组植物具有硬木、多毛、叶片革质等耐旱形态。第1、2组和具有相似形态特征的树种可配置在城市山体阳坡、绿化隔离带和城区防护林带等最为干旱贫瘠和需要低影响、低维护的园林绿地。第3组以栾树（*Koelreuteria paniculata*）、大叶白蜡（*Fraxinus rhynchophylla*）、柘树（*Maclura tricuspidata*）和苦楝（*Melia azedarach*）为核心，共19种，该组树种一般具有2~3项耐旱形态，可用于城市山体阴坡、沟谷、大面积的疏林草地、城市街道和城市广场等烈日曝晒和下垫面硬质化较高的区域。第4组以枫杨（*Pterocarya stenoptera*）、垂柳（*Salix babylonica*）和梧桐（*Firmiana simplex*）为核心，共6种，该组树种很难在极其干旱的自然环境中生长。

该形态特征选择方法对乔木的支持度较高，适用于部分灌木选择，但不适用于生命形式已完全适应干旱环境的灌木选择，例如无叶、无茎类的植物；同时也包含那些能够在频繁或长期干旱环境中自然分布的树种，此类树种在解剖学和形态学上，均表现出较强的干旱适应性（表1）。

表1 园林树种干旱适应性形态学评价指标体系

序号	分类	评价指标	编码	评价对象	
				乔木类	灌木类
1	叶型指标	叶型呈羽状复叶	PL	●	●
2		叶型呈深裂叶	DL	●	●
3		小叶型（≤10 cm）	SL	●	●
4		等面叶	IL	●	/
5		卷叶	RL	●	/
6		密脉	DV	●	●
7		叶片中有明显具加固、传导作用的微管形态	MV	●	●
8	叶质指标	叶片表层闪耀发亮	SHL	●	●
9		具蜡质角质层、较厚表皮层	WL	●	●
10		幼叶有毛	YLH	●	●
11		幼小嫩枝有毛	YTH	●	●
12		叶背有茸毛	LUH	●	●
13		叶背银白色	LUW	●	●
14		叶背颜色变浅	LUL	●	●
15	枝茎指标	树皮具有纹路和裂缝	BS	●	●
16		树皮加厚/木栓化增强	BTS	●	●
17		枝顶端变形、托叶变刺	BST	●	●
18		枝干有刺	BT	●	/
19		轻型树冠/高根冠比	LR	●	/
20		高密度木材（重木）	HW	●	●
21	自然生境指标	自然分布在干旱立地	ND	●	/
22		高再生恢复潜力	RP	●	/
23		高抗寒性（能耐受-20 ℃）	FS	●	●

注：●表示植物有此评价项，/表示植物无此评价项

2.3 场地尺度——比较园林树种在模拟道路环境中的干旱适应性

选取性状稳定的成年银杏（*Ginkgo biloba*）作为研究对象，试验站模拟了城市道路基垫层、人行道路基垫层、土壤压实度、人行道铺装透水性、栽植深度、树池体积与连通性等行道树生长的环境限制因素，通过对银杏的生长势评估、叶性状参数测定、水分生理指标的定期观测，探究限制银杏生长的主要因素及最适种植环境（图3）。

移栽2年后，实验组和对照组相比，各项生理指标均呈现下降趋势，显示人工覆盖面会引起行道树树势的明显衰退。

渗透性铺装能较为有效地改善行道树的生存环境。在银杏移植初期，各指标普遍存在对照组＞透水铺装组＞非透水铺装组的排序，各处理间叶性状指标变化差异高于叶水分生理指标，特别是叶相对含水量（RWC）未发现显著差异。在排除了光照、风速和风向的影响后，将水分因子定义为行道树移植初期的主要限制因子，且对于行道树的限制作用明显高于由硬质铺装表面反射产生的高温胁迫。因此，为行道树提供充足的水分供给，是栽植行道树需要考虑的主要因素。

银杏移植初期，不同树池处理间存在差异，以透水铺装侧的海绵土树池单元1#（F）最优，深坑树池单元（B）和大型树池单元（A）较好，其他树池单元差异不显著。处理F的垫层为海绵土添加草炭基质，海绵土垫层加大了树池根系养分获取范围和树池周边蓄水区的体积，为银杏的根部生长提供更充足的有机物质和矿物质元素，同时也为水分的下渗提供了物理通道，促进降水对根部生长区域的深层补给。处理B和A的优势主要表现在扩大树池垂直方向的体积，提高树池内部的蓄水空间，使根部向深层生长，也会减少道路路面开裂、隆起以及路面铺装松动现象的发生。处理G和A和B相比，虽设置了海绵土垫层，提高了树池及其周边土壤的保水力，但树池空间有限，银杏根尖部无法获取更充足的养分补给。充足的根际空间可以补充土壤养分，利于行道树移植初期的恢复和生长。

3 城市绿地干旱生境中园林树种选择的维度构建

3.1 物种维度——监测园林树种在高温干旱环境下的短期适应性

本研究选择银杏幼苗，设定三种复合实验情景，分别模拟银杏在夏季高温非干旱、高温干旱以及干旱非高温环境下的反应，探究植物应对短期干旱胁迫的适应调控机制，同时结合银杏在干旱和高温环境气体交换、水势、叶绿素荧光等参数的测量，以表征植物在夏季街道环境中的适应性（图4）。

图3 模拟道路试验站不同处理单元立面与剖面示意图

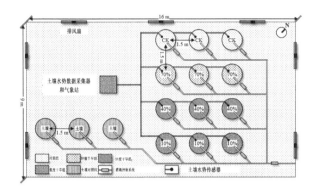

图 4　银杏在高温干旱环境下的短期适应性实验平面图

高温和干旱是影响园林树木生长的关键胁迫因子。在水分充足或轻度干旱环境中(达到70%植物需水量),银杏对于高温胁迫(45 ℃)具有一定的生理适应性。随着干旱环境的加重,银杏对于高温的抗性逐渐减弱。从叶片生理指标看,高温更容易引发叶绿体反应中心的光抑制现象,对植物造成短期急性且不可逆的生理损失;而受益于银杏相对"保守"的水力调节策略,干旱发生时会迅速关闭气孔以保证叶片水势的稳定。但是这种干旱适应性的缺点为降低光合效率,容易引发植物的碳饥饿,影响生物量的积累,植株表现为叶片早衰以及提前脱落。

树木的生长状况会受到各种因素的综合影响,如气象因素、土壤类型、养护管理等,并且树根经常与城市服务和基础设施竞争地下空间。以高密度人居环境的典型代表城市北京为例,北京城区现有园林树木1540万株(2015年普查结果),80%以上的植株生境条件复杂,面临不同程度和持续时间的干旱胁迫,不适合的生境一定程度上会引发园林树种的大面积早衰甚至死亡。

3.2　理论维度——总结植物应对干旱胁迫的响应机制

依据实地监测数据,结合近年国内外相关研究进展,在阐释干旱胁迫成因的基础上,归纳植物应对干旱胁迫的不同方法及其内在机制。

(1)干旱胁迫产生的原因

干旱胁迫产生的水分亏缺主要从大气和土壤两方面对植物生长造成影响。常见的大气干旱因子包括极端温度、相对空气湿度低、饱和水汽压差高、强风、强太阳辐射、少遮蔽、少云、降水量少等;常见的土壤干旱因子包括土壤持水能力低、腐殖质少、地表温度高、土壤受太阳直射多、雨水下渗少、土壤通气强、无地下水或地下水埋藏深等环境特征。

(2)植物应对干旱胁迫的反应与适应

植物抵御干旱的方式可以细分为"避旱"和"耐旱"两类。植物的"避旱"调节策略体现在根系、木质部水力结构、茎/根部储水与肉质化、蒸腾叶面积的结构性减少、防辐射及防蒸发的保护结构、抑制蒸腾需求的保护结构、叶片气孔结构适应、分支牺牲与树枝脱落、总体蒸腾叶面积减少等9个层面。植物的"耐旱"调节策略可以体现在脱落酸与气孔调节、渗透调节2个层面。具有以下7项生长和形态指标的树种一般具有较强的耐旱性,包括分布在临时或永久性的干旱立地、光滑或厚革质的叶片、叶背蓝灰色或白色、具有茸毛、羽状复叶或明显的裂叶、小叶和多刺。

(3)不同时间尺度上植物对干旱胁迫的反应与适应

按照短期、中期、长期的时间尺度对植物的干旱胁迫反应与适应方式进行归纳。短期反应包括气孔调节,渗透调节中的提高脱落酸/脯氨酸浓度,叶表面直接吸收水分(特别是针叶树种吸收露水),叶片垂挂、蜷曲、褶皱。中期反应包括短枝的发育,降低蒸腾面积和蒸腾率;小树枝、树冠部分以及细小的根枯死;气孔直径变小、密度增高;木质部细胞尺寸的适应。长期适应(受基因和遗传调控的表型改变)包括叶有茸毛;叶片形态的变化(裂叶、羽状复叶等);木质部的适应;气孔凹进表皮;树干、粗根储水与肉质化。

3.3　实践维度——构建各类园林树种在不同城市生境中的耐旱性评价体系

分别对固氮园林树种、国外引进树种两种类群展开耐旱性评价,并提出树种选择与规划的建议。

建立固氮园林树种耐旱性的综合评价体系:
$F_总 = 0.091X_1 + 0.103X_2 + 0.060X_3 - 0.071X_4 + 0.102X_5 + 0.082X_6 + 0.059X_7 + 0.099X_8 + 0.142X_9$。常见的15种固氮园林树种的耐旱性排序如表2所示,适用于边坡绿化的树种为紫穗槐、胡枝子、火炬树、刺槐、皂荚、多花木蓝;适用于行道树和道路分隔带绿化的树种为合欢、紫穗槐、香花槐、金叶槐、国槐、刺槐;适用于植被恢复和生态修复的树种为合欢、紫穗槐、香花槐、胡枝子、紫藤、火炬树、皂荚、山皂荚;适用于公园绿地的树种为合欢、紫穗槐、香花槐、胡枝子、金叶槐、紫藤、火炬树、湖北紫荆、多花木蓝、紫荆;适用于先锋造林的树种为紫穗槐、香花槐、胡枝子和火炬树。

选取10种在我国成功引种并表现良好的树种进行模拟实验,综合"标尺"树种耐旱性得分与不同层次的耐旱性评价结果,得到10种树种的耐旱性综合评价。耐旱性排序如表3所示,在不同城市生境中,公园及广场绿地建议选择心叶椴、美国红栌、北美枫香、红花槭、苏格兰金莲树、河津樱;行道树绿地建议选择心叶椴、美国红栌、北美枫香、红花槭;屋顶花园建议选择美国红栌。

通过对常见80余种园林树种形态学特征分析、生态习性调查和生理指标测定,本研究构建多指标综合评价体系,对园林树种耐旱性进行排序分级。首先从目标树种的地理分布点中提取出气候信息,计算干旱适应性指数;然后从外观形态提取耐旱形态特征,与干旱适应性指数交叉检验完成树种的初步筛选,评估目标树种是否具有长期耐受干旱胁迫的能力;最后从树种对于短期干旱胁迫的反应入手,通过不同指标的测定,确定树种的不同水分调节策略,完成干旱适应性的最终评估(表4)。

表2 15种固氮园林树种耐旱性排序与其他特征评价

树种	拉丁名	抗逆性强	耐有害气体、粉尘	观赏价值高	根系发达	生长速度快	土壤适应性强	耐旱性排序
合欢	*Albizia julibrissin*	●	●	●			●	1
紫穗槐	*Amorpha fruticosa*	●	●		●	●	●	2
香花槐	*Robinia pseudoacacia* 'idaho'	●	●	●			●	3
胡枝子	*Lespedeza bicolor*	●		●	●	●	●	4
金叶槐	*Styphnolobium japonicum* 'Jinye'	●	●	●				5
紫藤	*Wisteria sinensis*	●		●			●	6
国槐	*Styphnolobium japonicum*	●	●					7
火炬树	*Rhus typhina*	●			●	●		8
湖北紫荆	*Cercis glabra*			●			●	9
刺槐	*Robinia pseudoacacia*	●						10
皂荚	*Gleditsia sinensis*	●			●		●	11
多花木蓝	*Indigofera amblyantha*	●		●		●		12
紫荆	*Cercis chinensis*			●				13
山皂荚	*Gleditsia japonica*	●			●		●	14
江南桤木	*Alnus trabeculosa*						●	15

表3 新优国外引进树种栽培现状及预测

树种	耐旱能力	原分布地气候特征	目前已栽培地区	可栽培地区预测(依据年降水量)
心叶椴 *Tilia cordata*	●●●●	温带海洋性气候,最冷月均温大于0 ℃,最热月均温12~22 ℃;温带大陆性气候,最冷月均温0 ℃左右,最热月均温27~35 ℃	京、苏、沪、鲁、辽、疆、甘等地区	适宜栽培:年降水量大于200 mm地区
美国红栌 *Cotinus coggygria* 'Royal Purple'	●●●●	亚热带季风性湿润气候,最热月均温25 ℃左右;温带大陆性气候,最冷月均温小于0 ℃,最热月均温25 ℃左右	京、冀、鲁、豫、川等地区	

(续表)

树种	耐旱能力	原分布地气候特征	目前已栽培地区	可栽培地区预测（依据年降水量）
北美枫香 Liquidambar styraciflua	●●●●	亚热带季风性湿润气候，夏热冬温，最冷月均温大于0℃，最热月均温25℃左右；温带大陆性气候区亦有少量分布	鲁、豫、苏、浙、鄂等地区	
红花槭 Acer rubrum	●●●●	亚热带季风性湿润气候，夏热冬温，最冷月均温大于0℃，最热月均温25℃左右；温带大陆性气候区亦有少量分布	京、冀、鲁、辽、吉、豫、陕、皖、苏、沪、浙、赣、湘、鄂、云、川、疆等地区	
苏格兰金莲树 Laburnum alpinum	●●●	温带海洋性气候，最冷月均温大于0℃，最热月均温12~22℃；地中海气候，最冷月均温大于5℃，最热月均温24~28℃；温带大陆性气候，最冷月均温0℃左右，最热月均温27~35℃	京、鲁、沪、浙、云等地区	适宜栽培：年降水量大于500 mm地区；可尝试栽培：年降水量200~500 mm地区
河津樱 Prunus kanzakura 'Kawazu-zakura'	●●●	亚热带季风气候，全年温和，降雨丰沛，年均温17.5℃左右	京、江、浙、闽等地区	
红火箭紫薇 Lagerstroemia indica 'Red Rocket'	●●	亚热带季风性湿润气候，最冷月均温大于0℃，最热月均温27~35℃	湘、鄂、云、桂、赣、川、鲁、渝、京、豫、粤、浙、皖、贵等地区	适宜栽培：年降水量大于500 mm地区
加拿大紫荆 Cercis canadensis	●	亚热带季风性湿润气候，夏热冬温，最冷月均温大于0℃，最热月均温25℃左右	沪、豫、皖、鲁、苏、贵、浙等地区	适宜栽培：年降水量大于1 000 mm地区；可尝试栽培：年降水量500~1 000 mm地区

表4 某干干旱适应性的园林树种选择指标体系

	"生态-干旱"适应性	"形态-干旱"适应性	"生理-干旱"适应性
理论支持	物种分布理论 气候相似理论	植物形态学理论 植物功能性状理论	植物生理生态学理论 植物适应性策略理论
应用模型	气候信封模型	形态-物种矩阵模型	生物能流动模型
环境要素	标本/观测地/样地坐标	标本/观测地/样地坐标、海拔、坡度、坡向、土壤理化性质	土壤/空气温度、湿度、光照强度、饱和水汽压差
评价功能	以树种形态特征为基础，生态习性为依据，通过两种适应性的交叉评估检验，筛选具有干旱适生潜力的园林树种，对初选的树种耐旱能力排序分级		在初选基础上，结合生理测定的验证，了解树种的干旱适应性策略（避旱型/耐旱型），最终确定树种适宜的生境和养护管理方法
干旱类型	长期-中长期频发干旱		短期-频发干旱支持度高，长期-中期干旱支持度低

(续表)

评价指标体系					
树种气候信息	基础评价指标		优选评价指标	干旱指示指标	
逐月平均气温	叶型指标	叶型呈羽状复叶	有刺的树种	叶绿素荧光参数	光下最小荧光(F'_o)、光下最大荧光(F'_m)、稳态荧光(F_s)
逐月平均降水量		叶型呈深裂叶	叶片有明显、清楚的主脉		PSⅡ最大光化学量子产量(F_v/F_m)
最湿月平均降水量		小叶型(≤10 cm)	小叶型(最多10 cm)		PSⅡ有效光化学量子产量(F'_v/F'_m)
最干月平均降水量		等面叶	叶子小枝有毛，特别是星状毛、腺毛或银白色鳞状毛		表观电子传递速率(ETR)
最暖月平均降水量		卷叶			非光化学猝灭系数(NPQ)
最冷月平均降水量		密脉		植物响应指标	
最暖月最高气温		叶片中有明显具加固、传导作用的微管形态	叶子蓝色、银灰色、叶背白色(浓密的茸毛层或蜡层)	水势参数	黎明叶水势(Ψ_{PD})
					正午叶水势(Ψ_{MD})
最冷月最低气温		叶片表层闪耀发亮	密脉	叶片气体交换参数	净光合速率(P_n)
最湿季节平均气温		蜡质层厚表皮层	羽状或有明显裂痕的叶片		蒸腾速率(E)
年平均日照时长		幼叶有毛	重材		气孔导度(g_s)
干旱适应性指数	叶质指标	幼小嫩枝有毛	特别高的耐霜冻性(能耐受－30 ℃)		胞间CO_2浓度(C_i)
		叶背有茸毛		茎流参数	茎流速率
		叶背银白色		叶片性状	叶表观性状(长、宽、叶面积)
		叶背颜色变浅			叶片含水量
	枝茎指标	树皮具有纹路和裂缝			叶绿素含量
		树皮加厚/木栓化增强			比叶面积
		枝顶端变形、托叶变刺			比叶质量
		枝干有刺			叶寿命
		轻型树冠/高根冠比			生长量(树高、胸径、冠幅)
		高密度木材(重木)		植株形态观察	形态变化
	自然生境	自然分布在干旱立地			叶片卷曲率
		高再生恢复潜力			叶片焦边率
		高抗寒性(能耐受－20 ℃)			叶片脱落率

4 结论

基于华北区域的干旱气候特征与变化趋势，对多种树种开展野外样地调查及干旱生境模拟试验，探究了树种的"形态—干旱"适应性及"生理—干旱"适应性，并且针对不同类型的园林树种进行了抗旱性评价，最终综合得出园林抗旱树种选择的多指标评价体系。

"形态—干旱"适应性评价体系的建立：对自

然干旱缺水环境下稳定生长的植物进行调研,了解其特殊形态特征和生态习性,例如光滑或厚革质的叶片;羽状复叶或明显的裂叶;具有小叶和刺等,以此评估植物的干旱适应性。

"生理—干旱"适应性评价体系的建立:以银杏为代表植物进行干旱环境模拟试验,发现在城市生境中,影响植物生长的环境因子有干旱高温、人工非透水覆盖面、水分供给和土壤养分缺乏等,以上因素通过影响植物的生理代谢,导致植物的形态特征和生态习性发生改变,进而限制了植物的正常生长。优质的抗旱植物能够根据环境的干旱程度和持续时间调节自身的生理代谢机制,以适应干旱生境。例如茎/根部储水与肉质化、蒸腾叶面积的结构性减少、叶片的气孔结构适应、分支牺牲与树枝脱落等。

基于以上结论,对固氮园林树种、国外引进树种等两类树种进行了抗旱性评估和排序,结果得出合欢＞紫穗槐＞香花槐＞胡枝子＞金叶槐＞紫藤＞国槐＞火炬树＞湖北紫荆＞刺槐＞皂荚＞多花木蓝＞紫荆＞山皂荚＞江南桤木;心叶椴＝美国红栌＝北美枫香＝红花槭＞苏格兰金莲树＞河津樱＞红火箭紫薇＞加拿大紫荆。

建立基于干旱适应性的园林树种选择指标体系:结合气候、形态及生理等三个方面因素,综合评价园林抗旱树种,得出多指标评价体系。

参考文献

[1] 张强,姚玉璧,李耀辉,等. 中国西北地区干旱气象灾害监测预警与减灾技术研究进展及其展望[J]. 地球科学进展, 2015, 30(2): 196-213.

[2] 任磊,赵夏陆,许靖,等. 4种茶菊对干旱胁迫的形态和生理响应[J]. 生态学报, 2015, 35(15): 5131-5139.

[3] 汪星,周玉红,汪有科,等. 黄土高原半干旱区山地密植枣林土壤水分特性研究[J]. 水利学报, 2015, 46(3): 263-270.

[4] 王劲松,李耀辉,王润元,等. 我国气象干旱研究进展评述[J]. 干旱气象, 2012, 30(4): 497-508.

[5] Preston B L, Westaway R M, Yuen E J. Climate adaptation planning in practice: An evaluation of adaptation plans from three developed nations [J]. Mitigation and Adaptation Strategies for Global Change, 2011, 16(4): 407-438.

[6] Bierbaum R, Smith J B, Lee A, et al. A comprehensive review of climate adaptation in the United States: more than before, but less than needed [J]. Mitigation and Adaptation Strategies for Global Change, 2013, 18(3): 361-406.

[7] Carmin J, Anguelovski I, Roberts D. Urban climate adaptation in the global south [J]. Journal of Planning Education and Research, 2012, 32(1): 18-32.

[8] 张德顺,刘鸣. 上海木本植物早春花期对城市热岛效应的时空响应[J]. 中国园林, 2017, 33(1): 72-77.

[9] 车慧正,张小曳,李杨,等. 近50年来城市化对西安局地气候影响的研究[J]. 干旱区地理, 2006, 29(1): 53-58.

[10] 赵玉洁,宋国辉,徐明娥,等. 天津滨海区50年局地气候变化特征[J]. 气象科技, 2004, 32(2): 86-89.

[11] 朱春阳,李树华,纪鹏. 城市带状绿地结构类型与温湿效应的关系[J]. 应用生态学报, 2011, 22(5): 1255-1260.

[12] Rossi F, Pisello A L, Nicolini A, et al. Analysis of retro-reflective surfaces for urban heat island mitigation: A new analytical model [J]. Applied Energy, 2014, 114: 621-631.

[13] Di Maria V, Rahman M, Collins P, et al. Urban heat island effect: Thermal response from different types of exposed paved surfaces [J]. International Journal of Pavement Research and Technology, 2013, 6(4): 414-422.

[14] 谭伯禹. 园林绿化树种选择[M]. 北京:中国建筑工业出版社, 1983.

[15] 刘仲健. 深圳市园林绿化的植物配置和树种选择的分析[J]. 中国园林, 1992, 8(1): 26-32.

[16] 刘常富,何兴元,陈玮,等. 沈阳城市森林群落的树种组合选择[J]. 应用生态学报, 2003, 14(12): 2103-2107.

[17] Owino F. Selection for adaptation in multipurpose trees and shrubs for production and function in agroforestry systems [J]. Euphytica, 1996, 92(1/2): 225-234.

[18] Jaramillo-Correa J P, Prunier J, Vázquez-Lobo A, et al. Molecular signatures of adaptation and selection in forest trees [J]. Advances in Botanical Research, 2015, 74: 265-306.

[19] Johnson J B, Edwards J W, Ford W M, et al. Roost tree selection by northern *Myotis* (*Myotis septentrionalis*) maternity colonies following prescribed fire in a Central Appalachian Mountains hardwood forest

[J]. Forest Ecology and Management, 2009, 258(3): 233-242.

[20] Vázquez H J, Juganaru-Mathieu M. Exploring urban tree site planting selection in Mexico city through association rules [C]. //Proceeding of the 8th International Joint Conference on Knowledge Discovery, Knowledge Engineering and Knowledge Management. November 9-11, 2016. Porto, Portugal. SCITEPRESS-Science and Technology Publications, 2016: 425-430.

[21] 徐蕊, 王启柏, 张春庆, 等. 玉米自交系抗旱性评价指标体系的建立[J]. 中国农业科学, 2009, 42(1): 72-84.

[22] 任珺. 牧草抗旱性综合评价指标体系的AHP模型设计与应用的研究[J]. 草业学报, 1998, 7(3): 34-40.

[23] 王道杰, 杨翠玲, 桂月靖, 等. 油菜抗旱性及鉴定方法与指标 I. 油菜早期抗旱性鉴定模拟技术体系构建[J]. 西北农业学报, 2011, 20(12): 77-82.

作者简介: 张德顺, 同济大学建筑与城市规划学院教授。研究方向: 园林植物与风景规划设计。

李科科、姚鳗卿、刘玉佳、陈莹莹, 同济大学建筑与城市规划学院在读博士研究生。研究方向: 园林植物与风景规划设计。

张百川、战颖, 同济大学建筑与城市规划学院, 高密度人居环境生态与节能教育部重点实验室, 在读硕士研究生。研究方向: 园林植物与风景园林规划设计。

姚驰远, 同济大学建筑与城市规划学院博士后。研究方向: 城市生态、绿地健康与园林植物应用。

基于 InVEST 和 Ca-Markov 模型的北京大兴区碳储量时空变化研究

黄莹　王鑫　李雄

摘　要　土地覆被变化是影响碳储量变化的主要因素,科学合理的国土空间规划在一定程度上能促进区域低碳建设,实现"双碳"目标。本文以北京城市边缘区——大兴区为研究场地,基于 10 m 高分辨率的 2016—2022 年中 4 个年份土地利用数据,耦合 CA-Markov—InVEST 模型评估 2016—2030 年的碳储量变化,结果表明:(1) 2016—2022 年大兴区土地覆被变化明显,由北向南呈现集中到分散的特征。(2) 2016—2022 年大兴区碳储量总体呈下降趋势,共减少 $5.35×10^5$ t,呈边缘高、中心低的时空分布特征;到 2030 年,碳储量呈缓慢上升趋势,生态保护场景的碳储量增值是自然发展场景的两倍左右。(3) 建设用地扩张侵占耕地和林草地,是造成碳储量流失的主要原因,科学地实施生态保护政策,可有效促进区域生态可持续发展。

关键词　土地利用覆被变化;北京大兴区;碳储量;Ca-MArkov 模型;InVEST 模型

土地利用覆被变化(Land Use and Cover Changes,LUCC)是影响陆地生态系统碳循环最主要的因素,当土地覆被类型发生转变时往往伴随着大量的碳交换,进而影响陆地生态系统的生产力及气候调节能力。在快速城市化过程中,LUCC 程度剧烈,表现为生态用地被侵占,陆地生态系统中的碳储量显著减少,影响了健康的碳循环及城市的可持续发展。如何平衡城市化发展速度与二氧化碳排放,提高陆地生态系统的碳储量,是当下碳中和发展目标中高度关注的重要问题。

近年来,各地纷纷开展大规模的国土绿化行动,北京市高度重视森林碳汇作用,平原地区的林地面积增速显著。大兴区是北京市的南郊平原,是北京城市化最活跃、土地利用结构变化速度最快的城市边缘区,也是碳排放研究的典型区域。大兴区受政策导向明显,持续建设大规模、大尺度的城市森林,2016 年以前建设"两轮"百万亩平原造林工程的重点绿化区域,2018 年又开展新一轮的平原造林工程,至今全区森林覆盖率增至 32.88%,林木绿化率增至 33.46%,区域内土地利用覆被变化显著。因此,研究北京大兴区不同时期土地利用覆被变化对碳储量的影响,对于探索如何控制和优化土地利用结构,具有一定参考意义。

对于碳储量的评估方法已有不少研究和实践,其中,用于量化多种生态系统服务功能的 InVEST(Integrated Valuation of Ecosystem Services and Trade-offs)模型最为典型,InVEST 模型能可视化土地利用变化与碳储量之间的关系,有输入数据少、运行速度快、精度高的优势,相比于传统的估算法能更广泛运用于不同国家和地区。此外,众多学者还探索未来土地利用变化对生态系统碳储量的影响,基于不同的城市建设政策设置不同场景,预测结果能帮助提前制定科学合理的生态保护方案,为后续生态文明建设提供参考。CA-Markov 模型(Cellular Automata-Markov)就具有较好的科学性与实用性,该模型由马尔科夫链和元胞自动机(CA)两个模型组成,综合了 CA 模型的空间维度分析能力和 Markov 的时间维度分析优势,不仅有较高的预测精度,还能有效模拟未来土地利用格局的空间变化[1]。

目前的碳储量研究大多停留在国家和省级层面,对区域尺度的空间变化及发展需求的研究还不够深入,本研究结合 CA-Markov 和 InVEST 模型,考察区域尺度上的碳储量变化,以 10 m 高分辨率的 Sentinel-2 遥感影像为数据源,采用 CA-Markov 模型预测 2030 年的土地利用格局,并结合 InVEST 模型分析与评估大兴区 2016—2030 年的碳储量时空变化。通过研究区域碳储量的时空分布情况及其空间特征,能够为协调大兴区土地开发利用与生态保护的关系提供科学依据,促进北京市全区域的绿色低碳发展。

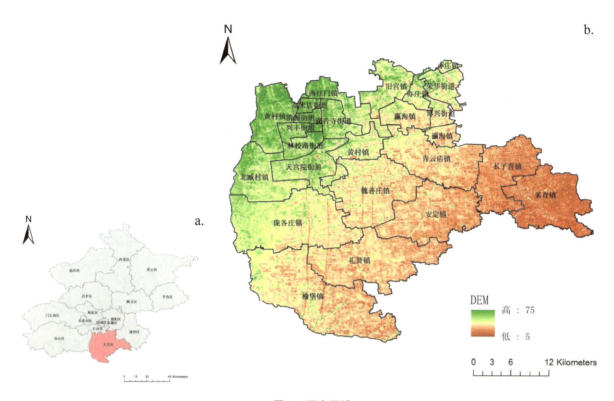

图1 研究区域
a. 北京市；b. 大兴区

1 研究区概况

本文选取北京市大兴区作为研究区域（图1）。大兴区地处永定河冲积平原，地势整体上自西北向东南缓倾，海拔高度在15～45 m之间，东经116°13′—116°43′，北纬39°26′—39°51′，总面积1 036 km²。大兴区东与北京市通州区毗邻，南与河北省廊坊市、固安县交界，西与房山区隔永定河为邻，北接丰台区和朝阳区，是重要的京郊农业大区。属暖温带半湿润大陆季风气候，年平均气温为11.6℃，年平均降水量556 mm，降雨主要集中在6～8月份。土壤类型多为沙壤土，pH 8.8～9.1。

大兴区区域内景观类型单一，建设用地和耕地一直是占据主导优势的用地类型，随着近些年生态环境建设，林草地面积增加显著。

2 数据来源与研究方法

2.1 数据来源与预处理

本研究所使用的大兴区土地利用数据为10 m分辨率的Sentinel-2遥感影像数据，来源于欧空局的哥白尼数据中心（https://scihub.copernicus.eu/dhus/），包括2016、2018、2020、2022年4期，考虑到研究区有大面积耕地，影像数据易受农作物春小麦长势的影响，所以4期遥感影像数据选取的月份都集中于5月。Sentinel-2影像数据预处理过程为：利用插件sen2cor对原始影像进行校正，得到L2A级别数据；用欧洲航天局（ESA）官方提供的SNAP软件，重采样为10 m分辨率的ENVI格式影像，在ENVI软件中进行波段合成、图像镶嵌及矢量边界裁剪过程后（数据来源于中国科学院资源环境科学与数据中心：https://www.resdc.cn/），得到研究区域影像；再采用Google Earth高分辨率影像进行验证，从每个年份的各地类中随机圈选50个验证样本，以提升数据总体精度的准确性。最终，土地利用覆被类型分为耕地、林草地、水域、建设用地、未利用地5种。

研究区的驱动因素数据来源为：DEM数据下载于地理空间数据云（https://www.gscloud.cn/），空间分辨率为30 m；坡度数据由ArcGis软件提取 DEM 数据获得；人口和 GDP 等社会经济数据来源于中国科学院资源环境科学与数据中心（https://www.resdc.cn/）；道路数据由 OpenStreetMap（https://www.openstreetmap.org/）和全国地理信息资源目录服务系统（https://www.webmap.cn/）获取得到。所有数据都在 ArcGIS 里统一转换为 WGS_1984_UTM_Zone_50N 投影坐标系，分辨率经过重采样后为 10 m。

2.2 研究方法

2.2.1 InVEST 碳储量模型

InVEST 模型是生态系统服务综合评估模型[2]。陆地生态系统的碳密度主要由四部分组成：地上生物碳密度（C_{above}）、地下生物碳密度（C_{below}）、土壤碳密度（C_{soil}）、死亡有机质碳密度（C_{dead}）[3]。本研究使用 InVEST 3.11 模型中的 Carbon 模块进行碳储量估算，合适的碳密度数据是碳储量模拟的关键。碳储量基本公式[3]：

$$C_k = C_{i-above} + C_{i-below} + C_{i-soil} + C_{i-dead}$$

$$C_{total} = \sum_{k=1}^{n} A_k \times C_k \quad (1)$$

式中：C_k 为某类土地利用类型；C_{total} 为陆地生态系统总碳储量；$C_{i-above}$ 是植物地上生物量的碳密度（t/hm²），$C_{i-below}$ 是植物地下生物量的碳密度（t/hm²），C_{i-soil} 是土壤有机碳密度（t/hm²），C_{i-dead} 是枯落物中的有机质碳密度（t/hm²）；A_k 为每种土地利用类型的面积（hm²）；n 表示土地利用类型的数量，本文为 5[3]。

2.2.2 CA-Markov 模型

IDRISI 软件中的 CA-Markov 模型在 LUCC 模拟研究中已广泛应用[4]。Markov 链是以马尔科夫随机过程为理论基础的预测方法，通过求出 1 期和 2 期的土地转移概率来模拟土地利用随时间变化的矩阵，以此为基础预测后续变化。Markov 链的计算公式如下：

$$P_{ij} = \begin{bmatrix} P_{11} & P_{12} & \cdots & P_{1n} \\ P_{21} & P_{22} & \cdots & P_{2n} \\ \vdots & & \ddots & \vdots \\ P_{n1} & P_{n2} & \cdots & P_{nn} \end{bmatrix}$$

且 $\sum_{j=0}^{n} P_{ij} = 1 (i, j = 1, 2, \ldots, n)$

$$S_{t+1} = P_{ij} \times S_t \quad (2)$$

式中：S_t、S_{t+1} 为 t、$t+1$ 时的研究区土地利用状态，P_{ij} 为转移概率矩阵，n 为土地利用类型。

元胞自动机（Cellular Automata，CA）具有模拟包括土地利用在内的各种自然过程时空演化的能力，每一个元胞的状态随着领域状态和转变规则发生改变，是模拟复杂空间过程的有效工具。该模型可定义如下：

$$S(t, t+1) = f[S(t), N] \quad (3)$$

式中：S 为元胞有限且离散状态的集合，t、$t+1$ 为两个不同的时刻，N 为每个元胞的领域[4]。

2.2.3 MCE 多标准评价模块

MCE（Multi-Criteria Evaluation）模块可以为未来土地利用变化提供决策辅助，提高模型模拟精度[5]。MCE 模块以限制性因素和驱动因素作为自变量，建立土地利用变化的适宜性图像集，为元胞在下一时刻的状态提供决策目标[6]。

根据大兴区的政策实施以及土地利用的管控导向，设定自然变化和生态保护两种可能的未来土地利用覆被变化场景，即确定研究区的限制性因素。对于自然发展场景（NVC），按照现有的历史发展规律，不做特殊限制；对于生态保护场景（EVC），对林草地以及水域的转出实施严格的限制，约束土地利用变化转移面积及概率，林草地和水域不转换为其他地类。

根据研究区域情况，选取相应的驱动因素，包含地形因子、可达性因子、社会因子共 10 个，采用层次分析法，通过构建判断矩阵来确定各因素的权重[5]。

用 Collection Editor 模块将每一个地类的概率图集成在一个图集中，得到土地利用变化适宜性规则图集。

2.2.4 精度验证

本文以 2020 年与 2022 年为模拟期，通过 Markov 模型计算得到研究区 2016—2018 年、2018—2020 年土地利用转移矩阵与转移概率，借助 MCE 制作各土地利用类型的适宜性图集，由 CA-Markov 模型模拟出 2020 年、2022 年大兴区的土地利用格局。利用 IDRISI 平台的 Crosstab 模块，输入实际土地利用图并与预测土地利用图

表 1 2016—2030 年大兴区各期土地利用面积及动态度

LUCC	2016	2018	2020	2022	2030 NVC	2030 EVC	2016—2022	2022—2030 NVC	2022—2030 EVC
	面积(hm²)						土地利用动态度(%)		
耕地	60 555.10	53 401.56	48 792.24	42 193.47	44 034.88	43 787.31	−5.05	0.55	0.47
林草地	4 587.53	4 879.93	6 194.85	7 110.11	6 962.50	7 491.23	9.17	−0.26	0.67
水域	288.57	182.02	368.75	479.10	598.04	634.29	11.01	3.10	4.05
建设用地	37 464.98	44 708.50	47 820.70	53 442.49	51 577.60	51 259.86	7.11	−0.44	−0.51
未利用地	333.48	57.80	52.85	3.87	57.00	57.04	−16.47	171.42	171.54

进行精度验证,得到 2020 年与 2022 年 kappa 系数分别为 0.7929、0.7603,表明模拟效果较好,可使用通过验证的 CA-Markov 模型预测 2030 年土地利用格局。

3 结果与分析

3.1 土地利用变化特征

大兴区的用地类型以耕地和建设用地为主,2022 年其面积分别为 42 193.47 hm² 和 53 442.49 hm²,耕地和建设用地的两地类之和占据了大兴区总面积的 90% 以上;其次为林草地,占地面积为 7 110.11 hm²,占总面积的 6.89%;水域和未利用地的面积较少,均不足大兴区总面积的 1%(表 1)。

2016—2022 年,城市扩张导致大兴区的土地利用发生了显著变化,主要表现为耕地减少,建设用地和林草地增加。耕地面积由 60 555.10 hm² 减少至 42 193.47 hm²,建设用地由 37 464.98 hm² 增加至 53 442.49 hm²,从图 2 所示土地利用转移来看,城市发展中建设用地大量占用耕地,每 2 年间的土地利用动态度分别为 9.67%、3.48%、5.88%,2016—2018 年是建设用地变化最剧烈的阶段。林草地面积持续增加,增加量为 2 522.58 hm²,每 2 年间的土地利用动态度分别为 3.19%、13.47%、7.39%,以 2018—2020 年间的变化率最为明显,得益于 2018 年新一轮的百万亩平原造林工程;增加的林草地主要来源于耕地、建设用地,其中建设用地转化面积为 801.76 hm²,表明在北京市的减量发展过程中,大量的腾退地转化为了生态绿地[7]。

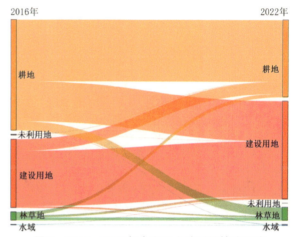

图 2 2016—2022 年大兴区土地利用转移矩阵

利用 CA-Markov 模型中的 MCE 多标准评价模块,预测 2030 年不同场景下的土地利用覆被变化,根据预测结果,2030 年的自然发展场景下,林草地和建设用地面积减少,林草地减少 147.61 hm²,建设用地减少 1 864.89 hm²,耕地、水域、未利用地呈增长趋势。在生态保护场景下,减少的地类仅有建设用地,减少 2 182.63 hm²,土地利用动态度为 −0.51%,这是因为建设用地的扩张受到生态场景的限制,相比于自然发展场景,林草地的面积增长显著,产生了相应的生态效应,由 6.74% 发展为 7.26%,增加了 528.73 hm²(表 1)。

从空间分布来看,2016—2022 年,城市扩张明显,建设用地主要侵占耕地;以北部的黄村、亦庄地区为密集分布中心,逐渐在南部的榆垡镇及东南部采育镇周边形成块状组团,呈现由北向南集中-疏散的空间分布特征(图 3)。在百万亩平原造林工程的影响下,林草地也呈现一定的空间分布,主要集中分布于区域边缘;新增的林地还比较分散,呈点状或块状分布,以南

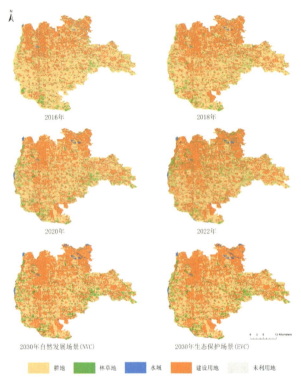

图 3 大兴区 2016—2030 年土地利用变化空间分布

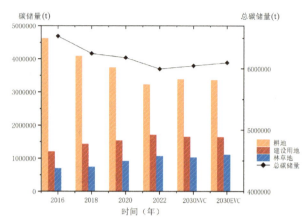

图 4 大兴区 2016—2030 年各地类碳储量及总碳储量

部、东南部、西部最为明显,明显呈块状分布的区域集中于沿永定河一侧、大兴国际机场周边、安定镇处。

在 2030 年两大预测场景下,大兴区的土地利用空间分布延续 2016—2022 年的发展趋势,用地扩张稳定,建设用地呈北密南疏的空间特征,林草地空间分布边缘化愈加明显(图3)。生态保护场景下,受政策影响,林草地被保护,城市建设用地扩张受限;表现为永定河一侧面积增长明显,沿岸呈连续块状分布,形成绿廊,特别在西部北臧村镇,建设用地分布相较于 2022 年更分散,被疏解腾退为生态绿地。同时,造林工程成果显著,林草地在榆垡镇、安定镇、采育镇周围区域逐渐集中发展,形成大片块状绿地。

3.2 碳储量时空变化特征

利用 InVEST 模型的 Carbon 模块分别计算大兴区 2016 年、2018 年、2020 年、2022 年四期碳储量,并分别预测 2030 年自然发展场景和生态保护场景下的碳储量(图4)。北京大兴区在快速的城市扩张过程中发生了巨大变化,2016 年—2022 年的碳储量逐年减少,分别为 65.32×10^5 t、62.49×10^5 t、61.80×10^5 t、59.95×10^5 t,总体减少量为 5.35×10^5 t;每两年的碳储量减幅分别为 4.34%、1.10%、2.98%,以 2016—2018 年的减幅最高。在大兴区的各地类里,耕地、建设用地、林草地是主要的贡献碳储量的地类,6 年间,耕地的碳储量逐年递减,减少了 13.99×10^5 t;林草地和建设用地逐年增加,建设用地增加 5.06×10^5 t,林草地由 6.96×10^5 t 增加到 10.65×10^5 t,增值 3.68×10^5 t(表2)。

2022—2030 年,在两大预测场景下,大兴区碳储量皆呈增长趋势。2030 年自然变化场景下,碳储量预测值为 60.48×10^5 t,较 2022 年增加 0.52×10^5 t,平均每年增加 0.65×10^4 t;生态保护场景下,碳储量预测值为 60.99×10^5 t,增值为 1.03×10^5 t,平均每年增加 1.29×10^4 t,是自然发展场景下的两倍左右。其中,林草地碳储量在两大场景中对比明显,自然发展场景下的林草地碳储量为 10.20×10^5 t,生态保护场景下为 11.04×10^5 t,增加 0.84×10^5 t,说明实施生态保护措施可以较好地促进大兴区区域固碳作用,且效果明显。

从碳储量的时空分布格局来看,2016—2022年,大兴区的碳储量逐渐呈现边缘高、中心低的时空分布特征。碳储量高值分布明显分散化,位于区域西侧、南侧和东南侧,具体表现为永定河沿岸、榆垡镇、安定镇、采育镇等处,均位于区域边界位置;碳储量低值区与建设用地集中分布区域一致,主要分布于区域的北侧和中部,以黄村和亦庄为中心(图5)。

2030 年两大预测场景下,碳储量的空间分布总体特征与 2016—2022 年基本保持一致。生态保护场景下,碳储量低值区域发展稳定,城市扩张

表2 2016—2030年大兴区各地类碳储量（t）

LUCC	2016	2018	2020	2022	2030(NVC)	2030(EVC)
耕地	4 625 455.13	4 087 140.70	3 737 661.27	3 226 770.22	3 381 553.33	3 359 164.18
林草地	696 422.10	732 053.66	913 130.80	1 064 777.41	1 020 313.64	1 103 906.06
水域	0.00	0.00	0.00	0.00	0.00	0.00
建设用地	1 197 329.49	1 427 431.34	1 527 016.80	1 703 792.98	1 643 978.13	1 633 846.67
未利用地	13 056.07	2 189.81	2 002.45	143.28	1 879.64	1 879.64

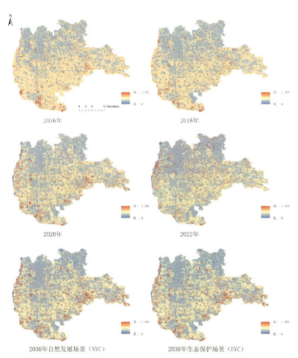

图5 大兴区2016—2030年碳储量时空分布格局

受到一定限制，逐步集中于区域中部。碳储量高值区域较2022年增加明显，由分散的"点状"分布发展为集中的"面状"分布，主要集中于大兴区西侧及东南侧，边缘化明显；由于林草地的单位面积碳储量较高，未来随着乔木林不断生长，碳储量空间分布将由边缘高值区域向中心发展，形成中部的生态绿心，构建完整的绿色空间体系，带来较好的碳汇效益。

3.3 土地利用变化对碳储量的影响

由于不同地类碳密度的差异性，地类间的相互转换会引起碳储量的变化。在大兴区中，碳储量值主要受耕地、林草地、建设用地这三大地类间的转入与转出的影响（表3）。耕地、林草地作为贡献碳储量高值的两大地类，转化为其他地类时，会使土壤和植被的地上、地下碳储量减少，进而减少大兴区总碳储量。2016—2022年，大兴区总碳储量由65.32×10^5 t降为59.95×10^5 t，地类间的相互转化使碳储量减少5.35×10^5 t。碳储量减少的区域主要为新增的建设用地，主要由耕地转出，转出减少量为13.99×10^5 t，呈点状和块状分布，以西南部的榆垡镇、庞各庄镇、礼贤镇为主，这与2016—2018年大兴国际机场建设有关（图6，图7）。碳储量增加的区域呈分散式分布，主要为新增林草地，林草地具有较强的固碳能力，6年间林草地主要由耕地大量转入，转入增加量3.68×10^5 t，主要集中于黄村、青云店镇及魏善庄镇区域。碳储量增加还来源于被腾退的建设用地，主要转出为耕地和林草地，转出增加的碳储量为3.87×10^5 t，以黄村和亦庄区域为主，说明了疏解腾退政策的有效实施。另外，水域的碳密度较低，转出也有利于区域碳储量的增加，转出增加量为0.80×10^4 t。

与2022年相比，2030年自然发展场景下，碳储量增加0.52×10^5 t；生态保护场景下，碳储量增加1.03×10^5 t，生态保护场景下的碳储量增长幅度高于自然发展场景；增值区域主要表现为南部、东南部和西部区域，即北臧村镇、庞各庄镇、榆垡镇、安定镇、采育镇、礼贤镇等边缘区域。碳储量增值的不同主要是因为耕地、林草地的转入转出有差别。在自然发展场景下，耕地转入林草地的面积减少，林草地转出建设用地的面积增加，导致林草地碳储量减少4.45×10^4 t；在生态保护场景下，政策限制耕地、林草地的转出，同时耕地和建设用地向林草地转入的面积增加，林草地呈增长趋势，增值3.91×10^4 t，可见生态保护措施有助于区域碳平衡。另外，相比于自然发展场景，在生态保护场景下，中部绿化建设的提升效果更明显，有助于形成全域连续的高碳值分布格局。

表3 2016—2030年大兴区土地利用类型转换引起的碳储量变化

土地利用类型转化	2016—2022		2022—2030(NVC)		2022—2030(EVC)	
	面积(hm²)	碳储量变化(t)	面积(hm²)	碳储量变化(t)	面积(hm²)	碳储量变化(t)
耕地-耕地	33 697.48	0	29 663.88	0.00	29 613.63	0.00
耕地-林草地	4 770.76	333 860.58	3 377.23	231 583.97	3 456.63	237 331.50
耕地-水域	244.48	−18 859.28	115.17	−8 734.74	117.47	−8 893.09
耕地-建设用地	21 827.16	−983 331.52	9 001.96	−410 450.49	8 970.76	−409 508.40
耕地-未利用地	3.04	−159.28	30.50	−1 439.45	30.37	−1 434.92
林草地-耕地	1 904.34	−136 761.09	2 763.88	−197 319.20	2 607.76	−184 717.35
林草地-林草地	1 496.57	0.00	2 495.98	0.00	2 851.83	0.00
林草地-水域	4.37	−678.17	34.57	−5 192.51	33.21	−5 016.42
林草地-建设用地	1 181.58	−139 781.53	1 808.57	−213 206.24	1 609.95	−189 203.36
林草地-未利用地	0.06	−7.98	5.46	−655.73	5.70	−681.96
水域-耕地	24.34	1 982.48	1.44	120.69	1.55	130.68
水域-林草地	3.64	605.40	3.98	580.66	2.95	424.95
水域-水域	99.19	0.00	318.78	0.00	337.88	0.00
水域-建设用地	160.80	5 422.47	153.92	5 163.60	135.86	4 612.72
水域-未利用地	0.11	4.72	—	—	—	—
建设用地-耕地	6 333.99	291 309.33	11 598.07	529 835.95	11 557.00	527 897.33
建设用地-林草地	801.76	96 078.56	1 083.93	126 012.83	1 178.50	136 932.32
建设用地-水域	127.75	−4 312.41	128.96	−4 185.21	145.13	−4 682.22
建设用地-建设用地	30 196.04	0.00	40 603.90	0.00	40 534.45	0.00
建设用地-未利用地	0.11	−0.20	20.01	−8.26	19.92	−8.20
未利用地-耕地	227.92	12 704.13	2.26	127.06	2.23	125.70
未利用地-林草地	35.59	5 197.94	0.06	7.98	0.03	3.42
未利用地-水域	2.21	−86.60	0.01	−0.31	0.01	−0.31
未利用地-建设用地	67.41	33.55	0.50	0.24	0.55	0.26
未利用地-未利用地	0.24	0.00	1.04	0.00	1.05	0.00

图6 大兴区2016—2022年、2022—2030年不同场景下碳储量变化空间分布

图 7　大兴区 2016—2022 年、2022—2030 年不同场景下碳储量空间分布

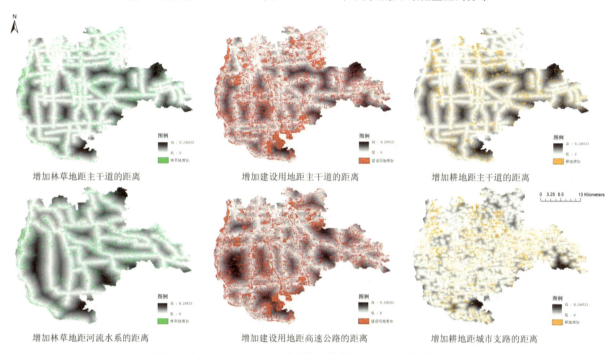

图 8　大兴区 2016—2022 年耕地、林草地、建设用地增值分布

4　讨论与结论

4.1　讨论

4.1.1　城市扩张及生态造林工程对碳储量的影响

一般来说,城市扩张过程复杂,涉及各种自然和社会经济驱动因素。研究表明,自然环境因子大多控制整体空间布局,而社会经济因子往往引导着转换的数量和演变方向。本研究利用 10 m 高分辨率的 Sentinel-2 影像数据作为大兴区土地利用变化的基础数据,高分辨率的数据图像有助于呈现更多的空间细节,表现突出的空间分布特征。

由数据图像可看出,在大兴区中,建设用地、耕地、林草地三大地类的时空特征变化明显,呈现散点式的线型分布,与道路因子密切相关(图 8)。具体来说,建设用地扩张在主要道路和高速公路沿线明显,形成以轨道交通为骨干的网络化区域布局;增加的耕地也在主要道路附近呈现线型分布,与城市支路联系密切;增加的林草地除了呈散点状分布特点,同时还沿着河流、主要道路呈线型分布,这与潘瑞琦[8]等和王茜等[9]的研究结果一致,说明道路邻近度是城市快速扩张地区的 LUCC 主要驱动因素,在规划土地利用格局时应当密切关注道路、河流的分布情况,实现合理且高效的资源配置。

研究表明,区域内的碳储量变化在外受到建设用地扩张的影响,在内会不断受到政府政策及规划的引导。在百万亩造林工程的发展机遇下,大兴区在2018年持续开展大规模的造林工程,2020年又推进森林城市建设,公园绿地显著增加,2022年全区森林资源数量与质量都有了较大的提升。

在生态政策导向下,2016—2022年大兴区碳储量总体呈下降趋势,这是因为大兴区新增乔木林还处于成长阶段,以幼龄林和中龄林为主,林分质量还有待提高。为预测未来碳储量的发展趋势,本文设定了两大场景:自然发展场景和生态保护场景。数据显示2022—2030年在两大场景下的碳储量皆呈增长趋势,说明随着乔木林的生长,未来新增林地的平均碳密度会随着龄组的增加而增加,提高森林固碳水平。同时,生态保护场景下的碳储量增值达 1.03×10^5 t,是自然发展场景下的两倍左右,这得益于进一步的留白增绿、划定保护区等生态建设措施,极大减缓了碳损失的速率,有助于维持碳平衡。

因此,大兴区在提升区域低碳建设时,建议应采取有效的土地利用调控措施,控制建设用地的扩张,同时划定林草保护区,限制林草地向其他地类的转出,保持林地面积,同时加强建设用地、未利用地的转入,推进科学植树造林。并且,在未来的造林工程中应注重增加景观连通性,形成绿色廊道,连通分散的林草地斑块,打造大尺度、集中连片的森林基底,形成系统的区域绿色空间格局。

4.1.2 局限性和未来发展

本文引入CA-Markov模型耦合InVEST模型,为碳储量的预测和计算提供了可行方法,预测的数据图像有助于识别土地利用变化区域,对于评价森林碳汇功能具有重要意义,但模型也仍存在一定的局限性。CA-Markov模型可以较好地模拟大兴区的土地利用覆被变化过程,但高分辨率的土地利用数据源,存在限制性因素不够全面、驱动因子数据分辨率不高等问题,对地类转化精度造成一定影响,在后续研究中需要进一步提高数据图像精度,更好地呈现预测效果。在使用InVEST模型时,碳密度数据均参考了其他学者研究,未全面考虑同一地类上植被类型和生长状况的差异性,忽略了碳密度的变化,今后的研究中应结合更多的实地采样来计算碳密度数据,得到精确的数据结果,准确衡量研究区域的碳储量时空变化特征。

4.2 结论

本文利用10 m高分辨率的2016年、2018年、2020年、2022年大兴区四期土地利用数据,将CA-Markov模型与InVEST模型相结合,在计算大兴区2016—2022年碳储量的基础上,预测了2030年不同场景下,土地利用变化对碳储量的影响,得出以下结论:

① 2016—2022年大兴区城市用地快速扩张,建设用地由北向南呈现集中到分散的特征,在庞各庄镇、大兴国际机场及采育镇周边形成块状组团;新增林地呈散点状、块状分布,以南部、西部、东南部最显著。

② 2016—2022年大兴区碳储量总体呈下降趋势,共减少 5.35×10^5 t。根据场景模拟,预计到2030年,碳储量呈缓慢上升趋势,自然变化场景下,碳储量增加 0.52×10^5 t;生态保护场景下,增值为 1.03×10^5 t,是自然发展场景下的两倍左右。碳储量呈边缘高、中心低的时空分布特征,边缘高值区域有向中心发展的趋势,未来将形成中部的生态绿心。

③ 地类间的相互转换是引起碳储量变化的直接原因,碳储量值的大小主要受耕地、林草地、建设用地三大地类间的转入与转出的影响,碳储量减少的区域主要为新增的建设用地,增加的区域主要为新增林草地,以及部分腾退为生态绿地的建设用地。

参考文献

[1] Sang L L, Zhang C, Yang J Y, et al. Simulation of land use spatial pattern of towns and villages based on CA-Markov model[J]. Mathematical and Computer Modelling, 2011, 54(3/4): 938-943.

[2] Zhao M M, He Z B, Du J, et al. Assessing the effects of ecological engineering on carbon storage by linking the CA-Markov and InVEST models[J]. Ecological Indicators, 2019, 98: 29-38.

[3] Zhou J J, Zhao Y R, Huang P, et al. Impacts of ecological restoration projects on the ecosystem carbon storage of inland river basin in arid area, China[J]. Ecological Indicators, 2020, 118: 106803.

[4] Nasehi S, Namin A I, Salehi E. Simulation of land

cover changes in urban area using CA-Markov model (case study: Zone 2 in Tehran, Iran)[J]. Modeling Earth Systems and Environment, 2019, 5(1): 193-202.

[5] 史名杰, 武红旗, 贾宏涛, 等. 基于 MCE-CA-Markov 和 InVEST 模型的伊犁谷地碳储量时空演变及预测[J]. 农业资源与环境学报, 2021, 38(6): 1010-1019.

[6] 李世锋, 洪增林, 薛旭平, 等. 基于 Logistic-CA-Markov 耦合模型的彬州市 LUCC 多情景模拟[J]. 水土保持研究, 2022, 29(4): 292-299.

[7] 李婷, 王思元. 基于原型思维的城市边缘区景观格局演变研究: 以北京市大兴区为例[J]. 生态学报, 2022, 42(3): 1153-1164.

[8] 潘瑞琦, 郑曦. 百万亩造林工程对陆地生态系统碳储量的影响研究: 以北京市平原区为例[C]//中国风景园林学会. 中国风景园林学会 2021 年会论文集: 美美与共的风景园林: 人与天调　和谐共生. 北京: 中国建筑工业出版社, 2021.

[9] 王茜, 林钰源, 宋金平, 等. 北京城市边缘区建设用地扩展分析: 以大兴区为例[J]. 北京师范大学学报(自然科学版), 2014, 50(1): 83-88.

作者简介: 黄莹, 北京林业大学园林学院硕士研究生。研究方向: 风景园林规划设计。

王鑫, 北京林业大学园林学院讲师。研究方向: 人工智能辅助风景园林设计。

李雄, 北京林业大学副校长, 北京林业大学园林学院教授。研究方向: 风景园林规划设计。

低影响开发下的白马河公园碳汇效能量化研究

王晶懋 刘晖 王千格 韩都

摘 要 "双碳"背景下海绵型公园是否真正助力低碳城市发展尚无量化论证,相关研究与设计方法的缺失使得公园建成后碳汇效益无法充分发挥,西安地区城市公园存在的一系列影响碳汇功能的现状问题也亟待解决。本文选取海绵型公园全生命周期中运行维护阶段作为研究框架,以白马河公园为研究对象,构建出适用于以白马河公园为代表的海绵型公园运行维护阶段碳汇量化方法,量化白马河公园碳汇功能,并分析LID设施对公园碳汇功能的影响。结果表明白马河公园运行维护阶段年碳汇总量为53 624.61 kg CO_2eq,单位面积年碳汇量为1.56 kg CO_2eq,且白马河公园碳汇效能强于非海绵型公园,年碳汇量比非海绵型公园高约0.12 kg CO_2eq/m^2·a,因而得出LID设施的加入增强了公园碳汇效能,但其对于碳汇功能的影响有利有弊,因而进行海绵型公园碳汇功能优化时需要平衡两者矛盾;研究为后续碳汇优化设计提供实际参考与理论依据。

关键词 海绵型公园;碳源与碳汇;低碳景观;量化;绿色基础设施

在当前海绵城市与低碳城市交互融合发展的热潮中,城市公园绿地在增汇减排、缓解热岛效应等环境优化中发挥着重要作用,但其同时也会产生一定量的碳源。本文从风景园林设计的角度,针对典型案例白马河公园进行计算分析,构建海绵型公园碳汇功能量化方法,量化论证海绵型公园助力低碳城市发展的事实,助力碳中和目标在城市重点功能区域的落实。

1 海绵型公园碳汇功能量化必要性

1.1 碳汇功能效能提升具有生态价值

在"双碳"目标下,海绵型公园的建设增加了绿地面积并改变绿地结构,一方面为碳汇提供了大容量的载体,缓解了硬化下垫面带来的城市热岛效应等气候问题;另一方面,海绵型公园实现了更有效的雨污源头控制,间接减少了能源与资源处理所带来的碳排放。然而,在海绵城市措施中,为了满足径流削减与净化要求,其绿地植物配置受限,例如生物滞留设施、植草沟等通常以地被植物或灌木的栽植为主,乔木的缺少使得LID设施的碳汇效能受到一定的影响;LID设施日常的运行与维护也会产生碳排放。基于上述内容,需要进行碳汇量化研究,以探究海绵功能的发挥对于低碳效能的具体影响,对其助力低碳城市发展的价值作进一步支撑。海绵型公园是西安市重要的城市绿色基础设施,在机遇与现实矛盾并存的局面下,需要建立量化研究方法,对其碳汇功能进行更加科学精准的分析,论证其已有的碳汇效益,有助于发现其增汇减排的潜力,并提供优化设计方向,使其自身产生更大的生态价值。

1.2 海绵型公园碳汇效益评价方法需提升

海绵城市在如火如荼发展的同时,低碳城市的建设也在悄然兴起,公园绿地是重要的绿色基础设施,发挥出巨大的生态效益。然而海绵型公园的碳汇价值并没有定量的论证;此外,由于海绵型公园绿地不同于常规绿地,其具有的潜在碳汇途径也很少被挖掘。目前,尚未出台绿地碳汇效益评价标准,多数是以低碳为导向进行绿地设计,没有系统性的设计方法。基于上述内容,碳汇量化成为必要的研究方向,以探究海绵功能的发挥对于低碳效能的具体影响,对其助力低碳城市发展的价值作进一步支撑。在"双碳"背景下,寻求海绵型城市公园的新型发展途径,对西北地区海绵城市的建设也具有一定的指导意义。

2 研究对象及研究范围

2.1 白马河公园概况

白马河公园位于沣西新城北部,东临城市主干道白马河路,南临城市主干道统一路,北侧及西侧为居住区和商住用地，属于沣西新城北片区唯一的公园绿地，占地面积为 34 266 m²（图1）。

白马河公园的建设很大程度地削减了场地内部的径流，周边地块未能自身消解的径流也接入场地中进行集中消解，削减了暴雨径流量峰值，高效缓解管网排水压力，一定程度实现了雨水管理的生态目标。

2.2 研究框架

公园建设的全生命周期阶段可分为材料生产与运输、施工建造、运行维护与拆除四个阶段。其中，运行维护阶段在公园生命周期中所占时间最长，也正是碳汇效益产生的主要时段，大量的碳排放与碳汇都在此阶段发生，且总体碳排放量与碳汇量随着时间的增长而增加，对环境有着重要的影响。因此，本文选取公园建成后运行维护阶段，以"年"为一个完整周期进行研究（图2）。

图1 白马河公园区位示意图

图2 研究框架

3 白马河公园碳汇量化计算公式

3.1 运行维护阶段总碳汇计算公式

公园运行维护阶段的碳汇总量计算式为：

$$CS = CS_a + CS_b + CS_c + CS_d + CS_e - CE_a - CE_b - CE_c \quad (1)$$

式中，CS 为公园运行维护阶段年碳汇总量（kg CO_2 eq）；CS_a 为植物年固碳总量（kg CO_2 eq）；CS_b 为土壤年固碳总量（kg CO_2 eq）；CS_c 为雨水利用间接减少的年碳排放量（kg CO_2 eq）；CS_d 为削减径流间接减少的年碳排放量（kg CO_2 eq）；CS_e 为雨水净化间接减少的年碳排放量（kg CO_2 eq）；CE_a 为污染物降解直接产生的年碳排放量（kg CO_2 eq）；CE_b 为照明设施运行直接产生的年碳排放量（kg CO_2 eq）；CE_c 为维护管理直接产生的年碳排放量（kg CO_2 eq）。

用该公式测算公园运行阶段年碳汇总量时，若仅考虑碳汇总量的绝对值，无法进行同类型公园之间碳汇功能强弱的比较；因此，将运行维护阶段的碳汇总量转换为公园单位面积碳汇量，可以分析和比较出不同公园之间的碳汇效能。公园单位面积碳汇量计算式为：

$$CS_A = CS/A \quad (2)$$

式中，CS_A 为公园单位面积年碳汇量（kg CO_2 eq/m²）；CS 为公园运行维护阶段年碳汇总量（kg CO_2 eq）；A 为公园占地面积（m²）。

3.2 直接固碳计算公式

3.2.1 植物年固碳总量

植物固碳量包含公园内所有乔木、灌木和地被的年固碳量之和，其中单株乔木固碳量由i-tree软件直接算出，单株灌木和地被植物固碳量通过同化量法算出。植物年固碳总量具体计算式为：

$$CS_a = \sum_{i=1}^{n} M_{ai} \times N_i \quad (3)$$

式中，CS_a 为公园绿地植物年固碳总量（kg CO_2 eq）；M_{ai} 为第 i 种植物单株年固碳量（kg CO_2 eq）；N_i 为第 i 种植物数量。

需要注意的是，同种植物的规格不同，其固碳量大小也不同，研究中此情况下不同规格的同种植物按照不同种类植物来界定。

3.2.2 土壤年固碳总量

在自然状态下，土壤的碳储量随着时间的增长而增加，因此土壤的年固碳量相当于一年时间段内土壤的碳储量差值。土壤年固碳总量计算式为：

$$\delta_{DSOC} = (D_{SOCn} - D_{SOC0})/n \quad (4)$$

$$CS_b = \delta_{DSOC} \times S_b \times 1\,000 \quad (5)$$

式中，CS_b 为公园绿地土壤年固碳总量（kg CO_2 eq）；δ_{DSOC} 为土壤有机碳密度差值（土壤单位面积年固碳速率）（t/hm²）；D_{SOCn} 为 n 年后土壤有机碳密度值（t/hm²）；D_{SOC0} 为土壤有机碳密度初始值（t/hm²）；n 为间隔年限（假定每年固碳速率一致）；S_b 为公园土壤覆盖面积（hm²）。

3.3 间接碳减排计算公式

间接减排包含雨水利用、径流削减和雨水净化三个过程。

3.3.1 雨水利用间接减排量

海绵型公园中，LID 设施对雨水的收集利用减少了对自来水的需求量，等效于抵消城市供水系统对自来水的生产、处理与输送过程所产生的碳排放量。雨水利用间接减排量计算式为：

$$CS_c = \sum_{i=1}^{n} M_{ci} \times QE \times EF_{ec} \quad (6)$$

式中，CS_c 为雨水利用间接减少的年碳排放量（kg CO_2 eq）；M_{ci} 为第 i 种 LID 设施收集的年可用雨水量（m³/a）；QE 为生产、运输及处理每立方米自来水的耗电量（kWh/m³）；EF_{ec} 为电力碳排放系数（kg CO_2 eq/kWh）。

需要注意的是，生产、运输及处理 1 t 自来水平均耗电量 0.95 kWh[1]，换算成生产、运输及处理 1 m³ 自来水平均耗电量 0.95 kWh，即 QE 取 0.95 kWh/m³；电力碳排放系数 EF_{ec} 取 2012 年度中国西北区域电网平均排放系数 0.667 1 kg CO_2 eq/kWh。

3.3.2 削减径流间接减排量

径流削减作用减少了市政管网排水的运行负荷，等效于抵消强排等量雨水时排水系统运行能耗所产生的碳排放量（即雨水泵站运行碳排量）。削减径流间接减排计算式为：

$$CS_d = \sum_{i=1}^{n} M_{di} \times QE_d \times EF_{ec} \quad (7)$$

式中，CS_d 为削减径流间接减少的年碳排放量（kg CO_2 eq）；M_{di} 为第 i 个汇水分区削减的年径流量（m³）；QE_d 为雨水泵站单位能耗（kWh/m³）；EF_{ec} 为电力碳排放系数（kg CO_2 eq/kWh）。

需要注意的是，雨水泵站单位能耗是指泵站机组将 1 000 t 水扬高 1 m 所消耗的能量值，根据相关学者的计算[2]，雨水泵站单位能耗取 0.034 kWh/m³。

3.3.3 雨水净化间接减排量

海绵型绿地对雨水径流的净化而减少的碳排放量，等效于减轻了人工净化处理雨水过程中的能耗、物耗所产生的碳排放量。雨水净化间接减排计算式为：

$$CS_e = \sum_{i=1}^{n} M_{ei} \times EF_{pi} \quad (8)$$

式中，CS_e 为雨水净化间接减少的年碳排放量（kg CO_2 eq）；M_{ei} 为第 i 个汇水分区对应的年径流削减量（m³）；EF_{pi} 为雨水净化对应的碳排放系数（kg CO_2 eq/m³）。

4 白马河公园碳汇量计算结果

4.1 直接固碳量计算

4.1.1 植物固碳量

通过对白马河公园植物进行每木调查，算出单株乔木年固碳量，以及单位面积灌木、地被植物的固碳量（表1～表3），根据公式3得出白马河公园植物年固碳总量为 77 342.29 kg，单位面积年固碳总量为 2.26 kg。

4.1.2 土壤固碳量

土壤固碳量计算采取实测结合计算的方法。于 2022 年 9 月在公园内选取十个不同样点（图3），实测土壤容重与有机碳含量，计算得到各样点土壤有机碳密度（表4），取平均值 26.64 t/hm² 作为公园现状土壤有机碳密度。根据 Zhang（2021）等对西安城区 2018 年不同绿地类型土壤碳储量测定结果[2]，取 19.9 t/hm² 作为城区公园土壤碳密度初始值；而城区绿地土壤碳密度是郊区绿地

表1 白马河公园乔木固碳量

植物名称	数量(株)	平均胸径(cm)	平均高度(m)	年固碳量(kg CO_2 eq/株)	年固碳总量(kg CO_2 eq)
大叶女贞	102	15	6	60.70	6 191.40
雪松	58	10	7	6.00	348.00
云杉	83	5	5	4.62	383.46
白皮松	117	8	5	3.00	351.00
广玉兰	18	12	7	13.20	237.60
桂花	27	9	4	15.41	416.07
青杆	50	8	4	4.35	217.50
高杆石楠	33	8	5	15.60	514.80
银杏	68	16	8	15.90	1 081.20
朴树	82	10	8	9.95	815.90
法桐	83	15	8	54.90	4 556.70
国槐	192	20	8	84.40	16 204.80
七叶树	32	16	8	50.81	1 625.92
栾树	26	14	7	58.30	1 515.80
苦楝	29	12	7	13.55	392.95
黄栌	26	12	6	9.50	247.00
五角枫	58	8	6	13.20	765.60
柿树	31	15	7	17.20	533.20
核桃	22	12	7	24.50	539.00
刺槐	13	12	7	40.45	525.85
椿树	27	15	8	50.81	1 371.87
板栗	16	12	7	15.90	254.40
茶条槭	82	8	6	10.00	820.00
楸树	62	12	6	23.60	1 463.20
皂荚	36	18	8	70.27	2 529.72
枫杨	22	18	10	23.98	527.56
白玉兰	28	10	3	6.38	178.64
樱花	145	10	4	15.40	2 233.00
蒙古栎	46	15	7	60.80	2 796.80
山茱萸	24	7	3	10.35	248.40
旱柳	20	15	7	69.40	1 388.00
垂丝海棠	24	7	2	10.40	249.60
杜仲	4	18	8	23.04	92.16
紫荆	50	18	4.5	41.66	2 083.00
紫薇	4	8	4	4.10	16.40
碧桃	14	8	5	10.40	145.60
紫叶李	40	10	3	15.36	614.40

表2　白马河公园灌木固碳量

植物名称	面积（m²）	年固碳量（kg/m²）	年固碳总量（kg CO₂ eq）
华北珍珠梅	269	1.24	332.27
棣棠	292	3.42	997.79
黄刺玫	317	1.28	403.54
红叶石楠	1 419	3.38	4 799.77
红瑞木	672	1.61	1 083.60
平枝枸子	314	1.58	494.94
狭叶十大功劳	658	2.30	1 509.54
海桐	1 469	3.28	4 813.01
豆瓣黄杨	245	2.18	531.79
迎春	12	2.65	31.77
小叶女贞	305	1.91	583.79
连翘	227	2.40	545.40
铺地柏	1 156	1.49	1 724.96

表3　白马河公园地被植物固碳量

植物名称	面积（m²）	年固碳量（kg/m²）	年固碳总量（kg CO₂ eq）
狼尾草	578	1.42	820.76
细叶芒	202	0.70	141.40
细叶麦冬	3 000	0.19	570.00
林荫鼠尾草	424	0.78	330.72
松果菊	1 000	2.76	2 760.00
细叶针茅	48	0.55	26.40
假龙头花	15	1.61	24.15
马蔺	12	0.43	5.16
火炬花	8	2.47	19.76
荆芥	15	0.89	13.35
云南菁	25	1.45	36.25

表4　白马河公园各采样点土壤指标

样点	土壤容重（g/cm³）	有机碳含量（g/kg）	有机碳密度（t/hm²）	平均有机碳密度（t/hm²）
B1	1.38	17.5	48.30	
B2	1.40	11.8	33.04	
B3	1.39	8.1	22.52	
B4	1.39	12.8	35.58	
B5	1.40	9.56	26.77	26.64
B6	1.42	7.84	22.27	
B7	1.44	5.72	16.47	
B8	1.46	6.6	18.98	
B9	1.45	5.9	17.11	
B10	1.43	8.88	25.40	

表5　白马河公园碳汇相关过程直接碳汇量

过程	年碳汇总量（kg CO₂ eq）	单位面积年碳汇总量（kg CO₂ eq/m²）
植物固碳	77 342.29	2.26
土壤固碳	3 112.5	0.09

土壤碳密度的1.4倍[3]，白马河公园属于郊区绿地，由此得出白马河公园土壤碳密度初始值（2018年）为14.2 t/hm²。间隔年限n=4，因此，由公式4、5计算得到白马河公园土壤年固碳量为3.11 t。

综上，直接碳汇量清单如表5所示。

4.2　间接碳减排量计算

4.2.1　雨水利用

白马河公园场地内外的雨水径流收集到公园中心的下凹式绿地后，直接排入市政雨水管网，没有进行雨水资源的利用，故该项减排量为0。

4.2.2　径流削减

白马河公园共划分出13个汇水分区。选择年径流控制率为90%、重现期较短的2年一遇（对应设计降雨量为24.1 mm）的情景以代表多数现实情况，年径流削减总量为15 900 m³。根据公式7计算得出削减径流减少的年碳排放量为482.32 kg。

4.2.3　雨水净化

公园年径流削减总量为15 900 m³，根据公式8计算得出雨水净化减少的年碳排放量为6 251.88 kg。

图3　土壤采样点位图

图中方格网尺寸为20 m×20 m

表 6　白马河公园碳汇相关过程间接碳减排量

过程	年减排总量 (kg CO₂ eq)	单位面积年减排总量 (kg CO₂ eq/m²)
雨水利用	—	—
径流削减	482.32	0.01
雨水净化	6 251.88	0.18

综上,间接碳减排量清单如表 6 所示。

4.3　直接碳排量计算

4.3.1　污染物降解

降解的污染物主要是 COD。按 COD 浓度 44.125 mg/L 计算,白马河公园 COD 年去除量为 701.59 kg。根据公式计算所产生的甲烷气体换算成二氧化碳当量(即年碳排放量)为 438.49 kg。

4.3.2　照明设施

公园照明灯具分为庭院灯、高杆灯、路灯以及灯带。按照西安市发布的照明政策,春夏季照明时长大约为 3 h,秋冬季为 4 h,结合不同照明设施功率,得出公园路灯年耗电量为 6 053.31 kWh。根据公式计算得出照明设施运行产生的年碳排量为 6 027.64 kg。

4.3.3　维护管理

灌溉方面,白马河公园中央的下凹式绿地具有较强的集水功能,全年无需灌溉,其他区域使用喷灌系统进行灌溉。通过询问工作人员,得知一年的灌溉水量约为 17 500 m³。根据公式可得灌溉过程产生的年碳排放量为 14 832.83 kg。

修剪方面,碳排放来源包含修剪设备汽油消耗及柴油卡车运输修剪废弃物所产生的碳排。按照 3～10 月植物生长季平均每月修剪两次的情况来算,年修剪次数为 16 次,修剪一次的汽油消耗量为 167.8 L;运输距离按照白马河公园到西安垃圾处理厂的直线距离 50 km 算,运输次数为 16 次。根据公式可知修剪所产生的碳排放量为 5 799.11 kg。

施肥方面,碳排放来源包含肥料生产、施肥后产生的温室气体及施肥设备能源消耗所产生的碳排放量。通常每年施肥 2 次,每平米施肥按 0.25 kg 计算,每次施肥设备耗油量为 20 L。根据公式得出施肥所产生的碳排放量为 5 685.37 kg。

施农药方面,通常每年约 6 次,每公顷施农药 3.5 kg,每次打药机耗油量为 24 L,根据公式得出

表 7　白马河公园碳汇相关过程直接碳排放量

过程	年碳排放总量 (kg CO₂ eq)	单位面积年碳排放总量 (kg CO₂ eq/m²)
污染物降解	438.49	0.01
照明设施	6 027.64	0.18
灌溉	14 832.83	0.43
修剪	5 799.11	0.17
施肥	5 625.37	0.16
施农药	723.07	0.02
透水铺装维护	116.88	0.003

施农药所产生的年碳排放量为 723.07 kg。

透水铺装每年维护 1 次,维护面积约 6 875.21 m²。根据公式得出透水铺装维护所产生的年碳排放量为 116.88 kg。

综上,直接碳排量清单如表 7 所示。

4.4　各碳源碳汇过程量化分析

通过公式 3-1 可知,白马河公园运行维护阶段年碳汇总量为 53 624.61 kg CO₂ eq,单位面积年碳汇量为 1.56 kg CO₂ eq,计算值为正,因此白马河公园整体呈现为"碳汇"。

根据白马河公园各碳源碳汇过程计算结果,得到白马河公园在运行维护阶段各过程单位面积年固碳量、碳减排量和碳排放量统计图(图 4)。由此可以看出白马河公园在运行维护阶段固碳、碳减排和碳排放各过程在整体碳汇功能中贡献量占比。

由图可知,白马河公园直接固碳过程对于碳汇功能贡献量占比最大,而直接固碳中植物固碳

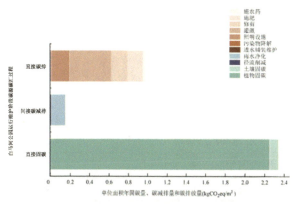

图 4　白马河公园运行维护阶段各过程单位
面积年固碳量、碳减排量和碳排放量

量远超土壤固碳量。间接碳减排过程对于碳汇功能贡献量占比最小,不超过直接固碳过程贡献量的10%,其中径流削减贡献的减排量占比最小。直接碳排过程总体碳排放量不及直接固碳过程的一半,其中碳排放量占比最大的是灌溉过程,在碳排放中贡献量占比约44%,修剪与照明所产生的碳排放量几乎相当,而透水铺装维护过程所产生的碳排放量最小,占比不超过1%。

综上,可以得出直接固碳过程对于白马河公园碳汇贡献最大,其中植物固碳起到了决定性作用,是碳汇"主力军",对公园碳汇功能起到支撑作用;由地形带来的间接减排量对于碳汇的贡献最小;在碳排放方面,灌溉对于白马河公园碳排放贡献最大,需要着重控制灌溉量以控制总体碳排放量。

5 LID设施对白马河公园碳汇的影响

5.1 白马河公园与非海绵型公园碳汇效能比较

根据碳汇量化计算公式,计算非海绵型公园年碳汇量,并与白马河公园碳汇量进行对比(具体结果见表8),得出LID设施对于公园碳汇效能的具体影响。

由表可知,非海绵型公园年固碳与减排总量为90 873.69 kg CO_2 eq,年碳排放总量为22 952.17 kg CO_2 eq,最终总体碳汇量为67 921.52 kg CO_2 eq;白马河公园年固碳与减排总量为87 188.99 kg CO_2 eq,年碳排放总量为15 271.32 kg CO_2 eq,最终总体碳汇量为71 917.67 kg CO_2 eq。

综上,非海绵型公园年碳排放量和年固碳与减排总量均大于白马河公园,但最终的总碳汇量低于白马河公园。由此可以看出,LID设施的加入增强了公园海绵功能,使得碳汇量增加。相较于非海绵型公园,白马河公园的碳汇效能更强,年碳汇量比非海绵型公园高约0.12 kg CO_2 eq/m^2。因此,这也就进一步补充论证了海绵型公园对于低碳城市建设起到促进作用。

5.2 LID设施对白马河公园碳汇功能的正面影响

首先,在间接碳减排能力方面,白马河公园强于非海绵型公园,LID设施的加入增强了公园间接碳减排能力。具体影响机制在于LID技术的运用增强了白马河公园雨水消纳能力和净化能力。

其次,在直接碳排放方面,白马河公园对于减少后期维护中灌溉过程碳排量优于非海绵型公园。具体影响机制在于LID技术的运用增强了雨水径流消纳能力,使得土壤中含水率偏高,所收集的雨水能够反哺于植物生长,进而减少了后期人工灌溉频次,最终节约了水资源、减少能耗消耗所产生的碳排放量。

5.3 LID设施对白马河公园碳汇功能的负面影响

首先,白马河公园植物固碳量低于非海绵型公园,LID设施的加入影响了公园植物整体固碳能力。影响机制在于三方面:一是白马河公园由于建成时间短,且功能型绿地内无法栽植高大乔木,植物尤其是乔木多为中幼龄且平均胸径为12.8 cm(低于非海绵型公园),因此植物个体普遍固碳能力较低,造成整体植物固碳量较低;二是由于海绵型公园具有更严格的消纳雨水径流要求,LID设施内多以适旱耐涝等具有特定功能的灌木、地被植物为主,且中央为下凹式混播草坪,整体公园乔-灌-草面积比为11∶10∶5(非海绵型公园为5∶3∶1),可以看出相较于非海绵型公园,其灌草面积占比更大,乔木林面积占比更小(固碳能力一般为乔木>灌木>草坪),对整体植物固碳量造成了直接影响;三是LID设施对植物个体生长产生影响。由于LID设施特殊的功能

表8 白马河公园与非海绵型公园相关碳源碳汇过程计算结果

计算项		非海绵型公园年固碳、减排或碳排放总量(kg CO_2 eq)	白马河公园年固碳、减排或碳排放总量(kg CO_2 eq)
植物固碳量		90 212.28	77 342.29
土壤固碳量		2 870.00	3 112.50
地形	径流削减减排量	241.16	482.32
	污染物削减减排量	1 550.25	6 251.88
	污染物降解碳排量	109.62	438.49
维护管理	灌溉碳排量	22 842.55	14 832.83

表9 白马河公园不同功能区植物单位面积年固碳量与年固碳总量统计表

区域		面积(m^2)	单位面积年平均固碳量 ($kg\ CO_2\ eq/m^2$)	年固碳总量 ($kg\ CO_2\ eq$)
无LID设施区域	外围密植林带	12 646	3.99	50 457.54
有LID设施区域	植被缓冲带	6 540	2.70	17 658.00
	下沉式绿地（含生境岛）	3 545	0.64	2 268.80
	生物滞留池	1 250	1.45	1 812.50
	植草沟	270	0.38	102.60
	生态树池	223	3.20	713.60
	生物滞留带	220	3.46	761.20

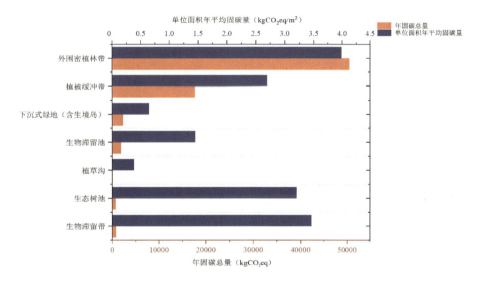

图5 白马河公园不同功能区植物单位
面积年固碳量与年固碳总量统计图

和结构,形成的内部生境条件比较特殊,有别于其他非功能型绿地。降雨时,LID设施内会有积水,淹没植物根部并持续一段时间,这会导致植物根系缺氧,影响植物呼吸作用和光合作用,从而影响固碳功能的发挥。同时,径流所带来的污染物在超过植物自净能力消解的情况下会影响植物生长,甚至引起植物的死亡。

其次,是土壤固碳方面。通过研究LID设施对于土壤有机碳含量和容重产生影响;探究对其固碳能力的影响机制发现,土壤有机碳含量差异是有机碳密度差异的主导原因,土壤固碳量大小与植物相关,白马河公园内植被结构丰富、植物固碳量大的区域土壤固碳能力也相对较高,而LID技术的运用限制了土壤固碳能力的提高。

最后,是LID技术的运用增加了直接碳排放量。公园对于雨水径流的净化能力增强,从而增加了污染物降解产生的碳排放量;污染物降解能力方面,白马河公园强于非海绵型公园,因此,其降解产生的碳排放量也较多,是非海绵型公园的4倍。另外,LID设施长期处在干湿交替状态,这种交替循环会加剧土壤呼吸,引发土壤CO_2排放量显著增加[3],但此种影响在设计中不可控性较强,属于自然过程,无法避免。透水铺装的维护也需要消耗水资源和能源,从而产生一定量的碳排放,但该碳排放占比很小。

5.4 LID设施引发的碳汇矛盾

由于白马河公园是海绵型公园,不同的LID设施的布置关系到植物的配置,从而影响植物固碳量,因此,针对不同的功能区域进行植物固碳总量的统计(表9,图5)。

由统计结果可知,无LID设施所在的非功能型绿地区域面积最大,且密植林带以乔灌木为主,因此无论是单位面积年平均固碳量还是年固碳总量,都远超其他有LID设施的功能型绿地区域。此外,单位面积年平均固碳量:外围密植林带>生物滞留带>生态树池>植被缓冲带>生物滞留池>下沉式绿地(含生境岛)>植草沟;年固碳总量:外围密植林带>植被缓冲带>下沉式绿地(含生境岛)>生物滞留池>生物滞留带>生态树池>植草沟。造成两者排序不一致的直接原因在于区域面积和植被结构,根本原因是分区海绵功能存在差异。

因此可以得出,植物固碳功能与LID设施所带来的间接减排功能存在矛盾:两者都利好公园碳汇效能,但后者发挥减排作用时必然会抑制前者的固碳作用(即利用地形削减径流导致植物配置受限),两者功能无法同时达到最优。因而进行海绵型公园碳汇功能优化时需要平衡两者矛盾,以使最终碳汇效益尽可能达到最大化。

6 结论

本文针对白马河公园进行量化研究,分别计算出运行维护阶段每个过程的固碳量、碳减排量或碳排放量,得到白马河公园运行维护阶段碳汇总量,并对各项占比情况进行分析;并依托白马河公园项目进行非海绵型公园内容假设,将两者进行比较从而得到LID设施的加入对公园碳汇功能的影响情况、分析造成这些影响的原因。从本研究可看出,白马河公园具有一定的碳汇优势,同时具有着碳汇提升潜力;碳汇量化分析为后续碳汇优化设计提供实际参考依据。

参考文献

[1] 李坤. 低碳生态城区雨水综合管理指标分析[J]. 绿色建筑,2014,6(2):17-20.
[2] Zhang P P, Wang Y Q, Sun H, et al. Spatial variation and distribution of soil organic carbon in an urban ecosystem from high-density sampling [J]. CATENA, 2021, 204: 105364.
[3] Birch H F. The effect of soil drying on humus decomposition and nitrogen availability [J]. Plant and Soil, 1958, 10(1): 9-31.

作者简介:王晶懋,西安建筑科技大学建筑学院副教授。研究方向:城市绿地生态设计。

刘晖,西安建筑科技大学建筑学院教授,博士生导师,西北地景研究所所长。研究方向:西北脆弱生态环境景观规划设计理论与方法,中国地景文化历史与理论。

王千格,西安建筑科技大学在读硕士研究生。研究方向:风景园林规划设计。

韩都,西安建筑科技大学在读硕士研究生。研究方向:风景园林规划设计。

基于数字景观技术的城市滨河空间风环境模拟研究*

黄焱　李天劼

摘　要　城市滨河空间对于缓解城市热岛效应、提高城市通风效能具有重要影响。针对城市滨河空间风环境模拟的数字技术和方法有待深入研究。本研究基于城市地物的空间几何形态、下垫面与粗糙度长度等城市空间风环境的影响因素,提出使用Grasshopper参数化平台和blueCFD Core流体力学模拟工具等,开展城市滨河空间风环境模拟的工作思路。研究模拟了杭州市余杭塘河滨河空间在三种不同主导风向情形下的风环境状况,探索了研究方式的可行性与适用性。依据模拟结果,分析了该滨河空间的局地性风环境并推测其成因;在此基础上,提出"滞风性""导风性"等用以表征城市户外空间影响城市风环境的指标,及"旷地"这一用于分析影响城市风环境的城市下垫面土地类型概念;并对相关数字景观技术的潜在研究方向做了展望。

关键词　数字景观;滨河空间;流体力学模拟;参数化设计;风环境

1　引言

1.1　城市风环境简介

城市通风对减少城市热岛(Urban Heat Island,UHI)效应、缓解城市空气污染、降低建筑能耗和提高城市宜居性等方面发挥着实质性作用。通常认为,城市风廊的局部气候效应表现为其通风对缓解城市热岛效应的效果。城市通风廊道的营造,对于改善城市建成区气候环境至关重要。目前,城市通风相关研究主要借助城市冠层模型来进行,城市冠层模型主要考虑建筑的高度与间距等因素,而对城市下垫面状况关注较少[1]。目前相关系统报道是针对城市居住区风环境的研究,证实了在居住区景观的种植设计中,不同种植形式对风速风向等有着不同影响,种植过密会阻碍气流流动等[2]。

城市滨河空间是城市中承载生态、游憩和景观等多功能的用地类型之一,在保障城市生态环境质量、提升宜居品质等方面起着重要的作用。城市滨河空间的下垫面不仅包括由建筑、道路等构成的硬质界面,还包括较大面积由草地等植被以及河道等构成的柔性界面,对于城市风道的形成、城市风速有着重要影响。在城市滨河空间中,除建筑和植物要素之外,下垫面的分布及材质等因素对风环境也有较大影响;就目前来看,相关研究尚不够系统和深入,城市滨河空间对城市风环境的影响、不同类型城市空间对风环境影响的数字化模拟方法,有待开展进一步研究。

1.2　研究现状

在城市通风效能评估方面,多数大中尺度的研究集中在气象学、地理学、城乡规划学等领域,主要关注城市通风潜力方面的评估。目前,已证实若干定量的城市空间形态指标,如建筑密度、建筑高度、下垫面类型、粗糙度长度、迎风面积指数(Frontal Area Index,FAI)、天空开阔度(Sky View Factor,SVF)[3-5]等,与城市通风效能密切相关。相关研究着重于开展中大尺度城市通风廊道的风环境模拟。气象学研究方面采用250 m分辨率区域边界层模型,发现当夏季风沿风廊移动时,杭州市风廊区的风速可增加1.4 m/s,夏季平均气温下降高达2.7 ℃[5]。

对城市空间通风能力评估方法的研究也有待进一步深入,大多数相关研究集中在城市小气候领域,且着重研究影响城市滨河空间在人行高度处(通常大致计作2m)风环境状况。在数值模拟上,则以中尺度(1～3 km)气象模拟[6]和街区尺度(10 m)的计算流体动力学(Computational Flu-

---

* 国家自然科学基金项目"城市绿地生态服务功能价值优化评估的关键驱动机制研究"(项目编号:51208467)。

id Dynamics，CFD)模拟为主[7]。目前,已有一些小气候模拟软件,支持对人行高度处的城市空间二维风环境状况进行简单模拟。这些基于计算机模拟方法的研究,大多着眼于滨河空间小气候提升方面。例如,有研究利用 ENVI-met 软件对 3 类城市滨水空间的风环境进行模拟,分析了小尺度空间内的风速变化特征,并探究了不同朝向的风对滨河空间小气候的影响[8];有研究将局地性小气候实测实验、软件模拟方法结合,应用于指导滨河空间微改造[9]。由于小气候模拟软件的算法大多仅支持二维分析,不能较好地以三维可视化形式反映城市滨河空间的风环境实况且大多数商业软件需要付费使用,软件界面操作较复杂,与规划师、设计师常用的 Rhinoceros（以下简称 Rhino)等三维建模软件无法直接交换数据,限制了其适用场景。因此,有必要探索更具适用性和可行性的数字景观方法和工作流,进行城市滨河空间风环境模拟研究。

2 研究方法与研究区

2.1 影响城市空间风环境的主要因素

2.1.1 城市地物的空间几何形态

影响城市空间在人行高度处风环境的因素较复杂。通常而言,地物的空间几何形态,尤其是微地形和建筑体量的几何属性(密度、高度、面宽等)能显著影响滨河空间近地面处的风环境。对城市滨河绿地的研究证实,滨河空间的风环境受河流自身形态、上风向滨河城市空间的直接影响。河道与主导风向的夹角,以及河道宽度等几何形态要素,也能对滨河空间近地面风环境造成不同程度的影响[10]。

2.1.2 下垫面与粗糙度长度

各种尺度的风环境模拟方法中,皆需考虑"粗糙元"这一种影响城市风环境的重要因素。"粗糙元"的概念源自空气动力学中针对下垫面"粗糙度长度"的研究,通常将其定义为决定地表粗糙特性的最小单位[11]。在离地面 1 km 的近地面大气层里,空气在流动的过程中除受到气压梯度力和地转偏向力的作用,主要受地面障碍物的影响,尤其受到下垫面类型及材质等因素的影响。地面粗糙度不能通过观测直接得到,常用空气动力学中的"粗糙度长度"(Roughness Length,缩写为 R_L 或 Z_0)指标进行量化,其定义为风速等于零的某一几何高度,处于完全湍流状态,数值通常分布在 0～2 m。另外,在城市下垫面由于各个粗糙元(如建筑物、树林、灌木丛)组合得非常密集,出现了零平面位移现象,即平均风速为零的高度,是粗糙度和一个与覆盖物的高度有关的订正值之和[12]。

目前,对粗糙度长度的计算主要分为气象观测法和形态学方法。城市下垫面中,粗糙元分布复杂、空间分布不均匀。迄今已出现若干确定下垫面粗糙度长度的方法,但尚无公认的完善解决方案。多数研究将相对均质的大体量建筑物与性质单一的街道作为粗糙元概括城市下垫面模型,尚无更为深入的研究;相关数据仅可从气象学、风能利用文献中获知一二[13],但基本是以大尺度均质下垫面作为模型估算所得的数据,与实况差别较大。研究表明,在城市滨河空间中,水面的粗糙度长度极小,硬质地面的粗糙度长度较小,栽植有乔木的密林对粗糙度长度影响较大。因此,在运用相关数字景观方法时,需考虑不同下垫面类型的粗糙度长度,使模拟结果能较好地反映城市滨河空间风环境实况。在实验参数方面,依据既有相关研究结果[14],确定了 4 种典型下垫面材质的粗糙度长度值,作为本研究采用的粗糙度长度理论值,如表 1 所示。

表 1　不同材质类型下垫面的粗糙度长度理论值

下垫面材质类型	粗糙度长度理论值(Z_0/m)
硬质地面	0.2
草坪	0.5
线性密林	1
水体	0

2.2 技术路线

本研究所使用的数字景观工具主要为 Rhino 7、blueCFD Core,以及 Grasshopper 1.0 平台中的 Ladybug 和 Eddy3D 插件。其中,blueCFD Core 是一款基于 Open FOAM 技术、由 FSD blue CAPE Lda 开发的开源 CFD 工具,其 API 接口可接入多种参数化三维建模软件,以进行理想条件下的液体、气体流体力学模拟。Grasshopper 是 Rhino 软件的参数化平台;Ladybug 是一款用于气象数据分析的 Grasshopper 插件;Eddy3D 是一

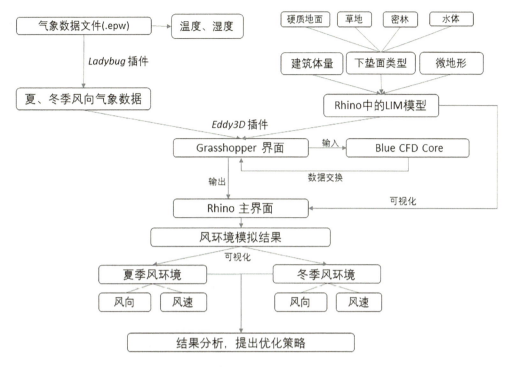

图 1 研究技术路线

款在 Grasshopper 平台上运行的城市环境模拟插件,是由康奈尔大学系统工程专业开发的跨学科参数化工具,可实现 Rhino 模型与 CFD 工具之间的数据交换和可视化,具有在建筑技术、能源、被动气候控制等领域研究中应用的潜力[15]。本研究的技术路线如图 1 所示。

2.3 研究区简介

本实验所选场地位于杭州市余杭区余杭塘河滨河湿地(119.92°E～120.05°E,30.26°N～30.31°N)。自 2010 年起,余杭塘河流域因生态退化、水体污染等环境问题,经历了多次生态修复和景观提升工程。2022 年,相关部门启动了余杭塘河滨河湿地的生态工程景观化建设项目,运用了多种生态景观提升策略,有效改善了流域景观风貌,完善了滨河带的蓝绿基础设施建设。该研究区场地为典型城市滨河空间,是较为理想的研究材料。本研究在滨河湿地中游段划定一块 500 m * 1 000 m 范围的研究区,如图 2 所示,以验证基于数字景观方法的城市滨水空间风环境评估效用。研究区范围内的建筑皆为已建住宅建筑;北侧边界外的建筑为在建建筑,西侧边界外的建筑为低层工厂建筑,不纳入研究范围。

研究区中,河流北岸有一处由湿塘、曝气溪

图 2 研究区现状平面图

流、表面流湿地等组成的小型净水型人工湿地,以及近自然形态的微地形,其下垫面为草坪,其上无树木;南岸则主要为居住区,在居住区和主河道交界处设有滨河绿带,栽植有 2 处线性密林。河流两岸地形非常平坦,且两岸的地平面高差可忽略不计。由于本研究使用的模拟工具限制,在植被要素方面,仅考虑了滨河空间的密林和草坪这两类由植物要素构成的下垫面,未考虑花卉、灌木和孤植乔木等其他类型的植被要素。

在既有研究和项目工程实践中[16],笔者已通过 Rhino 7 软件建立了研究区的景观信息模型

(LIM)。对LIM文件进行必要的手动调整,仅保留建筑体量、下垫面、微地形等能被参数化程序有效读取的景观要素(图3)。模型中采用常水位情形下的水面(标高在岸区地面以下2.5 m),不考虑水中植物对风环境的影响。

图3　处理后的研究区LIM模型

3　实验结果与讨论

3.1　参数化程序

杭州市地处亚热带季风区,夏、秋、冬季主导风向分别为东南风、东北风、西北风。笔者获取了杭州市余杭区近5年的气象数据(数据来源:杭州市气象局;数据已转为.epw格式),并运用Ladybug插件,将该气象数据导入Grasshopper程序中。Ladybug插件能读取气象文件中的相关信息,并进行相关的数据处理和可视化。研究中按需使用Ladybug读取了3个季度的气象数据。

为满足blueCFD Core程序分析的需求,运用Rhino软件中相关的NURBS-Mesh转化命令,将LIM模型中的体量模型转化为Mesh网格面数据(栅格尺寸:1.5 m*1.5 m),并确保网格面未存在破面。继而,运用Eddy3D插件的相关模块,在Grasshopper中编写相应参数化程序。

首先,建立包围整个研究区及其近地面上空区域(上界设为50 m)的包围盒、待模拟风环境的平面(本研究中设为距离河岸地面2m高),并指定待模拟的季节。然后,调用blueCFD Core内置的API接口,将从LIM导出的几何数据(mesh格式,包括全部建筑物体块的长、宽、高、朝向,微地形的几何形态信息)、气象数据(.epw格式)、下垫面材质数据(Z_0值),输入至blueCFD Core主程序中,进行空气流体力学运算,以模拟局地性风场。程序的输出参数为每个网格面栅格所在位置对应人行高度处的场强矩阵,可包括风向矢量和风速标量。将运算所得的场强矩阵通过Grasshopper导回至参数化运算环境中,对其做符号化处理。最终,在Rhino主界面中实现风环境模拟结果可视化。该程序运行界面如图4所示。

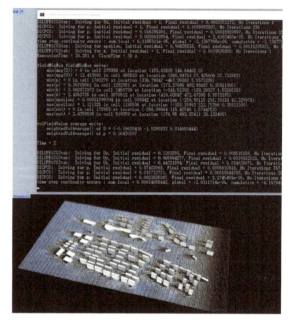

图4　程序运行界面

3.2　不同盛行风向下的模拟结果

经过参数化程序运算和可视化处理,得到3种不同主导风向下的研究区风环境模拟结果,所模拟的季节分别为秋季(盛行东北风)、冬季(盛行西北风)、夏季(盛行东南风)。最终所得模拟结果如图5所示。

由模拟结果可知不同主导风向下的通风状况。在东北风主导情形下,风向与余杭塘河主河道走向基本一致,河道南岸处建筑立面方向和密林栽植带亦与河岸大致平行,因此阻隔了风向南移动,形成了沿河道走向的通风廊道,使河岸在人行高度处的风力增强,且风流进一步沿建筑组团间的空隙流入居住区。研究区西北、东北区域较低建筑密度区域的风速亦有所提升。

在西北风主导情形下,由于河道北侧的建筑数量较少、高度较低、密度较小,对西北风的阻隔作用相对不明显。微地形和密林则起到一定的阻风作用,密林南侧居住区建筑间的风速亦得以显

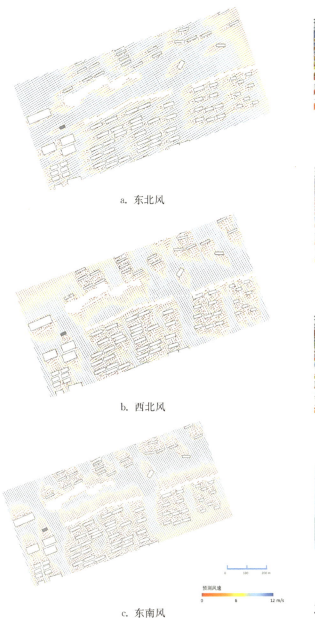

a. 东北风

b. 西北风

c. 东南风

图 5 二维风环境可视化结果

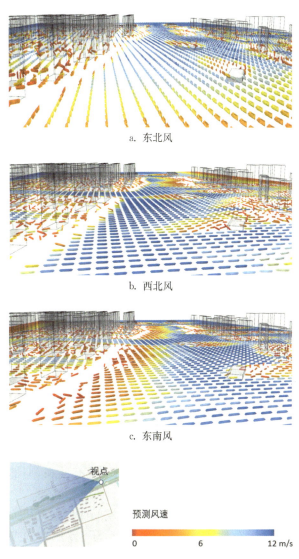

a. 东北风

b. 西北风

c. 东南风

图 6 三维风环境可视化结果

著减缓。同时，由于河道南侧建筑组团中有 2 条较开阔的西北-东南走向的城市道路，加剧了冬季局地性滨河空间的"峡谷风道"效应。

在东南风主导情形下，由于河道南侧的居住区建筑多呈西南-东北走向，建筑立面对东南风的阻隔现象显著。当风流经居住区西北-东南走向道路时，风速有所增强。但河流南岸的密林和河流北岸的微地形对东南风具有显著削弱效果，且河道东北侧未栽植有密林带，亦无高大建筑，使研究区中央的风流进一步减弱，加剧了夏季期间滨河空间的闷热感。相对较强的风流集中在研究区西北侧、东北侧，推测与较大面积的旷地有关。

3.3 模拟结果三维可视化

为了更直观地在 Rhino 软件的主界面中查看风环境模拟结果，将风场中的矢量信息符号化为线形空间几何形体，几何形体所指方向即每一个风场栅格中预测的风向。如图 6 所示，本研究在研究区主河道最东侧位置选取视点，摄像机指向河道上游方向，对三种方向条件下的模拟结果进行三维可视化。在此基础上，进一步采用数字孪生技术，实现三维风场与 LIM 模型混合显示(图 7)。

由实验结果可知，当东北风主导时，河道上空出现了东北-西南走向的通风廊道，增强了流经滨河空间的风流，且滨河人工湿地水体促进了局部通风，利于提升热舒适效应；当西北风主导时，河道北岸的建筑、微地形阻挡了冬季寒风，但河道靠

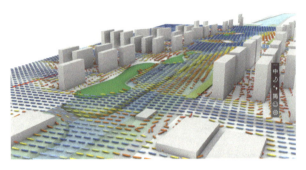

图7 三维风场与LIM模型混合显示

近南岸一侧水面上空的风流较强，而密林对靠近河道的建筑底层具有一定的阻风作用；当东南风主导时，由于河道与主导风向存在夹角，且河道南岸的建筑组团和密林阻隔了主导风流，不利于夏季滨河空间的通风，而滨河人工湿地处的风流速略高于周边区域。

3.4 优化城市滨河空间的风环境表征方法

基于"粗糙度长度"概念和模拟结果，笔者提出"滞风性""导风性"两个用于表征城市滨河空间对风环境影响的指标。研究结果显示，"滞风性""导风性"与下垫面的"粗糙度长度"有关联，但不完全等同。

滞风性主要是指通过户外空间改变来流风为无序湍流，使风速减弱的一种能力。本研究模拟结果表明，滨河密林和微地形在冬季期间表现出较强的滞风性，在一定程度上阻挡了寒风入侵；而主立面朝向与盛行风向相垂直的建筑组团在夏季期间表现出较强的滞风性，阻挡了进入河流上空区域的风流。

导风性指户外空间能够维持风速甚至加强风速，并在一定范围内改变风向的能力。本研究模拟结果表明，密林、微地形和水域等景观要素能显著影响风向，在主导风向与这些景观要素组合构成的气流通道结构主体相平行时，能增强滨河空间的导风性。此外，导风性还与空间内部植物的性质有关，但更大程度上与滨河空间的绿地结构有关，特别是林冠层高度的变化可能会引起风压差，将会导致风在垂直方向的变化，在相关的建筑物下垫面研究中[17]已侧面得到证实。

笔者还认为，在城市土地类型分析中，可以引入"旷地"的概念。该土地类型在景观风貌上空旷为主要特点，并以加强空间的通风效能为主要功能属性。此类"旷地"虽在城市用地类别上主体属于绿地或水域，但因强调其具有较低的表面粗糙度长度和较大的通风潜力，因此并不是所有的城市绿地都可视为"旷地"，需在实证研究中分析确定。有研究[18]认为，百米尺度内通风潜力的粗糙度长度上限值为 1.0 m，而将 0.5 m 和 0.1 m 分别作为较高与高通风潜力的下限。在未来的研究中，建议可将城市空间中的"旷地"划分为 $0.1 \leqslant RL < 0.5$ 的"疏旷地"和 $RL < 0.1$ 的"空旷地"两类，用以评估不同布局状况下人行高度处的通风潜力。未来可结合城市下垫面分析和实际通风能力开展进一步评估，确认是否需要调整及如何有效利用。在城市整体"旷地"布局中，建议增强对绿地、水域相结合的滨河景观设计，适当加大疏林草地在城市滨河空间中所占面积，并加强"旷地"和滨河通风廊道之间的联系，形成有效的滨河通风体系。

3.5 优化城市风环境模拟技术手段

实验结果表明，本研究采用的 blueCFD Core 和 Grasshopper 编制的参数化程序，在城市风环境模拟的易用性和生成分析的易读性方面，和 Autodesk Ecotect Analysis、Autodesk Vasari 等其他小气候模拟软件相比，尚存在一定差距，但 blueCFD Core 是开源且免费的 CFD 算法引擎，目前已被初步运用在地理学、水文学等其他领域的研究中，和 Rhino 软件的数据交换方面较流畅，具有较大应用潜力。由于 blueCFD Core 仅为开发者提供了一个和 Grasshopper 交换数据的端口，并未开发和建模软件进行深入交互的其他功能，而程序的运行速度受限于 Grasshopper 平台的性能，因此，在使用过程中出现运行效率较低等问题，需要在未来研究中进一步探索优化途径。此外，在风环境模拟程序的算法参数方面，还可考虑更复杂的其他因素，如从固定位置释放的人工热源、植被的具体分布位置和类型等，以进一步增强模拟结果的适用度[19]。

4 总结

在城市滨水蓝绿空间规划设计中，必须对滨河空间对于风环境的潜在影响做出有效预判。本研究探索了针对城市滨河空间的风环境模拟技术和工作流,探究了相关数字景观技术运用的可行性。综合来看,本研究对城市户外空间风环境模拟技术,还停留在较简单的数字景观工具应用阶段,研究系统性尚有待提升。未来的研究中可进一步针对多类型城市空间的局地小气候特征,优化研究方法和技术工具,针对各类不同尺度下城市空间风环境,开发更便捷的模拟评估技术手段和工作流,提出更为科学的设计优化策略。

参考文献

[1] Ashie Y, Thanh Ca V, Asaeda T. Building canopy model for the analysis of urban climate[J]. Journal of Wind Engineering and Industrial Aerodynamics, 1999, 81(1/2/3): 237-248.

[2] 陈红. 郑州市居住区绿色空间布局对风环境的影响效应[D]. 郑州: 河南农业大学, 2018.

[3] 陈宏, 周雪帆, 戴菲, 等. 应对城市热岛效应及空气污染的城市通风道规划研究[J]. 现代城市研究, 2014, 29(7): 24-30.

[4] Santos R, Correia E, Prata-Shimomura A, et al. Roughness length characterization for urban climate maps in the city of São Paulo SP, Brazil. Symposium UPE 12-cities for us, Engaging Communities and Citizens for Sustainable Development, Lisbon, 2016.

[5] 刘红年, 贺晓冬, 苗世光, 等. 基于高分辨率数值模拟的杭州市通风廊道气象效应研究[J]. 气候与环境研究, 2019, 24(1): 22-36.

[6] Kato S, Huang H. Ventilation efficiency of void space surrounded by buildings with wind blowing over built-up urban area[J]. Journal of Wind Engineering and Industrial Aerodynamics, 2009, 97(7/8): 358-367.

[7] 李磊, 吴迪, 张立杰, 等. 基于数值模拟的城市街区详细规划通风评估研究[J]. 环境科学学报, 2012, 32(4): 946-953.

[8] 马金辉, 唐鸣放, 任晶. 基于ENVI-met的小尺度滨江亲水空间夏季风环境模拟: 以重庆主城为例[J]. 住区, 2022, (1): 51-57.

[9] 梅欹, 李天劼, 金冰欣, 等. 校园户外空间夏季小气候环境提升设计研究[C]. 中国重庆: 第二届风景园林与小气候国际研讨会, 2020.

[10] 马童, 陈天. 城市滨河区空间形态对近地面通风影响机制及规划响应[J]. 城市发展研究, 2021, 28(7): 37-42.

[11] Zhang Q, Zeng J, Yao T. Interaction of aerodynamic roughness length and windflow conditions and its parameterization over vegetation surface[J]. Chinese Science Bulletin, 2012, 57(13): 1559-1567.

[12] 李倩, 刘辉志, 胡非, 等. 城市下垫面空气动力学参数的确定[J]. 气候与环境研究, 2003, 8(4): 443-450.

[13] Ragheb M. Wind shear roughness classes and turbine energy production[EB/OL]. [2020-02-22]. http://magdiragheb.com/NPRE%20475%20Wind%20Power%20Systems/Wind%20Shear%20Roughness%20Classes%20and%20Turbine%20Energy%20Production.pdf.

[14] 田春艳, 崔寅平, 申冲, 等. 植被下垫面Z_0的估算及其改进影响评估[J]. 中国环境科学, 2022, 42(9): 3969-3982.

[15] De Simone Z, Kastner P, Dogan T. Towards safer work environments during the COVID-19 crisis: A study of different floor plan layouts and ventilation strategies coupling open foam and airborne pathogen data for actionable, simulation-based feedback in design[C]//Building Simulation Conference Proceedings, 2021: 17th Conference of IBPSA, KU Leuven, 2021.

[16] Li T J, Huang Y, Gu C G, et al. Application of geodesign techniques for ecological engineered landscaping of urban river wetlands: A case study of Yuhangtang River[J]. Sustainability, 2022, 14(23): 15612.

[17] 李彪. 城市建筑群不均匀性对大气动力特性影响的风洞实验研究[D]. 哈尔滨: 哈尔滨工业大学, 2011.

[18] 刘勇洪, 徐永明, 张方敏, 等. 城市地表通风潜力研究技术方法与应用: 以北京和广州中心城为例[J]. 规划师, 2019, 35(10): 32-40.

[19] Mao S C, Zhou Y, Gao W J, et al. Ventilation capacities of Chinese industrial cities and their influence on the concentration of NO_2[J]. Remote Sensing, 2022, 14(14): 3348.

作者简介: 黄焱, 浙江工业大学副教授, 硕士生导师, 浙江工业大学设计与建筑学院环境设计系主任。研究方向: 生态景观、数字景观。

李天劼, 浙江工业大学设计学研究生。研究方向: 生态景观、遗产景观、数字景观技术。

基于风景园林信息模型(LIM)技术的植物设计应用研究*
——以民航科技创新示范区 B-02 地块景观设计为例

杜欣波　刘彦彤　柳杉　万雅欣　吴达新

摘要　本文探索了风景园林信息模型(LIM)技术在植物设计中的应用,通过 Vectorworks 软件平台构建覆盖项目全生命周期的植物数字化模型。模型可以真实客观地呈现现实园林世界,激发设计思维的同时提升设计精细化水平。本文提出集成设计、采购、施工、运维等不同阶段植物信息交互平台的构建思路。以案例应用为基础,从族库构建、统计方法、团队协同、碰撞筛查等方面为植物设计提供切实可行的实施路径和经验模式。本文提出构建植物族库的方法构想,以期推动统一标准的行业信息化建设,也为项目维护管养平台的搭建及接入 CIM(城市信息模型)提供可能。

关键词　风景园林;风景园林信息模型(LIM);构建植物信息模型;数据库;植物设计

改革开放以来,我国城镇化水平提高,城市化进程加快,景观绿地成为衡量居民生态宜居的重要指标。在绿色智能工业革命的影响和建设行业信息化进程快速发展的时代背景下,风景园林行业技术水平不断提升,在改善城市环境、促进居民身心健康、保护和恢复自然生态系统等方面均有长足发展,与此同时,在适应并融入宏观信息化实践环境的过程中,风景园林专业不断积极探索符合自身特征的实践路径,风景园林信息模型(Landscape Information Mode-ling, LIM)应运而生,并合理应用于植物设计中。

然而现阶段的植物设计仍以感性分析为主,缺少量化分析,精细化设计和信息化水平较低。本文以 LIM 为植物设计路径,呈现设计效果、导出施工图纸,并为 LIM 技术在施工与运营阶段的应用打下基础。

1　BIM 和 LIM

建筑信息模型(Building Information Mode-ling, BIM)作为风景园林规划设计数字化的新型手段与表现方式,可以通过建立数字化的模型表述客观、真实的现实园林世界,激发设计师的创新设计思维。BIM 立足于三维数字技术之上,对建筑活动中从设计到施工建设以及运维管理等各种相关信息建立工程数据模型。BIM 系统下拥有 Autodesk Revit、Autodesk Civil 3D、ArchiCAD 等诸多软件,在工程设计、项目建造以及后期运营中,均可以对相关数据展开专业化的分析,使技术人员能够在这些建筑信息的分析中正确理解各项参数指标,高效应对各种项目设计问题。LIM 的概念由哈佛大学 Ervin 教授提出,它衍生自 BIM 技术,是面向风景园林行业的独特表达,可以实现园林工程项目从设计、建造到后期运营管理的信息无损交换[1]。

2　植物设计的传统路径与 LIM 应用于植物设计的研究现状

2.1　植物设计的传统路径

传统植物设计路径自计算机辅助制图出现以来,延续数十年且未有重大革新,其设计流程可概括为:①植物三维模型推敲;②植物设计平面绘制;③编制苗木信息表;④编制工程设计图纸;⑤工程量统计及概算编制;⑥苗木采购。此流程

---

* 中国城市发展规划设计咨询有限公司自立科研项目"景观 BIM 核心族库搭建深化研究"(编号:ZCGH-2022-04)。

中,工作内容更偏向于植物种类的选择和植物布局的搭配,对投资和植物管养的控制能力弱,限制了植物设计的整体呈现效果。传统植物设计流程面临以下问题亟待解决:①二维图纸与三维模型之间如何高效切换和修改;②如何避免分区设计之间反复合图的冗余工作;③苗木信息与植物模型的尺寸如何精准匹配;④设计调整的工作繁重并容易出现疏漏;⑤"唯效果"式的设计推敲如何控制投资成本;⑥植物球根与隐蔽工程的碰撞冲突频发。

植物设计是园林景观设计的重要组成部分,生活环境的提升要求景观项目不仅要加强观赏性和体验性,同时要满足全生命周期生态可持续的目标。植物设计在满足景观美学要求的同时,还应综合考虑采购、施工和运维等环节的生态集约。传统的植物设计路径已无法充分满足新时代人居环境对植物设计的要求。

2.2 LIM 应用于植物设计

LIM 在植物设计中应用的关键是基于 LIM 平台的植物信息库和植物构建模型库(统称植物族库)。目前国内已有一批实践探索将 LIM 应用于园林景观工程、蓝绿空间规划与设计,为我们探索 LIM 技术在不同项目尺度的植物设计提供参考。

从现有研究来看,陈凯等人在 LIM 建模过程中对各构筑物之间隐蔽工程的空间关系进行可视化,及时发现存在的问题,节约了时间和成本[2];黄远祥提出一种基于 LIM 的高仿真植物族建立方法,建立高精度植物族,解决在 LIM 风景园林项目中植物精度 LOD 无法匹配相应建筑精度要求的问题[3];刘明英基于 Dynamo 开源可视化编程软件,利用可视化编程脚本,论述三种制作园林绿化植物方法,同时保证精准定位和高效模型创建[4];吕敏针对研究问题,提出利用 BIM 技术二次开发优化设计工具,以人机协作的方式解决植物景观可见性检测时间成本高、检测准确率低等问题[5];林洪杰等人研究以 BIM 平台 Revit Architecture 为媒介,建立植物构件信息模型数据库,满足在园林项目全生命周期中,设计、施工、运维等不同专业技术人员对植物的树高、冠幅等几何属性,以及生物学生态学特征、施工养护管理技术、造价信息、苗场供应信息等非几何属性的了解需求[6];习明星等人基于公路边坡生态修复技术中的植物配置、恢复技术、工程结构物等,设定影响因素及相关参数,分别进行不同年份的效果模拟,评估分析不同时间段边坡植物群落空间布置的优缺点,甄选最优设计方案[7];安得烈亚斯·卢卡(Andreas Luka)提出一种基于树冠、树干和根系构型与生长功能的实体/网面封装建模方法构建 LIM 乔木模型,并可以与包含本地区苗木商品信息的植物数据库连接使用[8]。

综上所述,LIM 在植物设计中的应用已有了长足发展,但尚未能构建供设计、施工、养护管理等不同专业技术人员查询的信息平台,没有覆盖行业规范的统一植物信息库,缺乏包含景观植物几何属性及非几何属性的植物族库。

本研究以民航科技创新示范区 B-02 地块为例,尝试以 Vectorworks(以下简称 VW)为平台在植物设计中应用 LIM 技术,探索 LIM 技术应用于植物设计的更多可行性及其优势。

3 LIM 在民航科技创新示范区 B-02 地块植物设计中的应用

3.1 项目概况

民航科技创新示范区 B-02 地块(以下简称 B-02 地块)位于成都东部新区未来科技城,建成后将形成示范区的门户景观。景观设计范围 14.5 万 m^2,神鸟飞羽·民航展翼的设计理念,体现在地文化并融合建筑创意。针对该项目具有形象要求高和造价控制严格的特点,笔者团队在景观设计中全面应用了 LIM 技术,极大地提高了协同效率和成果质量,获得业主及政府的高度认可。植物设计作为 LIM 技术应用的关键部分,也是企业自立科研项目的核心研究成果。

3.2 场地 LIM 模型的构建

B-02 地块的景观设计应用了 LIM 正向设计技术,即与项目推进阶段同期完成相应精度的 LIM 模型。相较于传统的景观设计工作模式,LIM 的应用在工作协同、数据集成与统计、碰撞检查等方面具有明显优势。构建的 B-02 地块 LIM 模型包含几何模型和数据信息两个方面。几何模型包含地形模型、景观硬质模型、模型材质、种植模型等方面内容；数据信息分为设计高程信息、硬质信息、植物信息等内容。LIM 作为景观设计的辅助工具，提升了方案精细化程度和项目成本控制能力；同时，LIM 模型作为场地的数字孪生，为项目后期维护管养平台搭建及接入城市信息模型（CIM）提供了可能性（图1）。

区域种植带、华南区域种植带。在此基础上，选择适宜本土气候与种植条件的植被品种，保证植物信息来源科学化、规范化、标准化，合理选择乡土品种与引进品种录入植物信息库，为植物设计提供充足的品种选择。信息库中以植物生态类型进行乔木、灌木及草花的分类。

植物族库的搭建是 LIM 模型植物设计的基石，主要包含植物信息库的建立和植物的参数化建模（图2）。

通过植物的标签信息搜索实现种类筛查，在方案阶段快速检索符合搜索标签的植物品种。基于植物族库的 LIM 模型不仅满足工程算量、施工组织、冲突检查等工作的开展，同时可满足 LIM 模型修改完善和功能模块扩展的需求。

（1）植物数据库的建立

植物数据库的建立过程可概括为三步：首先，提出不同生态类型的物种信息框架，便于后续对应框架进行信息搜集整理；其次，通过项目经验总结和苗圃实地走访，筛选出四大种植带中所包含的常用植物目标品种；最后，翻阅区域植物志和收集互联网资料，将目标品种按照信息框架规定内容收集相应信息。数据库包含品种的几何属性（如树高、冠幅、胸径、土球规格等）及非几何属性（如施工养护信息、造价信息等）（表1）。构建全生命周期化植物数据库，随时查看和获取在数据库中储存的信息。

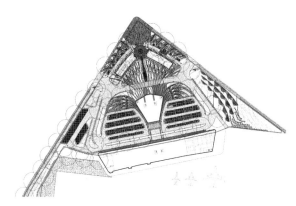

图 1　B-02 地块 LIM 模型构建

3.3　植物设计中 LIM 应用的亮点

3.3.1　植物族库的搭建

研究团队在项目应用之前，初步完成了基于 VW 平台覆盖全国的植物族库。在保证物理外观符合景观设计需求的前提下，基于全国不同种植区域的气候特点，由北向南将植被种植区域划分为四大种植带：华北区域种植带、华东区域种植带、西南

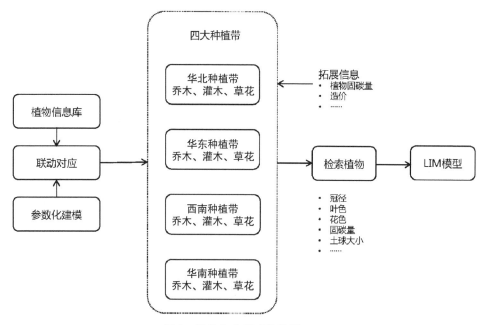

图 2　植物族库搭建流程图

表 1 植物数据库标签信息

	科名属名	树形	高度	胸径	冠径	地径	花期	花色	秋季叶色	常绿落叶属性	生态习性	固碳量	价格	土球大小	养护需水量
乔木	✓	✓	✓	✓	✓	✗	✓	✓	✓	✓	✓	✓	✓	✓	✓
灌木	✓	✗	✓	✗	✗	✓	✓	✓	✓	✓	✓	✓	✓	✓	✓
草花	✓	✗	✗	✗	✗	✗	✓	✓	✗	✓	✓	✓	✓	✗	✓

a
彩色总平
二维显示

b
LIM模型
三维显示

c
工程图纸
二维显示

d
IFC模型
三维显示

图 3 华东乔木"乌桕"在不同场景下的自适应显示

(2) 植物组件参数化建模及自适应显示

植物组件参数化建模是对植物数据库的可视化。植物组件建模连同数据库一起,才真正意义上构建起植物族库。族库实现了植物设计在同一平台的自适应显示,VW平台按视口需求对应精度地选择二维或三维的显示模式。图3展示了一株植物在不同需求下的呈现形式:方案阶段的彩色平面图(图3a);方案阶段的三维效果图(图3b);施工图阶段的平面显示样式(图3c);施工阶段的实体模型(图3d)。不同精度的自适应显示在有限占用计算机内存空间的前提下,相对直观地将植物造型、质感、空间、氛围呈现给读图者,同时根据可视化效果和设计需求,及时对植物设计区域进行调整,优化设计效果,从而提升项目的精细化设计程度。

组件模型的自适应显示突破了不同设计阶段需要使用若干软件平台的传统路径,可在同一个LIM模型中满足方案阶段、初步设计阶段和施工图阶段的出图要求,并具备指导施工和运维的能力。避免不同平台之间的转换带来的无效工作,极大提升了植物设计的工作效率。

植物组件模型与对应物种的数据一一对应,模型的尺寸参数(高度、冠幅、蓬径等)对应链接于植物数据库。参数化建模技术使尺寸参数的调整与植物模型实时联动。例如:一棵或多棵乌桕树如需将高度从9m降至6m,通过调整参数,植物模型几何尺寸将自动匹配。

(3) 数据的拓展性

植物数据库搭建过程中,构件信息做到规范化、标准化。其内含数据不仅包含植物基础信息,在充分考虑场地立地条件及满足植物生态习性的前提下,立足园林工作者现有思维习惯以及设计、施工、运维等程序;对植物相关属性进行研究,与国家政策对标,实现数据拓展。

数据库设计过程中,植物标签信息囊括几何属性及非几何属性的同时,叠加植物固碳数据,收集不同大小形态目标种在不同生命周期的固碳量,在项目植物设计完成后,快速估算项目植被固碳总量,全力响应国家碳中和目标(图4)。

3.3.2 团队协同

研究团队借助VW软件平台实现了多专业线上协同设计的工作模式,消除了常规设计工作中传统设计工具制约团队效率的诸多障碍;另一方面,通过制定线上协同的操作权限,进一步细化内部角色分工,同时提升项目数据的安全性。

(1) 实时同步的数据协同

景观项目的推进过程中,植物设计师普遍面临与其他专项设计师之间配合与协同的场景,例如植物设计与铺装设计相互依托、竖向与给排水设计影响植物品种的选择等。利用LIM模型整合各专业设计内容,帮助设计师立足全局视角,提出局部设计解决方案。通过建立LIM中枢模型、委派分项设计师、创建本地工作模型、实时同步设计等一系列手段,尝试以全面的项目信息整合助

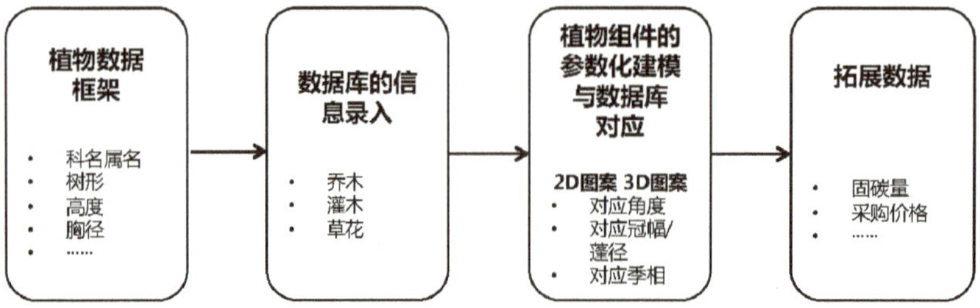

图 4　植物族库设计平台系统流程框架

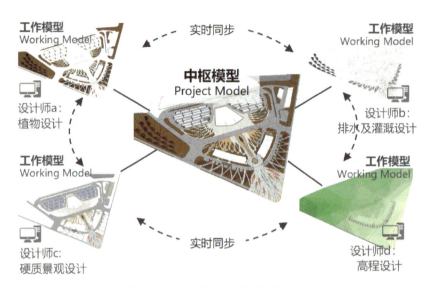

图 5　多专业线上协同工作模式

力跨专业间的高效协同工作(图 5)。

以 B-02 地块设计为例,团队创立了一套由"创建、领取、修改、提交、刷新"五大流程组成闭环的多人协同工作模式。首先,LIM 中枢模型存放于云端网盘,设计师通过中枢模型创建本地部署的工作模型,随即建立中枢模型与工作模型之间的信息互换通道。借助中枢模型与工作模型间的信息交换,设计师得以领取特定任务并在本地进行相应设计工作;完成特定工作后,将设计成果提交至中枢模型[9]。待模型间信息交换完毕,团队其他成员即可通过刷新本地的工作模型同步设计进展。上述流程节省了传统设计工作中的"合图"环节,通过云端与本地模型文件的数据互换,提升信息整合效率(图 6)。

(2)数据安全

作为多专业线上协同工作模式的完善与扩展,研究团队进一步建立了 LIM 协同权限机制。在创建云端中枢模型的同时,制定五层操作权限:管理者、协调者、设计师、制图员、只读,从而优化细化内部成员的角色分工(表 2)。根据操作权限

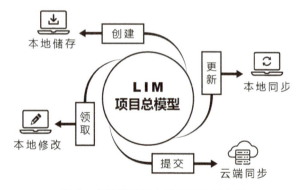

图 6　中枢模型与本地模型信息交换

的高低,使用者对 LIM 模型文件内容的编辑权限受到 LIM 平台的自动制约。其中,管理者层级得以制定并修改所有使用者的操作权限,而只读层级仅能浏览模型内容。未预先明确操作权限的用户,系统将给予只读权限。

另外,协同系统将自动记录每个用户领取、修改并提交的内容和时间,便于用户查看或跟踪一切有关模型修改的记录。上述机制为精细化制定项目人员的角色分工、保障项目模型数据安全提供有力保障。

表2　LIM线上协同权限机制[10]

协同操作权限 团队内部分工	委派项目成员 制定访问权限	预设基础参数 制定LIM组织逻辑	访问族库数据 执行分专业、 分区设计工作	执行指定 制图工作	浏览模型内容 导出模型及图纸
管理者	●	●	●	●	●
协调者	×	●	●	●	●
设计师	×	×	●	●	●
制图员	×	×	×	●	●
只读	×	×	×	×	●

表3　借助LIM平台统计上木工程量数据

图例	名称	高度(mm)	冠幅(mm)	胸径(cm)	枝下高度(cm)	数量(株)
	榉树	6000	4500	20-22	220	80
	银杏	6500	2500	21-23	280	122
	香樟	5000	3500	18	240	200
	朴树	8000	5000	20	240	16
	紫薇	3000	2000	—	100	15
	天竺桂	5000	3500	15	200	202
	二乔玉兰	3800	3000	15	160	15

3.3.3　统计工具

LIM模型能提升植物设计中工程量统计的效率。在设计的各阶段均需要对植物量进行不同精度的统计，以帮助业主实现对项目的时序管理和投资把控。传统的植物统计依赖于繁琐且耗时的人工统计，难免出现误差。LIM景观模型的建立，将统计表格与LIM模型中的植物数据进行联动，统计表格根据数据需求自动生成，并且随设计修改而自动调整。由此，在设计的各个阶段，设计师的时间成本大为节约。

（1）植物工程量统计

统计的前提是数据的录入和抓取。植物数据库的建立为统计工作提供了数据支撑。本研究针对上木和下木进行统计表格信息抓取的设计。根据工程图纸的需求，上木统计内容包含图例、植物名称、高度、冠幅、枝下高度、数量和性状等（表3）；下木统计内容包含图例、植物名称、高度、蓬径、密度、面积、性状和备注等（表4）。

上木特指乔木，下木则包含了灌木、多年生草本、地被、水生植物、藤蔓植物等除乔木以外的植物。上木统计棵数，下木统计面积。统计表格可以根据需要整合各种植区品种的面积，也可以分项统计。表格默认抓取整个模型的植物数量，也可设置表格抓取特定图层，对部分区域进行植物统计。植物量的统计为造价估算提供了坚实的数据基础，为设计成本一体化提供可能。

（2）统计实时联动

统计数据与植物LIM模型是实时联动的。通过几个项目的植物设计实践，总结出实时联动的优势主要体现在两方面：一方面是能避免植物设计调整带来的表格修改工作。设计师通过修改植物模型完成设计调整，统计表格中的数据根据植物模型的调整而做相应变化；另一方面则是掌握设计过程中的实时造价。将统计数据与植物族库的造价信息关联，设计师得以在植物方案推敲过程中掌握实时的造价信息，获得动态的植物设计决策依据。

（3）植物成本统计

因地域、植株性状、运输距离等原因，植株采购价格差距很大，一直以来植物成本的统计都是

表 4　借助 LIM 平台统计下木工程量数据

图例	名称	高度（mm）	蓬径（mm）	密度（株/m²）	面积（m²）
	肾蕨	350	250	36	3410.7
	白穗狼尾草	900	610	9	6688.2
	蓝花鼠尾草	400	300	25	847.7
	小叶女贞	600	400	16	4438.2
	雀舌黄杨	600	400	16	291.3
	针茅	600	400	16	434.2
	细叶芒	600	450	16	1099.9
	琴丝竹	2500-3000	—	15-18	413.9
	生态停车位	—	—		11216.1
	草坪草	150	150	—	28251.0
	狐尾天门冬	400	300	25	149.2
	柳枝稷	900	400	9	497.8
	鸭脚木	600	400	16	439.1
	龟背竹	800	600	9	191.3

成本统计的难点。植物族库中植株的采购信息仅限于方案阶段的估算使用，有助于设计师在项目构思阶段控制项目成本。目前，尚无法在实地苗圃询价前精准地统计植物成本信息。

3.3.4　工程筛查

多主体间的统筹协调能力是影响项目落地周期、现场实施效率以及方案效果完成度的重要因素。在 B-02 地块设计的落地实施过程中，研究团队利用 LIM 平台整合多方信息、筛查碰撞冲突、立足全局视野，为项目的实施推进提供具备前瞻性的决策依据。

（1）植物球根与隐蔽工程的碰撞筛查

在 B-02 地块的落地实施过程中，研究团队对乔木类植物的球根尺寸、形状进行定义划分，并针对地下管线较为密集的重点区域进行碰撞筛查。如图 7 所示，筛查中发现乔木球根与污水管道（碰撞①、②、③）、检查井结构（碰撞①）均存在空间位置上的冲突。借助 LIM 平台的功能优势，团队对跨专业设计内容之间的潜在碰撞形成预判；通过将相关信息反馈至业主及其他合作方，高效消除项目推进障碍提供可能。

（2）植物设计与消防车辆通行碰撞筛查

研究团队借助 VW 软件内置的第三方插件 AutoTURN Online，对消防车辆的通行轨迹进行

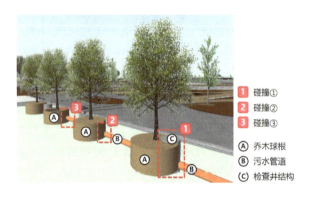

图 7　碰撞筛查中发现的植物球根与给排水隐蔽工程冲突

了模拟。选择外形尺寸为 9.42 m×2.49 m×4 m（长×宽×高）的消防车，在场地内部选取车行空间相对紧凑的区域，进行车辆通行模拟，并将生成结果叠合至 LIM 模型以便筛查复核。通过此类筛查工作，植物球冠与消防车辆的碰撞冲突风险得到有效避免[11]。

综上所述，景观植物与其他专业设施设备的相对空间关系直接决定苗木的落地实施性，进而影响项目的完成度及整体呈现效果。借助 LIM 平台的信息整合能力与植物族库的自适应显示优势，得以预判潜在冲突点位、及时提出解决预案，进而从前瞻性视角为项目的实施推进提供有力信息支撑。

4 总结与展望

植物设计借助 LIM 的应用,从族库构建、统计方法、碰撞筛查、团队协同等多方位提升景观设计的信息化能力。场地植物的 LIM 模型可以贯穿项目的各个时期,成为集成设计、采购、施工、运维等不同工程阶段的植物信息交互平台。

同时,植物设计 LIM 应用中的数据库信息尚未有开源的标准资源可循,各设计团队以项目或者公司为单位各自研发,并无实质交流。本研究对 LIM 技术在设计后续的施工和运维方面的应用上,缺乏控制和推动手段,目前实施仍有较大阻力。建立的植物族库仍需要大量持续性的工作投入,后续还需整合植株固碳能力、采购信息、运维管养等多方面信息。

本文提出的植物族库搭建方法构想,以期推动统一标准的植物族库建立,为行业的信息化建设贡献力量。植物设计 LIM 技术的应用,提升了景观专业精细化设计与管理水平,同时也加强了跨专业间的信息交互与管理能力。

参考文献

[1] Ervin S M, Hasbrouck H H. Landscape Modeling: Digital techniques for landscape visualization[M]. New York: McGraw-Hill Professional, 2001.
[2] 陈凯,张黎,刘勇. BIM 技术在园林景观工程项目中的应用:以"百卉园"为例[J]. 黑龙江生态工程职业学院学报,2022,35(3):19-22.
[3] 黄远祥,沈江林,王昱凡. 一种基于 BIM 的高仿真植物族建立方法[J]. 中国建设信息化,2019(16):76-78.
[4] 刘明英,杜明君,邓勇,等. 基于 Dynamo 的雄安园林绿化植物模型创建方法研究[J]. 土木建筑工程信息技术,2023,15(4):78-83.
[5] 吕敏. 基于 BIM 协同分析技术的建筑策划预评价方法构建[J]. 城市建筑,2022,19(6):146-148.
[6] 汤辉,林泽鹏. 基于 BIM 的植物构件信息模型数据库的建立及应用[C]//第二届全国 BIM 学术会议论文集. 广州,2016:25-29.
[7] 习明星. 基于 BIM 技术的边坡生态修复设计探讨[J]. 交通节能与环保,2022,18(4):142-144.
[8] 安得烈亚斯·卢卡,郭湧,高昂,等. 智慧 BIM 乔木模型:从设计图纸到施工现场[J]. 中国园林,2020,36(9):29-35.
[9] Vectorworks, Inc. Concept: Project sharing[DB/OL]. 2023[2023-07-10]. https://app-help.vectorworks.net/2023/eng/VW2023_Guide/Project-Sharing/Concept_Project_sharing.htm.
[10] Vectorworks, Inc. The Project Sharing dialog box[DB/OL]. 2023[2023-07-10]. https://app-help.vectorworks.net/2023/eng/VW2023_Guide/ProjectSharing/The_Project_Sharing_dialog_box.htm#TOC_Permission_level.
[11] 罗雅丽. LIM 在可持续场地设计中的应用策略探索[D]. 雅安:四川农业大学,2019.

作者简介:杜欣波,中国城市发展规划设计咨询有限公司主任设计师。研究方向:数字景观技术。

刘彦彤,北京林业大学在读博士研究生。研究方向:数字景观技术、城乡人居生态环境。

柳杉,中国城市发展规划设计咨询有限公司成都分公司副总经理。研究方向:园林景观设计。

万雅欣,中国城市发展规划设计咨询有限公司景观设计师。研究方向:数字景观技术及植物设计。

吴达新,中国城市发展规划设计咨询有限公司景观工程师。研究方向:数字景观及景观工程实施。电子邮箱:wudaxin@cadg.cn

基于缓冲区评估方法的公园降温强度研究
——以南京市为例

肖逸 潘超 赵兵

摘 要 公园作为城市绿色基础设施的重要组成部分,对改善城市热环境、调节局部微气候具有重要作用。目前,城市公园的降温效果已被广泛认可,但对公园降温强度及其机制研究仍有不足,合适的量化方法可以更好地促进城市公园设计和管理。本研究分别采用五种评估方法(等面积法、等半径法、固定半径法、转折点法-最大视角和转折点法-累积视角)探讨了公园降温强度及其机制,并进一步研究了公园降温强度与景观特征的关系。结果表明:① 不同的评估方法对公园降温强度均呈显著正相关,且具有类似的空间异质性;② 公园面积、水体比例和植被指数是影响公园降温强度的三个主导因素;③ 使用固定半径法和转折点法来量化公园降温强度效果更好。这些研究结果有利于景观规划师进一步明晰公园降温强度的形成机制,并规划设计出降温效果更好的公园,对缓解城市热岛效应有重要意义。

关键词 城市公园;降温强度;缓冲区分析;景观特征;气候适应性规划

引言

全球气候变暖和快速城市化背景下,城市热岛效应不断加剧[1]。预计城市人口占全球人口的比例将从2020年的56.2%达到2050年的68%[2]。根据《可持续发展目标报告2021》,尽管全球经历了与大流行病有关的经济衰退,气候危机仍与日俱增。2020年全球平均气温升幅严重偏离了《巴黎协定》所要求的保持在1.5℃以下[3]。此外,城市热岛效应威胁着城市的可持续发展,在人类健康、能源消耗、城市空气以及生物多样性等多方面产生影响。为了应对这些挑战,如何缓解城市热岛效应成为城市建设的研究热点之一。

城市公园作为城市中最常见的蓝绿空间组合,在缓解城市热环境方面起到重要作用[4-5]。为了量化公园的降温效果,相关研究提出了降温强度、降温范围、降温面积和降温效率等指标。其中,公园降温强度,即公园与周围环境的地表温度差,是最常用的指标之一[6]。在定义公园周围环境(即缓冲区)时,常见的基于缓冲区分析的技术包括固定半径法[7]、转折点法-最大视角、转折点法-累积视角[8]、等面积法[9]以及等半径法[10],这些方法对于探索公园降温强度具有重要作用。随着公园周围不断变化的热环境,不同评估方法会产生不同的降温强度评估结果,使不同研究中的数值无法进行比较。因此,有必要对各种定量方法的效率进行系统评估,以选择最适合的城市公园降温强度评估方法。

公园降温强度与公园景观特征之间的关系一直是学者长期关注的热点。公园景观特征包括公园规模、形状指数、土地利用类型的空间配置,以及植被指数[11-13]等。相关研究都是基于某一种评估方法,来探讨公园降温强度与公园景观特征的关系,多方法间的比较研究尚属空白。

城市公园的降温效果受到周围环境的影响。已有研究使用土地利用类型来描述公园的周围环境[14],缺乏讨论人类活动对公园降温效果的影响。人类活动作为公园周围环境的重要内容,会通过人为热量释放的增加而引起地表温度升高。尽管许多研究探讨了公园降温强度与单一因素之间的相关性[15],但各影响因素之间的相互作用对降温强度的影响机制仍不清楚,不利于公园降温效果的改善。

本研究探讨了评估公园降温强度不同方法的有效性,研究问题如下:① 五种评估方法能否捕捉到相似公园降温强度的空间变化?② 五种评估方法能否有效地反映公园降温强度和公园景观特征之间的关系? ③ 五种评估方法能否确定影响公园降温强度的主导因素(公园景观特征)?这些答案的获得有助于城市景观规划师更好地理解公园降温强度的影响机制,并指导城市公园的规划设计。

1 研究区概况与研究对象

南京市是江苏省省会,位于东部沿海经济带和长江经济带的战略交叉处。受亚热带季风气候和副热带高压的影响,南京是中国最热的城市之一,夏季高温高湿时间长,如何规划和建设符合居民需求的城市公园成为城市建设的一个关键问题。本研究使用美国地质调查局(USGS)的 Landsat 8 OLI/TIRS 遥感图像(路径 120,行 38),该影像图于当地时间 2021 年 10 月 4 日上午 10:37 获得(LC81200382021277LGN00),当天天气晴朗,微风,风力小于 3 级。结合《南京市公园布局规划(2017—2035)》和谷歌地图的卫星影像(获取于 2021 年 8 月,分辨率为 0.5 m),共提取了 130 个公园的边界。此外,使用 eCognition Developer 10.0 基于面向对象的具体分类,提取了公园六种地表覆盖类型:林地、灌木、草地、水体、不透水面和建筑物(图 1)。

2 研究材料与方法

2.1 地表温度反演

为获取具有较高精确度的地表温度(LST),本研究采用辐射传输方程法(RTE)对第 10 波段进行地表温度反演。首先,使用基于 ENVI 5.3

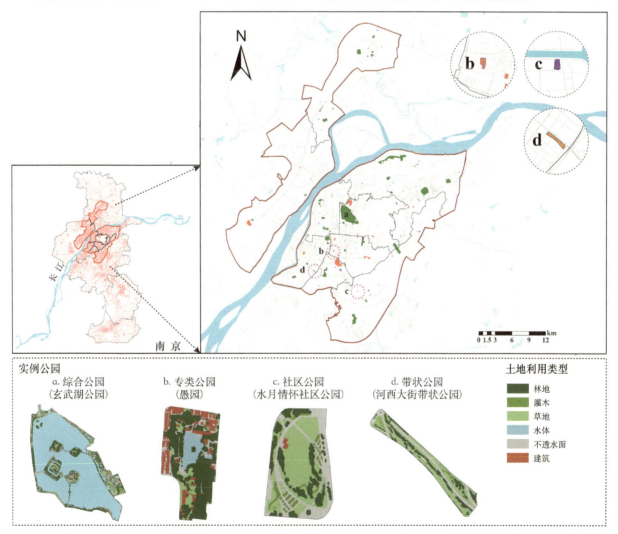

图 1 研究区域及实例公园分布

平台的热辐射强度(L_λ)对遥感图像进行辐射校准和大气校正。然后,估计了大气向下辐射度($L_{atm,i}\downarrow$)、向上辐射度($L_{atm,i}\uparrow$)和大气透射率(τ)。通过公式2计算公式1中的表面辐射率$B(T_s)$,并给定表面辐射率(ε)。最后,用公式3直接得到地表温度(LST)。

$$L_\lambda = [\varepsilon B(T_s) + (1-\varepsilon)L_{atm,i}\downarrow]\tau + L_{atm,i}\uparrow \quad (1)$$

式中,L_λ是卫星传感器接收的地表热辐射强度,$B(T_s)$是地表辐射强度,T_s是LST,τ是大气透过率。

$$B(T_s) = [L_\lambda - L_{atm,i}\uparrow - (1-\tau_\varepsilon)L_{atm,i}\downarrow]/\tau_\varepsilon \quad (2)$$

地表温度可以通过使用公式3直接计算。

$$T_s = K_2/\ln[K_1/B(T_s)+1] \quad (3)$$

式中 $K_1 = 774.89 (\text{mWm}^{-2}\text{s}\cdot\text{r}^{-1}\mu\text{m}^{-1})$,Landsat 8 OLI/TIRS数据的$K_2 = 1\,321.08\,\text{K}$。

2.2 控制变量的选择

为了揭示公园周边环境对公园降温强度的影响,本研究选择缓冲区的夜间灯光和路网长度作为控制变量。景观构成和人类活动因素对公园降温强度的空间异质性都有显著影响[16],蓝、绿和灰三种景观占比用来代表景观构成,人口密度、夜间灯光和路网长度来表示人类活动。通过Spearman相关分析(表1),发现研究中的五个公园降温强度,均与夜间灯光以及路网长度呈显著负相关。因此,本研究选择夜间灯光和路网长度作为控制变量。

2.3 公园景观特征变量

本研究选择公园的十个景观特征作为解释变量(表2),具体是公园面积(PA)、公园周长(PP)、植被区的归一化植被指数(NDVI)、最大斑块指数(LPI)、形状指数(LSI)、斑块平均形状指数(SHAPE_MN)、斑块密度(PD)、边缘密度(ED)、聚集指数(AI),以及景观面积比例(PLAND)。PLAND包括森林面积比例(FSAP)、水体面积比例(WAP)、草地面积比例(GAP)、不透水面比例(IBAP)以及蓝绿面积比例(FWAP)。本研究借助Fragstats v4.2来计算这些景观指标。

表1 公园降温强度与公园周边环境之间的Spearman相关性分析

评估方法	缓冲区-夜间灯光	缓冲区-人口密度	缓冲区-路网长度	缓冲区-绿色景观	缓冲区-灰色景观	缓冲区-蓝色景观
固定半径法	-0.45^{***}	-0.00	-0.37^{***}	0.25^{**}	-0.31^{***}	0.23^{*}
等半径法	0.36^{***}	-0.15	-0.35^{***}	0.09	-0.20^{*}	0.17
等面积法	-0.32^{***}	-0.28^{**}	-0.31^{***}	0.06	-0.21^{*}	0.19^{*}
转折点法-最大视角	-0.42^{***}	-0.16	-0.41^{***}	0.05	-0.16	0.22^{*}
转折点法-累积视角	-0.40^{***}	-0.17	-0.39^{***}	0.06	-0.19^{*}	0.13

$^{*}p \leqslant 0.05$; $^{**}p \leqslant 0.01$; $^{***}p \leqslant 0.001$。

表2 影响城市公园降温效果的因素

类别	影响因素	公式和范围	定义
城市公园景观特征	公园面积 PA	$PA \geqslant 0.09$	城市公园的面积(hm²)
	公园周长 PP	$PP > 0$	城市公园的周长(m)
	植被指数 NDVI	$NDVI = \dfrac{(\rho NIR - \rho RED)}{(\rho NIR + \rho RED)}$; $0 \leqslant NDVI \leqslant 1$	公园内植被区域的NDVI,用来测量植被生长情况
	形状指数 LSI	$LSI = \dfrac{P}{2\times\sqrt{\pi A}}$; $LSI \geqslant 1$	LSI越大,形状就越不规则

(续表)

类别	影响因素	公式和范围	定义
城市公园景观特征	最大斑块指数 LPI	$LPI = \frac{\max(a_i)}{A} \times 100\%$；$0 < LPI \leqslant 1$	最大的斑块占公园总面积的百分比
	斑块平均形状指数 SHAPE_MN	$SHAPE_{MN} = \frac{1}{n} \times \sum_{i=1}^{n} \frac{e_i}{\min_{e_i}}$；$SHAPE_{MN} \geqslant 1$	在所有斑块中，相应斑块度量值的总和除以同一类型的斑块数量
	斑块密度 PD	$PD = \frac{n}{A}$；$PD > 0$	公园内相应斑块数量与总景观面积之比（个/hm²）
	边缘密度 ED	$ED = \frac{E}{A} \times 100\%$；$ED \geqslant 1$	单位面积内特定斑块类型的总边缘长度，是整体形状复杂性的衡量标准（km/hm²）
	聚集程度 AI	$AI = \left[\frac{g_{ii}}{\max(g_{ii})}\right] \times 100$；$AI \geqslant 1$	公园内相应斑块的聚集程度
	景观面积比例 PLAND	$PLAND = \frac{100}{A} \times \sum_{i=1}^{n} a_i$；$0 < PLAND < 100$	公园内各类型土地覆盖的面积比例（%）
城市公园周围环境	缓冲区-蓝色景观 Buffer_blue	$Blue = \frac{A_{blue}}{A_{buffer}}$；$0 \leqslant Blue \leqslant 1$	公园缓冲区内的蓝色景观比例（%）
	缓冲区-绿色景观 Buffer_green	$Green = \frac{A_{green}}{A_{buffer}}$；$0 \leqslant Green \leqslant 1$	公园缓冲区内的绿色景观比例（%）
	缓冲区-灰色景观 Buffer_grey	$Grey = \frac{A_{grey}}{A_{buffer}}$；$0 \leqslant Grey \leqslant 1$	公园缓冲区内的灰色景观比例（%）
	缓冲区-夜间灯光 Buffer_NTL	$Buffer\_NTL \geqslant 0$	公园缓冲区的夜间平均光照（$\times 10^{-9}$ Wcm^{-2}sr^{-1}）；The Earth Observation Group 于2021年7月获得，空间分辨率为500 m（https://eogdata.mines.edu/products/vnl/）
	缓冲区-人口密度 Buffer_POP	$Buffer\_POP \geqslant 0$	公园缓冲区内的平均人口密度（人/m²）；数据来源于 WorldPop Group（https://www.worldpop.org/doi/），空间分辨率为100 m
	缓冲区-路网长度 Buffer_RL	$Buffer\_RL \geqslant 0$	公园缓冲区内的道路长度（km）

2.4 定义和量化公园降温强度

公园与周围环境的平均地表温度差定义为公园降温强度（PCI），采用五种评估方法量化公园降温强度，具体方法如下。

$$PCI = \Delta LST = LST_{buffer} - LST_{park} \quad (4)$$

① 固定半径法（FRM）：公园周围的缓冲半径设定为 500 m。

② 等半径法（ERM）：缓冲区半径与公园面积相等，计算公式如下。

$$R_{park} = \sqrt{\frac{S}{\pi}} \quad (5)$$

式中，S 为公园面积。

③ 等面积法（EAM）：使用与公园面积相等的

缓冲区来估计公园降温强度。

④ 转折点法-最大视角（TPM-M）：创建多个间隔为 3 m 的缓冲区，每个缓冲区都有一个平均地表温度。通过计算缓冲区内第一个下降转折点的地表温度与公园的地表温度之差，来评估最大降温强度。

⑤ 转折点法-累积视角（TPM-A）：通过计算缓冲区内第一个下降转折点的地表温度与公园地表温度的累积降温强度（图 2）。

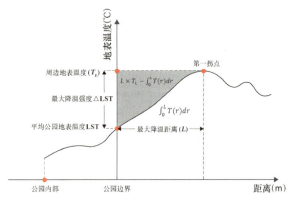

图 2　公园降温过程的 LST 变化曲线图

2.5　统计分析

本研究使用 Pearson 相关性分析来评估公园景观特征和公园降温强度之间的关系。根据 Kolmogorov-Smirnov 检验发现某些特征指标呈非正态分布，进一步通过自举法来保证相关系数的统计意义。缓冲区内的夜间灯光和路网长度为控制变量，通过多元逐步回归模型进一步确定主导因素。为了避免多重共线性，每个自变量的方差膨胀因子和条件数分别不超过 7.5 和 30。最终使用拟合模型探讨主导因素对公园降温强度的影响。

3　结果与分析

3.1　公园降温强度的空间异质性

所研究的南京市 111 个城市公园样本中，五种评估方法计算的公园降温强度存在差异（图 3）。降温强度在 0~1 ℃的公园数量最多，平均占总体的 62.7%；降温强度在 1~2 ℃的公园数量占比 27.2%；降温强度为 3~4 ℃和 4~5 ℃的公园数量占比非常低，平均为 1.8%和 0.9%。通过等面积法得出的降温强度在 0~1 ℃范围内公园数量占比最高，达到 76.6%；在 1~2 ℃的范围内，利用转折点法-最大视角测得的公园数量最多，占 35.1%；降温强度范围在 2~3 ℃时，使用转折点法-最大视角评估法有 12.6%，通过等面积法评估法有 10.8%。同时，五种评估方法的结果表现出显著正相关关系。固定半径法和转折点法具有最高的正相关系数，为 0.98；其次是等半

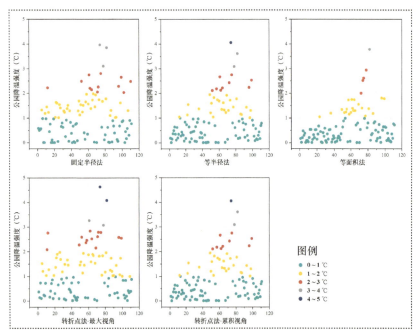
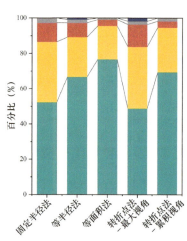

图 3　五种评估方法对比分析南京市 111 个城市公园降温强度

径法和固定半径法,为 0.85;等面积法和固定半径法显示出最低的相关性,为 0.78。

3.2 公园景观特征与公园降温强度之间的关系

Pearson 分析表明(图 4),面积相关的指标(公园面积、最大斑块指数、水体面积比例和蓝绿面积比例)与公园降温强度呈明显正相关,当城市公园拥有更多的蓝绿空间且较大的面积时,可以带来较高的降温效果。在边缘指标中,公园降温强度与公园周长呈显著正相关,而与边缘密度呈显著负相关。此外,公园周长和边缘密度之间也存在着明显的负相关关系。衡量公园聚集程度的指标如斑块密度和聚集程度,分别与公园降温强度呈显著负相关和正相关,这表明公园降温强度受公园内部斑块的连续性影响不同。植被指数与公园降温强度呈正相关,表明更好的植被覆盖和生长状况,可以有效改善公园降温效果。

表 3 为公园降温强度和公园景观特征之间的多元逐步回归模型。通过构建五个回归模型,公园景观特征对于公园降温强度分别有 53.3%(固定半径法)、58.1%(等半径法)、71.9%(等面积法)、56.6%(转折点法-最大视角)和 60.6%(转折点法-累积视角)的解释能力。在五种评估方法中,公园面积、植被指数和水体比例对公园降温强度的相对贡献率分别为 81.11%、75.62%、81.25%、69.09% 和 72.45%,因此这三个因素被确定为主导因素;通过分析其他主导因素发现,在等半径法、转折点法-最大视角和转折点法-累积视角中,最大斑块指数对公园降温强度的相对贡

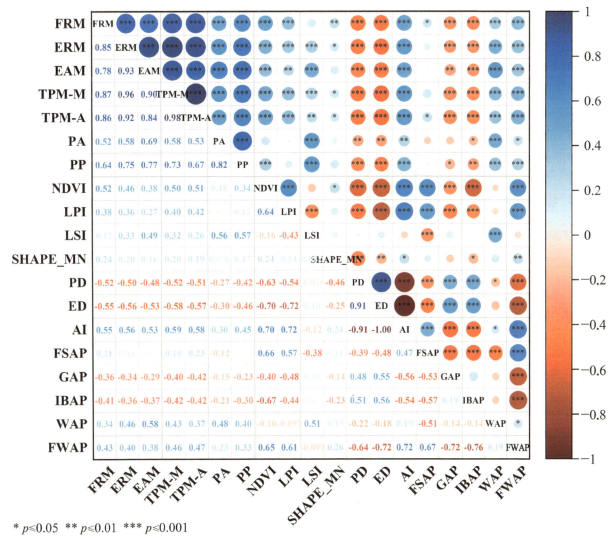

* $p \leq 0.05$ ** $p \leq 0.01$ *** $p \leq 0.001$

图 4 公园景观特征与公园降温强度之间的 Pearson 相关性分析

献率超过13%，表明具有较大面积的城市公园对其周围地区具有更好的降温效果；在固定半径法中，植被指数对公园降温强度的相对贡献最高，达到34.65%，这表明植被生长对公园降温强度的影响更为显著，而其余四种方法中，公园面积的相对贡献率最高，从27.68%到34.60%，这意味着公园面积对降温效果的影响更为重要。

3.3 降温效果的主导因素

通过构建拟合模型，进一步评估公园面积、植被指数和水体面积比例对公园降温强度的影响。拟合模型的结果表明公园降温强度与公园面积呈对数函数关系（图5a）。公园降温强度随着公园面积的增加而增加，当对数斜率为1时面积最佳，即能达到理想降温强度的最小公园面积（面积阈值）。在固定半径法、等半径法、等面积法、转折点法-最大视角和转折点法-累积视角中，公园的最佳面积阈值分别为0.35 hm²（$R^2=0.32$，$p<0.001$）、0.46 hm²（$R^2=0.58$，$p<0.001$）、0.38 hm²（$R^2=0.66$，$p<0.001$）、0.45 hm²（$R^2=0.42$，$p<0.001$）、0.36 hm²（$R^2=0.53$，$p<0.001$）。其中，等面积法的R^2最高，等半径法的面积阈值最大。

进一步讨论公园降温强度和水体比例之间的线性回归模型发现（图5b），当水体比例小于10%时，对公园降温强度的影响不显著。当水体比例大于10%时，水体比例与公园降温强度之间呈显著正相关。此外，每增加10%的水体，公园降温强度将提高0.233～0.353 ℃。这是由于水的高比热容，使得水体对降温效果具有很大贡献。

植被指数和公园降温强度之间的初始拟合模型结果不理想，因此对植被指数进行分段分析。如图5c箱形图所示，当植被指数小于0.3时，其与公园降温强度的相关性不显著；当植被指数大于0.3时，整体公园降温强度随着植被指数的增加而增强，这表明更好的植被生长促进了公园降温强度。

4 讨论

4.1 五种不同方法评估影响公园降温强度的主导因素

本文所用五种评估方法的结果表明，公园面积、植被指数、水体比例是影响公园降温强度的主导因素。而固定半径法的公园降温强度与这三个主导因素的Pearson相关系数较低，可能是因为该方法以500 m为缓冲半径，当公园面积较小且形状较规则时，固定半径法容易产生较大的误差。在主导因素研究结果中，所有评估方法计算得到的公园降温强度均和公园面积存在对数关系（图5a），这与已有研究结果相一致[15]。本研究发现面积阈值在气候适应规划中发挥重要作用[5]，进一步得到南京公园面积阈值在0.35～0.46 hm²之间；略低于福州和香港的数值，根据Fan[11]等人的研究，这两个城市都属亚热带季风气候，其绿

表3 不同评估方法的多元逐步回归分析

评估方法	回归模型	R^2	调整后R^2	F（$p<0.001$）	DW
固定半径法	PCI=0.005AREA+3.869NDVI+1.226WAP−0.013NPP	0.533	0.511	24.000	1.878
等半径法	PCI=0.006AREA+2.493NDVI+1.750WAP+0.005LPI	0.581	0.557	24.041	1.582
等面积法	PCI=0.005AREA+1.578NDVI+1.627WAP+0.074AI	0.686	0.668	37.894	1.827
转折点法-最大视角	PCI=0.006AREA+2.995NDVI+1.479WAP+0.007LPI	0.566	0.540	22.564	1.729
转折点法-累积视角	PCI=0.005AREA+2.267NDVI+1.274WAP+0.005LPI	0.606	0.684	26.706	1.719

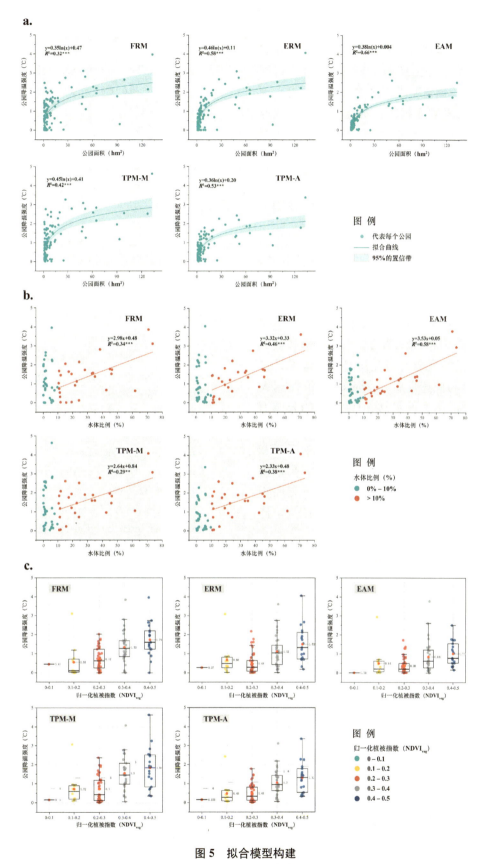

图 5 拟合模型构建

a. 不同评估方法下公园降温强度与公园面积的对数回归模型；b. 不同评估方法下公园降温强度与水体比例的线性回归模型；c. 不同评估方法下公园降温强度与植被指数的箱形图

地面积阈值分别为 0.58 hm² 和 0.62 hm²，出现差异的可能原因是本文的研究对象为城市公园（包括水体）。已有研究发现，公园比绿地有更好的降温效果，尤其是在夏季[17]，因而本研究得到的城市公园面积阈值略小于之前研究结果可以理解。此外，研究发现良好的植被覆盖和生长状况可以有效提高公园降温强度，水体比例的变化对公园降温强度也有明显影响，这与谢紫霞等人[18]的研究结论一致。

4.2 研究结论在公园规划设计中的应用

"基于自然的解决方案"在城市规划中被越来越多地考虑。绿地不仅能够提供生态系统服务，还可以提高城市的复原力。为了有效改善城市热环境，在公园规划设计中需要同时改善多个降温指数，而不是简单地优化某一个指标。结合本研究的结果，公园面积、植被指数、水体比例和最大斑块指数，都是实现最大降温强度的关键设计参数。随着城市的快速发展和存量规划的提出，大规模建设公园已不太现实；如何以合适的公园面积达到最佳的降温效果，是可持续城市公园规划的重要研究方向。另外，优化公园的景观组成和配置也是提升公园降温强度的有效途径。可以将公园内蓝绿空间结合，在水体周围配置一定面积的植被，增加蓝绿空间的连续性和整体性，为可持续气候适应规划提供新途径。

5 结论

本研究基于五种常用评估方法对公园降温强度的主导因素进行了量化对比，旨在促进城市公园更好地规划设计和管理。首先，研究发现不同的评估方法对公园降温强度的量化结果有所差异，因此，在评估公园降温强度时需要选择适用的方法；其次，多元逐步回归发现公园面积、植被指数、水体比例是影响公园降温强度的三个主导因素。设计中增加水体比例和在适宜的条件下种植树木是提升公园降温强度的最有效方法。此外，在规划公园时，需要以较小的公园面积达到最佳降温效果，不同评估方法得到的公园面积阈值在 0.35～0.46 hm² 之间。研究表明，使用等半径法和转折点法来量化公园降温强度，更有效且相对稳定。本研究的结果可为未来城市公园规划和设计提供指导与借鉴。

参考文献

[1] Oke T R. The energetic basis of the urban heat island [J]. *Quarterly Journal of the Royal Meteorological Society*, 1982, 108(455): 1-24.

[2] United Nations, D. of E. and S. A. P. D. *World Urbanization Prospects: The 2018 Revision (ST/ESA/SER. A/420)* [R], 2019.

[3] United Nations, D. of E. and S. A. *World Sustainable Development Goals Report 2021* [R], 2021.

[4] Peng J, Dan Y Z, Qiao R L, et al. How to quantify the cooling effect of urban parks? Linking maximum and accumulation perspectives [J]. *Remote Sensing of Environment*, 2021, 252: 112135.

[5] Yu K, Chen Y H, Liang L, et al. Quantitative analysis of the interannual variation in the seasonal water cooling island (WCI) effect for urban areas [J]. *The Science of The total Environment*, 2020, 727: 138750.

[6] Sun X, Tan X Y, Chen K L, et al. Quantifying landscape-metrics impacts on urban green-spaces and water-bodies cooling effect: The study of Nanjing, China [J]. *Urban Forestry & Urban Greening*, 2020, 55: 126838.

[7] Cao X, Onishi A, Chen J, et al. Quantifying the cool island intensity of urban parks using ASTER and IKONOS data [J]. *Landscape and Urban Planning*, 2010, 96(4): 224-231.

[8] Du H Y, Cai W B, Xu Y Q, et al. Quantifying the cool island effects of urban green spaces using remote sensing data [J]. *Urban Forestry & Urban Greening*, 2017, 27: 24-31.

[9] Liao W, Cai Z W, Feng Y, et al. A simple and easy method to quantify the cool island intensity of urban greenspace [J]. *Urban Forestry & Urban Greening*, 2021, 62: 127173.

[10] Chang C R, Li M H, Chang S D. A preliminary study on the local cool-island intensity of Taipei city parks [J]. *Landscape and Urban Planning*, 2007, 80(4): 386-395.

[11] Fan H Y, Yu Z W, Yang G Y, et al. How to cool hot-humid (Asian) cities with urban trees? An optimal landscape size perspective [J]. *Agricultural and Forest Meteorology*, 2019, 265: 338-348.

[12] Shah A, Garg A, Mishra V. Quantifying the local

cooling effects of urban green spaces: Evidence from Bengaluru, India[J]. *Landscape and Urban Planning*, 2021, 209: 104043.

[13] 成实,牛宇琛,王鲁帅. 城市公园缓解热岛效应研究: 以深圳为例[J]. 中国园林,2019,35(10):40-45.

[14] Geng X L, Yu Z W, Zhang D, et al. The influence of local background climate on the dominant factors and threshold-size of the cooling effect of urban parks[J]. *The Science of the Total Environment*, 2022, 823: 153806.

[15] Qiu K B, Jia B Q. The roles of landscape both inside the park and the surroundings in park cooling effect[J]. *Sustainable Cities and Society*, 2020, 52: 101864.

[16] Peng J, Liu Q Y, Xu Z H, et al. How to effectively mitigate urban heat island effect? A perspective of waterbody patch size threshold[J]. *Landscape and Urban Planning*, 2020, 202: 103873.

[17] Li C, Zhao J, Xu Y. Examining spatiotemporally varying effects of urban expansion and the underlying driving factors[J]. *Sustainable Cities and Society*, 2017, 28: 307-320.

[18] 谢紫霞,张彪,佘欣璐,等. 上海城市绿地夏季降温效应及其影响因素[J]. 生态学报,2020,40(19):6749-6760.

作者简介:肖逸,南京林业大学风景园林学博士生。研究方向:风景园林规划设计、生态规划。

潘超,南京农业大学产业经济学博士生。研究方向:环境与资源经济。

赵兵,南京林业大学风景园林院教授,博士生导师。研究方向:风景园林规划设计、绿地系统规划、生态规划、园林工程与技术。

基于双量计算和 ENVI-met 模拟的城市交通沿线绿地减污降碳研究

颜郑菲　徐梦娴　陈烨

摘　要　城市绿地是城市范围内直接增汇、间接减排的重要载体,在吸收储存 CO_2 和消减大气 PM2.5 浓度方面发挥着重要作用。研究聚焦城市道路交通沿线绿地规划布局对减污降碳的效果,以南京城区主干道太平北路及其两侧绿地为研究对象,通过车流量计算日污染排放量,通过生物量法计算碳汇储量,采用 ENVI-met 软件定量化模拟计算 PM2.5 消减作用。研究表明,1)城市主干道每米日均碳排放量估算达 14.60 kg/m,平均产生的 PM2.5 浓度为 89.68 μg/m³;2)交通沿线绿地在吸收 CO_2 方面作用有限,该路段绿地日吸收二氧化碳总量约为 291.711 kg,无法就地吸收平衡碳排放量;3)消减 PM2.5 效果明显,模拟结果显示机动车道到人行道、珍珠河绿带右侧和珍珠河绿带左侧的平均颗粒物消减率分别为 11％、26％和 54％。研究探索车流量和植物生物量的双量计算和定量模拟的综合评估方法,以期为交通沿线绿地设计提供科学依据。

关键词　车流量;生物量;绿地;ENVI-met;减污;降碳

1　引言

至 2022 年我国城镇化率已高达 65.22％,城镇化产生的人口膨胀、资源枯竭、环境恶化等问题在能源和碳排放方面的影响越来越大。城市交通碳排放占总量近 15％,同时形成严重的空气污染,对城市生态和公共健康产生重大影响。

城市绿地是城市范围内直接增汇、间接减排的重要载体,在吸收和储存二氧化碳以及降低大气 PM2.5 浓度方面发挥着重要作用。城市交通沿线绿地斑块化、面积较小及数量多、分布范围广,且人为扰动程度高,如何利用有限的空间资源更大地发挥绿色减污降碳的效能,是高密度城区绿地生态效能优化领域亟待解决的重点和难点。

绿地与碳排放及 PM2.5 扩散三者之间存在相互影响的复杂关系,相关研究主要集中于以下三方面:(1)绿地对碳汇的影响。近年来相关研究多聚焦于城市蓝绿空间增汇减碳、固碳释氧及碳储存等碳汇效益。常用实地调研法、数学模型预测等方法来量化城市蓝绿空间的碳储量,探究其固碳释氧潜力和生态效益评估[1],从绿地的释氧固碳效应、碳汇能力、景观运行碳排与植物碳汇的比较[2]等角度展开研究。运用 GIS 技术与 CITYgreen 模型、iTree 模型和 InVEST 模型等常见手段,从绿地空间布局、绿地系统结构及绿地植被配置[2-3]等方面探讨多尺度优化策略。(2)绿地对 PM2.5 扩散浓度的影响。基于综合扩散-沉积法,提出了污染物的最大浓度距离,并建议将植物栽种在靠近源或污染物最大浓度距离之后,颗粒物会随距离增加逐渐衰减[4]。已有研究证实,在街道峡谷中,靠近污染源的低冠层植物(如树篱)不仅能高效过滤颗粒物,且能促进外来清洁空气的输入而加速局部颗粒物的稀释[5-6]。也有以城市和街区等大中尺度区域为研究对象,研究城市绿地空间形态与绿地景观格局对 PM2.5 的扩散浓度影响[7],但鲜有交通沿线绿地在交通 PM2.5 排放浓度消减的定量化研究。(3)碳排放与PM2.5 扩散浓度之间关系的相关研究。有学者对空气中 PM2.5 的碳组成特征进行分析,并从碳协同减排视角对政策制定者在空气质量改善策略方面提出建议[8],该视角现有文献较少,缺少对城市绿地设计有参考价值的研究。

面对城市交通污染排放缺乏精确计量评价方法、城市绿地碳汇和滞留 PM2.5 难以精细化计量等瓶颈问题,本文通过对车流量和植物生物量的双量计算和 ENVI-met 模拟定量研究城市道路交通沿线绿地规划布局对减污降碳的效果,以期为城市规划及风景园林设计决策者提供科学依据。

2 研究范围和研究方法

2.1 研究范围

南京是东部地区的重要城市、全国综合交通枢纽城市。根据《南京市绿地系统规划》，结合谷歌卫星地图和百度地图街景，南京中心城区道路以街道峡谷类型为主，且主干道绿地形式基本为一板两带式和三板四带式两种类型。已有研究表明，受道路污染影响最为严重的空间是交通主干道及其两侧 50 m 以内、1.7 m 以下的低空范围[9]，而此范围正是人行的活动空间。

研究对象选择城市主干道太平北路，道路为双向六车道，道路绿地属于三板四带式，北侧道路一侧毗邻珍珠河绿带（图1）。道路两侧绿地布局状况截然不同，满足两侧 50 m 范围内有多处且不同类型绿地的研究诉求，具有代表性。研究路段范围起自太平北路与北京东路交叉口，至四牌楼路交叉口，全长 450 m，两侧分别向外拓宽 50 m。

2.2 数据采集

根据谷歌卫星影像图结合实地调研，构建道路基础数据库和植物数据库（图2）。基础数据库包括道路尺寸、限速等属性信息和周边绿地尺寸、植物种类等基础数据。植物数据库包含各类植物相关胸径、树高和群落搭配类型等。借助高德地图开放平台爬取太平北路路段数据，包含道路等级、道路拥堵程度、平均行车速度等信息。从全国空气质量实时发布平台和中国气象网，获取空气质量数据和气象数据。

每小时交通流量是使用自下而上方法制定车辆排放清单的最关键参数。通过架设相机，采集天桥等无遮挡位置的实际路网交通视频来计算道路日车流量数据（图2）。7月11日～13日，从 8:00～20:00 每小时拍摄 10 min 太平北路道路车流视频，以便后续构建速度—流量模型。

2.3 研究框架

研究聚焦城市道路交通沿线绿地规划布局对 PM2.5 消减和 CO_2 吸收效果的影响，探索绿地提升生态效能和改善小气候环境的因素和优化方法（图3）。

（1）数据准备

根据气象指标数据、交通车流量数据、城市交通沿线实景三维数字模型和城市交通沿线绿地植被数据等建立数据库。

（2）数据处理及模拟计算

构建速度流量模型估算车流量，计算交通相关污染排放；通过生物量法用异速生长方程计算

图 1 目标路段研究范围

图 2 研究路段两侧实地状况

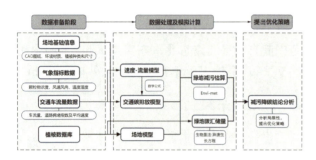

图 3　研究路径框架

图 4　OpenCV 自动计数

碳汇储量;通过 ENVI-met 软件对绿地减污效果进行模拟研究。

(3) 减污降碳效能分析

根据模拟实验结果和碳汇效能计算,探究城市交通沿线绿地对交通碳排放和 PM2.5 扩散浓度产生的不同影响。

3　污染排放核算

3.1　交通车流量测算

利用 Python 和 OpenCV 软件对道路视频进行预处理,排除检测的干扰信息,采用背景差分法前后帧对比叠加来提取道路上通行的车辆,并定义了车辆轮廓高度,排除电瓶车的计数干扰,最后得出有效车流数量。通过编程代码计算出车流量数据如表 1 和图 4。

表 1　视频车流量数据

时间	车流量/辆	时长/s	每秒车辆
8:00	413	620	0.67
9:00	361	651	0.55
10:00	381	594	0.64
11:00	500	642	0.78
12:00	381	360	1.06
13:00	613	636	0.96
14:00	530	662	0.80
15:00	824	695	1.19
16:00	1 118	752	1.49
17:00	845	602	1.40
18:00	590	603	0.98
19:00	370	445	0.83
20:00	356	595	0.60

3.2　速度-流量模型构建

研究范围处于封闭路段,减少了岔路口对于车辆数量和速度的影响。根据太平北路道路车辆平均时速和 8:00～20:00 实际统计数据计算出单位时间(s)的车流量,通过 SPSS 统计软件进行相关性分析,并构建速度-流量的一元线性回归数学模型(表 2、表 3,图 5)。

表 2　方差分析

	平方和	自由度	均方	F	显著性
回归	0.682	1	0.682	19.269	0.001[b]
残差	0.389	11	0.035		
总计	1.071	12			

表 3　回归系数

	未标准化系数		标准化系数	t	显著性
	B	标准错误	Beta		
常量	8.049	1.625		4.953	0.000
平均速度	−0.297	0.068	−0.798	−4.390	0.001

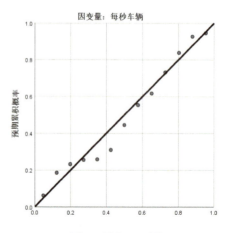

图 5　正态 P-P 图

从拟合度和方差分析的结果可以看出速度与流量两者数据拟合度较高,回归系数常量分别为8.049和−0.297,SIG 为 0.000 和 0.001,具显著性。模型公式为 $Y=8.049-0.297x$,Y 为每秒车流量,x 为平均速度。

根据模型公式,通过平均速度反推计算出每小时车流量。基于现有资料发现凌晨车流量较少,为减少误差,时间设定为 6:00~24:00,估算总车流量为 55 324 辆。

根据江苏交警的数据[10],截至 2022 年底,江苏省新能源汽车保有量为 99.1 万辆,占所有汽车总量的 4.3%。途径研究路段的 7 条公交车线路为新能源汽车,根据发车班次和新能源汽车占比。排除两者干扰,日车流量估算为 52 513 辆。

3.3 日交通污染物排放计算

污染排放核算是对研究对象相关污染排放趋势及其影响因素进行评估的基础,排放核算方法使用源于《HJ/T 180—2005 城市机动车排放空气污染测算方法》[11]"自下而上"的排放因子法,该方法根据研究范围内的交通工具类型、保有量、行驶里程以及单位里程燃料消耗等数据来计算交通排放量。

道路机动车尾气排放量的计算公式为:

$$E_i = P \times EF_i \times L \quad (1)$$

式中,E_i 为机动车排放源 i 对应的污染物排放量;EF_i 为 i 类型机动车行驶单位距离尾气所排放污染物的量;P 为 i 类型机动车数量;L 为 i 类型车辆的行驶里程。其中排放因子公式为:

$$EF_i = BEF_i \times \phi_j \times \gamma_j \times \lambda_i \times \theta_i^{[16]} \quad (2)$$

式中,BEF_i 为 i 类车的综合基准排放因子;ϕ_j 为 j 地区的气象修正因子;γ_j 为 j 地区的平均速度修正因子;λ_i 为 i 类车辆的劣化修正因子;θ_i 为 i 类车辆的其他使用条件修正因子。

PM2.5 主要由硫和氮的氧化物组成,这些气体污染物是化石燃料(煤、石油等)和垃圾燃烧形成;而 PM10 通常来自机动车行驶过程中破碎碾磨以及被风扬起的尘土,因此计算的是车辆在燃烧化石燃料过程中 PM2.5 排放量。参考《道路机动车排放清单编制技术指南(试行)》[12]计算汽车基准 PM 排放因子为 0.003 75(g/km),将道路长度、车流量和排放因子带入公式,计算得 PM2.5 排放量为 88.62 g。

在计算出 PM2.5 排放量后,基于 OSPM 模型来计算因交通排放而产生的 PM2.5 浓度。OSPM 模型是基于高斯扩散和箱式扩散理论的常用模型,主要用于模拟城市道路交通源的空气污染。该模型已被广泛研究并为政策的制定提供依据[13]。街道峡谷中污染源分为交通污染和大气背景浓度,污染物的总浓度为 $C = C_d + C_b$,C_d 是交通污染在峡谷底部直接贡献部分,C_b 是城市大气背景污染物浓度。污染物直接扩散产生的浓度,可以采用 OSPM 模型中的高斯烟羽公式计算:

$$\delta C_d = \sqrt{(2/\pi)} \frac{\delta_Q}{u_b \sigma_z(x)} \quad (3)$$

式中,u_b 为街道处风速,m/s;$\sigma_z(x)$ 为在距离 x 处的垂直扩散系数,m;C_d 为有限长线源产生的浓度,mg/m³;δ_Q 为有限长线源的源强,mg/m(s)。计算中每条线源总是取与风向垂直的方向。

在模型中,参数的选取及确定非常重要,扩散系数 σ_z 的大小与大气湍流结构、离地高度、地面粗糙度、泄漏持续时间、风速,以及离开泄漏源的距离等因素有关。按照 Pasquill 的分类方法[14],11 日气象数据日照强度中等,平均风速为 2.2 m/s,选择大气稳定度 B 的扩散系数作为计算公式(表4、表5)。

表 4 Pasquill 大气稳定度确定

地面风速/(m/s)	白天日照			夜间条件	
	强	中等	弱	云量 4/8	云量 3/8
<2	A	A—B	B		
2~3	A—B	B	C	E	F
3~4	B	B—C	C	D	E
4~6	C	C—D	D	D	D
≥6	C	D	D	D	D

表 5 扩散系数的计算方法

大气稳定度	σ_y	σ_z
A	$0.22x/(1+0.0001x)^{0.5}$	$0.2x$
B	$0.16x/(1+0.0001x)^{0.5}$	$0.12x$
C	$0.11x/(1+0.0001x)^{0.5}$	$0.08x/(1+0.0002x)^{0.5}$
D	$0.08x/(1+0.0001x)^{0.5}$	$0.06x/(1+0.0015x)^{0.5}$
E	$0.06x/(1+0.0001x)^{0.5}$	$0.03x/(1+0.0003x)$
F	$0.14x/(1+0.0001x)^{0.5}$	$0.016x/(1+0.0003x)$

表 6 每小时 PM2.5 浓度

时间	车流量 (辆/h)	除干扰车流量 (辆/h)	平均速度 (km/h)	PM 排放量 (g)	线源强度 (mg/m)	PM 浓度 ($\mu g/m^3$)
6:00	2 065	1 952	25.17	3.29	7.32	65.36
7:00	2 909	2 760	24.38	4.66	10.35	85.72
8:00	2 398	2 271	24.47	3.83	8.52	73.40
9:00	1 996	1 886	24.69	3.18	7.07	63.71
10:00	2 309	2 186	24.50	3.69	8.20	71.25
11:00	2 804	2 659	24.69	4.49	9.97	83.17
12:00	3 810	3 622	24.48	6.11	13.58	107.43
13:00	3 470	3 297	23.79	5.56	12.36	99.23
14:00	2 882	2 734	24.01	4.61	10.25	85.07
15:00	4 268	4 061	24.15	6.85	15.23	118.47
16:00	5 352	5 098	21.80	8.60	19.12	144.60
17:00	5 053	4 812	23.02	8.12	18.04	137.39
18:00	3 522	3 347	24.22	5.65	12.55	100.50
19:00	2 993	2 841	24.41	4.79	10.65	87.74
20:00	2 154	2 037	24.13	3.44	7.64	67.51
21:00	2 749	2 607	24.53	4.40	9.78	81.85
22:00	2 781	2 637	24.50	4.45	9.89	82.63
23:00	1 808	1 706	25.41	2.88	6.40	59.17
合计	55 324	52 513	24.33	88.62	196.92	89.68

根据每小时车流量数据、道路尺寸、气象数据及计算出的每小时车辆 PM 排放量,带入高斯烟羽公式计算响应时间段形成的 PM2.5 浓度,如表 6 所示。

3.4 日交通 CO_2 排放计算

城市道路交通碳排放量同样采用自下而上的排放因子法,公式如下:

$$E = \sum F_a \times EF_a \quad (4)$$

式中,E 为 CO_2 排放量;F_a 为燃料,EF_a 为排放因子,a 为燃料类型。根据《公路工程技术标准 JTG B01—2014》[15],将车辆划分成表 7、表 8 所示 6 种类型。根据实际调研的车辆分类选用对应车辆的碳排放系数,如车辆类型为车型 1,其碳排放系数为 2.45。

车辆碳排放因子还受其他因素的影响,根据已有研究,Pan Y L. 和周育峰[16-17]给出了表 9 中 3 种车型在路面平整度较好的直线道路上,以不车辆碳排放因子还受其他因素的影响,同速度运

表 7 车辆类型

车型 分类	车型划分	车辆换算 系数	说明
车型 1	小客车	1.0	≤19 座
车型 2	大客车	1.5	>19 座
车型 3	小型货车	1.0	载货量≤2 t
车型 4	中型货车	1.5	2 t<载货量<7 t
车型 5	大型货车	2.5	7 t<载货量<20 t
车型 6	特大型货车	4.0	载货量>20 t

表 8 不同车型排放系数

车型分类	直接排放	间接排放	总排放系数
车型 1	2.37	0.08	2.45
车型 2	2.54	0.06	2.6
车型 3	2.47	0.07	2.54
车型 4	2.54	0.06	2.6
车型 5	2.59	0.05	2.64
车型 6	2.61	0.04	2.65

表 9　车辆拟合参数

车型/系数	a	b	c
车型 1	550.51	−0.44	0.23
车型 2	1 813.76	7.02	0.59
车型 3	1 310.04	−1.29	0.34

表 10　不同路面类型 CO_2 排量修正系数

路面类型	典型弯沉	C_0	CO_2 排量修正系数 R
水泥混凝土路面	0.1	0.053	0.900 9
全厚沥青混凝土路面	0.5	0.067	0.946 0
沥青路面	1.0	0.083	1.000 0

行的燃油量测试结果,和表 10 中试验测量在 3 种不同路面行驶条件下的 CO_2 排量修正系数 R。

在上述分析的基础上,建立了城市道路封闭路段的碳计量模型,其中交通碳排放的计算公式为:

$$E = \sum_{i=1}^{6} RN_i Ч_i L \frac{T_r \xi_i}{\theta_i}(a_i v^{-1} + b_i v^0 + c_i v^1) \tag{5}$$

式中,T_r 为交通车流量;ξ_i 为第 i 种车型在所有车辆中所占的比例;θ_i 为第 i 种车型车辆的车型折算系数;R 为道路路面类型修正系数;N_i 为第 i 种车型道路不平整度修正系数;$Ч_i$ 为第 i 种车型道路坡度修正系数;L 为封闭路段道路长度;v 为车辆平均行驶速度;$Q_i = (a_i v^{-1} + b_i v^0 + c_i v^1)$ 为由车速控制的第 i 种车型车辆的百公里 CO_2 排放量。

将对应的数据参数代入公式,计算各车型封闭路段每小时碳排放量,可知车辆的日碳排放量共为 6 569.11 kg(表 11)。

表 11　碳排放量统计

时间	单辆车百公里 CO_2 排放量(kg)	CO_2 排放量(kg)
6:00	27.24	239.22
7:00	27.76	344.83
8:00	27.70	283.07
9:00	27.55	233.88
10:00	27.68	272.26
11:00	27.55	329.68
12:00	27.69	451.39
13:00	28.21	418.14
14:00	28.03	344.82
15:00	27.92	510.26
16:00	29.84	684.55
17:00	28.78	623.25
18:00	27.87	419.83
19:00	27.74	354.61
20:00	27.94	256.14
21:00	27.66	324.45
22:00	27.68	328.51
23:00	27.08	207.96
合计	27.80	6 569.11

4　碳汇计算与消减模拟

4.1　沿线绿地碳汇计算

将交通沿线绿地碳汇划分为乔木和灌木两个部分进行计算,求和即为植被总碳汇量。除太平北路与北京东路交叉口向南约 100 m 内的绿地以灌木为主,其余绿地基本为"乔-灌-草"的群落结构。具体植物种类和尺寸调查如表 12 所示,路段范围内行道树共 289 株。

表 12　植物种类及尺寸

植物种类	乔木						灌木				
	水杉	薄壳山核桃	东京樱花	广玉兰	榉树	桂花	海桐	石楠	红花檵木	金边黄杨	南天竹
树高 H(m)	20~25	15	3~4	8~10	12~16	3~4	0.8	1.2	0.8	0.8	0.8
胸径 D(cm)	35~50	30~40	15~25	30	20~25	20~35	/	200(球径)	/	/	/
数量/体积	128 棵	50 棵	14 棵	2 棵	55 棵	40 棵	450~480 m³	50 个	250~290 m³	250~290 m³	720 m³

根据《造林项目与监测指南》(IPCC 2006)[18],碳储量计算方法主要包括异速生长方程法和生物量扩展因子法。生物量异速生长方程法,即建立生物量与相应变量的函数关系表达式,通过变量拟合出植株的生物量。由于城市绿地不便通过直接测量法来获取数据,因此本文采用已知计算生物量的异速生长方程法,计算植被碳汇。交通沿线绿地通常采用精细化管理,由于草本植物受到经常性修剪,其大部分碳元素又重新释放到大气与土壤中,本文不再计算群落草本层碳储量,碳储量计算主要包括乔木层和灌木层碳储量。

4.2 沿线绿地 PM2.5 消减情况模拟

为研究城市道路交通沿线绿地规划布局对 PM2.5 消减作用、探究两者的协同效果,借助 ENVI-met 软件对研究范围进行模拟。

ENVI-met 是可精细化模拟城市街道尺度"建筑表面-绿地-大气"相互作用关系的三维数值模拟软件。利用 ENVI-met 构建场地及周边环境模型,在 Albero 中查找与实际情况对应单株体素模型置入,调整模型参数和边界条件设置(图 6、表 13)。

模拟计算结果得出 7 月 11 日道路三维空间内,PM2.5 浓度的平面分布图和浓度改变的差值图,用以探讨交通沿线不同绿地形式对 PM2.5 浓度的消减程度,平面图选取 $Z=1.5$ m 人行呼吸高度值。研究重点关注主干道两侧绿地人行道 1.5 m 高度的 PM2.5 浓度变化。在统一横断面机动车道边缘(0 m)、人行道及周边沿线绿地分别设置监测点,计算消减率平均值。参照《中华人民共和国国家环境保护标准》,消减百分率的公式为:

$$P = (C_s - C_m)/C_s \tag{6}$$

式中,C_s 是道路边(0 m)的 PM2.5 的浓度值;C_m 是不同宽度绿带外人行道 PM2.5 的浓度值。

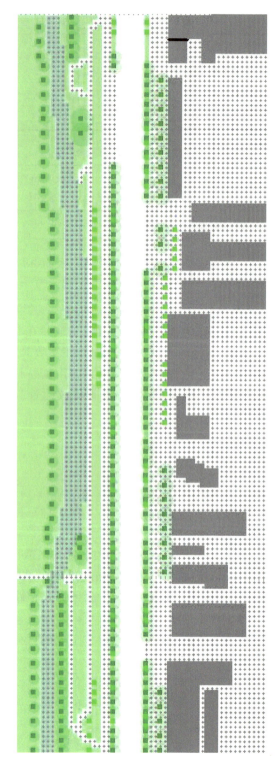

图 6　模型平面图

5 模拟结果及数据分析

5.1 道路车流量、CO_2 排放量和 PM2.5 浓度日变化分析

研究结果显示(图 7),早高峰、晚高峰和午间

表 13　ENVI-met 参数设置

经纬度	模拟开始时间	模拟持续时间	网格分辨率	初始温度/湿度	10 m处风速	风向
北纬 118.80 东经 32.04	当日上午5:00	19 h	等距 $x=y=z=3$ m	当日气象数据	2.2 m/s	174°(东南)

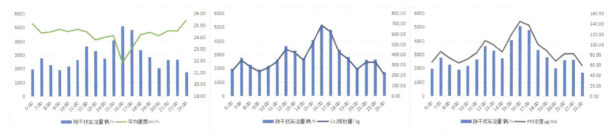

图 7 车流量与平均速度、CO_2 排放量、PM2.5 浓度时间变化

12:00～13:00 车流量较多,晚高峰在 16:00 达到顶峰,平均车流量达到 5 352 辆/h,车流量波动趋势与平均速度变化趋势成相反状态。车流量与 CO_2 排放量、PM2.5 浓度变化成正比,PM2.5 浓度除了跟车流量、平均速度有关外,还受到风速风向的影响,但整体影响较小,晚高峰因车流量大、堵车等原因,道路 CO_2 排放量和 PM2.5 浓度达到 1.52 kg/m·h 和 144.6 μg/m³·h。

5.2 交通沿线绿地碳汇效能分析

在相关计量和监测指南[19-20]中查找相关植物对应的异速生长方程、对应生物量系数及含碳率。表 14 中 W 表示植物生物量,D 为胸径,H 为树高,将实测数据带入公式,综合整理计算得出单株乔木和灌木日吸收二氧化碳量。

计算可知:①交通沿线绿地总碳汇约 291.711 kg,乔木和灌木的贡献分别占 99.2%、0.8%;由此可见,交通沿线绿地对城市碳汇有着明显的贡献,乔木和灌木两部分碳汇贡献差异性明显。②日均交通碳排量为 6 569.11 kg,单位道路碳排量为 14.60 kg/m,排放量远高于交通沿线绿地日碳汇储量,沿线绿地无法就地吸收排出的 CO_2 以达到碳平衡。③根据相关研究对研究区域植被碳汇效益估算,可以看出不同的植被类型中,乔木的碳汇能力最为突出,因此碳汇能力强、吸收速率高、规格大的乔木,能够显著提升绿地的综合碳汇效益与碳汇价值。

5.3 PM2.5 扩散分析

PM2.5 浓度由蓝色至玫红色图例区域逐步升高(图 8),道路空间中浓度最高区域主要出现在机动车道,呈现随风向扇面扩散的趋势,下风向颗粒物浓度普遍低于上风向。

从分析结果看出,道路绿化类型对细颗粒物浓度的分布存在显著影响。珍珠河绿带的一侧和建筑前只有单一行道树的一侧进行对比,有多层绿化阻隔后的道路 PM2.5 扩散区域明显有所收敛,且浓度低于另一侧。绿化带内侧机动车道污染浓度明显增加,非机动车道和人行道区域的颗粒物浓度略有下降,在一定程度上反映了绿化带的消减和阻隔作用。从植被群落结构来看,在各时间段不同植被群落结构的绿化区域取 10 个点,记录 1.5 m 高处 PM2.5 的相关浓度并计算平均值,植被群落结构为"乔-灌-草"的绿地 PM2.5 平均浓度约为 53.28 μg/m³,植被群落结构为"灌-草"绿地平均浓度约为 62.75 μg/m³。

浓度增加最高的区域,普遍出现在上风向机动车道范围内;而浓度最低的区域出现在下风向。在下风向区域道路两侧都出现了 PM2.5 浓度最低的区域,最低浓度为 28.83 μg/m³。

图 8 分别展示了 PM2.5 颗粒物在 6:00、8:00、12:00、16:00、18:00 的平面浓度分布图,从图中可以看出,机动车道和非机动车道 PM2.5 的高浓度分布区域随着车流量变多而面积增大,在水体区域的 PM2.5 浓度比两侧绿地的浓度高。

为进一步探知道路绿化宽度对 PM2.5 的消减率,分别沿机动车道及人行道每间隔 10 m 设置监测点,在 1.5 m 高度取平均值,根据颗粒物消减率公式计算得出,从机动车道(污染源)到人行道、珍珠河绿带右侧和珍珠河绿带左侧的平均颗粒物消减率分别为 11%、26% 和 54%。

6 讨论

6.1 道路沿线绿化降碳效能有待提高

从植被群落类型来看,整体乔木层碳储量是灌木层碳储量的近 100 倍,乔木层在碳储量蓄积中发挥着更重要作用。因此在相同的绿地覆盖率下,绿地中乔木密度越高,绿地对 CO_2 的吸收作

表14 相关植物吸收CO_2量

	植物种类	生物量－异速生长方程/灌木体积算法	植物含碳率	生物量/株	吸收CO_2量/株	日碳汇 kg/d	吸收CO_2总量/kg
乔木	水杉	$W=0.1179(D^2H)^{0.8150}$	0.5185	955.335	495.342	1.376	231.168
	薄壳山核桃	$W=0.099(D^2H)^{0.841}$	0.5000	477.961	238.981	0.655	32.737
	东京樱花	$W=0.105(D^2H)^{0.726}$	0.5000	30.768	15.384	0.420	0.590
	广玉兰	$W=0.33079D^{1.90957}-0.10494D^{1.80928}$	0.4460	217.241	96.889	0.265	0.531
	榉树	$W=0.0709D^{2.42}+4.924D^{0.976}+1.163D^{0.64}$	0.4901	294.336	144.354	0.395	21.737
	桂花	$W=0.845(D^2H)^{0.484}$	0.4700	51.631	24.267	0.066	2.659
灌木	海桐	2.7 kg/m³	0.4700	1296.000	609.12	1.669	1.669
	石楠	$W=0.409759D^{1.0615}H^{0.5427}$	0.4883	5.212	2.545	0.007	0.349
	红花檵木	0.24 kg/m³	0.4700	69.600	32.712	0.090	0.090
	金边黄杨	0.23 kg/m³	0.4438	66.700	29.600	0.082	0.082
	南天竹	0.116 kg/m³	0.4337	83.520	36.220	0.099	0.099
合计				3548.304	1725.414	5.124	291.711

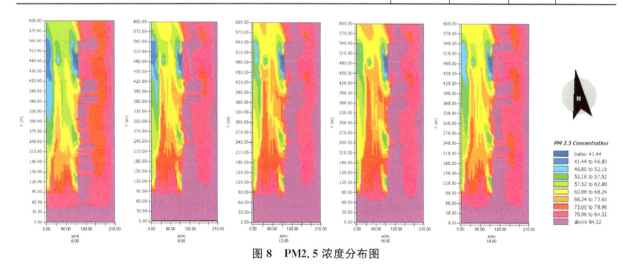

图8 PM2.5浓度分布图

用更明显。从植物种类和尺寸来看,场地中单株植物日均吸收CO_2量最多的是水杉为1.376 kg/d,而每株桂花只有0.066 kg/d,两者在规格有显著差异。

研究场地中交通沿线绿地总碳汇约291.711 kg,而路段日均交通碳排量总量达6569.11 kg,道路单位碳排放量为14.60 kg/m。仅靠道路两侧绿地的植被碳汇无法就地吸收交通碳排放量,因此在临近道路的绿地斑块、公园和居民区的边缘位置应更多地种植高碳汇率的乔木品种,浓密的乔木层结构绿地能进一步吸收道路上机动车排放的CO_2。

根据南京市道路、绿地系统规划和遥感影像,运用GIS进一步估算,南京主城区城市主干道总长约为$56.677×10^6$ m,根据道路每米碳排放量计算结果,主城区主干道交通总碳排放量约为$82.75×10^7$ kg/d。南京主城区绿地面积约为$150.82×10^6$ m²,已有研究表明单位面积常绿阔叶林平均固碳能力为7.80 kg/m²,估算主城区绿地日均碳汇总量为$117.64×10^7$ kg。交通碳排放量只占了城市总碳排量约15%,却需要70.3%主城区绿地碳汇量才能平衡交通主干道碳排量,提高单位面积绿地的碳汇效能,并在规划层面统筹增加城市绿地面积、合理管控城市交通流量成为城市增汇减排的重要手段。

6.2 道路沿线绿化有效消减颗粒物浓度

从 PM2.5 浓度的平面分布图可以看出,污染物的分布呈现随风向扇面向外扩散趋势,整体浓度分布为,距离道路两侧距离越远的绿地浓度越低,下风向区域颗粒物浓度低于上风向区域。在下风向区域道路两侧 PM2.5 最低浓度为 28.83 $\mu g/m^3$,达到了国家标准空气质量优(0~35 $\mu g/m^3$)的指标。由此可见沿线绿化带能明显改变道路空间中 PM2.5 浓度的分布,有效消减 PM2.5。

进一步分析 PM2.5 浓度偏高的区域,发现机动车道内的 PM2.5 浓度较高,非机动车道、人行道内的 PM2.5 明显改善,说明了植物起到了一定的阻滞和隔离作用。将场地现状植物搭配情况与颗粒物浓度分布进行关联性分析,发现植被群落结构为"乔-灌-草"的绿地的平均浓度约为 53.28 $\mu g/m^3$,"灌-草"结构的开敞绿地平均浓度约为 62.75 $\mu g/m^3$,"乔-灌-草"结构污染浓度更低。植被群落结构的丰富有效提高了对颗粒物污染的消减能力,尤其植被群落结构中包含枝叶浓密的乔木对 PM2.5 的消减效果更为显著。

消减率 11% 的人行道分隔带绿化距离污染源头最近,作为第一层,植物主要为水杉和灌木,因其尖塔型树型和较高的分枝点,导致颗粒物快速扩散,使得消减率较低。消减率 26% 的珍珠河绿带东侧为第二层,离污染源逐渐变远,且乔-灌-草三层结构植被浓密,起到良好的屏障和过滤作用。消减率 54% 的珍珠河绿带西侧作为第三层距离最远,在经过前、中、后三层绿地植物的阻隔滞尘和吸附作用后,消减效率逐渐提高,可证明多层次绿地对颗粒物污染的消减效果更好。

7 结论与展望

通过对峡谷型道路车流特征的模拟和碳汇计算,得到道路单位长度污染排放量及交通沿线绿地单位面积碳汇储量。研究发现乔木在减污降碳两方面都具备显著效果,筛选高固碳、高降污植物组合搭配,尽可能设置浓密的乔木种植和搭配丰富多层次的植物群落,有助于增强减污降碳效果。同时,减污降碳的综合效益的提升需要城市规划、交通布局和城市绿地的整体优化。面向双碳战略和营造健康的人居环境需要打破学科壁垒,结合最新前沿技术,从理论与方法上探索增强绿地减污降碳协同作用的途径。

本文做出了双量计算的初步探索,其中交通车流量计算的精准性还有进一步提升的空间。此外,结合 LAI、LAD、密度、疏透度等三维绿量的计算方法,可进一步提高碳汇和降污参数化的精准性,以满足综合评估的需要,这在今后的研究中可进一步加以探索。

参考文献

[1] 武静,蒋卓利,吴晓露. 城市蓝绿空间的碳汇研究热点与趋势分析[J]. 风景园林,2022,29(12):43-49.

[2] 冀媛媛,罗杰威,王婷. 建立城市绿地植物固碳量计算系统对于营造低碳景观的意义[J]. 中国园林,2016,32(8):31-35.

[3] 王敏,石乔莎. 城市高密度地区绿色碳汇效能评价指标体系及实证研究:以上海市黄浦区为例[J]. 中国园林,2016,32(8):18-24.

[4] Morakinyo T E, Lam Y F. Simulation study of dispersion and removal of particulate matter from traffic by road-side vegetation barrier [J]. Environmental Science and Pollution Research, 2016, 23(7): 6709-6722.

[5] Han D H, Shen H L, Duan W B, et al. A review on particulate matter removal capacity by urban forests at different scales [J]. Urban Forestry & Urban Greening, 2020, 48: 126565.

[6] Janhäll S. Review on urban vegetation and particle air pollution—deposition and dispersion [J]. Atmospheric Environment, 2015, 105: 130-137.

[7] 陈明,胡义,戴菲. 城市绿地空间形态对 PM2.5 的消减影响:以武汉市为例[J]. 风景园林,2019,26(12):74-78.

[8] 常树诚,郑亦佳,曾武涛,等. 碳协同减排视角下广东省 PM2.5 实现 WHO-Ⅱ 目标策略研究[J]. 环境科学研究,2021,34(9):2105-2112.

[9] Kaur S, Nieuwenhuijsen M J, Colvile R N. Pedestrian exposure to air pollution along a major road in central London, UK [J]. Atmospheric Environment, 2005, 39(38): 7307-7320.

[10] 荔枝网. 2022 年江苏机动车保有量达 2 496.80 万 新能源汽车保有量同比增长超九成[EB/OL][2023-01-29]. http://news.jstv.com/a/20230129/b3ab8e52cece43049583602c3995243b.shtml

[11] 国家环境保护部. 城市机动车排放空气污染测算方

[12] 国家环境保护部.道路机动车排放清单编制技术指南,2014.

[13] 葛晓燕.城市典型街谷道路中污染物扩散特征模拟[D].西安:西安建筑科技大学,2018.

[14] 李祥余.大气稳定度分类方法及判据比较研究[J].环境与可持续发展,2015,40(6):93-95.

[15] 国家交通运输部.公路工程技术标准(JTG B01—2014),2014.

[16] Pan Y L. Development of Pavement Management System for China Highways [R]. Beijing: Research Institute of Highway, MOT, PRC, 1998.

[17] 周育峰,张浩然.路面表面特性与汽车油耗关系研究[J].公路,2005,50(1):30-36.

[18] 国家林业局.造林项目与检测指南[M].北京:中国林业出版社,2008.

[19] 国家林业局.森林生态系统碳储量计量指南(LYT 2988—2018),2018.

[20] 国家林业局.造林项目碳汇计量监测指南(LYT 2253—2014),2014.

作者简介:颜郑菲、徐梦娴,东南大学建筑学院硕士研究生。研究方向:数字景观及其技术。

陈烨,东南大学建筑学院教授,博士生导师,景观学系副主任。研究方向:风景园林规划与设计、游憩与景观建筑、数字景观。

基于数值模拟的夏冬季节城市公园植物空间热舒适度影响因素研究

黄钰麟 金云峰

摘 要 植物空间作为城市公园的重要组成单位,其热舒适度影响着城市公园对局地热环境的调节潜力及民众对公共绿地的使用率。为探究影响夏冬两季城市公园植物空间热舒适度的因素及作用机制,本文以福州市西湖公园为研究样地,借助 ENVI-met 软件进行数值模拟,采用正交试验设计法,探究各影响因素(树木叶面积指数、乔灌草比例、种植密度)对夏冬两季植物空间的热舒适度指标产生作用的主次关系、影响趋势及最优组合方案;最后基于研究结果提出夏冬两季城市公园植物空间热舒适度提升策略。

关键词 公园绿地;数字化技术;热舒适度;正交试验

1 引言

城市公园是都市民众日常休闲或假期游憩的重要场所,提升其空间的热舒适性有利于营造宜居城市开放空间,增进民生福祉,这也成为近年来行业关注的热点。城市公园可通过植被遮阴降温、自然通风和防风等方式,对局地热环境产生影响,为城市居民创造低碳绿色、舒适宜人的户外公共空间。大量研究表明,城市公园可有效调节微气候[1-2],而植物空间很大程度上影响着城市公园的热环境调节能力,具有研究的典型性。不同植物空间特征如树木覆盖率[3]、叶面积指数[4]、种植模式、林带宽度[5]等会随季节与组合变化对空间热舒适度产生差异性影响,而厘清这些要素所产生影响的特征,有助于提升城市公园的热环境质量。

过去由于技术的限制,有关绿地热舒适度的研究难以排除其他景观因素(水体、构筑物、下垫层等)的干扰。随着数字化技术的发展,利用 CFD 数值模拟平台研究绿地微气候影响机制,成为近年来研究发展的重要趋势,同时也为相关领域的课题研究带来更多可能。数值模拟软件 ENVI-met 经大量研究证实,可有效模拟及研究城市绿地的微气候条件[6-7],且已被证实 ENVI-met 软件适于小尺度绿地空间的研究,实地观测的气候表征因子数据与模拟输出数据基本吻合[8]。20 世纪始,针对室内外环境中的人体热感受和热舒适度已开展研究,各类测量指标出现在相关研究领域中,如湿球温度(WBGT)[9]、预测平均投票(PMV)[10]、生理等效温度(PET)[11]、温度湿度指数(THI)等。其中 PET 是目前使用频率较高的热舒适指标,被证实为最适于户外人体热舒适度的评价指标[12],因此本研究选择 PET 为试验指标。

本研究以福州市西湖公园为例,运用 ENVI-met 数值模拟法,结合实地调研,探究植物空间特征[树木叶面积指数(LAI)、乔灌草比例、种植密度]在夏冬两季对城市公园植物空间热舒适度的影响机制,通过方案模拟与预测,厘清复杂环境中植物空间热舒适度的作用要素及路径,以期为城市宜居空间的营造提供新视角及技术理论支撑。

2 研究区域与研究方法

2.1 研究区域

福州市位于福建省中东部,属亚热带季风气候。全年光照充足,冬短夏长,雨量充沛,年平均湿度74%,夏季最高气温可达41.1 ℃,冬季最低气温为-0.4~3.7 ℃,灾害性天气主要有高温热浪、强

---

* 国家自然科学基金项目"面向生活圈空间绩效的社区公共绿地公平性布局优化——以上海为例"(项目编号:51978480)。

冷空气、台风。研究样地选自福州市鼓楼区的西湖公园（26°5′57″N,119°17′45″E），西湖公园是福州市建园时间最长的园林，全年受风向以西北-东南风向轴为主[14]，园内植物群落趋于近自然式的稳定结构。本文选取园内游人访问度较高的空间作为研究样地（图1、图2），样地面积为35 m×30 m，植物群落类型包括乔灌草型、乔草型、灌草型和纯草型，空间右侧为联排单层建筑，周围有水体分布，样地西北侧1.9 km处为福州市乌山气象站，可为ENVI-met模拟参数设定提供初始气象数据。

2.2 ENVI-met模型验证

选择夏冬两季实地观测数据最为炎热与最为寒冷的两天进行模拟校验。实测采用手持气象仪（kestrel 4500）监测距地面1.4 m处的空气温度和相对湿度，观测时间为8:00～18:00，每个测点以1 h为单位获取数据，观测点布置如图1所示。模拟时间为6:00～19:00，研究选取8:00～18:00时段的数据。为保证模拟与实测环境条件一致，模拟过程保留研究场地周围的水体、构筑物、下垫层等，模拟校验区域面积为80 m×76 m，相关参数设定见表1（下文为控制变量，仅提取植物要素构建模型，研究范围如图1所示）。将实测温度值与模拟结果进行相关性分析，两者呈现线性相关，相关系数R^2为0.808，$RMSE$为1.19 ℃（图3）；实测湿度值与模拟结果的相关系数R^2为0.835，$RMSE$为3.445%（图4）。说明ENVI-met模型能较为准确地反映实地场景的微气候变化规律，产生的误差在可接受范围内，适用于本次研究。

表1 ENVI-met模型验证参数设定

分类	输入参数	参数值	
基础数据	网格尺寸/数量	2 m×2 m×2 m/40×40×30	
嵌套网格	嵌套网格数	5	
	起始时间	6:00	
	模拟时长(h)	13	
气象数据	温度(℃)	28～40.3(S)	10～12.2(W)
	2 m高度相对湿度(%)	38～75(S)	67～81(W)
	10 m高度风速(m/s)	2.4(S)	1.6(W)
	平均风向(°)	225(S)	45(W)
	地表粗糙度	0.01	

注：S和W分别代表夏季和冬季。

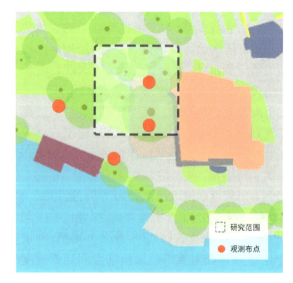

图1 研究样地平面图

图2 研究样地示意图

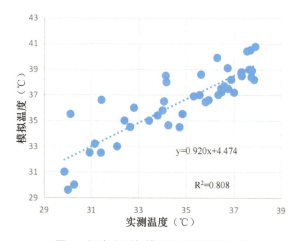

图3 温度实测与模拟结果相关性比较

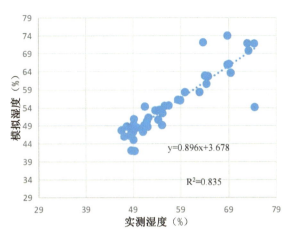

图4 湿度实测与模拟结果相关性比较

表3 模拟研究方案

方案	树木LAI(A)	乔灌草比例(B)	种植密度(C)	空白列(D)
1	高(1)	3∶0∶2(1)	间距8 m(1)	空白(1)
2	高(1)	3∶2∶0(2)	间距10 m(2)	空白(2)
3	高(1)	3∶1∶1(3)	间距12 m(3)	空白(3)
4	中(2)	3∶0∶2(1)	间距10 m(2)	空白(3)
5	中(2)	3∶2∶0(2)	间距12 m(3)	空白(1)
6	中(2)	3∶1∶1(3)	间距8 m(1)	空白(2)
7	低(3)	3∶0∶2(1)	间距12 m(3)	空白(2)
8	低(3)	3∶2∶0(2)	间距8 m(1)	空白(3)
9	低(3)	3∶1∶1(3)	间距10 m(2)	空白(1)

2.3 正交试验设计

为提高实验效率,本研究引入正交试验设计。通过正交试验可从较少的因素组合中了解到各因素所起的主次作用、影响趋势及最优组合方案,同时大大减少研究案例的数量,有效提升试验的效率,因此正交试验被广泛运用于不同研究领域[15-18]。

2.3.1 设计因素及水平

本文选择树木LAI、乔灌草比例、种植密度为试验因素。福州市常用绿化乔木LAI在1.06~6.85之间[13],本文在此区间范围沿梯度设置3个水平;乔灌草比例根据城市公园植物空间常见植物群落类型设置水平;种植密度的取值为8 m、10 m、12 m(即种植间距/冠幅为8/9;10/9;12/9),如表2所示。

表2 $L_9(3^4)$正交试验设计

水平	试验因素			
	树木LAI(A)	乔灌草比例(B)	种植密度(C)	空白列(D)
1	高(6.6)	3∶0∶2	间距8 m	空白
2	中(4.4)	3∶2∶0	间距10 m	空白
3	低(2.2)	3∶1∶1	间距12 m	空白

2.3.2 方案设计

本研究采用$L_9(3^4)$正交表(表3),探究树木LAI、乔灌草比例、种植密度对PET的影响机制。第四个因素为"空白"列,以降低前三个因素间存在的随机误差和相互作用。

2.4 模型模拟

2.4.1 模拟参数设置

模型构建过程输入的参数除网格尺寸/数量更改为2 m×2 m×2 m/20×20×30外,其余设置如表1所示。

2.4.2 植物模型选择

为排除其他因素项的干扰,仅调整LAI值,选用ENVI-met植物库与福州常用乔木相似的3D模型;灌木与地被采用系统模型。

2.4.3 场景模型构建

对九组方案进行建模,平面图如图5所示。除乔木根据实验方案设不同对照组外,灌木与地被在各场景中均使用同一品种,保证场地面积、下垫层、空间布局一致以减小实验误差,图中红色标记为监测点。

3 结果与分析

选取早上(8:00~10:00)、中午(12:00~14:00)、傍晚(16:00~18:00)3个城市公园高访客量时段,对试验结果(模型内设监测点1.4 m高处的试验数据)进行极差和方差分析,得到各因素对夏冬两季植物空间的热舒适度指标PET产生作用的主次关系、显著性、影响趋势及最优组合方案。

相关研究表明,纬度相近的城市,其热舒适度评价标准相似,具有借鉴意义。我国台湾地区邻近福州,且其研究调研时间长、范围较广、准确性较强,因此本文引用Lin等[19]所总结的台湾地区PET热感觉评级表(表4)。

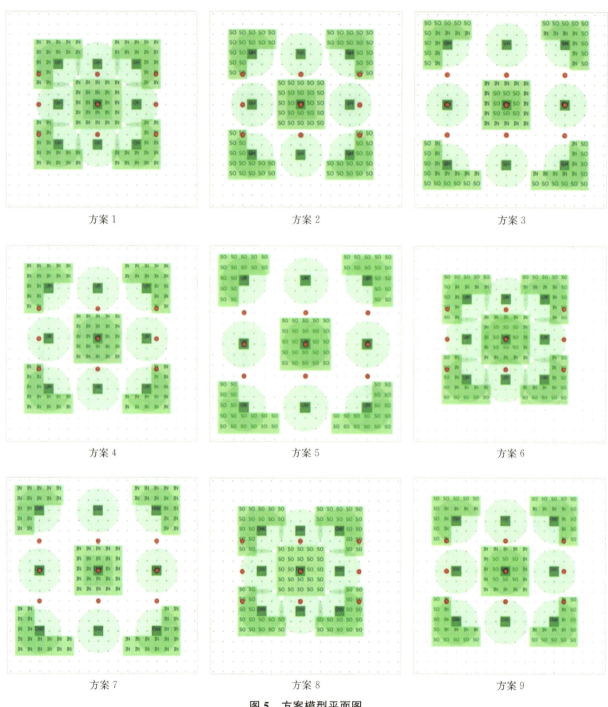

图 5 方案模型平面图

表 4 PET 热感觉评级表

热感觉	−4（很冷）	−3（冷）	−2（凉）	−1（稍凉）	0（舒适）	1（稍暖）	2（暖）	3（热）	4（很热）
区间/℃	<14	14～18	18～22	22～26	26～30	30～34	34～38	38～42	>42

3.1 不同植物空间特征对夏冬两季热舒适度的主次影响

3.1.1 不同植物空间特征对夏季热舒适度的主次影响

对不同试验方案空间内设监测点 1.4 m 高处的 PET 值进行极差与方差分析,如表 5 所示,夏季早上和中午时段因素 A、B、C 的极差(R)由大至小依次为 C>A>B,即对空间 PET 的影响排序为种植密度>树木 LAI>乔灌草比例。傍晚时段,树木 LAI(A)为主要的影响因素,其次为种植密度(C)。方差分析结果(表 6)显示,树木 LAI(A)在中午和傍晚时段对应的 Sig 值等于/小于 0.05,种植密度(C)在各时段对应的 Sig 值均小于 0.05,说明其对 PET 影响显著;乔灌草比例(B)对 PET 值的调节作用弱,影响不具显著性。

3.1.2 不同植物空间特征对冬季热舒适度的主次影响

对不同试验方案空间内设监测点 1.4 m 高处的 PET 值进行极差与方差分析,如表 7 所示,冬季早上和傍晚时段影响空间 PET 值的试验因素排序为种植密度(C)>树木 LAI(A)>乔灌草比例(B),中午时段,树木 LAI(A)为主要影响因素,其次为种植密度(C),造成差异的原因或和太阳辐射有关,午间的太阳辐射强度最大,而树木的 LAI 高低对太阳辐射遮挡程度的影响较种植密度更大,这或为造成试验因素在不同时段对 PET 值影响的主次变化原因。方差分析结果(表 8)显示,树木 LAI(A)在早上和中午时段的 Sig 值小于 0.05,种植密度(C)在各时段对应的 Sig 值均小于 0.05,说明其对 PET 值的影响具有显著性。

表 5 夏季各试验方案极差分析

方案编号		树木 LAI (A)	乔灌草比例 (B)	种植密度 (C)	空白列 (D)	PET(早) (℃)	PET(中) (℃)	PET(傍晚) (℃)
1		高(1)	3:0:2(1)	8 m(1)	空(1)	37.83	47.07	44.31
2		高(1)	3:2:0(2)	10 m(2)	空(2)	38.46	47.40	44.11
3		高(1)	3:1:1(3)	12 m(3)	空(3)	43.20	49.66	44.71
4		中(2)	3:0:2(1)	10 m(2)	空(3)	39.83	48.31	44.86
5		中(2)	3:2:0(2)	12 m(3)	空(1)	43.75	50.18	45.30
6		中(2)	3:1:1(3)	8 m(1)	空(2)	39.04	47.65	44.92
7		低(3)	3:0:2(1)	12 m(3)	空(2)	44.68	50.83	46.40
8		低(3)	3:2:0(2)	8 m(1)	空(3)	41.28	48.98	45.92
9		低(3)	3:1:1(3)	10 m(2)	空(1)	42.06	49.74	45.94
早上	k1	39.83	40.78	39.38	41.21	R 值排序:C>A>D>B 最优组合:$A_1B_1C_1$		
	k2	40.87	41.16	40.12	40.73			
	k3	42.67	41.43	43.88	41.44			
	R	2.84	0.65	4.50	0.71			
中午	k1	48.04	48.74	47.90	49.00	R 值排序:C>A>D>B 最优组合:$A_1B_1C_1$		
	k2	48.71	48.85	48.48	48.63			
	k3	49.85	49.02	50.22	48.98			
	R	1.81	0.28	2.32	0.37			
傍晚	k1	44.38	45.19	45.05	45.18	R 值排序:A>C>B>D 最优组合:$A_1B_1C_2$		
	k2	45.03	45.11	44.97	45.14			
	k3	46.09	45.19	45.47	45.16			
	R	1.71	0.08	0.50	0.04			

表6 夏季各试验方案方差分析

时段	树木LAI(A)		乔灌草比例(B)		种植密度(C)	
	F	Sig 显著性	F	Sig 显著性	F	Sig 显著性
早上	15.696	0.060	0.818	0.550	44.088	0.022
中午	18.937	0.050	0.449	0.690	33.167	0.029
傍晚	1 862.583	0.001	5.333	0.158	180.333	0.006

表7 冬季各试验方案极差分析

方案编号		树木LAI(A)	乔灌草比例(B)	种植密度(C)	空白列(D)	PET(早)(℃)	PET(中)(℃)	PET(傍晚)(℃)
1		高(1)	3∶0∶2(1)	8 m(1)	空(1)	16.02	15.53	11.02
2		高(1)	3∶2∶0(2)	10 m(2)	空(2)	13.62	14.30	11.00
3		高(1)	3∶1∶1(3)	12 m(3)	空(3)	12.61	16.48	10.13
4		中(2)	3∶0∶2(1)	10 m(2)	空(3)	14.61	16.07	11.12
5		中(2)	3∶2∶0(2)	12 m(3)	空(1)	13.80	18.07	10.50
6		中(2)	3∶1∶1(3)	8 m(1)	空(2)	16.79	17.17	11.23
7		低(3)	3∶0∶2(1)	12 m(3)	空(2)	15.93	20.78	11.04
8		低(3)	3∶2∶0(2)	8 m(1)	空(3)	17.91	20.00	11.53
9		低(3)	3∶1∶1(3)	10 m(2)	空(1)	16.40	19.14	11.42
早上	k1	14.08	15.52	16.91	15.41	R值排序:C>A>B=D 最优组合:$A_3B_2C_1$		
	k2	15.07	15.11	14.88	15.45			
	k3	16.75	15.27	14.11	15.04			
	R	2.67	0.41	2.80	0.41			
中午	k1	15.44	17.46	17.57	17.58	R值排序:A>C>D>B 最优组合:$A_3B_1C_3$		
	k2	17.10	17.46	16.50	17.42			
	k3	19.97	17.60	18.44	17.52			
	R	4.53	0.14	1.94	0.16			
傍晚	k1	10.72	11.06	11.26	10.98	R值排序:C>A>D>B 最优组合:$A_3B_2C_1$		
	k2	10.95	11.01	11.18	11.09			
	k3	11.33	10.93	10.56	10.93			
	R	0.61	0.13	0.70	0.16			

表8 冬季各试验方案方差分析

时段	树木LAI(A)		乔灌草比例(B)		种植密度(C)	
	F	Sig 显著性	F	Sig 显著性	F	Sig 显著性
早上	36.730	0.027	0.867	0.536	42.210	0.023
中午	776.527	0.001	0.941	0.515	139.174	0.007
傍晚	13.815	0.067	0.654	0.605	21.374	0.045

3.2 不同植物空间特征对夏冬两季热舒适度的影响趋势

3.2.1 不同植物空间特征对夏季热舒适度的影响趋势

如表5所示，树木LAI各水平对应的PET均值在所有时段的排序均为k1<k2<k3，显示树木LAI对PET值呈负相关影响，即树木的LAI越高，植物空间的PET值越低，说明选用LAI高的树木，可有效改善夏季植物空间的热舒适度，在傍晚时段的效果最为显著。乔灌草比例各水平的PET均值在早上和中午时段依次为k1<k2<k3，说明乔-灌-草复层结构对改善夏季植物空间热舒适度效果最佳，傍晚时段水平2最优，即提升灌木的占比能有效降低PET值。种植密度在早上和中午时段的PET均值表现为k1<k2<k3，说明种植密度与热舒适度呈负相关，即种植密度越高，PET值越低；傍晚时段的水平指标平均值表现为k2<k1<k3，水平2为最优选。

3.2.2 不同植物空间特征对冬季热舒适度的影响趋势

如表7所示，树木LAI各水平对应的PET均值在各时段的大小关系均为k1<k2<k3，说明树木的LAI值对PET值具负向影响，即LAI越低，对应的PET值越高，这或与太阳辐射有关，树木的LAI值越低，对太阳辐射削弱的能力越弱，树木冠层下接收到的太阳辐射量越大，在冬季的热舒适度越好。乔灌草比例在早上时段各水平的k值大小依次为k2<k3<k1；中午时段k1=k2<k3，说明冬季应减少空间通风，可适度选择乔-灌-草复层种植结构；傍晚时段为k3<k2<k1，即水平1较佳。综合来说，提升冬季植物空间的热舒适度，宜选择乔-灌-草或乔-草种植模式。种植密度在早上和傍晚时段的k值排序均为k3<k2<k1，即种植密度对PET值具负影响；中午时段均为k2<k1<k3，说明种植密度为12 m时对应的PET值最高，热舒适度最好，造成差异的原因是由于太阳高度角变化带来的阴影面积不同，进而影响空间热舒适度，说明提升冬季植物空间的热舒适度应结合太阳高度角考虑，减小各时段的阴影面积。

3.3 不同试验方案对比及优选方案建议

夏季提升植物空间的热舒适度，以降低试验指标PET值为优选目标，比较各组方案对应的PET值（表5），早上和中午时段的优选组合为方案1，傍晚时段方案2为最优选。进一步对各方案14:00时段1.4 m高度的PET平面分布做分析（图6），从低PET区面积大小来看，方案1至方案6的低PET区面积均远大于现状环境PET值，方案2的面积最大，为最优选，即当选择LAI高（6.6）的树木、乔灌草比例为3∶2∶0、种植密度为10 m时，植物空间的热舒适度最佳。

冬季提升植物空间的热舒适度，以增加空间的PET值为优选目标，对比各试验方案的PET值（表7），早上和傍晚时段方案8较优；中午时段方案7对应的PET值最高，其次为方案8。进一步对各方案14:00时段1.4 m高度的PET平面分布做分析（图7），方案8空间内PET值整体分布较高，是改善冬季植物空间热舒适度的优选方案，即当树木的LAI值较低、乔灌草比例为3∶2∶0、种植密度为8 m时，可有效提升空间热舒适度。

4 夏冬季节城市公园植物空间热舒适度提升策略

4.1 因地制宜灵活性配置，主次要素作用分明

本研究结果表明，树木LAI与种植密度对植物空间热舒适度具有显著影响，即乔木的品种选择以及种植间距的控制是有效提升植物空间热环境质量的因素。在现实场景中，待完善的植物空间多已种有生长状况不一的植被，林分结构不尽合理，因而在改善过程应具灵活性，对于遮阴效果不佳的稀疏场地，须综合考虑树种高度、冠幅、生长速度的差异，如柠檬桉（*Eucalyptus citriodora*)、羊蹄甲（*Bauhinia purpurea*）的树冠荫蔽度低，但属速生树种，在短期内能形成有效冠幅，可组合栽植小叶榕（*Ficus concinna*）、黄葛树（*Ficus virens*）、龙眼（*Dimocarpus longan*）等不同高度的遮阴树，增加乔木冠层对太阳辐射的阻挡与反射。对于冬季热环境不佳的场地，可移除部分大乔与灌丛，替换种植落叶或中低LAI的乔木；此外，须定期观测植被的生长情况，合理控制种植密度。乔木栽植间距过大会削弱植被顶界面覆盖层对太阳辐射的阻挡能力，从而影响空间的微气候环

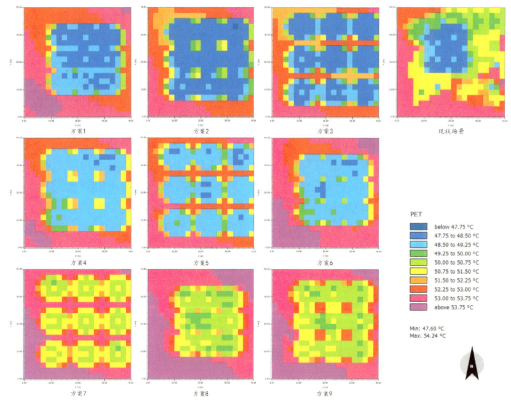

图6　夏季热舒适度平面分布图(14:00)

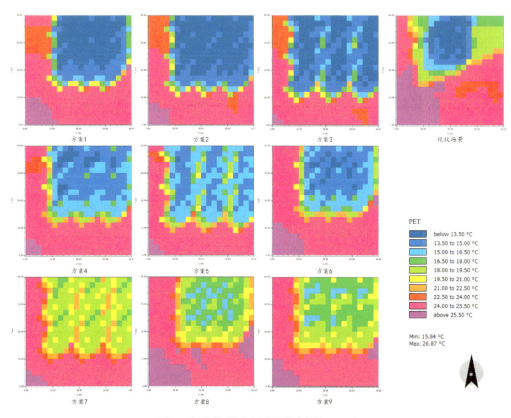

图7　冬季热舒适度平面分布图(14:00)

境；栽植间距过小会造成空间热场分布不均。此外，还需依据不同生长期的植物生长特性及长势进行选择，确保植物空间生境的稳定性。

4.2 分类分级优化域划定，系统化改善调节能力

基于数字建模技术的可视化功能，识别城市公园热舒适度不佳的区域，依据立地条件与需求目标对优化域分类分级，通过模拟方案推演与预测，根据相同植物空间中不同特征属性的耦合情况进行热舒适度优化方案的选择。

以提升夏季植物空间热舒适度为主要目标的区域，可选择冠幅大、高LAI的乔木［如垂叶榕(Ficus benjamina)、杧果(Mangifera indica)、香樟(Camphora officinarum)］，增加灌木层植被量［如冬青(Ilex chinensis)、黄金榕(Ficus microcarpa 'Golden Leaves')、三角梅(Bougainvillea glabra)］，采用乔-灌或乔-灌-草复层种植模式，乔木种植间距(10 m)与冠幅(9 m)比值略大于1∶1为宜。以提升冬季植物空间热舒适度为主要目标的区域，优先选择低LAI的乔木［如柠檬桉、美丽异木棉(Ceiba speciosa)、黄杨(Buxus sinica)］，适量选择低LAI的灌木品种［如金丝桃(Hypericum monogynum)、琴叶珊瑚(Jatropha integerrima)、福建山樱花(Prunus campanulata)］以减少通风，根据所在区域的太阳高度角变化调整种植密度，以减少阴影面积。

4.3 遵循时空间分异规律，多元化增强服务水平

依据研究可知，植物空间在不同季节、早中晚时段的局地热环境调节服务水平均存在差异，且同一空间内的热舒适度也非均质分布，受到植物空间特征、太阳高度角及周围环境等影响。为提升城市公园在不同季节的宜人性，可分夏冬季主题空间类型，进行差异化植物空间营造与管理，结合游人交谈型、休憩型、娱乐型等行为特征，控制空间的围合度及复层种植模式，如夏季交谈型、休憩型行为活动空间除选择高LAI的常绿乔木外，可增加灌木层植被量以增加私密性，同时提升空间热舒适性；娱乐型活动空间为增加竖向开阔度，复层植被量较少，可结合功能性构筑物增加阴影面积。冬季活动区可选择竹类植物，不仅具围合效果，同时不似乔木类植物冠广叶密，冬季可减少太阳辐射的削弱，同时由于其有一定荫蔽效果，夏季热舒适性较强，使用效率高。

5 结语

本研究验证了ENVI-met软件在小尺度植物空间微气候模拟的适用性，通过正交试验的设计探究了树木LAI、乔灌草密度、种植密度在夏冬两季对城市公园植物空间的正负影响机制，为提升植物空间热环境质量提供了切实有效的作用路径；但实际情景远比试验方案更加复杂，未来除需拓展研究的内部性影响因素（构筑物、水体、下垫层等）外，还应统筹考虑外部性因素（如周边土地利用情况、开发强度、公共服务设施等）。此外，为深入探究植物空间热舒适度的作用要素，本次仅从小尺度空间着手，今后还需从多尺度角度构建研究体系，明晰不同尺度下相关影响因素的异同。

参考文献

[1] Yu C, Hien W N. Thermal benefits of city parks[J]. Energy and Buildings, 2006, 38(2): 105-120.

[2] 李婷婷, 谷达华, 阎建忠, 等. 重庆主城区不同类型公园对周边环境的降温效应[J]. 生态科学, 2018, 37(4): 138-146.

[3] Teshnehdel S, Akbari H, Di Giuseppe E, et al. Effect of tree cover and tree species on microclimate and pedestrian comfort in a residential district in Iran[J]. Building and Environment, 2020, 178: 106899.

[4] Speak A, Montagnani L, Wellstein C, et al. The influence of tree traits on urban ground surface shade cooling[J]. Landscape and Urban Planning, 2020, 197: 103748.

[5] 吴菲, 李树华, 刘剑. 不同绿量的园林绿地对温湿度变化影响的研究[J]. 中国园林, 2006, 22(7): 56-60.

[6] 戴菲, 毕世波, 郭晓华. 基于ENVI-met的道路绿地微气候效应模拟与分析研究[J]. 城市建筑, 2018(33): 63-68.

[7] 刘之欣, 郑森林, 方小山, 等. ENVI-met乔木模型对亚热带湿热地区细叶榕的模拟验证[J]. 北京林业大学学报, 2018, 40(3): 1-12.

[8] 陆筱慧. 基于热环境的南亚热带地区居住区绿化设计研究[D]. 广州: 华南理工大学, 2019.

[9] Yaglou C P, Minard D. Control of heat casualties at

military training centers[J]. AMA Archives of Industrial Health, 1957, 16(4): 302-316.

[10] Gagge A P, Fobelets A P, Berglund L G. Standard predictive index of human response to the thermal environment[J]. ASHRAE Transactions, 1986, 92 (pt 2B): 709-731.

[11] Mayer H, Höppe P. Thermal comfort of man in different urban environments[J]. Theoretical and Applied Climatology, 1987, 38(1): 43-49.

[12] Makaremi N, Salleh E, Jaafar M Z, et al. Thermal comfort conditions of shaded outdoor spaces in hot and humid climate of Malaysia[J]. Building and Environment, 2012, 48: 7-14.

[13] 王永杰. 福州市城市公园绿地主要树种叶面积指数特征及影响因子研究[D]. 福州: 福建农林大学, 2018.

[14] 吴滨, 杨丽慧, 陈立. 福州市城市局地风特征研究[C]//第35届中国气象学会年会S11城市气象与环境——第七届城市气象论坛. 合肥, 2018: 22-32.

[15] Lv W C, Li A G, Ma J Y, et al. Relative importance of certain factors affecting the thermal environment in subway stations based on field and orthogonal experiments[J]. Sustainable Cities and Society, 2020, 56: 102107.

[16] 臧洋飞, 陈舒, 车生泉. 上海地区雨水花园结构对降雨径流水文特征的影响[J]. 中国园林, 2016, 32(4): 79-84.

[17] 宋晓程, 刘京, 赵宇. 北方滨水区街区形态对城市微气候的影响[J]. 建筑科学, 2019, 35(10): 191-198.

[18] 刘之欣. 基于循证设计的湿热地区树木小气候效应研究[D]. 广州: 华南理工大学, 2020.

[19] Lin T P, Matzarakis A. Tourism climate and thermal comfort in Sun Moon Lake, Taiwan[J]. International Journal of Biometeorology, 2008, 52(4): 281-290.

作者简介: 黄钰麟, 同济大学建筑与城市规划学院在读博士研究生。研究方向: 风景园林规划与设计、绿地系统与公共空间。

金云峰, 同济大学建筑与城市规划学院, 上海同济城市规划设计研究院有限公司, 上海市城市更新及其空间优化技术重点实验室, 教授、博士生导师。研究方向: 大环境观与景观治理论、大工程观与景观原型论。电子邮箱: jinyf79@163.com

基于生成对抗网络的场地条件约束下城市公园绿地布局生成设计研究*

易行健　姚雪琦　张献月　赵晶　陈然

摘　要　人工智能算法驱动的生成设计是当前人居环境规划设计中的前沿领域。风景园林专业由于设计条件和空间特征十分复杂,基于环境约束条件的生成设计研究较少。本研究拟将设计场地外环境信息引入,作为风景园林生成设计的约束条件。首先构建遥感地物提取系统以提取外环境信息;其次运用生成对抗网络,构建基于外环境信息的公园设计方案生成系统,并比较不同算法及约束条件对生成结果的影响。实验结果表明:(1)采用CycleGAN算法进行遥感影像地物分类自动生成,可以达到较好的效果;(2)增加外环境信息作为生成约束条件可以让算法提取到环境与公园设计的关系特征,并更加灵活多变地运用各种园林要素,使生成设计更具科学性和创新性。

关键词　风景园林;生成设计;生成对抗网络;数字景观

1　引言

人居环境建设是人类生存发展的基础,技术发展是传统人居向现代人居演变的驱动。风景园林规划设计的智能化提升,既关系到我国人居环境建设,也契合国家推进人工智能技术落地的战略。

传统规划设计以手绘制图为基础,数字化技术革新后出现计算机辅助设计、参数化设计等新型生产方式。深度学习是人工智能重要分支,推进了规划设计数字化发展。其中的生成对抗网络(GAN)有强大的生成能力和创造力,可以创新输出多样化方案,对设计领域智能化生成有重要意义。基于GAN的风景园林生成设计优化,可以让计算机帮助设计师高质量地完成设计工作,提高风景园林生产力,同时可以反哺相关领域。

目前,基于深度学习的风景园林生成设计是新兴方法。其效率高,但设计师参与少,算法难以约束;应用场景单一,输入端缺乏合理控制条件,生成结果缺乏规范性。如何科学地约束人工智能算法贴近真实场景成为未来研究方向,将引起设计理论革新。本研究拟构建基于GAN的方案生成系统,并通过调整生成约束条件,在同一框架下快速生成多样性方案,为人工智能应对设计领域智能化生成方式提供实践参考。

2　国内外研究进展

2.1　基于GAN的生成设计研究

GAN于2014年由IanGoodfellow提出,其图像创造生成能力远超以往的深度学习模型,因此逐步应用于人居环境方案生成式设计。最早应用于建筑的室内空间布局生成[1],随后发展到室外空间布局方案生成[2-3],进展飞快。其主要思路为拆解实验、增加约束。如张彤研究中的拆解实验,并将前一步结果作为后一步生成的约束条件,实现住区布局生成[3];林文强以边界、周边道路作为约束条件生成校园布局[2]。

风景园林领域生成设计应用则发展缓慢,现有研究包括不涉及场地布局生成的用地分类快速识别和渲染生成[4];调整布局标签集,人为引导生成江南私家园林布局方案[5];基于GAN的绿地空间生成设计[6]。目前基于约束条件进行生成设

---

* 高密度人居环境生态与节能教育部重点实验室课题"基于生成对抗网络的'公园绿地设计方案快速生成'人机协同方法研究"(编号:20220110);国家自然科学基金"基于生成对抗网络的公园布局生成设计与结果评价方法"(编号:52208041);北京高校高精尖学科建设项目"城乡人居生态环境学"。

2.2 基于约束条件的生成设计

基于约束条件控制布局生成的研究始于2018年。初期，约束条件局限于红线内部。Huang等应用CGAN技术，将设计边界、房间类型、建筑轴线作为约束条件，增强生成结果的可靠性[7]；Stanislas Chaillou将设计生成拆分成多个步骤，并加入细节信息标注以约束生成结果[8]。Pan等应用GauGAN技术，以设计红线为约束条件，尝试将不同方案作为参考案例，引导生成结果进行多样风格输出，完成了风格多样化的住区建筑排布方案生成[9]。

随着相关研究在室外设计领域的应用发展，研究人员尝试提取场地外环境信息作为方案生成的约束条件。林文强等基于Pix2Pix技术，以设计红线和城市道路为约束条件，完成了小学校园布局生成，城市道路这一约束条件包含了更多的设计语义信息，增强了室外设计方案生成的合理性[2]。Liu等分两步完成大学校园布局方案的快速生成：先基于外环境生成功能分区、再基于功能分区生成建筑布局[10]。Stanislava Fedorova用GAN技术实现了相似应用，将城市周边环境作为学习训练数据，并基于周围的肌理实现了空白区域的补全。

综上，基于约束条件的方案布局生成已逐步应用于中尺度室外布局方案生成，在风景园林领域具备应用可能性。但以外环境为约束条件的研究较为局限，未考虑设计范围外围环境条件，难以满足风景园林设计提取复杂环境要素，作为约束条件的要求。

2.3 基于外环境约束的生成设计

现有研究虽引入外环境作为约束条件，但仅靠元素分类体现简单外环境信息，难以满足风景园林生成设计，风景园林设计场地的外环境信息多样，空间类型界限模糊，难以归类。

在风景园林领域，现有研究中的约束条件常局限于场地边界内，以场地外环境为约束条件的研究仍为空白。现有基于外环境信息约束生成的相关研究中，通常以引入知识图谱、利用图像补全技术，或者CycleGAN进行无监督图像生成等为途径，强化对生成设计过程的控制，增强生成的可解释性、可控性。

知识图谱是一种图数据结构，可以将获取到的知识进行融合、关联、结构化表达和计算。知识图谱是关系表达和推理常用的途径之一[11]。风景园林空间关系复杂，存在许多模糊的空间关系，难以成为图网络结构，因此知识图谱在景观生成设计中不易得到理想效果。

图像补全技术能够实现图像中缺失信息的补全，该技术要求算法根据图像自身或图像库信息来补全缺失区域，将图像全局上下文传播到不完整区域，并保证局部纹理一致性，图像补全思路与风景园林设计理念契合。由于风景园林设计是对原有场地的改造而非重新营造，因此其空间边界模糊、布局内容多样、设计规则灵活。在仅有外部环境图像的情况下，使用图像补全技术生成合理方案存在局限性。

风景园林设计需要考虑场地范围内外部环境信息和空间结构。在仅有外部环境图像时，GAN能广泛应用于图像生成。周怀宇等参考黄蔚欣等的方法，将GAN技术应用在风景园林平面图用地分类和渲染生成[4]，发现无监督的CycleGAN效果更好。在风景园林设计中，遥感图像是场地外环境分析的数据来源。基于GAN的特点，需要将遥感图像语义分割后的标签图像作为输入端训练。在遥感语义分割综述中发现，目前遥感语义分割主要用全卷积神经网络、U-net等模型；而城市公园外环境的遥感图像规律复杂、分割难度大、数据量小，因此若采用传统语义分割模型，容易过拟合。在何平和王玉龙等人的研究中发现，GAN方法对遥感图像分割效果更好[12-13]。因此，CycleGAN在小样本遥感数据语义分割处理方面具有优势。

综上，本次研究尝试采用基于深度学习的遥感影像地物提取，为生成设计提供外环境条件，实现基于外环境的控制生成。从人工智能与风景园林的跨学科视角，完善基于GAN的风景园林自动生成设计方法理论体系，为数字化景观提供新的技术方法和应用途径。

3 研究方法

3.1 技术路线

本研究旨在提出一个基于外环境条件约束的

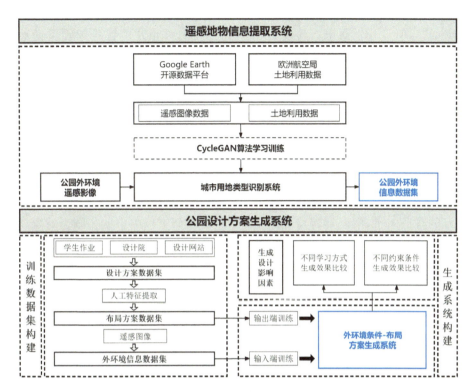

图 1 技术路线

公园布局方案自动设计系统,实验框架如图1所示。该系统由两部分构成:城市遥感图像的地物信息提取系统、基于外环境的公园布局快速生成系统。

(1)城市遥感图像的地物信息提取系统

本研究选取北京地区的5个代表性地块,获取其遥感图像及土地利用信息,构建物信息提取方法,得到设计方案外环境信息,作为风景园林生成设计的约束条件,提高生成设计方案的可靠性和可解释性。

(2)基于外环境的公园布局快速生成系统

与建筑设计方案相比,风景园林设计方案的数据量较小,因此我们采用多个来源进行数据收集。该部分实验以外环境条件控制生成设计,通过对比不同学习方式、不同约束条件研究不同因素对生成效果的影响,研究该技术在公园设计中的应用方法、特征、潜力和局限性。

3.2 技术原理

3.2.1 CycleGAN 模型

CycleGAN 由 Zhu 等人在2017年提出,应用于无监督的图像生成,其突出特点为输入数据不需要成对数据,只需要提供两种不同类型的大量

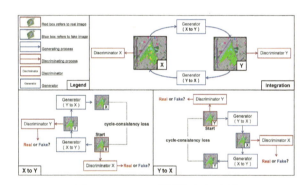

图 2 CycleGAN 模型框架示意图

数据就可以进行图像生成。CycleGAN 模型在本文构建的地物提取系统和自动生成系统中均被运用。

CycleGAN 算法的整体示意如图2所示。它由两对生成器和鉴别器组成,还增加了循环一致性的损失函数。具体的工作原理为:先对两种类型的数据集进行预处理,然后分别送入由下采样编码、残差转换、上采样解码三个模块组成的两个生成器,再通过定义的损失函数评估生成效果,根据反向传播计算出梯度,并通过优化器更新参数。

3.2.2 Pix2Pix 模型

Pix2Pix 是一种基于 GAN 实现图像映射的

算法。该算法由 Isola 等人在 2017 年提出，基于 CGAN(Conditional GAN)开发而来。其核心思想是利用输入图像作为条件信息，来指导生成器和判别器的学习。生成器的目标是根据输入图像生成逼真的输出图像，而判别器的目标是区分真实的输出图像和生成的输出图像，并给出相应的评分。

Pix2Pix 算法的基本结构如图 3 所示，包括一个生成器和一个判别器。生成器使用 U-Net 架构，由编码器和解码器组成，编码器将输入图像压缩成一个低维的特征向量，解码器将特征向量恢复成一个高维的输出图像。判别器使用 PatchGAN 架构，对图像的局部区域进行判断，并给出每个区域的真假评分。但训练中需要成对的数据进行训练，且可能会产生一些模糊或者失真的输出图像。

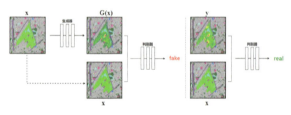

图 3　Pix2Pix 模型框架示意图

3.3　数据准备

本研究包括两部分数据库的建立：遥感地物信息数据、公园布局方案数据。

Pix2Pix 算法需要一一对应地标注数据集进行监督学习，所以本文将各样本统一处理成尺幅相同(512*512 像素)、格式一致(标记元素和图例颜色相同)的图片，同时依照实验顺序对数据进行编号。

3.3.1　公园外环境条件数据

公园外环境条件数据为北京地区五个同样大小地块的遥感影像和土地利用信息，来源于 Google Earth 和欧空局全球陆地覆盖数据。为了提高地物提取系统的准确性，训练数据的选取遵循以下两个原则。

① 中小尺度绿地：由于算力限制，本研究将输入数据处理为 512×512 像素的图像。大尺度数据会导致图像信息量压缩，方案细节难以识别。

② 规律性较强：深度学习是基于概率统计的算法模型，其输入数据需要有一定规律性。如城市城区中，广场、道路、绿地的组合形式多样，部分城市片区建筑和硬质场地很少，规律性较弱。

因此，为了提高训练效率，并保证训练数据中的土地利用和遥感影像一致，该步骤使用 Python 语言和 Opencv 工具包将其切割成大小相同、分辨率为 5 m/像素的小块。最终获得遥感影像、土地利用影像各 1 000 张，作为遥感地物提取的训练数据。

3.3.2　公园布局方案数据

本研究以中小型公园为对象，包括社区公园(1～10 hm^2)、少量小尺度综合公园(10 hm^2 以上)和其他符合要求的绿地类型。数据包括公园外环境遥感影像和公园布局方案。

为了避免深度学习算法在复杂多样的室外空间数据中失效，我们需要筛选高质量的数据样本，同时考虑算法的理解方式和公园设计的特征。本实验基于以下四个方面选择实验样本：a. 较强的规律性，b. 较少的特殊设计条件，c. 明确的功能区，d. 较小的用地高差。最终从原始数据集中挑选了 137 个中小型公园作为训练样本，以及 6 个测试样本。测试样本尽可能包含多种功能分区和常见公园布局模式，为复杂空间类型的生成提供参考。

在收集到公园数据集后，使用不同颜色标注公园布局元素，如图 4 所示。通过语义分割和比较不同风格的公园平面图，最终确定八个元素类别，代表公园布局的关键元素。每个平面图被分割成六个类别：绿地、水体、道路、铺装、构筑物、植物。将其中的水体和构筑物作为基地信息单独提取出来。

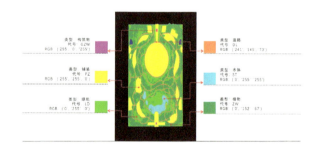

图 4　公园布局图处理标注规则

本文最终选出 137 个符合要求的中小型公园，获得公园遥感影像、公园布局方案、公园基地信息各 137 张图像，前者作为遥感信息提取的测试数据，后两者作为公园布局方案快速生成的训练数据。同时，选出6个公园作为公园布局方案生成的测试样本。

3.4 实验流程

3.4.1 基于遥感影像的公园外环境条件提取

该部分实验编号为实验1，实验目的为研究利用CycleGAN进行遥感地物信息提取的可行性和局限性，并生成下一步实验所需的训练数据。该实验以"遥感影像-土地利用"为训练数据，通过CycleGAN网络进行训练，构建遥感影像地物提取信息系统；以公园及其外环境遥感图像为测试数据，算法依据输入的遥感影像输出地物分类图像，及公园的外环境信息。

3.4.2 基于外环境条件的公园布局方案生成

该部分包括三个实验，按顺序编号为实验2、3、4。实验2、3通过选择不同算法以对比研究学习方式对生成效果的影响；实验3、4研究数据集信息对生成结果的影响，实验3以外环境信息作为算法生成的约束条件，实验4则仅选取公园原始场地内环境信息，通过对比探究公园外环境信息对公园布局生成设计的重要作用。

以"外环境信息-公园布局"为实验2、3的训练数据，分别通过Pix2Pix和CycleGAN网络进行训练，构建基于外环境的公园布局快速生成系统，并以6张公园外环境信息图像的测试集进行测试。实验4中，以"公园基地信息-公园布局"为训练数据，输入CycleGAN网络进行训练，并以相同测试集进行测试。

4 结果与分析

4.1 基于遥感影像的地物信息提取

本实验选取了6个具有代表性地物分类特征的公园外环境遥感图像作为测试样本，从而观察网络对遥感地物的识别能力。6个测试样本从1~6依次编号。将测试集输入训练后的算法网络进行测试，得到的结果如表1~表3所示。

从生成结果总体来看，CycleGAN算法对遥感影像地物信息的分类效果较好，生成的地物分类方式与输入的土地利用数据基本一致，地类混淆较少，清晰度较高，少有噪点出现。

（1）遥感地物分类较准确

在CycleGAN算法生成的遥感地物信息色块图中，每类地物对应的色块颜色与输入数据基本相同。有少部分遥感图像信息提取存在地类混淆，可能是由于训练图像中存在少量复杂或画质模糊的数据。这表明在小样本训练的条件下，CycleGAN算法能对不同地类的特征做出准确判断；但对于纹理复杂、特殊或形式多样的地类，CycleGAN则难以准确总结其特征，从而导致出现偏差。

（2）易混淆相近颜色的地类

大多数生成结果中，CycleGAN算法未能区分城市道路、硬质地面和部分建筑。这可能是因为城市道路、硬质地面和建筑的颜色相近，且缺少纹理特征。此外，在城市中着三种地物的形态普遍不太规则，因此算法难以提取特征。针对该问题，需要采用更精确的土地利用数据，和各类用地特征更统一、明显的遥感图像进行训练，从而提高训练效果。

4.2 基于外环境条件的公园布局方案生成

本文实验选取了6个在公园布局特征方面各具特色的案例作为测试样本，6个测试样本从7~12依次编号，以观察训练得到的网络在不同场景下的适用性和准确性，并对比在不同学习方式和不同约束条件下的生成效果（表4）。

4.2.1 学习方式对布局方案生成效果的影响

将测试集输入实验2、3中训练后的Pix2Pix算法和CycleGAN算法分别进行测试，得到表5所示的结果。

Pix2Pix的测试结果中，算法能够提取各设计元素的特征，并用不同颜色对其进行合理组织。其生成结果相较CycleGAN更接近参考方案，同时也呈现出了部分缺陷：a. 出现部分崩溃的情况，生成重复性的色块肌理。b. 部分布局元素出现边界模糊，如广场和道路等元素的轮廓噪点较多。

表1 部分训练数据展示

遥感影像					 …
土地利用		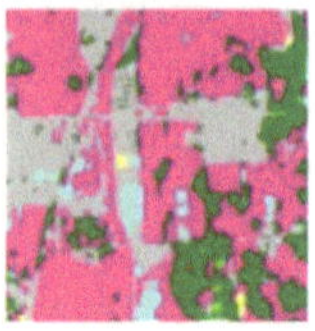	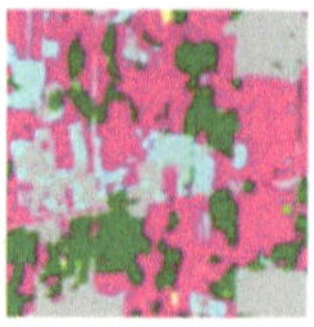	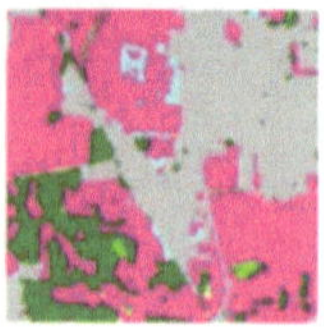	 …

表2 遥感地物信息提取结果

编号	1	2	3	4	5	6
输入数据						
输出数据	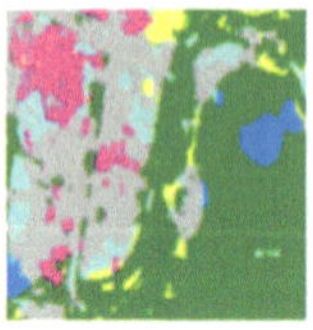		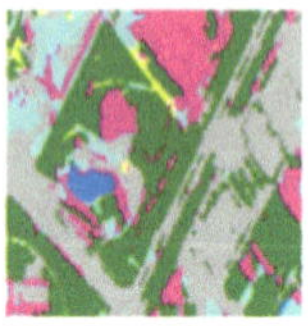	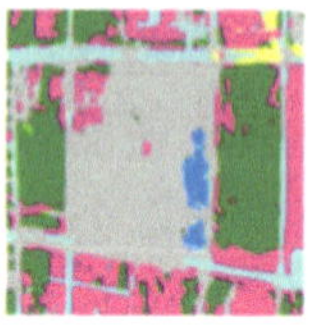	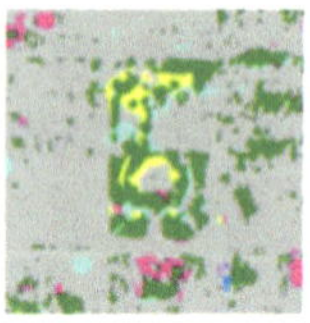	

表3 遥感地物提取测试结果分析

输入测试的遥感图像	生成结果	输入测试的遥感图像	生成结果
	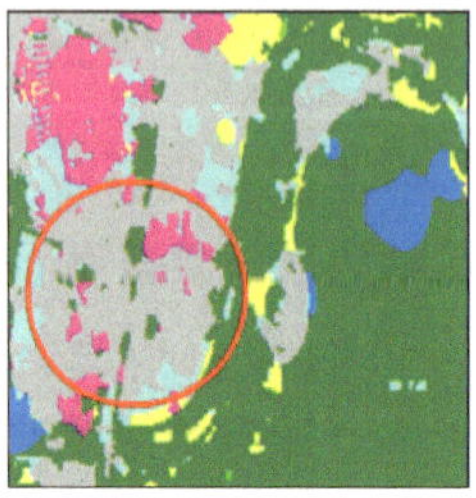		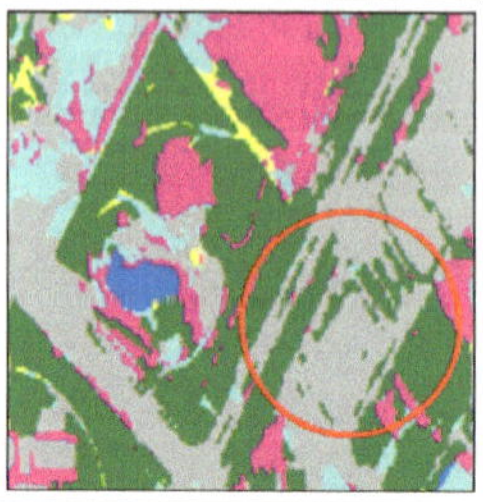
	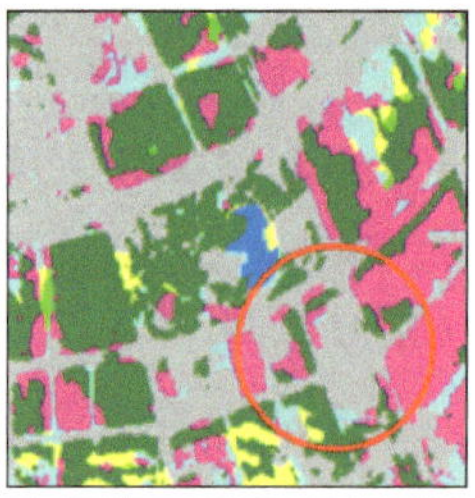		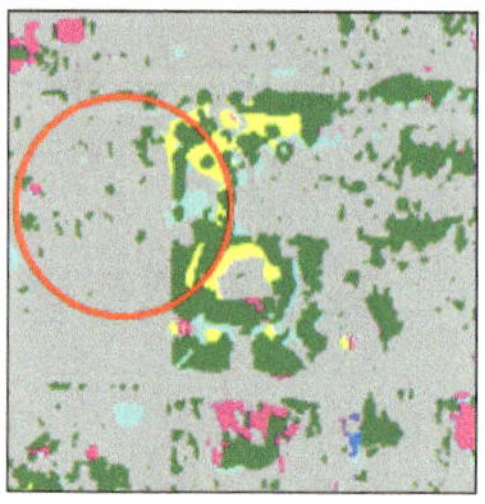

表4 6个公园测试样本(输入端)

编号	7	8	9	10	11	12
测试样本	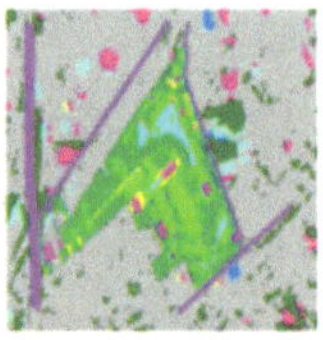	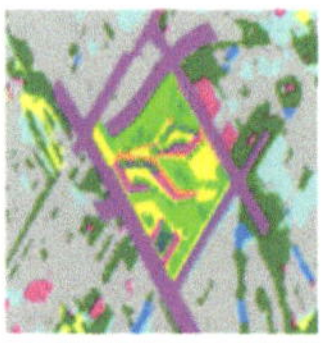			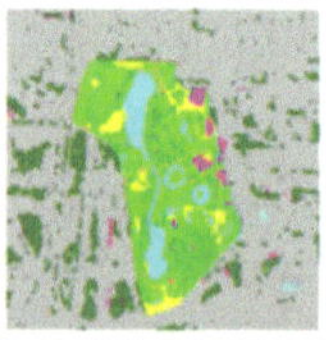	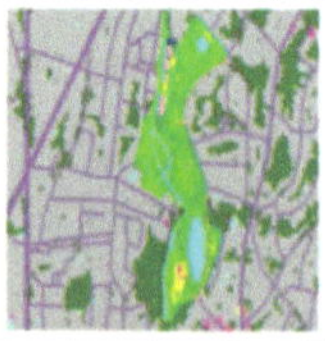

表 5　实验 2、3 公园布局方案生成结果对比

编号	输入	Pix2Pix 输出	CycleGAN 输出	真实布局方案
7				
8				
9				
10				
11				
12				

CycleGAN 的测试结果相对较稳定,对道路、植物、广场等不同元素的布局组织更合理和丰富。CycleGAN 能根据外环境条件合理组织空间分布,形成与原方案相异的空间布局,具备一定的创新性,展现了算法对园林要素的设计理解。但也出现了部分问题:a. 生成大面积的植被时,会出现偏蓝色的区域或与水体相近的轮廓;b. 部分道路不连贯或不清晰。

两种算法在公园布局生成中均表现出一定的优势和局限性,相较而言,Pix2Pix 在小样本训练的情况下表现优于 CycleGAN 算法,高度还原训练数据,但生成结果风格难以统一;CycleGAN 的生成风格稳定,并更具创新性,更适合没有标准答案的风景园林设计。两种算法表现出的缺陷均主要与数据清晰度低、数据量不足有关,导致生成结果重复或噪点较多。

4.2.2 约束条件对布局方案生成效果的影响

将测试集输入实验 4 中训练后的 CycleGAN 算法进行测试,与实验 3 的测试结果进行对比,如表 6 所示。并从道路体系、空间关系和设计要素理解三个方面,对两个实验的生成结果进行评价。

(1)道路体系方面

在生成结果中,两个实验的生成结果均能形成贯穿全园的园路设计,其他设计要素紧密结合,基本每个铺装节点均可由园路进行串联,提供多样丰富的空间体验(表 7)。

在仅输入场地内环境信息作为限制条件时,生成结果存在一些普遍问题:园路重复成环,且部分园路与公园边界保持了一定距离。然而以公园内外环境为约束条件的生成,表现更加灵活和多样,园路根据其他设计要素的多少而变化疏密程度,划分出主次草坪,同时有道路导向公园外部城市道路,形成出入口空间。

总体而言,基于内环境条件的生成结果在局部可能出现一些重复现象,基于内外环境条件的生成结果则能够体现更合理流畅的园路流线,同时具备一定的创新性。这说明通过训练,算法对园路设计能具备较为深入的理解,并且会受到外环境信息的影响,根据给定的场地条件进行重构。

(2)空间关系方面

实验 3、4 的测试结果基本上都能够形成开合有致、多样化的空间。当以场地内外的环境信息作为约束条件时,生成的结果则能够建构出更为丰富的空间关系(表 8)。

在仅考虑场地内部环境条件的情况下,一些生成结果会在局部形成多个较为相似的空间,这些空间大多数集中在公园的中部,在空间体验感的营造上稍显不足。然而,当同时考虑场地内外环境信息时,测试结果能够更好地组织空间分布,使其更均衡、具有更强的创新性。算法生成的公园布局将形态完整的大型开敞空间,以硬质广场与公园外部城市道路相连接,形成类似入口广场的集散空间;公园边界的大部分区域都通过狭窄的林带进行划分,将公园内部空间与城市进行合理隔断;公园的中央地带布置了更多的半开放或封闭空间,营造林下穿行体验。

相对于仅输入场地内部条件,增加外环境信息作为生成约束条件,可以让算法更加灵活多变地运用各种园林要素,同时考虑到外部环境对公园设计的影响,使生成结果更加贴近真实公园的空间布局方式。

(3)设计要素理解方面

CycleGAN 能够大致总结各类设计要素的特征,并构建构筑物和道路、铺装等园林要素之间的联系(表 9)。

在本轮实验中,输入内环境信息的测试结果对构筑物和其他要素诸如铺装、道路等的特征理解较弱,生成的硬质铺装大多集中在公园中部,或大范围地出现在公园边缘,这都体现出算法生成结果缺乏对公园外环境的考虑,导致其布局方式与真实的公园有较大差距。增加外环境信息的测试结果,能更好地将构筑物和铺装共同形成的景观节点和道路体系融合,如在西部和南部两个较大体量构筑物的周围,生成了一定面积的铺装作为承接,在北部水体和公园边界间生成了小体积的广场,并用园路将几个空间串联起来。

表6 实验3、4公园布局方案生成结果对比

编号	实验3输入	实验4输入	实验3输出	实验4输出
7				
8				
9				
10				
11				
12				

表 7　道路体系分析

输入场地条件	生成结果	输入场地条件	生成结果
	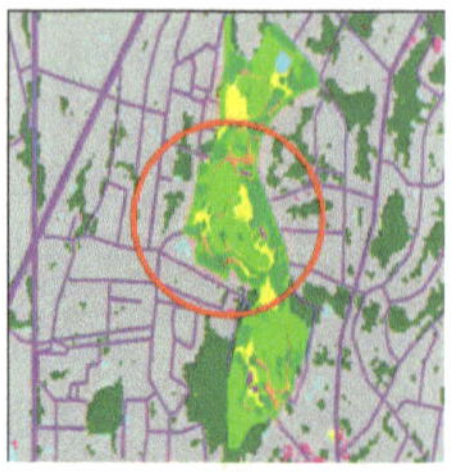	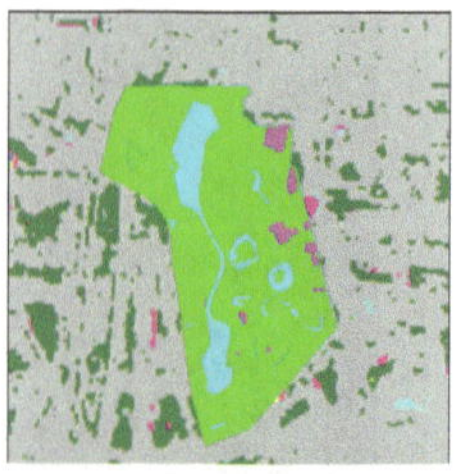	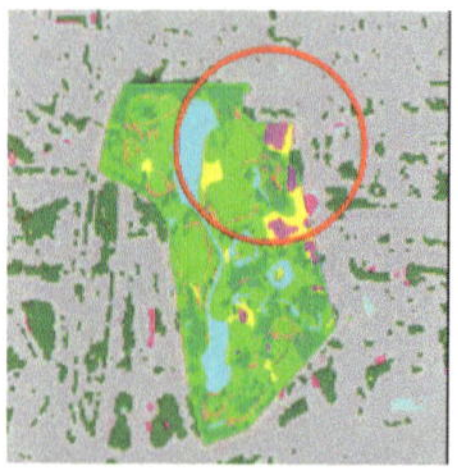
	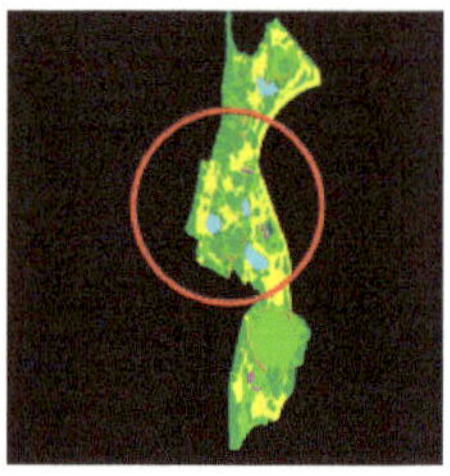		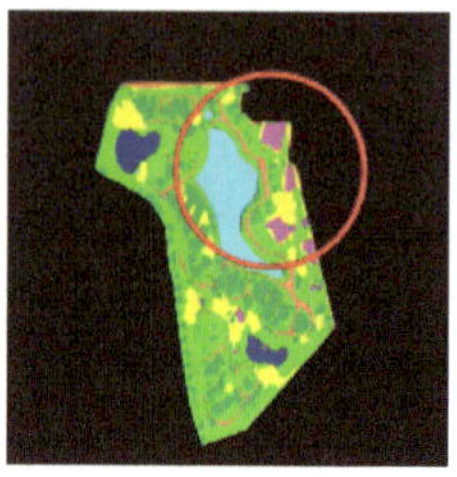

表 8　空间关系分析

输入场地条件	生成结果	输入场地条件	生成结果
	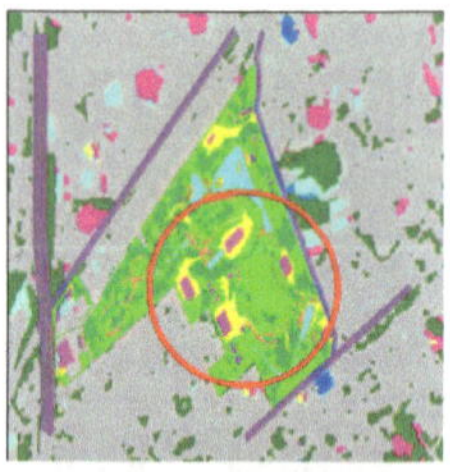		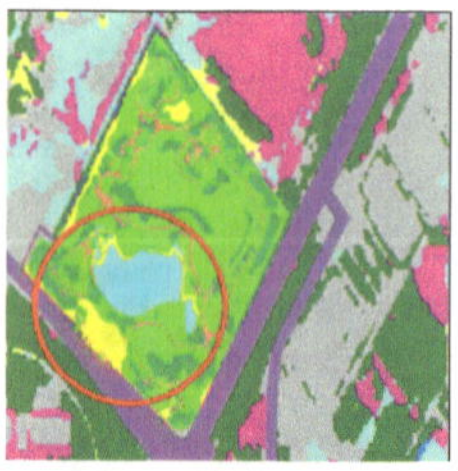
	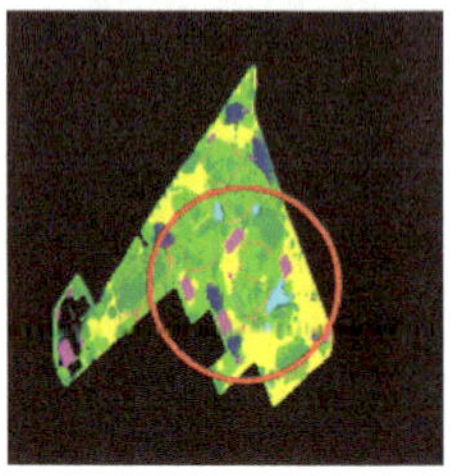		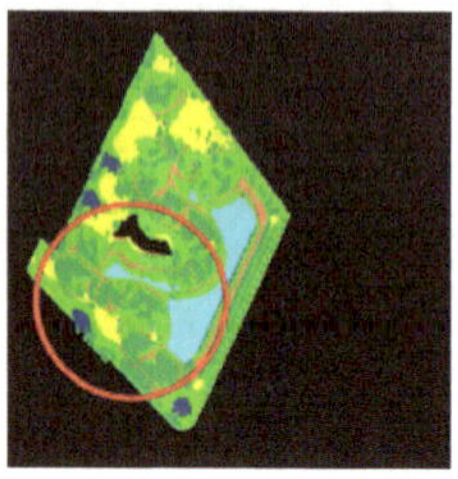

表 9　设计要素理解分析

输入场地条件	生成结果	输入场地条件	生成结果
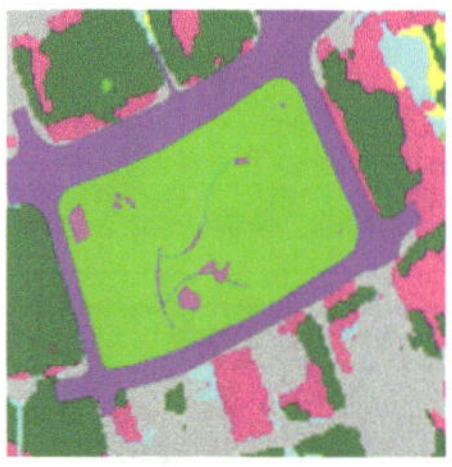	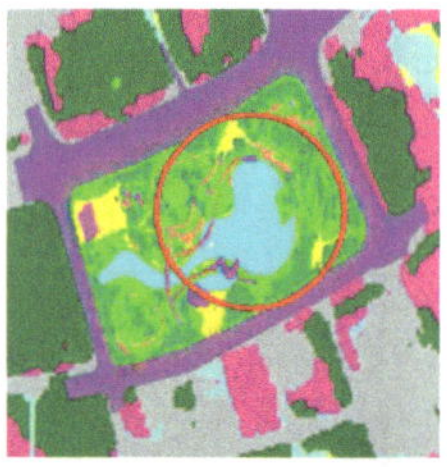		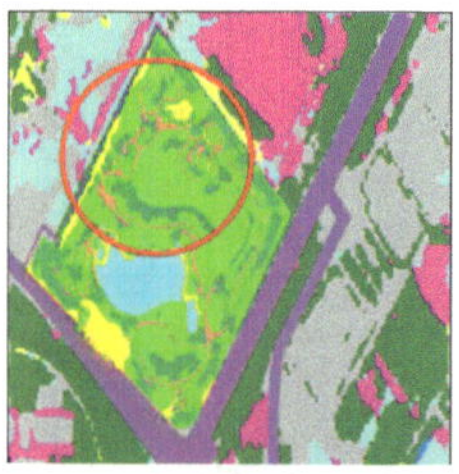
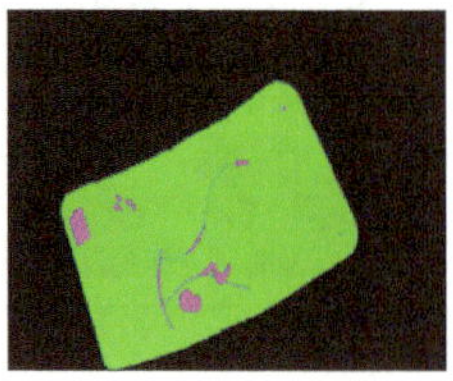	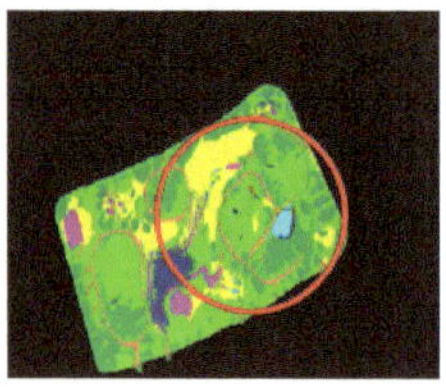		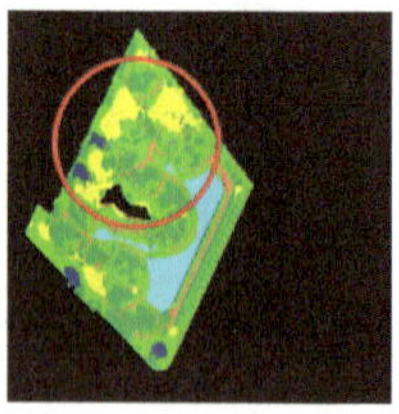

5 结论

传统的风景园林设计需要设计师在众多约束条件中反复推敲,该设计过程需要人工转换设计信息,在不同阶段使用不同软件完成。随着数字技术发展、算法优化和数据资源提升,生成对抗网络逐渐应用于风景园林及相关领域的自动规划和设计。本文基于风景园林生成设计的最新成果及其缺陷,探讨了在数字景观背景下增强生成设计应用逻辑和科学性的方法。

在基于 GAN 的风景园林规划设计应用中,生成设计的科学性问题尤为突出。目前的相关研究中,已经可以基于少数条件快速生成完整的规划设计方案,但考虑外环境的生成设计研究极少。真实工作中,同一场地在不同的外环境条件下会得到截然相反的设计结果,这也是制约 AI 生成设计在真实工程落地的关键问题之一。

本文在两个重要设计环节进行生成对抗网络的应用:外环境信息的提取、基于外环境条件的公园布局方案自动生成。基于 CycleGAN 构建多层分类的城市用地类型识别系统,提取方案设计中的外环境信息,以此作为公园布局方案生成设计的约束条件,构建基于外环境信息的公园布局方案快速生成系统,提高生成设计的科学性和可解释性。同时对比不同算法及不同约束条件对算法生成效果的影响,总结提升算法训练效果的途径。此外,本研究中外环境信息提取及基于外环境的布局自动生成方法,在建筑和室内设计等相关领域也具有普适性。

然而,本研究仍然存在一定局限。本文初步建立了场地内外环境条件约束下的生成设计方法,然而所考虑的环境条件仅为用地类型,与真实的风景园林设计工作环境还存在较大差距,如考虑公园场地现状的组合形态,分析场地地形、气候、人流等复杂问题。在后续研究中,应通过完善数据集、改进算法等方式,引入多种场地设计条件、三维空间条件,以展开不同约束条件下的生成设计研究,进一步提高设计布局方案的可控性和可解释性。

参考文献

[1] 杨柳. 基于深度学习的青年公寓户型自动生成研究[D]. 广州:华南理工大学,2019.
[2] 林文强. 基于深度学习的小学校园设计布局自动生成研究[D]. 广州:华南理工大学,2020. 148.
[3] 张彤. 基于深度学习的住宅群体排布生成实验[D]. 南京:南京大学,2020.
[4] 周怀宇,刘海龙. 人工智能辅助设计:基于深度学习的风景园林平面识别与渲染[J]. 中国园林,2021,37(1):56-61.
[5] Liu Y B, Fang C R, Yang Z, et al. Exploration on machine learning layout generation of Chinese private garden in southern Yangtze [C]//The International Conference on Computational Design and Robotic Fabrication. Singapore, Springer, 2022:35-44.
[6] 赵晶,陈然,鲍贝. 生成对抗网络在小尺度空间布局生成设计中的研究进展与未来展望[J]. 装饰,2022(3):80-85.
[7] Huang W X, Zhen H. Architectural drawings recognition and generation through machine learning [C]//Proceedings of the 38th Annual Conference of the Association for Computer Aided Design in Architecture (ACADIA), ACADIA proceedings. October 18-20, 2018. Mexico City, Mexico. ACADIA, 2018.
[8] Chaillou S. ArchiGAN:artificial intelligence × architecture [M]//Architectural Intelligence. Singapore:Springer Nature Singapore, 2020:117-127.
[9] Pan Y Z, Qian J, Hu Y D. A preliminary study on the formation of the general layouts on the northern neighborhood community based on GauGAN diversity output generator [C]//The International Conference on Computational Design and Robotic Fabrication. Singapore, Springer, 2021:179-188.
[10] Liu Y B, Luo Y H, Deng Q M, et al. Exploration of campus layout based on generative adversarial network [C]//The International Conference on Computational Design and Robotic Fabrication. Singapore, Springer, 2021:169-178.
[11] 李彦胜,张永军. 耦合知识图谱和深度学习的新一代遥感影像解译范式[J]. 武汉大学学报(信息科学版),2022,47(8):1176-1190.
[12] 何平,张万发,罗萌. 基于生成对抗网络的遥感图像居民区分割[J]. 传感器与微系统,2020,39(2):113-116.
[13] 王玉龙,蒲军,赵江华,等. 基于生成对抗网络的地面新增建筑检测[J]. 计算机应用,2019,39(5):1518-1522.

作者简介:易行健,北京林业大学园林学院在读硕士研究生。研究方向:设计智能化、深度学习。
姚雪琦、张献月,北京林业大学园林学院在读本科生。
赵晶,北京林业大学园林学院教授,北京林业大学研究生院副院长。研究方向:设计智能化、风景园林历史与理论、风景园林规划与设计。
陈然,北京林业大学园林学院在读博士研究生。研究方向:设计智能化、深度学习。

基于数字技术的城市湿地公园有机更新鸟类友好设计初探
——以深圳市定岗湖湿地公园为例

胡剑东　高祝敏　唐颖栋　赵思远　郑钦烨　赵强

摘　要　文章借助数字技术，初步尝试公园鸟类友好正向设计，从项目开始阶段，通过GIS技术梳理现状场地鸟类栖息场状况，对标鸟类栖息地现实要求，结合城市湿地公园场地特点，提出鸟类友好场地的建议分布区间；通过Mike软件水动力模拟，从水质改善和水循环两方面进行推演，通过不同补水位置的对比，分析在水质改善的前提下，不同补水水流线路对栖息地鸟类活动的水中（岛）、水岸（滩）及水边三类场地的影响，进而确定湿地公园总体规划方案。

关键词　数字技术；城市湿地公园；有机更新；鸟类友好

1　引言

城市有机更新是针对城市中不适应一体化城市社会生活的区域进行必要的改建。城市湿地公园场地提升是城市更新的一种重要类型，更新后的公园提升区域基础环境，给城市的发展带来活力。近年来，在很多城市湿地公园项目中，越来越多地关注场地内的生物保护，尤其是对鸟类提出了明确的保护措施，并出台了相关政策。深圳市在《深圳市生物多样性保护行动计划（2020—2025年）》就提出"探索开展鸟类友好建筑设计改造指引研究，减少鸟撞等生态事故的发生"。但在常规规划设计工作中，还是存在以下方面的问题。①结合现状踏勘，仅仅对现状形态较好的乔木进行保留，而未考虑鸟类的栖息需求；②设计岸线更多从平面构成的关系来梳理，忽略了水流自身流向与鸟类栖息空间的关系；③场地内的空间设计基本考虑人的活动，缺少对鸟类栖息场地的距离限制；④滨水空间更多关注观赏植物，缺少对鸟类喜好的浆果类植物补充设计。如此建成后的公园中鸟类大量减少甚至不复存在。

对标鸟类友好的现实要求，本文借助数字技术运用于场地分析到过程比选及结果验证，尝试按照鸟类友好的要求以正向设计方式开展公园更新设计。

2　定岗湖湿地公园概况

定岗湖湿地公园位于深圳市宝安区沙井街道壆岗社区，占地面积约$9.25\ hm^2$。定岗湖现状主要由4个塘与1个湖构成，是所在片区难得的绿地空间，但未更新前定岗湖是一片与城市发展格格不入的"黑臭水体"，因与周边市政管网未接通，区域内产生的污水直接排入场地内，造成湖水污染严重。5个主要水面中南面4个小湖塘为独立的鱼塘，水体流动性差、缺乏自净能力。主湖塘底泥常年未清，水体污染严重且水资源利用不足、水质状况为劣Ⅴ类。环湖岸线硬质驳岸占据80%，整体较为生硬。定岗湖西面山体因过度开挖导致水土流失严重。比较幸运的是，场地东面及山体临水面初期种植的36棵榕树一直保留至今，为定岗湖提供了难得的林地生境及鸟类栖息场所。经观测有少量白鹭、池鹭及夜鹭等涉禽类定居在定岗湖。

3　鸟类友好的场地要求

3.1　鸟类友好的概念

弗吉尼亚大学建筑系的蒂莫西·比特利（Timothy Beatley）教授的最新著作 *The Bird-*

Friendly City—Creating Safe Urban Habitats（《鸟类友好城市：创造安全的城市生境》）定义了"鸟类友好"的概念，提出当城市被视为一个独特的生态系统并加以管理时，能够成为受鸟类和其他野生动物欢迎、并保障它们可持续生存之所在[1]。

3.2 城市湿地公园鸟类栖息地影响因子

基于专家和学者对鸟类栖息地开展的研究与实践，并从《深圳常见鸟类图鉴》了解深圳地区常见鸟类中涉禽类及游禽类占多数，本文聚焦区域内白鹭、池鹭及夜鹭等常见的涉禽游禽类为研究对象。城市湿地公园鸟类栖息地营建主要聚焦于人为干扰控制、湿地及水域生境构建及植物群落生境构建等方面[2]。

3.2.1 人为干扰控制

营建适宜的鸟类栖息地需要尽可能降低游人的干扰，干扰距离控制在 50～100 m。一般情况栖息地需要有 20～30 m 远的缓冲带；园路和建筑设施尽量远离鸟类栖息地，改设布置慢行步道、木栈道等慢性休闲设施。

通过地形营造改善不利气候条件对栖息地的影响，营造坡度在 5°～25°阳坡面，有助于提供充足的筑巢场地[2]。

为鸟类提供更多的低干扰或无干扰活动空间，保证鸟类活动空间的隐蔽性；公园边缘密植林地阻隔城市噪音、构建鸟类安全生境。

3.2.2 湿地及水域生境构建

结合涉禽及游禽栖息习性要点，对于湿地岛屿形态、水深控制、驳岸设计及水体流速、水质等多方面生境条件展开梳理。

（1）湿地岛屿形态要求

通过文献整理发现，设置人工湿地生态岛更能提高生境异质性，鸟岛数量的增加能够丰富鸟类的数量。岛屿距岸边的距离以 10 m 以上为佳。鸟类栖息地面积控制在 5 000 m^2 以内[2]，100～200 m^2 的岛屿斑块更能成为生物迁徙的踏脚石。低于 50 cm 高的岛屿更受涉禽喜爱[3]；竖向设计上采用坡度小于 10∶1 的自然缓坡和软坡过渡为佳[2]。

（2）水深控制要求

湿地水体按照不同水深可以大致分为 3 种类型：浅滩区（0.1～0.3 m）、浅水区（0.3～2.0 m）、深水区（2.0 m～4.0 m）。浅滩区是游禽和涉禽最为重要的筑巢与觅食地，基底增加部分沙石后适宜小型涉禽活动。浅水区在水域面积中所占比例最大，适合大型涉禽生存。深水区位于远离水岸的湖心区，是一些水鸟的觅食场所[2]。

（3）驳岸设计要求

通常情况下，较长的岸线长度体现更高的生物多样性。根据《深圳市生物多样性保护行动计划（2020—2025 年）》，公园生态岸线率应控制在 65% 以上。丰富的湿地水体种类如湖泊、河流、沼泽、泥滩地为鸟类提供多样的栖息地类型，从而丰富鸟类多样性。

（4）水流速度及水质要求

鸟类觅食地和栖息地水流速度宜缓。要求繁殖区流速低于 0.4 m/s，觅食地流速小 1.3 m/s[4]。根据《深圳市碧道试点建设阶段规划设计指引》，水质的最低标准为不黑不臭，对河道的要求则是恢复河道的自然特征。

3.2.3 植物群落生境构建

（1）植物群落选择

针对水鸟的栖息，需营造高大挺水植物群落，以减缓水流冲刷，为鸟类提供重要停歇地。陆鸟营巢地树种以落叶阔叶乔木为主，主干有较高硬度，高度一般应在 5 m 以上，陆鸟的食源以乔木和灌木为主[5]。

（2）植被覆盖率

鸟类对栖息地植被覆盖率的要求，水域生境中植被覆盖率控制 50% 左右，乔、灌、挺水植物的比例控制在 1∶3∶6；滩地生境中高草湿地植被覆盖率控制 20% 左右，低草湿地生境植被覆盖度则小于 25%；岸上生境中灌丛乔木的覆盖度为 60%～70%[5]。

4 场地中鸟类栖息地原初状况

定岗湖原始场地为 4 塘 1 湖的格局，无湿地岛屿形态存在且硬质驳岸占据 80%。将定岗湖湿地公园原始地形 CAD 进行属性赋值处理后，导入 ArcMap 10.2 进行数据矢量化分析。

在模型的推演上首先沿岸线提取水深因子，得到研究地水深分布图（图1）。以 0.1～0.3 m，0.3～2.0 m 及 2.0～4.0 m 为界，区分浅滩区、浅水区和深水区，结合前述参考指标，得到游禽和涉禽的适应性活动范围。其中浅滩区(0.1～0.3m)所占比重约为8.86%,浅水区(0.3～2.0m)所占比重约为16.51%,涉禽可觅食及活动面积相对较小。建议增加浅滩及浅水区面积比重。

考虑到植物群落对鸟类觅食营巢行为的影响,选择NDVI(归一化植被指数)对场地进行分析。NDVI常用来评估植被状况,通过比较红外光和可见光来度量植被的活力。NDVI值越高说明植被越丰富,值越低说明植被越贫瘠。NDVI值从0到1,0表示没有植被,1表示植被最丰富。根据中国资源卫星中心获取的地理数据,结合场地原有地形,对研究区进行数据矢量化,得到研究区NDVI分布图(图2)。

由于场地内大湖东侧存在36棵大榕树,如图2所示,湖区东侧及北侧植物长势茂密,将市政道路与湖面分隔;4个水塘周边植物也具有一定覆盖度,但由于离人群活动地较近,不利于鸟类栖息。大湖西侧山体破坏,植被覆盖度较差;岸上灌丛乔木覆盖度接近37.81%,原场地无法满足鸟类多样性栖息要求。建议在公园西南面远离人群集聚地营造适宜鸟类活动的植物群落。

除自然因子外,还需考虑人为因子的干扰。对原有场地内滨水步道进行矢量化处理,导入ArcMap 10.2中进行多环缓冲带分析。由于鸟类栖息地至少要满足20～30 m的缓冲带需求[6],故设置20 m及30 m范围参数,得到人群活动对鸟类活动最小干扰距离区,如图3所示。

大湖仅远离驳岸的湖面范围内满足最小干扰要求,但该区域内无洲岛浅滩空间可供鸟类休憩停留,四塘区域内仅北侧小塘全岸线可提供鸟类低干扰活动,整体而言,原始场地对鸟类的友好性较差(表1)。

5 水质改善及水系重构

公园湖泊水动力及水质状况对鸟类栖息及繁殖影响显著[7]。水动力条件将直接影响水中藻类的生长繁殖,并通过改变水体环境及营养盐状况等,间接作用于水体富营养化[8];水质的变化将影响水中的动植物及微生物群落,劣水质将导致鸟类失去食物来源,从而影响鸟类数量与丰富度[9]。

5.1 水质达标的要求

根据《深圳市碧道试点建设阶段规划设计指

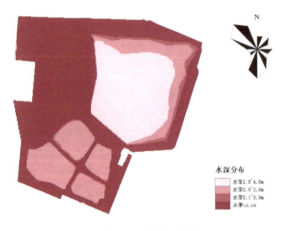

图1　水深分布图

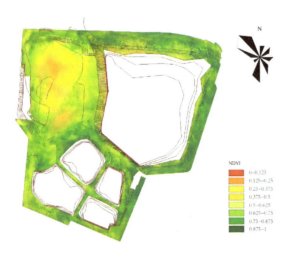

图2　NDVI分布图

图3　人为干扰分析图

表 1　原始地形评价表

		原始地形中占比	要求指标	是否满足
人为干扰控制	缓冲带	<20 m	19.33%	—	—
		20~30 m	17.68%	—	—
湿地及水域生境构建	水深控制	2.0~4.0 m	74.63%	—	—
		0.3~2.0 m	16.51%	—	—
		0.1~0.3 m	8.86%	—	—
	驳岸比例	生态驳岸占比	19.23%	>65%	否
植物群落生境构建	植被覆盖率	高草湿地植被覆盖率	6.03%	20%左右	否
		低草湿地植被覆盖率	32.11%	<25%	否
		水域生境植被覆盖率	24.67%	50%左右	否
		灌丛乔木盖度	37.81%	60%~70%	否

注：缓冲带及水深控制无明确指标要求，暂不做评价。

引》，水质的最低标准为水体不黑不臭。然而，定岗湖湿地 5 个水体间由砂石路相互分离，除强降雨天气下水位上升发生漫溢外，各湖塘间无任何水力联系。针对整治前定岗湖水系布局，借助 Mike 21 水动力模块对现状水动力条件进行分析，结果如图 4 所示，可见定岗湖各水体水动力条件极差，几乎常年处于静止状态。

2019 年 3 月，对治理前定岗湖开展水质采样监测，结果如表 2 所示。依据《城市黑臭水体整治工作指南(建城〔2015〕130 号)》与《地表水环境质量标准(GB 3838—2022)》，定岗湖水质处于轻度黑臭状态，各区域水体明显浑浊，透明度低；COD 超标严重，达到劣 V 类地表水水平；叶绿素 a 浓

图 4　治理前定岗湖现场照片及水动力分析

度极高，富营养化现象严重。现状水体亟需通过水系连通及活水补水措施，提高水体水动力条件，改善水质状况。

5.2　水系重构方案

结合水体本底分布状况，提出 3 种水系重构方案。方案一，于左下方的塘设置补水点，呈逆时针方向单向串联其他塘后，与大湖相连；方案二，与右下方的小湖塘设置补水点，呈顺时针方向单向串联其他塘后，与大湖相连；方案三，于右下方小湖塘设置补水点，联通所有独立湖塘。各方案联通及地形设置情况如图 5 所示。

调动项目区周边的再生水资源为片区进行活水补水，制定补水方案。水平衡测算结果如表 3 所示，其中自然水平衡核算中补充水量主要为雨水径流，损失水量主要考虑蒸发量。由表可知，为保障雨源性湖塘无降雨期间的缺水断流问题，需要在旱季(10 月至次年 3 月)借助外部水源对湖塘进行补水，经计算发现定岗湖日均需补水量为 125 m³/d(旱季)。根据《深圳市河道补水设施规划》《石岩渠综合整治工程补水工程》等，定岗湖下

表 2　治理前定岗湖水质监测数据(2019 年)

水质指标	透明度(cm)	氧化还原电位(mV)	溶解氧(mg/L)	氨氮(mg/L)	COD(mg/L)	总磷(mg/L)	叶绿素 a(mg/L)
水质数据	21.9	122.8	5.88	0.05	42.14	0.08	6.57
地表 IV 类水	/	/	≥3	≤1.0	≤30	≤0.1	/
地表 V 类水	/	/	≥2	≤2.0	≤40	≤0.2	/
轻度黑臭	10~25	−200~50	0.2~2	8~15	/	/	/

游河道再生水补水需求分别为：石岩渠补水 1 000 m³/d、垦岗排洪渠补水 3 000 m³/d；塘下沟-下涌补水 2 000 m³/d。因此，设置再生水对定岗湖补水规模为 6 125 m³/d，再生水水质为准Ⅳ类水标准。

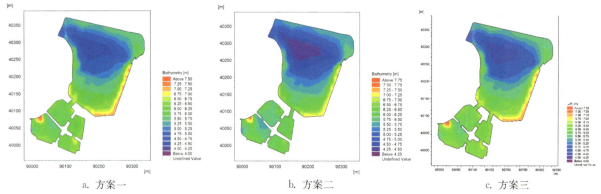

a. 方案一　　　　　　　　b. 方案二　　　　　　　　c. 方案三

图 5　水系重构方案及其地形情况

表 3　定岗湖自然水量平衡核算

	1月	2月	3月	4月	5月	6月	7月	8月	9月	10月	11月	12月	雨季（4—9月）	旱季（10月—次年3月）
月平均降雨量（mm）	26.4	47.9	69.9	154.3	237.1	346.5	319.7	354.4	254	63.3	35.4	26.9	1666	269.8
径流系数	0.1	0.1	0.1	0.1	0.1	0.1	0.1	0.1	0.1	0.1	0.1	0.1	0.1	0.1
径流量（mm）	2.6	4.8	7	15.4	23.7	34.7	32	35.4	25.4	6.3	3.5	2.7	166.6	27
汇水面积（hm²）	2.2	2.2	2.2	2.2	2.2	2.2	2.2	2.2	2.2	2.2	2.2	2.2	2.2	2.2
水体面积（hm²）	6	6	6	6	6	6	6	6	6	6	6	6	6	6
汇入雨水量（m³）	1 642	2 979	4 348	9 597	14 748	21 552	19 885	22 044	15 799	3 937	2 202	1 673	103 625	16 782
雨水补充量水深（mm）	27.4	49.7	72.5	160	245.8	359.2	331.4	367.4	263.3	65.6	36.7	27.9	1 727.1	279.7
蒸发量（mm）	87.1	87.1	87.1	135.1	135.1	135.1	175.9	175.9	175.9	130.5	130.5	130.5	933	652.8
水深变化（mm）	−59.7	−37.4	−14.6	24.9	110.7	224.1	155.5	191.5	87.4	−64.9	−93.8	−102.6	794.1	−373.1
水量缺口（m³）	−3 584	−2 247	−878							−3 893	−5 628	−6 157	47 645	−22 386
日均需补水量（m³/d）	−119	−75	−29							−130	−188	−205		−125

5.3 方案优选

为进一步探究区域联动对定岗湖水动力条件改善效果，借助 Mike 21 建立定岗湖二维水动力模型，对湖区流场流态进行模拟（图6）。

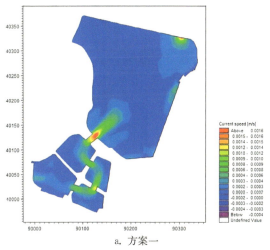

a. 方案一

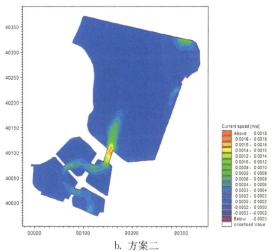

b. 方案二

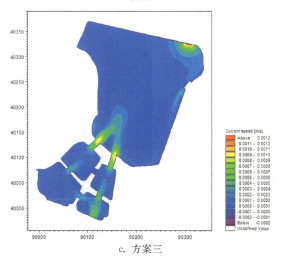

c. 方案三

图 6　水动力状况模拟

通过 Mike 21 的模拟分析，三种水系重构状况方案三的水动力条件改善分布区域更广、改善效果最佳。然而，仅仅通过"单调"的湖间联通仍无法保证湖面水体的大范围流动，且直线性驳岸也不利于鸟类的栖息与觅食，因而需对优选方案进行进一步的水系重构与岸线优化，为鸟类提供多样的栖息地类型。

6　设计优化与验证

6.1　方案优化平面推选

借助软件辅助分析，设计考虑不破坏原生境的情况下优化鸟类友好生境。通过对 4 小塘及大湖南北岸区域进行重塑，形成多样的湿地岛屿风貌；对场地中 80% 的岸线进行生态化改造，形成满足鸟桩等设置的多样形态；在现状 36 棵大榕树区域及西南坡地营造特色乔木生境，通过补充种植浆果类等乔木满足鸟类觅食需求图7、图8。

6.2　水动力及水质改善情况分析

为进一步探究区域联动对定岗湖水动力条件改善效果，借助 Mike 21 建立定岗湖二维水动力模型，对湖区流场流态进行模拟。

湖塘格局重塑后，在无外部补水与内循环条件下，整个湖区流速均低于 0.001 m/s，接近死水，水动力条件差（图9a）。当以 6 125 m³/d 的再生水补水规模对湖塘进行补水后，补水点附近区域流速显著改善（0.01 m/s 左右），补水受益区域仅在最南部区域，其余大部分湖区水动力条件仍然很差（图9b）。在应急工况下，再生水补水规模达到 12 000 m³/d 左右，相对于正常补水工况南部湖区流域流速明显增加，大部分区域流速达到 0.01 m/s 以上，北部湖区由于距补水点距离较远，流速相对较小（图9c）。若在正常补水工况下辅以内循环，湖区整体流速提升效果达到最佳，补水点附近区域流速相对较大（0.05 m/s 以上），最南部区域水动力条件相对较好（0.01 m/s 以上）；三处湖区连接处由于地形变化大、过水断面较窄等因素，局部流速较大，达到 0.02 m/s；北部湖区水动力条件也得到显著改善（图9d）。模型模拟结果表明，通过区域联动措施，可以显著改善城市湖塘水动力条件。

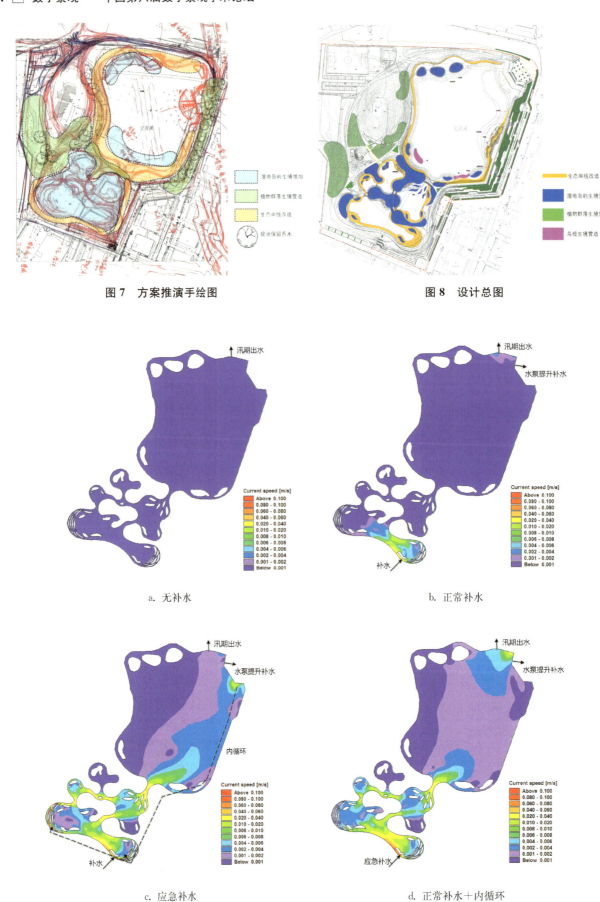

图7 方案推演手绘图

图8 设计总图

a. 无补水

b. 正常补水

c. 应急补水

d. 正常补水＋内循环

图9 水动力改善效果模拟分析

6.3 调整方案模型评价

将优化处理后的 CAD 方案平面导入 ArcMap 10.2 进行矢量化数据处理。结合高程信息,提取 DEM 数据,生成适宜不同涉禽及游禽的水深分区图,如图 10 所示。

岸线调整后,浅滩区(0.1~0.3 m)所占比重从 8.86% 提升至 21.42%,浅水区(0.3~2.0 m)占比达到了 25.43%,相较于原场地 16.51% 的占比有较大提升,涉禽筑巢及觅食活动的空间得到了较大拓宽,岸线调整后的水深控制比例更适宜鸟类生存活动。

对调整后方案进行 NDVI 指数分析,得到图 11 所示结果。对破坏的山头进行重塑,增加了该处的植被覆盖率;湖区贯通相连后,对岸线边绿化也做了相应调整,沿驳岸植物多样性丰富且植被茂盛,更能满足鸟类的食物多样性需求。岸上灌丛乔木覆盖度达到 62.17%,满足 60%~70% 的盖度需求。从 NDVI 因子考虑,调整后方案较为适应鸟类生存活动。

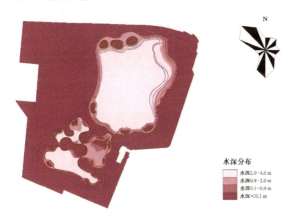

图 10 岸线调整后鸟类栖息地水深分布图

图 11 NDVI 分布图

将方案园路导入 GIS 软件中进行矢量化处理,筛选掉低干扰性的水上栈桥后,提取滨水园路进行人为干扰多环缓冲带分析。由图 12 可见,适宜鸟类生存活动的洲岛空间大多位于最小干扰距离之外,故鸟类的筑巢觅食活动不易受到人群活动的干扰。

结合表 4 可知,岸线调整后的定岗湖湿地公园具有更为丰富的岸线形式,更为多样性的觅食选择,以及更多的低干扰和无干扰空间,整体上相较于原始场地,对鸟类生存活动更具有友好性,岸线调整较为合理。

图 12 人为干扰分析图

表 4 岸线调整前后数据比对

		要求指标	原始地形	岸线调整后地形
人为干扰控制	缓冲带	<20 m 干扰带	—	19.33%	12.47%
		20~30 m 干扰带	—	17.68%	10.11%
湿地及水域生境构建	水深控制	2.0~4.0 m		74.63%	53.15%
		0.3~2.0 m		16.51%	25.43%
		0.1~0.3 m	—	8.86%	21.42%
	驳岸比例	生态驳岸占比	>65%	19.23%	94.88%
植物群落生境构建	植被覆盖率	高草湿地植被覆盖率	20% 左右	6.03%	17.52%
		低草湿地植被覆盖率	<25%	32.11%	21.31%
		水域生境植被覆盖率	50% 左右	24.67%	45.44%
		灌丛乔木盖度	60%~70%	37.81%	62.17%

注:缓冲带及水深控制无明确指标要求,仅作为主观评价依据。

7 建成效果

7.1 鸟类栖息地总体情况

项目实施后,湖内及周边鸟类栖息地生态环境得到明显改善,出水稳定达到准Ⅳ类、水体感观透明度达 50~80 cm。COD、TP 等指标有明显改善,实现"工程水"向"生态水"转化,为鸟类栖息地提供必备条件。

鸟类栖息地营造上逐步形成深潭浅滩、湿地岛屿、枯木鸟桩、水杉浮岛、浆果乔木、疏林密草等多重鸟类栖息地生境。建成后效果如图13、图14所示。

图 13 各类栖息地分布图

图 14 建成后实景照片

7.2 项目获奖情况

定岗湖湿地公园自 2021 年 10 月开园以来受到了当地市民的一致好评,成为深圳市热门打卡网红公园之一。

公园同时获得多项殊荣,包括 2021 年度深圳市海绵城市建设典范项目,2023 年度杭州市勘察设计行业优秀成果(风景园林)类一等奖,2023 年第三届 AHLA 亚洲人居景观奖多项大奖、公共景观类金奖,2023 年度浙江省勘察设计行业优秀勘察设计成果(风景园林设计类)二等奖。并由gooood 谷德设计网、mooool 木藕设计网等专业设计网站作为案例收录。

8 结语

借助 GIS 等工具,对定岗湖湿地公园现状封闭的 5 个湖塘环境中各因子进行矢量分析,结合 Mike 软件模拟水动力的流态,在保证水质达标的基础上,水流形态更加贴合鸟类栖息地的要求。滨水空间结合干扰分析合理规划人的活动和鸟类栖息空间。建成后的定岗湖不仅是区域人气最旺的邻里之芯,更是鸟类喜爱的栖息地,是公园正向设计的成功案例。

参考文献

[1] Timothy Beatley. The Bird-Friendly City: Creating Safe Urban Habitats[M]. Island Press, 2020-11-5.
[2] 王蕾,杨子艺,刘磊. 城市湿地公园鸟类栖息地构建实践与方法研究[J]. 安徽农业科学,2020,48(1):80-82.
[3] 冯倚霞. 城市湿地公园的鸟类栖息地营造设计策略:以肇庆新区起步区湿地公园为例[J]. 花卉,2022(22):136-138.
[4] 杨云峰. 城市湿地公园中鸟类栖息地的营建[J]. 林业科技开发,2013,27(6):89-94.
[5] 刘旭,张文慧,李咏红,高鹏杰,李黎,王彤. 湿地公园鸟类栖息地营建研究:以北京琉璃河湿地公园为例[J]. 生态学报,2018,38(12):4404-4411.
[6] 鲍明霞,杨森,杨阳,等. 城市常见鸟类对人为干扰的耐受距离研究[J]. 生物学杂志,2019,36(1):55-59.
[7] 徐清如. 环巢湖河流湿地鸟类多样性及其影响因素研究[D]. 合肥:安徽大学,2022.
[8] 梁培瑜,王烜,马芳冰. 水动力条件对水体富营养化的影响[J]. 湖泊科学,2013,25(4):455-462.
[9] 秦伯强,范成新. 大型浅水湖泊内源营养盐释放的概念性模式探讨[J]. 中国环境科学,2002,22(2):150-153.

作者简介:胡剑东,中国电建集团华东勘测设计研究院有限公司景观一所所长,高级工程师。研究方向:滨水景观规划设计。

高祝敏,中国电建集团华东勘测设计研究院有限公司景观一所副所长,高级工程师。研究方向:滨水景观规划设计。

唐颖栋,中国电建集团华东勘测设计研究院有限公司一级项目经理,正高级工程师。研究方向:流域水环境综合治理。

赵思远,中国电建集团华东勘测设计研究院有限公司生态环境工程院博士后,工程师。研究方向:流域水环境综合治理。

郑钦烨,中国电建集团华东勘测设计研究院有限公司景观一所主创设计师。研究方向:数字景观设计。

赵强,中国电建集团华东勘测设计研究院有限公司景观一所项目经理,高级工程师。研究方向:景观规划设计。

生活圈视角下社区公共绿地布局公平性评价研究*
——以上海市静安区为例

吴钰宾　金云峰

摘　要　随着生活圈理念逐渐落实于规划过程,社区公共绿地成为社区发展的重要载体之一,如何评价其布局公平性成为绿地分布的一个重要研究方向。本文立足于生活圈理念和规划实践,以街道和居住小区为研究单元,从空间公平和社会公平两个层面提出公平性评价方法。以上海市静安区为例的实证结果表明,静安区社区公共绿地分布呈现出不公平不均衡的特征,同时人口结构的分异特征进一步加剧了绿地服务的差异化和非公平性。研究结果可为未来高密度城市社区公共绿地的精细化和均衡化布局提供参考。

关键词　社区公共绿地;空间布局;公平性;生活圈;高密度城市

城市公共绿地与公众健康、居民福祉、社会公平等诉求息息相关。有学者提出应建设小型分散的绿地空间而非大型公园,能更加合理地配置城市建设资源[1]。同时社区生活圈的提出突破了传统规划的范式,真正围绕"人"的生产生活需求来构建新的社区体系,因此本文将聚焦社区层面的公共绿地展开研究。在空间资源约束趋紧的背景下,公共绿地等公共利益空间的供给能力不足与增长的居民需求之间的矛盾逐渐凸显。在传统指标重"绩"轻"效"的局限下,如何更加准确地评估绿地布局公平性已成为绿地研究领域的重要方向之一。

本文以上海市静安区为例,基于生活圈规划理念和实践,从居住小区尺度对静安区社区公共绿地布局公平性进行定量评估,以期为提出具有针对性和差异化的绿地布局优化策略提供指导。

1　研究进展与趋势

1.1　生活圈相关研究

生活圈的研究与规划以人的活动需求为主导调控优化生活空间。国内对生活圈的研究主要集中在生活圈的概念内涵、层次构建、边界划定、设施配置等方面。在城市实践中,生活圈的划定往往与城市行政管理地域单元高度相关,并通过覆盖度、便利度、匹配度等指标实现公共服务设施的精准化配置[2]。在个体层面,距离成本、设施密度、社会经济地位等因素影响了社区生活圈内居民的活动整体水平,这就要求社区生活圈规划需要满足差异化的日常活动时空需求[3]。

虽然不同研究的着眼点不同,但可以发现生活圈的实质,是从居民活动空间及城市功能地域的角度理解城市空间结构体系的概念[4],因此重视时间和空间因素的整合,以及在人的尺度与适用标准上的多样性,是社区生活圈规划的重要视角,更加适应于新常态下多元化的社区发展需求。

在上海,社区生活圈是社区生活的基本单元,针对上海的社区异质化特征,应建立起适应人口结构特征的社区公共服务设施配置标准,分析人口结构及其行为特征、生活方式等因素与实际需求的关联性,引导设施的差异化、精准化配置。

1.2　绿地分布公平性研究

公平性概念起源于西方社会科学,包含起点公平、过程公平、结果公平三大内涵,但都不等同于绝对公平和平均主义,只有基于人的需求的公共资源分配和布局才能被认为是真正公平的。

在绿地空间布局公平性的研究时序上,国内外都经历了"地域均等—空间公平—社会公平—需求响应"[5-6]的发展过程。以传统数量底限为评价标准的地域均等,主要关注各区域之间的绿地服务水平差异和用地保障的价值取向,已经无

---

* 国家自然科学基金项目"面向生活圈空间绩效的社区公共绿地公平性布局优化——以上海为例"(编号:51978480)。

表1　上海市规划文件对社区公共绿地的要求

分类	规模(m²)	服务半径(m)	可达覆盖率	来源
社区公园	≥3 000	500	15 min步行可达率达到99%	《上海市城市总体规划(2017—2035)》
社区以下级公共绿地、广场	400~3 000	300	5 min步行可达率达到90%	《上海市控制性详细规划技术准则(2016年修订版)》
			有条件的地区覆盖率达到100%	《上海市15分钟社区生活圈规划导则(试行)》

法适应存量规划背景下的精细调控需求。绿地公平性研究发展至空间公平和社会公平，可达性测度方法是进行量化研究的基础。在基于城市地理信息的空间公平分析中，绿地的可达面积、数量、距离、服务覆盖等方面是研究重点，但难以体现居民的游憩需求差异。因此有学者引入人口统计信息(人口密度、人口结构、社会经济地位等)[7]来评价绿地对不同人群的服务差异，并且检验这种差异是否存在空间聚集性。早在2006年，金远就提出引入基尼系数和洛伦兹曲线评价城市绿地分布状态[8]，长期以来此方法成为了评价绿地布局公平性的基础分析方法。唐子来等(2015)在此基础上增加区位熵法分析公共绿地分布和常住人口之间的空间匹配程度[9]，优化了社会公平绩效评价方法，在社区生活圈尺度的应用下，有助于识别位于绿地服务盲点或冷点区域的居住小区[10]。为进一步整合供给侧和需求侧的空间匹配关系，发展出了基于供需耦合的评价方法[11]，研究绿地在不同群体之间的分配差异，尤其在生活圈视角下，老年人群作为弱势群体获取绿地服务的便利性得到更多关注。

许多学者指出，绿地传统指标并不能很好地体现公平理念，公共绿地作为一种有限资源，不仅要关注其增量，更要保障人人享有平等的绿地服务，因此公共绿地资源的分配和布局公平性，应兼顾居住于不同空间的居民是否平等享有获取绿地的机会，以及不同社会属性的居民是否享有水平相近的绿地服务。

2　研究范畴与方法

2.1　研究对象与地区

2.1.1　研究对象

本文将"社区公共绿地"定义为居住区配套建设、向居民开放、具有基本游憩功能的社区及以下级别绿地，除绿地与广场用地(包括部分具有游憩功能的防护绿地)外，同时考虑其他用地内具有公共性的附属绿地，如居住区中的集中绿地。

上海作为一个高密度特大城市，其用地布局更加注重紧凑的存量发展，因此社区公共绿地的规模、服务半径等需要紧密结合上海的实际情况和政策来设定，以利于增加研究结果的精度(表1)。

根据以上上海市相关分级分类标准，本文将社区公共绿地的规模和可达距离(时间)门槛设为两级，面积为400~3 000 m²、服务半径为步行300 m(5 min)和面积为0.3~4 hm²、服务半径为步行500 m(10 min)。

2.1.2　研究尺度

刘泉等(2020)将15 min生活圈的空间模式归纳为无中心无边界的理念模型和有中心有边界的规划模型[12]，从使用者的角度出发，社区生活圈应以每个住宅为中心，因此本文从街道单元和居住小区单元两个层级进行讨论，同时回应居民对公共服务设施"有"和"近"的需求。街道单元对应步行15 min社区生活圈，从总体层面衡量绿地供给水平，居住小区单元对应步行10 min和5 min社区生活圈，进一步体现了居民的实际分布和活动趋势，以利于反映不同生活圈的评价视角差异。

2.1.3　研究范围

本文选取上海市静安区为例，其行政面积为36.88 km²，考虑到居民跨越行政边界获取绿地服务的情况，因此本文将研究范围扩大至静安区行政边界以外的500 m缓冲区，将缓冲区范围内的社区公共绿地及其服务范围内的居住小区共同纳入研究范围。参照《上海市静安区单元规划(含重点公共基础设施专项规划)》将静安划分为17个单元(图1)。划分后的规划单元平均面积规模为2.17 km²，平均人口为5.74万人，基本符合上海对社区生活圈的划定基准。

图 1　静安区规划单元划分

2.2　研究数据来源

借助上海市天地图高清卫星影像、百度全景地图,以现场调研等方式划定社区公共绿地的边界,包括规模在 400 m² 到 4 hm² 的绿地与广场用地(包含某些具有游憩功能的防护绿地),以及部分用地的附属绿地(在此不考虑以人流通行功能为主的附属绿地),最终绘制得到 41 个面积为 0.04～0.3 hm² 和 68 个面积为 0.3～4 hm² 的社区公共绿地,并标记公园出入口作为目的地(表 2,图 2)。

表 2　研究范围内的社区公共绿地统计

范围	社区公共绿地 (0.04～0.3 hm²)		社区公共绿地 (0.3～4 hm²)	
	数量(个)	总面积(hm²)	数量(个)	总面积(hm²)
静安区界以内	39	7.34	55	61.30
静安区界以外	2	0.40	13	18.40
合计	41	7.74	68	79.70

图 2　研究范围内社区公共绿地分布

借助百度地图初步爬取居住小区边界,再通过爬取房天下网站得到静安区居住小区数据,校对整合得到静安区区划内的 1015 个居住小区斑块,以及区划外可达的社区公共绿地服务范围内的 189 个居住小区斑块(图 3)。人口数据来源于第七次全国人口普查数据,以每个居住小区的户数为权重对其进行人口赋值(图 4)。

其他数据包括行政区划边界、道路网络数据,通过天地图 API 接口获取。由于本文以步行作为出行方式,因此不考虑不同等级的道路对步行速率的影响,不对道路进行分级处理。

2.3　研究方法

本文从两个方面对社区公共绿地布局公平性进行评价:①空间公平,即位于不同区位的居民拥有相对均等的绿地选择机会,并消耗相近的出行成本;②社会公平,关注位于不同区位的居民在享有绿地服务水平上的均等。

2.3.1　空间公平

空间公平评价包含服务覆盖率和重叠度两个指标,可以合理地衡量社区公共绿地的服务范围是否能覆盖位于不同空间的居民,描述整体空间

图3 研究范围内居住小区分布

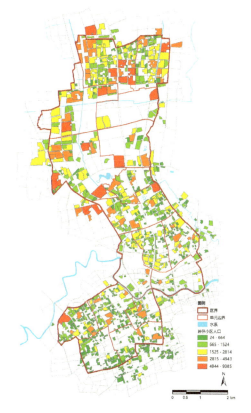

图4 研究范围内居住小区人口分布

公平性和绿地资源在某些区域叠加的非公平性。

居住用地服务覆盖率即"绿地服务范围覆盖居住用地的面积与居住用地总面积的比例",此处仅考虑单次覆盖,重复部分不计入,公式如下:

$$CR_i = RA_i / UR_i \quad (1)$$

式中,CR_i 为空间单元 i 的居住用地服务覆盖率;RA_i 为空间单元 i 内,在 300 m 或 500 m 内可到达绿地的居住小区的总面积;UR_i 为空间单元内的居住小区总面积。

绿地服务重叠度可以识别可到达 2 个及以上绿地的居住小区,参考王敏等(2019)提出的绿地游憩机会指数[13],进一步反映空间单元中居住小区可达的社区公共绿地数量均值,公式如下:

$$OR_i = \frac{\sum R_k * n}{UR_i} \quad (2)$$

式中,OR_i 为空间单元 i 的绿地服务重叠度;R_k 为空间单元 i 内,可到达 1 个及以上社区公共绿地的居住小区 k 的面积;n 为居住小区 k 在服务半径范围内可达的绿地数量;UR_i 为空间单元内的居住小区总面积。

2.3.2 社会公平

受限于人口数据的获取,本文选择从人口结构方面进行评价,将老年(60 岁及以上)和少年儿童(14 岁及以下)人口作为高需求人群,选取更微观的区位熵作为研究方法[9]。区位熵是各个空间单元内人均享有资源与整个研究范围人均享有资源的比值,区位熵大于 1 表明该空间单元人均享有资源高于整个研究范围的总体水平,反之,则表明该空间单元的人均享有资源低于研究范围内的总体水平,公式如下:

$$LQ_i = \frac{A_i}{T/P} \quad (3)$$

式中,LQ_i 为居住小区 i 区位熵;A_i 为某居住小区 i 人均享有绿地面积;T 为研究区域内所有居住小区可到达的社区公共绿地的面积之和,P 为研究区域内的总常住人口数。

为考虑居民跨区域获取绿地服务的可能性,居住小区人均享有社区公共绿地面积参照两步移动搜索法,分别计算居住小区 300 m 范围内人均实际享有的 0.04~0.3 hm² 社区公共绿地面积和 500 m 范围内人均实际享有的 0.3~4 hm² 社区公共绿地面积并相加。

3 社区公共绿地空间公平性评价

3.1 评价结果

居住用地服务覆盖率是城市绿地规划布局中常用指标之一,与空间公平的目标相匹配;绿地服务重叠度则进一步反映居民选择游憩机会高层次需求状况。

从评价结果来看,静安区全区的居住用地服务覆盖率为67.05%,社区公共绿地的空间布局均好性和公平性一般,各社区生活圈之间差异较大(图5)。只有4个社区生活圈的居住用地服务覆盖率达到90%及以上,分别为临汾路街道、大宁路街道(北)、大宁路街道(中)和北站街道,其中大宁路街道(北)达到了100%。临汾路街道人口密度较高,居住用地密集,同时其社区公共绿地数量多,因此能覆盖大部分居住用地;而另外三个社区生活圈虽然人口密度较低,居住用地分散,但居住小区附近都相应地配置了社区公共绿地,服务盲区很少,因此在该指标上也表现良好。而曹家渡街道、天目西路街道和共和新路街道的居住用地服务覆盖率均在50%以下,其中共和新路街道最低,仅为28.33%,存在明显的绿地服务盲区,应优先考虑对这几个街道增设绿地或发掘可利用的空间,消除绿地服务盲区。

绿地服务重叠度可以识别社区公共绿地服务优势区域,全区均值为1.19,各社区生活圈评价结果整体上为北部>南部>中部,与居住用地服务覆盖率的评价结果呈现出基本相同的分布趋势(图6)。异常单元为彭浦镇(南)和宝山路街道,彭浦镇(南)的居住用地服务覆盖率在中等偏下(65.26%),而绿地服务重叠度达到了1.47;宝山路街道的居住用地服务覆盖率为中等偏上(74.65%),其绿地服务重叠度却只有0.87,说明绿地数量与空间布局不完全匹配,在某些区域可能出现集聚情况。

3.2 静安区空间公平性

静安区社区公共绿地的服务覆盖呈现出空间非公平的特征,各个社区生活圈中评价结果波动范围相当大;在与人口密度进行比较分析时,发现存在四种类型的聚类特征,有助于进一步区分各

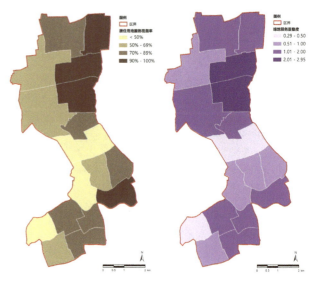

图5 居住用地服务覆盖率　　图6 绿地服务重叠度

个社区生活圈的差异特点(表3)。

表3 社区生活圈人口密度与空间可达性的聚类特征

类型	社区生活圈	特点
高密度-高可达	临汾路街道、彭浦新村街道、石门二路街道	绿地总量相对充足,居住用地密集,绿地服务能合理覆盖到居住用地
	宝山路街道、江宁路街道	绿地总量不算充足,因居住用地聚集而实现高可达性
高密度-低可达	曹家渡街道、芷江西路街道、共和新路街	绿地总量不充足,边界以外的绿地能提供的服务也很有限
低密度-高可达	南京西路街道、北站街道、大宁路街道(北)、大宁路街道(中)、大宁路街道(南)	居住用地相对分散,绿地总量(包括边界以外)相对充足且分布合理,邻近分散的居住区
低密度-低可达	静安寺街道、天目西路街道、彭浦镇(北)、彭浦镇(南)	居住用地相对分散,同时绿地总量不充足或未邻近居住区

此外,通过分析服务覆盖率与服务重叠度的相关性,可以发现两者之间成正相关关系,也就是说,高服务覆盖率的社区生活圈同样享有绿地服务的集聚性;因此不仅社区公共绿地的空间覆盖不足,还进一步加剧了绿地分布的非公平性。通过分析人口密度分布与绿地空间可达性关系背后的原因,最终仍然指向社区公共绿地的不充分不平衡发展。

4 社区公共绿地社会公平性评价

4.1 评价结果

4.1.1 常住人口绿地区位熵分析

空间公平性评价从街道尺度层面比较了公平性,体现的是服务均质化,而实际上同一街道内各个居住小区获得的绿地服务是有差异的。从评价结果可以发现,全区71.55%居民的人均享有绿地区位熵处于一般水平以下,说明大部分居民享有更少的绿地服务,社区公共绿地资源分布呈现出明显的不均衡性(表3,图7)。而另外28.45%的居民,其人均享有绿地区位熵相对较高的原因也是多元的,这部分居民主要分布在:①静安区东南片区,除了街道内部自有绿地,在一定程度上是由于区界以外的绿地提供了服务,例如南京西路街道邻近的襄阳公园和延中绿地,为其居民提供了更多游憩机会;②大宁路街道和彭浦镇的中部,居住用地较少,人口密度相对较低,人均指标得到大大提升,也拉高了全区平均水平;③彭浦新村和临汾路街道中部,虽然居住用地非常密集,但社区公共绿地供给相对充足,从而能得到较好的评价结果。

4.1.2 老年和少年儿童人口绿地区位熵分析

老年人口绿地区位熵(0.00~11.59)的波动范围比常住人口(0.00~8.96)和少年儿童人口(0.00~8.93)更大,说明老年人口的服务非公平性可能更大(表4,图8)。评价结果采用相同的区

表3 常住人口绿地区位熵区间分布

区间	该区间居住小区总数	该区间居住小区比例	该区间人口比例
0.00~0.28(极低)	540	53.20%	48.99%
0.29~0.87(较低)	199	19.60%	22.56%
0.88~1.94(一般)	151	14.88%	16.10%
1.95~4.30(较高)	103	10.15%	9.20%
4.31~8.96(极高)	22	2.17%	3.15%
总计	1 015	100%	100%

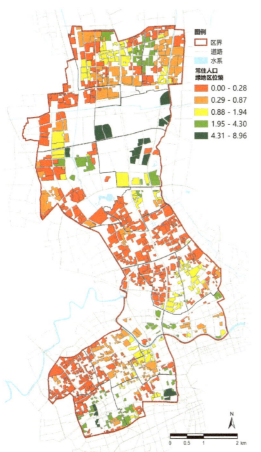

图7 常住人口绿地区位熵

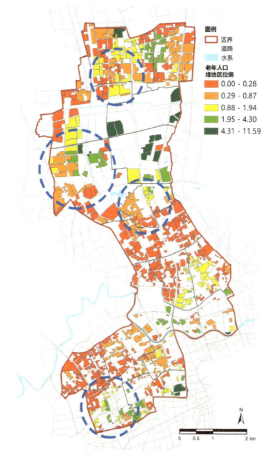

图8 老年人口绿地区位熵

间分级方式,比较常住人口与老年人口、少年儿童人口之间享有绿地服务水平的差异性,从而反映绿地资源是否向弱势群体倾斜。从评价结果来看,老年人口绿地区位熵高于常住人口的居住区主要分布在大宁路街道(南)、彭浦镇和彭浦新村街道,低于常住人口的居住区主要分布在静安寺街道。而少年儿童人口绿地区位熵的分布特征更接近常住人口,明显差异仅体现在静安寺街道和南京西路街道(表5,图9)。

表5 青少年儿童人口人均享有绿地区位熵区间分布

区间	该区间居住小区总数	该区间居住小区比例	该区间少年儿童人口比例
0.00~0.28(极低)	548	53.99%	52.32%
0.29~0.87(较低)	184	18.13%	19.13%
0.88~1.94(一般)	154	15.17%	16.41%
1.95~4.30(较高)	91	8.97%	9.00%
4.31~8.93(极高)	38	3.74%	3.13%
总计	1 015	100%	100%

4.2 人口分异特征加剧服务差异化

静安区社区公共绿地布局不仅在服务覆盖和空间可达性上呈现出非均衡性,此处的讨论前提是每个居民拥有相等的需求,而在加入高需求人群的变量后,加剧了绿地服务的差异化和非公平性。通过对常住人口、老年人口和少年儿童人口的服务匹配度进行比较,发现老年群体享有社区公共绿地配置的差异性更大。

根据第七次全国人口普查公告,2020年静安区60岁及以上人口占比高达31.6%,老龄化程度在上海市位于前列,老年人口密度的集聚特征相比于常住人口和青少年儿童人口更加明显,可以判断老年人口的密集分布更倾向于开发较早的高密度老旧社区,这与老年人口绿地区位熵的评价结果呈现出更大的不公平性相符。现阶段的城市绿地系统规划大多考虑数量、面积和空间上的均衡性,优先考虑的是人人均等的公平,并未从不同区域的人口结构分异特征进行规划,因此公共绿地服务向这些高需求人群和弱势群体倾斜的价值取向,以及按照群体特征进行有效分配的服务效率导向并不明显。

5 结语

本文立足于生活圈和公平性理念,基于街道和居住小区单元尺度,以上海市静安区社区公共绿地分布为例,从空间公平和社会公平两方面提出了绿地分布公平性评价方法。研究显示:①静安区的社区公共绿地布局,呈现出明显的不均衡性,空间覆盖率不足的同时存在绿地服务的集聚性,进一步加剧了绿地分布的非公平性;②社区公共绿地配置与服务人口不完全匹配,老年人口相

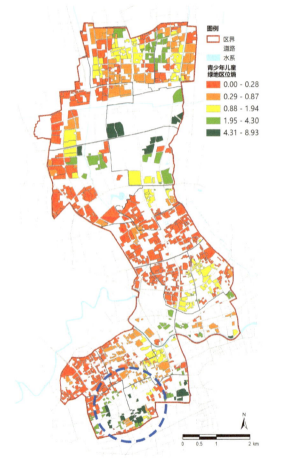

图9 少年儿童人口绿地区位熵

表4 老年人口绿地区位熵区间分布

区间	该区间居住小区总数	该区间居住小区比例	该区间老年人口比例
0.00~0.28(极低)	540	53.20%	47.94%
0.29~0.87(较低)	213	20.99%	23.17%
0.88~1.94(一般)	161	15.86%	17.02%
1.95~4.30(较高)	81	7.98%	8.86%
4.31~11.59(极高)	20	1.97%	3.00%
总计	1015	100%	100%

比常住人口和少年儿童人口,在享有绿地服务上存在更大的不公平性。

基于生活圈的绿地布局公平性评价方法有助于识别日常步行范围内绿地服务的盲区,以及不同空间单元的群体均等和社会公平,进而提出精细化的优化策略,尤其对绿地增量十分有限的高密度建成环境而言,寻求存量空间的更新利用和资源整合,已成为保障公平、提升福祉的重要途径。

参考文献

[1] Morar T, Radoslav R, Spiridon L C, et al. Assessing pedestrian accessibility to green space using GIS[J]. Transylvanian Review of Administrative Sciences, 2014, 10(42): 116-139.

[2] 蔡兴飞, 王浩, 李莉, 等. 社区生活圈评估应用实践、挑战及展望[J]. 规划师, 2023, 39(5): 47-52.

[3] 塔娜, 柴彦威. 理解社区生活时间: 基于时空间行为的视角[J]. 人文地理, 2023, 38(3): 29-36.

[4] 肖作鹏, 柴彦威, 张艳. 国内外生活圈规划研究与规划实践进展述评[J]. 规划师, 2014, 30(10): 89-95.

[5] 周聪惠. 公园绿地规划的"公平性"内涵及衡量标准演进研究[J]. 中国园林, 2020, 36(12): 52-56.

[6] 夏梦姿, 邱慧. 环境正义国内外研究进展与趋势[J]. 广东园林, 2021, 43(6): 58-62.

[7] Xiao Y, Wang Z, Li Z G, et al. An assessment of urban park access in Shanghai-Implications for the social equity in urban China[J]. Landscape and Urban Planning, 2017, 157: 383-393.

[8] 金远. 对城市绿地指标的分析[J]. 中国园林, 2006, 22(8): 56-60.

[9] 唐子来, 顾姝. 上海市中心城区公共绿地分布的社会绩效评价: 从地域公平到社会公平[J]. 城市规划学刊, 2015(2): 48-56.

[10] 张金光, 宋安琪, 夏天禹, 等. 社区生活圈视角下城市公园绿地暴露水平测度[J]. 南京林业大学学报(自然科学版), 2023, 47(3): 191-198.

[11] 王春晓, 黄舒语, 邓孟婷, 等. 供需耦合协调视角下高密度城市公园绿地公平性研究: 以深圳龙华区为例[J]. 中国园林, 2023, 39(1): 79-84.

[12] 刘泉, 钱征寒, 黄丁芳, 等. 15分钟生活圈的空间模式演化特征与趋势[J]. 城市规划学刊, 2020(6): 94-101.

[13] 王敏, 朱安娜, 汪洁琼, 等. 基于社会公平正义的城市公园绿地空间配置供需关系: 以上海徐汇区为例[J]. 生态学报, 2019, 39(19): 7035-7046.

作者简介: 吴钰宾, 上海同济城市规划设计研究院有限公司, 规划师。研究方向: 风景园林规划设计方法与技术。

金云峰, 同济大学建筑与城市规划学院, 上海同济城市规划设计研究院有限公司, 上海市城市更新及其空间优化技术重点实验室, 教授、博士生导师。研究方向: 大环境观与景观治理理论、大工程观与景观原型论。电子邮箱: jinyf79@163.com

数据中的城市:基于数字足迹的景观研究

谢伊鸣　刘雅旭　汤雨杭　周详

摘　要　本文首先追溯了互联网与社会经济形态的发展进程,指出在追求用户情感需求满足状况的体验经济时代,数字足迹因叠加了丰富的时空行为信息与情感体验状态,而具备巨大的研究潜力。其次,从生产方式与载体形式两个方面对数字足迹的类型与价值进行了系统阐释,提出主动型数字足迹以其生动细腻的情感内涵与丰富多元的表达形式,成为城市研究领域的重点议题。本文归纳总结了主动型数字足迹在弥补传统调查方法缺陷方面的历时性价值与评估决策意义,并从动力进程研究、游憩体验质量与多源数字足迹应用三个方面,对主动型数字足迹的应用场景及其在景观研究中的作用进行了系统梳理。数据割裂容易造成研究结论走向片面,数据融合则能导向新规律与新价值的发现;随着多元数据融合技术的发展,在以web4.0为表征的智能经济时代,数字足迹分析技术将与其他人工智能技术结合,在城市研究领域发挥更大的作用。

关键词　数字足迹;体验经济;城市动力进程;游憩体验质量;多源数据融合

21世纪是城市研究发展迅速推进、革新的时代——社会、经济、文化等各个领域中不断涌现的海量数据使城市变革成为可能。快速发展的互联网时刻塑造着我们的生活,也使人与人、人与物之间产生更广泛而深刻的连接[1],人们在其中或被动或主动留下的庞大数据信息,为城市研究提供了新的解译视角,从而挣脱了时空对城市研究的束缚。由此,数据不再只是信息设备的衍生物,其以巨大的容量和更便捷的获取、处理方式深刻影响甚至改变着城市空间的相关研究,乃至全球的社会形态与经济面貌[2]。在这种背景下,挖掘各种数据折射出的复杂情感和行为规律,并对新型数字信息的应用场景与创新前景进行系列分析,能让城市空间研究变得更加丰富而生动[3]。

1　数字足迹的基本概念

1.1　Web1.0时代:商品经济与数字涎线

1991年互联网诞生,彼时世界经济正处于以标准化商品生产和交换体现消费效率为表征的商品经济时代,以商品生产和商品交换为主,更强调功能与效率。Web1.0时代下,互联网仅作简单的信息显示,为用户提供简单、静态的信息检索服务,未解决人与网络的沟通与互动问题,所产生的数字信息基本为用户被动产生的浏览痕迹,属"数字涎线"(Slug Trail)。互联网拓展了人们获取信息的途径,使人们初步认识到数据信息的意义,但网站日志的商业价值未受重视。

1.2　Web2.0时代:服务经济与数字尾气

进入千禧年后,世界经济从商品经济时代逐渐过渡到了以定制化商品服务为特色的服务经济时代,互联网随之也于2004年过渡到了能提供支持用户主动参与的个性化社交服务阶段(Web 2.0)[2]。与经济发展中人们的需求相呼应,此时的互联网成为社交网络,给予了用户更多主动参与和共享的可能性,也带来了愈发庞大而丰富的数据信息。可用于分析的机读数据信息涌现,人们逐渐意识到了数据信息的商业研究价值,由此,"数字涎线"朝着"数字尾气"(Data Exhaust)的形态嬗变。

1.3　Web3.0时代:体验经济与数字足迹

当世界经济演进到追求用户情感体验的体验经济时代时,互联网则进入了能提供深度社交参与和沉浸式体验的拟人化商业服务的Web3.0时代[4]。一种以用户基于社交需求主动表达为主的数据类型随之诞生,即"数字足迹"(Digital Footprint)。此时的"数字足迹"已不再单纯地像"尾气"一样被动排出,除了能代表用户使用数字设备或互联网后保存在服务器端的大量使用记录、浏览历史[5]之外,它更能够反映用户的情感体验和使用反馈,因此能够帮助我们更准确全面而系统化地建立高度动态化的城市空间、社会生活和基础设施网络研究的模型,从而在时空行为调查、游憩体验质量、景观感知评价等多方面开展深入研究。

1.4 Web4.0时代:智能经济与数字资产

随着世界经济进一步发展,人们在消费上更注重生活品质与智慧化、便捷化的体验,于是新一代以"智慧化"为核心的互联网技术浪潮涌起,为用户提供更多智慧生活情景。通过人工智能设备产出适配更多场景的智能应用产品或服务的智能经济时代[6]已初现雏形,逐渐被社会认可具有交换价值的"数字资产"[7]逐渐进入大众视野,此时的数据能够更精准高效地为用户生产价值,进而资产化。从传统数据时代的消极记录,直接跨越到大数据时代的积极利用,并伴随着厚数据概念的提出演进为个性化数据的主动呈现,甚至能够形成某种资产,可见数据在城市生活的应用场景愈发广泛(图1)。

2 数字足迹的类型与价值

数字足迹在当下城市研究中得到了非常广泛的应用,可用于研究的数据有多种形式,如GPS定位数据、历史网络信息、社交媒体数据等;不同类型的数据适用的研究场景不同,需要分类探讨。总体而言,按照数字足迹的生产方式可以分为被动型与主动型两大类:被动型数字足迹为城市空间研究提供了海量真实的信息,使研究的尺度能扩展到全球;而主动型数字足迹则以其生动细腻的情感含蕴和真实丰富的表达方式,迅速成为城市空间研究中不容忽视的热点议题,故对于主动型数字足迹可按载体形式将其再细分为文本型、图片型和视频型三类进行更深入的探究。

2.1 基于生产方式的分类

2.1.1 被动型数字足迹

被动型数字足迹指的是用户在使用移动电话、蓝牙等移动设备的过程中被动留下的一些能反映其何时何地使用电子设备的信息,此类数字足迹主要包含手机信令数据、公共交通数据、网络活动信息和消费能耗记录等[3],常用于探讨城市交通、区域结构、人口流动、建成环境评价等课题。利用此类数据开展的相关研究更关注宏观层面的人口时空流动,因而对实现城市精细化治理具有现实意义。

2.1.2 主动型数字足迹

主动型数字足迹主要涉及由用户自主生成或主动分享、含有时空地理信息的电子数据。由于此类数据附加了使用者的"意识权重"而表现出非常真实的丰富性,因而比过去任何能够接触到的GPS日志都更有价值,并且能够被广泛用于揭示用户的选择偏好与游憩喜好[3]。也因为其具有强

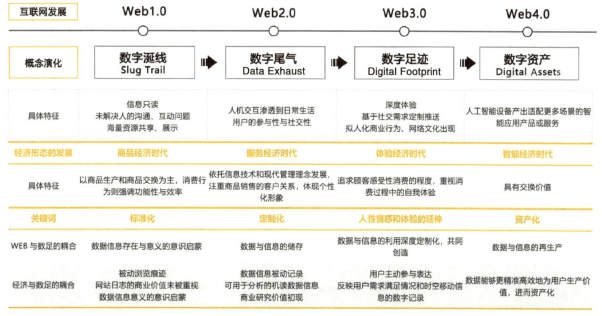

图1 互联网Web1.0—4.0的发展历程

烈的主观性(情感价值)且信息真实可靠、值得挖掘的内容丰富,能够作为研究城市空间的独特视角。与被动型数字足迹相比,主动型数字足迹,更适于中观和微观层面的人口流动与目的地选择偏好以及景观要素喜好方面的研究,能为建成空间质量提升与资源保护利用管理效率提高给出可靠建议。

2.2 基于载体形式的细分

2.2.1 文本型

文本型的数字足迹主要包括游记、旅游评价等文字类的信息,数据通常来源于马蜂窝游记、携程网、大众点评网等网站。针对文本型的数据,常见的处理方法是进行词频分析,提取高频词或者构建语义网络,以此探究游客时空行为、游客对旅游地形象感知与评价、游客与政府对旅游地关注度的差异等,研究结果有助于提升城市空间景观质量与游客游憩体验。但需要注意的是,此类数据受文字本身传递意义的有限性与模糊性限制,时空信息匹配度相对较低[8],使用单一数据源时需要更多方面的考虑。

2.2.2 图片型

图片型数字足迹为用户自发上传到网络上、以图片形式为载体的数据信息,包括图像内容、地理位置标签数据、时间信息、描述文字以及用户的相关信息等。与文本型数字足迹相比,图片型数字足迹能够提供更丰富、生动、较高精度的信息,但对于照片的分析处理工作量大,技术要求高。国内的相关数据主要来源于微博、小红书等社交媒体。通过对这些社交媒体中,用户所发布的各类图片拍摄对象、拍摄时间的分析,能够得到不同群体对某地的景观偏好,有助于游憩空间的管理维护与质量提升;亦能得出城市空间环境的特征,为城市的设计、更新、规划与管理提供参考;同时也能够对如何平衡保护区的保护与发展问题,提供科学的建议。

2.2.3 视频型

相较于在研究中关注较多的文本型和图片型数字足迹,视频型数字足迹出现时间相对较晚,但是发展速度、数据量以及使用程度却呈现出较快的上升趋势。第51次《中国互联网络发展状况统计报告》中显示,我国网络视频用户占网民整体的96.5%[9]。此类数字足迹数据来源多为抖音、B站等,主要指用户制作的以视频为载体的数据。这类数据主观偏好更强,能提供更精确生动的信息,但多集中于对某地的详尽介绍,常见于分析游客的游览兴趣点与游览偏好等,目前很少用于时空行为模式方面的研究(图2)。

2.3 数字足迹的价值

在数据爆炸的时代,数字足迹愈发以其来源丰富、样本数量充足、更新及时等不容忽视的优势在研究中占据主流。传统的城市空间研究数据获取方式如问卷、访谈等获取到的数据受样本数量和精度的限制,存在易被过度解读的风险[10]。随着数字信息技术发展,更易被获取的GPS轨迹数据诞生,在其帮助下研究尺度与精度得以扩大,因而在研究中普遍应用。但此类被动型数字足迹收集仍有一定难度,并且样本稳定性不高,易受热门出行时间影响,难以精确应用于研究课题。至Web3.0时代到来,以用户主动留下的文本、照片、视频内容等为特征的主动型数字足迹,迅速打

分类方式	类型		内涵	数据来源及处理方法	应用方向	
按生产方式	被动型		被动留下的一些能反映其何时何地使用电子设备的信息	手机信令数据、公共交通数据、网络活动信息等	城市交通、区域结构、人口流动、环境评价等方面	
			由用户自主生成或主动分享的、含有时空地理信息的电子数据	签到数据、游记评论、地理标记照片等	用户的选择偏好与游憩喜好	
		分类方式	类型	内涵	数据来源及处理方法	应用方向	特点
	主动型	按载体形式	文字型	游记、旅游评价等文字信息	马蜂窝游记、携程网 词频分析、构建语义网络	城市空间景观质量与游客游憩体验	受文字的有限性与模糊性限制 时空信息匹配度相对较低
			图片型	用户上传的图片形式的信息	微博、小红书 识别拍摄对象、拍摄时间	不同群体的景观偏好,城市空间环境的特征	能提供丰富、高精度的信息 分析处理工作量大、技术高
			视频型	用户制作的视频数据	bilibili、抖音 分析游览体验、游客偏好	游客的游览兴趣点与游览偏好	主观偏好更强 能提供更精确生动的信息

图2 数字足迹的类型划分

开了城市空间研究的新角度,此类数据除了样本量大、收集便捷以外,还提供了比GPS数据更为丰富的信息,并且能涵盖全年各时段,因此可以更生动可靠地描述游客的时空行为与游憩偏好,辅助学者开展精细化研究。

综上,主动型数字足迹可以弥补传统调查方法的不足,相对自由而可靠地反映出用户喜好,因而具备历时性的研究价值和评估与决策价值(图3)。基于此,本文以主动型数字足迹为切入点,深入探究主动型数字足迹在城市动力进程研究、游憩体验质量、多源数据融合等方面的应用,以期对区域空间资源协调、城市设计和管理决策有所助益。

3 主动型数字足迹的景观研究

3.1 动力进程研究

在数字足迹中提取动态信息进而研究动力进程是数字足迹在景观研究中的重点领域。数字足迹对动力进程的研究,按空间尺度和研究方向可以分为城市尺度的空间结构,和地方尺度的社会形态。主动型数字足迹虽无法如被动型数字足迹做到对地理信息客观还原,从而较为客观地反映特定时空范围内,由大量基础数据所形成的规律特征,但主动型数字足迹不仅在城市尺度空间结构可以进行更全面精准的研究补充,同时在对地方尺度社会形态的研究中有着重要作用。

3.1.1 城市尺度的空间结构

主动型数字足迹在某些方面可以弥补被动型数字足迹在城市尺度的空间结构研究方面的局限。基于被动型数字足迹的城市空间结构研究客观地反映出了在一定时空内,由大量的基础数据所反映的规律和特点,其在城市空间方面的研究主要集中于两个方面:一是城市动态特征研究,如利用手机信令数据,探究居民活动的空间特征,对城市空间进行研究[11];二为城市发展预测,通过大量数据分析建立模型,并预测城市发展进程和城市系统特性[12]。

由于被动型足迹中缺乏语义信息,并且缺少精准化的个体信息,无法获取较详细的社会、经济和人口属性,所以在城市空间结构的研究中具有一定的局限性。主动型数字足迹的研究基于由用户自主生成或主动分享的、含有时空地理信息的电子数据,因而包含了更多具有主观色彩的信息,在城市空间结构的分析中主要聚焦于人的空间感知,包括旅游流网络结构研究、城市活力空间发展建设、城市活动区动态选择偏好和城市群空间结构集聚特征。旅游流研究利用社交平台用户自主分享的客流轨迹和签到数据,来分析游客在城市内部和城市之间的动态规律以及路径迁移模式,研究内容包括城市旅游热区分布等,对于研究城市旅游流网络结构并进行优化可提供重要参考。城市活力空间发展形成指以网络终端评论为研究数据,探究这些活力空间的成因及其对城市活力空间塑造的启示。城市活动区动态选择偏好研究主要通过分析地理位置数据,研究区域人口流动影响因素,探究活动区选择偏好的动态变化。将大数据运用于城市群空间结构及城际人口流动研究尚处于起步阶段,随着多源数据的融合,尤其是与被动型数字足迹的联用,该方面的研究目前已经扩展至城市群尺度。城市群空间结构集聚特征

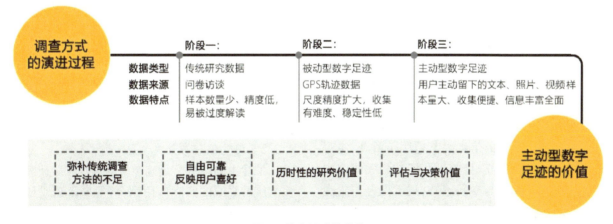

图3 数字足迹的价值

研究,如针对粤港澳大湾区采用数据库支持下的POI大数据处理方法,综合研究多类城市功能空间的结构特征变化。总体而言,主动型数字足迹从人的活动出发,具有更加全面精准的优势。

3.1.2 地方尺度的社会形态

主动性数字足迹一方面具备精准化的个体信息与较详细的社会、经济和人口属性,另一方面以人类的行为情感研究为基础,符合在地方尺度下对社会形态研究的需要。其主要应用场景基本可以归纳为人流总体特征、社交网络分布和空间聚集动态研究三个方向。

人流总体特征通过GPS技术对"运动暂停模式"(MSPs)和"通用序列模式"(GSPs)两种运动模式进行综合分析,以确定人流的总体特征,并对游客的偏好以及他们与环境的互动提供见解,目前已在Dwingelderveld国家公园得到初步应用[13]。社交网络分布研究主要通过分析在线社交网络使用情况,来研究地理隔离与社会网络结构的关系,从而在保护社会网络完整性的同时促进区域间的混合与交流,保持城市均衡发展[14]。空间聚集动态研究主要通过分析区域相关POI数据并对其进行处理制图,分析区域内部与区域间各类资源空间聚集情况,为布局优化提供支持[15]。不同于国土尺度和城市尺度,主动型数字足迹在地方尺度的社会形态上的应用,具备了地方尺度的精准性和社会形态的主观性,为区域交流与管理和景观质量精准化提升,提供了较强的指导意义。

3.2 游憩体验质量

游憩体验质量研究是主动型数字足迹在城市景观研究当中应用最为广泛的领域。在主动型数字足迹中,诸如手机签到数据、POI数据、网络点评数据、游记文本、网络文章等的文本类数据能为我们提供地理位置、事物名称、时间、情感描述等信息,而图片、视频类数据又能在色彩、声音等方面做作更多细节上的信息补充。这些丰富生动、具有强烈主观意识的信息尤其适用于微观、主观层面的城市景观研究,目前已开展的相关研究主要聚焦于游憩体验与空间感知、视觉偏好与景观意象、景观感知质量评价三大方向,相关研究成果能够为城市空间质量优化与提升提供指引。

3.2.1 游憩体验与空间感知

这部分的研究常常以文本型数字足迹为主要数据来源,兼顾使用图片型数字足迹作为辅助,侧重表现人们在某一空间发生游憩行为时对于空间客观特质的描述和主观情感上的偏好,常见研究方法多为文本分析法、情感分析法等,研究对象包含具象与抽象。具象的研究对象空间尺度相对较小,以地方尺度为主,也有部分城市尺度的研究,如以上海历史街区为研究对象,通过文本统计各历史文化风貌区关注次数与共现次数等多重指标,探寻官方与游客的关注偏好及共现偏好差异[16];也有以上海市为例,分析上海市情绪空间分布特征与相关空间情绪感知评价方法[17]等。抽象的研究对象目前主要聚焦情感体验偏好和文化生态系统服务(CES)感知两方面,情感体验偏好的相关研究如通过网络评价文本和照片,研究游客对京杭大运河杭州段的夜间旅游情感认知与评价[18];CES感知的典型研究是融合与挖掘地理空间与网络点评数据,分析济南市主城区不同城市公园的CES感知异同,并应用FP-关联规则揭示CES感知间的关联性[19]。同时,也有相关抽象和具象对象融合的研究,如通过文本分析、主题分析和情感分析等方法对互联网旅游文本数据进行分析,探索游客对遗产旅游地形象的具体空间形象感知及整体游览情感倾向分析[20]等。

在这个应用方向中的研究角度主要有深入研究和对比研究两类,上文研究对象分类中所举的例子均为深入研究,较为常见;对比研究数量相对较少,但也为研究提供了一些新的思路,可以通过性别/国籍/身份等的对比看不同群体对于游憩空间的感知体验差异,如以微博文本数据分析广州长隆度假区中,男女游客两个群体在目的地形象感知方面的差异;运用网络文本分析法分析国内外游客在桂林旅游的感知差异;以网络评论文本数据中,游客的旅游体验与目的地在互联网上的网络旅游形象对比分析,研究江西省11个地级市网络旅游形象的感知与分异特征,并探讨网络虚拟社区中旅游者所产生的负面评价影响因素等。

3.2.2 视觉偏好与景观意象

虽然主动性数字足迹在城市景观相关研究里多与旅游领域的实际应用耦合,但城市景观研究仍有其显著区分于旅游领域的特质,即其针对空间视觉偏好与景观意象的研究分支。这个方向开展的相关研究所使用的数据,以具备大量视觉特征信息的图片型数字足迹为主,也以文本型、视频型数字足迹作为补充。在视觉偏好研究中主要应用的图片类数据来源多为街景数据,近年也有学者在积极探究 VR 全景图片数据在此方向的应用。常见的研究方法有运用图片分析技术、计算机深度学习技术等为代表的物理元素知觉法,以及新兴的、以眼动技术为典型代表的心理学方法两大类[21]。视觉偏好的研究广泛应用于不同景观空间上,如住宅区室外、校园公共空间、高新产业园区、公园、城市公共空间、传统村落、热门景区等。对视觉偏好的研究不仅能够帮助设计者更好地了解受众的需求,提升空间质量,还能够有效提升遗产保护区和自然保护地的管理与保护。

除了可以探究人们的视觉偏好之外,图片型数字足迹还广泛应用于景观意象的提取中。意象是表达了某种意思的事物,具有指代意义,对景观意象开展研究,有助于从宏观角度解释群体对各类空间的认知与理解,发掘空间的精神内核。目前对于景观意象开展的研究,尺度小至旅游景点如个园、广西程阳八寨等,亦有城市公共空间,大至城市的意象探究。其中对于城市的意象探究有一个重要分支即"城市意象"探究,即来源于凯文·林奇于 1960 年所出版的《城市意象》一书中所建构的相关理论。针对此理论的探究,较为常见的研究方法是综合利用图片、文本、定位数据等多源数据,基于凯文·林奇的理论构建评价系统开展具体研究;也有一些学者仅使用图片数据,拆解城市意象要素进行探究。

3.2.3 景观感知质量评价

对景观感知的具体研究与评价已有众多学者开展,针对不同景观类型的感知评价体系的需求随之而生,不少学者注意到对于具体而多维度的景观感知需要有相应的质量评价体系进行统筹,以提升评价的可靠性。但这方面的研究总体而言仍处于起步阶段,相关文献不多。传统的研究所采用的数据常常从问卷调查、访谈、线下实地观察获取,目前越来越多学者认识到数字足迹对于研究深度和精度提升的价值,以图片型或文本型数字足迹分析作为有益的辅助手段开展探究,评价的维度得以增加,推动着景观空间感知质量评价体系的建立。景观感知质量评价的研究对象多集中于典型的城市绿地——公园,评价体系的维度

选取有从景感生态角度和方法入手建立体系,也有借鉴管理学理论,参照现代综合评价方法体系中"两两集成"的方法集成评价维度,以及综合使用 GIS 空间分析与模糊层次分析法,构建评价体系。此外,从使用后评价(POE)发展出来的评价体系相关研究,也极大丰富了景观感知质量评价体系的建设。使用后评价是其中一种重要的研究方法,旨在探究建成后环境如何支持和满足人们明确表达或暗含的需求。其出现时间较早、研究方法发展至今已比较成熟,在发展的过程中也逐渐注重对评价指标体系建立的探究,如以网络评价文本为研究对象,通过数据处理与分析汇集出患者最关注的维度,作为医院建筑使用后评价指标体系的重要构成部分;综合利用专家咨询法、问卷调查法、实地调研法,结合网络评论数据和传统问卷调查,构建同时适用于基于网络评论和传统问卷调查评价的指标体系等。

3.3 多源数字足迹应用

数字足迹来源广泛,单类的数字足迹在景观研究中存在一定的局限性,因此多源数字足迹耦合应用成为趋势。数字足迹的多元融合一方面可以补充相关信息,弥补单类数字足迹信息单一的问题,另一方面可以通过综合分析减少误差,得到更全面的研究结果。随着数字足迹呈现多元融合的发展趋势,多源数字足迹的应用研究内容涉及范围更广,目前已开展的研究可以归纳为城市基础设施优化、空间结构功能改进和资源保护利用管理三个方向。

3.3.1 城市基础设施优化

城市基础设施优化是依托人的空间感知改进基础设施布置和设计。城市基础设施一般分为两类,分别是工程性基础设施和社会性基础设施。工程性基础设施一般指能源供给系统、给排水系统、道路交通系统、通信系统、环境卫生系统以及城市防灾系统等六大系统,现有研究同时应用主动型数字足迹和被动型数字足迹,在应用方向上涵盖了建成环境评估、交通设施优化和绿道结构优化三方面。多源数字足迹对城市建成环境的评估体现在从用地强度、职住关系、交通出行和空间结构等方面,对城市建成环境进行分析评价,有助于基础设施的规划优化[22-23]。交通设施优化通过多源数字足迹的分析结果,表征城市公共服务

空间的吸引力,形成交通廊道网络,在未来城市交通规划领域有较好的应用前景。在此基础上现有研究已应用于构建基于网络口碑大数据的城市步行和自行车交通廊道选线规划思路[24]。绿道结构优化,通过分析公共设施POI和道路交通POI数据得出空间热度,并从不同维度进行绿道选线及优化[25]。

社会性基础设施则指城市行政管理、文化教育、医疗卫生、基础性商业服务、教育科研、宗教、社会福利及住房保障等社会服务,其研究主要以多种载体的主动型数字足迹为依托,具体应用场景有"公共服务设施布局优化"和"设施供需关系调节"。公共服务设施布局优化通过采集医疗保健设施、体育休闲设施、科教文化设施、养老服务设施等各类公共服务设施的POI数据等多元数据,分析区域设施布局特征,为公共服务设施规划优化提供参考。设施供需关系调节通过量化各类公共设施的服务能力,分析城市公共服务设施供需框架,有利于调节供需关系。如利用GIS分析多源数据,评价公共服务设施供需匹配度,提出对应配置优化建议。

3.3.2 空间结构功能改进

空间结构功能改进聚焦分析人的空间行为进而改进空间结构形态。多源数字足迹对不同尺度的空间结构均有研究,包括国土、城市、村落、街区。国土尺度上,耦合多时相遥感影像、土地利用变更和统计年鉴等多元数据,在分析河南省国土空间发展现状与演变特征的基础上,进行国土空间功能识别与优化管控研究。城市尺度上如通过研究济南市带有空间位置和属性信息的POI数据,分析城市各类功能空间结构,有利于城市规划均衡布局。村落研究中综合传统空间数据与新数据环境下的空间数据,研究苏州传统村落空间特征与保护策略。街道尺度上对网络开放数据、实测数据等多源数据定量研究,分析CBD街道空间结构、空间形态与空间功能与活力相关性,探讨不同活力影响要素的作用机理,提出CBD街道空间适应性优化策略和措施。

所涉及的具体空间类型和研究内容范围也较广,包括景观交通路线结构优化、文化生态空间结构评估、商业消费空间结构分析、区域资源空间结构优化四个方面。景观交通路线结构优化通过公众参与的GIS(PPGIS)分析环境植被、交通节点等环境数据并评估满意度,已有研究分析跑步满意度和自然接触之间的关联,为景观交通路线优化提供依据。文化生态空间结构评估通过综合遥感和社会媒体框架的耦合使用,来分析景观模式对CES的适用性,回应了人们对CES的空间明确操作化的日益关注。商业消费空间结构分析将大众点评数据作为刻画城市消费空间活力及影响因素研究的基础,结合其他数据信息,对兰州市消费空间活力进行综合测度和评价分析并提出优化策略。区域资源空间结构优化通过对多源数字足迹进行分析,在建立口碑评价指标体系的基础上,分析不同资源的空间格局和网络关系,为城市服务业水平及服务产品质量的提高提供参考依据。

3.3.3 资源保护利用管理

与以上两个研究方向相比,多源数字足迹的应用在资源保护利用管理上涵盖领域更广,主要可归类为环境资源的评估和保护,以及社会资源的调节和再分配。环境资源的评估和保护直接通过客观数据和主观数据耦合,分析资源的可利用性和价值,对自然生态、遗产等环境资源合理评定并提出保护建议,促进城市环境提升。已有研究主要关注遗产保护和自然生态系统提升两方面。遗产保护方面在对城市环境客观条件分析的基础上,结合主动型数字足迹解析网络平台上公开发表的评论信息,实现城市客观条件与公众主观感知的结合,有利于城市遗产的整体保护与公共空间的系统提升。自然生态系统提升方面的研究已有基于多源数据构建遥感生态指数,评估景观生态环境质量,将有利于各地的生态文明建设。

社会资源的调节和再分配主要通过综合利用各种载体形式的主动型数字足迹,分析人的信息,进而对社会资源的调节和再分配提出建议。目前在公共健康和社会援助两方面已有应用。公共健康研究基于环境数据与主观感受的联系,促进景观规划与公共健康的联系。社会援助领域方面利用社交平台的数字足迹数据,得到实时的细化空间数据以分析人口及其流动性信息,以近乎实时的方式确定灾后的人口迁移模式,确保向最需要的地方适当提供人道主义援助[26]。随着多源数字足迹的发展以及多源数据的融合,数字足迹未来将会在各个方面发挥积极的作用(图4)。

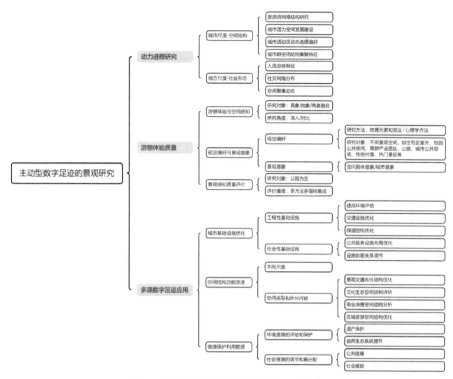

图 4 主动型数字足迹的景观研究框架

4 结论与展望

从数字化时代到大数据时代,随着互联网的发展与演进,数据在人类的生活中占据着越来越重要的地位,并以空前的速度重构着人类对于世界的认知和理解方式,数字足迹在大数据时代发挥着与时俱进的作用。本文通过对数字足迹的概念、类型、价值的分析,提出在当下具备更生动丰富主观性信息的主动型数字足迹,在城市动力进程研究、游憩体验质量和多源数字足迹综合应用方面被广泛采用,能够有力地辅助建成环境质量的优化、资源管理利用的效率提升以及城市发展规律的发现。当前的数字足迹研究已经意识到:数据割裂容易造成研究结论走向片面,数据融合则能导向新规律与新价值的发现。因而主动型和被动型的数字足迹,在发展过程中有了耦合的趋势,包括利用主动型数字足迹校正被动型数字足迹的分析结果;同时使用两种类型的数字足迹,找出多个数据源之间的相关性,从看似杂乱无章的数据中找出具体特征及其内在联系,进而勾勒出研究对象的全貌。

在互联网发展进程愈加迅速的当下,数字足迹从单一类型走向多源耦合,数据类型也从静态的 VGI 走向动态的 CGI,对数据的应用要求随着应用场景的发展不断提升。新兴出现的 AIGC 等人工智能技术更是实现了从感知世界、理解世界到创造世界的飞跃,在未来,其多元化的内容与能在不同信息之间转换和生产的能力,必将随着运算技术的进步引领着人类社会走向新时代。届时,生产力飞速提升,经济形态与社会形态也将迎来蝶变,智能经济时代与"数字资产"即将成为现实,数据会以更丰富的形态和来源、更多元的可创造性在城市空间研究中发挥着更大的作用。

参考文献

[1] 张超越.大数据时代下经济发展的机遇与挑战[J].老字号品牌营销,2023(6):90-92.

[2] Negroponte N. Being digital[M]. New York: Knopf, 1995.

[3] 周详,刘轩轩,张泽仪.数字足迹在城市空间研究中的潜力与价值[J].国际城市规划.2023,38(4):58-64.

[4] 张庆普,陈茳.Web 4.0 时代的情报学创新探究[J].情报学报,2016,35(10):1048-1061.

[5] Osborne N, Connelly L. Managing your digital footprint[J]. ALISS Quarterly, 2015, 11: 22-26.

[6] 杨柔,马艳.智能经济的劳动方式、价值创造及其未来趋势[J].政治经济学报,2022,25(4):134-149.

[7] 孙要辉,种法辉,杨梦琦.基于区块链技术的数字资产发展现状与应用[J].电子元器件与信息技术,2023,7(2):1-5.

[8] 杨敏,李君轶,徐雪.ICTs视角下的旅游流和旅游者时空行为研究进展[J].陕西师范大学学报(自然科学版),2020,48(4):46-55.

[9] 国家图书馆研究院.中国互联网络信息中心发布第51次《中国互联网络发展状况统计报告》[J].国家图书馆学刊,2023,32(2):39.

[10] Kvale S. Ten standard objections to qualitative research interviews[J]. Journal of Phenomenological Psychology, 1994,25(2): 147-173.

[11] Tu W N, Liu Z, Du Y Y, et al. An ensemble method to generate high-resolution gridded population data for China from digital footprint and ancillary geospatial data[J]. International Journal of Applied Earth Observation and Geoinformation, 2022, 107: 102709.

[12] Zhang Y R, Marshall S, Cao M Q, et al. Discovering the evolution of urban structure using smart card data: The case of London[J]. Cities, 2021, 112: 103157.

[13] Vu H Q, Li G, Law R, et al. Exploring the travel behaviors of inbound tourists to Hong Kong using geotagged photos[J]. Tourism Management, 2015, 46: 222-232.

[14] Tóth G, Wachs J, Di Clemente R. et al. Inequality is rising where social network segregation interacts with urban topology[J]. Nature Communications, 2021, 12(1): 1143.

[15] 陈哲.基于POI数据的扬州旅游产业空间聚集性分析[J].美与时代(城市版),2023(2):110-113.

[16] 梁保尔,潘植强.基于旅游数字足迹的目的地关注度与共现效应研究:以上海历史街区为例[J].旅游学刊,2015,30(7):80-90.

[17] 崔璐明,曲凌雁,何丹.基于深度学习的城市热点空间情绪感知评价:以上海市为例[J].人文地理,2021,36(5):121-130.

[18] 林佳楠,姜建,张建国,等.基于数字足迹的京杭大运河杭州段夜间旅游形象感知研究[J].旅游研究,2022,14(4):71-84.

[19] 姜芊孜,王广兴,梁雪原,等.基于网络评论数据分析的城市公园生态系统文化服务感知研究[J].景观设计学(中英文),2022,10(5):32-51.

[20] 李勇,陈晓婷,刘沛林,等."认知—情感—整体"三维视角下的遗产旅游地形象感知研究:以湘江古镇群为例[J].人文地理,2021,36(5):167-176.

[21] 王明.眼动分析用于景观视觉质量评价之初探:以甘肃省肃南丹霞地貌景观为例[D].南京:南京大学,2011.

[22] 姚蕴芳,吴桂宁.基于网络评论适应性及年际变化的历史文化街区主观评价研究:以福州三坊七巷为例[J].古建园林技术,2022(1):57-62.

[23] 谢栋灿,王德,钟炜菁,等.上海市建成环境的评价与分析:基于手机信令数据的探索[J].城市规划,2018,42(10):97-108.

[24] 冯君明,李玥,吕硕,等.基于网络口碑大数据的城市步行与自行车交通廊道选线规划:以北京市海淀区为例[J].风景园林,2022,29(8):120-126.

[25] 文诗雅,朱大明,付志涛,等.基于遥感生态指数的城市生态环境质量评价:以贵阳市为例[J].国土与自然资源研究,2023(2):51-54.

[26] Rowe F. Using digital footprint data to monitor human mobility and support rapid humanitarian responses[J]. Regional Studies, Regional Science, 2022,9(1):665-668.

作者简介:谢伊鸣、刘雅旭、汤雨杭,东南大学建筑学院景观学系研究生。研究方向:数字景观研究、景观遗产研究。

周详,东南大学建筑学院景观学系副教授。研究方向:景观遗产与历史性城市景观数字化研究、景观感知与视觉景观研究、城市更新与公共空间品质营造。

基于 Fluent 碳流情景模拟的城市绿地生态廊道
低碳营建途径研究

李婧

摘　要　城市绿地生态廊道在构建生态安全格局及维护生态平衡方面发挥着重要作用。本文以南通城市绿地生态廊道的重要生态源地——中创区中央公园为例，详细测算了"绿化-土壤-水体"低碳综合效益。研究发现三要素对城市绿地生态廊道碳汇有着积极的贡献，基于不同要素的贡献度，利用 Fluent 软件对场地进行碳流仿真情景模拟，针对模拟结果提出了可持续发展、"绿-土-湿"全要素、"设-营-管"全生命周期的三大低碳营建策略。本文提出的低碳营造途径强调实操性，有一定的可复制性，不仅能让城市公园成为一个游憩体验地，更使其成为重要的减排增汇场所，为"碳达峰、碳中和"战略目标的实现作出贡献。

关键词　城市绿地生态廊道；Fluent；多要素；全生命周期；碳流模拟

1　引言

伴随国家低碳发展目标的提出，城市绿地生态廊道作为重要的绿色基础设施，可以使城市中的绿地系统实现互联互通、相互补充，提高城市生态系统的稳定性和韧性。森林碳汇对于整个陆地生态系统而言，起到了举足亲重的固碳作用；城市开发作为主要的碳源，不能只依赖于距离较为偏远的森林、林地承担碳汇功能，城市绿地生态廊道应充分发挥自身碳汇功能。增强廊道内部绿地的生态效益和服务功能，营造通风廊道，补充完善绿色网络，优化绿色低碳的出行方式[1]，可促进城乡协调、人与自然和谐发展以及生态系统的完善[2]，高效提升城市绿地生态廊道对于低碳城市建设的综合效能。

2　研究范围和研究框架

2.1　研究范围

南通位于长三角北翼，中创区在"绿廊绕城、绿楔入城、绿带漫城、绿点缀城"多层次、多功能、复合型生态绿地系统网络建设的指导下，融入长江湿地走廊闭合生态圈。中创区中央公园是城市绿地生态廊道上的重要节点，探索其低碳营建模式，成为研究低碳城市建设的重要一环。研究对象北起世纪大道，南至通沪大道，南北向长约 1200 m，东西向长约 500 m，总面积约为 60 hm^2（图1、图2）。该项目建成后荣获了国际风景园林师联合会亚非中东地区奖（IFLA AAPME Awards 2020）颁发的防洪与水资源管理优秀奖。

2.2　研究框架

现有的风景园林视角下的碳汇研究主要聚焦森林碳汇、碳汇绩效、碳汇功能优化等方面。在研究尺度上大多为宏观、中观尺度，缺乏微观尺度的碳汇研究和实践应用，本研究就是在该尺度上的一种新尝试，聚焦城市绿地生态廊道，利用 Fluent 软件对场地进行不同情境下的碳流仿真模拟，针对可视化结果探讨可持续发展、"绿-土-湿"全要素、"设-营-管"全生命周期的低碳营建策略，具有一定的创新性。

基于文献研究，碳汇功能包括碳汇量和碳储量，其中碳汇量包括地上部分的植物碳汇、土壤碳汇、湿地水体碳汇三部分，由于该研究项目为新建项目，土壤碳储还需要一定时间的积累，所以本研究只关注表层土壤碳汇。

Fluent 是比较成熟的计算流体力学软件，通常用来模拟从不可压缩到高度可压缩范围内的复杂流动，主要包括前处理、计算求解、后处理三个模块[3]。前处理包含该流体场域模型搭建和边界条件的设定，用 Rhino 搭建包括乔木群落空间、乔木群落构成、竖向地形的物理模型（图3～图5）。

图1　公园区位图

图2　公园总平图

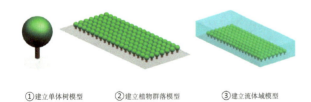

图3　流体域物理模型建立步骤示意

图4　流体域三维计算网格建立

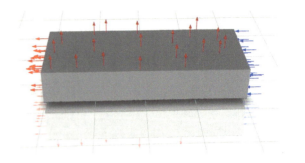

图5　界面界定和流体赋值后的模型

计算求解主要针对流体域模型在Fluent中设置合适的精度,参考南通实际气象数据进行运算[4-6](表1),求解碳流在场地内的多种情景。后处理将得到的可视化模拟成果,用于分析不同场景下的碳流吸收情况,进而分析其碳汇能力。

表1　气象数据参数

仿真模拟参数	数值
平均温度	15 ℃
平均风速	2.45 m/s
二氧化碳体积分数	$396×10^{-6}$
重力加速度	9.81 m/s^2

3　多情景碳流模拟

3.1　碳汇功能计量

在中央公园的建设中全方位体现低碳理念和方法,通过植物、土壤、湿地水体的降碳营建,全面提升公园建设中各要素的碳汇能力。根据GIS软件对遥感影像进行解译,分析出公园内主要景观要素的覆盖率信息(图6),结合样地清查,统计出植被信息(乔木、灌木与地被)、土壤信息及湿地水体信息,分别依据植被碳汇、土壤碳汇、湿地水体碳汇三个要素来进行综合量化研究。

3.1.1　植物碳汇

有文献研究表明,森林植被储存碳量占全球陆地生态系统总碳储量的90%[7],混交林、复层林的固碳能力更强,树种组成是影响固碳能力的因素之一[8-9]。因此,选择固碳能力强的品种、采用混交复层林的形式,可以显著提高植物群落的碳汇能力。

植物碳汇是公园景观中碳汇的主要部分,将

图 6　公园 GIS 信息提取

公园的植被划分为乔木、灌木、地被(含草本)三个部分计算,求和即为植物总碳汇量。其中,乔木碳汇绩效借鉴陈自新等提出的计算方法[10-11],灌木与草本地被的碳汇绩效,借鉴董楠楠等人的计算方法[12],同时结合赵艳玲等和殷利华的研究结果[13-14],综合整理得出单株乔木、灌木和单平方草坪日吸收二氧化碳量,以及乔木、灌木和草本地被平均碳汇速率。

通过整理实测信息,估算得出中央公园一年植被碳汇量:乔木为 7 763.661 t,灌木为 3 061.047 t,草本地被为 71.2 t;植被一年的碳汇量为 10 895.908 t(图7)。可以看出乔木碳汇量所占比重最大,灌木其次。规划设计中,选择碳汇效益较好的乔木与灌木树种,可显著提升绿地的碳汇效益与碳汇价值。需要说明的是,受到篇幅和数据收集的影响,本次数据统计尚存在一些不足,如乔、灌、草碳汇效益的计算,本文采用平均值估算法,可能与整体实际情况有所差异,其次数据统计采用的是建成当年的资料,后续因商业展示等用途变化而产生数据差异。

3.1.2　土壤碳汇

土壤碳储是绿地固碳的主要途径。Raciti 等[15]针对纽约市的研究表明,自然状态下,绿地的土壤有机碳固定量远高于人工夯实土壤和不透水表层的土壤固碳量,其主要原因是紧实土壤增加了土壤容重,不利于土壤呼吸等碳循环过程[16]。根据文献研究[17],土壤碳汇以表层土壤吸收为主时,计算公式:

$$W = C \times A \quad (1)$$

式中,W 为土壤年碳汇;C 为造林后土壤碳汇速率,取 0.579 t/hm² · a,A 为绿化土壤面积,考虑到坡度的影响,取绿化面积×系数 1.5。

故土壤一年的碳汇量为 39.85 t。

3.1.3　湿地水体碳汇

根据段晓男的研究[18],湿地水体碳汇以水面吸收为主时,计算公式:

$$W = Z \times A \quad (2)$$

式中:W 为水体年碳汇,Z 为水体碳汇速率,取 0.567 t/hm² · a,A 为水域面积,故每年湿地水体碳汇量为 4.57 t。

3.1.4　总碳汇量

根据上述计算可知:①"绿-土-湿"要素一年总碳汇约 10 940.328 t,植被为主要贡献对象,占 99.59%;②植被一年的碳汇量为 10 895.908 t,乔木和灌木为主要贡献对象,分别占 71.25%、28.09%;③土壤一年碳汇量仅占 0.368%,水体一年碳汇量仅占 0.042%。由此可见,城市绿地中的"绿-土-湿"要素对城市碳汇有着明显的贡献,但存在绿地、土壤、湿地水体三部分碳汇贡献差异性。不同的植被类型中,乔木的碳汇能力最为突出,能够显著提升绿地的综合碳汇效益与碳汇价值。相对植被的碳汇贡献量,土壤和湿地水体碳汇量较小。

3.2　迎碳区乔木群落多情景模拟

根据前文碳汇量计算结果,可以看出乔木的碳汇能力最为突出,借助 CAD 和 Fluent 软件对场景中的乔木群落结构、布局和形态参数进行模拟,探索城市绿地生态廊道低碳营建的新途径。

根据流场理论的相关研究,风环境的流场区共分为迎风区、穿流区、涡流区、风影区、角流区 5 个区块[19](图8)。结合本研究的场地综合表现及景观格局,根据碳流自东向西的作用将场地空间分为三个层次进行讨论,分别是迎碳区、碳流区、碳影区(图9)。迎碳区位于场地东侧边缘,与周边商住区相接,功能定位为导入二氧化碳并少量

上木

编号	植物名称	数量	胸径	高度	蓬径	备注
		株	(CM)	(CM)	(CM)	
1	香樟	1524	15.1-16.0	751以上	451以上	全冠
1	香樟行道树	933	15.1-16.0	751以上	451以上	全冠，分支点2.2m高
2	青冈栎	642	15.1-16.0	751以上	451以上	全冠
3	广玉兰	267	16.1-17.0	601以上	351以上	全冠
4	苦楝	77	15.1-16.0	501以上	401以上	全冠
5	乌桕	267	16.1-17.0	571以上	401以上	全冠、保留5级分叉
6	无患子	532	13.1-14.0	651以上	401以上	全冠、保留5级分叉
7	合欢	16	15.1-16.0	601以上	401以上	全冠、保留5级分叉
8	泡桐	51	15.1-16.0	601以上	401以上	全冠、保留5级分叉
9	湿地松	284	13.1-14.0	451以上	351以上	全冠、保留5级分叉
10	墨西哥落羽杉	809	14.1-15.0	751以上	281以上	全冠、保留5级分叉
11	马褂木	342	15.1-16.0	751以上	351以上	全冠、保留5级分叉
12	大榉树	64	23.1-24.0	651以上	501以上	全冠、保留5级分叉
13	榉树	535	15.1-16.0	551以上	351以上	全冠、保留5级分叉
14	黄山栾树	210	15.1-16.0	551以上	351以上	全冠、保留5级分叉
15	垂柳	441	15.1-16.0	501以上	381以上	全冠、保留5级分叉
16	柽柳	123		301以上	201以上	全冠、保留5级分叉
17	金丝柳	38	16.1-17.0	501以上	301以上	全冠、保留5级分叉
18	金枝槐	145	地径7-8	301以上	301以上	全冠、保留5级分叉
19	香花槐	94	地径10-11	351以上	281以上	全冠、保留5级分叉
20	枫杨	297	14.1-15.0	501以上	361以上	全冠　姿态优美
21	银杏	600	14.1-15.0	701以上	301以上	实生、全冠
22	朴树	120	14.1-15.0	501以上	361以上	全冠、树形优美
23	枫香	365	16.1-17.0	501以上	351以上	全冠、保留5级分叉
24	水杉	2198	8.1-10.0	651以上	211以上	全冠、树干挺拔
25	池杉	2050	8.1-10.0	651以上	211以上	全冠、树干挺拔
26	中山杉	825	10.1-12.0	651以上	251以上	全冠、树干挺拔
27	东方杉	243	10.1-12.0	651以上	251以上	全冠、树干挺拔
28	三角枫	158	15.1-16.0	601以上	401以上	全冠、保留5级分叉
29	美国红枫	1	20.1-22.0	751以上	501以上	全冠
30	纳塔栎	99	14.1-15.0	501以上	351以上	全冠、保留5级分叉
31	桂花	597	地径8.1	301以上	221以上	全冠、独本（金桂）
32	垂丝海棠	198	地径6.1-7.0	201以上	151以上	全冠、独本
33	香柚	66	14.1-15.0	401以上	351以上	全冠、树形优美
34	杜英	25	地径10.0	351以上	281以上	全冠、树形优美

下木

编号	植物名称	数量	胸径	高度	蓬径	备注
			(CM)	(CM)	(CM)	
1	茶梅	29		41-50	31以上	25株/m²
2	黄馨	9697		51-60	51以上	9株/m²
3	丰花月季	3027		41-50	31以上	25株/m²
4	水果蓝	4586		41-50	31以上	25株/m²
5	美丽月见草	939		41-50	31以上	25株/m²
6	红花檵木	4905		41-50	31以上	25株/m²
7	地中海荚蒾	2786		51-60	41以上	16株/m²
8	紫鹃	31550		21-30	21以上	36株/m²
9	小叶栀子	3935		21-30	21以上	36株/m²
10	花叶美人蕉	328		61-70		6芽/m²
11	锦绣杜鹃	8891		31-40	31以上	25株/m²
12	金焰绣线菊	1020		41-50	31以上	25株/m²
13	金丝桃	7062		31-40	31以上	25株/m²
14	熊掌木	5880		51-60	41以上	16株/m²
15	木芙蓉	226		101-120	81以上	3株/m²
16	南天竹	5189		51-60	51以上	9株/m²
17	六月雪	2477		31-40	31以上	25株/m²
18	大花萱草	27214		21-30	21以上	36株/m²
19	扶芳藤	6913	地径3.0-4.0			25株/m²
20	地被石竹	5385		21-30	21以上	36株/m²
21	虎耳草	3909				25株/m²
22	紫花地丁	1601				2G/m² 籽播
23	吉祥草	30185				36株/m²
24	花叶燕麦草	938		31-40	31以上	25株/m²
25	园艺八仙花	763		51-60	51以上	9株/m²
26	紫露草	2633				36株/m²
27	紫叶酢浆草	670				籽播，10g/m²
28	红花酢浆草	331				籽播，10g/m²

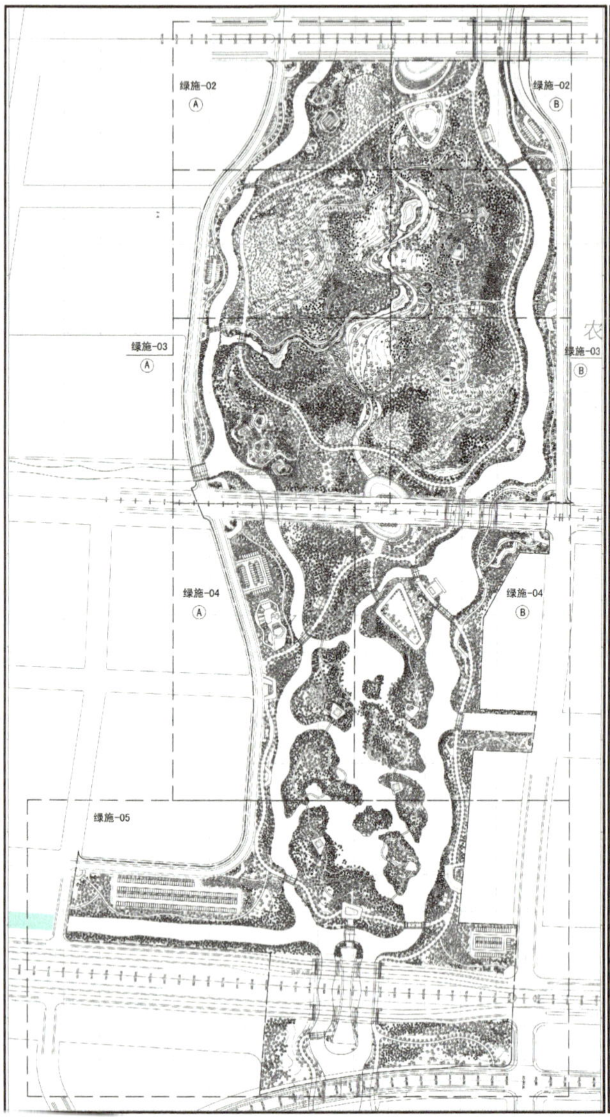

图 7　现场实测统计图、表

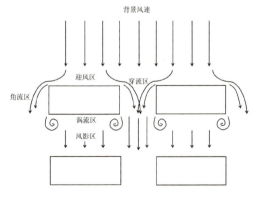

图 8　流场典型分布

固碳；碳流区处于场地核心部分，以林地、草地为主，功能定位为与二氧化碳充分接触并固定大量碳；碳影区位于场地西侧，现状有河流和成排种植的乔木，功能定位为利用线性空间对剩余的碳进行消纳和滞留。

基于文献研究，本文分别模拟了矩形植物群落（间隔与气体逸散方向平行）、平行四边形植物群落（间隔单向倾斜）、扇形植物群落（间隔双向倾斜）三种群落单元的碳流情景。对比不同单元形态下的二氧化碳浓度云图、空气涡流云图以及速度云图（以下简称 CAC 图）可知，扇形植物群落来流方向后出现的空气旋涡最小，树群之间湍流大形成通道，其周围二氧化碳分布均匀；平行四边形植物群落在其来流方向之后形成了很大的空气涡流，其树群单元之间湍流很大，但周围二氧化碳浓度较低；矩形植物群落跟平行四边形植物群落相似，其在来流方向后都形成了很大空气旋涡，但

图 9 流场平面图

其树群之间湍流较小,二氧化碳浓度最低(图10 - 图12)。综上所述,选择扇形植物群落单元作为"迎碳区"的形态结构最能满足二氧化碳的少量吸收兼导入。

结合文献,分别模拟1个、0.5个、1.5个规划场地东侧街区长度500 m扇形植物群落单元碳流情况,对比不同长度扇形植物群落单元碳流下的CAC图可知,1个街区长度其来流方向后出现的空气旋涡较小,树群之间湍流大、形成通道,其周围二氧化碳浓度较低;0.5个街区长度其来流方向之后形成了很大的空气涡流,树群单元之间湍流很大,周围二氧化碳浓度最低;1.5个街区长度其在来流方向后形成的空气旋涡最小,但其树群之间湍流最大,周围几乎没有低的二氧化碳浓度范围(图13 - 图15)。综上所述,选择1个街区长度作为植物群落单元长度更利于二氧化碳的导入与吸收。

基于文献研究,分别模拟20 m、40 m、60 m厚度的1个街区长度扇形植物群落单元的二氧化碳流动,对比不同厚度1个街区长度扇形植物群落单元碳流下的CAC图可知,20 m厚度其来流方向后出现的空气旋涡最多,树群单元之间湍流很大,周围几乎没有低的二氧化碳浓度范围;40 m厚度其来流方向之后形成的空气涡流较小,树群之间湍流小、形成通道,周围二氧化碳浓度较低;60 m厚度其在来流方向后形成的空气旋涡与40 m厚度相似,但其树群之间湍流最大,周围二氧化碳浓度分布不均匀(图16 - 图18)。综上所述,选择空间集约的40 m条件的1个街区长度扇形植物群落,更利于二氧化碳的导入与吸收。

3.3 碳流区乔木群落多情景模拟

结合文献将植物群落空间分为网格形结构、品字形结构、自然式结构,分别对3种种植形态进行模拟。对比不同植物群落空间下的CAC图可知,网格结构植物群落空间来流方向后出现的空气旋涡最小,周围二氧化碳浓度分布均匀;品字形结构植物群落空间其来流方向之后形成了很大的空气涡流,周围二氧化碳浓度较低;自然式结构植物群落空间其在来流方向后形成的空气旋涡较小,周围二氧化碳浓度范围最大(图19 - 图21)。综上所述,品字形结构优于网格形结构和自然式结构;但是自然式结构的视觉效果最佳,因而采取品字形结构与自然式结构结合的种植模式构建"碳流区"。

结合文献对网格结构的不同株间距条件进行模拟,判断9 m×9 m、6 m×6 m、3 m×3 m三种株间距的群落对二氧化碳的阻滞与吸收能力。对比株间距下的CAC图可知,随着株间距的扩大,树株之间的流体流速逐渐减慢,在来流后略有旋涡,能促进二氧化碳充分接触吸收;但是株间距过大或者过小,会有大量的气流从树群外部或内部间隙直接穿越,使固碳效率有所降低(图22 - 图24)。由二氧化碳浓度云图可知,9 m×9 m株间距条件周围二氧化碳浓度较高,6 m×6 m株间距条件周围二氧化碳浓度分布均匀,3 m×3 m株间距条件周围二氧化碳浓度空间分布不均。综上所述,选择6 m株间距的网格种植群落与自然式植物群落结合作为"碳流区"的植物群落空间模式。

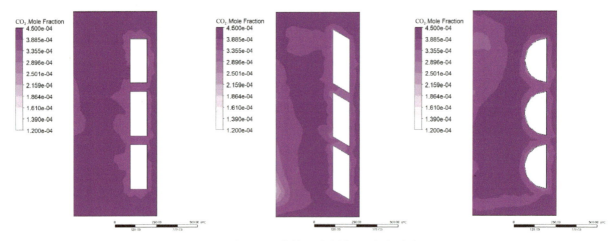

图 10　不同形态植物群落单元碳流模拟二氧化碳浓度云图

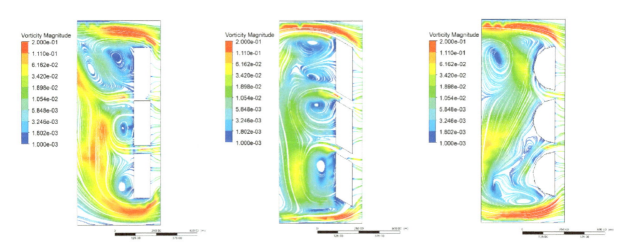

图 11　不同形态植物群落单元碳流模拟空气涡流云图

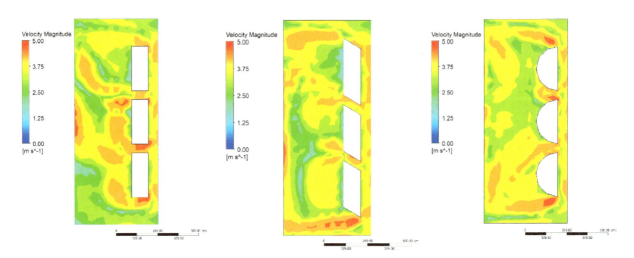

图 12　不同形态植物群落单元模拟速度云图

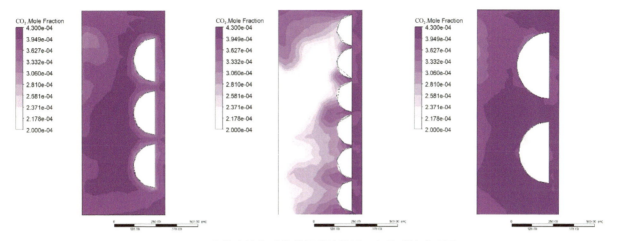

图 13　不同长度植物群落单元碳流模拟二氧化碳浓度云图

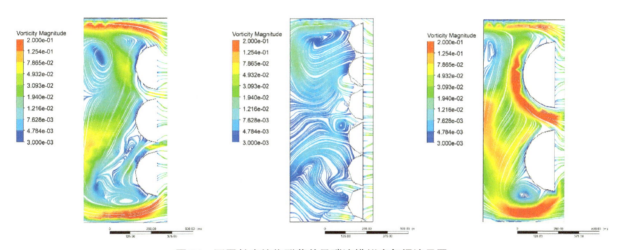

图 14　不同长度植物群落单元碳流模拟空气涡流云图

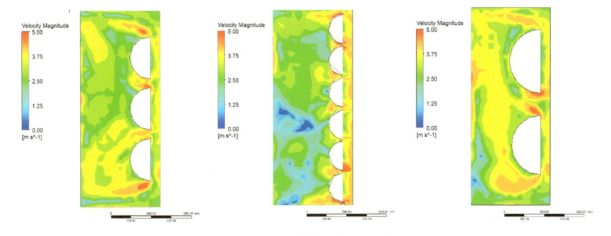

图 15　不同长度植物群落单元碳流模拟速度云图

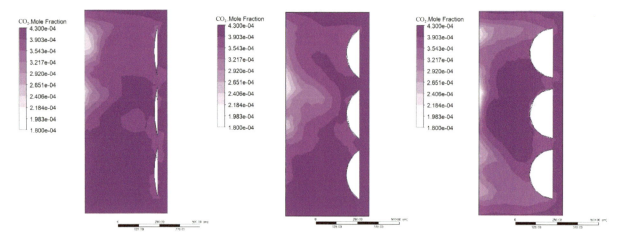

图 16　不同厚度植物群落单元碳流模拟二氧化碳浓度云图

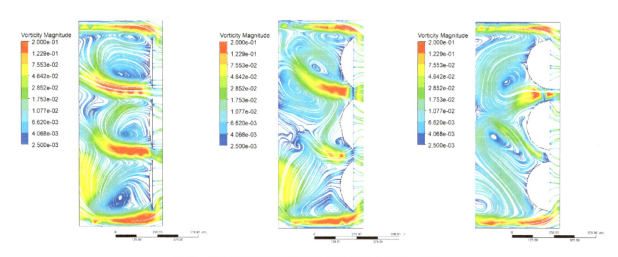

图 17　不同厚度植物群落单元碳流模拟空气涡流云图

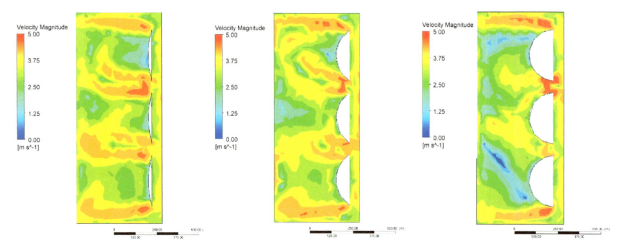

图 18　不同厚度植物群落单元碳流模拟速度云图

基于 Fluent 碳流情景模拟的城市绿地生态廊道低碳营建途径研究 ■ 273

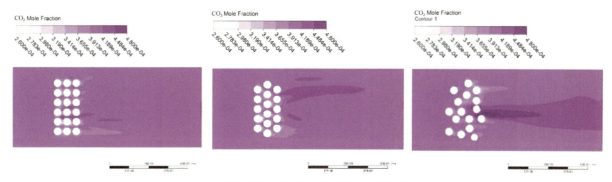

图 19 不同种植形式群落单元碳流模拟二氧化碳浓度云图

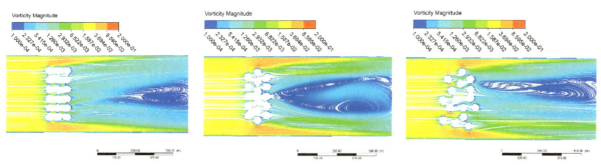

图 20 不同种植形式群落单元碳流模拟空气涡流云图

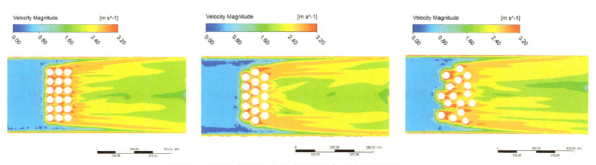

图 21 不同种植形式群落单元碳流模拟速度云图

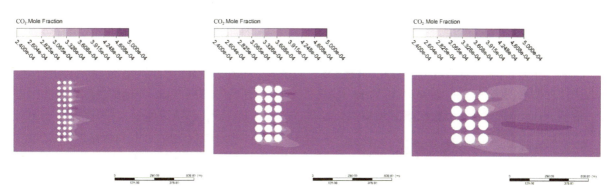

图 22 不同株间距群落单元碳流模拟二氧化碳浓度云图

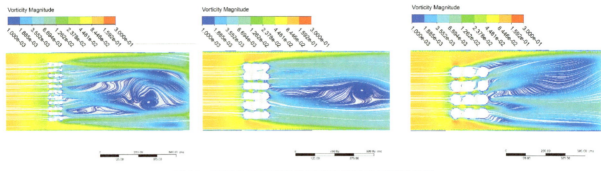

图 23 不同株间距群落单元碳流模拟空气涡流云图

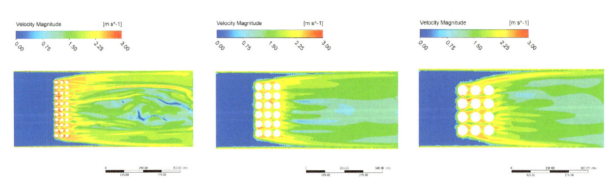

图 24 不同株间距群落单元碳流模拟速度云图

3.4 碳影区乔木群落多情景模拟

根据前文模拟分析可得,40 m 左右厚度的林带具有较好的碳阻滞过滤作用;品字形结构植物群落空间对二氧化碳流体阻滞效果最佳,最适合作为本次"碳影区"的基本结构。分别对比底角 30°、60°、75°为基本品字形种植单位下的 CAC 图(图 25 -图 27)可知,随着底角的扩大,树之间的流体流速逐渐减慢,在来流后略有旋涡,能促进二氧化碳充分接触吸收;但是底角过大或者过小,会有大量的气流从树群外部或内部间隙直接穿越,会使固碳效率有所降低。综上所述,选择底角为 60°品字形种植形式,贯穿树群的二氧化碳流线最少,阻滞和吸收效率最强。最终确定 40 m 总宽度,底角 60°品字形种植为"碳影区"栽植模式。

3.5 竖向地形空间多情景模拟

由上文计算可知,水体和土壤具有一定碳汇能力但远小于乔木碳汇能力,因此本研究只探讨地形高程对于二氧化碳流动的影响。结合实际,对单侧陡坡凸起分别为 3 m、6 m、9 m 三种地形耦合群落的简化模型进行碳流模拟。分析不同高程下的二氧化碳浓度云图、空气涡流云图以及速度矢量图可知,随着凸起的扩大,树之间的流体流速逐渐减慢,其周围二氧化碳浓度逐渐降低(图 28 -图 30)。因而规划设计中可结合模拟结果、景观效果和现行条件进行竖向设计。

4 低碳营建途径

4.1 可持续发展理念的低碳营建途径

风景园林的要旨是让大家在欣赏园林艺术的同时,对环境产生最小的负面影响,低碳园林力求用最小的资金带来最大的生态效益[20]。随着城市建设对植被资源、水资源、土地资源要求越来越高,这就要求设计者必须因地制宜,多选择乡土树种,增加对本地环境的适应性,有效保障植物的生存能力,更要节约运输等成本,减少碳排放。在海绵城市设计时,既要充分利用降水,形成中水回用、雨水灌溉,也可以与市政合作,利用再生水实现水资源的"开源"。坚持可持续发展的理念,采用先进技术、科学管理体系等方式,促进水资源"节流"。

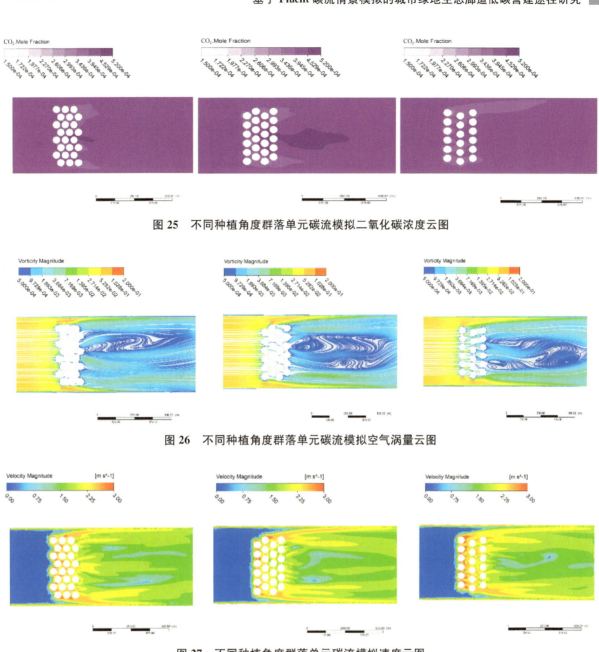

图 25　不同种植角度群落单元碳流模拟二氧化碳浓度云图

图 26　不同种植角度群落单元碳流模拟空气涡量云图

图 27　不同种植角度群落单元碳流模拟速度云图

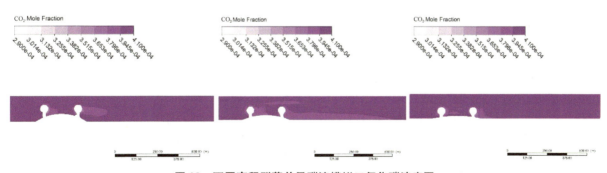

图 28　不同高程群落单元碳流模拟二氧化碳浓度图

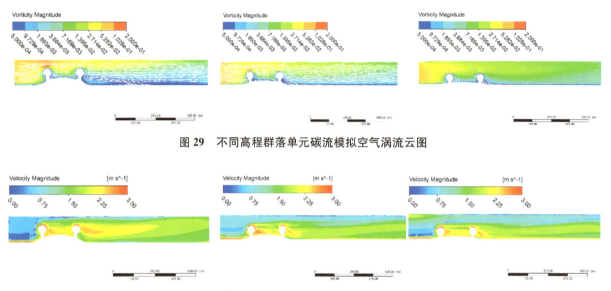

图29 不同高程群落单元碳流模拟空气涡流云图

图30 不同高程群落单元碳流模拟二氧化碳速度矢量图

4.2 "绿-土-湿"全要素的低碳营建途径

通过文献研究发现，各类增汇策略相对泛化，大多仅是绿色空间本身的广义优化，然而受生态环境与经济环境协同发展的约束，不可能无限提升城市绿地比重。如何使同样面积的绿地发挥更好的生态效益，更加科学高效地提升城市绿地生态廊道的碳汇功能，是本次研究的重点。通过碳汇功能计量数据可以看出，在全生命周期范畴内，园林绿地中的增汇量主要来源于植被、土壤和湿地水体。如何充分利用"绿-土-湿"全要素作为城市空间实现碳汇的重要载体，是低碳营建途径的重要一环。

4.3 "设-营-管"全生命周期的低碳营建途径

（1）规划与设计

巧妙运用本地资源和条件，通过精细化的手法来切实降低碳源排放。顺应现有肌理作为建设基础，减少对现场环境的扰动和改变，减少土方开挖和回填，选择乡土树种和高碳汇树种，节省建设造价。避免为追求过量的景观效果而设计高耗能的小品或建筑，保护性利用场地优势资源和自然景观要素。

（2）施工与技术

尽量利用场地本身的材料，选择木材、碎石、软性铺装等低碳环保材料。在建造过程中合理组织施工路线、运用恰当的运输工具，减少运输过程中的扬尘、错峰分段运输，有效减少施工建造中的碳排放[21]。采用模块化的建造单元，提高建设效率、提高资源循环利用率。

（3）维护与管理

植物养护中的水肥措施、病虫害管理等所产生的碳排放较大，其中灌溉产生的碳排最高[22]。尽可能就近取水，减少浇灌带来的长距离机械消耗。通过自然做功，提升植物群落的生物多样性和稳定发展，提高植物的碳汇能力。采用实时动态的施工养护人员以及车辆行进路线安排的智慧化管理措施，进行合理调配，提高养护效率[23-24]。

综上，在城市绿地生态廊道低碳营建时，从设计、建造及后期的养护各阶段，形成科学合理的低碳营建模式和理念，通过数字景观技术模拟、量化城市绿色空间碳汇功能，探寻可持续发展的设计理念，"绿化、土壤、湿地水体"等要素的全方位梳理，"规划设计、建造实施、维护管理"的全阶段低碳营建体系构建，是有效提升碳汇综合效益的重要策略。

5 结语

过去，低碳城市的发展着重考虑碳源的问题，却轻视了碳汇的重要作用。经过众多学者的不懈努力，城市发展逐步注入了低碳的理念。在宏观层面，优化空间格局，增加绿地面积，完善生态网络建设；在微观层面，增加绿地的碳汇能力，梳理绿化结构，提高森林覆盖率，改善生态环境[25]。

践行可持续发展的理念,促进城市绿地生态廊道低碳营建途径的推广,将成为双碳时代的新命题。

参考文献

[1] 成实,成玉宁. 从园林城市到公园城市设计:城市生态与形态辨证[J]. 中国园林,2018,34(12):41-45.

[2] 张晨笛,刘杰,张浪,等. 基于城市生态廊道概念应用的三个衍生概念生成与辨析[J]. 中国园林,2021,37(11):109-114.

[3] 王福军. 计算流体动力学分析:CFD软件原理与应用[M]. 北京:清华大学出版社,2004.

[4] 张宇. 夏热冬冷地区绿色住宅被动式节能设计研究:以南通三建被动式绿色住宅示范项目为例[D]. 株洲:湖南工业大学,2020.

[5] 杜佳宁,王岳人,赵军凯. 既有医院建筑室内风环境模拟及评估[J]. 节能,2017,36(6):7-10.

[6] 卢鹏,张华,刘端阳,等. 江苏地区二氧化碳浓度时空分布特征分析[J]. 南京信息工程大学学报(自然科学版),2015,7(3):254-259.

[7] 朱俊凤. 生态林建设应关注树种的碳汇能力[J]. 国土绿化,2006(7):43.

[8] 徐飞,刘为华,任文玲,等. 上海城市森林群落结构对固碳能力的影响[J]. 生态学杂志,2010,29(3):439-447.

[9] 张骏,袁位高,葛滢,等. 浙江省生态公益林碳储量和固碳现状及潜力[J]. 生态学报,2010,30(14):3839-3848.

[10] 陈自新,苏雪痕,刘少宗,等. 北京城市园林绿化生态效益的研究(3)[J]. 中国园林,1998,14(3):53-56.

[11] 陈自新,苏雪痕,刘少宗,等. 北京城市园林绿化生态效益的研究(2)[J]. 中国园林,1998,14(2):49-52.

[12] 董楠楠,吴静,石鸿,等. 基于全生命周期成本-效益模型的屋顶绿化综合效益评估:以Joy Garden为例[J]. 中国园林,2019,35(12):52-57.

[13] 赵艳玲. 上海社区绿地植物群落固碳效益分析及高固碳植物群落优化[D]. 上海:上海交通大学,2014.

[14] 殷利华,杭天,徐亚如. 武汉园博园蓝绿空间碳汇绩效研究[J]. 南方建筑,2020(3):41-48.

[15] Raciti S M,Hutyra L R,Finzi A C. Depleted soil carbon and nitrogen pools beneath impervious surfaces [J]. Environmental Pollution,2012,164:248-251.

[16] 王小涵,张桂莲,张浪,等. 城市绿地土壤固碳研究进展[J]. 园林,2022,39(1):18-24.

[17] Zhang K,Dang H,Tan S,et al. Change in soil organic carbon following the 'Grain-for-Green' programme in China[J]. Land Degradation & Development,2010,21(1):13-23.

[18] 段晓男,王效科,逯非,等. 中国湿地生态系统固碳现状和潜力[J]. 生态学报,2008,28(2):463-469.

[19] 王泽发,刘庭风. 泉州海丝文化史迹风环境舒适度评价[J]. 中国园林,2020,36(12):89-94.

[20] 王洪成,杨宁. 低碳发展与合作创新:天津低碳创意花园的建设与管理运营[J]. 中国园林,2018,34(S2):34-38.

[21] 朱俊丽. 城市建筑业绿色物流发展对策研究[J]. 广西经济管理干部学院学报,2017,29(2):39-43.

[22] Park H M,Jo H K,Kim J Y. Carbon footprint of landscape tree production in Korea[J]. Sustainability,2021,13(11):5915.

[23] 宋建强,赵让,张明亮. 感知能耗智慧监管:江南大学数字化能源监管平台建设探索及实践[J]. 高校后勤研究,2018(6):50-54.

[24] 师卫华,季珏,张琰,等. 城市园林绿化智慧化管理体系及平台建设初探[J]. 中国园林,2019,35(8):134-138.

[25] 李婧,朱漪. 郊野公园中的乡土植物保留与应用研究:以上海市浦江郊野公园一期改造为例[J]. 园林,2020(10):25-30.

作者简介:李婧,同济大学在读博士生。研究方向:风景园林规划设计、林业碳汇、景观工程建造。

WebGIS 在美国城市绿色基础设施建设中的应用[*]

黄艳玲　周凯游　张炜

摘　要　WebGIS 在国外起步较早,在欧美一些发达地区应用已比较广泛。城市绿色基础设施建设通常涉及多方参与者和公众利益,WebGIS 提供了理解、反馈和参与规划的工具,可增强公众的归属感与对绿色基础设施的使用度,实现绿色基础设施自下而上的管理过程。WebGIS 在美国绿色基础设施实践方面,已经具备较为成熟的发展体系。本文以 WebGIS 在美国的应用为例,探讨了绿色基础设施交互地图的建设目标、建设进展,公众与地图数据的交互形式,分析了公众参与式制图取得的成效和存在的问题,总结了美国 WebGIS 结合绿色基础设施建设实践的经验与启发。

关键词　WebGIS;公众参与;绿色基础设施;交互地图

1　城市绿色基础设施建设对 WebGIS 的需求

由于城市绿色基础设施建设涉及多种利益诉求和复杂的土地权属类型,绿色基础设施的空间规划和分布,在环境优化和社会正义方面具有重要影响[1],并与当地居民利益息息相关。由于绿色基础设施数量多分布广,其数据收集与管理需要社区公众的参与[2-3],因此绿色基础设施建设需要基于社区和公众的了解、决策与居民的广泛参与。

20世纪末,美国研究者将 WebGIS 在教育、医疗保健、商业、环境管理以及社区发展领域开展应用并得到联邦政府的支持和投资。社区组织在独立计算机上提供基础设施清单的访问,以便社区居民更好地了解社区变化来解决相应的问题[4],如今随着参与式规划的发展,WebGIS 逐渐成为支持公众参与环境管理的平台[5]。本文以美国绿色基础设施公众制图项目为例,探讨 WebGIS 在城市绿色基础设施建设中的应用。

2　绿色基础设施 WebGIS 项目的历史背景

2.1　美国 WebGIS 的发展历史

1993年,美国施乐公司(Xerox)开发了一种基于网络的地图浏览器,使得从网上检索交互信息成为可能[6]。自此之后,基于 Internet 技术标准、以 Internet 为操作平台的分布式结构网络地理信息系统 WebGIS 开始得以发展[7]。互联网和 GIS 的结合改变了地理信息的获取、传输、发布、共享和应用方式[8]。WebGIS 常被视为交互式地图可利用的底层数据,它允许用户在互联网上发布地理信息,提供空间数据交互浏览、查询和制作专题地图并进行分析的功能,从而实现地理信息的操作和共享。相比于桌面应用程序,WebGIS 降低了执行地理空间分析所需的技术需求[9],有更广泛的客户访问范围,具开放性、可拓展性、跨平台性的特点[10]。

WebGIS 中常通过 GIS 工具来制作地图和展示空间,随着技术的发展,地图不仅用于展示最终结果,也可用于数据处理与数据可视化的各个过程[11]。与过去由机构负责地理信息的创造和发布不同,现在任何人都可实现地图的制作和发布。

---

[*] 华中农业大学交叉科学研究项目"基于乡村振兴战略的乡镇级国土空间规划编制体系、技术方法与实践应用研究"(编号:2662021JC009)。

随着公众对于地理信息认知的不断提高,WebGIS工具可在不需要专人教学的情况下快速有效地学习和掌握[12],在线地图和地理信息系统工具带给公众更多的自由,成为公众探索问题并形成代表公众意见解决方案的途径。随着WebGIS被越来越多地应用于城市绿色基础设施规划和管理,基于WebGIS的绿色基础设施公众参与式绘图的研究和实践也在不断发展。将GIS空间可视化技术与参与功能相结合,复杂的空间信息与规划决策转换成为易懂的地图信息,形成了一种向公众展示空间问题的方式,从而拓展了获取数据和信息的途径,建立了公共参与方式,信息的有效反馈提升了决策的科学性。

2.2 区域尺度绿色基础设施规划与WebGIS的结合

2016年6月,美国Esri公司推出了绿色基础设施计划,并在网站上提供了可免费访问的美国GIS数据,包括美国自然栖息地底图,以及相应的水文、物种、地形、海拔、土壤、生态系统信息等数据;同时也开发了在线应用程序来帮助用户可视化显示绿色基础设施的不同优先级[13]。

该计划旨在解决广义上的绿色基础设施问题——如何利用广泛的自然景观为物种提供可持续的栖息地,或为社会提供生态系统服务[14]。并且首次建立了国家绿色基础设施框架,这个框架的确立有助于保护本土物种、连接景观、促进土地所有者之间的合作,且对于确保跨行政边界的绿色基础设施的一致性和项目实施效率至关重要[15]。

项目网站提供了一套基于Web的绿色基础设施规划工具。规划人员可以在应用程序中调整显示核心区各种特征数据层的相对权重,来微调区域分布并显示详细信息,如土地覆盖、土壤类型、湿地百分比、生物多样性等。应用程序包括景观分析工具、景观核心加权工具等。另外,规划人员可以添加Esri绿色基础设施地图集(Living Atlas)中的GIS图层,以识别具有生态、文化、景观和农业价值的区域,以及洪水区等危险区域。地方政府和机构可以通过添加重要湿地、自然保护区和已知敏感区域等本地数据,来完善和更新地图并确定当地的优先事项和目标。规划人员可以使用这些地图,向决策者和公众说明拟开发地点的具体脆弱性。

2.3 作为雨洪管理工具的绿色基础设施WebGIS应用

随着绿色基础设施的不断建设发展,美国环保局将"绿色基础设施"的概念扩展到地方层面的雨水径流管理,通过使用或模仿自然系统的工程系统来处理污染径流,并制定相关指南、标准、规范来鼓励各州、县、市实施绿色基础设施战略,来防止下水道溢出、改善水质和减少洪水灾害的发生。

如今,美国许多地区在网站提供了绿色基础设施的WebGIS交互地图等相关信息。绿色基础设施交互地图为访问者提供了多种绿色基础设施信息,包括绿色基础设施的位置、类型、项目进展、成本、完成日期、绩效指标等信息,可用于展示绿色基础设施的建设情况和项目成果,向公众普及相关知识;另外,还能够提高政府工作的透明度,部分交互地图提供绿色基础设施站点的资金投入,帮助公众了解政府的资金走向;交互地图作为实现各组织数据共享的工具,以及后续绿色基础设施规划的基础,便于利益相关者与用户基于绿色基础设施的分布、类型进行分析,有助于弹性规划;绿色基础设施交互地图的创建可以增强公众对政府及绿色基础设施项目的理解、信任与支持,提高公众对绿色基础设施建设的积极性,促进公众参与,进而推动绿色基础设施的发展。

3 绿色基础设施WebGIS平台的发展现状

本研究基于网络检索获得美国40个绿色基础设施交互地图平台(表1)。从建立时间来看,2016年之前(包括2016年)交互地图数量较少,且项目基本由政府作为主导机构,以ArcGIS Online为主要工具创建交互地图。2016年之后开始创建交互地图的地区逐渐增多,到2020年、2021年,数量达到峰值。笔者将检索到的美国绿色基础设施交互地图按地域范围的大小——州、特区、县、市、街区划分为五类。自2016年开始,已有部分州涉及绿色基础设施交互地图,截至2021年已经约有半数的州开展了绿色基础设施交互地图项目,交互地图的方式被更广泛地应用(图1-图4)。

表 1 美国绿色基础设施公共地图项目统计表

尺度	地图覆盖区域	图名	工具	制图时间	主导机构	地图链接
州	得克萨斯州	得克萨斯州绿色基础设施地图	Google My Maps	2020.6.19	得克萨斯州绿色基础设施(GIFT)团队	www. google. com/maps/d/u/0/viewer106.56912399246684&z=7
	印第安纳州	印第安纳州绿色城市地图	ArcGIS	2021.1.16	环境复原力研究所	indiana-green-city-mapper-iu. hub. arcgis. com/apps/indiana-green-city-mapper-1/explore
	特拉华州	特拉华州绿色基础设施地图	ArcGIS	2020.11.17	特拉华大学	udel. maps. arcgis. com/apps/Cascade/index. html
特区	华盛顿哥伦比亚特区	该区的绿色基础设施做法地图	ArcGIS	2017.4.1	华盛顿哥伦比亚特区政府	dcgis. maps. arcgis. com/apps/webappviewer/index. html
县	加利福尼亚州圣马刁县	圣马刁县绿色基础设施和可持续街道项目地图	ArcGIS	2019.9.4	圣马刁县城市/县政府协会	www. flowstobay. org-data-resources/maps/green-infrastructure-story-map/
	密歇根州沃什特诺县	沃什特诺县绿色基础设施地图	ArcGIS	2019.3.19	沃什特诺县水资源专员办公室	gisappsecure. ewashtenaw. org/public/greeninfrastructure/
	俄亥俄州富兰克林县	绿色基础设施地图	ArcGIS	2017.5.4	富兰克林县水土保持办公室	apps. morpc. org/GreenInfrastructure/
	宾夕法尼亚州阿勒格尼县	3RWW绿色基础设施地图	ArcGIS	2016.9.28	3 Rivers Wet Weather(非营利组织)	3rww. maps. arcgis. com/apps/webappviewer/index. html
	纽约州奥农多加县	奥农多加县的雨水利用计划—绿色项目和街道	ArcGIS	2018.11.30	奥农多加县政府	socpa. maps. arcgis. com/apps/Shortlist/index. html
市	加利福尼亚州圣何塞市	圣何塞市的绿色街道地图	Google My Maps	2017.11.1	圣何塞市政府	www. google. com/maps/d/u/0/viewer
	华盛顿州塔科马市	塔科马绿色生活指南地图	ArcGIS	2014.6.10	塔科马环境政策和可持续发展办公室	wspdsmap. cityoftacoma. org/website/GreenMap/
	华盛顿州柯克兰市	雨水资源管理地图	ArcGIS		柯克兰市政府	maps. kirklandwa. gov/cityhub/apps/webappviewer/index. html
	蒙大拿州米苏拉市	保持米苏拉的绿色环境可持续发展的雨水管理地图	ArcGIS	2020	米苏拉市风暴水务局	missoulamaps. ci. missoula. mt. us/portal/apps/Cascade/index. html
	密苏里州堪萨斯市	绿色雨水基础设施站点地图	ArcGIS		怀安多特县统一政府,密苏里州保护部	kcws. maps. arcgis. com/apps/Cascade/index. html
	科罗拉多州丹佛市	丹佛市绿色基础设施地图	ArcGIS	2020.12.30	丹佛公共卫生与环境部和交通与基础设施部	storymaps. arcgis. com/stories/31e9a14ca0ae4932a1162b65fbe27cda

(续表)

尺度	地图覆盖区域	图名	工具	制图时间	主导机构	地图链接
市	威斯康星州密尔沃基市	密尔沃基市绿色基础设施图	ArcGIS	2018.11.30	密尔沃基市政府	storymaps.arcgis.com/stories/bce0189709de459d902410adc71b4070
	艾奥瓦州杜比克市	杜比克市比科流域绿色小巷计划	ArcGIS	2016.4.11	杜比克市政府	dubuque.maps.arcgis.com/apps/MapTour/index.html
	密歇根州底特律市	底特律绿色雨水基础设施项目地图	ArcGIS	2019.4.17	大自然保护协会与底特律政府	detroitmi.maps.arcgis.com/apps/webappviewer/index.html
	印第安纳州拉斐特城与西拉斐特城	自助式绿色之旅	ArcGIS	2020	瓦巴什河流域开发公司	maps.tippecanoe.in.gov/portal/apps/MapSeries/index.html
		绿色之旅故事地图	Goolge My Maps	2020.8.5		www.google.com/maps/d/u/0/viewer
	宾夕法尼亚州费城	绿色雨水基础设施公共项目地图	ArcGIS	2017.11.18	费城水务局	www.arcgis.com/apps/webappviewer/index.html
	纽约州纽约市	纽约绿色基础设施项目地图	ArcGIS	2017.3.30	纽约环保部	www.arcgis.com/home/webmap/viewer.html
	罗得岛州罗得岛沿海城市（沃里克、北金斯敦和纽波特）	罗得岛的沿海绿色基础设施之旅	ArcGIS	2016.10.20	罗得岛政府、罗得岛大学	uri.maps.arcgis.com/apps/Shortlist/index.html
	罗得岛州普罗维登斯市	普罗维登斯雨水项目故事地图	ArcGIS		普罗维登斯市可持续发展办公室	www.arcgis.com/apps/Shortlist/index.html
	新泽西州肯顿市	肯顿绿色基础设施项目地图	ArcGIS	2015.5.9	肯顿市政府	www.water.rutgers.edu/Camden/index.html
	弗吉尼亚州夏律第市	城市绿色地图	ArcGIS	2015.3.31	夏律第市政府	gisweb.charlottesville.org/Citygreen/
	田纳西州查塔努加市	查塔努加市绿色基础设施	ArcGIS	2015.4.22	查塔努加市政府	chattgis.maps.arcgis.com/apps/MapTour/index.html
	田纳西州纳什维尔市	纳什维尔低影响开发之旅	ArcGIS	2014.1.14	纳什维尔和戴维森县大都会政府	maps.nashville.gov/LID_Sites/
	佐治亚州亚特兰大市	亚特兰大绿色基础设施项目地图	ArcGIS	2020.7.8	亚特兰大市分水岭管理部	storymaps.arcgis.com/stories/c41bc3f84d8e4e70bc1672ffcd830f1f
	佐治亚州坦帕市	绿色基础设施之旅	ArcGIS	2021.5.8	南佛罗里达大学、坦帕市政府	tampa.maps.arcgis.com/apps/instant/attachmentviewer/index.html

(续表)

尺度	地图覆盖区域	图名	工具	制图时间	主导机构	地图链接
市	伊利诺伊州芝加哥	绿色屋顶地图	Google My Maps		芝加哥市政府	data.cityofchicago.org/Environment-Sustainable-Development/Green-Roofs-Map/u23m-pa73
	得克萨斯州奥斯汀	奥斯汀的小规模绿色基础设施地图	Google My Maps		奥斯汀市政府	www.google.com/maps/d/u/0/viewer
街区	艾奥瓦州艾奥瓦市艾奥瓦大学	可持续发展地图	ArcGIS	2017.5.3	艾奥瓦大学	www.arcgis.com/home/webmap/viewer.html
	威斯康星州威斯康星大学麦迪逊分校	雨水最佳管理实践清单地图	Google My Maps	2019.9.25	威斯康星大学麦迪逊分校	www.google.com/maps/d/u/0/viewer
	田纳西州田纳西大学诺克斯维尔分校	UTK上空的交互式幻灯片地图	ArcGIS	2021.2.2	田纳西大学诺克斯维尔分校	storymaps.arcgis.com/stories/adf0cd7c41b84dbc8039a4ad2900f4
	新泽西州新泽西中部社区	分水岭研究所绿色基础设施地图	ArcGIS	2021.1.28	分水岭研究所	sbmwa.maps.arcgis.com/apps/MapSeries/index.html
	弗吉尼亚州费尔法克斯县政府中心园区	费尔法克斯县政府中心园区雨水管理设施地图	ArcGIS	2018.9.4	费尔法克斯县政府	fairfaxcountygis.maps.arcgis.com/apps/MapJournal/index.html
	新墨西哥州格兰德河中部	GSI/LID项目地图	ArcGIS	2021.5.4	ARID LID联盟	www.arcgis.com/apps/dashboards/f3a07f35be454b00b6c7f70c1d6e27c1
	爱达荷州博伊西河	博伊西河下游流域的绿色雨水基础设施实施	ArcGIS	2017.3.17	清洁水伙伴组织	boise.maps.arcgis.com/apps/MapJournal/index.html
	密西西比州密西西比墨西哥湾沿岸	密西西比墨西哥湾沿岸低影响开发项目地图	ArcGIS	2019.11.7	密西西比州立大学/社区设计工作室	storymaps.arcgis.com/stories/a4d0fb39b26b4b7bbefc202c3457405d

图1 纽约环保部绿色基础设施项目地图

(图片来源:纽约环保部官网)

图2 圣马刁县绿色基础设施和可持续街道项目地图

(图片来源:圣马刁县城市/县政府协会官网)

图3 密西西比墨西哥湾沿岸低影响开发项目地图
（图片来源：密西西比州立大学/社区设计工作室官网）

图4 雨水最佳管理实践清单地图
（图片来源：威斯康星大学麦迪逊分校官网）

4 绿色基础设施WebGIS平台主要功能

4.1 绿色基础设施数据信息的提供

目前美国绿色基础设施WebGIS平台所采用的技术架构主要由商业公司主导，依托ESRI ArcGIS Online和Google My Maps平台。地图展示的内容信息包括项目的编号、位置、类型、建造等，通过图片、信息链接等形式进行展示。

以纽约市绿色基础设施地图为例，纽约市于2008年开始实施可持续雨水管理规划，推广绿色基础设施建设。纽约市绿色基础设施地图开发于2010年，是制作时间较早、信息较全面、浏览量较多的地图之一。纽约市环保局于2011年投入专门资源，来绘制和开发包含全市所有绿色基础设施的地图以及数据平台[16]，2012年将地图标准化[17]，以便于管理项目、推进绿色基础设施的建设。纽约市的绿色基础设施地图（2017年制作版本）基于ArcGIS Online平台，最近一次更新于2023年3月，涵盖了由纽约环保部资助或参与资助的所有包括街道、学校、公共建筑屋顶在内的公共区域14352处绿色基础设施[18]。

4.2 绿色基础设施平台的交互功能

2012年纽约推出绿色基础设施交互地图，允许用户通过地址搜索项目、绘制绿色基础设施，鼓励非营利组织以及个人绘制自己的绿色基础设施项目并提交相关信息，使非营利组织与私人项目得以纳入到地图数据中，便于纽约市环保局更好地跟踪项目进展[19]（图5）。地图数据每个月自动更新，实现项目的实时追踪[20]。

2017年纽约环保部（DEP）正式推出基于GIS的绿色基础设施资产管理系统GreenHUB，可用来追踪绿色基础设施的状态，保存其地理位置、绩效、建造年份等数据，具有分析、查询、报告、绘图等功能。与此同时纽约环保部推出了全新的交互地图，通过访问GreenHUB数据库信息向公众展示城市绿色基础设施建设成果（图6）[21]。不同绿色基础设施项目按照绿色基础设施的建设进度进行区分，每个设施含项目编号、地理标志、DEP合同等基本信息，便于公众和工作人员追踪建设进程。除此之外还有各类补充的信息图层，如绿色基础设施合同区域图，用户可以通过查看该图层来了解优先建设区域，或者自己社区的绿色基础设施规划情况。地图还允许用户添加图层数据到在线地图中，构建个性化地图并对其进行简单的数据分析统计。如Natasha Stamler研究通过创建热脆弱性指数（HVI）来评估纽约环保部的绿色基础设施项目，利用地图在ArcGIS Online程序中提供的绿色基础设施点位与社区边界图层数据，与其自带的内部归纳（Summarize Within）功能对纽约市各个人口普查区内的绿色基础设施进行计算[22]。

部分地图通过设置反馈窗口、网页问卷或是以电话、邮件的形式收集公众对地图的评价反馈或私人项目信息，如亚特兰大分水岭管理部在其官网上设置了反馈私人绿色基础设施项目的问卷

(图7);印第安纳州绿色城市地图官网中设置了调查问卷,请查看与使用过地图的用户进行反馈,并提供了其他地图数据层与工具包,鼓励用户建立自己的地图(图8)。

图5 2012年纽约绿色基础设施项目地图

(公众可以提交项目信息和图片,图片来源:《绿色基础设施规划》2011更新版)

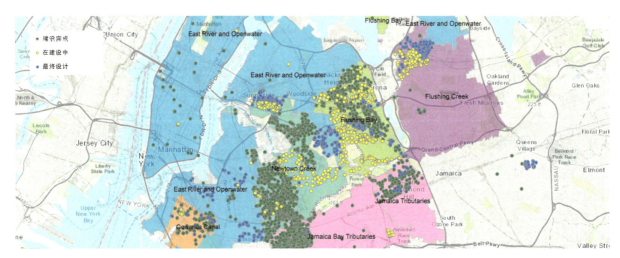

图6 2017年纽约绿色基础设施项目地图

(图片来源:《纽约绿色基础设施2017年年度报告》)

图7 亚特兰大分水岭管理部绿色基础
设施私人项目提交问卷

（图片来源：亚特兰大分水岭管理部官网）

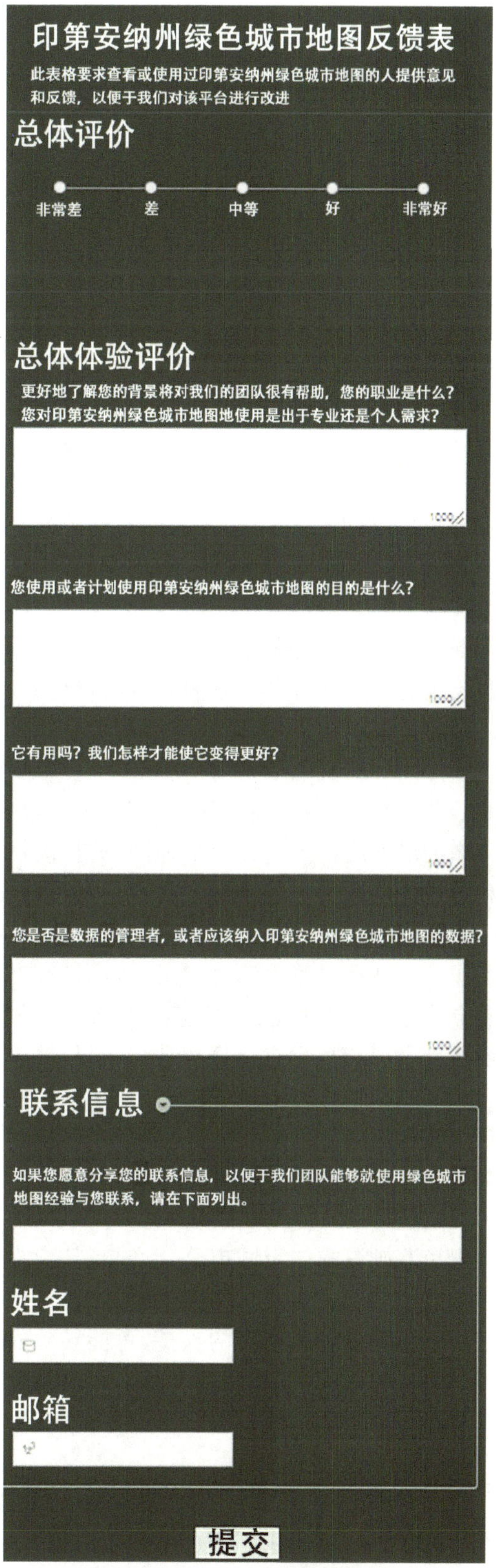

图8 印第安纳州绿色城市地图反馈问卷

（图片来源：印第安纳州绿色城市地图官网）

5 绿色基础设施 WebGIS 项目作用与成效

5.1 促进绿色基础设施规划建设中的公众参与

绿色基础设施公众参与初期主要采用在邮局、图书馆、学校、市政厅等地方放置地图,邀请人们提供意见,并与媒体合作传播信息等方式[23]。WebGIS 的应用将地图与叙述性文本、图像等内容结合在一起,以易于理解的形式向公众传达信息。且它提供了公开信息资源,更容易将相关个人、机构和组织聚集在一起。绿色基础设施交互地图的基本目的即展示绿色基础设施项目、推广绿色基础设施。

密西西比州立大学与该区设计工作室制作的密西西比墨西哥湾沿岸低影响开发项目地图,成为一种与公众对话、促进公众了解和参与绿色基础设施的数字教育工具。美国环境保护署(EPA)和亚特兰大波特溪(Proctor Creek)社区居民合作推出了波特溪流域故事地图,波特溪居民和利益相关者最大限度地参与其中,为故事地图的制作和发展提供了信息和指导。EPA 将故事地图作为一种环境教育的重要工具,也是社区用于多方协作和获得创造性解决方案的资源。社区环境行动公司的执行董事诺伊比(Noibi)博士表示波特溪故事地图对当地居民和力求保护、恢复和振兴波特溪的组织来说是极有意义的,他认为,这类故事地图作为绿色基础设施和流域保护的培训工具也应当在其他流域推行[24]。

绿色基础设施作为城市公共产品,其建设需要多方的支持和配合[25]。缺乏相关信息宣传和社区对绿色基础设施项目的支持,可能导致安装和维护不当的问题,这是绿色基础设施难见成效的关键原因[2]。

5.2 为绿色基础设施规划决策提供依据

WebGIS 交互地图可以展示绿色基础设施的分布和位置,帮助规划者进行更公平的建设规划。城市绿色基础设施具有广泛的效益,也会带来消极的影响,如生态系统的破坏与低收入或少数族裔社区的"绅士化",所以绿色基础设施的空间规划影响着当地居民的利益[1]。印第安纳州环境复原力研究所常务董事莎拉·明西(Sarah Mincey)表示他们制作印第安纳州绿色城市地图的目的之一,是找出哪些社区的居民没有享受到绿色基础设施所带来的效益[26]。绿色基础设施交互地图给公众提供了一个选择居住地的参考,也给绿色基础设施规划者提供了规划方向。

5.3 完善绿色基础设施的监测管理和维护机制

城市绿色基础设施建成后需要进行长期的维护,城市绿色基础设施数量多且分布广泛,需要耗费较大的人力物力进行维护管理。纽约环保部自 2012 年尝试开发绿色基础设施资产管理系统,以此来确保所有的绿色基础设施项目得到良好维护和运作;由纽约市公园和娱乐部(DPR)和 DEP 联合进行运维评估,估测绿色基础设施的成本费用[14]。除此之外,纽约还建立包括绿色基础设施项目地图在内的项目追踪系统,来对绿色基础设施计划进行"适应性管理",以及时调整建设计划。底特律绿色雨水基础设施项目地图将项目数量、面积、每年所处理的水的绩效向公众展示,使公众直观了解到项目成效。

6 绿色基础设施 WebGIS 应用现存问题

从研究案例来看,WebGIS 交互地图目前存在的主要问题是,用户与系统的双向沟通还没有完全建立起来。用户很少使用在线反馈工具,地图反馈在很大程度上取决于参与者对 WebGIS 的了解以及是否有使用 GIS 和 Web 的经验;不同交互地图在质量上有较大的差距,相应的公众体验差别较大。

部分地图存在信息不全面、更新不及时的问题,地图上显示的项目类型、位置、进度与实际不匹配。Meenar 等人在其关于城市绿色基础设施的研究中,提到他们在使用费城绿色雨水基础设施项目地图时遇到了一些问题:交互地图上显示的项目类型与现场类型不一致;地图上的几个设施在实地调研中无法被找到;且地图上标注的部分点位实际上甚至还没开始施工[27]。另外,有些交互地图还存在访问链接较为隐蔽、推广不到位、缺乏对专业术语的介绍、缺乏维护、实时性差等问题。

Christopher 在其研究中认为绿色基础设施是一个以社会反馈和参与为基础的技术系统,而促进反馈的一种方法,就是通过市政网站向公众提供重要的信息[28]。如今,美国城市绿色基础设施交互地图项目仍在不断发展,绿色基础设施交互地图也在潜移默化地影响着公众的意识,而对主导机构来说,解决目前交互地图存在的问题,提供给公众最好的交互体验,才能更好地促进绿色基础设施的发展、真正实现绿色基础设施交互地图价值。

7 结论与启发

随着我国"海绵城市"建设的进一步推进,基础设施建设中公众参与的重要意义愈发凸显,建立基于公众参与的 GIS 规划实践平台,是生态文明城市建设的迫切需求。我国目前的基础设施建设中公众参与水平不高、参与意识不强、参与形式单一且效率较低。在城市规划领域,我国大部分地区主要是由政府主导进行规划,规划信息通过有限的网站传播,公众参与通常体现在规划完成之后通过公示对公众意见的征询[29],这使民众在获取信息、参与规划决策的过程中作用有限。城市绿色基础设施建设面临着监测机制不完善、公众对海绵城市建设理念认识不足、参与度低等难题。

公众是绿色基础设施的主要支持者和参与者,因此加强公众对绿色基础设施以及 GIS 的理解是促进绿色基础设施建设的重要内容。政府有必要开展广泛的、以社区为主导的公众培训以及多种教育活动[30],并且引入专业人士,为公众参与的开展提供更为专业的知识和技术指导,从而提高公众参与的效果和质量[31];其次,应解决当前众多 GIS 平台进行数据交互时的数据兼容性问题,同时提高 WebGIS 数据的开发性和共享性,满足公众个性化、多样化的数据需求;另外,WebGIS 系统开发需要介入必要的技术约束,规范数据形式和平台设计[32];绿色基础设施建设需要由政府主导,各部门配合,制定相关的建设规划与设计标准,同时也需要整合协调研究机构、高校和社区等资源,调动公众的积极性[33];最后,应建立监督管理平台,制定完善的运维机制保障绿色基础设施正常运行和可持续发展[34]。

参考文献

[1] Meerow S. The politics of multifunctional green infrastructure planning in New York City[J]. Cities, 2020, 100: 102621.

[2] Simons E J. Exploring Roles for communities in green infrastructure projects[D]. Tufts University, 2017.

[3] Steen Møller M, Stahl Olafsson A. The use of E-tools to engage citizens in urban green infrastructure governance: Where do we stand and where are we going? [J]. Sustainability, 2018, 10 (10): 3513.

[4] Nyerges T L, Couclelis H, MacMaster R. The SAGE handbook of GIS and society[M]. Los Angeles SAGE, 2011.

[5] Kearns F R, Kelly M, Tuxen K A. Everything happens somewhere: Using webGIS as a tool for sustainable natural resource management[J]. Frontiers in Ecology and the Environment, 2003, 1(10): 541-548.

[6] Hamza M H, Chmit M. GIS-based planning and web/3D web GIS applications for the analysis and management of MV/LV electrical networks (a case study in Tunisia)[J]. Applied Sciences, 2022, 12 (5): 2554.

[7] 刘吉夫,陈颙,陈棋福,等. WebGIS 应用现状及发展趋势[J]. 地震, 2003, 23(4):10-20.

[8] 尚武. 网络地理信息系统(WebGIS)的现状及前景[J]. 地质通报, 2006, 25(4):533-537.

[9] Lathrop R, Auermuller L, Trimble J, et al. The application of WebGIS tools for visualizing coastal flooding vulnerability and planning for resiliency: The New Jersey experience[J]. ISPRS International Journal of Geo-Information, 2014, 3(2): 408-429.

[10] 宋关福,钟耳顺,王尔琪. WebGIS—基于 Internet 的地理信息系统[J]. 中国图象图形学报, 1998, 3(3): 251-254.

[11] Kraak M J. The role of the map in a Web-GIS environment [J]. Journal of Geographical Systems, 2004, 6(2): 83-93.

[12] Bugs G. Assessment of online PPGIS study cases in urban planning [C]//International Conference on Computational Science and Its Applications. Berlin, Heidelberg: Springer, 2012: 477-490.

[13] Firehock K, Walker R A. Green infrastructure: map and plan the natural world with GIS[M]. California: Esri Press, 2019.

[14] APA. Mapping for the Masses[EB/OL]. (2017-9-1)[2023-4-16]. https://www.planning.org/planning/2017/may/mappingformasses

[15] Esri. Green Infrastructurefor the U. S. [EB/OL]. (2016)[2023-4-16]. https://www.esri.com/~/media/files/pdfs/greeninfrastructure/green_infrastructure_booklet.pdf

[16] EPA. NYC Green Infrastructure Plan[EB/OL]. (2010-10-20)[2023-4-16]. https://www1.nyc.gov/assets/dep/downloads/pdf/water/stormwater/green-infrastructure/nyc-green-infrastructure-plan-2010.pdf

[17] EPA. NYC Green Infrastructure 2012 Annual Report[EB/OL]. (2013-06-24)[2023-4-16]. https://www1.nyc.gov/assets/dep/downloads/pdf/water/stormwater/green-infrastructure/gi-annual-report-2012.pdf

[18] DEP. DEP Green Infrastructure Program Map[EB/OL]. (2022-04-14)[2023-4-16]. https://www.arcgis.com/apps/mapviewer/index.html?webmap=a3763a30d4ae459199dd01d4521d9939&extent=-74.3899,40.497,-73.3757,40.9523

[19] EPA. NYC Green Infrastructure Plan 2011 Update[EB/OL]. (2012-06-12)[2023-4-16]. https://www1.nyc.gov/assets/dep/downloads/pdf/water/stormwater/green-infrastructure/gi-annual-report-2011.pdf

[20] EPA. NYC Green Infrastructure 2015 Annual Report[EB/OL]. (2016-05-6)[2023-4-16]. https://www1.nyc.gov/assets/dep/downloads/pdf/water/stormwater/green-infrastructure/gi-annual-report-2015.pdf

[21] EPA. NYC Green Infrastructure 2018 Annual Report[EB/OL]. (2019-04-30)[2023-4-16]. https://www1.nyc.gov/assets/dep/downloads/pdf/water/stormwater/green-infrastructure/gi-annual-report-2018.pdf

[22] Stamler N. Creating a Model to Optimize and Evaluate the Heat-Reducing Capacity of Green Infrastructure[J]. Research Gate, 2018.

[23] Benedict M, McMahon E. Green infrastructure: Smart conservation for the 21st century[J]. Renewable resources journal, 2002, 20(3): 12-17.

[24] EPA. EPA Launches New Tool to Highlight Green Infrastructure and Health in Proctor Creek Community in Atlanta, Georgia[EB/OL]. (2020-10-22)[2022-10-22]. https://www.epa.gov/newsreleases/epalaunches-new-tool-highlight-green-infrastructure-and-health-proctor-creek-community

[25] 宋秋明,冯维波. 绿色基础设施建设驱动城市更新[J]. 现代城市研究,2021,36(10):58-62.

[26] Indiana Government. Online Map Tracks Indiana's Green Infrastructure[EB/OL]. (2021-5-18)[2022-10-22]. https://indianapublicmedia.org/news/online-map-tracks-green-infrastructure.php

[27] Meenar M, Howell J, Moulton D, et al. Green stormwater infrastructure planning in urban landscapes: Understanding context, appearance, meaning, and perception[J]. Land, 2020, 9(12): 534.

[28] Chini C, Canning J, Schreiber K, et al. The green experiment: Cities, green stormwater infrastructure, and sustainability[J]. Sustainability, 2017, 9(1): 105.

[29] 李文越,吴成鹏. 基于PPGIS的城市规划公共参与引介:以巴西卡内拉实验为例[J]. 华中建筑,2013,31(8):74-77.

[30] Conway T M, Ordóñez C, Roman L A, et al. Resident knowledge of and engagement with green infrastructure in Toronto and Philadelphia[J]. Environmental Management, 2021, 68(4): 566-579.

[31] 罗问,孙斌栋. 国外城市规划中公众参与的经验及启示[J]. 上海城市规划,2010(6):58-61.

[32] 欧阳洁,赵生兵,叶爱东. 公众参与地理信息系统及国内外应用研究[J]. 江西测绘,2016(4):25-26.

[33] 刘登伟,张媛. 国外绿色基础设施建设经验对我国"海绵城市"建设的启示[J]. 水利发展研究,2022,22(2):71-76.

[34] EPA. Green Infrastructure Operations and Maintenance[EB/OL]. (2022-8-2)[2023-4-16]. https://www.epa.gov/green-infrastructure/green-infrastructure-operations-and-maintenance

作者简介:黄艳玲、周凯漪,华中农业大学园艺林学学院研究生。研究方向:数字风景园林和参数化设计、城市绿色基础设施规划设计。

张炜,华中农业大学园艺林学学院副教授。研究方向:数字风景园林和参数化设计、城市绿色基础设施规划设计。

基于改进 2SFCA 方法的老年人公园绿地运动服务公平性研究*
——以哈尔滨市为例

刘一鸣　夏谱睿　张国伟　侯韫婧

摘　要　公园绿地是老年人户外运动的主要承载空间,目前对于老年人获取公园绿地各类运动服务的公平性研究仍然缺乏。本研究提出了公园绿地运动服务质量指数及评价方法,基于OSM开放地图、WorldPop人口栅格等多源数据,使用改进型高斯两步移动搜索法进行可达性评价,并分析了房价、老年人密度和可达性的聚类格局。结果表明各类公园绿地的各维度服务质量有所不同。两种方法测度的可达性高值区集中在三环线和新城区,城市中心区域可达性不足。公园绿地可达性与房价呈正相关,与老年人口密度呈负相关,显示了明显的绿地服务不平等性。本文提出保障弱势老年人群的公园绿地运动服务全覆盖、全可达的格局优化策略,有利于推进主动式健康干预的城市公共绿色空间有机更新。

关键词　风景园林;公园绿地;运动服务质量指数;改进型高斯两步移动搜索法;多源数据

在老龄化加剧的社会背景下,老年人的健康问题越来越受到社会的广泛关注。研究表明,进行适量的户外运动,可以增强老年人的免疫力,减小慢性病风险[1]。同时,户外运动可以释放压力,缓解焦虑情绪,对老年人的心理健康有多种益处[2]。公园绿地是老年人进行户外运动的主要场所,为老年人提供了多样化的运动服务。针对老年人的运动需求进行公园绿地规划布局研究,有助于提升老年人的健康水平,对于增强老年人幸福感具有重要意义。

老年人获取公园绿地运动服务的潜在机会并不是均等的,且在空间和社会两个维度都有体现。可达性量化了居民获取公共设施和资源的潜在机会,是评估公园绿地空间公平的重要指标[3]。两步移动搜索法(2SFCA)在公园绿地可达性的测度中得到了广泛应用。任家铎[4]等使用大数据改进的两步移动搜索法,发现上海市杨浦区存在公园绿地服务盲区和冷点区域。仝德等[5]结合手机信令数据,使用聚类分析方法识别了深圳公园绿地可达性的空间差异及其成因。杨文越等[6]使用多出行模式两步移动搜索法,识别出广州市多尺度公园绿地的空间异质性。

最近的一些研究认为公园面积并不一定能代表实际的服务能力,应该将质量因素纳入可达性的评价模型中。Wu等同时考虑公园质量和街景绿化,将其纳入可达性的评价模型[7-8]。Xing[9]等测度了考虑青少年活动需求的公园可达性,更精确地识别出服务不足的区域。Zhang[10]等以上海市为例测度了考虑质量的公园可达性,并讨论了质量和面积在可达性评价中的作用。

公园绿地的社会公平性在最近的研究中得到广泛关注。不同收入和种族的群体获取公园绿地服务的潜在机会存在差异,Wolch等[11]基于多种影响因素分析,发现公园绿地在社会经济地位不同的老年群体中存在分配不平等。Liu等[12]使用聚类识别分析了公园绿地的社会不平等性。还有一些学者使用多分类住房数据代表社会群体,讨论了公园绿地的社会公平性[13]。

以上研究没有考虑公园的运动服务质量,目前针对老年人公园绿地运动服务的公平性研究仍然缺乏。基于此,本研究以哈尔滨市中心城区为例,考虑老年人在公园的多维度运动需求,构建了公园绿地运动服务质量评价体系,根据质量得分

---

* 黑龙江省哲学社会科学项目"健康绩效导向下老旧工业社区绿地老年人健身空间优化模式研究"(编号:20TYC175),中国博士后科学基金"公共健康导向下寒地工业社区绿地促进体力活动空间机制及'体绿结合'优化模式研究"(编号:2020M670873)。

和居民选择概率,对公园绿地可达性模型进行优化,依据可达性结果进行聚类格局分析,并提出公园布局优化策略。

1 研究区域与数据来源

1.1 研究区域

哈尔滨市位于中国东北地区,是典型的老龄化城市。2022年《哈尔滨市国民经济和社会发展统计公报》数据显示,截至2021年末,全市0~17岁人口占比12.9%,60岁以上人口占比24.9%。道里区、道外区、南岗区、香坊区作为哈尔滨市的老城区,老年人口和公园绿地数量居全市前列,存在有限的公园绿地资源和密集人口之间的矛盾。本文选取哈尔滨市老城区的建成区域为研究对象,进行公园绿地的可达性与公平性研究,以期为运动健康视角下的公园绿地布局提供优化建议(图1)。

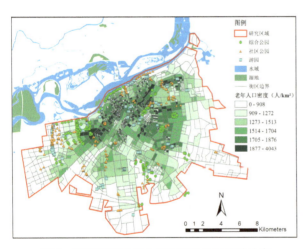

图1 研究区域老年人口密度和公园绿地分布

1.2 数据来源与处理

1.2.1 公园绿地数据

从OSM开放地图网站获取底图,按属性提取绿地图斑,再结合LocaSpace Viewer(LSV)获取的高分辨率卫星影像进行人工修正,共得到公园绿地146处。参考《城市用地分类与规划建设用地标准》(GB 50137—2011)的相关规范,按照面积将研究区公园绿地分为游园、社区公园和综合公园(表1)。为了提高结果的准确性,提取各公园入口作为供给点位(图1)。

表1 公园绿地类型及对应出行时间阈值

公园类型	数量	占比/%	面积/ha	步行时间阈值/min
游园	65	44.52	0.5~2	10
社区公园	59	40.41	2~10	20
综合公园	22	15.07	≥10	30

1.2.2 人口数据

本研究以街区为分析单元,首先从OSM路网数据中筛选出支路及以上的四级道路,使用要素转面工具得到街区面1366块(图1)。从WorldPop官方网站获取100 m分年龄人口栅格数据(2020联合国修正版),提取60岁以上人口数据,通过空间插值、栅格转点等操作进行修正,最后使用空间连接工具,按照求和方式将人口计算至每个街区单元内。

1.2.3 出行时间与搜索阈值

研究将步行作为出行模式,作为一种有益的户外活动,它是老年人常用的出行方式。老年人的极限步行时间通常不超过30 min[14],据此设置出行时间阈值,当出行时间成本大于阈值时,认为老年居民不会选择前往该公园。以OSM网站获取的路网数据为基础,分别以街区质心和公园供给点为起始点和终点构建OD成本矩阵,求解得出每个街区到各级公园的时间成本。

1.2.4 住房数据

住房数据爬取自安居客网站(https://www.anjuke.com)。将获取的住房数据使用QGIS软件转换为空间点,和街区面数据进行相交处理,按照街区ID统计每个街区含有的小区总数和房价总和,计算平均值作为每个街区的房价值。

2 研究方法

2.1 公园绿地多维运动服务质量指数

使用质量指数表征公园为老年人提供健身活动服务的能力。参考相关研究,从老年人的活动便利需求、多样性需求、环境质量需求、安全需求四个维度出发,选取健身场所便捷性、健身空间规模、健身设施多样性、自然空间规模、健身环境质量和健身环境安全性六个指标维度,构建评价指标体系(表2)。

社交媒体大数据作为一种反映公众偏好的实时信息,在公园绿地研究中已经得到广泛应用。本研究使用来自大众点评网(https://www.dianping.com)的社交媒体图片进行打分[10],以节省实地调研所需的大量人力和时间。对于每个公园,将每个指标按照给定的标准赋予0～10的分数。其中,数量评分是将每个指标的评价结果进行排序后打分,质量评分参考相关研究制定了详细的评分标准[15](表3)。最后,将每个维度的各指标得分加和,计算各维度总得分占该维度满分的比值,作为每个维度的最终质量指数[16]。

2.2 基于运动服务质量指数的改进型高斯两步移动搜索法

两步移动搜索法是一种空间分析方法,最初用于医疗设施服务供需分析。Wan等[17]认为传统的2SFCA方法没有考虑多个设施之间的竞争作用,这可能导致对可达性的高估,因此在传统

表2 公园质量评价指标体系

需求层	指标层	指标内容	指标描述	评分角度
活动便利需求	健身场所便捷性	公园入口数量	公园可进入的入口总数	数量
		外部道路密度	500 m缓冲区内的道路总长度/公园总面积	数量
		交通设施便利度	500 m缓冲区内的公交和地铁站点数量	数量
活动多样性需求	健身空间规模	步道密度	场地内用于步行的道路总长/公园面积	数量
		活动空间密度	场地内有效活动空间面积/公园面积	数量
	健身设施多样性	健身设施数量	健身器材等	数量
		运动场地数量	篮球场、羽毛球场、跳舞广场等	数量
		休闲设施数量	休息座椅、亭廊花架等	数量
活动环境质量需求	自然空间规模	绿地占比	公园绿地覆盖面积/公园总面积	数量
		水体占比	水体面积/公园总面积	数量
	健身环境审美特征	植物景观质量	公园乔灌草种类和植物空间多样性	质量
		水景质量	公园水质情况、水景观多样性	质量
		景观小品数量	雕塑、景墙、花坛等	数量
		特殊景点数量	地标、景观桥、风景建筑等	数量
活动安全需求	健身环境安全性	无障碍设施	扶手、坡道、盲道等	数量
		照明设施	路灯、地灯等	数量
		内部交通安全性	人车分离程度、路网合理性	质量

表3 部分指标详细评分标准

打分方法	具体指标	评分标准					
		0	1～2	3～4	5～6	7～8	9～10
数量	—	没有	几乎没有	较少	一般	较多	很多
质量	植物景观质量	没有植物	只有几棵植物	有植物但种类少	有较多植物但结构简单	有很多植物且种类丰富	有很多植物且乔灌草结构丰富
	水景质量	没有水景	有水景但质量差	有水景但质量一般	有较好的水景	有多样化的水景但质量不等	有多种类型水景且质量高
	内部交通安全	车辆很多且人车混行	车辆较多且人车混行	有交通秩序但车辆多	车辆较少但有部分人车混行	有较好秩序且车辆少	人车完全分离,行人安全

的计算步骤之前,加入了对居民选择概率的量化。Luo 等[18]考虑到设施供给对于竞争效应的影响,引入 Huff 模型优化了选择概率的计算。然而,对于公园绿地,其服务质量也是影响居民选择的重要因素,因为人们可能更倾向于去设施更丰富、距离更近的公园绿地,有必要对选择概率的计算方法进行改进。

本研究使用改进方法计算研究区域多尺度公园绿地可达性。引入运动服务质量指数,分别对选择概率和供给规模的计算进行调整,计算步骤如下:

第一步,计算基于公园绿地质量和时间距离的选择概率,使用高斯衰减函数进行调整:

$$P_i = \frac{q_j t_{ij} G(t_{ij}, t_0)}{\sum_{k \in \{t_{kj} \leq t_0\}} q_k t_{ij} G(t_{kj}, t_0)} \quad (1)$$

$$G(t_{ij}, t_0) = \begin{cases} \dfrac{e^{-\frac{1}{2} \times \left(\frac{t_{ij}}{t_0}\right)^2} - e^{-\frac{1}{2}}}{1 - e^{-\frac{1}{2}}}, & t_{ij} \leq t_0 \\ 0, & t_{ij} > t_0 \end{cases} \quad (2)$$

式中,P_i 为居民点 i 选择公园 j 的概率,q_j 为公园 j 质量总得分的归一化值,t_{ij} 是从 i 到 j 的时间距离,t_0 为规定搜索范围的时间阈值,$G(t_{ij}, t_0)$ 为高斯衰减函数。

第二步,使用每类公园的质量总分归一化值对供给规模进行调整,然后计算每个公园在规定时间阈值内可以服务的人口供需比:

$$R_j^Q = \frac{S_j(1+q_j)}{\sum_{k \in \{t_{kj} \leq t_0\}} P_i G(t_{kj}, t_0) D_k} \quad (3)$$

式中,R_j^Q 是考虑公园质量和选择概率的供需比,S_j 是公园的面积,D_k 是需求点 k 的人口数量。

最后,计算使用选择概率和高斯函数加权的供需比总和,作为 i 点的可达性指数:

$$A_i^Q = \sum_{j \in \{t_{ij} \leq t_0\}} P_i G(t_{ij}, t_0) R_j^Q \quad (4)$$

式中,A_i^Q 为考虑选择概率的公园可达性结果,其他参数含义同上。

2.3 空间自相关检验

为了解可达性与老年人口特征的空间关联,选取各街区房价和老年人口密度为自变量,各类公园绿地可达性为因变量,进行双变量空间自相关检验。房价可以在一定程度上代表人口的社会经济地位,而老年人口密度则用来反映公园绿地供给与老年人需求的空间匹配关系。

首先使用双变量全局莫兰指数判定变量间是否存在空间相关性。Moran's I>0 表示空间正相关,Moran's I<0 表示空间负相关,若 Moran's I=0,则空间呈随机性。然后,使用双变量局部莫兰指数进行聚类类型识别,识别结果用 LISA 图表示,可以呈现四种空间关联类型:高-高、低-低、高-低和低-高。高-高和低-低聚类均表现为空间正相关,高-高表明两个变量在空间上为高值聚集,低-低则为低值聚集。高-低和低-高聚类均表现为空间负相关,表明两个变量的高值和低值相邻聚集。相关计算使用 GeoDa 的空间自相关分析工具完成,空间权重矩阵使用 Queen 邻接矩阵。

3 结果与分析

3.1 老年运动健康需求视角下的公园多维质量评估

各类公园的多维质量评价结果参见表 4。将各类公园按各维度得分,采用自然间断点分级法分为高质量、中质量、低质量三类。从总得分来看,低质量的社区公园占比最多,而综合公园普遍质量较高。在多样性维度,社区公园的表现较差,原因可能是马家沟、何家沟等周边沿河公园虽然有足够的面积,但提供的运动空间较少,大多以简单的步行空间为主。在便利性维度,游园和社区公园均有较多中等质量的公园,整体差异性不大。而综合公园的低质量类别较多,可能是由于这些公园大多位于城市二环线以外,其周边路网密度和交通设施便利度较低。值得注意的是,在环境质量维度,游园和社区公园的质量普遍较低,主要由于两类公园多数面积较小,难以提供完善的自然和人工景观,且部分区域如马家沟河的养护管理水平较差。在安全性维度,社区公园的中等质量类别较多,三类公园总体差异较小。

由以上分析结果可知,首先,面积较大的公园并不一定代表较好的公园服务能力,例如马家沟、何家沟周边大面积的沿河绿地在多样性维度表现较差。其次,数量并不能完全代表城市公园的供给水平,例如游园多数集中在区域中部,虽然填补了这里绿色空间的数量缺口,但各维度的服务水平仍不能完全满足老年人的需求。可见,对公园绿地的服务质量评价很有必要。

3.2 基于老年人运动健康需求的公园绿地可达性测度

研究首先测度了基于传统高斯两步移动搜索法的可达性,将各类公园可达性按照分位数分为五个等级,分别为低、较低、中、较高和高可达性(表5)。可以看出,游园的低可达性数量占比最多,高可达性数量最少,说明游园存在较大的服务缺口,需要在规划中侧重考虑。社区公园和综合公园的低可达性占比均超过40%,其他各等级可达性占比接近。三类公园的低可达性占比都较高,说明研究区域公园整体可达性水平一般。

从空间分布来看,城区中部和郊区的可达性较低,这可能是由于老城区拥有较多的人口数量,但没有足够的土地规划大面积公园绿地。群力新区和老工业区香坊区,拥有明显的可达性高值区,原因可能由于新区规划时间较晚,对于公园绿地的建设投入大量资源。而老工业区的产业转型升级后,部分工厂倒闭或外迁,政府为改善民生直接转换部分厂址为公园绿地。

具体来看,三类公园绿地的可达性空间分布存在差异。对于游园,可达性高值分布在群力新区、城区中部以及松花江沿岸。对于社区公园,可达性呈现中间低而四周高的环状分布特征,这可能是由于哈尔滨的三环线附近,分布有较多的社区公园,而老年人口密度较低;可能和哈尔滨对三环线的苗圃、废弃工业用地的功能置换有关。综合公园的可达性高值区显著集中在群力新区和香坊区,这些区域的绿地面积较大,远大于有限的人口需求;其原因是新区在建设过程中加强了绿地的系统规划,增加了许多高质量的综合公园。

使用改进方法测度可达性,并对两种测度方法的结果进行对比。在数据统计上,各类公园的可达性分级统计结果与传统方法基本一致,而可达性的标准差均有所增加,说明改进方法测度可达性表现出更大的组内差异(表6)。在空间分布上,游园的可达性结果差异较小,可能是因为游园的面积较小,质量指数对于供给规模几乎没有影响。对于社区公园,在群力新区和道外区有部分街区可达性出现了低值;这是由于这些区域有部

表4 公园多维质量得分描述性统计

公园类型	游园					社区公园					综合公园				
统计	描述统计		质量等级占比/%			描述统计		质量等级占比/%			描述统计		质量等级占比/%		
评价维度	平均值	标准差	高	中	低	平均值	标准差	高	中	低	平均值	标准差	高	中	低
总分	0.19	0.05	36.92	46.15	16.92	0.29	0.10	27.12	27.12	45.76	0.47	0.07	43.48	39.13	17.39
多样性	0.19	0.08	18.46	41.54	40.00	0.23	0.08	15.25	38.98	45.76	0.39	0.14	30.43	47.83	21.74
便利性	0.35	0.15	29.23	56.92	13.85	0.49	0.20	28.81	45.76	25.42	0.71	0.16	13.04	39.13	47.83
环境质量	0.17	0.06	26.15	35.38	38.46	0.30	0.13	32.20	30.51	37.29	0.49	0.11	26.09	56.52	17.39
安全性	0.13	0.09	40.00	40.00	20.00	0.26	0.12	27.12	49.15	23.73	0.14	0.12	30.43	34.78	34.78

表5 各类公园可达性的分级统计

	低		较低		中		较高		高	
	数量/个	占比/%	数量/个	占比/%	数量/个	占比/%	数量/个	占比/%	数量/个	占比/%
游园	987	72.25	95	6.95	95	6.95	95	6.95	94	6.88
社区公园	622	45.53	186	13.62	186	13.62	186	13.62	186	13.62
综合公园	565	41.36	201	14.71	200	14.64	200	14.64	200	14.64
所有公园	274	20.06	273	19.99	273	19.99	274	20.06	272	19.91

表6 两种方法计算的可达性结果统计

	传统方法				改进方法			
	最大值	最小值	平均值	标准差	最大值	最小值	平均值	标准差
游园	124.68	0.00	2.96	7.94	122.28	0.00	3.72	9.14
社区公园	359.08	0.00	14.79	31.62	379.92	0.00	20.33	38.54
综合公园	1143.52	0.00	65.57	134.06	1374.96	0.00	102.91	182.54
所有公园	1168.11	0.00	82.83	142.14	1537.25	0.00	123.06	194.77

分沿街绿地，其质量得分较低。对于综合公园，改进的方法也出现了局部低值，这些区域有部分公园的活动维度得分较低。从总体可达性对比可以看出，道外区的公园质量对可达性影响最明显，这里分布着较多的沿河绿地，不能提供丰富的运动健身设施，因此总体质量得分较低。由此可见，改进的方法可以识别出面积充足但服务质量欠缺的区域，有助于进行针对性的提质改造。

4 可达性与房价和老年人口密度的空间相关性

4.1 全局空间自相关

使用双变量全局莫兰指数分别分析房价、老年人口密度和改进方法测度可达性结果的空间相关性。结果表明均通过0.01的差异显著性检验，Z值均大于1.65或小于-1.65，证明两个自变量和可达性之间均存在空间相关性。公园可达性和房价总体呈现正相关关系，较高的房价可能意味着较高的公园可达性水平。三类公园全局莫兰指数逐渐增大，表明可达性受房价的影响程度逐渐增大。而老年人口密度与可达性呈现空间负相关关系，其中社区公园可达性受人口密度影响程度最大，这说明较高的人口密度可能代表较低的公园可达性，可见公园整体供需失衡。

4.2 局部空间自相关

图2、图3显示了房价和老年人口密度与可达性之间的聚类类型。在房价方面，三类公园的高-低聚类数量均最多。群力新区在三类公园中都表现出明显的高-高聚类，说明在这些区域，较高的房价可能代表较高的公园可达性。这可能是由于群力新区在建设过程中加强了绿地的系统规划，较高的绿地覆盖率提高了周边的土地价值。三类公园的高-低聚类主要分布在南岗区，这些地块拥有较高的房价，绿地可达性却普遍较低。可能是由于这些地块周边的商业、教育等用地占据了大量的土地面积，没有足够的空间进行绿地规划。城市近郊区低房价的区域则对应较低的公园可达性，可能是由于近郊区分布了大量由工业用地置换而来的保障用房，其周边的公园绿地规划相对滞后。由此可见，哈尔滨市的公园绿地存在明显的服务质量不平等。

如图3所示，在老年人口密度方面，游园与社区公园有较少区域表现出高-高聚类，综合公园的高-高聚类主要分布在群力新区。游园的高-低聚类主要分布在道外区和道里区，社区公园和综合公园的高-低聚类主要分布在老城区中部，这些区域拥有较高的人口密度，公园的可达性却普遍较低。此外，三类公园在群力新区均有较多低-高聚类；综合公园的低-高聚类在香坊区有集中分布，这些区域拥有较少的人口密度和较高的公园可达性，表现为供给显著多于需求。可见，哈尔滨市的公园绿地供需失衡明显。

5 基于老年人运动服务需求的哈尔滨市公园绿地布局优化建议

本研究综合考虑老年人在公园绿地的运动需求，建立了公园绿地多维运动服务质量评价指标体系，并结合质量指数和Huff模型对高斯两步移动搜索法进行改进，计算出两种测度方法下的多尺度公园可达性，最后与房价和老年人口密度进行了空间自相关分析。结果表明：公园绿地各维度的服务质量有明显差异，面积较大的公园绿地并不一定代表较好的运动服务能力。新城区的公园绿地可达性水平最好，老城区的整体水平最

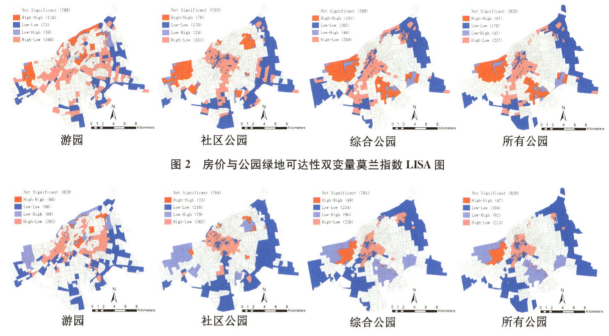

图2 房价与公园绿地可达性双变量莫兰指数 LISA 图

图3 老年人口密度与公园绿地可达性双变量莫兰指数 LISA 图

差。改进方法可以更精确地识别公园绿地服务不足的区域。公园绿地可达性与房价呈现空间正相关,表明可达性存在社会不平等;与老年人口密度呈现空间负相关,表明公园整体供需失衡。基于此,为促进全民健身背景下的健康城市建设,提出基于老年人运动服务需求的公园绿地布局优化建议。

① 对于公园绿地供给不足区,进行优先增补。相比于多样化的运动服务,应该优先确保公园绿地的供需均衡。对于土地资源紧张而人口密度较高的地区,例如老城区中部,应采取"见缝插绿"的策略,优先增加更多的小微型公共绿地。同时,应注重土地资源的合理利用。大量工业用地的遗存占用了有限的土地资源,应注重其用地功能的置换和更新,例如将部分工业遗址改造成主题公园,增加多样化的运动空间和服务设施。最后,为尽量保证区域的绿地服务社会公平,对于房价较低的区域,例如香坊区的老工业社区,应该逐步完善相应配套设施,确保公园绿地运动空间在不同收入群体中的全可达、全覆盖。

② 对于公园绿地质量低值区,进行改造提升。本研究表明,较大面积的公园绿地不一定具有完善的运动服务。因此,对于规模足够但服务较差的公园,应针对其较差维度进行提质改造,提高公园绿地空间的可用性。例如,对于马家沟的沿河绿地,应该适当拓宽滨河步道,增加开放性的广场用地,完善相应的运动设施布置。此外,相关部门要完善公园的管理条例,适当增加维护支持。对于公园的设施和绿化质量等进行定期检查,保持公园绿地的运动适宜性。

③ 营造适合老年人出行的步行环境。步行作为老年人常用的出行方式,十分依赖合理的交通结构。应积极推行"小街区,密路网"的规划策略,对于南岗区南部、香坊区中部和东部等地区,应适当增加城市支路密度,拓宽人行道宽度,从而与城市中心区形成完善的交通联系,确保供给点-需求点之间的链接充足,以适应老年人的出行需求,促进步行友好城市建设。

本研究由于数据获取的限制,未能考虑公园绿地的公共交通可达性,事实上公共交通也是老年人常用的出行方式。此外,未考虑老年人在公园中的实际使用行为,仅使用客观的指标代替。后续应增加对老年人出行行为的调查,以及使用例如手机信令等时效性更高的数据,以对研究内容进一步完善。

参考文献

[1] Hanson S, Jones A. Is there evidence that walking groups have health benefits? A systematic review and meta-analysis [J]. British Journal of Sports

Medicine, 2015, 49(11): 710-715.

[2] Kajosaari A, Pasanen T P. Restorative benefits of everyday green exercise: A spatial approach [J]. Landscape and Urban Planning, 2021, 206: 103978.

[3] Guo S H, Song C, Pei T, et al. Accessibility to urban parks for elderly residents: Perspectives from mobile phone data [J]. Landscape and Urban Planning, 2019, 191: 103642.

[4] 任家怿,王云.基于改进两步移动搜索法的上海市黄浦区公园绿地空间可达性分析[J].地理科学进展,2021,40(5):774-783.

[5] 仝德,孙裔煜,谢苗苗.基于改进高斯两步移动搜索法的深圳市公园绿地可达性评价[J].地理科学进展,2021,40(7):1113-1126.

[6] 杨文越,李昕,陈慧灵,等.基于多出行模式两步移动搜索法的广州多尺度绿地可达性与公平性研究[J].生态学报,2021,41(15):6064-6074.

[7] Wu J Y, Feng Z, Peng Y S, et al. Neglected green street landscapes: A re-evaluation method of green justice [J]. Urban Forestry & Urban Greening, 2019, 41: 344-353.

[8] Wu J, Peng Y, Liu P, et al. Is the green inequality overestimated? Quality reevaluation of green space accessibility [J]. Cities, 2022, 130: 103871.

[9] Xing L J, Liu Y F, Wang B S, et al. An environmental justice study on spatial access to parks for youth by using an improved 2SFCA method in Wuhan, China [J]. Cities, 2020, 96:102405.

[10] Zhang R, Peng S J, Sun F Y, et al. Assessing the social equity of urban parks: An improved index integrating multiple quality dimensions and service accessibility [J]. Cities, 2022, 129: 103839.

[11] Wolch J R, Byrne J, Newell J P. Urban green space, public health, and environmental justice: The challenge of making cities 'just green enough' [J]. Landscape and Urban Planning, 2014, 125: 234-244.

[12] Liu B X, Tian Y, Guo M, et al. Evaluating the disparity between supply and demand of park green space using a multi-dimensional spatial equity evaluation framework [J]. Cities, 2022, 121: 103484.

[13] 黄玖菊,林伊婷,陶卓霖,等.社会公平视角下深圳公园绿地可达性研究[J].地理科学,2022,42(5):896-906.

[14] 林琳,范艺馨,杨莹,等.健康视角下广州老年人步行距离阈值及影响因素[J].现代城市研究,2022,37(2):1-9.

[15] Knobel P, Dadvand P, Alonso L, et al. Development of the urban green space quality assessment tool (RECITAL) [J]. Urban Forestry & Urban Greening, 2021, 57: 126895.

[16] Zhang J G, Cheng Y Y, Zhao B. How to accurately identify the underserved areas of peri-urban parks? An integrated accessibility indicator [J]. Ecological Indicators, 2021, 122:107263.

[17] Wan N, Zou B, Sternberg T. A three-step floating catchment area method for analyzing spatial access to health services [J]. International Journal of Geographical Information Science, 2012, 26(6): 1073-1089.

[18] Luo J. Integrating the huff model and floating catchment area methods to analyze spatial access to healthcare services [J]. Transactions in GIS, 2014, 18(3): 436-448.

作者简介:刘一鸣,夏谱睿,张国伟,东北林业大学园林学院在读硕士研究生。研究方向:风景园林规划与设计。

侯韫婧,博士,东北林业大学园林学院副教授。研究方向:风景园林规划与设计。

基于生态系统服务量化的城市绿地空间公平性研究

谢慧黎　施智勇　王圳峰　王欣珂　胡晓婷　黄柳菁　刘兴诏

摘　要　城市绿地提供的生态服务有利于提升居民健康和福祉，绿地公平性研究议题为实现供（绿）需（人）匹配、解决区域间资源获取不平衡、提升居民生活品质提供科学支撑。以福州市主城区为研究区域，在分析城市绿色空间与城市绿地生态系统服务价值（ESV）的基础上，构建城市绿地生态指数（GEI），利用基尼系数与洛伦兹曲线、区位熵法、空间自相关与皮尔森相关性分析模型，从空间维度探讨研究区绿地生态调节服务的空间分布、供需匹配特征、区域差异性以及公平性影响要素。结果表明：福州市主城区城市绿地 ESV 具有明显的空间异质性，总体呈现出外围高、中心低的空间分布格局。研究区各街道绿地生态系统服务水平差异较大，存在空间不公平现象。基于福州市城市发展现状，针对不同区域提出相应的规划措施建议，做到优先发展落后区域，结合人口分布情况和现有自然环境基础建设更新城市绿地，力求供需匹配和区域间协调发展。

关键词　城市绿地；公平性；生态系统服务价值（ESV）；绿地生态指数（GEI）；供需匹配

1　引言

城市绿地（UGS）作为城市生态系统的重要组成部分，具有维持碳氧平衡、调节小气候、改善空气质量、减少噪声污染、涵养水源等生态效益，为提升人类福祉做出极大贡献。快速的城市化进程促使城市人口聚集、经济水平不断提升，生态环境也产生了巨大变化。新时代的城市具有高密度的空间特征，有限的开发用地与居民与日俱增的美好生活需求之间的矛盾，为城市规划者带来了巨大的考验。对 UGS 生态系统服务的公平性研究有助于解决：① 何种 UGS 布局才能让居民最大限度地享有其带来的生态红利？② 如何实现 UGS 资源的公平分配以及区域间的协调发展？

绿地公平性议题经历了"空间均衡-社会公平-社会正义"的发展阶段，已形成较为完备的评价体系和范式，大多从服务供给侧（绿地）、需求侧（人口）和连通介质侧（获取方式）进行优化，如绿地建设情况评价、区分人口属性[1]、改变出行模式[2]。以往研究更多关注城市公园的休闲、文化类服务，忽略了其他类型绿地的效益，缺乏对生态服务的关注。生态系统服务是自然界对人类福祉所作出的直接与间接的贡献，通过货币价值将生态系统服务量化，将价值化无形为有形，为空间维度的评价提供了契机，亦能为城市规划者和决策者提供科学指引。已有学者开始关注 UGS 生态服务的公平性，如党辉等评价了西安市绿地公平性，但仅计算了绿地本身价值，未考虑绿地实际服务情况[3]；陈富康等选取调节、支持、文化服务三大类十小类指标，基于网络分析法提出了生态系统服务价值量化与公平性评价方法[4]，缺憾在于部分生态类服务的作用方式不会沿设定路径传播。

基于此，本研究聚焦 UGS 生态调节服务，计算其地方生态系统服务价值（ESV），根据绿地面积划分缓冲区服务范围，基于 ESV 与实际服务人口情况提出城市绿地生态指数（GEI），用基尼系数与洛伦兹曲线、区位熵法、空间自相关与皮尔森相关性分析模型，从空间维度分析研究区 UGS 生态服务的空间分布现状、供需匹配特征、区域差异性以及公平性影响要素，提出福州市主城区绿地布局的优化措施，以期为改善城市生态环境、提升居民福祉提供科学参考。

城市绿地的概念还未形成统一的认识，本研究参考《城市绿地分类标准》（CJJ/T 85—2017）将公园绿地、生产绿地、防护绿地、附属绿地及区域绿地设定为城市绿地，而城市绿色空间定义为城

＊ 国家自然科学基金"植物碳磷化学计量学特征对城乡温度差异的响应及其机制"（编号：31800401）；福建省科技创新项目"基于山水林田湖草系统的闽江流域生态安全格局"（编号：KY-090000-04-2021-012）。

市中所有自然或人工的植被覆盖区域[5]。城市绿色空间中非城市绿地部分有着生态系统服务价值,是规划城市绿地的潜在区域,因此本研究对城市绿色空间生态系统服务价值也进行量化和空间分析,作为提出建设策略的参考依据。

2 研究区域与研究方法

2.1 研究区概况

福州市是福建省下辖地级市、省会,总面积约 11 968 km²,亚热带季风气候,气温适宜,温暖湿润。建成区园林绿地面积约 16 434 hm²,绿化覆盖率约 43.1%。截至 2021 年底,福州市常住人口总数约 842 万人,地区生产总值 11 324.48 亿元,城镇化率 73%。福州市平均人口密度 714 人/km²,位于核心区域的人口密度高达 800 人/km²,而发展不完全的区域仅为 30 人/km²。2022 年福建省政府出台的一系列政策,要求深化"生态省"建设,系统推进美丽城市建设,优化绿色空间布局也位列其中。本研究选取福州市主城区为研究区域,包括 30 个街道 9 个镇(图1)。

2.2 数据获取与预处理

2.2.1 城市绿地数据

本研究选取 2020 年 6 月高分一号(GF1)遥感数据进行大气校正、影像裁剪、统一坐标系等预处理操作,并参考谷歌地图人工目视解译,得到福州市城市绿色空间分布图,作为生态系统服务的研究基础数据(图2)。随机选取 230 个样点进行精度检验,kappa 系数为 0.87,数据精度较好,通过一致性检验。

遵循《城市绿地分类标准》(CJJ/T 85—2017),将面积大于 500 m² 的公园绿地、防护绿地、广场用地、附属绿地和区域绿地均包含在研究内容(图3)。已有研究表明城市绿地面积与生态服务作用范围有较强的正相关关系,即绿地面积越大,服务范围越广。参考以往研究,综合考虑福州市现实情况,将城市绿地依据面积划分为 5 类,并赋予相应的服务范围(表1)。

2.2.2 人口数据

人口数量一定程度上可以代表对 UGS 的需求量,为了得到更精确的研究结果,本研究以建筑单体作为人口计算单元。根据第七次全国人口普查的各街道人口、建筑轮廓、建筑高度与用地分类数据,估算各建筑人口数量(图4)。计算公式如下:

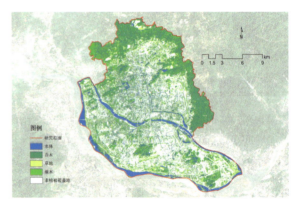

图2 福州市主城区绿色空间分布图

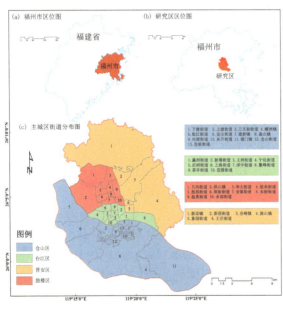

图1 研究区区位及信息图

图3 福州市主城区 UGS 分级图

表 1 福州市主城区 UGS 分类统计表

规模/hm²	面积/hm²	占比/%	服务范围(d_0)/m
≥20	3 305.07	82.45	2 500
10～20	206.56	5.15	1 000
5～10	98.26	2.45	800
1～5	174.48	4.35	500
<1	224.33	5.60	250
总计	4 008.71	1.00	—

$$D_k = \frac{(RA_K \times n)}{RA} \times POP_i \quad (1)$$

$$RA = \sum_{i=1}^{K}(RA_K \times n) \quad (2)$$

式中：D_k 是第 k 个建筑的人口数量；RA_K 是该建筑轮廓面积，n 为建筑层数；RA 是建筑 K 所在街道的居住总面积；POP_i 是街道 i 的人口总数。

随机选取 30 个建筑作为样本，通过调查这些建筑的户数，按照户均 3.5 人对公式 1、2 的计算结果进行检验，平均准确率在 82%，因此认为本估算能够较好地反映居民人口数据。

2.2.3 其他数据

本研究所涉及的降雨、蒸散发、地表径流、土壤最大根系埋藏深度和土壤可用水容量等栅格数据，最终统一为 WGS_1984_UTM_zone_50N 投影坐标系(2 m 分辨率)。月租房费用一定程度上可以表征该区域的经济发展水平，本研究根据月租房户数与租金估算各街道的平均月租房费用，并用其表征该街道的经济发展水平。经济、生态及价值估算等文本数据经过计算与处理，最终赋值于各行政街道。所有数据来源以及原始空间分辨率见表 2。

2.3 研究方法

2.3.1 生态系统服务价值(ESV)研究

已有研究表明 UGS 对人类健康的影响多从调节环境进行，基于福州市的自然环境与经济发展水平，参照以往国内外对城市绿色空间的研究成果，选取涵养水源、调节温度、固碳、释氧、净化空气、滞尘以及减少噪声 7 项调节类服务作为生态系统服务价值评价指标[6-8]。根据不同生态服务指标的特点，采用不同的价值法计算，其中涉及的相关参数、系数选取均来自福州及土壤、气候、植被特征基本一致的邻近区域研究成果(表 3)。ESV 为以上 7 个分项价值之和。

2.3.2 绿地生态指数(GEI)研究

在以人为本的城市规划中，UGS 作为生态服务供给侧，量化其自身拥有的生态系统服务价值固然重要，但计算实际服务于需求侧(即人类)的价值对探究资源分配的均衡性、供需匹配问题意义更大，因此本研究基于可达性构建了绿地生态指数(GEI)。UGS 生态调节服务的作用效果不应是按照既定道路网络，而是在整体空间上进行无序扩散的效果。本研究采用缓冲区法，以 UGS 边界为中心，向外缓冲 d_0 计算 UGS 的实际服务效用。以行政街道为统计单元，在 ESV 的基础上，叠加城市绿色空间服务覆盖的人口数与所在街道总人口的比值，即为绿色生态指数(GEI)。计算公式如下式(3)：

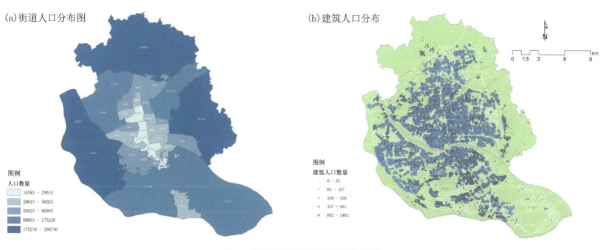

图 4 福州市主城区人口分布图

(a) 街道人口分布；(b) 建筑人口分布

表 2 数据来源

数据集	原始空间分辨率	数据格式	数据来源
城市绿色空间	2 m	栅格数据	高分辨率遥感影像(https://www.gditu.net/)
城市绿地	1∶25 000	矢量数据	高分辨率遥感影像(https://www.gditu.net/) 百度地图(https://map.baidu.com/)
人口数据	1∶25 000	矢量数据	人口普查数据(http://tjj.fuzhou.gov.cn/zz/fztjnj/) 高分辨率遥感影像(https://www.gditu.net/) 百度地图(https://map.baidu.com/)
行政边界	1∶25 000	矢量数据	中国科学院资源环境科学与数据中心(https://www.resdc.cn/)
降水数据	30 m	栅格数据	ERA5-Land 再分析产品
蒸散发数据	30 m	栅格数据	CRU TS v. 4.05 再分析产品
地表径流量	30 m	栅格数据	国家青藏高原科学数据中心(https://doi.org/10.11888/Atmos.tpdc.272864.)
土壤的最大根系埋藏深度	250 m	栅格数据	SRIC 世界土壤信息数据库(https://doi.org/10.1371/journal.pone.0169748)
土壤可用水容量	250 m	栅格数据	
经济数据	—	文本数据	福州市统计年鉴(http://tjj.fuzhou.gov.cn/zz/fztjnj/2021tjnj/indexch.htm)
生态及价值估算数据	—	文本数据	福建省生态环境厅(http://sthjt.fujian.gov.cn/)

表 3 福州市主城区绿地生态系统服务价值(ESV)量化汇总表

服务指标	计算公式	方法介绍
固碳	$C_T = \sum_i^3 S_i \times (C_{i-above} + C_{i-below} + C_{i-soil} + C_{i-dead})$ $X_C = T_C \times C_T$	模型计算法、碳税法。基于 InVEST 模型计算碳储量,C_T 为地上生物碳、地下生物碳、土壤碳和死亡有机碳的总量(t);T_C 表示碳税率 150 \$·t^{-1},2022 年美元兑人民币年平均汇率为 1 美元兑 6.726 1 元人民币
释氧	$X_O = \sum_i^3 1.19 \times C_O \times S_i \times B_i$	影子工程法。式中 X_O 是释氧服务价值;C_O 表示工业制氧价格,取 700 元·t^{-1};B_i 为单位面积净生产力,取乔木净生产力 21.84 t·(hm^{-2}·a^{-1}),灌木 4.20 t·(hm^{-2}·a^{-1}),草地 3.29 t·(hm^{-2}·a^{-1})
减少噪声	$X_N = S_Q \times K_N \times 40^{-1}$	面积折算法、市场价值法。X_N 是减少噪声服务价值;研究表明,灌木、草地对噪声减弱作用较小,因此本研究仅考虑乔木层的噪声阻绝作用。S_Q 是乔木面积(hm^2);根据研究 1 km 长的城市隔音墙隔音减噪作用相当于 1 km 长 40 m 宽的城市绿化用地的隔音减噪作用,将乔木面积折算为城市隔音墙,K_N 取 400 000 元·km^{-1}
调节温度	$E = \sum_i^3 EPP_i \times S_i \times D \times 10^6/(3\,600 \times r)$ $X_T = E \times P_e$	生态系统蒸散法、替代成本法。E 为蒸腾蒸发消耗的总能量(kW·h·a^{-1});EPP_i 为 i 类植物蒸腾消耗热量(kJ·m^{-2}·d^{-1}),森林、灌丛、草地单位面积蒸腾吸热量分别取值 70.4、39.2、25.6 kJ·m^{-2}·d^{-1};r 为空调能效比,取值为 3;D 为空调开放天数(d),采用 2020 年福州最高气温大于 26 ℃ 的天数,取值 169。X_T 为降温调节的价值(元·a^{-1});P_e 为福建电价,取值 0.5 元·kWh^{-1}
净化空气	$X_A = \sum_i^3 S_i \times (Q_{Si} \times F_S + Q_{Ni} \times F_N)$	统计监测法、替代成本法。单位面积年吸收污染物量参考《福建省生态产品总值核算技术指南》,Q_{Si} 和 Q_{Ni} 分别为 SO_2 和氮氧化物单位面积净化量,乔木、灌木、草地分别取 112.77、40.85 和 21.70 kg·hm^{-2},氮氧化物分别为 159.72、30.23 和 24.87 kg·hm^{-2},F_S 为治理 SO_2 费用,取 1 083.2 元·t^{-1};F_N 为治理氮氧化物费用,取 3 114.9 元·t^{-1}

(续表)

服务指标	计算公式	方法介绍
滞尘	$X_D = \sum_i^3 F_D \times S_i \times Q_i$	面积吸收法、市场价值法。X_D 表示滞尘的服务实际价值(元·a^{-1})，Q_i 为单位面积植被年滞尘数量 t·(hm^{-2}·a^{-1})，F_D 为降尘清理费用(元·t^{-1})。本文以阔叶树滞尘能力为乔木滞尘能力，参考以往文献估算灌木及草地滞尘能力，最终分别取乔木、灌木和草地滞尘能力为 10.11、22.75 和 9.10 t·(hm^{-2}·a^{-1})，F_D 为工业削减粉尘费用 170 元·t^{-1}
涵养水源	$Q_W = \sum_i^3 10 \times S_i \times (P_{ri} - R_{vi} - E_{vi})$ $X_W = C_W \times Q_W$	水量平衡法、影子工程法。Q_w 为水源涵养量(m^3·a^{-1})；P_{ri} 为产流降雨量(mm·a^{-1})，R_{vi} 为地表径流量(mm·a^{-1})，E_{vi} 为年蒸发量(mm·a^{-1})；X_W 为水源涵养价值(元·a^{-1})；C_w 为水库单位库容的工程造价，取 30.79 元·m^{-3}

注：S_i 为第 i 类植被类型面积，S_Q、S_G 和 S_C 分别为乔木、灌木和草地面积(hm^2)。

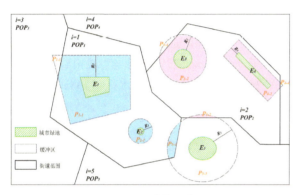

图 5　GEI 计算示意图

$$GEI_i = \sum_{i=1}^n \frac{E_n \cdot P_{ri}}{POP_i} \quad (3)$$

式中，GEI_i 为 i 街道绿地生态指数；E_n 为城市绿地 n 的 ESV，P_{ri} 分别为第 n 个城市绿地在 i 街道内服务人口数量；POP_i 为 i 街道的人口总数(图 5)。

2.3.3　基于 GEI 的空间公平性研究

本研究引入洛伦兹曲线与基尼系数，基于 GEI，从整体上评价研究区内 UGS 所提供生态服务的空间公平性水平，判断是否存在空间上的资源分布不均衡[9](表 4)。计算公式如下：

$$GINI = 1 - \sum_{i=1}^n (q_i + q_{i-1})(p_i - p_{i-1}) \quad (4)$$

式中，$GINI$ 为基尼系数，q_i 为街道 GEI 累积占比，p_i 为街道累积百分比。

表 4　基尼系数与公平性等级对应表

GINI	<0.2	0.2~0.3	0.3~0.4	0.4~0.6	>0.6
等级	完全公平	比较公平	相对合理	较大差异	差异显著

区位熵法用来评价部分区域相对整体区域平均水平的关系，能实现对 UGS 不公平区域的精准识别。计算公式如下：

$$LQ_i = \frac{\left(\dfrac{GEI_i}{POP_i}\right)}{\dfrac{GEI}{POP}} \quad (5)$$

式中，LQ_i 为 i 街道城市绿地生态服务能力区位熵；GEI 为 39 个街道城市绿地生态服务指数总和，POP 为福州主城区人口总数。若街道区位熵大于 1，表明该街道人均享有城市绿地生态服务水平高于研究区平均水平；若小于 1，则表明低于研究区平均水平，应被视为优先规划区域。

2.3.4　相关性分析

全局空间自相关是对空间集聚程度的判断。城市作为一个完整的发展单元，在空间维度探讨其内部区域间的相关性显得尤为重要。本研究引入莫兰指数，取值[-1,1]，若 Moran' I>0，说明研究对象间存在正相关空间关系，呈集聚状态；Moran' I=0 时不存在空间关联性；若 Moran' I<0，说明存在空间负相关关系，空间上呈现离散状态[10]。

皮尔森相关系数表示两个变量间的相关性，取值范围为(-1,1)，大于 0 表示两个变量存在正相关关系，小于 0 则处于负相关关系。相关系数绝对值越趋近于 1，变量间的相关性越强；越接近于 0，相关性越弱。本研究使用 SPSS 的 Pearson 相关系数模块，探讨人口、经济、地理等要素与生态系统服务价值以及空间公平性间的相关关系，并结合研究区实际建设情况提出相应建设策略，总结城市空间发展的普适规律。

3 结果与分析

3.1 ESV 与 GEI

福州市主城区 2020 年城市绿色空间生态系统服务价值为 8 278 504.65 万元,其中城市绿地占 26.19%,达到 216 822.74 万元。城市绿色空间与城市绿地所提供的生态系统服务中,各项价值排名整体上具有一致性,涵养水源、调节温度与净化空气排名靠前,滞尘与固碳提供的价值最少(表 5)。研究区各街道间 ESV 差异较大,总体呈现出外围高、中心低的空间分布格局(图 6)。城市绿色空间与城市绿地的 ESV 空间异质性较为明显。

GEI 综合考虑了城市绿地生态系统服务价值、服务人口与实际需求人口,代表了 UGS 在各街道为人类所提供服务的相对价值。利用自然间断法将 GEI 分为 5 类(图 7)。GEI 高值区分布在研究区外围的鼓山镇、鳌峰街道等以及仓山区中部的盖山镇、对湖街道等;低值区为仓山区的螺洲镇和研究区中部的组团街道。

3.2 基于 GEI 的公平性分析

基尼系数计算结果为 0.436,表明城市绿地生态系统服务空间差异较大,存在空间不公平现象(图 8)。

参考以往文献将区位熵划分为 5 个等级(表 6、图 9)。结果表明,福州市主城区各街道间人均享有 UGS 生态服务量存在显著差异,表现出空间不公平现象。街道人均 GEI 高于平均水平的街道有 20 个,占比 51.3%,低于平均水平的街道有 19 个,占比 48.7%。

为便于分析造成各街道区位熵值差异的原因,结合各街道面积、人口密度、城市绿地面积、ESV 和 GEI,以及经济发展水平对福州市主城区街道进行分类(图 10)。

表 5 生态系统服务价值统计

类型	固碳	释氧	减少噪声	调节温度	净化空气	滞尘	涵养水源	总计
城市绿色空间(万元)	13 477.86	60 485.71	26 353.22	2 518 589.00	2 123 148.68	17 188.61	3 519 261.57	8 278 504.65
排名	7	4	5	2	3	6	1	—
城市绿地(万元)	3 247.95	17 193.82	8 556.56	610 264.90	593 904.70	3 132.63	931 922.11	2 168 222.74
排名	6	4	5	2	3	7	1	—
占比	24.10%	28.43%	32.47%	24.23%	27.97%	18.23%	26.48%	26.19%

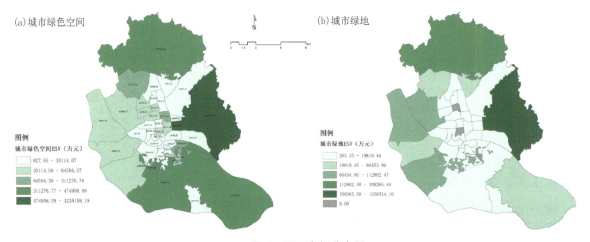

图 6 ESV 空间分布图

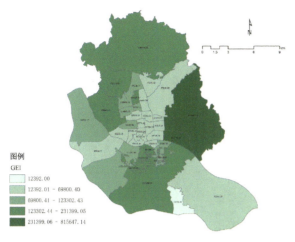

图7 城市绿地GEI空间分布图

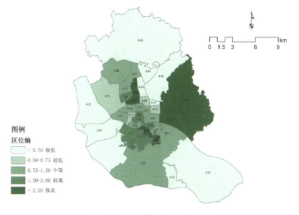

图9 区位熵空间分布图

表6 区位熵分级统计表

等级	区位熵值	街道(镇)数量/个	所占比例/%	备注
极低	<0.50	9	23.1	街道人均GEI低于研究区域平均水平的1/2
较低	0.50~0.75	4	10.3	
中等	0.75~1.20	11	28.2	
较高	1.20~2.00	7	17.9	
极高	>2.00	8	20.5	街道(镇)人均GEI高于研究区域平均水平的2倍
高于平均水平	>1.0	20	51.3	
低于平均水平	<1.0	19	48.7	

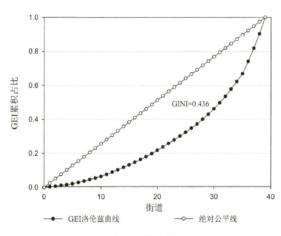

图8 洛伦兹曲线

区位熵值为极低或较低的街道(镇)有13个,主要分为四类:第一类是金山、茶园、温泉和象园街道,其占地面积和UGS面积、人口密度均适中,UGS生态建设情况较好,而GEI排名较差,说明存在较严重的供需不匹配情况。第二类为建新镇、螺洲镇、岳峰镇和洪山镇,这些街道(镇)分布于研究区外围,发展起步较晚,缺乏UGS建设。第三类街道经济发展水平较高,人口密度大,留给UGS的空间不足,包括王庄、水部和义洲街道;第四类是新店镇,拥有较多的城市绿地资源,但面积大,人口较少,且分布散乱,而UGS生态服务范围有限,导致服务到的人口也较少。

区位熵值处于极高的街道有8个,分为三类:第一类的鳌峰、安泰和鼓山镇(街道)分布有大面积的城市绿地,人口密度相对较小,城市绿地资源占绝对优势;第二类为仓前街道,其UGS面积较小,但位置分布合理、建设情况较好,刚好可以覆盖人口需求;第三类包括三叉街、东升、东街和鼓东街道,这些街道面积小,人口密度大,街道内部分布的UGS极少甚至没有,但由于街道周围分布有UGS,依然可以较好地满足人口需求。

3.3 相关性分析结果

皮尔森相关性分析结果见表7。区位熵值与城市绿地面积、ESV、街道面积、人口密度、经济水平均无显著相关性,表明并非绿地越多越好、UGS自身的生态价值越高就越好,而应合理布局UGS位置,优先让多数人享受绿地而非少数人享受优质的服务。资源人均享有水平与街道面积、人口聚集程度、街道经济水平并无必然联系。城市绿地面积与人口密度、经济水平呈现0.01级别

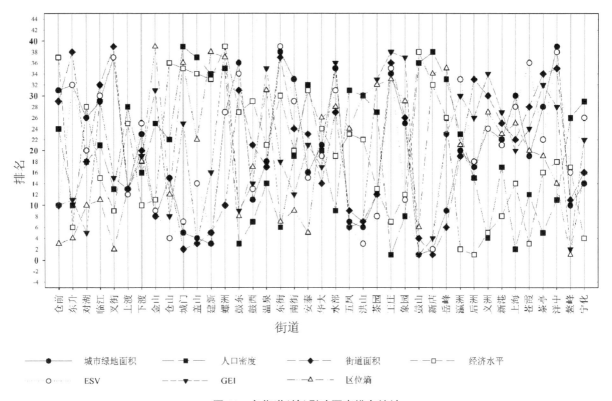

图 10 各街道(镇)影响要素排名统计

显著负相关,而人口密度与经济水平呈现显著正相关,说明高密度的人口促进了经济的发展,但造成了 UGS 空间不足。街道面积与城市绿地面积、生态系统服务价值呈现 0.01 级别的显著正相关,但与人口密度、经济水平呈现显著负相关,表明街道面积越大,相对的 UGS 面积越大,人口密度就越小,经济水平就越低。这是因为研究区的城镇化发展由中心向外,人口集聚在城市化已发展完全的小面积街道,尚存较多面积较大而经济发展不足的镇。

表 7 全局莫兰指数

	ESV	GEI	区位熵
Moran 指数	0.046	0.094	0.131
z 得分	2.265	2.968	3.440
p 值	0.023	0.003	0.001

城市绿地 ESV、GEI 和区位熵的全局莫兰指数结果均有不同程度上显著的空间聚集现象(表 7)。ESV 在 5% 的情况下存在聚集现象。GEI 一定程度表示绿地与人的供需关系,区位熵代表相较于平均水平下的资源分配情况,二者在 1% 的水平下均有聚集现象,聚集效应显著。对这些指标分别进行局部莫兰指数分析(图 11)。ESV 和 GEI 在研究区中部均出现了低值聚集区,GEI 在城门镇也形成了低值聚类区,与福州市城市化进程保持一致,与相关分析结果相呼应。GEI 与区位熵在研究区东侧均出现了高值集聚现象。区位熵在研究区中南部出现了"低-高离群"现象,这也证实了资源分配不公平现象,应优先制定相应政策,力争资源分配的平均化。

4 讨论

以往关于绿地公平性的研究对象大多为城市公园,忽略了附属绿地、街旁绿地、社区绿地等所提供的服务;研究主要关注休闲、文化、美景等服务,而 UGS 提供的生态系统服务价值不容小觑,其无形但无价,应进行单独讨论。现有对 UGS 生态系统服务的研究,集中在用多种计算方法将价值量化,绿地生态系统服务对人提供实际效益的探讨不足。本文构建的 UGS 生态系统服务公平性评价模型选取了城市绿地系统范畴内的各类绿地,将 UGS 直接或间接影响人类生活的生态服务要素作为量化指标,从绿地服务与人口需求之间的空间分布情况进行公平性评价,扩充了绿

表8 皮尔森相关性分析

		区位熵	GEI	城市绿地面积	ESV	街道面积	人口密度	经济水平
区位熵	皮尔森相关性	1	.472**	−.025	.072	−.250	.027	−.019
	Sig.（双尾）		.002	.878	.662	.126	.872	.908
GEI	皮尔森相关性	.472**	1	.742**	.764**	.352*	−.283	−.302
	Sig.（双尾）	.002		.000	.000	.028	.081	.061
城市绿地面积	皮尔森相关性	−.025	.742**	1	.944**	.717**	−.431**	−.462**
	Sig.（双尾）	.878	.000		.000	.000	.006	.003
ESV	皮尔森相关性	.072	.764**	.944**	1	.514**	−.299	−.377*
	Sig.（双尾）	.662	.000	.000		.001	.064	.018
街道面积	皮尔森相关性	−.250	.352*	.717**	.514**	1	−.577**	−.546**
	Sig.（双尾）	.126	.028	.000	.001		.000	.000
人口密度	皮尔森相关性	.027	−.283	−.431**	−.299	−.577**	1	.517**
	Sig.（双尾）	.872	.081	.006	.064	.000		.001
经济水平	皮尔森相关性	−.019	−.302	−.462**	−.377*	−.546**	.517**	1
	Sig.（双尾）	.908	.061	.003	.018	.000	.001	

**. 在0.01级别（双尾），相关性显著；*. 在0.05级别（双尾），相关性显著。

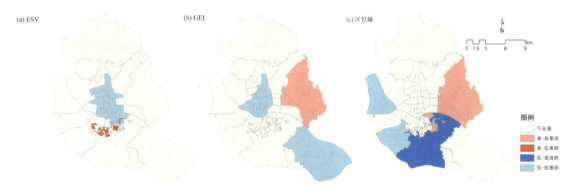

图11 空间聚类分析

地公平性的研究方向。而以行政街道为评价基本单元，能较精准识别居民需求与服务供给，为政策法规的制定与执行提供便利与科学指引。

研究结果表明，福州市主城区的UGS生态系统服务存在空间不公平现象。UGS空间布局与人口分布、经济发展和城市化进程息息相关，基于街道地理、人文、经济要素的共同分析，提出以下规划建议：

1）优先建设位于研究区外围、发展不完全、缺乏城市绿地建设的街道（镇），参考城市绿色空间分布情况，在现有自然环境基础上新建城市绿地。

2）对于供需不匹配以及地理面积大、人口分布分散的街道（镇），应以供需匹配为第一原则，结合人口分布情况选定城市绿地建设地。

3）人口密度大、经济发展水平较高的街道（镇），更新现有城市绿地，提高城市绿地服务水平；综合考虑周围街道（镇）建设情况合理布局，实现城市绿地跨街道（镇）服务。

城市绿色空间中的非城市绿地部分在提供生态系统服务上具有重大贡献，如路旁的行道树、城市化过程中的废弃耕地、荒野地、分布在各处面积较小的零星自然植被等，其边界不易被界定，生态服务的作用范围亦不能简单确定，日后研究可以引入景观格局概念进一步探讨。

本研究提出一种基于生态系统调节服务的空间公平性评价模型，为城市绿地与人的空间作用机制研究提供了一种新的思路，但对距离效应、交互作用和尺度效应探讨不足。如生态系统服务对于人的影响效果，是否会随着距离的增大而衰减？两个或多个城市绿地共同服务到的范围其作用机制是怎样的？在不同研究尺度上进行探讨是否会出现不同的结果？这些问题亟待地理学、生态学、城乡规划等相关学科的科研人员进行多学科交叉研究。

5 结论

本研究将城市绿色空间与城市绿地实际生态系统服务价值进行量化，结合城市绿地实际服务情况构建了街道绿地生态指数，并评判了UGS生态服务的空间公平性。最后引入空间自相关分析在空间维度上探寻ESV、GEI和区位熵的空间分布规律，综合社会、经济发展水平，分析城市建设情况对UGS生态系统服务的影响要素，及其间相关关系，提出规划对策，以期为改善城市生态环境、提升居民福祉提供科学参考。本研究得出以下结论。

① 福州市主城区2020年城市绿色空间ESV达到8 278 504.65万元，城市绿地ESV为216 822.74万元。各个街道间生态系统服务价值差异较大，总体呈现出外围高、中心低的空间分布格局。

② 研究区各街道间城市绿地生态系统服务水平差异较大，存在空间不公平现象。造成人均享有城市绿地生态服务量低的主要原因为：人绿间供需不匹配；绿地发展不充分，缺乏UGS建设；人口密度大，UGS空间不足；地理面积大，人口分布分散，UGS服务范围有限。

③ 基于福州市城市发展现状，针对不同区域采取相应的规划措施。做到优先发展落后区域，结合人口分布情况和现有自然环境基础建设更新UGS，做到供需匹配和区域间协调发展。

参考文献

[1] 张徐,李云霞,吕春娟,等.基于InVEST模型的生态系统服务功能应用研究进展[J].生态科学,2022,41(1):237-242.

[2] 汪中华,陈保华.经济增长—生态环境—人口集聚时空耦合及空间效应研究:以松花江流域为例[J].生态经济,2023,39(7):171-177.

[3] 段彦博,雷雅凯,吴宝军,等.郑州市绿地系统生态系统服务价值评价及动态研究[J].生态科学,2016,35(2):81-88.

[4] 金荷仙,何格,黄琴诗.社会公平视角下的杭州城市公园绿地可达性研究[J].西北林学院学报,2022,37(3):261-267.

[5] 党辉,李晶,张渝萌,等.基于公平性评价的西安市城市绿地生态系统服务空间格局[J].生态学报,2021,41(17):6970-6980.

[6] 牛爽,汤晓敏.高密度城区公园绿地配置公平性测度研究:以上海黄浦区为例[J].中国园林,2021,37(10):100-105.

[7] 马跃,沈山,史春云.徐州主城区绿地空间布局公平性评价与优化研究[J].现代城市研究,2022,37(7):58-64.

[8] 张超,吴群,彭建超,等.城市绿地生态系统服务价值估算及功能评价:以南京市为例[J].生态科学,2019,38(4):142-149.

[9] Ke X L, Huang D Y, Zhou T, et al. Contribution of non-park green space to the equity of urban green space accessibility[J]. Ecological Indicators, 2023, 146: 109855.

作者简介:作者简介:谢慧黎,福建农林大学风景园林与艺术学院硕士研究生。研究方向:风景园林规划设计、绿色基础设施研究。

施智勇、王欣珂、胡晓婷,福建农林大学风景园林与艺术学院硕士研究生。研究方向:风景园林规划设计。

王圳峰,福建农林大学风景园林与艺术学院硕士研究生。研究方向:景观过程及其生态效应。

黄柳菁,福建农林大学风景园林与艺术学院副教授,硕士生导师。研究方向:城市生态学和园林生态学、生物多样性与植物功能性状、生态系统服务功能评价。

刘兴诏,福建农林大学风景园林与艺术学院城乡规划系主任,副教授,硕士生导师。研究方向:城乡生态规划、绿色基础设施研究。

·数字景观与技术应用·

基于数字技术的园林假山遗产结构性保护探究

张青萍　职慧　王岑岑

摘　要　园林假山作为中国古典园林的重要构成要素,其结构安全一直是保护工作中的重点。为进一步推动结合先进科学技术和方法的定量化园林假山遗产保护,本研究基于三维激光扫描、有限元软件力学分析等数字技术,以扬州何园西园黄石假山为例,对其进行三维数据采集、建模及整体假山数值模拟分析,明确假山结构易损部位,为假山遗产监测重点范围划定提供科学参考,为中国园林假山遗产的预防性保护提供新途径。

关键词　园林遗产保护;假山遗产;有限元分析;结构性保护;遗产监测

1　研究背景与研究意义

中国古典园林是中国传统文化的重要组成部分,被誉为世界园林之母和人类文明的重要遗产,具有独特的历史、文化和艺术价值。园林假山作为中国古典园林四要素中的首位,是园林山水意境表现的重要内容、园林遗产价值的核心载体,具有极高的历史与艺术价值。

假山处于露天环境中,长期受到自然环境和人为因素等多重影响,产生不同程度的破坏。近年来因假山结构性问题造成的损坏频有发生,如苏州怡园假山山体坍塌[1]、狮子林见山楼南侧驳岸湖石间裂隙不断扩大,以及苏州环秀山庄假山临水区域发生不均匀沉降、假山移位、结构裂缝以及植物根劈等破坏现象[2]。研究团队在对江南地区园林假山的实地勘察过程中发现,瞻园、狮子林、沧浪亭、个园、何园等多处园林中假山出现明显裂缝及结构性损害,其中可上人的大型假山山脚处均出现明显裂缝,严重影响假山结构稳定性及游人安全(表1)。以上种种现象表明,假山的结构性问题已不容忽视,对于假山遗产的结构性

表1　江南园林假山遗产石体裂缝现象勘查

园林名称	山石裂缝		
瞻园	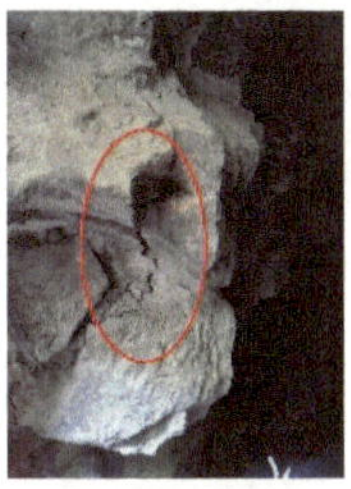 山洞底部	 山洞顶部1	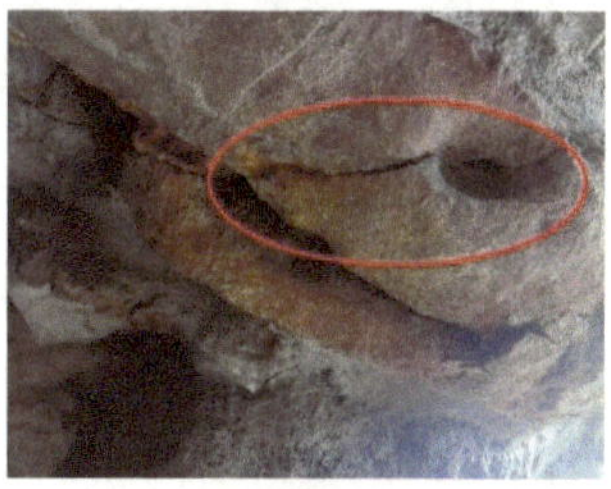 山洞顶部2
狮子林	 山洞底部1	 山洞底部2	 山洞顶部

(续表)

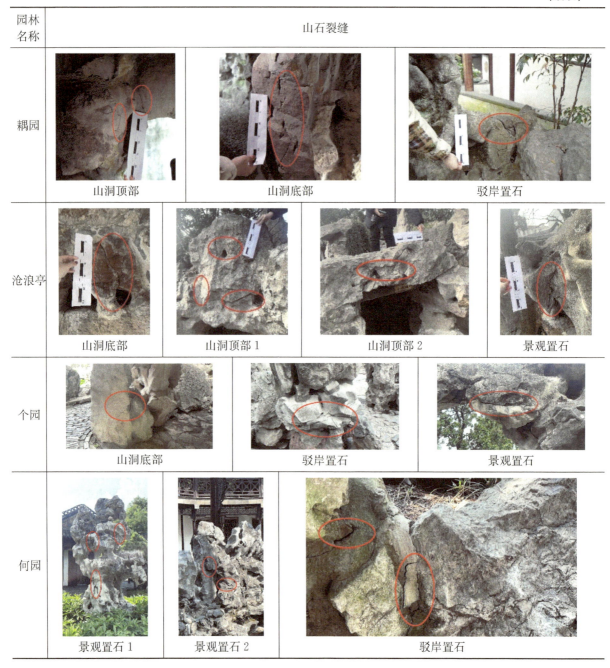

保护研究迫在眉睫。

目前已有许多学者就假山保护问题进行研究,梁慧琳等以环秀山庄假山为例对古典园林三维数字化测绘及其信息管理进行研究[3];张青萍团队将园林假山与砖砌建筑和石质文物等进行类比,就江南园林假山遗产提出预防性保护体系,并就假山意境提出针对假山环境的预防性保护[4];程洪福等人对环秀山庄假山遗产开展综合性动态监测,为假山遗产保护提供了动态数据[5];顾凯从景境价值与匠师的角度,探讨中国园林遗产中假山维修的目标与方法[6]。综合来看,目前假山遗产保护相关研究以假山价值、艺术意境、病害监测方向为主,针对园林假山结构安全研究的对象主要是已出现明显破坏的假山,尚未出现明显结构性病害的假山并没有列入研究与监测范围。研究团队通过调查访问得知,大多数园林对于假山的保护与监测工作还停留在人工巡查阶段,假山体量规模较大,对于未出现明显损坏的假山来说,明确具体监测位置较为困难,若进行整体监测将耗费巨大精力。

有限元法以最小势能理论为依据，利用数学方法对真实物理系统进行模拟，可以对结构的偏移与应力影响的过程进行预测。对于建筑遗产、石窟寺、土遗址等形体较为复杂的遗产，将三维扫描技术与有限元模拟相结合，能够识别遗产自身结构异常与脆弱性因素，为遗产监测、保护与修复提供科学参考[7]。如运用有限元模型研究圣玛尔塔教堂裂缝与形变产生的原因与机理[8]；将有限元受力性能模拟与三维模型相结合，研究明代砖砌无梁殿的静力结构性能，探究遗产裂缝和倾斜的产生机制[9]；也有学者基于有限元软件对叠山技艺进行数字仿真模拟研究[10]。本文将有限元法引入假山遗产保护中，以假山三维模型为数据基础，结合有限元模拟，分析得到假山自身结构易损位置，以提高假山监测工作的精确度与效率，为假山遗产保护与修复、日常监测、管理与维护等方面提供科学参考。

2 基础数据获取

中国古典园林假山多使用湖石、黄石、宣石等自然石材进行堆叠，具有材料形态不规则、表面细节复杂、堆叠技艺丰富、周围环境复杂等特点。研究团队采用手持激光扫描仪 GEO SLAM ZEB-HORIZON 和地面三维激光扫描仪 Trimble-TX 相结合的方式，对园林进行三维扫描采集三维点云数据，并结合无人机摄影技术以获取园林整体平面图，最终得到包含九个世界文化遗产在内的江南地区12座著名私家园林的整体平面图，以及假山的三维点云数据，为后续的研究提供了技术支撑和模型数据信息。

2.1 假山三维数据获取与建模

本文选取何园黄石假山作为主要研究对象，通过软件 Trimble RealWorks11.2 对采集到的点云数据进行配准与合并，对已拼合的点云数据进行噪点、孤点以及假山以外多余数据的清理工作，以获得何园黄石假山的完整点云数据（图1）。

在 Trimble RealWorks 软件中使用三角面拟合构建假山点云得到初步实体模型，将模型从 Trimble RealWorks 导入至 Geomagic Studio 软件中，使用孔洞填充工具进行手动填补和修复，得到较为完整的假山三维模型（图2）。使用此流程

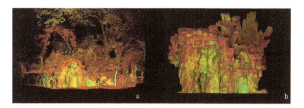

图1　何园黄石假山三维点云去噪前后对比
a. 去噪前；b. 去噪后

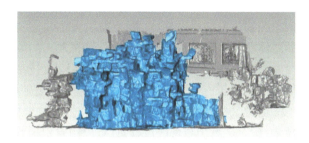

图2　何园黄石假山三维模型

获得的三维模型精度较高，常用于3D打印及精细化测量工作中。本研究重点关注假山的整体复杂结构，从最终模型可以看出，虽然局部因点云密度不够，在建模时与实际假山略有出入，但从整体来看模型可以还原实际假山的基本结构和几何形态，可为进一步进行有限元力学分析提供精准的模型基础。

2.2 明确假山基本材料性能

在有限元分析中，材料的属性对于其分析模拟结果有很大影响，因此在研究之前要明确假山材料性能。假山遗产石材大多为石灰岩和砂岩，依据前人实验数据得到典型假山石材的材料性能数据[11-13]，为 ABAQUS 力学分析积累基本参数（表2）。可以看出石材间的基本物理性质相差不大。各假山材料物理力学性质不作为本研究的重点，而对研究方法做普遍性探讨。在堆叠过程中对山石接缝处进行勾缝的做法，是为加强假山整体感，不涉及假山的结构稳定，因此本研究不考虑假山内部的各类黏合剂影响。

表2　石灰岩及砂岩基本物理性质

	石灰岩	砂岩
密度	2.75 g/cm³	2.6 g/cm³
泊松比	0.32	0.25
弹性模量	78 000 MPa	72 000 MPa
抗拉强度	2.8 MPa	2.9 MPa
抗压强度	85.1 MPa	68.4 MPa

3 假山简化模型的力学分析研究

在砖石建筑与古城墙保护中常利用有限元来研究沉降、倾斜、断裂问题,此方法被认为有助于探求结构损伤机制与起源[14]。然而有限元建模中并不能模拟砖石间的切割,这点一直受到学者们的广泛讨论[15]。有学者示这种砖石切割在模型中的缺失没有显著影响,因为砌块大小与建筑的总体积有关,这意味着每个砖石都表现出均匀性[16]。中国古典园林假山在材料特性以及技法传承上区别于古建筑营造,假山石块本身不规则,无法像建筑构件被规则拆分建模,同时堆叠技法复杂,少有文献记载堆叠过程,且难以肉眼识别假山内部具体石块的位置及搭接关系,无法类比建筑以文献图纸进行结构拆解。

3.1 假山的几何模型简化

在假山的结构研究中,常用几何模型来解析假山内部的堆叠技法。方惠在《叠石造山的理论与方法》中将石块简化为长方体解析堆叠技法[17];贾星星等人通过梳理假山古籍文献与叠山匠人的访谈记录,以三维点云数据为基础,从中提取出各石块的尺寸、搭接方式与角度等信息,以立方体构建假山几何简模,并对叠山技法及堆叠顺序进行推导和还原并加以分析研究[18]。虽然此种方法获取的假山结构模型过于理想化,无法运用到实际的假山力学分析中,但可以通过几何简模,对假山整体分析与分块分析之间的差异性做探讨。

本文选取可以清晰直观识别出山石堆叠技法、顺序与分层结构的黄石假山做技法拆解,以扬州何园假山山顶置石代表小型组合山石,以个园黄石假山代表中大型黄石山体,基于两者点云数据分别进行技法拆解、几何简模建立与对比分析,为下一步整体假山的受力分析提供依据。

何园假山山顶的小型置石由四块黄石组成,山石数量少,堆叠简单,在 Trimble RealWorks 中,对其点云模型使用测量工具测出每个体块的尺寸,包括长、宽、高,每个体块的相对位置与堆叠角度,详细记录后在 ABAQUS 中按照比例进行绘制并建立相应的几何模型(图3、图4)

个园黄石假山山石数量较多,分为上下两个

图3 基于点云的几何简模信息提取
a. 几何简模信息提取示意;b. 何园山顶置石原点云模型

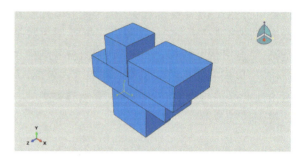

图4 何园黄石假山几何简模

区域,底部为小型山洞,采用挑飘技法组合,融为一体。研究团队在基于三维数字化的江南私家园林叠山技法研究中,以假山的三维点云为数据基础,结合 Trimble RealWorks 软件中的剖切工具,对假山点云进行局部推拉剖切,展现叠山技法的堆叠顺序、拆解假山山洞的分层结构,最终在 ABAQUS 绘制整体的黄石叠山几何简模(图5)。

3.2 整体对比实验

为进一步提高整体假山遗产有限元分析的科学性,使用假山几何简模设置对比试验,对假山的有限元模拟中,是否可以进行整体分析开展研究。研究中将山石组合假山视作一个整体,不考虑石块间的堆叠与接触关系,进行整体建模,内部体块不进行分割,或是分块建模装配后设置接触面关系为"焊接",以整体模型进行网格划分(图6)。对照组是将单块山石看成分步堆叠,考虑上下左右的接触面设置,分块建模装配后设置面与面的接触关系,选择合适惩罚的系数,以每个体块划分网格进行拼合(图7)。在 ABAQUS 中划分网格后,检查网格质量,输入材料参数与荷载约束进行求解,对比有接触和无接触两种模式下的计算结果(表3)。

图 5 个园黄石假山三维模型

图 6 几何简模整体网格划分

图 7 几何简模分块网格划分

小型山石组合对比计算结果显示，分块分析的最大应力值和最大应变均比整体分析要小，但两组最大值位置几乎一致，均位于从上至下第二层石块上方（图 8）。在中大型山石堆叠分块与整体分析在计算数值上有较小差异，位置基本一致（图 9）。计算结果表明，可以用整体代替分块以评估整体假山的结构性损坏情况，以明确假山山体的主要损伤部分。

表 3 几何简模整体与分块对比

		最大应力及位置	最大应变及位置	最大剪切应力及位置
小型山石组合组（何园）	整体分析	0.183 MPa，位于从上至下第二层石块上方	2.31×10^{-6}，位于从上至下第二层石块上方	0.114 MPa，位于从上至下第二层与第三层交界处
	分块分析	0.134 MPa，位于从上至下第二层石块上方	1.77×10^{-6}，位于从上至下第二层石块上方	0.100 MPa，位于从上至下第二层与第三层交界
中大型山石组合组（个园）	整体分析	0.907 MPa，位于从上至下第二层与第三层的接触面	1.53×10^{-4}，位于从上至下第二层与第三层的接触面	0.979 MPa，位于从上至下第二层与第三层的接触面
	分块分析	0.699 MPa，位于从上至下第二层与第三层的接触面	1.18×10^{-4}，位于从上至下第二层与第三层的接触面	1.05 MPa，位于从上至下第二层与第三层的接触面

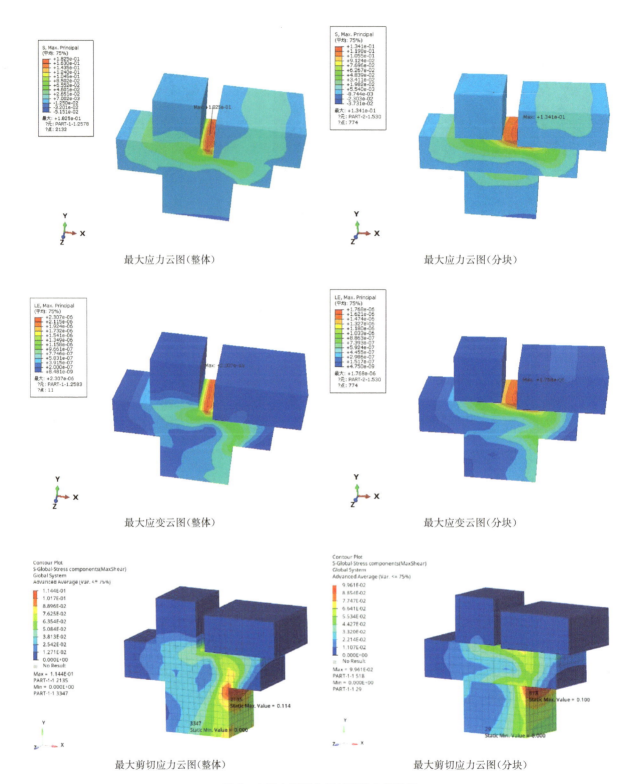

图 8　小型山石组合组（何园）分析结果

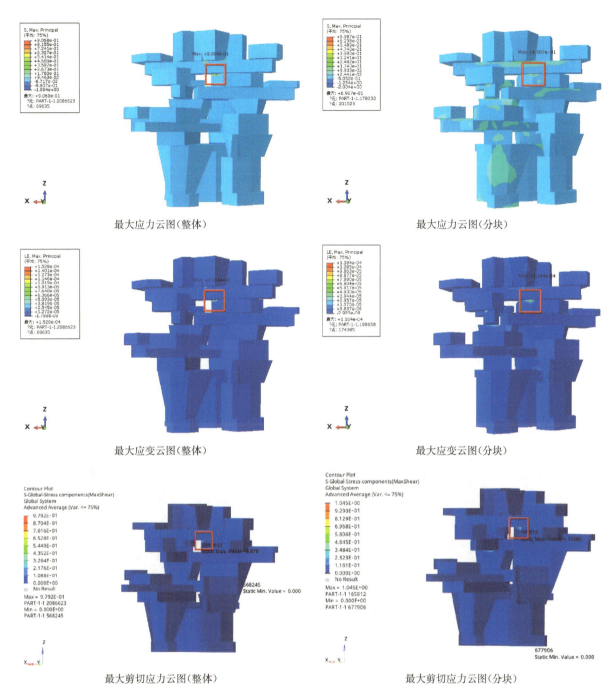

图9 中大型山石组合组(个园)分析结果

4 何园假山的整体力学分析

4.1 何园黄石假山概况

以扬州何园西园中黄石假山为研究对象,此山以黄石为主体堆叠,伴少许土方结构,蕴含精巧的假山堆叠技艺。假山以山洞为主体展开布局,洞高3.2 m,宽1.3 m,主峰横置于山洞顶部之上,次峰和配峰与其相邻;山洞外侧崖壁极具观赏性,为山体的主观赏面;山洞东侧为过道类山洞,由湖石假山和山体共同构成,假山山洞内设置游览路径,并设石梯供游人行走,具有典型的可游、可登、可观功能。

4.2 假山模型网格缩减

由于何园黄石假山体积较大,网格数量巨大,需将得到的实体模型文件导入前处理软件 AN-

SA 中进行预处理,以缩减网格数量。建模后得到初级模型面网格数量为 2 439 010 个,完整展现山体构造及山洞表达。网格缩减以保持假山构造和石块间的搭接关系为原则,缩减到合适的面网格数量(图 10)。以初级模型为原型,缩减约 40%~50% 的网格数量,得到具有 1 099 712 面网格的第一次缩减模型,第一次缩减后模型表面纹理弱化;重复对其进行缩减至第六次缩减为 83 638 面网格模型。由图 10 可看出经过六次网格缩减后,黄石假山表面纹理虚化,且石块与石块间的搭接关系弱化,各个石块融为一体,但仍保留原始模型的几何结构形态与山洞形态。以第五次网格缩减为最终简化模型进行计算,保留精度的同时减少了计算量。

第一次缩减

网格数量 1099712

第二次缩减

网格数量 479694

第三次缩减

网格数量 266936

第四次缩减

网格数量 168270

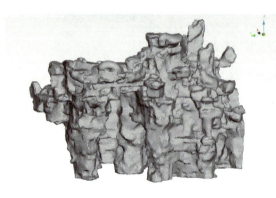

第五次缩减

网格数量 106206

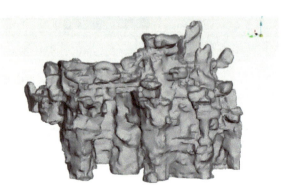

第六次缩减

网格数量 83638

图 10　何园黄石假山网格缩减过程

4.3 假山整体力学分析

将网格缩减后的模型导入 ABAQUS 后,对其进行网格质量检查,再输入材料参数和施加荷载。材料参数中选定密度、弹性和泊松比三种,输入表 2 中相应数值。荷载参数主要考虑假山自重与游人荷载,游人在何园西园黄石假山的登游停留活动,主要围绕山前石径、山洞内部及山顶平面展开,游人自重仅在山顶处才会对假山产生荷载影响。利用 Trimble RealWorks 软件提取山顶表面可站人面积,以 1 m²/人进行估算,得出山顶可容纳最大人数为 14 人,并按 65 kg/人对山顶平面进行荷载叠加,以此建立游人荷载下的假山受力模型;同时建立仅受自身重力的假山山体受力模型与之对比,荷载设置为山体本身的自重,对模型整体施加重力加速度 9.8 m/s²,基座设置为固定约束。最后设置显示动力学分析步骤,对其进行求解(图 11)。结果显示,何园黄石假山在仅受自重的情况下最大应力为 0.915 MPa,最大剪切应力为 0.495 MPa,均处于山洞的山脚处;其最大应变为 1.07×10^{-5},位于假山山顶挑飘置石的位置。何园黄石假山在游人荷载情况下最大应力为 0.931 MPa,最大剪切应力为 0.497 MPa,均位于山洞山脚处;最大应变值为 1.10×10^{-5},位于山

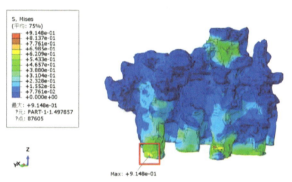
自重荷载下何园黄石假山应力云图

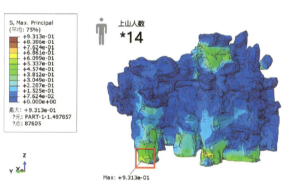
游人荷载下何园黄石假山应力云图

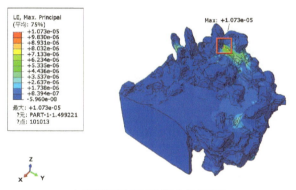
自重荷载下何园黄石假山应变云图

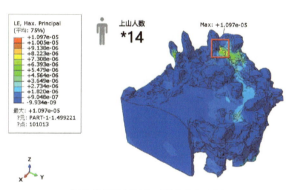
游人荷载下何园黄石假山应变云图

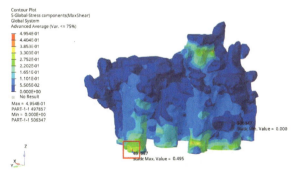
自重荷载下何园黄石假山剪切应力云图

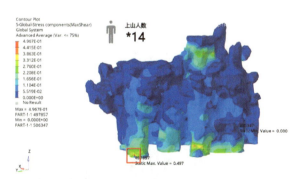
游人荷载下何园黄石假山剪切应力云图

图 11 自重及游人荷载下假山受力情况对比

表4　自重和游人荷载下何园黄石假山力学分析

	最大应力及位置	最大应变及位置	最大剪切应力及位置
自重荷载	0.915 MPa,位于山洞山脚处	$1.07×10^{-5}$,位于山顶挑飘置石处	0.495 MPa,位于山洞山脚处
游人荷载	0.931 MPa,位于山洞山脚处	$1.10×10^{-5}$,位于山顶挑飘置石处	0.497 MPa,位于山洞山脚处

顶挑飘置石处,在峰值的具体位置上均与自重荷载情况一致(表4)。

整体来说,何园黄石假山的稳定性较高,原因为该假山体量较大,且四个山脚均为方正敦厚的黄石基底,整体受力均匀,但仍需要对其受力薄弱处进行重点监测。计算结果表明,在两种受力模式下,假山需重点关注监测的部位均在黄石假山东侧山脚部分,但分布位置并不相同。在仅受假山自重的情况下,最大应力位于正面山洞东侧山脚处;在承受游人荷载的情况下,最大应力位于侧面山洞靠墙山脚处(图12、图13)。目前两处部位均出现细小裂缝,且黏合剂开始剥落,故此后应对这两处部位进行针对性监测与重点排查隐患(图14)。

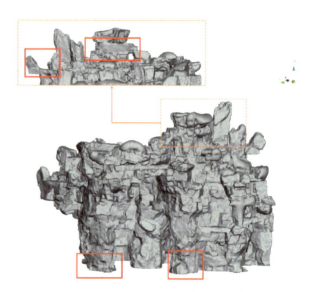

图14　何园黄石假山重点监测部位

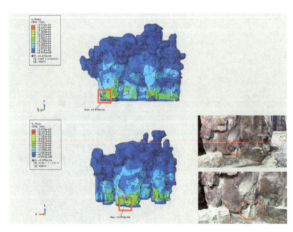

图12　自重荷载下假山受力重点与假山现状

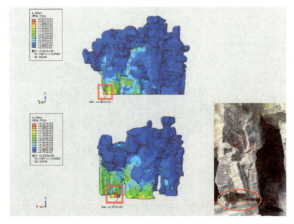

图13　游人荷载下假山受力重点与假山现状

5　讨论与结语

中国古典园林假山的遗产保护工作近年来逐渐受到重视,逐步从抢救性保护向预防性保护转变。本文以三维数字测绘技术获取到的假山模型为数据基础,以有限元分析方法对假山进行数值模拟,明确假山结构易损部位,以探讨假山的结构性保护重点,为园林假山遗产保护及监测工作提供指导,以提高保护工作的效率及精确性,进一步推进中国古典园林假山遗产的预防性保护工作。

将有限元分析应用到江南园林假山结构研究,虽然结果直观性强且能够明确各处假山的重点监测位置,但是也面临复杂的现实状况。首先,本研究仅针对假山本体部分,对于假山堆叠基础、山体土方及植物栽植皆未考虑,未来研究可进一步探求其他复杂因素对假山结构的影响。其次,技术限制导致假山内部结构仍无法精确拆分,石块间的搭接关系仍是研究难点。

在园林遗产保护与数字化研究领域中,如何以数字技术辅助中国园林假山遗产保护,还需要学者们进行深入研究与实践,进一步推动假山遗产保护工作科学而有效地开展。

参考文献

[1] 陈雪文. 苏州古典园林修缮技术研究: 以怡园修缮为例[D]. 南京: 东南大学, 2018.
[2] 周苏宁. 提高世界遗产监测有效性的思考和研究: 以苏州古典园林监测为例[J]. 中国园林, 2015, 31(11): 55-58.
[3] 梁慧琳. 苏州环秀山庄园林三维数字化信息研究[D]. 南京: 南京林业大学, 2018.
[4] 张青萍, 董芊里, 傅力. 江南园林假山遗产预防性保护研究[J]. 建筑遗产, 2021(4): 53-61.
[5] 程洪福, 胡伏原. 环秀山庄假山遗产监测探究[J]. 中国园林, 2021, 37(2): 139-144.
[6] 顾凯, 钱勃. 景境价值与匠师意义: 中国园林遗产保护中假山维修的目标与方法问题初探[J]. 建筑遗产, 2021(4): 46-52.
[7] Malcata M, Ponte M, Tiberti S, et al. Failure analysis of a Portuguese cultural heritage masterpiece: Bonet building in Sintra[J]. Engineering Failure Analysis, 2020, 115: 104636.
[8] Cardani G, Angjeliu G. Integrated use of measurements for the structural diagnosis in historical vaulted buildings[J]. Sensors, 2020, 20(15): 4290.
[9] 陈平, 赵冬, 沈治国. 古塔纠偏的有限元应力分析[J]. 西安建筑科技大学学报(自然科学版), 2006, 38(2): 241-244.
[10] 陈婉钰. 基于ANSYS的北京皇家园林青石假山叠山技艺研究[D]. 北京: 北方工业大学, 2019.
[11] 徐志英. 岩石力学[M]. 3版. 北京: 水利电力出版社, 1981.
[12] 陈咏梅. 砂岩的物理力学特性及相关关系的研究[C]//第二届全国青年岩石力学与工程学术研讨会论文集. 北京, 1993: 177-182.
[13] 刘瑞朝, 吴飚, 王幸. 现场岩体侵彻试验研究及侵彻深度经验公式的提出[C]//中国软岩工程与深部灾害控制研究进展——第四届深部岩体力学与工程灾害控制学术研讨会暨中国矿业大学(北京)百年校庆学术会议论文集. 北京, 2009: 328-331.
[14] Tralli A, Chiozzi A, Grillanda N, et al. Masonry structures in the presence of foundation settlements and unilateral contact problems[J]. International Journal of Solids and Structures, 2020, 191/192: 187-201.
[15] Galassi S, Tempesta G. The Matlab code of the method based on the Full Range Factor for assessing the safety of masonry Arches[J]. MethodsX, 2019, 6: 1521-1542.
[16] Heyman J. The stone skeleton[J]. International Journal of Solids and Structures, 1966, 2(2): 249-279.
[17] 方惠. 叠石造山的理论与技法[M]. 北京: 中国建筑工业出版社, 2005.
[18] 贾星星, 张青萍, 殷新茗, 等. 基于三维数字化的扬州叠山技法研究[J]. 中国园林, 2022, 38(11): 88-93.

作者简介: 张青萍, 南京林业大学风景园林学院教授, 博士生导师; 教育部风景园林专业教指委委员; 江苏省教育厅风景园林专业教指委委员。研究方向: 风景园林遗产保护、风景园林规划设计。电子邮箱: qpzh@njfu.edu.cn。

职慧、王岑岑, 南京林业大学风景园林学院硕士研究生。研究方向: 风景园林遗产保护、风景园林规划设计。

山水城市阆中古城景观特征感知研究*
——基于网络文本的内容分析

陈丹阳　杜春兰

摘　要　阆中古城是孕育于巴山蜀水间的典型山水城市,其城市山水景观营建也是中国古代营城的典范案例。本文以阆中古城为研究对象,从公众感知视角出发,基于网络点评数据,结合ROST CM6软件词频分析,总结了公众对阆中古城景观空间环境感知(区域自然人文景观背景、古城自然景观、古城人文景观)、古城景观体验情况(古城体验时间、古城景观体验方式)、古城整体景观感知评价(古城整体景观感知、古城景观体验态度)等方面的内容。并结合社会网络和语义网络分析、情感分析等方法,进一步探究公众对古城景观的感知层次及情感特征。最后结合阆中古城的传统营城实践,对古城的保护与发展提出建议;以期为山水古城文化遗产保护发展以及山地环境城乡宜居建设提供参考。

关键词　风景园林;景观大数据;网络文本分析;阆中古城;山水城市

1　引言

阆中是我国著名的风水古城,其山水景观营建是中国古代营城的典范案例[1]。阆中古城位于四川盆地北缘、嘉陵江中游,水陆辐辏,山川奥衍,被称为"嘉陵第一江山",战国时曾为巴国别都,距今已有两千多年建城史,是在巴山蜀水中孕育生长的国家级历史文化名城[2](图1)。由于阆中古城位于川北地区水路交通的关键节点,也是古蜀道上的重要城邑。因此阆中古城具有巴蜀、风水、三国、古蜀道等众多文化特征,是2022年公布的《巴蜀文化旅游走廊建设规划》中的重要节点[3]。在2023年5月,国家文化和旅游部推出的10条长江主题国家级旅游线路中,阆中古城也是长江风景揽胜之旅线路的重要景观区[4]。

目前关于阆中古城的研究主要集中在城市风水环境[5-7]、城市空间形态[8-9]、地域性建筑[10]、园林景观[11-12]、旅游资源及形象[13-14]、城市组织与演化动力[15]等方面。阆中古城得到了历史地理学、建筑学、城乡规划学、风景园林学、旅游学等学科的广泛关注。但是总的来说,目前研究较为忽视对古城主要使用人群景观感知反馈信息的收集,缺少基于更广泛与客观数据、能反映公众感知特

图1　阆中古城区位图

征的古城景观体验研究。

基于景观大数据挖掘及网络文本分析是国内外评价公众感知的重要研究方式[16-17],国外学者将其用于对于旅游目的地的认知特征解析与使用情况评估[18];国内学者应用这种研究方法对现代城市公园[19],以及丽江古城[20]、凤凰古城[21]、大运河沿线重要节点[22]等文化遗产区域的感知特征与感知情感进行分析。本次研究尝试通过景观大数据挖掘以及网络文本分析,从对阆中古城的网络使用点评中总结公众对于阆中古城的景观特征感知情况,以期为阆中古城文化遗产保护、巴蜀地区古代人居环境特征挖掘,以及山地环境宜居城乡建设提供参考。

---

* 协同育人项目"山地景观数字化教学实验中心"(编号:202101126066)。

2 山水古城阆中的城池营建及景观特征

2.1 阆中古城营城发展

战国中期,阆中曾为巴国别都;后于秦惠王后元十一年(约公元前314年)建县,距今已有两千多年历史;蜀汉时期诸葛亮因阆中的重要区位与险要地势,派张飞镇守,张飞在此依山置戍、凭水立防,死后葬于此;唐代时期唐高祖遣其子鲁王灵夔、滕王元婴先后守阆中。自秦汉以来,阆中都是郡、州、府、道治所[1]。

阆中古城的城池营建主要经历了三个时期,秦时筑有"张仪城";唐代时期,高祖之子仿长安,以天文学家、风水家袁天罡和李淳风的风水理论为指导,造宫苑、建五城十二楼,并称为"阆苑";明清时期,古城在保持汉唐格局的同时得到进一步增建[8]。

2.2 阆中古城的景观特征解析

2.2.1 阆中古城山水景观格局

阆中位于沟通中原地区与巴蜀地区以及循水路下达江汉的地理要冲,同时因嘉陵江水运,以及阆中与成都、剑阁、广元等地便捷的水陆交通联系,成为巴蜀、秦陇地区相互联接的枢纽地区,是中原地区与西南地区交流的关键节点[23]。

《太平寰宇记》中记载"其山四合于郡,故曰阆中"。阆中古城位于嘉陵江迂回曲折的回湾中,周围山地丘陵围绕,形成了"三面江光抱城郭,四围山势锁烟霞"的山水形胜格局(图2)。《阆中县志》中记载:"古人营建执法,……前朝后市,左宗庙,右社稷。都城然,郡国何独不然。阆之为治,蟠龙障其后,锦屏列其前。锦屏适当江水停蓄处,城之正南亦适当江水弯环处……"阆中古城于山地丘陵环境中,建城遵循了中国传统营城要求的"坐北朝南,前朝后市,左祖右社"的布局形式,又为曲折的嘉陵江及周围群山所环抱(图3)。

2.2.2 阆中古城人文景观空间

阆中古城中心建中天楼,是古城天心十道的中心点。城内街巷以中天楼为中心,形成东西、南北方向的十字交叉形大街,整体呈现棋盘状格局;街巷的朝向也多与蟠龙山、玉台山等远山相对,南向的主街与嘉陵江南岸的锦屏山相对[8]。锦屏岸山上也分布着大量亭台楼阁,有称"阆中胜事可肠断,阆州城南天下稀"。

嘉陵江水运的繁盛促进了阆中古城商贸、文化、宗教等交流,形成了华光楼商贸区、科举文化区、古民居区、回族聚集区等多个特色区域。阆中古城依嘉陵江发达的水上交通,成为陕、甘、鄂及京、广货物的集散地,城内建有陕西、江西、浙江等众多地方会馆。滨江街口华光楼是清代重修的三

图2 阆中古城山水环境

图3 从阆中白塔眺望曲水环绕的阆中古城

图4 南津关码头、华光楼、贡院、大佛寺

层楼阁,耸立江岸,是古城的地标之一。古城中还有众多见证古城历史发展的古迹,包括自唐宋以来的川北道署、保宁府署等衙署;始建于唐代的文庙、纪念张飞的汉桓侯祠、位于城内偏北的清初修筑的乡试考棚(贡院)、明代锦屏书院、城东北伊斯兰教礼拜堂巴巴寺、唐代开元寺、唐代大佛寺、元代永安寺以及明清时期的古城垣、古关隘、古码头等(图4)。

3 网络文本分析研究方法及步骤

研究通过网络爬虫工具获取马蜂窝网、大众点评网、携程网三个公众点评平台中关于阆中古城的点评内容,主要包括点评文本和点评时间。经过人工核验、剔除重复及无效评价、修改点评格式等步骤后,共获得6 540条有效网络点评数据(截至2023年7月5日)。

将获取数据通过用ROST CM6(ROST Content Mining System)①软件进行分词及词频分析,进一步提取相关信息进行内容分析。具体步骤为:将有效评价文件导入ROST CM6软件中,添加地名、景点等专有词后进行分词;对分词结果进行词频分析;结合阆中古城景观特征对提取的高出现频率词汇进行分组;进一步对有效点评文件进行社会网络和语义网络分析,探讨公众对古城景观的感知层次;对有效点评文件进行情感分析,探究公众对古城景观的情感特征。

4 网络文本分析研究结果

4.1 网络文本分析基本情况

从总体数据来看,2019年之前,对于古城的评论数量基本呈现上升趋势,其中2015年至2019年快速上涨,2018年至2019年增加最为迅速,反映了人们对于阆中古城关注程度逐渐上升的趋势。2019年之后评论数有明显的下降趋势,推测可能是与新冠疫情期间大众外出活动频率降低有关(图5)。另一方面,一年中各个月份评论数量较为持平,说明阆中古城较为适合四季游览。相对来看,其中5月和10月的评论数量较高,也反映了公众更多选择春、秋季,以及在"五一""十一"节假期间游览阆中古城(图6)。

4.2 基于词频分析的古城景观感知特征

本次研究旨在探究公众对于山水古城阆中景观特征的感知反馈,因此进一步对评价文本中提取的与古城景观特征相关的高频词,进行梳理和归

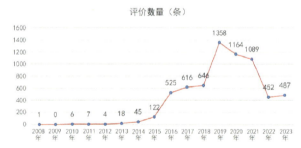

图5 各年份评论数量变化趋势

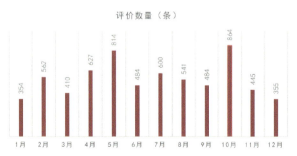

图6 各月份评论数量变化趋势

---

① ROST CM是武汉大学沈阳教授研发的用于辅助人文社会科学研究的计算平台,可以对文本进行分词、词频统计、社会网络和语义网络分析、情感分析等内容分析。

类,结合阆中古城的景观特征,将感知词汇细分为对古城景观空间环境感知、古城景观体验情况、古城景观感知评价三大维度,及其中包含的区域自然人文景观背景、古城自然景观、古城人文景观、古城景观体验时间、古城景观体验方式、古城整体景观感知、古城景观体验态度等具体方面(表1)。

4.2.1 古城景观空间环境感知

(1) 区域自然人文景观背景感知

公众对于阆中古城区域自然人文景背景的感知方面,"风水"是大众对于阆中古城最广泛的感知特征,"保宁""川北道""巴国""蜀国""巴蜀""蜀汉""唐宋""明清时期"等词汇也反映了公众对阆中古城悠久历史文脉,在巴蜀地区的军事、文化地位和古老格局等方面的深刻印象。如"阆中古城历史悠久,历来都是巴蜀的军事重镇。蜀汉名将张飞也曾在此镇守。古城有唐宋格局,明清风貌"等评论。"春节文化""三国""科举""八卦"等词汇反映了公众对于古城作为春节文化发源地、在三国时期的军事地位、拥有科举考试的历史,以及适应于风水文化的八卦布局等,多方面文化内涵的感知特征。"四川""成都""重庆""四川盆地""川北"等词汇反映出公众对于阆中古城的区位特征认知,主要将其作为四川盆地内巴蜀文化区的典型城市,也是川北城市的典型代表。"军事重镇""天人合一""古城格局""名胜古迹"等词也反映了公众对于古城的军事地位、山水形胜、自然与文化一体的自然人文景观感知特点。"广元""剑门关""剑阁"等词汇,突出了在区域环境中与阆中古城关联的自然人文节点,也突出了阆中古城在川北山水系统及城镇体系中的连续性,以及阆中古城作为连结中原地区及巴蜀地区重要节点的地位。

公众对于阆中古城区域自然人文景观背景感知体现了古城悠久的建制沿革,是巴蜀典型军事城镇、川北城镇的代表,古城具有风水、科举、三国等众多文化内涵,具有天然的自然山水格局,是风水营建的典型案例,反映其中原地区与巴蜀地区联系的关键节点等特征。

(2) 古城自然景观感知

"嘉陵江""江边"是人们最为典型的古城自然景观感知特征;"锦屏山""白塔山""鳌山"等四围的山体,也是人们重要的感知方面;总体形成"三面环水""依山傍水""水绕三方""山围四面"的古城自然景观环境。如"阆中古城山围四面,水绕三方,天造地设,风景优美,素有阆苑仙境、巴蜀要冲之誉"等评论。同时"山顶"的突出地形及其上的塔、楼等风景建筑也形成了较强印象的景观点,给大众留下深刻印象。"街上的树木参天,我觉得很美""喜欢这里的青砖黛瓦,喜欢这里青青石板,还喜欢这里古树虬枝"等评价中也反映了古城中的古树也给大众留下的深刻印象。

公众对于古城自然景观感知特征反映了嘉陵江江水环绕及古城四周山地丘陵围合,对于古城整体山水环绕景观意象塑造的重要作用,同时也反映了古城中的古树对于感知度高的景观营造的重要性。

(3) 古城人文景观感知

"阆中古城"是人们提到最多词汇。其他代表性建筑"贡院""中天楼""张飞庙""华光楼""古建筑""文庙""白塔""大佛寺""摩崖造像""川北道蜀"等古城内的重要功能区及营城要素都给人们留下了不同程度深刻的印象特征。如"有张飞著名的墓在此地,还有古代比较大的保存最完好的贡院也在此""阆中古城,四大古城之一,以中天楼为核心,以十字大街为主干,层层展开,布若棋局。各街巷取向无论东西、南北,多与远山朝对,古城中大量的民居院落上千座,主要为明清建筑""个人最喜欢文庙和中天楼,一个深藏文化底蕴,一个视野开阔"等评论。

对于古城人文景观感知的特征反映了公众更为感兴趣的古城人文节点;并且评论的数量也反映了古城景区主要宣传的景观点,大都给游客留下了较为深刻的印象。吸引更多人们注意的主要是古城天心十道中心的中天楼,及其邻近的人文建筑,以及华光楼等临水建筑。贡院、张飞庙等承载了古城中独特的科举考试、三国文化意象的人文景观点,也广泛受到大众的喜爱。同时,也有较多游客关注到古街巷、景观楼阁建设与周围山水环境的关联性特征。

4.2.2 古城景观体验情况

(1) 古城景观体验时间特征

在一天时段的景观体验中,公众对于古城夜景的感知更为深刻,"晚上""夜景"等词高频出现,可见古城的夜景景观给公众留下了强烈的印象,具体来说包括了夜晚嘉陵江江边的夜景、隔江看对岸的山景、江中游船等方面的山水景色欣赏,江畔结合自然山水的实景演出,华光楼、中天楼、街巷的灯光夜景等方面。例如游客认为"晚上夜景更有味道,沿着江边走走,感觉特别好""晚上到嘉

表 1 网络文本提取高频词关于古城景观特征感知分类

序号	古城景观空间环境感知						古城景观体验情况				古城景观感知				其他感知词汇	
	区域自然人文景观背景		古城自然景观		古城人文景观		古城景观体验时间		古城景观体验方式		古城整体景观感知		古城景观体验态度评价			
	词汇	词频	词汇	词频	词汇	词频	词汇	词频	词汇	词频	词汇	词频	词汇	词频	词汇	词频
1	风水	658	嘉陵江	726	阆中古城	3 115	晚上	747			四大古城	821	很好	642	张飞牛肉	866
2	保宁	600	江边	370	贡院	795	夜景	319			商业化	448	值得	567	张飞	727
3	四川	472	锦屏山	212	中天楼	699	节假日	207			古色古香	270	方便	559	小吃	485
4	成都	430	天气	197	景区	604	周末	206			安静	221	适合	484	客栈	464
5	三国	283	三面环水	136	张飞庙	551	国庆	99			很美	207	舒服	254	朋友	332
6	重庆	275	空气	105	城里	540	五一	88			漂亮	201	好玩	190	美食	330
7	川北道	179	白塔山	75	华光楼	479	假期	90			热闹	193	非常好	148	通票	274
8	春节文化	168	山水	61	古建筑	432	春节	38			性价比	188	挺好	140	完整	159
9	巴国	140	靠山	53	街巷	401	清明节	16			干净	171	悠闲	146	出名	154
10	科举	127	依山傍水	44	文庙	262			古城景观体验方式		悠久	171	推荐	117	休闲	150
11	南充市	125	水绕三方	33	滕王阁	217			词汇	词频	风水宝地	146	享受	107	历史文化	149
12	蜀国	123	山顶	31	白塔	178			走走	143	韵味	126	开心	93	丽江古城	123
13	中游	113	山围四面	26	大佛寺	174			俯瞰	118	古朴	123	遗憾	87	平遥	119
14	军事重镇	110	鳌山	25	摩崖造像	152			喝茶	116	文化底蕴	120	失望	76	孩子	117
15	四川盆地	104	古树	24	川北道署	132			游船	107	千年古城	116	巴适	61	家人	116
16	川北	100	—	—	重点文物保护	113			漫步	106	有意思	111	流连忘返	34	停车场	114
17	千年古城	61	—	—	永安寺	128			散步	66	安逸	110	不虚此行	33	老人	110
18	巴蜀	57	—	—	博物馆	125					阆苑仙境	105	好耍	30	平遥古城	95

(续表)

序号	古城景观空间环境感知						古城景观体验情况		古城景观感知评价				其他感知词汇	
	区域自然人文景观背景		古城自然景观		古城人文景观		古城景观体验时间		古城整体景观感知		古城景观体验态度			
	词汇	词频	词汇	词频	词汇	词频	词汇	词频	词汇	词频	词汇	词频	词汇	词频
19	清代	57	—	—	桓侯祠	123	溜达	62	淳朴	95	千篇一律	25	慢生活	72
20	八卦	44	—	—	巴巴寺	120	闲逛	62	古老	92	恬静	18	红四方面军	68
21	天人合一	31	—	—	五龙庙	121	登高	30	独特	90	非常美	18	袁天罡	62
22	广元	31	—	—	商铺	118	登高望远	16	自然	76	景色宜人	17	小朋友	62
23	历史文化名城	28	—	—	民居	87	—	—	深厚	65	—	—	徽州古城	59
24	蜀汉	27	—	—	状元坊	74	—	—	魅力	65	—	—	老年人	30
25	唐宋	23	—	—	青石板	72	—	—	厚重	54	—	—	李淳风	29
26	古城格局	23	—	—	码头	62	—	—	人杰地灵	52	—	—	—	—
27	名胜古迹	19	—	—	南津关古镇	57	—	—	整洁	50	—	—	—	—
28	剑门关	18	—	—	衙门	57	—	—	烟火气	31	—	—	—	—
29	剑南	15	—	—	文笔塔	56	—	—	慢节奏	31	—	—	—	—
30	明清时期	16	—	—	四合院	50	—	—	历史感	28	—	—	—	—
31	—	—	—	—	城墙	50	—	—	山清水秀	25	—	—	—	—
32	—	—	—	—	牛王洞	50	—	—	恬静	18	—	—	—	—
33	—	—	—	—	四合院	50	—	—	景色宜人	17	—	—	—	—
34	—	—	—	—	牌坊	27	—	—	天下第一江山	12	—	—	—	—
35	—	—	—	—	园林	21	—	—	—	—	—	—	—	—

陵江边闲逛，也是很舒心的一件事"。

其他主要体验时间集中在节假日，"周末""国庆""五一""春节"是人们较多选择的时间。作为巴蜀文化的重要景观区域，游览阆中古城也会同时段游览剑门关、昭化古城等川渝景点，因此也会增加整体游览时间。如有"离剑阁也很近，还可以一道再去一下剑门关""阆中很不错，值得一去，三天时间差不多"等评论。

总的来看，目前公众对于古城的夜景印象深刻，且更多选择周末及节假日来到古城游览。进一步结合公众的评论内容，春节期间古城景观会因为管理单位的装饰布置而有所不同，但是其他各个时节古城呈现的景观特征差异性较小。

（2）古城景观体验方式特征

"走走""漫步""溜达"等词反映了大众对古城的体验方式为沿江边、街巷中行走。"游船"的体验方式也体现了江景的优势。

"俯瞰""登高""登高望远"等是大众最青睐的感知方式，大众于锦屏山、白塔山等山上的观景平台，以及中天楼、华光楼等古建进行游览，观赏古城山水一体的全景场景。如"因为无意中在网上看到了一张'阆中古城'的全景照，才有了这次的川渝之旅，走近这座有着两千多年历史的古城……如果你想看全景的，可以去附近的'锦屏山'或者'白塔山'，……看一下嘉陵江环绕着的古城，很美。如果你想近距离地看古城的黑瓦灰墙，建议登中天楼吧，楼上俯瞰古城，雨中有另一番意境……""华光楼是整个古城最高点，可以俯瞰古城及绕城的嘉陵江，景色也非常棒""最佳的观景台是上山看古城全貌"等评论。

4.2.3 古城景观感知评价

网络文本的评价词汇中也较多反映了公众的感知态度。在社会心理学中，态度可以体现出认知因素、情感因素及倾向因素[24]。在本次研究中，结合实际词频分析的结果，将公众对古城景观感知评价分为对古城整体景观感知，以及古城景观体验态度两部分。

（1）古城整体景观感知

对古城整体景观的感知反映了公众对于古城的整体印象。

较多公众认可阆中作为中国"四大古城"之一的定位，对古城的景观环境形成了"风水宝地""文化底蕴""千年古城""阆苑仙境""人杰地灵"等印象，同时认可古城景观环境呈现的"古色古香""悠久""韵味""古朴""深厚""历史感"等景观氛围。如"古城很好，景色优美，古色古香，特点明显，不愧'四大古城'之一的称号，嘉陵江围绕，三面环水，四面环山""阆苑仙境映画屏，巴蜀故事汉唐风"等评论。

古城在不同时节及景观空间中呈现动静有序的特点，可以感受到"安静"和"热闹"的氛围；"商业化"也是人们的强烈感受之一。古城同质化的商业模式及整齐的建筑风格，也给公众带来一些"千篇一律"的感受，如"古城整体风格千篇一律，大部分屋子长得差不多"。

（2）古城景观体验态度

古城景观体验态度反映了公众对于古城游览之后的态度反馈。"很好""值得"是人们体验景观之后最多的感受，同时也有"舒适""好玩"等正向感受。如"阆中整体来说，无论人文，还是景色，还是对文旅的建设打造，都很可以，很值得一去"等评论。

但是也有部分"遗憾""失望"的体验态度。进一步对照评论文本分析，除了景区旅游管理、旅游产品等方面的原因，与这些情绪相关的古城景观环境方面，一方面是因为古城景观商业化以及游客没有足够时间游览与体验阆中古城全景而产生；另一方面，也是因为阆中古城与其他古城景观的差异性特征没有很好体现。如有评价认为："对于我来说这里的古城比起其他地方来说没什么特别的，只是四面环水，比较大而已，没有我想象中的那么好，有点失望"等。

4.3 社会网络和语义网络分析

运用社会网络分析工具 Net Draw 进行阆中古城评论的社会网络和语义网络分析，从提取的感知特征词之间的关系模式反映总体结构特征（图7）。一级高频词为主要感知对象"阆中""阆中古城""古城"；二级高频词是公众普遍认可的中国"四大古城"的定位，以及以贡院为代表的各个自然与文化景观景点；三级高频词汇为"中国""历史"等词汇，反映了阆中古城在大众心目中一定程度上是中国古代营城实践的代表案例；四级高频词汇为"文化""特色"反映阆中古城独特文化内涵的词汇，以及代表性的景观点"中天楼"；五级高频词汇为"张飞庙""华光楼"等典型代表景点，以及"春节"等反映的文化特征；六级高频词汇为"嘉陵江""晚上"等词汇。与"阆中古城"等一级高频词强关联的包

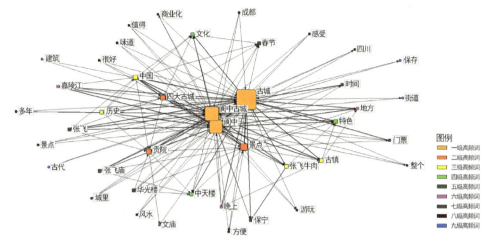

图 7　社会网络和语义网络分析结果

表 2　古城景观体验态度分析

情绪类型	积极情绪			中性情绪	消极情绪		
评论数量(条)	5 440			45	1 168		
总体占比	81.77%			0.68%	17.55%		
情绪分段	一般	中度	高度	—	一般	中度	高度
分段占比	19.48%	18.70%	43.59%	—	3.64%	1.19%	0.99%

括"文化""中国""四大古城""嘉陵江""特色""景点"等词,反映了古城的中国典型、文化特色、嘉陵江山水环境、各个代表景点等公众感知特征。

4.4　情感分析

在前述关于古城景观体验态度分析的基础上,进一步分析公众的情感特征,结果为积极情绪占总体情绪的 81.77%,中性情绪为 0.68%,而消极情绪占 17.55%。总体来看,公众对于阆中古城景观体验的总体感知情绪是积极的,并且表现为较多的高度积极(43.59%),主要反映在"非常好""享受""巴适"等情感特征,进一步反映了公众对于阆中古城总体认可的情感态度(表2)。

5　讨论及建议

阆中古城因其城池营建与山水形胜的和谐共生而闻名,是中国古代山水古城的典型案例。研究基于海量的网络评论文本分析,结合阆中古城营城的背景,总结归纳了公众对于古城景观特征的感知。

公众对于阆中古城的整体景观感知评价总体呈现了古城优美的山水环境,以及悠久的历史发展与深厚的文化内涵。具体来说,主要有以下结论:公众对于阆中古城的关注度逐渐提高;公众对于古城景观空间环境感知反映了古城营建悠久的建制沿革、巴蜀及川北典型的城镇景观,具有丰富的文化内涵、天人合一等区域自然人文景观背景感知特征;整体山水环绕结合古树参天景观的自然景观感知特征;文化底蕴深厚、景观众多、与山水环境相互关联的古城人文景观感知特征;目前大众主要选择节假日到阆中古城游览,以及结合剑阁、剑门关等川北山水人文节点一同游览;一天的时段中夜景是给人印象最深的方面,特别是夜晚的江景及街巷;公众更青睐漫步等体验方式,以及在山顶平台或者景观楼阁登高远眺整个古城;公众对于古城的总体印象是"风水宝地""阆苑仙境""文化底蕴"等正面的评价,但是同时较多认为古城"商业化"气息过重;公众对古城游览后更多的是积极性情感态度;公众感知中与古城关联度更高的词汇是反映其作为典型的中国古代城市营建案例、深厚多元的文化汇集、优美的山水形胜、多样的人文景观点等方面。

针对分析结果,研究提出优化阆中古城景观空间的建议及策略:①阆中古城的山水环境及城市风水格局是古城最重要的特征之一,但是目前公众对于这个层面的感知相对较为单一,评论结果也比较相似。需要在展示、宣传中进一步解析阆中古城基于嘉陵江山的形胜环境,以及传统风水思想在具体营建中的体现。②目前公众对于古城景观感知较多的为景区重点推广的景点,以及保存较好的文物保护单位,而整体的游览认知仍较为零散,不能形成对古城景观特征的系统性认知。需要对古城的系统性营建,以古城与巴蜀及川北其他关联景观空间、古城的不同分区、各个古城景观节点的关联性进一步加强展示,从而强化阆中古城自然与人文环境相统一的整体景观特征。③古城商业气息较重,与其他地区古城及古镇呈现景观同质化趋势。需要进一步挖掘古城在自然系统与文化系统、悠久建制沿革、多元文化融合等方面的景观特性,从而凸显景观独特性。

本研究基于景观大数据的文本分析,从公众感知视角对阆中古城的景观特征感知反馈进行收集分析,而对于古城游览的旅游设施、旅游服务等方面的影响内容分析较少。基于网络文本的分析,能够更加客观地收集公众的评论及其态度,但也缺乏对于评论人群的性别、年龄段、文化背景等方面的探讨,希望在后续的研究中进一步优化。

参考文献

[1] 阮仪三. 古城笔记[M]. 古城笔记. 上海:同济大学出版社,2006.

[2] 应金华,樊丙庚. 四川历史文化名城[M]. 成都:四川人民出版社,2001.

[3] https://zwgk. mct. gov. cn/zfxxgkml/zykf/202205/t20220526_933202. html

[4] http://travel. china. com. cn/txt/2023-05/05/content_85267045. shtml

[5] 范为. 古阆中城风水探析[J]. 城市规划,1991,15(3):42-47.

[6] 李小波,文绍琼. 四川阆中风水意象解构及其规划意义[J]. 规划师,2005,21(8):84-87.

[7] 龙曦. 阆中古城地理环境及景观意向解构[J]. 四川建筑,2006,26(2):33-34.

[8] 刘涛,李秀,邓奕. 四川阆中古城空间形态分析[J]. 规划师,2005,21(5):116-118.

[9] 吴其付. 从山水到风水:阆中古城城市形象的变迁[J]. 电子科技大学学报(社科版),2013,15(6):83-87.

[10] 朱小南. 阆中永安寺大殿建筑时代及构造特征浅析[J]. 四川文物,1991,(1):67-69.

[11] 余燕,廖嵘. 四川阆中古典园林历史沿革探讨[J]. 广东园林,2009,31(5):10-3.

[12] 余燕,杨在君. 阆中古城山水城市的景观艺术特色[J]. 广东园林,2014,36(1):28-31.

[13] 赵美英,徐邓耀. 阆中古城旅游资源的开发与保护[J]. 生态经济,2005,21(1):92-94.

[14] 陈巧英,冯晓兵. 基于在线点评的阆中古城旅游形象感知研究[J]. 乐山师范学院学报,2022,37(3):45-50.

[15] 何跃,马素伟. 城市自组织演化及其根本动力研究:以古城阆中为例[J]. 城市发展研究,2011,18(4):130-133.

[16] Drieger P. Semantic network analysis as a method for visual text analytics[C]//Proceedings of the 9th Conference on Applications of Social Network Analysis (ASNA), Univ Zurich, Zurich, Switzerland, Sep 03-07, 2012. Elsevier Science Bv: Amsterdam, 2013.

[17] 洪巍,李敏. 文本情感分析方法研究综述[J]. 计算机工程与科学,2019,41(4):750-757.

[18] Fronzetti C A, Guardabascio B, Innarella R. Using social network and semantic analysis to analyze online travel forums and forecast tourism demand[J]. Decision Support Systems, 2019, 123:113075.

[19] Xu J A, Xu J L, Gu Z Y, et al. Network text analysis of visitors' perception of multi-sensory interactive experience in urban forest parks in China[J]. Forests, 2022, 13(9): 1451.

[20] 彭丹,黄燕婷. 丽江古城旅游地意象研究:基于网络文本的内容分析[J]. 旅游学刊,2019,34(9):80-89.

[21] 王永明,王美霞,李瑞,等. 基于网络文本内容分析的凤凰古城旅游地意象感知研究[J]. 地理与地理信息科学,2015,31(1):64-67.

[22] 张希,蒋鑫,张诗阳,等. 大运河文化遗产利用的公众感知研究:基于网络数据的语义分析[J]. 中国园林,2022,38(1):52-57.

[23] 四川省阆中市地方志编纂委员会. 阆中县志[M]. 成都:四川人民出版社,1993.

[24] (美)戴维·迈尔斯(David G. Myers). 社会心理学[M]. 侯玉波,乐国安,张智勇,等译. 北京:人民邮电出版社,2006.

作者简介:陈丹阳,重庆大学建筑城规学院博士研究生。研究方向:风景园林规划与设计。

杜春兰,重庆大学建筑城规学院院长,教授,博士生导师。研究方向:风景园林历史与理论、风景园林规划与设计。

基于点云技术的园林遗产三维数字化信息模型构建*
——以苏州园林艺圃为例

肖湘东　徐安祺　陶冶

摘　要　本研究利用点云、逆向建模和计算机编程等数字化相关技术和软件，系统性地探索了古典园林数字化测绘与建档、信息模型构建等多方面内容。初步总结了一套基于数字化技术的园林遗产工作框架和方法。研究主要分析艺圃的现状情况，基于测绘精度需求获得艺圃分区数据。通过预实验总结最适宜园林遗产领域的点云处理软件，并对采集的数据进行处理，获得了艺圃全园的点云数据和生成模型资产。对处理的点云数据结果进行了分类和表达，包括三维模型总览图、点云平面图和剖面图等内容，分析了艺圃各区的相关内容。研究结果为园林数字信息的进一步利用和分析奠定基础，证明了数字化技术在园林遗产领域的巨大潜力。

关键词　园林遗产；无人机倾斜摄影；点云数据；数字化测绘；艺圃园林

古典园林作为中国传统文化和艺术的珍贵遗产，具有重要的研究价值。在信息化社会的背景下，数字技术代替传统测绘技术改变了园林从业人员的工作思维和操作模式，对解决当园林领域面临的问题起到了不可或缺的辅助作用，并不断拓展园林领域的研究广度和方向[1]，如高分辨率卫星遥感、微气候仪、大数据技术、多光谱扫描摄影、人工智能、互联网与物联网、增强现实、三维打印等[2-3]。联合国教科文组织在1992年利用计算机辅助信息管理系统保护吴哥窟，被视为遗产景观数字化档案建设的开端[4-5]。喻梦哲等人运用倾斜摄影和激光扫描技术，对耦园和环秀山庄的假山进行了可视化表达，并验证了点云采集在效率和全面性方面的优势[6]。董芊里、高智勇、梁慧琳等人采集了环秀山庄假山的点云信息，利用点云技术并通过进行沉降监测，为修缮工作提供了依据[7-9]。本研究基于数字化相关技术，以苏州"艺圃"作为研究案例，总结了基于园林遗产点云数据的工作框架和方法，拓展了点云数据在园林领域的应用，为园林遗产的研究、保护与文化传播提供了新的视角和思路。

1　研究对象

艺圃位于苏州古城西北的文衙弄，前身是明代宅邸园林，占地五亩余，东部为宅区，西部为园林。原大门位于园西侧，朝东，由于艺圃东部宅区已经散落为民居且无法修复，故将艺圃正门改建在了园东侧十间廊屋10号处（图1）。艺圃的整

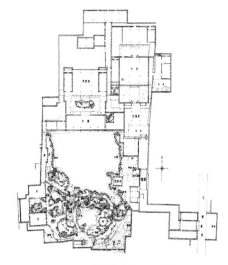

图1　艺圃园林平面图
（图片来源：苏州古典园林[M].刘敦桢，1979）

---

* 国家自然科学基金项目"基于局部气候区尺度下的植物景观响应热岛效应机制和优化设计研究——以长三角城市为例"（编号：52178046）。

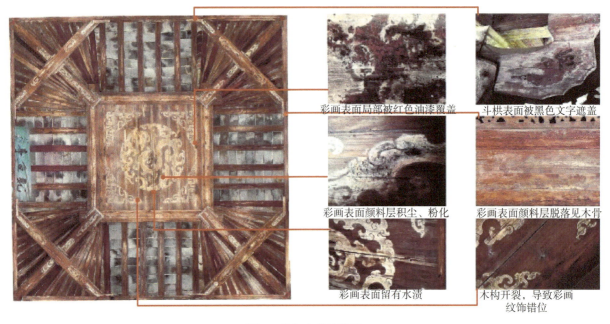

图 2 乳鱼亭现状调研

(图片来源:谢嘉伟,杨红,徐飞,等.苏州艺圃乳鱼亭彩画分析及保护[J].自然与文化遗产研究,2022)

体空间布局从北向南依次为建筑、水池、山林,整个园林空间以水池为中心,层次分明,水面开阔、集中,格调典雅疏朗[10]。艺圃始建于明代嘉靖年间,是苏州著名的园林之一,在2000年被联合国教科文组织收列入为世界文化遗产,2006年,艺圃被国务院批准列入第六批全国重点文物保护单位名单[10],具有非常高的案例研究价值。

1982年,苏州市政府组织对艺圃进行全面整修,包括延光阁、乳鱼亭等园林建筑的修复,同时叠石植树、浚池疏泉,尽可能还原其原貌。以乳鱼亭修复工程为例,乳鱼亭是明代遗构,位于浴鸥池东南处,三面临水,单檐攒尖顶,其建筑形制及装饰风格与园内其他建筑相差甚远,作为苏州唯一保存建筑彩画的亭子,具有极高的文物保护价值。修缮人员将亭桁、枋、搭角梁、天花等处的彩绘痕迹用纸描下,并对其纹饰造型进行了重新涂饰,加以表面防护,成功恢复了乳鱼亭原貌。尽管政府完成了对艺圃的修缮工作,但随着时间的推移,乳鱼亭出现了结构开裂、颜料污染及剥落等问题,如图2所示。

从乳鱼亭的保存状况可以看出,艺圃乃至苏州园林,都需要重视遗产本体的定期检测和科学记录等预防性保护。尽管自2008年起已经启动了监测预警系统,但随着科技的不断发展,现代化的监测专业设备功能在不断更新,目前使用监测设备和检测方法在更新维护上有滞后现象,工作人员主要靠目测和经验,来判断是否存在问题和隐患,相应的检测科技手段配备不足。有些隐患如廊柱的糟朽、地基的沉降等难以通过传统手段及时发现,而通过点云技术,周期性地对全园或针对局部易损区域,进行数字化采集和园林信息模型创建,有助于提升苏州园林遗产的保护效果。

2 实测方法

利用点云技术,并通过对其进行分区设置,快速实现对艺圃全园的信息采集与处理,建立艺圃三维信息模型。基于艺圃园林空间分布特点,对艺圃全园进行测绘分区划分,分别为入口区、住宅区、主园林区和浴鸥小院区,其中住宅区拆分为西部延光阁区和东部东莱草堂区两个部分,主园林区拆分为假山区和水池区两个部分(图3)。研究对艺圃园林信息测绘采用两种不同的方法进行,摄影测量和手持式激光扫描,分别采用DJI AIR 2S无人机,和GelScan智能手持式激光3D扫描仪,大幅提升园林采集工作中的效率和采集数据精度。测绘的目标是生成艺圃完整的三维信息模型,并将这两种不同采集方法获取的点云数据整

图 3 艺圃测绘分区图

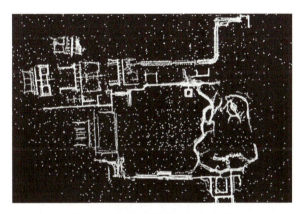

图 4 艺圃倾斜摄影相机点位图

合在一起。由于艺圃建筑密集，植物茂盛，为避免因为遮挡问题造成的模型几何结构粘连，提高艺圃园林的影像采集质量，本研究飞行路线采取增加影像重叠度和交叉飞行增加冗余观测的方式以解决（图4）。在大疆官方提供的 Rainbow 软件里规划三条无人机航线，飞行高度分别为离地面20 m、28 m、36 m，设置沿航线方向悬停拍照，飞行速度5km/h，航向重叠率和旁向重叠率均设置为90%。

在完成艺圃园林空间前期调研后，为了防止自然或人为原因改变园林要素（如对植物进行修剪，室内陈设移动等）造成的点云偏差，将整个采集过程分为五个阶段，时间控制在2022年9月5日到2022年9月11日六天时间内完成。

第一个阶段运用地面摄影测量方法采集艺圃入口区的图像，第二个阶段为住宅区摄影测量，第三个阶段为主园林区摄影测量，第四个阶段为浴鸥小院区摄影测量，实测方法如上文，总计采集图片数量为16 140张，入口区照片数量为1 681张、住宅区5 563张、主园林区4 474张、浴鸥小院区1 985张；无人机拍摄照片数量为2 437张。

第五个阶段为艺圃假山激光雷达扫描。总共进行了73次扫描，采集使用的扫描仪版本具有内置的相机，可以生成真实颜色的点云。每次扫描平均用时18 min，历时两天时间，包括放置理想球体和黑白棋盘状网格、连续扫描和捕捉RGB图像。

3 信息采集和数据处理

3.1 预实验——倾斜摄影软件对比分析

通过对近两年国内外遗产项目的实践研究，发现目前常用于园林建筑遗产三维信息重建的三款软件为 Reality Capture（以下简称 RC）、Agisoft Metashape（以下简称 AM）、Meshroom（以下简称 MS）。为了选取最适用于园林摄影测量的软件，本研究通过预实验，对艺圃乳鱼亭进行图像数据处理，并分析对比三款软件生成对象的速度、误差和综合品质等方面的表现。具体方法是从主园林区的实测结果中，挑选214张包含乳鱼亭的照片，将照片质量缩短为原图的1/4以减少数据处理时间，并在同一台设备上进行处理。MS工作流程是在生成密集点云的过程中提示失败，通过手动调节控制点位置，更改精度设置后，成功生成乳鱼亭点云模型，将其导出为具有最高质纹理输出的FBX模型，并在Blender中进行模型修复操作。在AM软件中，成功生成密集点云数据后，手动删除周边多余的点云数据并选择高质量划分网格，纹理化阶段前检查模型的准确性，在纹理不准确的地方手动选择或取消选择图像，输出FBX模型后在Blender中进行模型修复操作。在RC软件中，图像对齐在默认设置下运行，成功对齐后，运行计算数据使用选择功能手动框选重建区域，然后使用网格着色和纹理生成乳鱼亭模型，通过软件自带的减面和纹理重映射功能，导出FBX模型。三者生成模型效果图如图5所示。

图 5　乳鱼亭逆向建模结果对比

对三款软件处理的过程和结果进行分析，AM 处理乳鱼亭重建花费时间比 MS 要少，MS 因为计算错误出现了一次无法重建模型的问题，消耗了大量手动处理数据的时间。RC 是三款软件中处理速度最快的，尤其在构建密集点云的时间上，仅用了 29 min，远远低于 AM 和 MS，并且此过程几乎不需要手动处理调整点云数据。在构建网格和纹理的总时间上 RC 也要低于 AM 和 MS，构建乳鱼亭所消耗的总时间为 2 h 41 min，AM 和 MS 的时间为 5 h 14 min 和 9 h 38 min。除了对比软件生成模型时间外，另外一个重要参数就是考虑软件生成模型精度，通过对比实验前测量的乳鱼亭石桌宽度，计算出三款软件误差都小于 1 cm，且三款软件的平均投影误差皆小于 1 px，均在合适范围内。总结预实验结果，RC 处理乳鱼亭所用的时间最短，精度相对较高，是处理艺圃三维信息模型的最适软件。AM、MS、RC 综合效果对比见表 1。在本研究中，还由于 RC 软件具有导入激光雷达扫描点云和导入 GCP 地面控制点的功能，因此原始数据点云处理的过程主要都在 RC 软件中进行。

表 1　软件综合效果对比

	AM	MS	RC
生成点云总时间	2h 20 min	4h 34 min	29 min
构建网格纹理时间	2h 54 min	5h 4 min	2h,12 min
手动处理时间	45 min	122 min	0 min
图像配准数量	214/214	186/214	209/214
图像配准点数	723 544	404 587	609 122
四角平均误差（mm）	1	9	2
平均投影误差（px）	0.13	0.73	0.24

3.2　点云信息配准

目前有许多适用于激光扫描和空地影像融合的技术和软件，RC 软件主要通过控制点功能合并的方式进行点云配准，此过程需要组件有足够的关系才能进行合并。在实际操作中发现在处理过多控制点的时候，容易造成更多的重投影误差，因此本研究点云组件两两配准时利用艺圃园林中的特征点，如铺装纹缝交点、花窗角边等选择三个控制点，空地影像组件点云融合选择东边入口、西边南斋和北边思敬居三处特征点进行控制点定位，共计选择了 27 个控制点，完成全园点云配准以及艺圃园林的点云生成（图 6）。

3.3　园林模型资产生成

点云数据虽然能够生成物体的三维信息模型，但是为使其成为各软件通用的可打开编辑修改文件格式，应用在更广的场景，创建艺圃模型资产，还需要对点云数据进行进一步处理。以"思敬居"模型资产生成为例，在进行点云重建过程之前，需要调整点云和地平面的位置，通过三视图将点云位置重新定位，方便查看和进一步处理。然后定义重建区域网格（即实际渲染部分），选择重建区域所有点所关联的相机，禁用所有的激光扫描输入和组件中剩余相机，以提高重建速度和消除伪影。调整后通过网格计算，计算出艺圃园林模型的三角面数量和顶点数量。最后，通过反选最大的连接组件，优化清洁过滤模型浮动部分，设置大三角面的边缘阈值倍数为 20 选择大三角面，过滤连接点没有足够像素而产生的大三角面。经过以上过程生成的思敬居实体网格是无纹理贴图的白模，需要对模型进行上色处理，采用着色和纹理重映射技术，为点云赋予颜色和将原有的贴图

图 6 艺圃园林点云生成流程

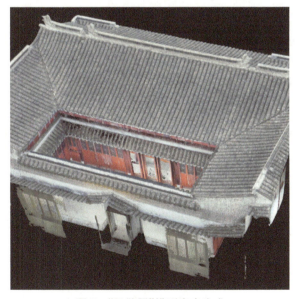

图 7 "思敬居"模型资产生成

图 8 艺圃全园模型生成

图 9 艺圃点云分类图

映射到简化后的模型上(图 7、图 8)。

3.4 测绘结果表达

艺圃点云信息数据经处理后,结果可以表达为多种形式,如二维测绘图、实体模型、数字化产品等。本研究结合测绘生成的平面图、剖面图和实景模型,描述艺圃的空间布局与造园手法。考虑到艺圃的实际情况及计算能力的限制,最终选择六种归类结果(图 9),分别为 building(黄色,建筑及墙体)、low vegetation(深绿,灌木)、high vegetation(浅绿,乔木)、ground(棕色,地面及铺装)、man-made object(粉色,室内外构件及家具)、water(蓝

表2 艺圃入口区剖面与点云分类图

图例	剖面图	点云分类图
A—A′		
B—B′		
C—C′		

色,水体)(图9)。点云自动分类技术多用于大尺度地理信息模型的创建,应用于遗产保护上还处于发展阶段,软件并不能精确地将点云进行归类,因此在自动分类的基础上需要进行手动框选点进行添加或删除操作。

3.4.1 入口区

有关空间的对比变化,当人们从小空间进入大空间时,由于两者的对比衬托作用,会产生的心理感知效果,认为后者空间更大,通过平面及模型的表达可以看出,艺圃入口处的空间处理充分展现了这一效应。艺圃的正门面向朝西,进入园林需要通过两跨小院和曲折狭长的小巷,才能到达中心园景。两条小巷一条东西走向,一条南北走向,两侧白墙高耸,沿墙根种植有紫藤和凌霄等攀援植物,沿着墙壁攀爬到顶上花架,缓解了入口狭窄空间造成的压抑和呆板感觉,同时花架遮挡住了大部分光线,与前后空间形成明暗对比。在正门和小巷转折处布置了两处造景空间,元素简练,几块置石搭配几株植物,吸引了游客视线,丰富了园林空间体验。南北小巷中间为一处小过厅,向北通往艺圃住宅区域,向西即可进入艺圃中心园林景区,艺圃入口区点云平面图和剖面及点云分类图见图10和表2。

3.4.2 主园林区

穿过入口区狭长的小巷,游客即可进入艺圃中心园林景区,主园林区以浴鸥池为主体,面积约为666.7 m²,水池以聚为主,形状近于矩形。池东为建筑思嗜轩和乳鱼亭。乳鱼亭是全园视线焦点,也是最佳的观景点,其名取自"喂鱼、观鱼、与鱼同乐"的寓意。亭子伸入水面,可以近距离观赏游动的鱼儿,也可以远眺南处山林景观。乳鱼亭为明代遗迹,亭顶彩绘图案斑驳,具有极高的遗产保护价值。乳鱼亭南侧是艺圃的山林区域,在后期园林修复过程中全部临水而筑湖石假山,形式模仿自然山体,错落有致。通过假山的"悬崖峭壁"和蜿蜒曲径组

图 10　艺圃入口区点云平面图　　　　　图 11　艺圃主园林乳鱼亭区点云平面图

表 3　艺圃主园林乳鱼亭区剖面与点云分类图

图例	剖面图	点云分类图
A—A′		
B—B′		
C—C′		

织划分、形成多层次空间，为游客提供了更加丰富的游览路线和游玩体验。假山上植物茂盛，山顶有一亭，名"朝爽亭"，有登高送爽的意思，亭下朴树树根交错伸展，黄石堆积，富有浓郁的山林野趣。山林区有两条小径通往浴鸥小院和池西的响月廊，响月廊向北是苏州园林中体量最大的水榭"延光阁"，延光阁面阔五间，临水而筑，加上两侧厢房几乎占据了整个水池北侧。如今延光阁改为茶室，采用合

窗形式,方便通风采光,游客可一览整个园景。艺圃主园林乳鱼亭区点云平面图见图11,剖面及点云分类图见表3;艺圃主园林响月廊区点云平面图见图12,剖面及点云分类图见表4。

3.4.3 住宅区

延光阁北面是艺圃的正厅"博雅堂",又名念祖堂,是园主会客、宴请等交流活动的场所,内部梁柱构架为明代遗物,同延光阁一样面阔五间,与其围合形成一个矩形的小院,院内布置盆景、湖石和低矮植物,整体风格极为雅致。博雅堂西侧为延光阁西厢房和管理建筑围合成的方形小院,与池西响月廊相连接。博雅堂东侧为由复廊和延光阁东厢房"旸谷书堂"组成的两处小院,虽然面积不大,但通过花窗洞门的布置拓展了游客观赏视线,丰富了园林空间层次。旸谷书堂为姜垛之子读书的场所,东侧为前厅建筑世纶堂。世纶堂前厅小院连接艺圃入口南北方向的小巷,北侧为艺圃内厅,因园主人姜垛为山东莱阳人,为表达对故乡的思念,起名"东莱草堂"。东莱草堂北侧和东侧为"思敬居"和"馎饦斋","馎饦"源自一种平民面食,代表了园主人淡薄雅趣的生活追求。思敬居和馎饦斋都为两层建筑,主要是起赏景、休息、读书的作用。艺圃住宅博雅堂区点云平面图及剖面与点云分类图见图13、表5,东莱草堂区点云平面图及剖面与点云分类图见图14、表6。

3.4.4 浴鸥小院区

浴鸥小院位于艺圃园林的西南角,是一个由院墙围合成的小型庭院,北侧的洞门为主要进出口,通过小径和石桥连接假山和响月廊,小院名字为"浴鸥",寓意鸥鸟翱翔水面,比喻生活的悠闲自在;表达园主以隐居自乐,不以世事为怀的情愫。洞门前特置几处湖石,并种植了凌霄、鸡爪槭等花木,院中小水池与主园林的大水池相连通,作为伸出的水尾,体现了其流不穷的哲学思想。水池周围布置湖石,点缀植物,形成了一个小型的山水空间。院西为一组小型建筑,围合成一个三合方形小院,洞门

表4 艺圃主园林响月廊区剖面与点云分类图

图例	剖面图	点云分类图
A—A'		
B—B'		
C—C'		

表5　艺圃住宅博雅堂区剖面与点云分类图

图12　艺圃主园林响月廊区点云平面图

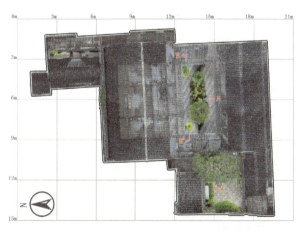

图13　艺圃住宅博雅堂区点云平面图

图14　艺圃住宅东莱草堂区点云平面图

额题"芹庐",取自诗句"思乐泮水,薄采其芹",寓意有才学的人士。院内中心种植一棵白皮松和几株南天竹,环境幽静。芹庐月洞门与浴鸥小院月洞门视线相连,互相借景,延伸了空间层次。芹庐是文震孟、文震亨兄弟二人的读书之处,南侧为"南斋"、北侧为"香草居",两个建筑大小结构完全相同,由"鹤砦"相连,寓意兄弟间的深厚感情。作为古代书斋庭院的代表,浴鸥小院整体风格十分雅致,类似"天井"的布局有着独特的空间感,与主园相隔,保持相对独立性,强化了书斋清静的环境氛围,艺圃浴鸥小院区点云平面图及剖面与点云分类图见图15、表7。

表6　艺圃住宅东莱草堂区剖面与点云分类图

图例	剖面图	点云分类图
A—A'		
B—B'		
C—C'		

图15　艺圃浴鸥小院区点云平面图

表7 艺圃浴鸥小院区剖面与点云分类图

图例	剖面图	点云分类图
A—A′		
B—B′		

4 结论

本研究以艺圃为例，聚焦基于数字化技术的古典园林遗产保护工作框架和方法，得出以下结论。

利用点云的方式对园林信息进行测绘，首先需要明确测绘目的，并根据所需的测绘精度和园林要素特征选择合适的测绘方法和仪器。其次，需要确保测绘过程的科学性、测绘点布设方案的合理性。本研究在进行实地测绘前，通过总结艺圃园林保护与修缮的情况，分析其构成要素与风格特点，确定了园林要素采集内容以及适合的技术手段与操作策略。针对园林不同要素的精度需求和设备局限，将测绘分为三个等级，考虑实际情况限制，采用摄影测量和手持式激光扫描两种不同的方法进行实测。最终，完成了从方案设计、区域划分和局部控制等一系列完整的测绘流程，采集了研究所需的足量照片和激光扫描文件。

现阶段主流的点云软件普遍具备导入、定位、拼接等自动化功能，然而不同软件数据处理逻辑和应用情况存在差异。通过设计对比实验来验证软件精度和效果，得出Reality Capture软件在操作速度、拼接精度和生成效果等方面均能满足本次研究需求，也是目前最适用于园林遗产研究方向的软件。在RC软件中采用组件配准工作流程，对前期采集的原始数据进行点云生成，通过点云配准，将不同区域的倾斜摄影和激光扫描的点云数据进行拼接配准。最后，进一步处理点云文件，生成艺圃三维点云和实体模型，并通过数据压缩实验导出艺圃模型资产。

本研究还对艺圃的点云数据采用了不同形式的表达，包括点云分类图、平面测绘图、剖面测绘图和实体模型图，并分析描述了艺圃的空间布局和造园手法。相比传统绘图方式，三维点云数据色彩真实，精准度高，记录信息更加全面完整，对园林遗产研究、保护、存档及修缮参考具有重要意义，能够一定程度弥补CAD存档记录的不足。

参考文献

[1] 成实,张潇涵,成玉宁.数字景观技术在中国风景园林领域的运用前瞻[J].风景园林,2021,28(1):46-52.

[2] 成玉宁,袁旸洋.当代科学技术背景下的风景园林学[J].风景园林,2015(7):15-19.

[3] Soler F, Melero F J, Luzón M V. A complete 3D information system for cultural heritage documentation[J]. Journal of Cultural Heritage, 2017, 23: 49-57.

[4] Digital Heritage: Progress in Cultural Heritage. Documentation, Preservation, and Protection: 5th International Conference, EuroMed 2014, Limassol,

Cyprus, November 3-8, 2014, Proceedings[M]. Cham: Springer International Publishing, 2014.

[5] 杨晨.数字化遗产景观:澳大利亚巴拉瑞特城市历史景观数字化实践及其创新性[J].中国园林,2017,33(6):83-88.

[6] 喻梦哲,林溪.论三维点云数据与古典园林池山部分的表达[J].山西建筑,2016,42(30):197-198.

[7] 张青萍,董芊里,傅力.江南园林假山遗产预防性保护研究[J].建筑遗产,2021(4):53-61.

[8] 高智勇.基于激光点云技术的园林虚拟植物动态三维模型构建[J].信息技术与信息化,2022(2):98-101.

[9] 梁慧琳.苏州环秀山庄园林三维数字化信息研究[D].南京:南京林业大学,2018.

[10] 林源,冯珊珊.苏州艺圃营建考[J].中国园林,2013,29(5):115-119.

作者简介:肖湘东,苏州大学建筑学院景观系主任,教授,硕士生导师;苏州园科生态建设集团有限公司科技副总。研究方向:风景园林规划设计、室内建筑设计。

徐安祺、陶冶,苏州大学建筑学院在读硕士研究生。研究方向:风景园林规划设计、室内建筑设计。

历史文化街区路网结构与商业业态分布关联分析
——以南京高淳老街为例

张清海 王加倍

摘 要 在历史文化街区旅游蓬勃发展的背景下,为了量化、精确分析历史文化街区空间形态对商业业态分布的影响,促进商旅协同发展,本研究以始建于宋朝的南京高淳老街历史文化街区为例,基于空间句法理论和POI核密度估算方法研究其路网结构和商业业态空间分布,并分析了两者的关联性,结果显示:(1)sDNA模型显示高淳老街路网结构属于"核心—边缘"型,全局整合度、全局选择度高值区域在小河沿路、通贤街、县府路,街区主街中山大街在局部尺度下的整合度、选择度提高。(2)高淳老街商业业态分布具有明显的集群聚类现象,呈"中心—轴线"式空间分布特征。(3)路网结构与商业设施空间分布具有耦合特征,Depthmap轴线模型下,路网的整合度、选择度与全部设施以及购物、住宿、餐饮分类商业设施密度呈显著正相关,但与生活类商业设施密度关联性较弱。研究表明,根据路网结构合理安排商业业态布局,可以促进历史文化街区商业发展。

关键词 历史文化街区;路网结构;商业业态;空间句法;空间尺度

1 引言

历史文化街区是城市特有的空间符号,具有地段风貌独特、历史遗存悠久、民风民俗丰富等特点,也是文化遗产的重要内容。随着国家层面文化旅游产业的蓬勃发展,对历史文化遗产的保护和合理利用越来越受到重视[1]。因其独特的历史性,历史文化街区的保护与发展一直是旅游地理和城市地理研究的重点[2]。随着历史文化街区旅游开发的深入,街区的商业化成为必然,在衣、食、住、行等方面都对街区商业适宜性有迫切诉求,各类商业业态的协同发展,也逐步成为激发历史文化街区活力的关键驱动力,而商业化发展不当则有可能引发各种矛盾。历史文化街区中街道空间与旅游商业的关系,主要体现在街道路网特性与商业业态分布的关联性上。

国内外学者对路网句法值和POI数据关联性验证已取得一些成果,但对分析单元的划分方式有所不同。如古恒宇等采用提取前景道路网络并在GIS中核密度化为面域,再提取与样本点的住宅价格,之后进行线性回归分析的方法,研究了路网形态对广州市住宅价格的影响[3]。韩寒将地铁站点视为凸空间节点,统计了以站点为中心800 m缓冲区内商业POI大众点评量的密度,将其与该点的凸空间句法参数进行Pearson相关性分析,研究了深圳市轨道交通结构与商业活力的关联性[4]。Fan Liang等分别以500 m×500 m单元和道路相交形成的网格空间为基础单元,计算单元内句法参数值,并与单元内商业和酒店两类POI数量进行相关分析,研究了西安城市空间与商业布局的关联性[5]。针对路网空间特征与设施布点关联性分析的研究方法,主要采用多元线性回归分析[3]和Pearson相关性分析[4-5]等。

现有旅游空间结构研究多针对大中尺度区域,对小尺度旅游目的地的空间结构研究相对薄弱。历史文化区应综合开发商业、交通、办公、住宅、娱乐等功能,以提高街区和城市活力。各功能的比例及如何合理分布各类设施,成为未来城市街区发展的焦点之一,需要进行科学理性的考量[6]。本文以小尺度空间——高淳老街历史文化街区为例,从三个维度进行空间结构研究:①历史文化街区路网空间结构;②历史文化街区商业业态空间组构特征;③路网结构与商业业态关系。以期为商业适宜性预判提供依据,促进历史文化街区商业业态的合理分布。

2 研究区域与数据来源

2.1 研究区域概况

高淳老街位于南京市高淳区,是江苏省保存最完整的明清风格商业古建筑群,为AAAA级旅游景区、第四批"中国历史文化名街""全国十大历史文化名街"(图1)。选取高淳老街作为案例地主要基于以下几点:①历史优势,高淳老街始建于宋代,由商贾自发聚集而成,之后街道自然生长,功能逐渐完善,延续至今已有900余年,为淳溪古镇的主要商贸街道,至1990年代末形成当前的空间格局,从历史维度看,高淳老街具备历史文化街区的典型特征。②区位优势,高淳老街位于高淳区商业中心,是当地著名商贸区,商业布点贴合自然规律,且兼具景区与城市的多重要素。③形态优势,高淳老街中轴是一条长超过800 m、宽4.5~5.5 m的商业街,又称一字街,形态特征鲜明又暗含趣味,小尺度空间特征经典。④更新优势,2015年街区东北部建设了名为"曼度·老街东"的新增商业板块,使新旧商业业态链接发展,街区景点和商铺仍在依据旅游客流的聚散完善或重建。前述几点均是目前国内多数历史文化街区旅游、商贸具备的典型特征,因此,以高淳老街为案例地具备代表性。

图1 高淳老街景区示意图

2.2 数据来源与处理

主要研究数据包括高淳老街景区及周边的路网数据和商业设施POI数据。路网数据源自高德地图软件,辅以人工判读并补充巷间小路。商业点数据来源于高德地图API开放平台(截至2022年11月),涵盖购物、餐饮、生活、医疗保健、体育休闲、住宿、金融保险共7个服务性商业业态类目。本文基于国民经济行业分类标准(GB/T 4754—2011)对零售业、住宿业、餐饮业等的定义,参考前人文献[7-9]对于商业业态分类,根据游客出行需求,将前述生活、医疗保健、体育休闲、金融保险4类数量较少且功能相近的业态类目合并为生活服务类。通过数据采集工具抓取高淳老街商业点数据,导入ArcGIS矢量化并掩膜提取,结合实地勘察对数据进行除噪、纠偏、补增等预处理,最终得到4类共274个商业点数据。

3 研究方法

3.1 空间句法原理

空间句法是Hillier教授在1980年代提出的一种基于拓扑关系分析不同尺度空间要素的形态和结构的空间分析方法。在近些年的句法分析中,以Depthmap和sDNA两种软件应用最为广泛[3]。目前,传统的Depthmap软件已衍生出多个模型,在路网分析中应用较多的是轴线模型和线段模型,轴线模型是最基本且最早被提出来的分析方法,而线段模型则是轴线模型的碎片化表达,提供的是米制距离半径[10]。在大尺度城市和区域,sDNA模型的分析能力更强[11]。全局视角下,两个软件的句法参数算法趋于一致,Depthmap中为整合度(Integration)和选择度(Choice),sDNA中对应为接近度(Closeness)和中介度(Betweeness)[12]。在广义网络研究中,整合度实际上是接近度的倒数,而选择度则相当于中介度[13]。本文主要以以上句法参数作为计算结果进行分析。

3.2 核密度分析及缓冲区分析

像元半径设定为0.1 m,搜索半径设定为50 m,分别分析高淳老街各业态商业设施POI数据,按自然断裂点法把核密度估计结果分为9类,获得其空间分布特征。为研究路网实际影响范围内的商业设施分布状况,利用ArcGIS对各个街道分别建立半径25 m的条形缓冲区。25 m是根据人行20 s到达的距离确定的,它可以合理地定义各街道商业消费区域的影响范围[3]。通过这种方式，我们能够推断受街道系统影响的商业设施分布情况，并利于进一步探讨商业设施点密度与路网结构的关联性。

3.3 双变量相关分析

为了进一步明晰街区路网结构与各类型商业设施数量的定量关联模式及关联程度，本研究统计了各等级道路缓冲区内全部及购物、餐饮、住宿和生活4类商业服务设施数量，并分别将其与对应的街道句法参数在 SPSS 中进行 Pearson 双变量相关分析。相关分析可以较准确地反映街区路网结构与各类型商业设施密度的关联类型和关联程度，从而分析句法参数对商业设施分布的解释效果。

4 结果与分析

4.1 街区路网结构空间特征分析

用 Depthmap 中的轴线模型、线段模型分别计算街区路网的连接值（Connectivity）、整合度和选择度，用 sDNA 计算街区路网的接近度和中介度。值得注意的是，高淳老街并不是一个独立的空间，其边缘地带与域外空间有一定联系并受其影响，形成边缘效应。由于空间句法理论强调城市空间之间的连通性[14]，所以在绘图时涵盖了周边的城市道路[8]。根据居民出行方式及时间成本，以100 m 为间隔设置 100～1 000 m 和无限远（N）为计算尺度，分别用3种模型计算路网句法参数并绘图（图2）。

用轴线模型分析高淳老街路网结构（图2a）。结果显示，小河沿路、中山大街和县府路的连接值最大，分别为11、10和9；其中，中山大街两侧均为景区景观，其他两条道路均有一侧邻接街区外部。连接值反应系统中与任意轴线相交的轴线数量，连接值越高表示该道路空间渗透性越好。计算结果表明中山大街作为街区主路，虽然道路等级比其他外部城市道路低，但在交通连接系统中承担的功能量级与其他道路相近。整合度反映街区路网内的某节点对周边其他节点的吸引力，其数值越高说明该节点的聚集性和可达性越高。经分析可见，小河沿路和通贤街的全局整合度最高，中山大街中段和县府路的全局整合度较高。中山大街和县府路在拓扑深度 R＝3 时局部整合度分别高于各自的全局整合度，全局整合度和局部整合度分别对应着交通出行和步行视角下人的聚集程度[3]，局部整合度更高表明该区域在局部尺度下更容易汇聚人群。选择度是由连接值衍生而来的，全局选择度反映某一空间内某个节点出现在最短拓扑路径上的频率，局部选择度则反映局部空间单元在一定拓扑半径内被选择的几率。从选择度分析结果可知，高淳老街入口区的中山大街和出口区的小河沿路在局部尺度下的选择度更高，说明在步行视角下，更容易被人选择。无论是全局整合度还是全局选择度，都是以小河沿路和通贤街最高，而在局部尺度（R＝3）下，中山大街的选择度有所上升，小河沿路有所下降，这说明在步行视角下，主街更容易被游人选择。

用线段模型对高淳老街路网进行分析（图2b），结果同轴线模型相似。通贤街、小河沿街为全局整合度最高的位置，其次是中山大街，说明这些位置最易出现游客人流自发汇集现象。局部整合度（R＝700 m）分析结果显示，作为高淳老街主街的中山大街的整合度在局部尺度下变高。选择度分析显示，全局选择度与局部选择度（R＝600 m）分析结果差距较大。街区外围道路、中山大街的全局选择度相对更高；局部选择度高值区域位于曼度街区东北部小河沿路西侧，这可能是因为小河沿路与外部城市道路相连，对外交通条件优越，但是随着道路由北向南延伸，其局部选择度也逐渐降低，说明曼度街区具有很大的扩展空间；局部选择度另一高值区域在中山大街中段东侧区域，此处连接着西侧传统区域、仓巷、文储坊、曼度街区以及游客中心的道路，是多条道路空间交会处，空间选择多，也容易被游客选择经过。这与前文轴线模型的分析结果存在差异，可能是因为轴线模型下道路形态笔直，而线段模型在处理过程中将道路从交点处打断，使道路相对破碎化，各条道路的连接值差异随之变小，数值更为均衡。另外，和研究区域的尺度也有关系。

用 sDNA 模型对高淳老街路网进行分析。使用 ArcGIS 中 sDNA 工具，用自然间断点分级法将计算结果中 Link Connectivity、NQPDEn 和 TPBtEn 分为9类，排除异常值，调整线段颜色和线段粗细显示，优化图面表现，得到分析结果（图

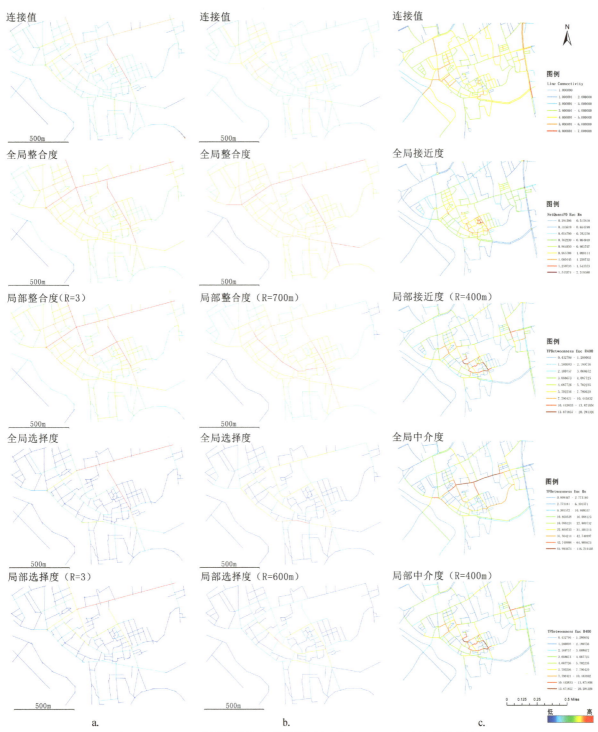

图 2　Depthmap 轴线模型(a)、线段模型(b)和 sDNA(c)句法参数计算结果

2c)。可见,在 sDNA 模型的无限远全局尺度下,接近度网络呈现出以通贤街和小河沿路为核心向外扩散的模式,但并未扩散至整个外部交通范围;中介度网络则揭示出高淳老街区域内的交通干道。在 400 m 局部尺度下,接近度和中介度均在中山大街南部、曼度街区呈现出聚集核心,在其他区域则分布较分散。综上,在 sDNA 模型下,高淳老街路网空间形态属于"核心—边缘"型,中山大街南部、曼度街区均是区域接近度和中介度的核心区域。

4.2　街区空间可理解度分析

可理解度表现为空间系统内整合度与连接度的线性关联系数,用于衡量通过感知局部空间结

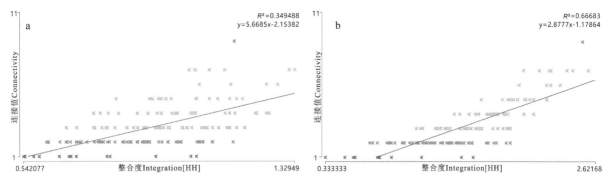

图3 高淳老街整体和局部可理解度(R=3)

构来预测整体空间结构的准确程度。其数值越大,说明空间的局部结构与整体关联程度越高,通过局部空间了解整体结构的准确度越高,即通过某节点的信息就基本可以认知空间整体特征。在空间句法中用回归系数 R^2 表示空间系统的可理解度,R^2 值 0~0.5,表示空间系统可理解度差;R^2 值 0.5~0.7,表示可理解度较好;R^2 值 0.7~1.0,则表示可理解度极强。

高淳老街的全局可理解度较低,为 0.349,游客行走在其中,正确认知自身所处位置的难度较大,方向感会变差,容易迷路(图 3a)。但高淳老街的局部可理解度达到 0.667,表明游客对小范围空间的感知能力比较强,但仍低于能较准确地判定空间结构的局部可理解度阈值 0.7(图 3b)。这一结果是源于高淳老街所特有的分支多且不规则的街巷结构,而该结构又与其长期的自然生长模式密切相关。传统古街道是由当地居民逐级建造的,在漫长的历史进程中不断修改加建,最终导致巷道弯曲、空间狭窄,游客视野受限,难以感知整体空间。另一原因是,主街中山大街整合度高,但道路由入口到出口,也经历了由东南方向到东偏北方向的转变,而游人步行其中很容易忽略这一变化。随着旅游业的发展,前往高淳老街的游客越来越多,适当地在街区内增加指示牌或结合电子地图导航,可提高游览路线的利用效果。

4.3 商业业态空间分布特征分析

基于 ArcGIS 核密度分析模块分析高淳老街商业点位数据,获得各业态类型商业设施密度空间分布状态(图 4)。统计显示,高淳老街内购物服务类设施数量最多,占商业设施总量的 39.47%。次之为餐饮服务类设施,如农家乐或饭店,占总量的 32.24%。在高淳老街传统街区,部分生活服务类设施极少,这一不足主要通过在街区东北部新开发的曼度街区板块增建运动场馆、娱乐场所、休闲场所、度假疗养所及影剧院等商业设施来弥补。

如图 4 所示,高淳老街的商业设施类型相对全面,业态分布具有较强的集群聚类现象。整体上,主要业态包括特产售卖、纪念品售卖、特色小吃、住宿、公共服务等,商业设施存在沿街道轴线扩散的分布特征,且在人流活跃区域出现高热度值(图 4a),其最高商业设施密度平均达 35 个/hm²,呈"中心—轴线"式空间分布形态,属于中心式下的圈层结构与路网轴线下的组团结构相结合的分布模式。就商业设施类型而言,形成了以中山大街为轴沿其两翼分布的购物类商业设施区(图 4b),以迎薰门道路为轴的餐饮类商业设施区(图 4c),沿河滨街、陈家巷并依托古民居群分布的住宿服务区(图 4d),以及曼度街区的生活服务区(图 4e)。

4.4 路网结构与商业设施分布关联性分析

由于在小尺度下,Depthmap 的计算结果比 sDNA 更接近真实体验,具有更强的说服力且便于分析,因此本文采用 Depthmap 模型的计算结果,并将其作为路网形态参数加以分析。在前文不同方式统计高淳老街道路空间句法变量基础上,统计每条道路两侧全部及各类商业设施数量,以表示道路对商业设施分布的影响力。限定研究区域为涵盖通贤街—镇北路—官溪路的景区内部路网,对研究范围内的道路建立半径 25 m 的缓冲区,从而较好地涵盖道路两侧所对应的商业设施,然后计算缓冲区内商业设施数量。将每条道路的空间句法参数与对应的商业设施数量导入 SPSS

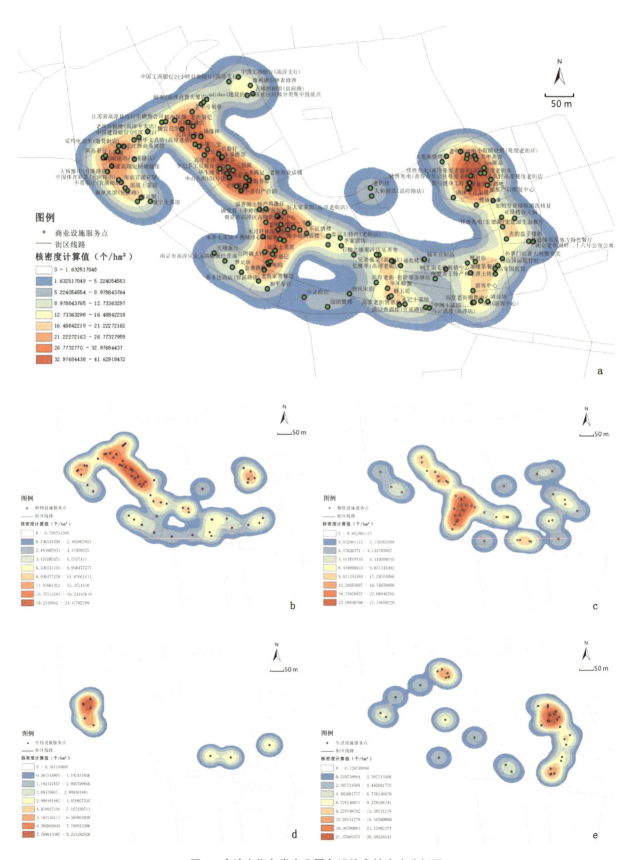

图4 高淳老街各类商业服务设施点核密度分析图

表 1 Depthmap 轴线模型参数和各类设施密度不同拓扑深度下显著性检验对比

路网参数	商业业态	R 值										
		n	1	2	3	4	5	6	7	8	9	10
整合度	全部	0.372***	/	0.493***	0.498***	0.492***	0.465***	0.430***	0.408***	0.394***	0.388***	0.384***
	购物	0.412***	/	0.491***	0.523***	0.529***	0.517***	0.486***	0.462***	0.446***	0.437***	0.430***
	餐饮	0.353***	/	0.448***	0.431***	0.421***	0.407***	0.389***	0.381***	0.370***	0.365***	0.364***
	住宿	0.419***	/	0.411***	0.429***	0.440***	0.441***	0.440***	0.437***	0.428***	0.437***	0.433***
	生活	0.164	/	0.332**	0.324**	0.304**	0.255***	0.207*	0.181	0.171	0.168	0.167
选择度	全部	0.356***	0.001	0.600***	0.669***	0.629***	0.556***	0.486***	0.437***	0.405***	0.383***	0.368***
	购物	0.371***	-0.034	0.564***	0.669***	0.654***	0.590***	0.517***	0.467***	0.430***	0.405***	0.387***
	餐饮	0.344***	0.000	0.354***	0.586***	0.611***	0.570***	0.511***	0.453***	0.413***	0.385***	0.366***
	住宿	0.285**	0.040	0.390***	0.443***	0.449***	0.414***	0.377***	0.348***	0.324***	0.307***	0.295***
	生活	0.205*	0.030	0.410***	0.447***	0.397***	0.334**	0.284**	0.250*	0.231*	0.218*	0.211*

注：***表示在 0.1% 水平上显著，**表示在 1% 水平上显著，*表示在 5% 水平上显著。轴线模型下 R=1 时整合度为常数，故无计算结果。

表 2 不同距离半径下 Depthmap 线段模型路网参数和各商业业态的相关性

路网参数	商业业态	距离半径(m)										
		n	100	200	300	400	500	600	700	800	900	1 000
整合度	全部	0.008	0.029	-0.061	-0.052	0.009	0.030	0.019	0.036	0.021	0.024	0.019
	购物	0.233**	-0.022	-0.026	0.086	0.181*	0.222**	0.233**	0.264**	0.252**	0.239**	0.228**
	餐饮	0.086	-0.108	-0.025	0.062	0.133	0.171*	0.191**	0.177*	0.137	0.124	0.098
	住宿	0.155*	-0.087	0.003	-0.041	-0.018	0.018	0.044	0.076	0.110	0.107	0.119
	生活	-0.288***	0.167*	-0.085	-0.209**	-0.228**	-0.260***	-0.310***	-0.310***	-0.307***	-0.279***	-0.265***
选择度	全部	-0.042	-0.051	-0.199**	-0.143	-0.078	-0.044	-0.025	-0.017	-0.018	-0.039	-0.064
	购物	0.102*	-0.219**	-0.230**	-0.117	-0.018	0.050	0.089	0.103	0.109	0.096	0.068
	餐饮	-0.008	-0.215**	-0.154*	-0.067	0.017	0.086	0.111	0.112	0.097	0.061	0.021
	住宿	0.007	-0.107	-0.055	-0.029	-0.023	-0.050	-0.058	-0.051	-0.039	-0.033	-0.033
	生活	-0.161*	0.291***	-0.050	-0.104	-0.125	-0.160*	-0.175*	-0.175*	-0.178*	-0.182*	-0.178*

注：***表示在 0.1% 水平上显著，**表示在 1% 水平上显著，*表示在 5% 水平上显著。

软件中进行 Pearson 双变量相关分析，根据结果对街区道路结构与商业设施密度的关联性进行分析（表1、表2）。

由表 1 可知，在绝大部分拓扑深度下，轴线模型下的道路句法参数与各类商业设施密度显著相关。经计算，连接值和各类商业设施密度的相关性从大到小排序为：全部（0.529）＞购物（0.512）＞餐饮（0.507）＞住宿（0.421）＞生活（0.347），且均在 0.1% 水平上显著。

就路网整合度与全部及各类商业设施密度相关性而言，在全局视角下，按相关程度从大到小排序为：住宿（0.419）＞购物（0.412）＞全部（0.372）＞餐饮（0.353）＞生活（0.164）。这表明住宿类设施在全局视角下和道路整合度相关性最强，适宜分布在全局人流集中的地方，而生活类设施与路网全局整合度相关性最弱。在局部视角下，道路整合度、选择度和各类商业设施密度的相关性最大值出现在 R=2～5 范围内，整合度与全部、购物、餐饮、住宿、生活各类商业设施的相关性分别在拓扑深度 R 为 3、4、2、5、2 时达到最高值。

就路网选择度与全部及各类商业设施相关性而言,在全局视角下,按相关系数从大到小排序为:购物(0.371)>所有(0.356)>餐饮(0.344)>住宿(0.285)>生活(0.205)。表明全局尺度下容易被人选择的道路旁分布的购物类设施多,体现了高淳老街客流通行迅速、游客偶发且快速购物的特点。而生活类设施与道路全局整合度相关系数最低,这可能是因为此类商业设施需要人们较长时间地停留以获得较强的体验感,故不宜分布在人流变换频繁的道路旁。在局部视角下,全部、购物、生活类服务设施均在拓扑半径R=3时达到与选择度相关系数的最大值,餐饮和住宿类在拓扑半径稍大即R=4时,相关系数达到最大值。在各个拓扑深度的局部视角下,局部选择度与各类商业设施的相关系数,均分别高于全局选择度与各类商业设施的相关系数,这说明,对高淳老街这样的小尺度空间而言,研究路网的局部选择度较全局选择度有更大的应用价值。

由表2可知,由线段模型分析获得的道路句法参数与各类商业设施密度,在部分距离半径下相关性显著。就路网整合度与各类商业设施密度相关性而言,在全局视角下,购物、住宿类商业设施与路网整合度存在显著相关性,但相关系数较低,分别为0.233和0.155,而全部、餐饮类商业设施与整合度不相关,生活类商业设施与路网全局整合度为显著负相关关系(−0.288)。分析认为,购物类商业设施,在全局视角下和道路整合度相关性最强,适宜分布在全局人流集中的地方;而生活服务类商业设施分布对应线段模型下的各个支路位置,是人流稀疏的区域,这类商业设施对应游客刚需,对经营位置的要求并不苛刻,相反,避开最繁华路段则更具经济性。在局部视角下,当距离半径约700 m时,多类商业设施与道路整合度的关联性最强,相关系数达到最大值。700 m是正常人约10 min的徒步游览路径长度,这符合高淳老街游客以步行游览为主的通行特征。具体来看,餐饮、生活类商业设施关联最高值的距离半径略低于平均距离半径700 m,而住宿类商业设施关联最高值则略高于700 m,这与轴线模型下计算的拓扑半径最优解基本吻合,均是餐饮、生活类半径较小,住宿类半径最大。这体现了不同商业业态类型的服务半径差异,餐饮、生活类设施体验感较强,服务的人群也更为集中,住宿类的休闲感更强,游客驻足时间也更长,服务半径相对更大,需要服务高淳老街内部以及街区以外的游客。

就各类商业设施与选择度的相关性而言,在全局视角下,全部、餐饮及住宿服务类商业设施与线段模型下的道路全局选择度不存在相关关系,购物、生活服务类商业设施与选择度的相关性也很弱,相关系数分别为0.102、−0.161。在局部视角下,各类商业设施与局部选择度在大多数距离半径上不存在相关关系,少数即使存在相关关系但相关系数也很小,绝对值不高过0.230,且多为负相关。分析认为,这是由于在线段模型视角下道路在交点处被打断,使得道路片段过于破碎导致。

5 结论与建议

5.1 研究结论

本研究基于路网及2022年POI数据,运用句法领域的3种模型,结合缓冲区方法探究了路网结构对不同业态类型商业设施分布的影响,得出以下结论。

第一,不同句法模型的空间适宜性。综合Depthmap的轴线模型、线段模型和sDNA这3种方式对路网结构和商业业态类型关联性拟合验证分析结果,可以发现,sDNA的优势主要体现在大尺度的城市规划上,但在小尺度景区空间分析中略显逊色。本文采用的缓冲区方法对每条道路建立缓冲区,以计算每条道路所涵盖的商业设施点,在同样的研究区域与路网条件下,缓冲区方法与Depthmap轴线模型的契合度更高,而与Depthmap线段模型的契合度一般,与sDNA软件模型的契合度较差。检验用Depthmap轴线分析获得的参数与商业设施密度的相关性,绝大部分相关系数都能在P=0.001水平上显著,说明Depthmap轴线分析对小尺度空间来讲敏感性更高,也更适宜。这主要是由对分析单元的分割差异导致的,轴线模型的线段单元由人工在CAD中依照地图与道路角度划分,而无论是Depthmap的线段模型还是sDNA软件模型,均在软件处理下于道路相交处打断划分。线段模型分割破碎化容易带来一定的误差,在较小尺度下更为明显。

第二，高淳老街路网句法特征。全局尺度下街区边界的小河沿路、县府路等道路整合度和选择度均较高；局部尺度下，内部的中山大街的整合度和选择度均有所提高。中山大街作为街区主路，虽然道路等级低于外部城市道，但在街区交通系统中具有重要地位。街区出入口可理解度高，标志性强，容易吸引游客进入，而内部主街道路分支多，可理解度相对较小，更容易激发游客游览欲望。

第三，高淳老街商业业态分布特征。高淳老街商业业态分布具有明显的集群聚类现象，在沿街道轴线扩散的分布，呈"中心—轴线"式空间分布特征。以中山大街为轴形成购物类商业设施带，而曼度街区的生活类商业设施更多，与传统街区形成互补，体现了新旧街区的链接发展。

第四，路网结构参数对商业业态分布的分析。路网结构与商业设施空间分布具有耦合特征，Depthmap轴线模型下，路网的整合度、选择度与全部、购物、住宿、餐饮类商业设施密度呈显著正相关。尤其是购物类设施服务半径小，与道路参数相关程度高，对应着人流流动速度快，驻留时间短且更替频繁的特点。路网参数与生活类商业设施分布关联性较弱。

5.2 建议

本研究探讨了高淳老街路网参数和商业业态分布特征，探索了两者的关联规律，明晰了景区的特色和优势。在此基础上提出以下建议：在发展旅游产业过程中，可以将游客在高淳老街内部的游览路径分布于主轴道路中山大街两侧和曼度街区周边，从而与可达性高的轴线基本保持一致，充分利用道路资源，串联重要景点，增强主街商业活力，从而为居民和游客提供便捷的服务，并丰富游览体验，提高游览品质。

本文研究结果对其他历史文化街区的发展具有如下启示：①合理布局商业业态。历史文化街区在商业业态布局规划中，那些对客流有更强依赖的购物、餐饮服务类商业设施应选点在道路整合度和选择度较高的位置，而住宿、生活服务类商业设施更适宜布局在道路整合度和选择度较低的位置。根据这一规律选点，能够提高景区道路通行效率，促进人群合理分流，提升景区空间利用率，同时获得更高的商业效益。②进行商业适宜度预判。历史文化街区的商业化程度可以分为3种状态：欠商业化、适度商业化和过度商业化，欠商业化可能会导致街区破败和文化遗产毁损，而过度商业化又会稀释街区的文化底蕴，压缩甚至破坏文化空间。只有科学预判才能让街区商业化进程处于适度状态。后续研究可收集更多历史文化街区数据，参照高淳老街道路句法参数与商业密度的关系，根据句法值，预判商业设施密度合理值，正确处理商业开发和历史文化保护的关系。

参考文献

[1] 沈旸,周小棣,马骏华.基于多重保护主体的历史文化街区保护规划[J].东南大学学报(自然科学版),2015,45(5):1020-1026.

[2] 杨国胜,龙彬,覃继牧.论我国历史街区保护与科学旅游利用之"九大观"[J].城市规划,2012,36(9):91-96.

[3] 古恒宇,孟鑫,沈体雁,等.基于sDNA模型的路网形态对广州市住宅价格的影响研究[J].现代城市研究,2018,33(6):2-8.

[4] 韩寒.深圳市轨道交通结构与商业活力空间关联分析[J].经济地理,2021,41(3):86-96.

[5] Liang F, Liu J H, Liu M X, et al. Scale-dependent impacts of urban morphology on commercial distribution: A case study of Xi'an, China[J]. Land, 2021,10(2): 170.

[6] 杨滔.数字城市与空间句法：一种数字化规划设计途径[J].规划师,2012,28(4):24-29.

[7] 浩飞龙,王士君,冯章献,等.基于POI数据的长春市商业空间格局及行业分布[J].地理研究,2018,37(2):366-378.

[8] 魏中宇,苏惠敏,黄荣静.基于POI数据西安市商业集聚特征分析[J].西南大学学报(自然科学版),2020,42(4):97-104.

[9] 方翰,沈中伟,喻冰洁,等.基于POI的成都市地下商业空间演化与机制研究：以火车北站、春熙路、环球中心片区为例[J].南方建筑,2022(1):85-93.

[10] 金达·赛义德,特纳·阿拉斯代尔,比尔·希利尔,等.线段分析以及高级轴线与线段分析：选自《空间句法方法：教学指南》第5、6章[J].城市设计,2016(1):32-55.

[11] 陶伟,古恒宇,陈昊楠.路网形态对城市酒店业空间布局的影响研究：广州案例[J].旅游学刊,2015,30(10):99-108.

[12] 文宁.空间句法中轴线模型与线段模型在城市设计应用中的区别[J].城市建筑,2019,16(4):9-12.

[13] 宋小冬,陶颖,潘洁雯,等.城市街道网络分析方法比较研究:以 Space Syntax、sDNA 和 UNA 为例[J].城市规划学刊,2020(2):19-24.

[14] Jiang B, Claramunt C. Integration of space syntax into GIS: New perspectives for urban morphology [J]. Transactions in GIS, 2002,6(3):295-309.

作者简介:张清海,南京农业大学园艺学院副院长,农业农村部景观农业重点实验室,副教授,硕士生导师。研究方向:风景园林规划设计与理论。

王加倍,南京农业大学园艺学院风景园林学在读硕士研究生。研究方向:风景园林规划设计、数字景观及其技术。

Landscape Characterization and Mapping of the West Branch of the East African Rift Valley Section of the Tazara Railway[*]

Shi Jiaying　Yu Mengyao　Wang Nan　Li Zhe

Abstract: The Tazara railway, as one of the greatest railway projects since World War II and a model and epitome of China's early foreign aid, has both political and economic significance. In recent years, the railway has been aging and facing a series of issues brought about by economic, social, and ecological development. Therefore, it is urgent to systematically understand its landscape characters, carry out ecological restoration and redesign at key nodes, recreate the iconic landscape along the railway line, and achieve the revival and sustainable use of the railway. This study takes the Western Branch of the Tazara railway in the East African Rift Valley as the research subject, establishes the landscape character metrics system of the study area, and combines the hierarchical clustering algorithm and geographic information system to achieve the landscape characteristic description and mapping.

Key words: Tazara railway, Landscape character identification and classification, Hierarchical clustering, Mapping, Renewal design

1 Introduction

The Tazara Railway, also called the Uhuru Railway or the Tanzam Railway, is a railway in East Africa linking the port of Dar es Salaam in east Tanzania with the town of Kapiri Mposhi in Zambia's Central Province. The single-track railway is 1,860 km (1,160 mi) long and is operated by the Tanzania-Zambia Railway Authority (Tazara). As one of the greatest railway projects since World War II and a model and epitome of China's early foreign aid, the Tazara railway has both political and economic significance. In recent years, the railway has been aging and facing a series of issues brought about by economic, social, and ecological development. Continued support for the Tazara railway's renovation and construction is an important aspect of China's support for Africa's industrialization and modernization, and it promotes the deepening and solidification of the China-Africa new type of strategic partnership. Conducting landscape and environmental research and practice on the Tazara railway is of profound strategic significance and practical value for strengthening the community of shared future for mankind and promoting the construction of ecological civilization in Africa.

As one of the most representative landscape systems in Africa and even globally, the East African Rift Valley spans countries such as Tanzania, Zambia, and Kenya, covering various landscape types such as lakes, volcanoes, gorges, and plateaus. It has rich geomorphic characters and diverse ecosystems. At the same time, Africa's diverse natural and cultural resources, as well as numerous indigenous tribes

---

[*] 国家自然科学基金项目"基于脑电'唤醒-效价'情绪模型的生活街区消极空间数字制图及其景观提质研究——以南京为例"(编号:52278051),教育部人文社科青年基金项目"人本尺度城镇历史地段河流生物文化多样性测度与管理机制研究"(编号:22YJCZH145)。

and cultural communities, reside in this region, with deep connections to the natural environment and nurturing splendid regional civilization and cultural heritage. Conducting landscape mapping studies based on the current status of natural and cultural landscape resources in the East African Rift Valley, actively exploring landscape character recognition technologies, and using digital technologies to analyze and map its landscape characters are important references for local sustainable high-quality development, digital management, operation, and maintenance of landscape resources. They also provide important basic data and strategic guidance for subsequent regional and ecologically-oriented human settlements and environmental construction.

Railways are vital economic lifelines for countries, and the rapid development of the railway industry has played a crucial role in China's economic development and construction. Modernizing and updating traditional railway systems not only improve transportation efficiency but also involve repairing damaged environments, enhancing landscape quality, and continuing and reshaping regional landscapes. This is one of the important aspects of high-quality development in human settlements and environments today. Conducting cutting-edge landscape character recognition research on the linear landscape of the Tazara railway and updating the environmental design of key transportation stations, it provides a green development demonstration case that integrates the railway system with natural and cultural environments, which has important practical value and significance.

This study makes full use of digital resources for online research and discussion, organizes and summarizes the latest research progress at home and abroad, integrates various heterogeneous basic data sources such as climate, geology, topography, soil, vegetation, hydrology, humanities, history, settlements, industries, customs, etc., and constructs a database of landscape resources for the Tazara railway and the East African Rift Valley. Based on clustering algorithms, it deduces and analyzes the landscape character types in the research area and generates landscape character maps. It also conducts landscape environment enhancement and optimization design for typical transportation stations along the railway line.

2 Related studies

2.1 Landscape character identification and classification

Due to the interdisciplinary nature of landscape research, there are various landscape identification and classification systems and methods. Simensen et al. (2018) conducted a systematic review of 54 contemporary landscape characterization methods worldwide and concluded that the assessment of landforms and natural and cultural landscape elements is a core component of all reviewed methods. Chuman and Romportl (2010) described landscape types in the Czech Republic using eight sets of variable data, including elevation, aspect, slope, soil, natural vegetation, annual average temperature, annual average precipitation, and land cover types. They combined mathematical statistical methods with GIS technology to achieve visual and instantaneous feedback and further analyze the obtained results. This method is applicable in studies with different spatial resolutions and landscape scales. Carlier et al. (2021) used Ireland as an example and utilized GIS to overlay the terrain and land cover elements of the research area. They merged homogeneous geographic units through iterative clustering and determined new landscape classifications by cutting the resulting cluster dendrogram. The Republic of Ireland was classified into nine landscape types, and the reasonableness of the generated landscape hierarchy was interpreted with the assistance of multiple related landscape variables. Van der Zanden et al. (2016) studied the typology of European agricultural landscapes based on their composition, spatial structure, and management intensity. They established a general framework by combining expert-based top-down approaches with self-organizing map (SOM) automatic clustering methods to assess landscape characteristics in European agricultural regions. Overall, these studies demonstrate the diversity of landscape identification and classification systems and methods. They incorporate various variables, statistical techniques, and GIS technology to assess and analyze landscape characters in different regions.

2.2 Landscape mapping

Landscape mapping provides a visual representation of the landscape and involves the analysis and mapping of landscape characters and attributes. The aim is to understand the relationship between these characters and the processes that shape the landscape over time, such as deforestation, urbanisation and climate change. This information can then be used to support decision-making and planning around issues such as land use management, wildlife conservation and habitat restoration. Landscape mapping is usually accomplished using a variety of technical tools such as aerial photography, satellite imagery, ground surveys, and geographic information systems (GIS). These tools allow researchers to collect and analyse data on a range of physical and environmental variables, including topography, soil type, vegetation, and land use. Another important application of landscape mapping is in urban planning and design. By mapping the physical and social characteristics of a city or area, planners and designers can identify areas for improvement, such as areas lacking green space or public transport. They can also identify opportunities for new development and design interventions to improve the quality of life for residents and visitors. In summary, through landscape mapping, researchers can support decision-making and planning for sustainable development and conservation, and help to ensure that landscapes are managed for the benefit of both people and the environment.

2.3 Landscape of Cultural Roads

The study of Cultural Roads began in Europe in the 1970s. Its main objectives include building a sense of shared values and identity within Europe and preserving cultural diversity while encouraging cultural exchange. The concept of Cultural Roads is inclusive and flexible. The term "road" does not necessarily refer to a physical road but rather a network of characteristics centered around a specific theme. In 1980, the Council for Cultural Cooperation defined Cultural Roads as routes that revolve around a particular theme, crossing multiple countries or regions and typifying the historical, artistic, and social characteristics of Europe in both its scope and significance.

Over the past five decades since the emergence of Cultural Roads, most of the literature related to Cultural Roads has focused on defining and clarifying the concept, as well as exploring ways to protect, manage, and develop these routes. Modern scholars emphasize the integrated nature of Cultural Roads, encompassing both tangible and intangible elements, and highlight their dynamic and inclusive qualities. Regarding the conservation and management of Cultural Roads, most scholars agree that protecting these large-scale transregional heritage sites requires the establishment of long-term cooperative planning and management mechanisms across regions. This may involve the creation of dedicated institutions or regulations and oversight within the legal frameworks of each country. Some scholars have also proposed the establishment of an international cross-regional management data platform to facilitate effective and unified management.

3 Methods

3.1 Study area

The eastern starting point of the west branch of the East African Rift Valley Section of the Tazara Railway (hereinafter referred to as EAR-WB of Tazara) is in Chimara, within Tanzania's territory. It passes through major cities such as Mbeya and Tunduma, and continues westward into Zambia until Kavira. The terrain along the route is complex, crossing high mountains, canyons, rivers, and virgin forests. The area is rich in natural and cultural resources. This study focuses on the section of the railway between the Mbeya and Tunduma stations, and conducts data collection on natural and cultural landscape indicators in this region, as well as comprehensive recognition and classification of landscape characters(Figure 1 & 2).

The study area is the railroad and its environs between Mbeya area and Tunduma area, which passes through seven administrative districts in Tanzania and Zambia. Based on the administrative divisions, we subdivided the study area into 364 sub-districts (338 in Tanzania and 26 in Zambia, see Figure 3).

3.2 Dataset

We extensively collected official authoritative data and scientific literature resources, which included satellite imagery, topographic maps, vegetation survey data, meteorological data, and more. These resources were utilized to establish a landscape character metrics framework based on expert consensus (see Table 1). Additionally, we developed a comprehensive database of landscape resources within the research scope, including climate, geology, topography, soil, vegetation communities and coverage, land

Fig. 1　Tazara railway and administrative divisions

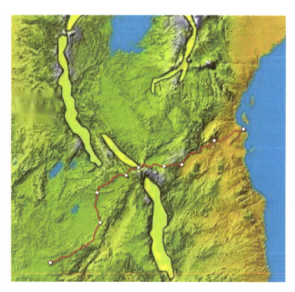

Fig. 2　Tazara railway and the topography of EAR-WB

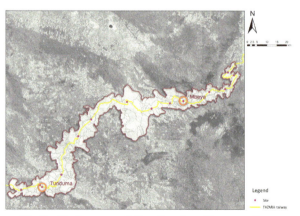

Fig. 3　Study area and the sites along Tazara railway

use, water environment, current infrastructure, human aspects, historical information, settlements, industries, customs, and other relevant

Tab. 1 Landscape characterization metrics system for EAR-WB of Tazara

Landscape character type	Landscape character attribute	Metrics	Items
Natural landscape character	Geology	Geologic type	Quaternary lineage, Neoproterozoic, Cretaceous, Jurassic, Triassic, etc.
	Geomorphology	Geomorphologic type	Plains, river terraces, plateaus, low hills, high hills
	Topography	Slope	
		Elevation	
		Undulation	
	Hydrology	Density of water system	
		Watershed type	Nile basin, Zambezi basin, Congo basin
		Mean annual temperature	
	Climate	Mean annual rainfall	
		Carbon stock	
	Soil	Rate of the agricultural land cover	
		Vegetation cover type	Cultivated land, broadleaf forests, coniferous forests, thickets and scrub, meadows, non-vegetated areas
	Animal	Biological species	
Cultural landscape character	Land Use (and Management)	Land cover type	Bushland, woodland, wetland, cultivated land, built up area, grassland, forest, water, bare land
		Agro-ecological type	Coastal, arid, semi-arid, plateau, southern and western highlands, northern highlands, alluvial
	Industry and resource	Mineral Types	Apatite (IM), rare earth elements, fluorite, coal, copper, niobium, rare earth elements, phosphates, pumice (cement), hot spring water (>25°), carbon dioxide, foam, travertine, etc.
		Crop types	Maize, wheat, rice, sweet potatoes, bananas, beans sorghum, and sugar cane
	Traffic	Highway	Density of the highway
		Railroad	Density of the railroad, coverage of 20km radial area of the site
	Settlements and culture	Proportion of agricultural land	
		Percentage of built-up area	
		Population density	
		Male to female ratio	
		Regional Administrative Classification	
		Language group	Niger-Congo (Bantu branch) and Nilo-Saharan (Nilotic branch)
		Ethnicity	Bantu, Cushite, Nilo-Hamite, San
		Culture facilities	Number of colleges, mosques and churches in the area

factors. The collected data were used to create a matrix where the rows represent observations (including data from 338 sub-level districts in Tanzania and 25 sub-level districts in Zambia) and the columns represent variables (including 48 categorical and 46 continuous variables).

3.3 Analysis methods

Hierarchical clustering is a cluster analysis method that groups data points based on a similarity measure (e.g., euclidean distance) between them. In hierarchical clustering, each data point is initially treated as a separate cluster, and in each iteration the most similar clusters are merged into one large cluster until all data points are combined into one cluster. The result of hierarchical clustering can be represented in the form of a tree diagram, also known as a clustering tree or binary tree. We used R to perform hierarchical clustering analysis on the Tanzanian Railway dataset, which contains multiple data types, in order to obtain results for the classification of landscape characters.

The *dist*() function was used to calculate the distance between each pair of data points. For continuous variable datasets, the Manhattan algorithm was used; for binary datasets, the Euclidean algorithm was used. After completing the calculation of the distance matrix, we conducted *hclust*() function for hierarchical clustering. Comprehensively comparing the dendrogram structure and GIS mapping performance of various hierarchical clustering algorithms, it was found that the clustering results based on the ward.D2 algorithm were easier to interpret and understand (see Figure 4), and therefore this algorithm was chosen for subsequent analysis.

We used GIS software to map the landscape character areas obtained from the inferential analysis based on clustering algorithm onto spatial maps, combined with key landscape character indicators for spatial superposition analysis, and finally realized the visual presentation and analysis of landscape resources and landscape character areas in the study area.

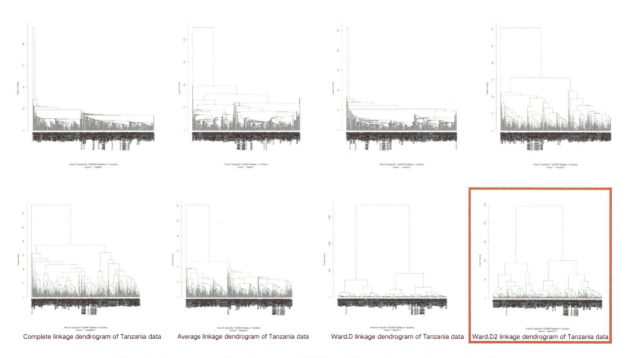

Fig. 4 Comparison of dendrograms of different hierarchical clustering algorithms

4 Results

4.1 Natural landscape characters

The geology of the study area is mainly divided into Paleoproterozoic, Cretaceous, Neoproterozoic-Quaternary, and Quaternary categories, and the geological age is mostly located in the 0 ~ 23 Ma section, with a wide range of ages. The land cover types are mainly divided into seven categories: agricultural land, deciduous broad-leaved forests, rural settlements, urban areas, rivers and lakes, bushes and meadows. Agricultural land is more abundant, deciduous broadleaf forest is concentrated in the middle of the section, and urban land is most widely distributed in the Mbeya area. The height difference is distributed between 70 ~ 270 m, mostly concentrated in 170 m. the distribution of arable land is more concentrated in the western section, the terrain is flat. The eastern Mbeya neighbourhood is highly urbanised and has a lesser distribution of arable land. Forested land is concentrated in the eastern Mbeya area, rich in timber and favourable for export. The geographic location and climatic conditions of the Mbeya region have allowed for the full development of the region's forest resources. Common tree species include pine, eucalyptus, eucalyptus and other hardwood species, etc., with high quality timber, making it a source of good quality timber. Carbon stocks are richest in the central section and less abundant at the eastern and western ends(Figure 5).

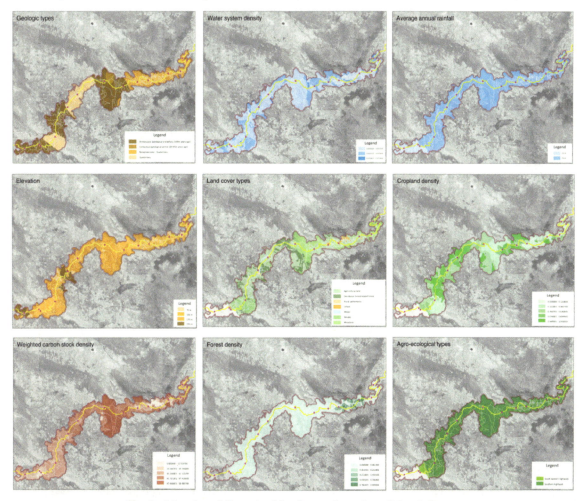

Fig. 5　Mapping of the natural landscape characters of the study area

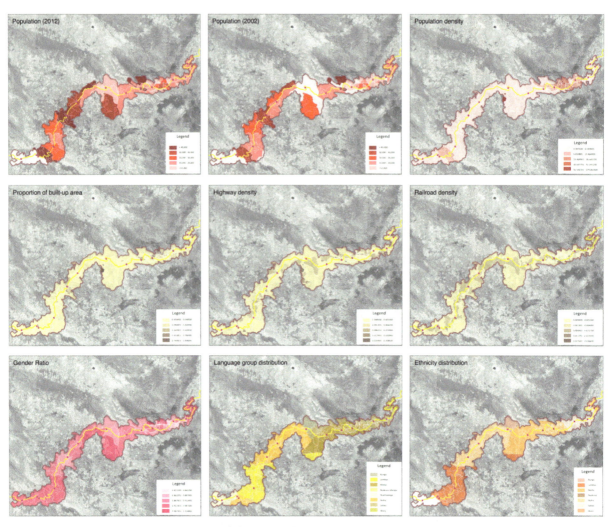

Fig. 6　Mapping of the cultural landscape characters of the study area

4.2　Cultural landscape characters

The study area is sparsely populated, with the population concentrated in towns and cities near large and small lakes, which are usually the transport hubs and economic centres of the region, often with well-developed infrastructure and services. In addition, these towns are also usually border junctions between the two countries and are important locations for international trade and tourism. The distribution of roads in Tanzania is highly uneven, characterised by a dense north and a sparse south. East-west roads are important arteries for transport; north-south roads mainly connect Tanzania's border towns and are important transport routes between Tanzania and other countries. The road network in Zambia is divided into two main categories: national roads and regional roads. National roads connect all parts of Zambia and to neighbouring countries. Regional roads connect mainly urban and rural areas. Most of them are untarred dirt roads and are in poor condition(Figure 6).

The Tazara Railway, a major route across the East African Rift Valley, forms a major part of the railway network between the two countries. It passes through the East African Rift Valley, passing through hilly and plain areas, and is an important transport corridor connecting the interior of East Africa and the Indian Ocean coast, as well as a key road across the Rift Valley. Within Tanzania, the Tanzanian Railway provides an important transport link for freight transport between the interior and the ports. In Zambia, the Tanzanian railway provides an important transport route for the country's copper exports.

4.3 Landscape character types and mapping

The landscape character types of the study area were categorized into a total of 12 types, 10 in Tanzania and 2 in Zambia. Figure 7 presents the result of the hierarchical clustering in a sectoral dendrogram.

Figure 8 shows the areas covered by Landscape Character Type 1 and the key landscape characters. This landscape character type is rich in land cover types, the majority of which are agricultural, with an agro-ecological type of southern uplands. The western part of the area is densely populated, mainly around the railway

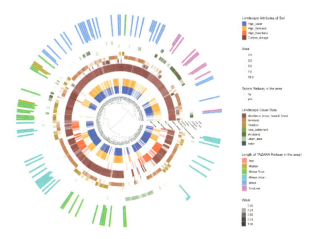

Fig. 7　Result of hierarchical clustering dendrogram

station. As of 2012, the population of the region was 30 000~40 000.

Figure 9 shows the coverage area and key landscape characters for Landscape Character Type 2. The geology of this landscape character type is predominantly Neoproterozoic-Quaterna-

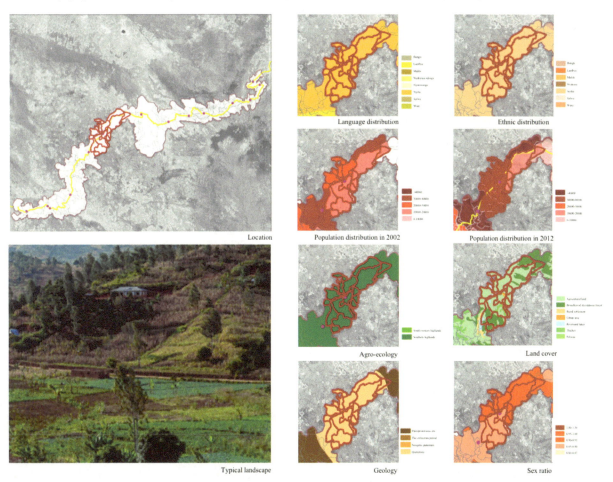

Fig. 8　Landscape Character Type 1

ry. The land plant cover is dominated by meadows and deciduous broadleaved forests. The area is well served by 2 Tazara stations. As of 2012, the population of the region has grown somewhat, with a total population in the 40,000~50,000 range. The majority of the population is Malila and the language is Malila. There are few cultural facilities and a lack of educational resources.

Figure 10 shows the area covered by Landscape Character Type 3 and the main landscape features. The area covered by this landscape type is dominated by Palaeoproterozoic geologic types, with a few Quaternary geologic types in the south. The land cover is rich and dominated by agricultural land, with deciduous broadleaf forests scattered in the western and eastern areas, scrub in the southern area, and two ribbon rivers and lakes to the south of the east. There is only one Tazara railroad station in the region, and transportation conditions are moderate. The region's productive resources are dominated by agricultural production in the southern highlands, with a lack of mineral resources. As of 2012, the population of the region has not increased significantly since 2002, with the total population in the 20 000~30 000 range. The inhabitants of the region are of Lambya ethnicity and speak the Lambya language.

Figure 11 shows the area covered by Landscape Character Type 4 and the main landscape features. The area covered by this landscape type is dominated by Palaeoproterozoic geotypes, with a small number of Quaternary geotypes in the eastern part of the area. The land cover types are predominantly agricultural, with some rural settlements and scrubland extending from the central part of the site to the east, west, south and north corners. Transportation conditions in the region are average, and there are no mineral resources. The region is a multi-ethnic area, with a rich ethnic distribution and a variety of languages spoken by the inhabitants. Religious beliefs in the region are mainly Christianity, a small portion of Islam, in the western part of the region there are seven Christian churches and a mosque.

Figure 12 shows the area covered by Landscape Character Type 5 and the main landscape features. The area covered by this landscape type is dominated by the Palaeoproterozoic-Cretaceous geological type. The land plant cover is dominated by extensive meadows with small areas of deciduous broadleaved woodland belts. A small amount of agricultural land is located in the south-western part of the area. The region is well served by 2 Tazara Railway stations. The region's productive resources are dominated by agricultural production in the southern highlands, with a lack of mineral resources. The northern part of the region is inhabited by the Bungu group, the south part of the region is inhabited by the Malila and Lambya ethnic group.

Figure 13 shows the area covered by Landscape Character Type 6 and the main landscape features. The landscape type covers an area with a predominantly Neoproterozoic-Quaternary geology type and a relatively rich land cover type, mostly meadows. There are three railroad stations within the region, no mineral sites, and the agroecology is predominantly southern upland. The population within the region has grown from 2002~2012. Ethnicity and language are predominantly Safwa with some Wanj distribution. There are no churches, mosques or colleges in the region.

Figure 14 shows the area covered by Landscape Character Type 7 and the main landscape features. The area covered by this landscape type is dominated by Palaeoproterozoic-Cretaceous geology types. The land plant cover is dominated by extensive meadows, with small areas of deciduous broadleaved woodland belts. A small amount of agricultural land is located in the south-western part of the area. The region is well served by 2 Tazara Railway stations. The population is dominated by the Bungu, Malila

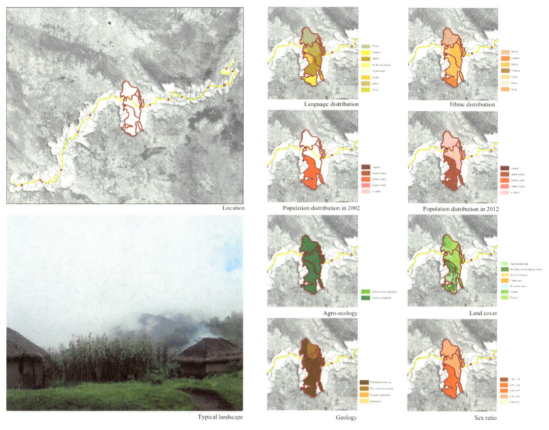

Fig. 9 Landscape Character Type 2

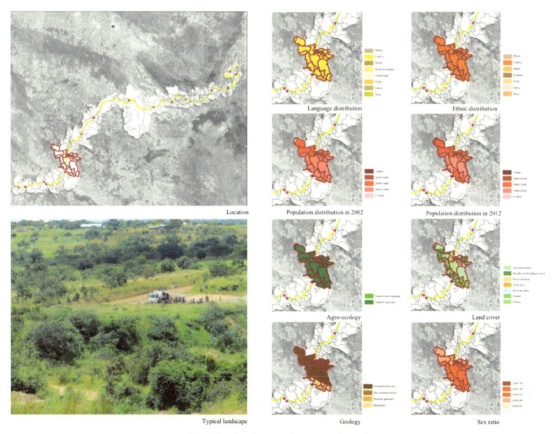

Fig. 10 Landscape Character Type 3

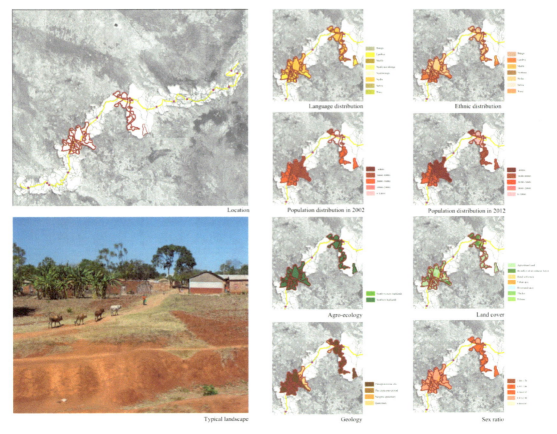

Fig. 11　Landscape Character Type 4

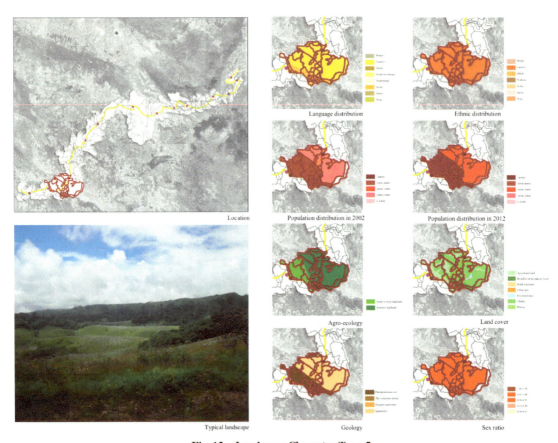

Fig. 12　Landscape Character Type 5

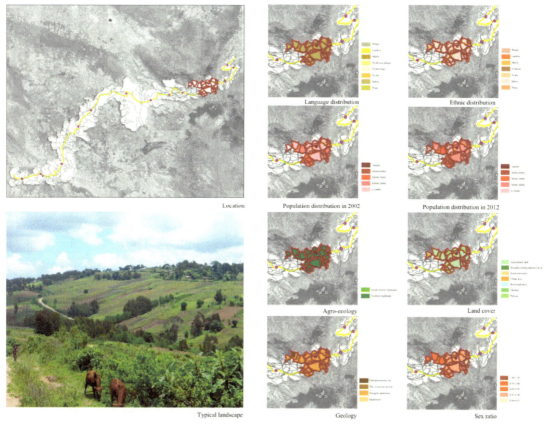

Fig. 13　Landscape Character Type 6

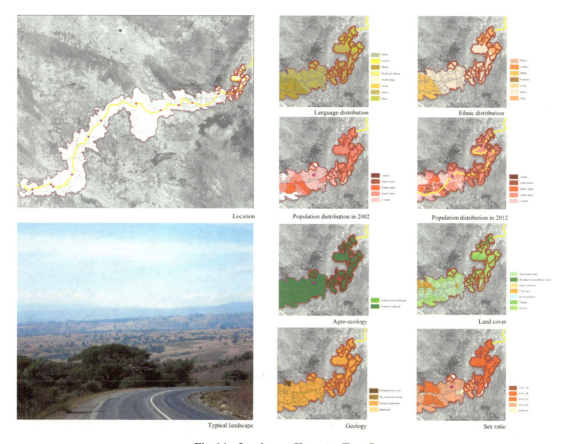

Fig. 14　Landscape Character Type 7

and Lambya ethnic groups.

Figure 15 shows the area covered by Landscape Character Type 8 and the main landscape features. The area covered by this landscape type is dominated by Neoproterozoic-Quaternary geological types. The land plant cover is dominated by meadow and deciduous broadleaved forest belts. There are no Tazara Railway stations within the region, but road access is relatively good. Human activity is evident, with the eastern part of the land cover being urbanized and inhabited mainly by the Nyiha and to a lesser extent the Malila. There are many cultural facilities, with 11 churches, 7 mosques and 7 schools.

Figure 16 shows the area covered by Landscape Character Type 9 and the main landscape features. The area covered by this landscape type is dominated by Neoproterozoic-Quaternary geological types. The land plant cover is dominated by flat agricultural land with a small amount of meadow. Agricultural land is found in the south-western area, with clustered urban areas to the north. The region is well served by one Tazara railroad station. The majority of the population is of Malila ethnicity. The area has a strong human character, with a high concentration of churches, mosques and schools.

Figure 17 shows the area covered by Landscape Character Type 10 and the main landscape features. The area covered by this landscape type is dominated by Quaternary geological types, with a land plant cover dominated by sparse scrub, with strips of deciduous broadleaved forest partially distributed in the southwest. The area is characterized by a small amount of urban land use, interspersed with agricultural land use, and is easily accessible. The population is of Lambya ethnicity, with the Lambya language spoken by the majority of the population and Nyiha spoken by some on the western edge. The region is rich in religious activities but has few educational resources.

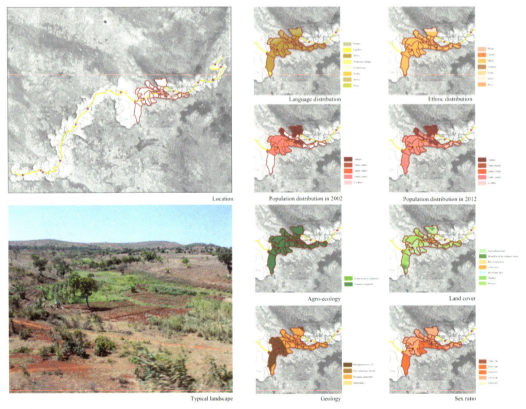

Fig. 15 Landscape Character Type 8

Landscape Characterization and Mapping of the West Branch of the East African Rift Valley Section of the Tazara Railway　363

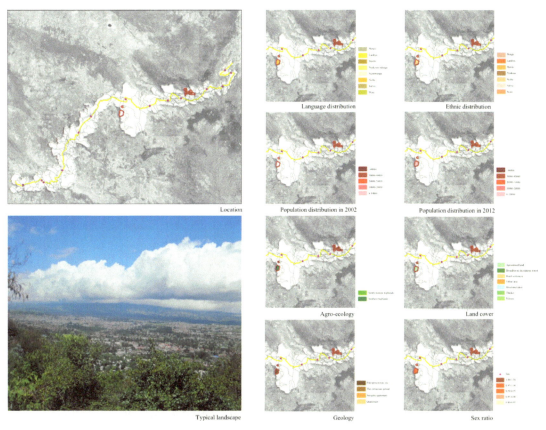

Fig. 16　Landscape Character Type 9

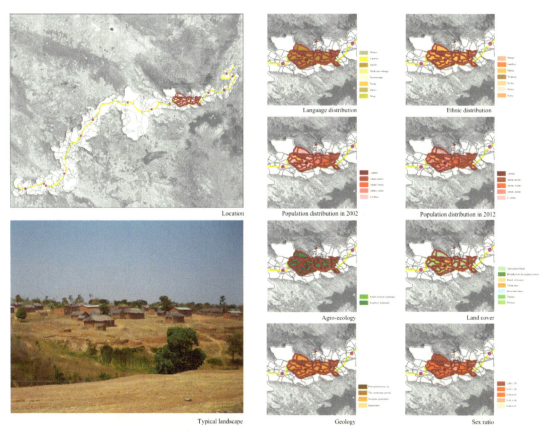

Fig. 17　Landscape Character Type 10

5 Conclusion

This study takes the Western Branch of the Tazara railway in the East African Rift Valley as the research subject, establishes the landscape character metrics system of the study area, and combines the hierarchical clustering algorithm and geographic information system to achieve the landscape characteristic description and mapping. Based on the historical background and strategic significance of the Tazara Railway, this study constructs a research framework based on linear landscape and landscape mapping, which provides new ideas and perspectives for the landscape design of the areas along the Tazara Railway. In addition, we synthesise the natural landscape and humanistic heritage of the study area, and propose a method of landscape character identification and classification based on landscape character extraction and atlas analysis and mapping, which provides a systematic and scientific analysis of the areas along the railway, and provides new techniques and means for the sustainable development of the areas along the Tazara Railway.

References

[1] Carlier J, Doyle M, Finn J A, et al. (2021). A landscape classification map of Ireland and its potential use in national land use monitoring[J]. *Journal of Environmental Management*, 289: 112498.

[2] Chuman T, Romportl D. (2010). Multivariate classification analysis of cultural landscapes: An example from the Czech Republic[J]. *Landscape and Urban Planning*, 98(3/4): 200-209.

[3] Simensen T, Halvorsen R, Erikstad L. (2018). Methods for landscape characterisation and mapping: A systematic review[J]. *Land Use Policy*, 75: 557-569.

[4] van der Zanden E H, Levers C, Verburg P H, et al. (2016). Representing composition, spatial structure and management intensity of European agricultural landscapes: A new typology[J]. *Landscape and Urban Planning*, 150: 36-49.

[5] Xu H, Zhao G, Fagerholm N, et al. (2020). Participatory mapping of cultural ecosystem services for landscape corridor planning: A case study of the Silk Roads corridor in Zhangye, China[J]. *Journal of Environmental Management*, 264: 110458.

Author: Shi Jiaying, Lecturer, PhD, Department of Landscape Architecture, School of Architecture, Southeast University. Research Interests: Digital landscape, Cultural heritage, Landscape evaluation.

Yu Mengyao, Wang Nan, Master student, Department of Landscape Architecture, School of Architecture, Southeast University.

Li Zhe, Professor, PhD. Department of Landscape Architecture, School of Architecture, Southeast University. Research Interests: Landscape architecture design and planning, Digital landscape theory and technology, Historical theory of landscape architecture and heritage conservation.

基于多模态数据的大学校园公共空间实景感知研究*
——以东南大学四牌楼校区为例

李雨昕　董薇　吴廷金　吴锦绣

摘　要　公共空间是大学校园中重要的物质空间环境，对师生工作学习中的身心健康起到不可或缺的作用，新技术手段的不断涌现为大学校园公共空间研究提供了新的途径。本研究聚焦使用者在大学校园公共空间的真实感知，选取南京东南大学四牌楼校区中心区三个不同层级的公共空间作为研究地点，引入脑电、眼动追踪与主观问卷相结合的方法，开展实景感知实验并采集包括脑电和眼动等数据在内的多模态数据，从而分析使用者在实景空间环境中的真实感受，研究空间要素与人体感知之间的关联，从人本角度为大学校园公共空间的评价提供科学量化的方法和依据。本研究采用多学科交叉的科学量化研究方法，可为大学校园公共空间的设计、评价与优化提供借鉴。

关键词　大学校园公共空间；多模态数据；实景空间感知；空间要素

1　引言

我国高等教育进入内涵式发展新阶段，大学校园空间品质的提升也日益成为重要话题。校园内的公共空间不仅是师生学习放松、途经驻足、休憩交流的场所，更是舒缓情绪、缓解工作学习压力的重要空间载体。建筑环境与自然景观是构成大学校园公共空间重要物质要素，现有研究表明自然对心理健康、生理健康以及认知能力提升等方面均有益处，城市公园和城市道路的自然景观元素对缓解压力也有一定帮助。本研究从人本角度出发对校园公共空间进行感知研究，为校园空间优化探寻科学有效的方向和技术手段。具体而言，使用者对校园空间的感知是怎样的？什么样的空间令人放松或兴奋？这其中有哪些空间要素起到了较大作用？这些是本研究关注的要点。

传统认知心理学的方法能够较为系统而细腻地捕捉空间体验[1]，但是由于其感受描述具有相对主观和定性化的特点，难以用于判定细微的感受差异。近年来，神经科学与城市建筑科学的交叉研究日渐增多，诞生了神经城市主义（Neurourbanism）、神经建筑学（Neuroarchitecture）等交叉学科，对人在空间中的身体状态、心理状态、行为等进行量化研究，形成了一定的方法和成果积累[2-7]。随着可穿戴传感技术的快速发展，在实景空间中进行人体感知监测成为可能[8-12]。通过可穿戴的生物识别设备获得实时生理数据，并综合分析多模态的感知数据，可以帮助研究者比以往更加精准地研究和判定使用者在校园环境中的真实生理感受，为校园环境的优化提供新的手段。

在众多生物识别技术中，脑电与眼动追踪技术，可以即时反映人在空间中的生理与视觉关注变化，成为空间感知研究的热门前沿技术。脑电活动与个体的感知、情绪等认知过程有着密切关联，可用于监测人的生理状态。许多借助脑电设备的感知研究，指出了城市中的自然环境和其他城市环境对人生理状态的不同作用。Peter Aspinall 等人[9]使用脑电设备进行户外实地研究，证明了城市中的绿色空间对生理放松的增益作用；Justin Hollander 等人[11]验证了城市街道环境下由脑电波反映出的冥想值和专注值变化情况。目前针对环境的脑电研究已有较多新兴成果，而采用高精度脑电设备的环境研究仍相对较少。

眼睛所关注的物体也很大程度上反映人的认知偏好。眼动追踪方面的相关研究持续了一百多

---

*　国家自然科学基金项目"基于多模态时空数据的大学校园户外公共空间形态与活力的关联机制及优化模式研究——以南京为例"（编号：52078113）。

年,如今的眼动追踪技术精度更高、设备操作包容性更大,孙澄[10]等人利用眼动实验探索真实环境中寻路认知过程的反应思路,陈宇祯[13]则关注大学校园室内非正式学习空间的优化,结合眼动数据提出空间构成要素的优化重点。而同步利用脑电与眼动两类设备的感知研究,目前多见于工业设计、产品设计、交互设计等领域,如唐帮备[14]等人对汽车设计进行用户体验评价,Fu Guo等人[15]对台灯产品的视觉美学进行研究。在建筑与环境相关领域,眼动和脑电技术的关联研究较少,在户外实景空间中进行实验的研究则更为少见。本文选取南京东南大学四牌楼校区为研究对象,在实景环境中开展感知实验,采集多模态数据对空间进行对比分析评价。

2 研究方法

2.1 研究对象与相关概念

本研究关注使用者在不同层级大学校园公共空间中的感知情况,将大学校园公共空间划分为校园级、组团级、建筑级共3个层级,选取典型空间案例开展实验;并将空间要素归纳为建筑、构筑、地面、草坪、乔灌木、天空、水体、设施物品共8类,评估不同的空间要素对使用者生理、视觉行为的影响,以及使用者对外界环境的心理感知,以期为大学校园公共空间的优化提供科学依据。

本研究中实景空间感知是指实景空间中使用者受物质空间因素影响而产生的感知,通过生理反馈、视觉反馈与心理反馈等多种模态数据反映使用者生理、视觉、心理方面的反馈和感受。生理反馈是个体受外界刺激因素影响而产生的有机体反馈,由脑电设备监测;视觉反馈主要关注注视行为,由眼动设备监测。通过对客观生理信号和视觉数据的分析,总结使用者在空间中的有机体状态和视觉偏好。心理反馈指大脑在处理外界信息后产生的认知,由主观问卷反映,可表明使用者的主观感受。

2.2 被试选择

研究招募被试者共23人,10名男性,13名女性,平均年龄24岁(浮动不超过2岁),为排除熟悉程度等因素干扰,均选择对四牌楼校区熟悉的东南大学在校学生作为被试。实验对被试还有如下要求:①无身体或精神疾病,视力正常或佩戴眼镜矫正后视力正常;②实验开始前两周内心理状态良好;③实验前避免剧烈运动并事先对头皮进行清洗。

2.3 研究地点和测点选择

选择东南大学四牌楼校区作为研究对象(图1)。东南大学始建于1902年,目前有四牌楼、九龙湖、丁家桥等校区,其中四牌楼校区历史悠久、底蕴深厚,是六朝宫苑遗址,也曾是明朝国子监所在地,校区内民国时期的中央大学旧址作为近现代重要史迹及代表性文物,已被国务院列为第六批全国重点文物保护单位[16]。大学校园是大学精神的孕育之地,校园中心区更是校园精神的集中物质体现。四牌楼校区校园中心区采用西方大学校园经典轴线核心式规划布局,展现庄重严谨的风貌。长轴两侧行列梧桐(二球悬铃木),轴线南北两端分别以大礼堂及涌泉池、南大门为对景。如今校区内大量文物保护建筑和百年梧桐以其优美的形态和深厚的文化底蕴,成为校园不可或缺的精神象征。

为体现真实的环境状态,设计实地实景感知实验,通过实验获取使用者生理、视觉和心理数据,为研究提供客观与主观的量化数据支撑。选取中心区三处不同层级的代表性公共空间作为研究地点(表1),为避免被试因过度运动而产生疲劳,选择的三个空间距离相对较近:A、B间步行距离140 m,B、C间步行距离104 m,图2为各研究地点360°环境实景照片。

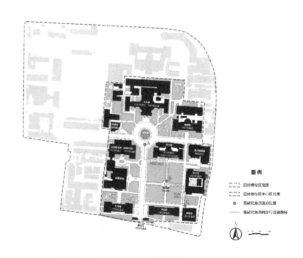

图1 研究区域与测点位置示意图

表 1 各研究地点所在位置及其空间特征

	A—涌泉池南侧	B—大草坪十字路口	C—前工院西南侧
所属空间层级	校园级	组团级	建筑级
测点位置示意	 	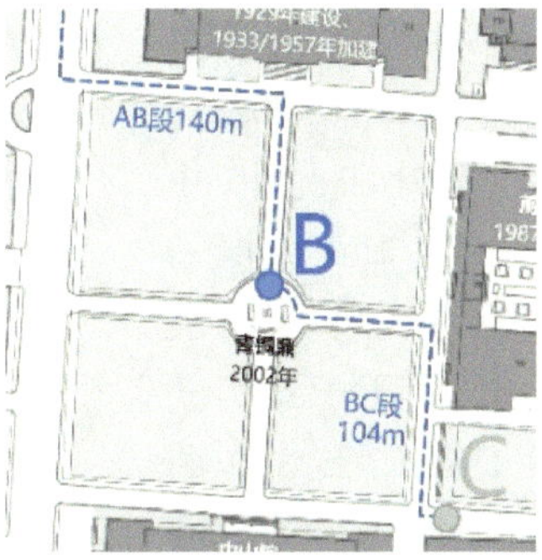 	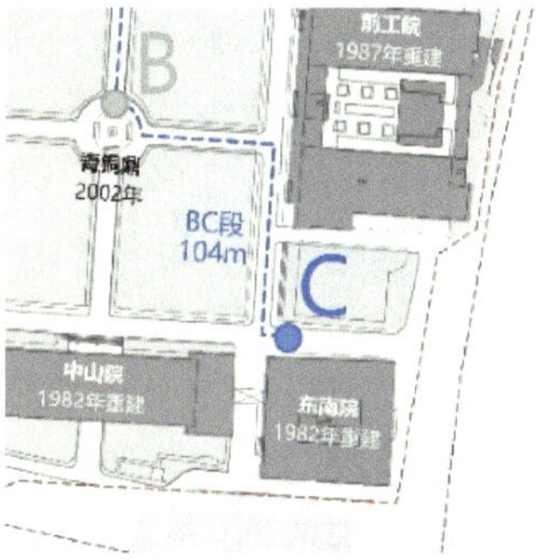 
空间形态构成特点	十字交会口附近,节点空间尺度较大,南北轴线较长,仪式感强烈	十字交会口附近,空间尺度中等,中心有构筑物,向心感强烈	十字交会口附近,空间尺度较小,对称性弱
特色空间要素	大礼堂以及其他建筑立面、涌泉池、梧桐、远处的南大门	青铜鼎、各具特色的建筑立面、梧桐、草坪	建筑立面、公告栏、梧桐、丰富的植被、座椅
空间要素之周边建筑年代与立面特点概述	测点北侧的涌泉池以北为1931竣工的大礼堂[17],采用西方古典建筑风格,主立面为爱奥尼柱式与三角顶山花装饰	测点北面的中大院始建于1929年,采用西方古典复兴主义建筑风格,主立面为爱奥尼柱式门廊	测点北侧的前工院为1987年重建,南侧的东南院为1982年重建,二者立面简明规整,前工院西立面为外廊,构图虚实分明
空间要素之构筑物与景观环境概述	涌泉池同为百年校庆之际修建,涌泉池四周道路及南侧的中央大道均种植梧桐,中央大道南端为校区正门南大门	测点南侧为省政府于2002年百年校庆之际赠予的青铜鼎。测点四面环绕高大的梧桐和规整的草坪,透过枝叶缝隙可观察到周边各建筑的立面	测点位于大草坪东南角,测点北侧、前工院以南有公告栏和小花园,植被种类较丰富,空间尺度较小,有座椅等休憩设施
空间要素汇总	建筑、构筑、地面、草坪、乔灌木、天空、水体、设施物品		

A—涌泉池南侧

B—大草坪十字路口

C—前工院西南侧

图 2 三处研究地点 360°全景照片

2.4 实验设备与数据采集

本次实景感知实验脑电数据采集选用 Bitbrain 8 导水电极便携式脑电设备，共模抑制比 ≥ 100 dB@50 Hz，输入阻抗 > 50 GΩ，单导采样率 256 Hz。使用 Fpz、F3、Fz、F4、P3、P4、O1、O2 共 8 个电极采集信号，分布于额叶、顶叶和枕叶，并选取耳垂电极 A1 为参考电极。眼动追踪数据采集，选用 Tobii Pro Glasses 2 可穿戴式眼动仪，采样率为 50 Hz，具备实时观察功能，适用于真实世界环境研究（图 3）。研究使用 ErgoLAB 3.0 平台同步生理数据，并通过各分析模块同步进行可视化分析（图 4）。

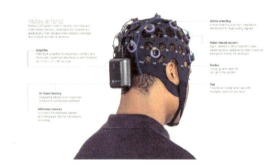

Bitbrain 导水电极便携式脑电设备

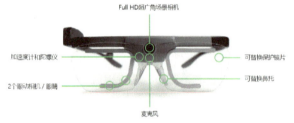

Tobii Pro Glasses 2 可穿戴式眼动仪

图 3　选取的生理数据采集设备

（图片来源：https://www.ergolab.cn/ecosystem/tech-documents）

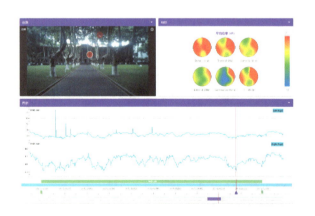

图 4　ErgoLAB 3.0 平台实验记录同步回放界面

2.5 实验设计

本实验于暑期前进行，共持续 4 d，校内人车干扰少，实验天气为阴或多云。由于研究地点均有大面积树荫遮蔽，因此虽气温较高，但体感温度舒适。选取 8:00～11:00 和 15:00～18:00 两个时段进行实验，当阳光略强时，被试撑遮阳伞以保证眼动数据的采样效果。

由于生理、视觉指标的个体差异较大，因此本实验采用被试内设计（Within-subjects design），即每个被试均完成实验的所有任务，以控制被试间的个体差异对实验的影响。所有被试随机分为 8 组进行实验，每组 3 人，实验时段内各完成一组实验。

实验过程中，被试全程佩戴便携式脑电仪与眼动仪，连续记录数据。被试保持静默，以缓慢步行的方式到达各研究地点的测点位置，检查设备接触情况后做 30 s 静息，然后 360°环视所处空间 1 min（图 5）。每次环视结束后填写一份关于该空间主观感受的简短问卷，以收集被试关于愉悦度、空间要素对自身影响的主观判断。

被试在一处研究地点完成实验任务后，缓慢步行至下一研究地点，依次完成三个研究地点的实验任务后，实验结束。为缓解练习效应与疲劳效应，安排一半被试按研究地点 A→B→C 的顺序进行实验，另一半则采用研究地点 C→B→A 的顺序。

2.6 数据处理

对三个研究地点采集的脑电、眼动追踪和问卷等各模态的数据进行分析；脑电与眼动追踪数据需先进行预处理或筛选。

图 5　研究地点 B 实验现场照片

2.6.1 脑电与眼动数据的同步、分段与筛选

在 ErgoLAB 3.0 平台中对脑电数据与眼动数据进行同步,保证界面展示的两类数据时间轴一致,并根据眼动视频确定单个研究地点环视的开始和结束时间,定义该时间段(1 min)为一个片段。户外采集脑电数据产生的动作伪迹较多,采集眼动数据受光线影响也较为明显,另外闭眼会影响眼动数据采样率,部分数据采样率低的原因是正式实验前后闭眼时间较长,因此需对低采样率的眼动数据进行人工筛选,判断正式实验过程中的数据质量。脑电与眼动数据的综合分析要求各模态数据质量均良好,在剔除缺失或质量差的数据后,对剩余 8 组脑电数据质量好、眼动数据采样率高的被试数据进行分析。

2.6.2 脑电数据预处理与选择

脑电数据在统计分析前需进行预处理。经过滤波(0.1 Hz 高通滤波、40 Hz 低通滤波、50 Hz 带阻滤波)、坏段剔除、去伪迹等预处理方式,得到干净的波形。在实验选用的 8 个电极中,进一步挑选信号质量最佳的 P3、P4 电极的脑电数据;且 P3、P4 电极位于大脑顶叶,顶叶与形状辨认、视觉空间关系感知相关,符合研究要求。

脑电波主要可分为 δ 波(1~4 Hz)、θ 波(4~8 Hz)、α 波(8~14 Hz)、β 波(14~30 Hz)、γ 波(30~100 Hz)5 个波段。一般认为,α 波功率的增加与放松、冥想程度增加相关;β 波功率的增加与唤醒、注意力、兴奋程度增加相关。如 Chris Neale 等人[18]对城市环境的研究有如下结论:城市绿地和城市繁忙空间行走相比,城市绿地行走时 α 波功率增加,这与放松程度增加有关;而城市繁忙环境中行走时 β 波功率增加,这与注意力程度增加有关。本研究关注被试在各研究地点的放松与专注水平,因此选取 α、β 平均功率作为反映脑电分析指标。

2.6.3 眼动追踪数据处理与选择

眼动追踪数据的处理和可视化采用兴趣区(Area Of Interest,AOI)划分图和注视映射热点图的方式。结合研究地点空间现状,每种空间要素分别对应一类 AOI,将注视点映射于全景图上之后形成各 AOI 的注视相关数据,同时生成各研究地点 1 min 内叠加的视看区域热点图,用于分析被试的视看集中区域分布。

与 AOI 相关的有大量指标可供分析,本研究选取 3 个代表性指标:AOI 平均注视持续时间、AOI 注视总持续时间、AOI 注视次数(表2)。

表 2 选用的 AOI 相关指标

指标	英文与缩写	指标描述
AOI 注视总持续时间	AOI Total Fixation Duration, TFD	统计 AOI 内所有注视点的总持续时间
AOI 注视次数	AOI Fixation Count, FC	统计注视 AOI 的总次数
AOI 平均注视持续时间	AOI Average Fixation Duration, AFD	统计注视 AOI 的平均持续时间,即 AOI 注视总持续时间/AOI 注视次数

3 实验结果

3.1 脑电数据分析

图 6 反映三个研究地点中,8 名被试 1 min 内 α、β 波功率均值与离散程度。α 波功率均值 B>C>A,均值最高值出现在大草坪十字路口;与之相反,β 波功率均值 A>C>B,均值最高值出现在涌泉池南侧。

3.2 眼动追踪数据分析

注视映射热点图表示被试对空间中要素的注视程度,展现了一定的视觉规律,表 3 为各研究地点 AOI 图与注视映射热点图。在集中程度上,A、C 的热点较为集中,而 B 的热点总体呈散布状态;在横纵趋势上,A 的热点在特定的空间向纵

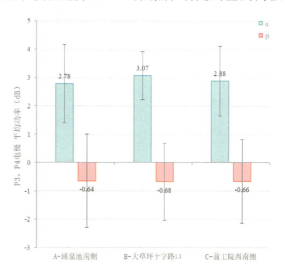

图 6 各研究地点 α、β 波功率均值

向发展，C的热点主要在视平线横向分布，B的注视热点则产生明显的全空间范围内纵向分布。

不同于针对静态的图片研究，本研究记录的数据，还反映了在实地环境中环视观察行为下人眼的运动状态。各研究地点1 min视野范围内视看区域热点图（热点图图幅等同于眼动仪记录的视频图幅），可反映注视点相对于视觉中心的偏离程度（图7）。通过像素统计结合观察，可发现A热点分布离散程度最低，C的热点水平方向分布程度明显高于其余两点，说明被试视线集中度较低，常左右偏移。

三研究地点各AOI注视指标和各空间要素注视指标如图8所示，单样本中没有的AOI不计入图中平均值的统计。

表3 各研究地点AOI划分图与注视映射热点图

研究地点	AOI划分图与注视映射热点图
A—涌泉池南侧	AOI划分图
	注视映射热点图
B—大草坪十字路口	AOI划分图
	注视映射热点图
C—前工院西南侧	AOI划分图
	注视映射热点图

AOI图例：建筑　构筑　地面　草坪　乔灌木　天空　水体　设施物品

A—涌泉池南侧

B—大草坪十字路口

C—前工院西南侧

图 7　各研究地点 1 min 视看区域热点图

从平均值来看，在注视总持续时间 TFD 方面，乔灌木最高，建筑位居第二，天空和设施物品较低。在注视次数 FC 方面，注视次数的趋势与注视总持续时间总体一致。在平均注视持续时间 AFD 方面，乔灌木与建筑较高，且二者的差异不大；设施物品的 AFD 高于天空。

通过分析空间形态，发现三个研究地点中均有由直线道路产生的纵深区，拥有较深的空间深度和较多空间要素，被试的行为和映射热点图也体现了纵深空间对视线的吸引力。对纵深区划分 AOI，得到 TFD 数据以分析纵深区对被试的吸引程度，并展示三地点排除纵深区面积影响的 TFD 数值关系，可反映被试对纵深区的关注度，结果显示 A、B 纵深区的关注度明显高于 C（图 9）。

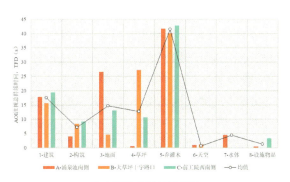
各 AOI 注视总持续时间

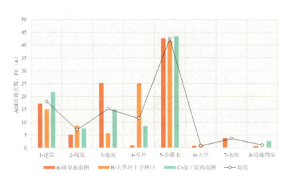
各 AOI 注视次数

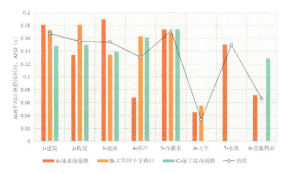
各 AOI 平均注视持续时间

图 8　各研究地点 AOI 指标分析图

A 纵深区 AOI

B 纵深区 AOI

C 纵深区 AOI

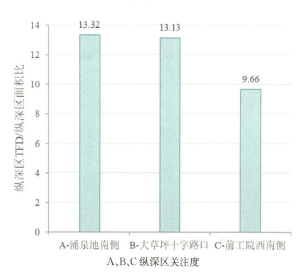
A、B、C 纵深区关注度

图 9　纵深区 AOI 与关注度

3.3 问卷分析

在主观问卷数据分析中,愉悦程度数据显示研究地点 A 令人愉悦的程度最高。而综合正向影响程度数据显示,在被试的认知中,A 的建筑形象对于其愉悦度发挥了最重要的正向作用,植被绿化与空间尺度次之,且二者重要程度相差小。植被绿化是 B 愉悦程度的主导影响因素,在各研究地点中,B 的植被绿化正向影响程度最高,与 B 空间中植被占大量可视面积的现状相符(图 10)。

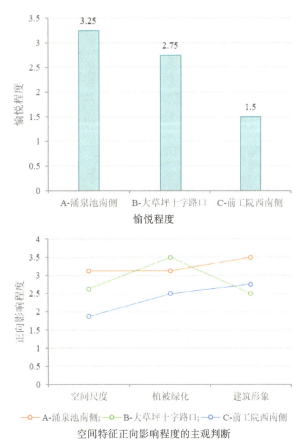

图 10 主观问卷数据分析图

4 讨论

4.1 生理、视觉、心理数据与空间关联分析

4.1.1 脑电数据与空间关联分析

α 波功率均值反映出被试在 B 的生理状态最为放松;β 波平均功率均值说明被试在 A 的生理唤醒程度最高,生理状态最为兴奋。结合空间特征分析,有如下原因导致该结果的产生:属于校级公共空间的 A,作为四牌楼校区最具代表性的空间,其建筑与景观要素极具特色、细节丰富,易于让被试专注观察致使 β 波功率提升;既往研究也同样表明自然景观具有生理恢复性效益,B 拥有三处研究地点中最高的绿视率,高大的梧桐起到对噪声和阳光的削减作用,创造舒适安静的环境,有利于生理放松;而相对而言,C 空间景观植物与建筑立面均缺乏强烈的视觉标志性,缺少引起兴奋的要素,景观的包裹感弱,对舒缓生理状态的帮助作用相对也较弱。

4.1.2 眼动追踪数据与空间关联分析

通过观察三个空间的映射热点图可得如下结论:空间界面中的某些部位有明显高于其他部位的吸引力,B 各方向空间要素相对均质,空间内梧桐环绕,高大梧桐枝干的纵向引导性使得注视热点在全空间内纵向分布相对显著。而 1 min 视看区域热点图则反映出被试在 A 时眼球运动范围较小,较为关注视线前方;C 视野正前方要素吸引力不足,导致被试视线偏移寻找下一观察目标,从而使得 C 热点的水平分布较显著。映射热点图呈现的结果与空间呈现的视觉特征相匹配(表 3、图 7)。

分析 AOI 注视指标,对三个研究地点进行横向比较可知,在 A、B、C 三空间视野范围内乔灌木面积占比不同,但对乔灌木的关注度最为接近且均远高于其他要素,展现出被试对乔灌木要素具有很大兴趣;而地面、草坪关注度在三个空间中的差异度较大,如 B 空间草坪关注度较高、地面关注度较低,结合场景特征可知这与各要素在测点展现的面积差异较大有关。在空间要素相似性方面,AFD 指标显示 B、C 两地中被试注视同类要素的时间较为相近,A、B、C 三地的乔灌木 AFD 接近,一定程度上可以说明 B、C 两地空间要素特征相似性高,A、B、C 三地乔灌木特征相似性较高。

由直线道路产生的纵深区关注度的数据很大程度上说明 A、B 两处纵深区端头风貌优质的建筑或景观对于视线的吸引作用。通过对被试注视行为的观察可以发现,当纵深区尽端有标志性建筑或景观时,被试对进深区的注视时间较长,而纵深区尽端视觉效果较为普通时,被试的注视则相对较多地分散于道路两侧。

4.1.3 心理数据与空间关联分析

问卷结果反映了各空间给被试主观愉悦感受的强弱及其主要影响因素。分析表明，植被绿化等自然环境因素，除了具有生理方面的恢复性效益以外，可提供正向的情绪影响；除了植物之外，优质的建筑立面形象同样可以使人产生愉悦的主观感受。

4.2 研究局限性

相比在实验室观看图片的方式，本实验提供了完全真实的体验感同时，实验中也具有一些局限性。例如，被试头部运动幅度较大、自然光线强度不可控，导致较多数据不佳被剔除；由于实地操作的限制，研究的样本量有限，因此仅针对各点单模态数据作对比分析，未进行各研究地点间差异显著性检验和对各模态数据相关性分析。未来的研究将考虑：1）从实验设计角度，采取更严格的实验控制措施，最大可能提升数据质量；或采集空间视频或照片，通过VR等方式还原真实场景，于实验室进行实验；2）从实验对象和被试数量角度，增加研究地点和被试数量，可更系统全面地反映校园公共空间特征。今后的实验可着眼于获得更高质高量的多模态数据，进一步深入分析校园感知与空间要素的内在关联性。

5 结论

本研究聚焦人在大学校园公共空间实景环境中的真实感受，综合运用可视、可量化的感知数据采集与分析方法，针对东南大学四牌楼校区中心区三处空间进行研究，探索感知与空间要素的关联性，得到如下主要结论：

1）脑电数据反映的生理状态表明，校园层级的涌泉池南侧空间更令人兴奋，组团层级的大草坪十字路口空间提供了较为放松的环境。

2）眼动追踪数据分析结果说明，空间要素分布相对均质的空间使得视觉活动分布均匀，优质的建筑立面也受到更多的注视；直线道路产生的纵深空间尽端会吸引视线，在纵深区尽端设计对景空间是聚焦关注度，从而进一步吸引空间使用者的重要方式；实验还展示了被试对空间中乔灌木这一要素的兴趣较高。

3）问卷数据分析结果说明校园层级的涌泉池南侧空间最令人愉悦，其中的大礼堂建筑发挥了重要作用，可见优质的建筑立面有助于提升主观愉悦度。

总之，量化数据与空间形态以及空间所属层级的关联分析表明，在三个空间层级中，校园级空间及其丰富且优质的空间要素，令使用者兴奋且感到愉悦；在各类空间要素中，植被尤其是校区内特色的梧桐树，提供了令人舒缓的环境并得到主观正向评价，在三个空间中都起到积极作用；在空间深度方面，直线道路空间尽端的视觉吸引力提示，尽端对景是此类纵深空间改造优化的重点对象。

大学校园公共空间因其对师生身心健康的重要作用而日益受到重视，本研究从人本角度出发，采用多学科交叉的定量研究方法为大学校园公共空间的设计、评价与优化提供可参照的科学量化方法和思路参考。

致谢

感谢北京津发科技股份有限公司"科研支持计划"提供的人因工程与工效学相关设备和科研技术支持。

参考文献

[1] 陈筝,徐蜀辰,刘雨菡. 从认知行为学到环境神经学：实景环境体验增强循证设计[J]. 城市建筑,2017(28):41-45.

[2] Kühn S, Forlim C G, Lender A, et al. Brain functional connectivity differs when viewing pictures from natural and built environments using fMRI resting state analysis[J]. Scientific Reports, 2021, 11:4110.

[3] Yamashita R, Chen C, Matsubara T, et al. The mood-improving effect of viewing images of nature and its neural substrate[J]. International Journal of Environmental Research and Public Health, 2021, 18(10):5500.

[4] Lee J. Experimental study on the health benefits of garden landscape[J]. International Journal of Environmental Research and Public Health, 2017, 14(7):829.

[5] Jo H, Song C, Ikei H, et al. Physiological and psychological effects of forest and urban sounds using high-resolution sound sources[J]. International Journal of Environmental Research and Public

Health,2019,16(15):2649.

[6] Gao T,Zhang T,Zhu L,et al. Exploring psychophysiological restoration and individual preference in the different environments based on virtual reality[J]. International Journal of Environmental Research and Public Health,2019,16(17):3102.

[7] Olszewska-Guizzo A,Fogel A,Escoffier N,et al. Effects of COVID-19-related stay-at-home order on neuropsychophysiological response to urban spaces:Beneficial role of exposure to nature?[J]. Journal of Environmental Psychology,2021,75:101590.

[8] Deng L,Li X,Luo H,et al. Empirical study of landscape types,landscape elements and landscape components of the urban park promoting physiological and psychological restoration[J]. Urban Forestry & Urban Greening,2020,48:126488.

[9] Aspinall P,Mavros P,Coyne R,et al. The urban brain:Analysing outdoor physical activity with mobile EEG[J]. British Journal of Sports Medicine,2015,49(4):272-276.

[10] 孙澄,杨阳.基于眼动追踪的寻路标志物视觉显著性研究:以哈尔滨凯德广场购物中心为例[J].建筑学报,2019,(2):18-23.

[11] Hollander J,Foster V. Brain responses to architecture and planning:A preliminary neuro-assessment of the pedestrian experience in Boston,Massachusetts[J]. Architectural Science Review,2016,59(6):474-481.

[12] 陈菲菲.基于脑电波数据主成分解析模型的景观关注度量化研究:以常州市新浮水库景观设计为例[D].南京:东南大学,2021.

[13] 陈宇祯.基于视觉感知分析的高校非正式学习空间及其优化设计策略[D].南京:东南大学,2021.

[14] 唐帮备,郭钢,王凯,等.联合眼动和脑电的汽车工业设计用户体验评选[J].计算机集成制造系统,2015,21(6):1449-1459.

[15] Guo F,Li M M,Hu M C,et al. Distinguishing and quantifying the visual aesthetics of a product:An integrated approach of eye-tracking and EEG[J]. International Journal of Industrial Ergonomics,2019,71:47-56.

[16] 吴锦绣,张玫英.大学校园建筑与环境:南京篇[M].北京:中国建筑工业出版社,2021.

[17] 单踊.紫气东南:东南大学校园演变图史[M].南京:东南大学出版社,2022.

[18] Neale C,Aspinall P,Roe J,et al. The impact of walking in different urban environments on brain activity in older people[J],Cities & Health,2020,4(1):94-106.

作者简介:李雨昕,东南大学建筑学院硕士研究生。研究方向:建筑设计及其理论。

董薇、吴廷金,东南大学建筑学院博士研究生。研究方向:数字景观及其技术。

吴锦绣,东南大学建筑学院,博士生导师。研究方向:数字化景观设计及其理论、以人为本的景观规划设计、建筑设计及其理论。

基于增强现实技术的自然保护地环境解说系统应用研究[*]
——以梵净山国家公园创建区为例

甄安琪 徐菲菲

摘 要 环境解说系统是自然保护地的重要组成部分,是发挥教育、保护、服务、体验和管理等多项公共服务功能的重要媒介。本文通过线上线下双渠道,基于问卷分析结果,对贵州省梵净山国家公园创建区的环境解说系统进行调查和分析,发现该景区存在解说方式和解说媒介单一、解说内容覆盖面少、解说体验较差等状况。针对此类问题,本文引入增强现实技术(AR)解说媒介,并将景观感应理论与环境解说系统规划设计相结合,从解说资源与"能量"、解说内容与"信息"和解说场景与"时空"三维视角探讨 AR 环境解说系统的独特优势及现实可行性,为贵州省梵净山国家公园创建区及国内其他类似自然保护地环境解说系统的新技术应用提供理论思路与经验借鉴。

关键词 自然保护地;环境解说系统;增强现实技术(AR)应用;景观感应理论;梵净山国家公园创建区

自然保护地是由各级政府依法划定或确认,对重要的自然生态系统、自然遗迹、自然景观及其所承载的自然资源、生态功能和文化价值实施长期保护的陆域或海域,可分为国家公园、自然保护区、自然公园三类。其环境解说系统能够为游客提供自然保护地自然或人文资源信息的学习途径[1],甚至能够通过特定场景氛围营造激发游客的认同感,加强人与自然环境的互动;环境解说系统还能够帮助自然保护地深入挖掘景区特色,加强整体形象塑造,增强游客活动参与意识,改善其态度和行为,为景区增加经济效益和社会效益[2]。受到自然环境条件限制的自然保护地环境解说系统,现仍存在较多问题,单纯靠增加自导式解说标识牌已无法实现解说体验的有效提升。随着数字技术的发展,越来越多新技术的应用领域得到了拓展,其中以 AR 头显和智能移动设备作为使用载体的增强现实(Augmented Reality,AR)技术从原先的医学教育、儿童教学等方面扩大到了旅游导览、博物馆展览等多个新兴领域,其应用仍在不断深化与扩展。本次自然保护地环境解说系统研究,选取贵州省梵净山国家公园创建区(以下简称梵净山)作为案例地,结合景观感应理论探讨引入 AR 技术的独特优势,旨在为解决自然保护地环境解说系统现存问题,提供优化新途径,提升游客游览体验,方便景区管理。

1 梵净山概况

梵净山位于贵州省铜仁市的印江、江口、松桃(西南部)三县交界处,总面积 775.14 km²,于 2018 年评为国家级自然保护区,2022 年国家公园管理局正式批复,同意贵州省开展梵净山国家公园创建工作。该景区拥有丰富的自然和人文资源,是我国西南地区千年佛教名山,同时也是我国少有的亚热带植物基因库、古老孑遗植物的避难所[3],每日最佳游客承载量 8 600 余人。景区内自然景色奇雄瑰丽,宛如人间仙境,上山路之奇险堪称一绝。由于自然环境条件的限制,梵净山环境解说系统的建立面临着重大挑战,因此该景区环境解说系统建设,在自然保护地环境解说系统规划设计研究中具有代表意义。

2 梵净山环境解说系统调查与分析

本研究主要从解说资源、解说方式、解说媒介、解说内容以及解说体验等5方面,针对梵净山主景区环境解说系统建设现状进行调查与分析。

---
[*] 国家自然科学基金项目"基于流空间视角的共享住宿时空格局演化与驱动机制研究"(编号:42071185)。

2.1 解说资源分析

调查结果显示,该景区拥有丰富的景观资源。按自然景源和人文景源分类计算,共有蘑菇石等自然单体30项,承恩寺等人文单体46项,这为该景区解说系统建立及优化,提供了良好的客观条件。

2.2 解说方式及媒介分析

调查结果显示,该景区解说方式及媒介较为单一,解说牌放置混乱(图1)。由于自然条件限制,现有解说方式以自导式解说为主,他导式解说基本难以进行。自导式解说媒介以标识牌为主,无线讲解器、导游图册为辅。标识牌主要分为导览性标识牌、警示性标识牌和科普性标识牌。现有部分标识牌,置于妨碍设施功能正常发挥的位置,增加了安全隐患;相同内容的标识牌出现频率过高,降低了游客使用标识牌的便捷性和有效性。无线讲解器、导游图册包含景点较少,使用率较低。解说方式和媒介的限制及影响削弱了游客和自然环境的互动,影响了解说体验。

2.3 解说内容分析

经调查发现,该景区自导式解说内容可理解性弱,涵盖面少。标识牌内容以动植物科普解说为主,采用文字和图片介绍其科、属、种等基本信息,解说内容与环境大多不能一一对应,导致解说有效性及互动性降低,其余类型解说资源基本未涉及。解说牌版面设计未考虑不同层次游客的游览需求,人性化程度较低(图2)。

2.4 解说体验分析

调查选取梵净山出入口处广场以及普渡广场2个地点进行实地问卷调研,2023年7月共发放问卷241份,剔除无效问卷(25份),有效问卷216份,有效回收率为89.6%。样本构成中,男性占比42.1%,女性占比57.9%;年龄方面以18岁以下(33.8%)居多,其次为41~50岁(32.0%)、19~24岁(24.0%);学历方面以大专及本科居多(50.7%);月收入2 000元及以下(38.4%)居多,5 001~8 000元占比20.3%;87.6%的游客是第一次来到梵净山。调查样本选取全面,且均体验

图1 梵净山环境解说标识牌放置现状

图2 梵净山环境解说动物科普标识牌

表1 梵净山环境解说系统受众体验评价均值

分组	能够帮助我顺利完成游览	可以获得有效知识	解说生动有趣	能激发我的重游意愿	本次体验总体感受
1	3.89	3.50	3.07	3.04	3.57
2	5.30	4.93	3.64	3.97	4.37
3	4.63	4.84	4.07	3.95	4.62
总体均值	4.88	4.71	3.72	3.84	4.35

表2 梵净山环境解说系统受众体验评价皮尔逊相关性

	1 能够帮助我顺利完成游览	2 可以获得有效知识	3 解说生动有趣	4 能激发我的重游意愿	5 本次体验总体感受
1	1	0.379**	0.462**	0.370**	0.503**
2	0.379**	1	0.628**	0.391**	0.576**
3	0.462**	0.628**	1	0.547**	0.702**
4	0.370**	0.391**	0.547**	1	0.546**
5	0.503**	0.576**	0.702**	0.546**	1

** 在0.01级别(双尾),相关性显著。

过梵净山解说系统,能够较高质量完成调查问卷。

利用郭剑英教授提出的旅游景区解说系统评价指标体系[4]一级指标设计受众体验问卷,采用7级Likert量表,1代表完全不同意,7代表完全同意,并将所获数据在SPSS 27.0中进行均值和皮尔逊相关性分析。从表1可知,游客对于解说系统整体评价较低,"解说生动有趣"平均值最低(3.72),即解说的趣味性;高值分别是"能够获得有效知识"(4.71)和"能够帮助我顺利完成游览"(4.88),即有效性和易用性。从表2可知,解说趣味性和"重游意愿"以及"整体感受"相关性最显著,易用性和有效性与两者相关亦显著,为后续AR技术引入环境解说系统设计提供了较好的切入口。

3 AR环境解说系统的应用研究

3.1 AR技术的引入

在数字化、信息化和"互联网+"时代背景下,数字技术的进一步发展拓宽了人们认知外部世界的途径[5]。数字景观方法与技术深入到风景园林研究、设计、建设与管控全过程,其中AR技术在智慧景区游览和博物馆展出等实景体验中崭露头角,如2023年"文明的印记——敦煌艺术大展"利用"敦煌AR智能导览"实现了高沉浸感、趣味性的现场营造;2021年国际园博会温州园的AR智慧导览系统实现了景区导航导览、风格化地图、步数统计、一键报警等多重功能,为游客带来了高效的游览体验。AR技术正在成为数字景观建设中不可或缺的一部分,该技术作为一种新的解说媒介,在自然保护地的环境解说系统中应用势在必行。

3.1.1 AR、VR、MR概念辨析

AR、VR、MR技术均拥有为用户提供沉浸式体验的功能。

AR技术是一种人机交互技术,可以将计算机生成的虚拟图像,通过传感设备与现实环境结合,营造沉浸式氛围,旨在连接虚拟世界与真实世界,将虚拟与真实信息相结合,增强用户对现实世界的感知,从而使用户和环境产生更深层次的互动,得到现实世界中难以亲身经历的体验[6]。虚拟现实(Virtual Reality,VR)技术是通过计算机设备,使处于虚拟世界中的人产生一种身临其境的感觉。混合现实(Mixed Reality,MR)技术通过合并现实和虚拟世界而产生新的可视化环境,在该环境中物理和数字对象共存并实时互动。

相较而言,VR技术与环境结合较弱,在环境

解说系统中使用的可能性较小；MR技术融合VR与AR的优势，能够更好地展现AR技术，史蒂史·曼恩（Steve Mann）指出智能硬件最后都会从AR技术逐步向MR技术过渡。MR技术虽具有十分广阔的应用前景，但现阶段，AR技术应用领域更广、更成熟，能够满足游客在环境解说体验中与环境本身产生良好互动的条件。AR技术应用具有三维注册（跟踪注册技术）、虚拟现实融合显示、人机交互三大技术要点[7]，即通过计算机设备对真实场景进行数据采集和分析重构，再通过AR头显或智能移动设备，实时更新显示解说空间数据，将数据进行虚拟场景与现实场景的融合计算，最终完成虚拟解说与解说环境的融合显示，用户可以通过AR设备进行人机交互及信息更新，实现增强现实的操作。

本文将AR技术引入环境解说中，以期能够利用该技术的优势特性，突破自然保护地环境条件限制，解决梵净山环境解说系统现有问题，增强解说的趣味性与参与感[8]，丰富解说体验。

3.1.2 AR使用意愿调查

选取线上线下两种方式进行调研，2023年7月共发问卷176份，剔除无效问卷（33份）后，有效问卷剩余143份，问卷回收率为81.3%。样本构成中，女性（56.6%）占比大；年龄方面以19~24岁（34.5%）居多，其次为41~50岁（20.7%）；学历方面以大专及本科（58.6%）居多。调研样本中年轻人占较大比重，与当下新技术产品使用群体较为吻合，有利于下一步技术升级的推进。

问卷设置采用7级Likert量表，从AR环境解说系统的易用性、有用性和趣味性三方面进行使用意愿调查。对调查数据进行均值分析得出，游客更愿意在自然保护地游览时，使用能够为其提供容易使用（5.71）、便捷高效（5.64）且具有趣味性（5.81）的环境解说系统，表示愿意下载使用AR环境解说APP（5.43）。

3.2 基于景观感应理论探讨AR技术在环境解说系统中的应用优势

3.2.1 景观感应理论与环境解说系统规划设计的结合

景观感应理论是刘滨谊教授在景观感知及视觉评价研究基础上提出的，是景观感知与设计应对的进一步结合。该理论旨在寻求客观景观环境和主观感知的互动，更加关注景观实践中"如何应对"的科学问题，包括设计的思维路径、规则方法等[9]。

景观感应的三要素——能量、信息和时空，作为该理论的研究取向，是人与自然、人与生存环境互动的三大基本方面，依据三者选择空间、时间、形态统筹自然人文资源，有效高质地传递人类等生命体繁衍生息所需的信息，与自然保护地环境解说系统规划设计的目的不谋而合。其中，能量包含自然资源、人文资源以及景观资源，信息则是自然与人文、物质与精神的碰撞，时空是景观时间和空间上的表现。自然保护地环境解说系统构成要素包含解说对象、解说内容、解说方式、解说媒介与解说受众等5个方面的内容。解说对象，即解说资源，是在一定时期内，自然保护地内的各类资源及其相关的一切事物和现象，与景观感应中的"能量"相契合；解说内容是能反映解说对象性质、特点及相互关系的信息体系，是客观世界与主观认识的碰撞，与"信息"相适应；解说方式与媒介受环境条件影响较大，可同解说资源、内容和受众形成相应场景，是基于客观环境条件做出的实践应对，影响游客体验，与"时空"密切相关。

本文将景观感应理论引入自然保护地环境解说系统规划设计中，从解说资源与"能量"、解说内容与"信息"和解说场景与"时空"等3方面，讨论AR技术在自然保护地环境解说系统中的应用优势（图3），从而激发AR技术环境解说系统规划设计实践的创意和创新实践，为解决梵净山以及其他自然保护地环境解说系统的现实问题提供理论依据。

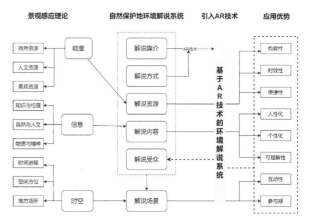

图3 基于景观感应理论的AR环境解说系统应用优势概念图

3.2.2 AR技术可将解说资源扩大到"能量"范围,增强环境解说资源展示的包容性、时效性以及获取途径的便捷性

景观感应理论中的"能量"包含景观资源,涉及自然景观资源和人文景观资源两方面。自然保护地环境解说资源,则是从该地区的景观资源中选取能够反映场地特色的单体,对其进行更加详细的信息整理和适当扩展,深入挖掘自然现象的背后成因或人文景观的传奇故事。

梵净山有着丰富的景观资源,但现有的解说资源展示远少于其景观资源量,且解说资源点位大多与解说标识牌无法对应。传统解说媒介的信息采集和资源展示模式有较强的内容量限制,因此更难将"能量"层面的资源信息展现于游客眼前。

引入AR技术作为环境解说媒介,为解决以上问题提供了一种创新的解说资源展示方式及对应手段。首先,设计者可以通过3S技术对自然保护地景观资源进行更加全面的信息收集,再使用AR技术将解说资源类型与现实环境相结合,从而实现全局性、整体性资源展示,增强其环境解说系统资源展示的包容性;还可以通过AR系统辅以全球定位系统(GPS)对特定位置或指示物进行识别,获得全面而精准的解说资源信息,优化游客获取信息的途径。此外,由于以梵净山为代表的自然保护地占地面积较大,地形起伏较大,自然气候条件以及游客游览状态,在保护地范围内变化较大,可将AR技术与气象监测及游客监控设备配合使用,实时更新各"能量"点位的宜游程度,为游客提供具有时效性的游览服务。

3.2.3 AR技术可将解说内容进行更高效的"信息"传递,提供更加人性化、个性化,更具可理解性的解说内容

景观感应理论中的"信息"是对自然环境和人文历史信息的概括,是人们对于物质世界的理解,部分理解可升华为"能量"的精神标识,即地域性特征。环境解说系统规划设计中解说内容的实质是在"能量"的客观约束下,筛选出能够在短时间范围内,使游客充分了解并认同自然保护地的自然和人文地域性特征"信息"。完成筛选后,解说内容将通过相应解说媒介传递给解说受众,由解说受众对解说内容进行加工理解,完成讲解体验。

梵净山现有的解说内容无法针对不同人群进行有效应对,自然科普类解说内容科学性较强,不利于游客理解,限制了游客与环境的互动体验。

AR技术的应用可对解说内容设计及体验方式进行调整,一方面能为游客提供更加人性化的环境解说内容,另一方面可以为游客制定个性化讲解方案,进行更高效的"信息"传递。

首先,由于年龄层次、学历水平、社会阶层、兴趣爱好等各不相同,游客对于相同表达方式的解说内容理解程度会出现一定偏差。传统解说媒介由于自身特性限制,无法包含过多的内容输出,在解说内容设计过程中,设计者需尽可能寻找不同类型人群可接受内容的交集,是减法设计;而AR技术的引入,为解说内容设计及体验界面增加更多可能性,是加法设计。设计者可根据不同人群的实际需求进行分类设计,使用者则可根据自身特征选择更易接受的解说版本,如适老化版本、儿童趣味化版本等,使解说更加人性化。

其次,AR解说系统能够充当游客端解说内容设计平台。游客可以将游览过程中的所见所闻所感汇聚为影像或文字内容上传平台,形成个性化环境解说内容,为其他游客提供更为丰富的解说材料;亦可通过多次个性化环境解说内容创建,增强游客和自然保护地物质与精神的联结,将自身行为与生态环境保护紧密联系,像保护眼睛一样保护生态环境。

最后,AR解说系统可以通过视听结合更大程度地帮助游客完成理解性更强的解说体验,增强游客与环境的交流。文字性的环境解说内容科学性较强,同时也较枯燥,多数游客理解起来较为困难。AR技术能够使动态虚拟画面与真实环境相结合,通过演示模拟将抽象的科学原理转化为直观的视觉体验。例如,游客可在梵净山相应的真实环境中通过操作AR解说系统设备,对动植物特征群落解说内容进行识别,在设备体验界面中虚拟拆分群落结构,根据喜好深入了解群落个体。

3.2.4 AR技术可使解说场景突破"时空"限制,增强环境解说互动性和游客参与感,营造沉浸式解说氛围

景观感应理论中的"时空"包含时间进程、空间方位和场地场所,是解说场景营造的舞台。案例地梵净山景色雄奇瑰丽,地势险要,游览空间局促,他导式解说在多数游览路段很难进行,同样也

无法为传统解说标识牌提供足够的场地,解说场景的缺失增强了游客与自然的疏离感;在特定自然气候条件下才能形成的自然景源单体,如该景区的"佛光""幻影"等,由于"时空"不确定性而缺少合适的解说服务。

AR 技术的引入可帮助解说场景打破"时空"的限制,激发游客与解说场景的互动。游客使用 AR 解说设备在自然保护区内扫描相应标识物,即可使用虚拟导游实现解说场景的主动体验,场景营造也可突破安全护栏的范围,将更辽阔的自然山川纳入其中;通过现实环境、视频、图像、文字和音频的配合,更能在短时间内打破游客与自然的隔阂,营造沉浸式解说氛围。设计者可以脱离为传统标识牌观赏视点多重考虑的空间限制,实现解说场景与资源的一一对应;游客可以使用 AR 解说设备在游览过程中体验解说场景,不必因为阅读解说牌,在场地受限的观光路段停留较长时间。

此外,自然保护地中季节、气象条件以及动植物活动的变化等,都为 AR 解说系统场景的营造提供了契机。针对特殊自然景观下的环境解说,可以通过在不同客观条件下采集的有效数据,建立丰富的解说场景库。游客使用 AR 解说系统在现象频发、视线良好的点位识别标识物后,系统则能够结合气象监测设备和环境感知技术,针对现实场景进行虚拟信息补充,为游客呈现相应的解说以及其他气候条件下形成的自然景象,激发游客的重游意愿,增强环境解说互动性和游客参与感。

AR 技术为环境解说系统的优化和升级提供了全新的途径和可能性。该技术不仅能够通过生动形象的信息呈现方式将游客、资源、信息和场景进行无缝连接,为景观感应理论的进一步拓展和实践提供了有益的启示,还能够为游客提供个性化解说服务,增强游客解说体验。因此,AR 技术必将在自然保护地环境解说系统中,得到更加广泛的应用。

4 AR 环境解说系统可能面临的问题及其应对策略

4.1 客观条件

复杂的客观环境条件可能会限制 AR 解说系统的稳定性和准确性,影响游客的使用体验。自然保护地的自然环境与室内环境相比更为复杂,多样的地形地貌可能会影响 AR 系统识别和对齐的准确度,不稳定的网络条件可能导致 AR 解说内容与实际环境不匹配的状况。

为解决此类问题,设计者须不断改进 AR 解说系统,可将该系统与 3S 技术和计算机视觉领域进行交叉创新,通过结合高精度的地图数据和先进的图像识别技术,提高 AR 系统的准确性和实时性。

4.2 主观使用

AR 解说系统设备的选择对游客的使用体验起到了重要影响,常用设备为 AR 头显和智能移动设备。AR 头显相比较智能移动设备而言更能为游客提供沉浸式的体验,但设备成本较高;智能移动设备更符合游客的使用需求,但使用该类型设备需要下载相应 APP,对设备配置要求较高。此外,AR 环境解说系统在不同设备和平台之间可能存在兼容性问题,导致系统无法正常运行或功能受限;而系统的易用性对游客的使用意愿有显著的正向影响[10],复杂的操作和大量信息的界面可能导致游客的认知负荷增加,影响使用效果。

为解决此类问题,设计者应将 AR 体验设备的使用场景分层化、具体化。该系统设计应在能够帮助游客在无网络状态下完成部分解说体验的同时,尽可能降低对设备的要求;操作页面设计应在注重功能的前提下,兼顾操作的友好性和大众化;对于不同品牌的智能移动设备,应进行充分的测试和优化,确保系统使用的稳定性。此外,现阶段了解并使用 AR 技术的群体主要为青年人,相关部门还应加大对中老年群体 AR 技术的科普力度,配合适老化设计进一步扩大系统的适用人群。

在生态文明发展和美丽中国建设的时代背景下,以国家公园为主体的自然保护地体系日趋完善,其教育、保护、服务、体验和管理功能越发重要,自然保护地环境解说系统的重要性也逐渐凸显。随着数字技术的发展进步,AR 技术必将更加广泛地应用于自然保护地环境解说系统中,为自然保护地环境解说领域的发展带来新的机遇。

参考文献

[1] 吴必虎,高向平,邓冰. 国内外环境解说研究综述

[J].地理科学进展,2003,22(3):226-234.
[2] 柯祯,刘敏.旅游解说研究进展与差异分析[J].旅游学刊,2019,34(2):120-136.
[3] 李思瑾.梵净山申遗成功的背后[J].当代贵州,2018(30):38-39.
[4] 郭剑英.旅游景区解说系统评价指标体系研究[J].南京林业大学学报(人文社会科学版),2013,13(4):64-70.
[5] 成玉宁,樊柏青.数字景观进程[J].中国园林,2023,39(6):6-12.
[6] 胡小强.虚拟现实技术与应用[M].北京:高等教育出版社,2004.
[7] 李京燕.AR增强现实技术的原理及现实应用[J].艺术科技,2018,31(5):92.
[8] 边策.基于增强现实技术的环境解说系统研究[J].绿色科技,2019(9):11-15.
[9] 刘滨谊.走向景观感应:景观感知及视觉评价的传承发展[J].风景园林,2022,29(9):12-17.
[10] 徐菲菲,黄磊.景区智慧旅游系统使用意愿研究:基于整合TAM及TTF模型[J].旅游学刊,2018,33(8):108-117.

作者简介:甄安琪,东南大学建筑学院在读硕士研究生。研究方向:国家公园与风景园林规划设计。

徐菲菲,东南大学建筑学院教授,博士。研究方向:国家公园与生态旅游等。

基于全景相机图像自采集与深度学习技术的绿色空间智能感知方法研究[*]
——以广州市珠江公园为例

赵旭凯　林广思

摘　要　视觉景观评估是风景园林领域的核心话题之一，传统评估方法在效率与实际应用方面存在局限性。街景大数据与人工智能的发展为评估方法的提升和优化带来契机，但我国绿色空间未被街景完全覆盖，阻碍了相关研究。研究以广州市珠江公园为例，依托全景相机的图像采集与处理流程，结合公众感知评价，训练Segformer语义分割和ViT图像分类模型提取图像中的主、客观指标，对公园的视觉质量进行智能评估。研究发现评估生成的指标分布图可准确展现出公园空间品质的分布。植物与水体有助于提升公园吸引力与积极感知，天空与道路会产生相反的效果；消极的人工景观和压抑的建筑视野会降低景观质量。本研究提出的图像采集与视觉感知方法可为绿色空间更新设计和管理提供决策建议，具有一定的实际应用价值。

关键词　景观感知；视觉景观评估；数字景观；深度学习；全景相机

1　引言

城市绿色空间作为城市景观的重要组成部分，是城市中自然或半自然的土地利用状态，为居民提供了生动的生态系统服务，以及亲近自然和游憩交往的机会[1]。绿色空间社会和生态效益很大程度上受到绿色空间质量的影响。环境的视觉外观能够反映城市功能、文化背景等信息的状况，同时视觉感官是公众感知环境的最重要路径，有研究认为视觉感知占所有感官感知的76%[2]。评估城市景观的视觉质量，即视觉景观评估，是一个以风景园林专业为核心的跨学科话题，是研究人员和政府了解城市景观质量的主要方面。

早期的视觉景观评估主要采用美景度评价法、深度访谈法等方法，虽可有效收集人们对特定景观的偏好，但十分依赖于专家或受访者对图像的主观评判，费力、成本高且数据来源相对有限。除此，由于实际景观的复杂性，相关研究结果难以直接应用于新场景的偏好预测中，限制了诸多来之不易调查结果的实际应用。

人工智能技术近些年的突飞猛进在建成环境数字化研究中展现出巨大潜力，被公认为智慧城市建设与景观规划领域极具前景的应用技术[3-4]。其中，街景图像作为新兴的众包数据，可展现出城市的真实环境并反映人的真实感知，是可用于衡量城市品质的高质量数据源。然而，由于我国城市绿色空间的普遍管制，地图服务商的图像采集车辆无法进入绿色空间内部采集图像，阻碍了目前基于大数据的城市感知研究中对绿色空间的探索。人们生活质量的提高，使得对高质量绿色空间的需求也在增强，要求城市管理者能够准确识别绿色空间中的低品质空间以实施更新改造；但目前对绿色空间的感知和评价方式相对片面，大多基于设计师的个人经验和直观感受，而非定量和客观的数字化分析。

如何以便捷的方式采集绿色空间的实景图像？如何基于先进的人工智能技术开发出能够反映公众感知的评价系统？如何利用评估系统发觉

---

[*] 国家自然科学基金项目"珠三角城市综合公园社会效益测量指标和方法研究"（编号：51678242），广东省基础与应用基础研究基金自然科学基金项目"公园绿地潜在使用者的健康认知习得和健康行为发生机制研究"（编号：2019A1515010483）。

低品质空间并完善绿色空间感知理论？对于这些问题的探讨可促进定量、科学和直观城市景观感知研究的发展，并为城市绿色空间的更新提供有效的决策建议。

2 研究设计

2.1 研究区域

以广东省广州市天河区的珠江公园为研究区域，该公园是以绿化造景为主的生态公园，空间多样性高、活动类型丰富，集观赏、游憩、休闲于一体，占地面积约为 28 hm^2，游人众多，为我国亚热带地区十分具有代表性的绿色空间。

2.2 技术路线

以城市公园绿色空间为案例，验证一种便捷公园图像采集方法的可行性，探究深度学习模型在公园场景中训练与预测的有效性与实用性，基于模型结果绘制各评价指标的空间分布图，并进一步通过多维客观要素与感知评分的关联实验，探索游人感知与公园物理环境之间的关系，技术路线如图1所示。

2.3 数据来源

2.3.1 图像采集设备对比

卫星数量的增加与地图服务商提供的街景服务覆盖范围不断扩大，使得卫星与街景图像成为理解大尺度城市景观的重要数据源，但同时这些数据也存在一定的局限性。例如，卫星影像难以反映人眼真实的视觉感知；许多区域如公园、村庄和其他地面条件差异大的地区街景图像未被采集，且存在部分图像清晰度较差、采集视角偏高等问题。此外，更新不及时也是公开数据的一大不足。基于此，本研究提出了两种公园图像自采集的方案。方案一为使用相机采集，该设备持有方便，但采集过程较为繁琐。为全面采集包含特定采样点的图像，拍摄人员需从 0°、90°、180°与 270°四个方向拍摄四次才能展现该点位的完整图像。方案二为使用全景相机采集，使用 Insta360 ONE RS 全景相机，该设备小巧、轻便，几乎可以在任何地方收集数据；拍摄人员只需拍摄一次便可获得某点位 360°的图像(图2)。

2.3.2 基于全景相机的珠江公园图像采集与处理

图像采集时间为 2023 年 7 月 6 日 9:00～13:00，天气晴朗，气温在 30 ℃ 左右。图像采集人员步行遍历公园所有的道路，使用 Insta360 ONE RS 全景相机进行拍摄，拍摄高度约为 1 720 mm。同时使用智能手持 GPS 传感器(Garmin eTrex 221x)记录拍摄点位的位置信息。图像采集点位包含道路交叉点、拐点、中点以及具有重要标志物(建筑、亭台、雕塑等)的点位，图像采集点位如图3所示，共计 277 个点位。

使用 Insta360 Studio 进行图像处理，所有图像均清晰，无无效图像，表明该设备采集稳定性良好。经过对比鱼眼、小行星、水晶、透视与平铺模式的图像呈现效果，发现透视模式最能呈现人眼感知效果，0°与 180°两个视角即可反映所在点位 360°图像，故基于此截取图像，获得 554 张图像。在 ArcMap 10.6 中将图像与所采集的 GPS 空间信息进行数据匹配，使得每个点位有两张图片反映真实场景。

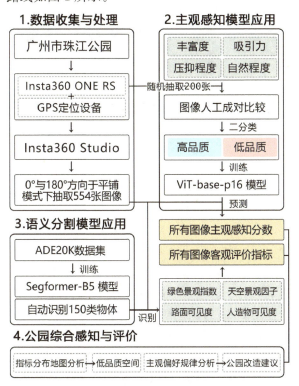

图 1　技术路线

卫星影像

优势：覆盖范围广、数据易获取

劣势：无法反映人眼视角的场景

百度街景图像

优势：道路覆盖率高、数据易获取

劣势：未覆盖公园空间、视角高度高于人眼水平、图像更新滞后

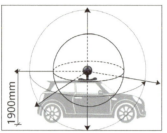

传统相机采集图像

优势：采集灵活、设备持有方便

劣势：采集繁琐，需从0°、90°、180°与270°四个方向拍摄四次才能展现某点位的完整图像

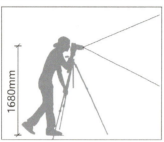

全景相机采集图像

Insta360 ONE RS
优势：设备小巧、轻便，图像采集快捷
只需拍摄一次便可获得某点位360°的场景图像，后期可选择平铺、鱼眼、全景等多种图像模式

劣势：设备价格略高

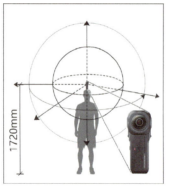

图2　图像采集设备对比

图3　图像采集点位

2.4　基于深度学习技术的图像评价方法

2.4.1　使用图像语义分割模型提取客观评价指标

环境中的客观物理要素（包括自然和人工要素）对景观的视觉质量和人们的审美认知有很大影响。对于图像中客观要素的识别，传统研究通常使用 Gist、SIFT-Fisher 向量、DeCAF 特征等方法，识别精度较低且数据处理过程冗杂。近年来，语义分割技术成为场景理解的关键技术之一，给定一个输入图像，语义分割模型能够为图像中的每个像素预测一个类别标签，可显著提高图像

客观物理要素识别的精度。

本研究使用目前效果最好的Segformer-B5模型[5]进行客观物理要素的提取,该模型包含两个主要模块:分层的Transformer编码器和轻量级的All-MLP解码器(图4)。无位置编码的Transformer编码器用于提取图像特征,其中采用了自注意力机制,来实现对输入图像的重要区域进行加权,使模型可以有效地捕捉输入图像中的重要信息,从而提高图像分割的性能。All-MLP解码器可以直接融合多级特征,并预测语义分割掩码,最后通过全连接层输出结果。模型在ADE20K数据集[6]上进行训练,该数据集是2016年MIT开放的场景理解数据集,包括150个要素类别。经测试,Segformer-B5模型在ADE20K数据集验证集上的mIoU(图像中某个类别真实标签和预测值交集和并集的比值)达到了51.41,好于提出时间较早但被经常使用的FCN(mIoU=40.83)、PSPNet(mIoU=41.94)、DeepLabV3+(mIoU=42.72)、Segnet(mIoU=41.50)等模型。

提取150种要素在公园场景中常见的16种视觉要素①,借鉴以往的视觉景观研究,计算出绿色景观指数和天空景观因子,这两个常用的评价指标,前者包含画面中的乔木、灌木与地被,可反映公园的生态和自然程度[7-8],后者反映了画面中的天空占比,可衡量空间的开放程度。除此,珠江公园中除植被和天空,道路与人造物(墙体、座椅、路灯、栏杆等)较多,因此引入了路面可见度和人造物可见度两个指标,反映画面中硬质的人工元素的占比(表1)。

2.4.2 使用图像分类模型预测主观评价指标

感知评估指标等主观测度可作为客观指标的有形和直接对应物,有助于阐明与证实客观指标的含义,并体现同时使用两种测量方法的价值[8]。在图像主观感知研究中,传统通常使用李克特量表或开放式问卷,来获得受访者对景观的评价。深度学习可以使用图像分类的思想,相关研究主要基于大规模城市感知数据集。其中最有代表性的是Place Pulse 2.0数据集[9],包括来自56个城市的11万余张图像,8万余名在线志愿者对其从不同维度进行了比较。基于此数据集的研究证明,主观视觉调查、图像语义分割和图像分类模型的结合可以有效、无偏差地收集和绘制人类对街道景观的感知[7]。虽然该数据集缺乏中国大陆的街景图像,且无法应用于公园场景中,但相关方法为本研究的主观评分提供了思路。

(1)主观评价指标建立

借鉴传统的视觉景观评估研究,选取吸引力、丰富度、自然程度和压抑程度作为主观评价指标。其中,吸引力指公园场景对人们的吸引程度,涵盖了景观的美观性、独特性等因素。丰富度[10-11]指公园环境中元素的多样性和复杂性,包括园内的物种与公园设计的多样性。自然程度[12]指人感知的公园环境,在人为干预和自然状态之间的平衡,理解人对公园自然程度的感知可以帮助我们了解公园维护和管理状况。压抑程度[13]高的公园可能会让人感到不舒适,影响园内体验。

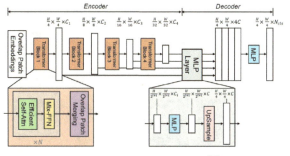

图4 Segformer模型架构图[5]

表1 街景图像客观视觉评价指标

维度	评价指标	公式	定义
自然	绿色景观指数	$GVI_i = P_{乔木} + P_{灌木} + P_{地被}$	绿色植物的能见度,包含乔木、灌木、草地等植被像素的占比
	天空景观因子	$SVF_i = P_{天空}$	天空的能见度,包含天空像素的占比
人工	路面可见度	$RVI_i = P_{一级道路} + P_{二级道路} + P_{三级道路}$	硬质路面的能见度,包含公园中的一、二、三级道路像素的占比
	人造物可见度	$BVI_i = P_{墙体} + P_{建筑} + P_{围栏} + P_{摩天大楼} + P_{座椅} + P_{路灯}$	人造物的能见度,包含墙体、建筑、围栏、摩天大楼、座椅与路灯像素的占比

（2）两两对比结果收集

与直接获取被试者的评分数值相比，收集两两比较结果是一种更有效、准确的感知获得方式[9]。首先，针对收集到的554张图像，在尽可能涵盖公园所有场景类型的前提下，删除过于相似的图片，共得到200张。然后基于Python建立在线评分系统，随机从200张图像中展现2张，被试者需根据问题选出更符合个人偏好的图片（图5）。问题包含"哪个场景让您感到更有吸引力/丰富/自然/压抑？"，被试者一次实验中只针对一个问题进行评分，每人进行四轮实验。实验由华南理工大学4名风景园林在读研究生参与，男、女各2名，均于植物识别课程中前往珠江公园，对该公园的功能分区与植物分布情况较为了解。实验结束后，每张图像在四个维度的平均对比次数分别为14.67、7.63、12.04与11.49次，累计对比次数为9166次。四个维度不同得分的示例如图6所示。

（3）主观评分计算

在以往的研究中，将图像成对比较转化为感知评分的方法主要有两种。一是使用Microsoft TrueSkill算法获得感知分数[9]，二是使用类似于体育比赛中"赛程强度（strength of schedule）"概念来进行统计，本研究采用了后者。对于感知维度m，我们定义图像i被选择（$W_{i,m}$）和未被选择（$L_{i,m}$）频率为：

图5　主观评分收集系统示意图

图6　四个维度不同得分示例

$$W_{i,m} = \frac{w_{i,m}}{w_{i,m} + l_{i,m} + t_{i,m}} \quad (1)$$

$$L_{i,m} = \frac{l_{i,m}}{w_{i,m} + l_{i,m} + t_{i,m}} \quad (2)$$

式中，$w_{i,m}$、$l_{i,m}$、$t_{i,m}$ 分别表示在比较中被选择、未被选择或平局的次数。每个图像 i 对于感知维度 m 的感知评分分数（$Q_{i,m}$）可以定义为：

$$Q_{i,m} = W_{i,m} + \frac{1}{n_i^w}\sum_{k_1=1}^{n_i^w} W_{k_1 m} - \frac{1}{n_i^l}\sum_{k_2=1}^{n_i^l} W_{k_2 m} \quad (3)$$

式中，n_i^w 和 n_i^l 分别表示图像 i 被选择与未被选择的总次数。为了进一步将图像得分 $Q_{i,m}$ 划分为高、低两个维度，我们如下定义了二进制标签 $W_{i,m} \in \{0,1\}$：

$$W_{i,m} = \begin{cases} 0 & if Q_{i,m} > \mu_m + \sigma_m \\ 1 & if Q_{i,m} < \mu_m - \sigma_m \end{cases} \quad (4)$$

式中，μ_m 和 σ_m 分别表示感知维度 m 所有数据的平均值和标准差[14]。

（4）图像分类模型训练

经过公式4的处理后，每张图片在4个维度中都被赋予了"0"或"1"的数值，图像分类模型可以此为标签，以图像为解释变量进行训练。研究使用5折交叉验证，在此方法中，数据集被随机分成5折，在每一轮训练中，选择其中4折作为训练集，剩下的1折作为验证集，最终计算5轮准确率的平均值来获得总体性能评估。此方法可以确保模型不仅在训练时所用的数据上表现良好，而且还能泛化到新的、未见过的数据，使得在有限的数据集上表现更佳性能。

本研究采用最先进的图像识别模型之一——Vision Transformer（ViT）模型进行图像分类[15]。ViT模型将输入的图像分解成一系列图像块，并将每个块作为序列元素输入 Transformer 模型。这种序列化的处理方式使得 ViT 能够充分利用 Transformer 的自注意力机制，对输入图像中的关键区域进行加权，从而有效地捕捉图像中的重要信息（图7）。训练阶段，ViT 模型使用大规模的 ImageNet-1k 数据集进行预训练，以学习图像的通用表示。经测试，ViT 模型在 ImageNet-1k 数据集上的预测准确率达到了 85.63%，好于提出时间较早被经常使用的 VGG（71.62%）、ResNet（76.55%）等模型。最后，在"主观评分计算"

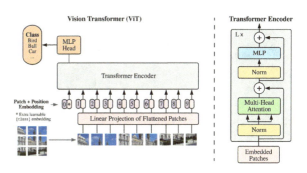

图7 ViT 模型架构图[15]

中得到的主观评价数据集上进行微调，来提高模型在该任务上的性能。

3 研究结果与讨论

3.1 客观评价指标提取结果

图8展示了 Segformer-B5 模型的语义分割结果，可见该模型能够精准识别出图像中的不同元素。对 2.4.1 节中抽取的 16 种公园场景中常见视觉要素进行统计分析后，发现平均值最高的前6种元素为乔木（39.7%）、灌木（16.9%）、地被（14.5%）、道路（12.4%）、天空（7.5%）、建筑（1.7%）。其中植被占比最高，合计 71.1%，表明珠江公园中的植被条件十分优越，构成了公园景观的主要骨架；水体、墙体和其他元素相对较少，占比均不足 1%，这些元素主要集中在公园中的某些区域，如水体主要集中在快绿湖景区。

3.2 主观指标预测模型训练结果

图像分类模型在 PyTorch 框架下进行训练，四个主观维度的5折交叉验证数据分布情况与模型预测准确率如图9所示，在测试集的平均准确率依次为 71%、64.5%、84.5%、70%。值得注意的是，丰富度的感知预测准确率略低于其余三项，可能是因为参与者对丰富度这一维度的认知有所差异，造成数据之间的差异不够明晰；而其他三个概念有更为明确的定义，数据准确性更高。

分别选取四个维度中准确率最高的模型对554张图片进行主观指标评分，统计结果如表2所示。从平均值的角度来看，自然程度的均值最高，为 0.533，表明珠江公园中游人感知的自然程度较高，与语义分割得到的结果一致。压抑程度

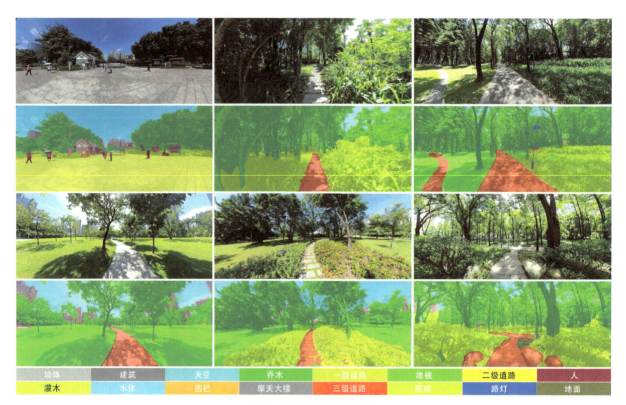

图8　语义分割结果示例

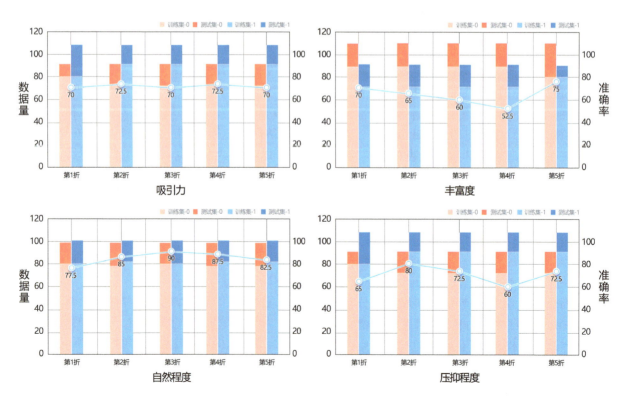

图9　5折交叉验证数据分布与训练结果

的均值最低,为0.279,表明公园环境较为舒适,不会使人感到明显的压抑感。在分布的离散度方面,自然程度的标准差最大(0.222),压抑程度次之(0.190),反映出公园自然环境与压抑程度感知的分布存在较大的空间异质性。

表2 主观评价指标统计

	吸引力	丰富度	自然程度	压抑程度
最小值	0.077 156	0.102 143	0.044 235	0.013 729
最大值	0.905 755	0.774 348	0.885 475	0.820 179
平均值	0.425 782	0.326 753	0.533 274	0.278 571
中位数	0.428 865	0.303 252	0.549 303	0.226 585
标准差	0.151 422	0.130 795	0.221 622	0.190 133

3.3 主、客观指标间的规律探索

在ArcMap 10.6中绘制珠江公园主、客观指标的空间分布(图10)。总的来说,各指标主、客观得分类似。公园西侧主要以开阔的草坪与低矮乔木(图10c)组成,辅以灌木配置,整体空间较为开阔、道路较为宽敞,天空占比、路面可见度较高,绿色景观指数与自然程度较低,同时吸引力总体偏低。中部为快绿湖,湖周围虽然绿色景观指数与丰富度较低、天空占比较高,但吸引力总体偏高,与前人的研究一致,即人们对水体有普遍偏好[16](图10f)。东部为植被茂盛的风景林区,绿色景观指数与自然程度较高,在广州繁华的市中心十分难得,道路较为狭窄,同时含有坡道,路面与人造物可见度较低,总体吸引力较高(图10h)。但其中部分区域存在视觉感受较低的服务型建筑,致使部分点位的吸引力与周围存在显著差异(图10g)。

除此,各指标的空间分布图能够指明公园内的低品质空间。如公园西侧植被低矮、所能提供的树荫有限,致使在炎热的夏天对人们的吸引力普遍偏低,但这种情况在冬天的场景中可能有所不同,有待进一步研究。值得注意的是,公园西南侧部分区域为私密性较强、植被茂盛的空间,同时

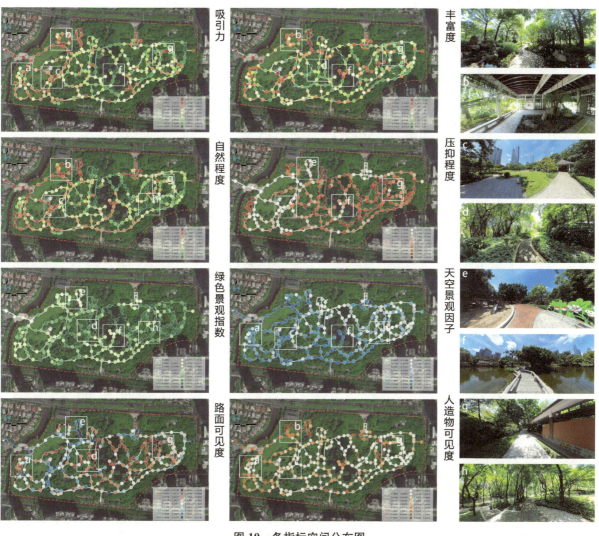

图10 各指标空间分布图

所提供的游憩功能较为丰富,此类空间则有较高的吸引力(图10a)。但与之相反的是,以构筑物为主但植被偏少的区域如图10b,其丰富度、自然程度均较低,致使吸引力较低。具有特殊功能的区域,如图10e的儿童活动区在本研究中的吸引力偏低,这可能与受访对象的偏好有关,此区域植被较少、丰富度较低,对于本次实验的受访对象——大学生来说并无吸引力,可见针对不同群体的偏好调查是有必要的;同时也反映出,以往以全体居民的普遍偏好来进行模型训练的基于街景大数据的研究有所不妥[9,14],难以反映不同群体的不同诉求。除此,建筑立面较为单一的区域如图10g的吸引力偏低,需要得到公园管理者的重点关注。

本研究应用Pearson相关分析来检验各指标间的多重共线性,并对主、客观评价指标进行了回归分析(图11、图12)。首先,自然程度与吸引力呈显著正相关,相关系数为0.59,表明自然程度高的场景更受人们的喜爱,这与前人的发现一致,即绿量高、组合多样、层次与色彩丰富的植被景观会提高游赏偏好[17]。其次,对于丰富度,地被与之负相关程度较高,相关系数为-0.45,地被与灌木之间存在强烈的负相关性,相关系数为-0.66,意味着地被的增加可能对应于灌木的减少,这是因为珠江公园中以地被为主的区域和以灌木为主的区域是分开的,画面中地被占比较高的集中在公园西侧,以开阔草坪为主,致使空间丰富度较低,符合实际。对于游人感知的自然程度,绿色景

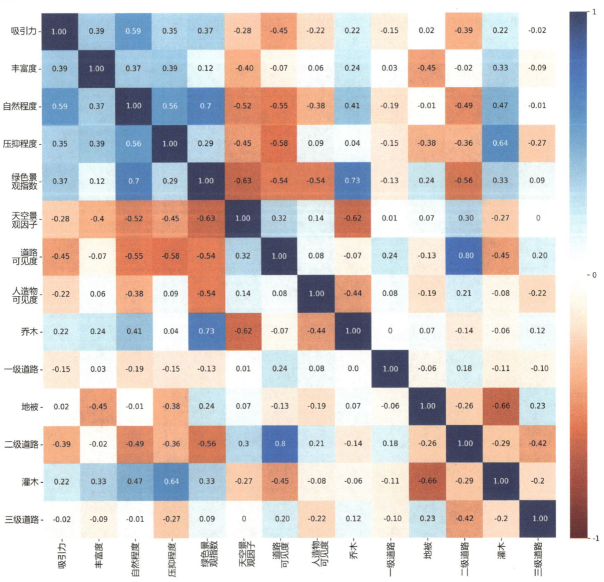

图11 Pearson 相关分析

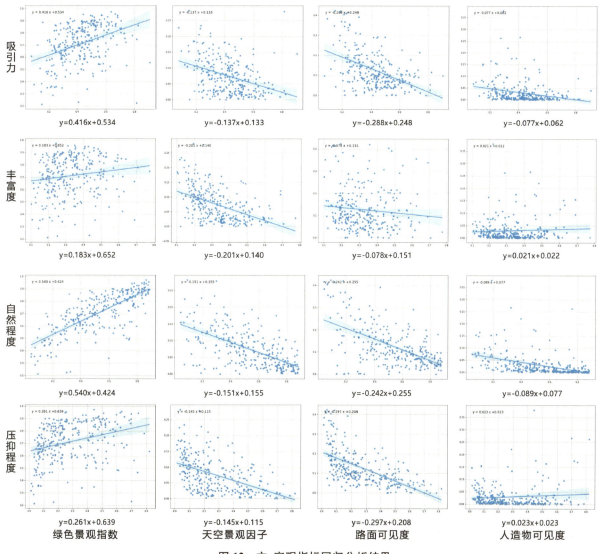

图12 主、客观指标回归分析结果

观指数、乔木、灌木与之正相关程度较高，相关系数分别为0.7、0.41、0.47，反映出主、客观自然程度感知有一定一致性。但游人感知的主观自然程度，与客观的绿色景观指数和其他指标间的相关性有所不同，这可能是因为主观感知的自然度比纯粹的植被占比涵盖了更多因素，例如，绿色元素在图像中的构成比例以及其他材料如泥土、透水路面的存在都可能影响主观的自然感知。

自然程度、灌木与压抑程度呈显著正相关，相关系数分别为0.56、0.64，表明植被郁闭度高的地方可能会增加人们的压抑感。除此，天空和道路可见性存在一定的正相关性，且二者与四个主观感知以及绿色景观指数均存在负相关关系，意味着天空与道路占比的提高，可能与树木数量以及自然程度的下降有关，致使人们的积极感知有所下降。人造物与吸引力和自然程度呈较弱的负相关性，但与丰富度和压抑程度并非呈负相关。在珠江公园这一以自然植被为主的公园中，积极的人造物如可提供遮阴的水榭、可供人休息与远眺的山中亭台可增加人们前往这些区域的意愿，但消极的人工景观和压抑的建筑视野会降低景观质量。

4 结语与展望

《欧洲景观公约》指出，景观是一项重要的、应予认可和保护的公共权益[18]，深入了解人们对景观的观察和感知，并将这些知识纳入景观规划和管理十分重要。本研究将前沿的图像采集以及人工智能技术引入视觉评估领域，期待建立以游人感知为核心、人工智能为实现工具的风景园林研究与实践的认识论和方法论。总的来说,本研究在以下3个层面上具有积极意义。

1)方法层面:实践一种基于全景相机的轻便、高效的采集城市绿色空间实景图像工作流程,弥补了基于图像大数据与深度学习技术的城市感知研究在绿色空间方面的缺失。同时,使用最先进的语义分割和图像分类模型,对公园的视觉质量进行自动与无差别的评估,克服了传统方法难以高效评估大批量图像、评估多个场景时容易出现视觉疲劳的问题。

2)理论层面:传统视觉评估研究中所采用的图像数据量通常较小,且缺乏对主、客观要素的准确量化。本研究立足于大规模、准确的客观指标提取与主观评分预测,发现植物与水体的存在有助于提升公园场景的吸引力与积极感知,天空与道路占比的提高则会产生相反的效果。人造物的存在,对公园积极感知的影响取决于其质量的高低,消极的人工景观和压抑的建筑视野会降低景观质量。

3)实践层面:传统的研究结果难以直接应用于新场景的偏好预测中。本研究提出的智能方法可高效识别绿色空间中的低品质区域,发掘城市绿色空间主、客观指标间的规律,并为绿色空间的更新发展提供设计和管理的决策建议,具有较强实际应用价值。

但是,本研究的图像数据与被试者的样本量均较为有限,同时仅以夏季的公园场景进行探讨。在未来,应以类似或更好的方法补充更多绿色空间以及不同季节的图像,纳入更多游人的评分以完善绿色空间感知数据集,同时可结合其他多元信息大数据进行综合统计分析,最终经过人工智能技术的整合,系统、科学地指导城市管理者采取适当的策略和方法来塑造和保护城市景观。

注释

① 包含墙体、建筑、天空、乔木、灌木、地被、一级道路、二级道路、三级道路、人、水体、围栏、摩天大楼、座椅、路灯与地面共16种要素。

参考文献

[1] Wolch J R, Byrne J, Newell J P. Urban green space, public health, and environmental justice: The challenge of making cities 'just green enough' [J]. Landscape and Urban Planning, 2014, 125: 234-44.

[2] Krause C L. Our visual landscape: Managing the landscape under special consideration of visual aspects [J]. Landscape and Urban Planning, 2001, 54(1): 239-54.

[3] Sanchez T W, Shumway H, Gordner T, et al. The prospects of artificial intelligence in urban planning [J]. International Journal of Urban Science, 2023, 27(2): 179-94.

[4] 成玉宁,樊柏青.数字景观进程[J].中国园林,2023, 39(6): 6-12.

[5] Xie E, Wang W, Yu Z, et al. SegFormer: Simple and efficient design for semantic segmentation with transformers [J]. Advances in Neural Information Processing Systems, 2021, 34: 12077-90.

[6] Zhou B L, Zhao H, Puig X, et al. Scene parsing through ADE20K dataset [C]//2017 IEEE Conference on Computer Vision and Pattern Recognition, (CVPR). July 21-26, 2017, Honolulu, HI, USA. IEEE, 2017: 5122-5130.

[7] Qiu W S, Li W J, Liu X, et al. Subjective and objective measures of streetscape perceptions: Relationships with property value in Shanghai [J]. Cities, 2023, 132: 104037.

[8] Song Q W, Li W J, Li M K, et al. Social Inequalities in neighborhood-level streetscape perceptions in Shanghai: The coherence and divergence between the objective and subjective measurements [J]. SSRN Electronic Journal, 2022.

[9] Dubey A, Naik N, Parikh D, et al. Deep learning the city: Quantifying urban perception at a global scale [C]//proceedings of the Computer Vision-ECCV 2016: 14th European Conference, Amsterdam, The Netherlands, October 11-14, 2016, Proceedings, Part I 14, F, 2016, Springer.

[10] Sun D, Li Q Y, Gao W J, et al. On the relation between visual quality and landscape characteristics: A case study application to the waterfront linear parks in Shenyang, China [J]. Environmental Research Communications, 2021, 3(11): 115013.

[11] Zhang G C, Yang J, Jin J. Assessing relations among landscape preference, informational variables, and visual attributes [J]. Journal of Environmental Engineering and Landscape Management, 2021, 29(3): 294-304.

[12] Wartmann F M, Stride C B, Kienast F, et al. Rela-

ting landscape ecological metrics with public survey data on perceived landscape quality and place attachment [J]. Landscape Ecology, 2021, 36(8): 1-27.

[13] Dupont L, Antrop M, Van Eetvelde V. Eye-tracking analysis in landscape perception research: Influence of photograph properties and landscape characteristics [J]. Landscape Research, 2014, 39(4): 417-32.

[14] Zhang F, Zhou B, Liu L, et al. Measuring human perceptions of a large-scale urban region using machine learning [J]. Landscape and Urban Planning, 2018, 180: 148-60.

[15] Dosovitskiy A, Beyer L, Kolesnikov A, et al. An image is worth 16x16 words: Transformers for image recognition at scale [EB/OL]. 2020: arXiv: 2020. 11929.

[16] Cai K, Huang W W, Lin G S. Bridging landscape preference and landscape design: A study on the preference and optimal combination of landscape elements based on conjoint analysis [J]. Urban Forestry & Urban Greening, 2022, 73: 127615.

[17] Li X J, Zhang C R, Li W D. Does the visibility of greenery increase perceived safety in urban areas? Evidence from the place pulse 1.0 dataset [J]. ISPRS International Journal of Geo-Information, 2015, 4(3): 1166-83.

[18] Europe C O. European Landscape Convention and Explanatory Report [R], 2000.

作者简介：赵旭凯，华南理工大学建筑学院在读硕士研究生。研究方向：数字景观及其技术、人工智能与大数据。

林广思，华南理工大学建筑学院风景园林系教授，亚热带建筑与城市科学国家重点实验室和广州市景观建筑重点实验室固定研究人员。研究方向：风景园林规划设计及其理论。

A 3D Window View Green Exposure Assessment System Based On User Preferences
—combining 3D point cloud and residents' feedback surveys

Xia Tianyu, Zhang Jinguang, Zhao Bing

Abstract: Windows, as the medium linking the interior and exterior of a building, play a particularly prominent role in obtaining green exposure benefits for residents. The quantity and quality of green exposure plays an important role in the physical and mental health of urban dwellers. This paper proposes a new quantitative assessment method: based on the 3D point cloud generated by unmanned aerial vehicle (UAV) digital aerial photography (DAP), three metrics are proposed to assess the green exposure of window views from multiple perspectives. And 350 residents were interviewed to validate the green index of the adopted indicators.

Key words: Green exposure; window view; point cloud

1 Introduction

The studies on urban health have shown that high-quality green exposures can promote physical and mental health, recovery and productivity among residents[1-2]. The present movement of urban sprawl has slowed down. Limited areas have contributed to the challenge of optimising the quality of green space within cities. Researchers and residents have observed that windows act as an important medium for residents to receive green exposure[3], especially in urban areas. In the recent past, COVID-19 limited human contact with nature[4], which further amplified the benefits of green exposure from window views. Therefore, green exposure is an important variable in the quality of window views and has significant value in measuring sustainable urban development, residents' physical and mental health, satisfaction, property values and planning design[5-8].

Recently, researchers have developed many methods to perform visibility analyses of green exposures in window views from different dimensions. For example, remote sensing perspective, satellite images can produce indices of top view with the help of Normalised Difference Vegetation Index of vegetation (NDVI)[9]. In the human observation perspective, camera photos and videos can also assess the green quality of windows. This is for example assessed by means of scales or controlled trials with the help of Virtual Reality tools (VR)[10]. Moreover, physiological indices of the subject measured by physiological monitoring devices (e.g., pyroelectric, ECG, EEG monitoring) are also used for the evaluation of experimental results. Nowadays, with the development of 3D technology, some physical City Information Models (CIM)[11] and point cloud data are also included in the visibility analysis[12]. Compared with the previous 2D data, 3D data can capture more visual features. Therefore, it is increasingly used in landscape design, urban planning and GIS to describe the configuration and composition of space.

In this paper, we focus on a feasible method to assess the green exposure index of developed architectural window views. An example site is evaluated and validated in point clouds of surface visible areas of vegetation generated based on

UAV photogrammetry, combined with feedback from residents.

2 Conceptual Framework

In terms of the assessment system, the content of window scape assessment is divided into two levels[13]. Firstly, Green exposure level as an assessment content is of great significance to the physical and mental health of urban residents. Classical theories such as stress reduction theory and attention recovery theory have proved the point. For example, green landscape can enhance expressiveness and vitality. It can be seen that green exposure levels vary in describing different perspectives of residents' perceptions. Therefore, the Window View Green Exposure Quality (WGQ) explored in this paper is a perceptor-validated assessment framework based on three-dimensional metric data[14]. This contributes to the development of a comprehensive metric system and understanding of the human visual impact of window view green exposure quality.

Second, WGQ evaluations also follow subjective and objective categorisation logics. First, many evaluators base their evaluations on participants' subjective judgements about the view[15]. For example, virtual reality and real-life photographs were physically presented to the subjects. The views are then assessed or ranked by means of questionnaires and interview forms. However, due to the lack of objective references and standard scales, the evaluation results are not specific and time-consuming, and it is not possible to form a unified standard to objectively and efficiently integrate architectural window views. Over the past decade, objective methods and indices have emerged to quantify the vertical view green index, and more recently, window content classification based on transfer learning models. However, the exposed assessment then lacks the personal experience of occupants still unable to verify its accuracy. Therefore, the assessment method in this paper theoretically combines subjective assessment and objective attributes to be more realistic.

3 3D Metrics for WGQ

The study establishes and evaluates the indicators of naturality, complexity and colour diversity of WGQ. Combined with the structure of building windows, the data sampling range is based on the actual elevation of the site as the baseline, and the green space volume of the height difference between the upper and lower edges of the windows is extracted. The calculation results are weighted and filtered according to the subjective assessment of the residents. The specific approach can be seen in Figure 1.

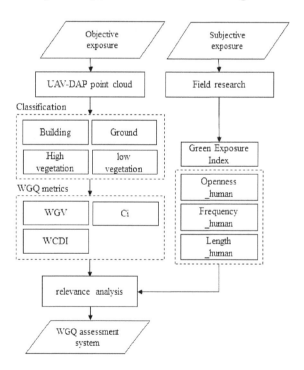

Fig. 1 Theory-Framework-Validation Workflow Diagram

3.1 Naturality

The naturality of the WGQ were quantified using the volume ratio of the natural landscape to the man-made landscape. It also reflects the openness of the view from that floor. The volume ratio between natural and artificial landscapes quantifies the naturalness attribute of window green exposure. In this study, natural landscapes were classified as high and low vegetation; artificial landscapes were defined as buildings, ground. Based on the building's single-level window height set as a cross-section and slicing the point cloud data, in which the resulting cross-section volume was incorporated into the single-level naturality calculation.

$$WGV = \sum_{i=1}^{t} \frac{V_{veg\_i}}{T_i}$$

Where WGV is the proportion of total floor greening, V_{veg_i} is the volume of greening on the ith floor, and T_i is the volume of greening on the ith floor of the community. *The Code for Window Design in Residential Buildings* states that the observer's range of vision is limited; therefore, the calculated height of each floor is set to 1.5 m.

3.2 Complexity

The morphological structure of the vegetation reflects the ecological benefits and visual aesthetics of the vegetation itself, and indirectly the window view observation preferences of the building's inhabitants. The complexity of the vegetation is quantified using the indicators of Vegetation Diversity Index (C_i). C_i is reflected in the heterogeneity of the vegetation by calculating the relationship between the actual three-dimensional area and the projected vegetation area.

$$C_i = \frac{S_{veg\_i}}{A_{veg\_i}}$$

where C_i is the three-dimensional projected area of the i type plant community divided by the three-dimensional surface area. S_{veg_i} is the 3D surface area of the plant community of class i and A_{veg_i} is the 3D projected area of the plant community.

3.3 Colour Diversity

Colour is ubiquitous in environmental spaces. Several studies have shown that colour variation is positively correlated with psychological perception. The degree of colour variation in a plant space also partly reflects the physiological and psychological benefits that window views provide to its inhabitants. In this study, we used colour variation between voxels to quantify colour differences between plants. First, the colour distance between voxels and was calculated as a baseline; the baseline was defined as black, RGB(0,0,0), and the colour change of vegetation was calculated using the Green Colour Diversity Index (WCDI). High values indicate significant differences in landscape colour, while the opposite indicates that the landscape colour is relatively homogeneous.

$$WCDI = \frac{\sum_{i=1}^{N_p}(\sqrt{\Delta R_i^2 + \Delta G_i^2 + \Delta B_i^2} - CD_{ave})^2}{N_p},$$

where $\sqrt{\Delta R_i^2 + \Delta G_i^2 + \Delta B_i^2}$ is the colour distance between the ith voxel and a specific colour defined by RGB(0,0,0); ΔRi, ΔGi, and ΔBi are the difference between the red, green, and blue values of the ith voxel and the specific colour, respectively; $WCDI$ is the green colour change level; and CD_{ave} is the average colour distance.

4 Method

The analytical framework of this study consists of three steps. First, we classified the point cloud data into four categories (high vegetation, low vegetation, buildings and ground) using machine learning algorithms. Then, a set of 3D spatial metrics based on the point cloud data was developed to quantify the naturality, complexity, closure and colour diversity of the green exposure of the window view. Finally, we conducted a difference-in-difference test using

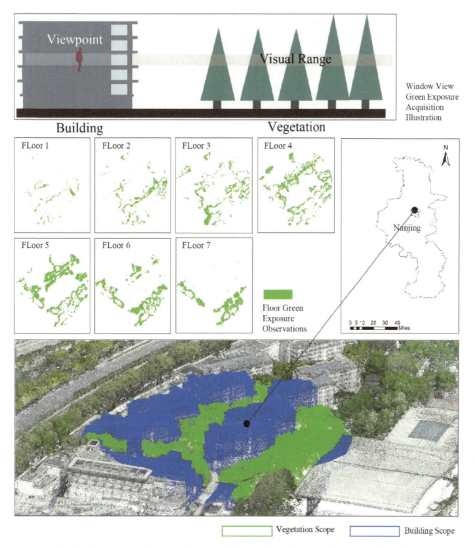

Fig. 2 Location of the study area; Illustration of point cloud classification; Demonstration of segmentation of green observations in the window view

feedback data collected from 351 residents, and then plotted the green exposure quality scores for different floors of the building. The specific approach can be seen in Figure 2.

4.1 Study Area

The case study building is located in Xinzhuang Campus of Nanjing Forestry University in Xuanwu District, Nanjing, China. It is a non-elevator apartment block for students. The surrounding environment has a rich variety of vegetation and high green coverage. In this study, 350 responses were received through interviews with a sample of occupants on the 6th floor of the unit building. And a radius of 150m was taken as the centre of the flat as the data collection area of the UAV, and the green vegetation within 100m of the study area was set as WGQ calculation based on the results of window view visual field analysis.

4.2 Data Processing

Firstly, the SFM algorithm in DJI Terra 3.5.5 generates a point cloud based on the images to obtain a Digital Surface Model (DSM) and orthorectified images. Secondly, the machine learning function in Lidar360 was used to segment the registered point cloud into four categories (buildings, high vegetation, low vegetation and ground). Thirdly, the spatial Cartesian coordinates and RGB values in the voxels generated from the classified point cloud were extracted using the voxelisation function in the PCL library using the editing code.

4.3 Validation

In order to validate the WGQ calculated through the metric, 350 station respondents were randomly selected for interviews on the 1st—7th floor. A 5-point Likert scale was used to collect occupants' preference for residential window view greenery on a scale of 5 (very good), 4 (good), 3 (fair), 2 (poor) and 1 (very poor). Then the correlation coefficients between 3D indicators and passenger ratings are calculated, and the WGQ indicators are screened and suggested based on the correlation to provide an orientated basis for subsequent research.

5 Results

5.1 Data collection and Processing

In this study, UAV remote sensing multi-angle measurement method was used to obtain site information. Computer vision technology is used to process the UAV digital aerial images to obtain high-resolution 3D point cloud data. Since the UAV-DAP method is sensitive to light conditions, it does not have the penetration properties of Lidar scanning. Therefore, we chose sunny weather conditions with high visibility and used the multi-angle tilt photography method to more accurately measure the surface under the forest canopy or near buildings: Flight method for airborne five-way tilt photography survey. The relevant flight parameters varied according to the survey location, with 80, 80 and 80 percent overlap for heading, lateral and tilt photography, respectively. The camera direction was parallel to the habitation direction to avoid photographing dead spots. The GPS mode was switched to RTK mode to improve the accuracy of the photographed coordinates. Meanwhile, to further improve the accuracy, we arranged 4 image control points inside according to different sites. After the preparation work is completed, the UAV automatically launches to perform the mission and lands automatically after completing the mission.

5.2 WGQ assessment results

Table 1 shows the comparability of the three-dimensional spatial indicators for the study site. For the non-ground green elements, the maximum value of naturality and complexity of the window views in the study area is located on the fifth floor, which is related to the canopy

Tab. 1 Results of Calculation of WGQ Indicators

floor	Openness _human	Green volume _human	Frequency _human	Length _human	Naturality	Complexity	Colour Diversity
1	3.03	3.04	2.59	2.28	0.429	1.07	3 728.07
2	3.07	2.96	2.36	2.11	0.64	1.13	2 182.31
3	2.81	3.09	2.70	2.28	0.65	1.183	1 773.95
4	3.05	3.12	2.68	2.46	0.70	1.28	1 389.13
5	3.19	2.99	2.59	2.22	0.74	1.30	1 290.78
6	3.32	2.98	2.45	2.13	0.70	1.20	1 242.17
7	3.16	3.35	2.30	2.24	0.51	1.13	1 478.38

Note: In the table, Openness_human, Green volume_human, Frequency_human, Length_human are from subjective assessment means of participants (n=350). Naturality, Complexity, Colour Diversity are from the point cloud measurements of objective 3D assessment metrics. (number of floors = 7) structure of the vegetation. In contrast, however, the highest level of green exposure in the window landscapes, as rated by residents, was located on the highest floor of the building. Variable views for residents and views above the canopy provide greater viewing space. As a result, there are some differences in window view green exposure between high-rise and low-midrise residences. Conversely, colour diversity value was negatively correlated with storey height. As the height increases, the number of groundcovers and shrubs decreases and the observed green spaces are biased towards homogeneity. To some extent, this affected the frequency and duration of window use by observers.

5.3 Validation results

Table 1 shows the results of subjective and objective evaluations in the study area, which were used to test the differences and correlations between both. We can see that the significance between most of the metrics and floors is very good with $P<0.05$ as shown in Table 2, indicating that our method produced metrics that very effectively reflect the relationship between floors and the quality of green exposure to window views. However, Table 3 also shows that there is no significant correlation between the time length of observation and the floor of residence. The section on combining the metrics with the visual experience of residents in real situations shows that the 3D naturality metric is significantly correlated with the green volume and openness ($p=0.01$), consistent with our hypothesis. In the colour index, the colour diversity index showed a significant negative correlation with floor and naturality, which is similar to the trend shown on the subjective indicators.

Tab. 2　Results of one-way ANOVA test

		square sum	freedom	mean square	F	significance
Naturality	Intra	4.726	6	0.788	1.868E+31	0.000
	Inter	0.000	343	0.000		
	Sum	4.726	349			
Complexity	Intra	2.272	6	0.379	1.135E+30	0.000
	Inter	0.000	343	0.000		
	Sum	2.272	349			
Colour Diversity	Intra	3.125E+08	6	5.208E+07	1.862E+31	0.000
	Inter	0.000	343	0.000		
	Sum	3.125E+08	349			
Openness_human	Intra	16.334	6	2.722	2.579	0.019
	Inter	362.023	343	1.055		
	Sum	378.357	349			
Green Volume_human	Intra	13.514	6	2.252	2.276	0.036
	Inter	339.460	343	0.990		
	Sum	352.974	349			
Frequency_human	Intra	10.510	6	1.752	1.891	0.082
	Inter	317.687	343	0.926		
	Sum	328.197	349			
Length_human	Intra	5.377	6	0.896	1.287	0.262
	Inter	238.741	343	0.696		
	Sum	244.117	349			

Tab. 3 Results of correlation analysis

		(1)	(2)	(3)	(4)	(5)	(6)	(7)	(8)
Floor(1)	Pearson's correlation	1	0.538**	0.531**	−0.851**	0.179**	0.115*	−0.129*	−0.080
	Sig. (two-tailed)		0.000	0.000	0.000	0.001	0.032	0.016	0.135
	Number	350	350	350	350	350	350	350	350
Naturality(2)	Pearson's correlation	0.538**	1	0.919**	−0.869**	0.144**	0.137*	−0.052	−0.074
	Sig. (two-tailed)	0.000		0.000	0.000	0.007	0.010	0.336	0.166
	Number	350	350	350	350	350	350	350	350
Complexity(3)	Pearson's correlation	0.531**	0.919**	1	−0.805**	0.129*	0.157**	−0.022	−0.031
	Sig. (two-tailed)	0.000	0.000		0.000	0.016	0.003	0.676	0.561
	Number	350	350	350	350	350	350	350	350
Colour Diversity(4)	Pearson's correlation	−0.851**	−0.869**	−0.805**	1	−0.170**	−0.141**	0.105	0.083
	Sig. (two-tailed)	0.000	0.000	0.000		0.001	0.008	0.050	0.121
	Number	350	350	350	350	350	350	350	350
Openness_human(5)	Pearson's correlation	0.179**	0.144**	0.129*	−0.170**	1	0.300**	0.000	.121*
	Sig. (two-tailed)	0.001	0.007	0.016	0.001		0.000	0.998	0.023
	Number	350	350	350	350	350	350	350	350
Green Volume_human(6)	Pearson's correlation	0.115*	0.137*	0.157**	−0.141**	0.300**	1	−0.040	.107*
	Sig. (two-tailed)	0.032	0.010	0.003	0.008	0.000		0.455	0.046
	Number	350	350	350	350	350	351	350	350
Frequency_human(7)	Pearson's correlation	−0.129*	−0.052	−0.022	0.105	0.000	−0.040	1	.410**
	Sig. (two-tailed)	0.016	0.336	0.676	0.050	0.998	0.455		0.000
	Number	350	350	350	350	350	350	350	350
Length_human(8)	Pearson's correlation	−0.080	−0.074	−0.031	0.083	0.121*	0.107*	0.410**	1
	Sig. (two-tailed)	0.135	0.166	0.561	0.121	0.023	0.046	0.000	
	Number	350	350	350	350	350	350	350	350

** At the 0.01 level (two-tailed), the correlation is significant.
* At the 0.05 level (two-tailed), the correlation is significant.

6 Limitation and Future Studies

The limitation of this work is that the scope of the WGQ field of view analysed is limited by the building structure itself. Further consideration needs to be given to the human field of view and activity trajectories. Secondly, the study of colour diversity is strongly influenced by light and additional control groups are needed to further expand the sample size. Currently, we are further expanding the scope of the study and using deep learning techniques to combine data from City Information Modelling (CIM) and airborne LiDAR. We are also working on a deeper study of the relationship between the characteristics of urban natural exposure and the health of residents.

7 Conclusion

The uniqueness of this study lies in the adoption of a subjective-objective synergistic framework for the comprehensive assessment of architectural WGQ, which introduces three metrics to quantify the naturality, complexity and colour diversity of architectural window view WGQ. In addition, taking advantage of the fact that 3D data can be changed to any angle and position in a virtual environment, the limitations of traditional fixed-view data are broken, and UAV-DAP point clouds are introduced as new data for quantitative and qualitative assessment. Finally, based on the subjective assessment results of 350 occupants, it was verified that the index has a certain degree of accuracy and can be applied to other built environments. This study of the WGQ index provides a relatively objective measurement tool for urban community planning and management. This is important for the study of the effects of environmental exposures on the physiological and psychological health of residents.

References

[1] Jafarifiroozabadi R, Joseph A, Bridges W, et al. The impact of daylight and window views on length of stay among patients with heart disease: A retrospective study in a cardiac intensive care unit[J]. Journal of Intensive Medicine, 2023, 3(2): 155-164.

[2] Konijnendijk C C. Evidence-based guidelines for greener, healthier, more resilient neighbourhoods: Introducing the 3-30-300 rule[J]. Journal of Forestry Research, 2023, 34(3): 821-830.

[3] Kent M, Schiavon S. Evaluation of the effect of landscape distance seen in window views on visual satisfaction[J]. Building and Environment, 2020, 183: 107160.

[4] Zhang J G, Browniy M H E M, Liu J, et al. Is indoor and outdoor greenery associated with fewer depressive symptoms during COVID-19 lockdowns? A mechanistic study in Shanghai, China[J]. Building and Environment, 2023, 227: 109799.

[5] Benson E D, et al. Pricing Residential Amenities: The Value of a View[J]. The Journal of Real Estate Finance and Economics, 1998, 16(1): 55-73.

[6] Bishop I D, Lange E, Mahbubul A M. Estimation of the influence of view components on high-rise apartment pricing using a public survey and GIS modeling[J]. Environment and Planning B: Planning and Design, 2004, 31(3): 439-452.

[7] Grinde B, Patil G G. Patil biophilia: does visual contact with nature impact on health and well-being[J]? International Journal of Environmental Research and Public Health, 2009, 6(9): 2332-2343.

[8] Baranzini A, Schaerer C. A sight for sore eyes: Assessing the value of view and land use in the housing market[J]. Journal of Housing Economics, 2011, 20(3): 191-199.

[9] Yu S Y, Yu B L, Song W, et al. View-based greenery: A three-dimensional assessment of city buildings' green visibility using floor green view index[J]. Landscape and Urban Planning, 2016, 152: 13-26.

[10] Abd-Alhamid F, Kent M, Calautit J, et al. Evaluating the impact of viewing location on view perception using a virtual environment[J]. Building and Environment, 2020, 180: 106932.

[11] Li M S, Xue F, Wu Y J, et al. A room with a

view: Automatic assessment of window views for high-rise high-density areas using City Information Models and deep transfer learning[J]. Landscape and Urban Planning, 2022, 226: 104505.

[12] Xia T, Zhao B, Xian Z, et al. How to systematically evaluate the greenspace exposure of residential communities? A 3-D novel perspective using UAV photogrammetry[J]. Remote Sensing, 2023, 15(6): 1543.

[13] Wu B, Yu B L, Shu S, et al. Mapping fine-scale visual quality distribution inside urban streets using mobile LiDAR data[J]. Building and Environment, 2021, 206: 108323.

[14] Qi J D, Lin E S, Tan P Y, et al. Development and application of 3D spatial metrics using point clouds for landscape visual quality assessment[J]. Landscape and Urban Planning, 2022, 228: 104585.

[15] Lo A Y H, Jim C Y. Differential community effects on perception and use of urban greenspaces[J]. Cities, 2010, 27(6): 430-442.

作者简介：夏天禹，南京林业大学硕士研究生。研究方向：城市自然暴露的评估与健康绩效。

张金光，南京林业大学讲师。研究方向：城市绿色基础设施规划、绿色空间暴露的健康效应、城市公园可达性。

赵兵，南京林业大学教授，博士生导师。研究方向：风景园林规划设计、园林工程与技术，重点研究乡村景观资源评价与设计，新农村绿化理论与关键技术。

基于生成对抗网络的健康花园布局智能化循证设计研究*

李海薇　张芷彤　陈崇贤

摘　要　基于自然疗愈功能的健康花园对促进游人身心健康具有重要作用。传统的健康花园布局设计流程耗时费力,且产出方案缺乏多样性与初期评估。生成对抗网络在智能设计方面已有广泛应用,但鲜少关注健康花园布局设计。本文通过构建自然型、半自然型、人工型和混合型四种不同风格的健康花园布局数据集,分别采用 Pix2Pix、GauGAN 和 CycleGAN 算法训练了 12 个模型,并通过定量、定性和应用评价对结果进行验证评估。研究发现:就算法而言,Pix2Pix 的学习效果最好,CycleGAN 最差,GauGAN 在训练测试阶段效果最佳但在应用验证中效果最差;在数据集方面,人工型数据集的风格特征最容易被不同算法学习,半自然型数据集最容易与其他数据集混淆,自然型数据集训练模型在各个测试阶段的输出结果都表现出较强的风格特征;不同算法对基础要素和步行要素的学习效果优于康养要素,其中植被与人行道效果最佳。本文展示了生成对抗网络在健康花园布局设计研究与应用中的巨大潜力,有助于提升设计效率与质量,推进人工智能技术在景观设计实际工作中的运用。

关键词　计算机视觉;生成对抗网络;健康花园;循证设计

1　引言

慢性非传染性疾病、传染性疾病与人口老龄化等公共卫生健康危机日趋严峻。自 2016 年《"健康中国 2030"规划纲要》提出,我国财政卫生健康支出以年均 7.5 个百分点持续增长了 4 年[1]。以 2022 年为例,卫生健康支出比上年增长 17.8%,占全国财政支出的比重由 7% 提高至 8.6%[2]。已有大量研究表明接触自然与人的身心健康水平密切相关[3]。其中,健康花园作为一种低成本的主动式健康干预,通过提供多层次、多形式自然互动与感官体验,对人们日常的身体康养、认知改善及情绪恢复有积极影响[4]。随着人们的健康意识增强与康养需求增长,人们对健康问题的关注逐渐开始转向长效化、康养性方面,健康花园承担起日常公共健康促进与疾病预防的作用,研究其健康促进机制及设计方法也愈发具有重要性。

传统的健康花园设计过程存在耗时费力、目标效益难以量化评估的问题。为提高健康花园设计的科学性,目前已有不少学者将循证设计(Evidence-based Design,EBD)的思想应用于健康花园设计中,使其成为涵盖设计前期和设计后期评估的跨学科实践[5-6]。设计一个能够满足复杂需求的健康花园通常需要设计师、专家和使用者组成的跨学科团队共同建立知识和经验库。这个过程有助于准确地建立起对功能、形式、多样需求的认识,并推导出关键的设计特征,但是耗时较长。尽管在计算机辅助设计工具如 AutoCAD、Rhino 或 Grasshopper 的协同下,深化设计阶段能够实现参数化设计,但在初步设计阶段对于功能和形式的推导仍需大量人力与时间投入[7-8]。此外,由于缺乏针对性的评估流程,难以将设计转化为可衡量的指标,用于系统性分析健康花园的设计质量[7]。因此,提高设计效率以实现设计多样化并在初步设计阶段实现系统化评估是至关重要的。

近年来,生成对抗网络(Generative Adversarial Networks,GANs)的发展为健康花园的科学系统化设计与评估带来了可能。GANs 在面部图像合成、医学图像合成、风格迁移、超分辨率重建等领域已被广泛应用。其中,Pix2Pix、GauGAN 和 CycleGAN 等模型已被逐渐应用于二维或三维的建筑和景观设计任务中[9-14],且被证实能用于挖掘校园[15]、中国传统园林[16] 和城市街区[17] 等场所户外环境设计的隐藏逻辑和结

---

* 广州市科技计划项目"城市街道景观适老健康效益智能化评测及优化研究"(编号:202201010046)。

构。与传统的设计方式如优化和搜索算法、基于物理的方法、生成语法以及一般概率方法相比，基于GANs的方法可以不考虑景观设计中难以明确的相关参数，为实现在几秒钟内为健康花园生成合理多样化的布局提供了可能。此外，GANs的生成图像的质量评估是也是模型应用中备受关注的领域。评估方式主要包括定量与定性评估两种[18]。然而，目前鲜少研究关注GANs在健康花园设计应用的系统性评估。

综上，科学合理地设计健康花园需要大量的时间和人力，并且设计结果缺乏多样性。同时，由于缺乏具体统一的设计准则，健康花园在初步设计阶段的评估方面存在不足。而GANs在建筑领域的应用实践，证明了其挖掘和分析隐藏设计规则的能力，为改进传统的健康花园设计流程提供了巨大的辅助潜力。但针对GANs在健康花园布局设计中的应用及评估研究尚缺乏。因此，本研究构建一套基于GANs的健康花园布局设计工作流程，实现在初步设计阶段快速、高效地提供多种科学合理的布局方案，并验证Pix2Pix、GauGAN、CycleGAN在健康花园布局设计任务中的有效性和应用特性。

2 研究方法

2.1 数据库构建

2.1.1 健康花园案例收集

本研究收集了425个健康花园的设计方案作为数据来源。设计方案来源于公开资料，并确保案例具规范性和风格特征。以"健康花园""疗愈花园"及"康养场所"等关键词于国内外景观设计网站、知名事务所网页、获奖方案网页及专业书籍进行检索获取，包括庭院、广场、社区公园、屋顶花园和滨水公园等多种绿地类型。基于硬质铺装的占比和功能特征，将收集的设计方案分为自然型、半自然型、人工型数据集，分别包含128、130和167张平面图；并将所有图片混合作为混合型（图1）。自然型以草坪为主要活动空间，其硬地面积小于20%；人工型主要以广场为中心，且整体的硬质地面比例超过50%；半自然型则包括硬质地面的比例介于20%~50%之间，且具有多个活动空间。

2.1.2 训练数据集预处理

为了保证图片的准确度和清晰度并减小运算量，首先对原始样本进行调整以保持图面的统一性，旋转图面使得指北针统一朝正上方；手工标记花园的用地红线及出入口；按比例均缩放为256×256像素的尺幅。根据风景园林平面图常见的表达方式及便于区分的原则，采用0、64、128、192和255这5个数值区分RGB标记颜色，按照功能差异对不同设计要素进行人工语义标注。健康花园要素通常包括基础要素、步行要素与康养要素，除基本建设要素以外包含16种设计要素（表1）。经过标注后的图像通过分别旋转90°、180°和270°进行数据扩增组成1275对配对数据，并构成了一一映射的配对数据集。

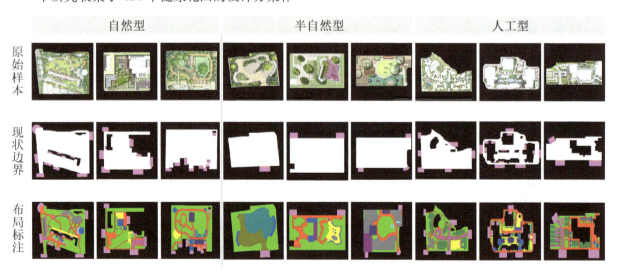

图1 自然型、半自然型和人工型健康花园布局及其标注样例

表1　语义标注规则

类别	标记元素	RGB		定义
基础要素	植被	[0,255,0]		草坪和乔灌木种植的区域
	水体空间	[0,255,255]		包括人工水景或自然水体等水景设施或空间
	休憩空间	[0,0,255]		提供庇护和休憩设施的空间
	广场	[255,255,0]		支持社交活动与集会的硬质广场
	风雨廊架	[64,0,128]		提供遮阴蔽护的构筑物(如亭、廊)
步行要素	人行道	[255,0,0]		供行人通行的道路或线性空间
	无障碍设施	[128,128,0]		包括连通建筑与外部环境的无障碍通道等
	健身步道	[192,128,0]		包括健走道、缓跑道、骑行道、徒步道等道路或线性连续空间
	车行道	[255,0,255]		供机动车辆行经的道路
	停车场	[0,128,0]		供机动车辆停放的区域
康养要素	运动空间	[0,0,128]		提供运动空间与健身康复器材的空间,鼓励公众日常锻炼
	园艺空间	[128,0,128]		配备园艺设施的空间,鼓励公众参与园艺种植与养护
	认知与感知空间	[0,128,128]		可以对人感官产生刺激的空间,使人感到情绪安定并提高认知力、注意力和激活记忆
	儿童与青少年活动空间	[128,128,128]		提供儿童与青少年户外活动场所,减轻压力、提高注意力与创造力,激发儿童对自然的探索
	临终关怀空间	[192,0,0]		提供临终关怀服务的空间,包括了对病痛、心理、社会和精神追求方面的干预
	冥想空间	[64,128,0]		较为安静的场所,通过场所设计营造舒适宁静的氛围以支持冥想活动
其他	建筑及周边环境	[0,0,0]		花园内部建筑或外部环境
	用地范围	[255,255,255]		花园的范围
	出入口	[192,128,192]		花园的出入口

2.2　模型训练

本研究最终共训练12个模型(表2)。训练过程主要包含构建生成器(G)、构建判别器(D)和定义损失函数(Loss Function)。生成器生成语义标签图像供判别器鉴别,而判别器则被反复训练以区别真假图像[18]。损失函数用于表示模型生成结果与真实数据的差异,训练过程中根据误差调整神经网络,值越小表示模型的拟合效果越好。

使用Python 3.7.4和PaddlePaddle-GPU-2.2.1深度学习框架及Ubuntu 16.04.1中其他相关库(包括CUDA 11.0、Cudnn 10.1.243、numpy 1.20.3)进行模型训练,在Intel(R) Xeon(R) Gold 6148 CPU @ 2.40 GHz上运行,显卡为NVIDIA Tesla V100 32 GB或NVIDIA Tesla A100 40GB GPU。图像块的大小为70×70像素。选用Adam作为优化器等完成200轮训练。

2.3　结果验证

2.3.1　定量验证

通过图像分类任务与颜色直方图对比,定量地验证模型训练结果的质量、准确性及多样性水平。首先,训练一个基于ResNet50的卷积神经网络模型对健康花园布局图进行三分类(自然型、半自然型、人工型),并使用混淆矩阵对模型分类的结果进行统计[19]。其中,真实样本数据集作为训练集和验证集,而测试集由生成的图像组成,并基于混淆矩阵计算准确度(Accuracy)、精确度(Precision)、灵敏度(Recall)、特异度(Specificity)

表2 算法、数据集及其对应模型

算法	数据集	模型
Pix2Pix	自然型	模型1
	半自然型	模型2
	人工型	模型3
	混合型	模型4
GauGAN	自然型	模型5
	半自然型	模型6
	人工型	模型7
	混合型	模型8
CycleGAN	自然型	模型9
	半自然型	模型10
	人工型	模型11
	混合型	模型12

和F1值作为模型性能评估指标。然后,对图像进行颜色特征提取以获得颜色直方图,对比不同模型生成的图像颜色标签像素数量与真实图像的区别。统计仅包括基础要素、步行要素与康养要素的标签颜色,且在统计过程中不进行筛选。

2.3.2 定性验证

为进一步验证训练模型生成结果的合理性,本研究根据相关的规范与设计标准制定了一套针对健康花园布局设计的评价标准(表3)。共邀请了15名专家、景观设计师及相关从业者对模型的生成结果进行评估,以分析生成对抗网络对健康花园布局的设计特征和设计逻辑等学习效果。

2.3.3 应用验证

为进一步评估训练的GANs模型在健康花园布局实际设计任务中的表现,本研究选取一处真实场地作为测试样本,并设置对比测试,以观察不同模型在不同情况下的适用性,及其成果的多样性与合理性。

3 健康花园布局智能化设计结果及验证

3.1.1 训练集自验证结果

图2是12个模型在50~200epoch训练过程中的随机样例。在第100个epoch后,所有模型都能基于场地边界生成相应布局。生成结果可以明显观察到从不同类型数据集中学习到的不同风格。Pix2Pix的生成结果比GauGAN和CycleGAN更好,它们具有更多的细节和创造性。虽然GauGAN的结果保留了许多细节特征,但在50 epoch之后出现了过拟合现象,生成的图像与原始图像的相似性很高,创造性较差。此外,基于混合型数据集训练的模型输出结果效果均最差,说明对数据集进行分类再训练模型是有必要的。

3.1.2 定量验证结果

基于混淆矩阵的模型性能指标结果如表4所示。将真实数据集作为训练集,基于不同算法和数据集生成的布局结果作为测试集。可以看出,在三种算法中,准确度、精确度、灵敏度、特异度和

表3 定性评价标准

评估指标	评价等级				
	优秀	较好	合理	较差	很差
基础要素	基础要素统一规划、合理布局、节约土地、因地制宜	基础要素完善,布局合理、尺度适宜	基础要素完善,空间布局相对合理	合理地布置基础要素但不完善	不合理的空间布局,基础要素不完善
步行要素	安全、连续、宜人、有活力的步行系统(如人车分流、有无障碍系统、道路形成回路)、出入口连通性、便捷性良好	步行系统较完善,出入口连通性、便捷性较好	步行系统基本合理,出入口连通性、便捷性一般	步行系统较不完善,出入口连通性、便捷性较差	步行系统混乱(如人车不分流,缺少无障碍系统、道路布置不合理),出入口连通性、便捷性差
康养要素	康养要素集中布局、联合建设,并为老年人、儿童、残疾人促进身心健康提供便利的条件和场所,形成整体综合的康养场所	康养要素统一规划、合理布局,并形成连续、完整的康养空间组团	康养要素布局合理,动静分区,便于展开活动	康养要素分布与位置较合理,但缺少动静分区等细致规划	康养要素较少且空间分布与位置不合理

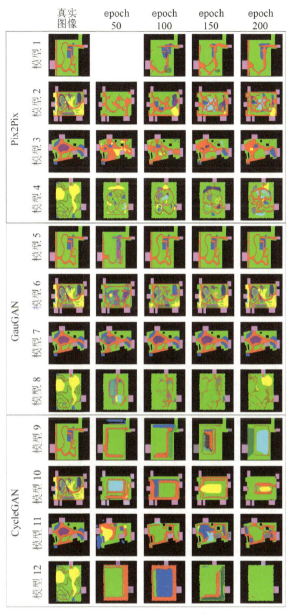

图 2 健康花园布局生成随机样例

F1 值等最高的算法是 GauGAN,而最低的是 CycleGAN。该结果证实 GauGAN 的模型性能最好,而 CycleGAN 性能最差。基于人工型数据集的精确度、灵敏度、特异度和 F1 值都较高,说明该类数据集的特征较易被不同算法识别。此外,自然型数据集的精确度高但灵敏度低,说明它们的特征虽然容易被精准识别,但是不能被全面地学习,这恰与半自然型数据集的结果相反。半自然型数据集的特异度较低,说明该数据集的特征容易与其他数据集混淆。所有指标结果的置信度均在 0.5 以上,表明了结果的可靠性。

图 3 呈现了不同数据集及其对应生成结果的标签颜色比例。所有生成图像的标签颜色比例分布与原始图像相似,不同风格的数据集设计要素的比例存在差异,一定程度上说明所有模型都能学习到原始数据集的基本规律。就算法而言,与 GauGAN 和 CycleGAN 相比,Pix2Pix 生成图像的平均标签颜色比例最接近原始数据集;CycleGAN 生成图像的结果与其他算法对比与原始图像差异最大。这证明了在三种算法中,Pix2Pix 输出了最好的设计细节,而 CycleGAN 最差。就具体设计要素而言,植被和人行道是四类不同数据集中最突出的两个要素,具有最高的颜色比例。其他在原始数据集中出现较少的要素,在输出结果中出现的频率也更低。

基于以上,CycleGAN 的表现最差,难以完成健康花园布局设计的任务。尽管 GauGAN 基于混淆矩阵的指标结果更优,但 Pix2Pix 在输出设计细节方面表现更好。不同的模型都可以学习到

表 4 基于混淆矩阵的模型性能指标结果

指标	训练集			测试集								
				Pix2Pix			GauGAN			CycleGAN		
	自然型	半自然型	人工型	自然型	半自然型	人工型	自然型	半自然型	人工型	自然型	半自然型	人工型
准确度	0.742			0.618			0.725			0.463		
精确度	0.937	0.615	0.785	0.835	0.466	0.711	0.904	0.586	0.791	0.535	0.363	0.693
灵敏度	0.519	0.809	0.862	0.503	0.718	0.629	0.539	0.803	0.808	0.159	0.777	0.451
特异度	0.985	0.777	0.847	0.957	0.637	0.835	0.975	0.750	0.862	0.941	0.399	0.871
F1 值	0.668	0.699	0.822	0.628	0.565	0.667	0.675	0.677	0.800	0.245	0.495	0.547
置信度	—	—	—	0.999	0.962	0.545	0.891	0.790	0.766	0.901	0.943	0.999

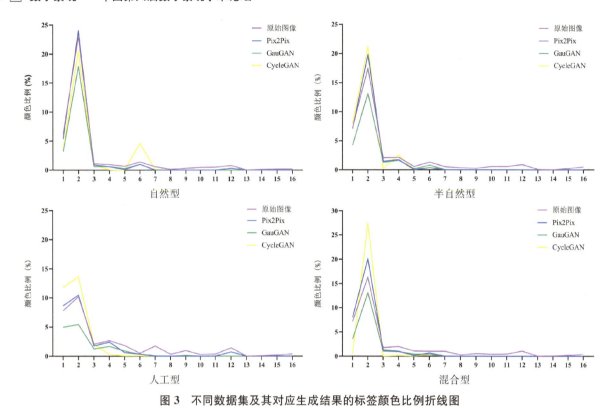

图 3 不同数据集及其对应生成结果的标签颜色比例折线图

1. 人行道;2. 植被;3. 休憩空间;4. 广场;5. 车行道;6. 水体空间;7. 停车场;8. 无障碍设施;9. 运动空间;10. 园艺空间;11. 认知与感知空间;12. 儿童与青少年活动空间;13. 临终关怀空间;14. 冥想空间;15. 健身步道;16. 风雨廊架

不同数据集的主要特征,但设计细节上仍然难以令人满意。

3.1.3 定性验证结果

各模型的定性评价结果列于表 5。就整体而言,三种算法中,GauGAN 的表现最好,优秀的评价最多;而 CycleGAN 的表现最差,大部分结果为很差;此结果与定量评价的结果一致。另外,基于半自然型和人工型数据集训练的模型表现总体更好。对于 Pix2Pix,人工型和混合型数据集训练的结果优于自然型和半自然型。对于 GauGAN,半自然型和人工型优于混合型,然后是自然型。对于 CycleGAN,半自然型和人工型优于自然型,最后是混合型。就设计要素而言,三种算法对步行要素的学习能力最佳,其次是基础要素,对康养要素的学习能力最差。对于使用自然型、半自然型和混合型数据集训练的 Pix2Pix 生成的布局,52.47% 至 64.07% 的道路网络连通性良好,与原始数据集有显著差异。在 GauGAN 生成的景观布局中,39.10% 至 57.03% 的景观布局有良好的连通性,且在合理的距离内有安全步道,但是它们与原始数据集相似性很高。使用半自然型和人工型数据集训练的 CycleGAN 模型,生成的布局具有良好的连通性,但合理性较差。在 GauGAN 上训练的所有模型都能生成有适当位置和间距的基本元素布局,但只有使用人工型数据集(79.64%)和混合型数据集(65.88%)训练的 Pix2Pix 模型能做到这一点。除了使用半自然型数据集(30.71%)和人工型数据集(43.98%)训练的 GauGAN 模型外,其他所有模型生成的康养要素结果都很差。以上差异表明 GauGAN 模型可以有效地学习健康花园布局设计规律,但不具备 Pix2Pix 模型的灵活性和可变性。

3.1.4 应用验证结果

本研究选择了位于广州市天河区华南农业大学嵩山社区的一处公共绿地作为案例样地,以测试不同模型的设计能力(图 4)。经实地考察,该样地占地面积约 12 500 m^2,70% 的使用者为老年人与儿童。研究简化了场地的现状以满足模型输入需求,最终以场地边界和出入口作为输入,生成不同的布局方案(图 5)。通过改变出入口的数量(测试 1 和测试 2)、位置与大小(测试 3 和测试 4),来验证这些变化对输出结果的影响。从不同

表5 12个模型的定性评价结果

算法	模型	基础要素(占比)	步行要素(占比)	康养要素(占比)
Pix2Pix	1	较差(67.19%)	合理(64.06%)	很差(89.06%)
	2	较差(83.08%)	较差(63.08%)	较差(60.77%)
	3	合理(79.64%)	合理(64.07%)	较差(56.29%)
	4	合理(65.88%)	较好(52.47%)	很差(87.06%)
GauGAN	5	合理(60.94%)	较好(57.03%)	很差(50.78%)
	6	优秀(50.00%)	优秀(53.54%)	较好(30.71%)
	7	优秀(37.35%)	优秀(43.98%)	较好(43.98%)
	8	较好(41.00%)	优秀(39.10%)	合理(60.43%)
CycleGAN	9	很差(59.20%)	很差(76.80%)	很差(100.00%)
	10	很差(80.00%)	较好(40.77%)	很差(100.00%)
	11	较差(83.83%)	较好(50.30%)	很差(94.61%)
	12	很差(99.29%)	很差(97.63%)	很差(100.00%)

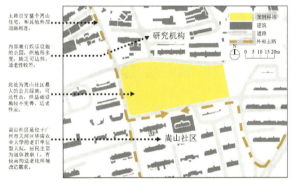

图4 案例样地现状概况

算法的输出结果来看，Pix2Pix和CycleGAN的表现明显优于GauGAN，因为它们具有更完整的路网和更具体的设计细节。GauGAN的输出混乱且碎片化，过于粗糙，难以进行实践应用。从不同数据集的输出结果来看，Pix2Pix和CycleGAN在半自然型数据集上训练，生成结果的总体布局和设计细节相对完整合理，但风格特征不如自然型数据集明显。对于相同的数据集和算法，出入口的数量和大小对输出结果影响很小。通过对比生成路网的差异发现，出入口的位置对输出结果影响很大，这表明不同算法在一定程度上，可以学习到设计要素之间的衔接逻辑关系。

4 总结与讨论

传统的健康花园布局设计流程往往需要耗费大量的时间和人力，无法快速设计多样化的初步方案，且在设计初期缺乏验证评估。GANs在图像生成方面已有广泛应用，但鲜少关注景观设计，专门针对健康花园布局设计的研究则更少。本文通过构建自然型、半自然型、人工型和混合型四种不同风格的健康花园布局数据集，分别采用Pix2Pix、GauGAN和CycleGAN算法训练了12个模型，并通过定量、定性和应用评价对生成结果进行验证评估，明确了不同算法的应用特性，生成了完整、可读、合理的健康花园布局，形成了一套完整的基于GANs的智能化循证设计框架。主要研究结论如下：

① 从算法来看，Pix2Pix总体表现最好，而CycleGAN表现最差。Pix2Pix的创新能力最强，但生成的布局质量低于GauGAN。Pix2Pix在定量、定性和应用评估阶段都表现出较强的创造性、灵活性和多样性，能生成有较细致设计细节的布局方案。在定量和定性评价中，GauGAN生成的图像质量最高，但在应用评价阶段，其创造力最弱。它可以保留如基础要素的正确位置等大量设计细节，在定量与定性阶段也能较好掌握不同类型数据集的特征，但在应用评价阶段却无法达到要求，这可能是由于出现了过拟合现象。CycleGAN的布局生成质量最差，尽管结果表明它可以生成连贯的路网，但灵活性与合理性较差，同时欠缺设计细节。因此，Pix2Pix相比其他两种

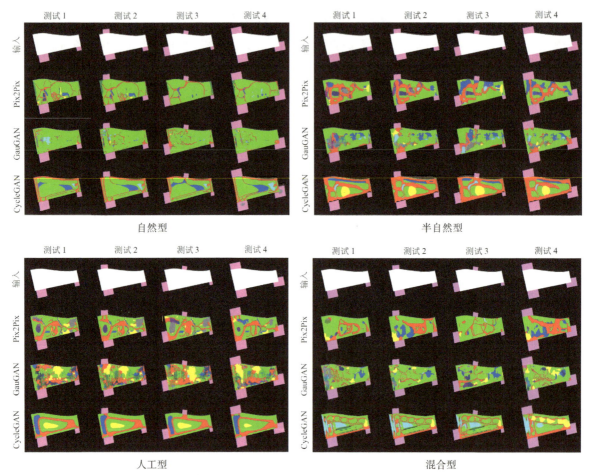

图5 基于12个模型的案例样地健康花园布局生成设计结果

算法而言可能更适合用于健康花园布局设计。从中可以推断,为了生成更合理的总体布局和更多的设计细节,可以在不同阶段使用具有相应优势的算法进行训练。此外,以上结果也表明,模型训练的验证结果,并不能代表算法在实际应用中的效果,因而实际应用中的评估可能更为重要。

② 从数据集来看,人工型数据集的风格特征最容易被不同算法学习;半自然型数据集最容易与其他数据集混淆。在应用测试阶段,除了GauGAN之外,利用半自然型数据集训练的模型比其他模型能提供更合理的布局设计灵感。利用自然型数据集训练的模型输出结果在各个测试阶段都表现出较强的风格特征,该结果与半自然型相反。可能是因为自然型数据集设计要素数量相对较少,与其他数据集的风格差异较大,易于算法学习。基于混合型数据集训练的模型性能并没有更好,说明并非数据量越多效果越好,进行分类后再训练可能更重要。因此,对数据集进行风格分类,有助于提高模型性能和生成不同类型的方案。

尽管如此,能达到最佳设计效果的设计要素数量也需进一步探索。

③ 从设计要素来看,定量验证结果表明植被和人行道是所有模型生成结果中,面积占比最大的设计要素,与原始数据集的特征一致,学习效果最好。同时,定性验证证明三种算法对步行要素的学习效果最好,其次是基础要素,对康复要素的学习效果最差。这可能是由"马太效应"造成的,即要素出现的次数越多,被识别与学习的频率越高,反之亦然。

以上研究结果展示了GANs在健康花园布局设计研究与应用中的巨大潜力,极大简化了案例收集、整理与分析的工作,有助于提升设计效率与质量,但是仍存在一些局限性。首先,本文收集的健康花园布局数据量规模有待扩充,目前数据集的尺寸、边界、设计标准各异,这可能是生成结果不佳的原因之一。未来可以与政府或企业合作,获取规模更大、有统一设计标准的方案以完善数据资料库。其次,生成的布局方案设计细节模糊、缺乏设计要素之间逻辑性的控制。未来研究可以结合其他方法如遗传算法、多智能体模拟仿真技术等来作进一步优化，或进行分步控制训练以优化设计效果。第三，数据集为非矢量数据，清晰度和量化性有限，难以与整个设计阶段形成数据流动。在后续的研究之中，需要实现图像矢量化，并改进算法或硬件性能，以实现数据协同、提升设计结果质量。最后，生成结果仅为二维平面形态，进一步的研究应拓展至三维空间。尽管本研究证明人工智能可在初步设计阶段，为景观设计师提供灵感和选择，但其设计能力在合理性与美观性方面与景观设计师之间仍存在巨大差距，意味着这种方法距离实际应用的目标仍很遥远。未来随着数据库的完善、新技术的出现和计算机运算能力的提升，人工智能技术在景观设计师实际工作中的运用将得到深化。

参考文献

[1] "十三五"财政卫生健康支出年增 7.5%_部门政务_中国政府网[EB/OL].[2023-7-5]. https://www.gov.cn/xinwen/2020-11/08/content_5558741.htm.

[2] 2022年财政收支情况_部门政务_中国政府网[EB/OL].[2023-7-5]. https://www.gov.cn/xinwen/2023-01/31/content_5739311.htm.

[3] 姜斌,张恬,威廉.C.苏利文.健康城市:论城市绿色景观对大众健康的影响机制及重要研究问题[J].景观设计学,2015,3(1):24-35.

[4] 陈筝,翟雪倩,叶诗韵,等.恢复性自然环境对城市居民心智健康影响的荟萃分析及规划启示[J].国际城市规划,2016,31(4):16-26.

[5] 张文英,巫盈盈,肖大威.设计结合医疗:医疗花园和康复景观[J].中国园林,2009,25(8):7-11.

[6] McCullough C S. Evidence-based design for healthcare facilities[M]. Indianapolis, IN: Sigma Theta Tau International, 2010.

[7] Sun C, Zhou Y R, Han Y S. Automatic generation of architecture facade for historical urban renovation using generative adversarial network[J]. Building and Environment, 2022, 212: 108781.

[8] Zhao C W, Yang J T, Li J. Generation of hospital emergency department layouts based on generative adversarial networks[J]. Journal of Building Engineering, 2021, 43: 102539.

[9] Chaillou S. ArchiGAN: artificial intelligence × architecture[M]//Yuan P F, Xie M, Leach N, et al. Architectural Intelligence. Singapore: Springer, 2020: 117-127.

[10] 周怀宇,刘海龙.人工智能辅助设计:基于深度学习的风景园林平面识别与渲染[J].中国园林,2021,37(1):56-61.

[11] 陈然,赵晶.基于样式生成对抗网络的风景园林方案生成及设计特征识别[J].风景园林,2023,30(7):12-21.

[12] 赵晶,陈然,鲍贝.生成对抗网络在小尺度空间布局生成设计中的研究进展与未来展望[J].装饰,2022(3):80-85.

[13] Ye X Y, Du J X, Ye Y. MasterplanGAN: Facilitating the smart rendering of urban master plans via generative adversarial networks[J]. Environment and Planning B: Urban Analytics and City Science, 2022, 49(3): 794-814.

[14] 陈梦凡,郑豪,吴建.基于生成对抗网络的复合功能体系计算性设计:以职业技术学院校园平面生成为例[J].建筑学报,2022,S1:103-108.

[15] Liu Y B, Luo Y Z, Deng Q M, et al. Exploration of campus layout based on generative adversarial network, Singapore, 2021[C]. Springer Singapore, 2021.

[16] Liu Y B, Fang C R, Yang Z, et al. Exploration on machine learning layout generation of Chinese private garden in southern Yangtze[M]//Proceedings of the 2021 DigitalFUTURES. Singapore, 2022[C]. Springer Singapore, 2021: 35-44.

[17] Fedorova S. GANs for urban design[EB/OL]. 2021: arXiv: 2105.01727. https://arxiv.org/abs/2105.01727.pdf.

[18] 孙书魁,范菁,曲金帅,等.生成式对抗网络研究综述[J].计算机工程与应用,2022,58(18):90-103.

[19] Borji A. Pros and cons of GAN evaluation measures: New developments[J]. Computer Vision and Image Understanding, 2022, 215: 103329.

作者简介: 李海薇,华南农业大学林学与风景园林学院在读博士研究生。研究方向:健康景观。

张芷彤,华南农业大学林学与风景园林学院在读硕士研究生。研究方向:健康景观。

陈崇贤,华南农业大学林学与风景园林学院副教授,博士生导师。研究方向:健康适应性景观、风景园林规划设计与理论。

基于格局与过程的景观生态风险评价与管控研究
——以江苏省溧阳市为例

范向楠　成玉宁

摘　要　人类社会工业化、城镇化的快速发展为自然生态系统带来严重干扰和胁迫,加剧了生态风险的发生。对生态风险进行评估和科学管控是人类社会与自然和谐共生的重要前提。本文以江苏省溧阳市为例,探索综合考虑格局与过程的景观生态风险评价与风险管控分区方法。首先采用景观格局指数评价模型对溧阳市整体景观格局进行生态风险评价,然后通过构建"致灾因子—孕灾环境—承灾体"评价指标体系对城市进行洪涝风险评价,并采用修正通用土壤流失方程(RUSLE)对研究区土壤侵蚀风险进行评价。在景观生态风险综合评价的基础上,以"生态风险等级—地形特征—景观类型"为分级原则绘制景观生态风险管控地图,为研究区生态提升和城市管理提供参考和建议。

关键词　景观生态风险评价;风险管控;景观格局指数;城市洪涝风险;土壤侵蚀风险

1　引言

自然生态系统作为地球生命活动的基石,为人类社会发展提供了赖以生存的物质环境和生态服务,其结构和功能的持续稳定是人类社会发展的必要条件[1-2]。当生态系统受到自然灾害或人类干扰等外界压力和胁迫时,则会形成生态风险。随着人类社会工业化、城镇化的快速发展,对土地的无序利用、对自然资源的过度开发、对生态环境的破坏等不合理行为引发了严重的生态问题,加剧了生态风险的发生。因此,如何有效管控和降低生态风险,已成为当前实现人与自然和谐发展的热点问题。

景观生态风险评价始于20世纪90年代,它是以景观生态学为理论基础,从景观格局与过程耦合关联的角度,分析胁迫因子和风险受体空间分布规律的一种评价方式[1,3]。因其更加强调景观风险的时空异质性和尺度效应,已成为生态风险评价在区域层面的一个重要分支领域和研究热点。目前最常用的景观生态风险评价方法主要包括风险源汇评价法和景观格局指数评价法。前者基于传统的风险"源-汇"思想,适用于具有特定风险源的区域,通过"风险源识别—受体分析—暴露与危害评价"的模式进行景观生态风险评价。景观格局指数法直接从景观的空间格局出发,来描述和评估区域生态风险,通常基于景观干扰度、脆弱度、破碎度、分离度等景观格局指数构建综合景观生态风险指数评价模型。虽然该方法因其不受特定风险源和风险受体的限制而得到广泛应用,但仍然存在一些局限性,如对于景观脆弱度的评价往往是通过专家打分对不同景观类型进行赋值[4],这就会使得评价结果具有很强的人为主观性。此外,该方法只是针对于静态的景观格局,缺乏对生态风险过程的考虑。而景观生态学的理论内核就是将景观视为由异质性要素组成的镶嵌体,这些要素在构成静态格局的同时又发生着动态的生态过程。因此,景观生态风险评价需要包括对景观整体格局的评价,同时也要考虑对特定生态过程的生态风险评价。

本文以江苏省溧阳市为例,探索综合考虑格局与过程的景观生态风险评价与风险管控方法。由于溧阳市所处区域多雨且地形起伏多变,因此,洪涝灾害和水土流失是该城市所面临的主要风险过程。首先采用景观格局指数评价模型、城市洪涝评价指标体系和修正通用土壤流失方程,对研究区进行综合生态风险评价,然后再采用三级分区绘制景观生态风险管控地图,为生态修复和城市管理提供有效的科学指引。

2 研究区与数据来源

2.1 研究区概况

溧阳市隶属于江苏省常州市,位于长三角苏、浙、皖三省交界处,区位条件优越,水陆交通便利(图1)。总面积1 535 km²,常住人口78.5万人。溧阳市入选第二批国家全域旅游示范区,是典型的以全域旅游为抓手、以"生态创新"为重点引领城乡融合发展的县级市。面对新一轮发展阶段的旅游提质升级挑战,严守生态底线、坚持生态创新、推进"山水林田湖草"一体化保护是需要把握的基本原则。通过生态风险评价采取合理的风险管控措施,是维持生态结构稳定和优化生态功能的必要手段,有助于城市安全健康和可持续发展。

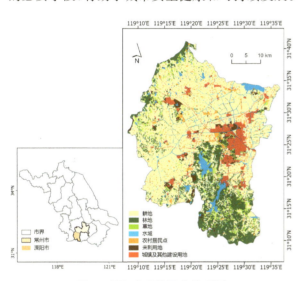

图1 溧阳市区位及土地利用

2.2 数据来源与处理

如表1所示,研究所采用的基础数据包括遥感影像、DEM、气象、土壤、社会经济和矢量数据。对于数据的处理主要包括:① 采用 ENVI 5.3 对遥感影像进行解译得到耕地、林地、草地、水域、农村居民点、未利用地、城镇及其他建设用地七种景观类型;② 利用 ArcGIS 将站点数据进行空间插值得到年降雨量和蒸散量栅格数据;③ 采用 Fragstats 4.2 计算景观格局指数;④ 基于 ArcGIS 软件平台,进行景观生态风险评价和管控分区。

表1 数据基本情况

类型	年份	来源	精度	用途
遥感影像	2020	美国地质勘查局(USGS)Landsat8 OLT_TIRS	30 m	识别土地利用类型、计算景观格局指数、计算归一化植被指数
DEM	2020	地理空间数据云 ASTER GDEM V3	30 m	城市洪涝风险评价、计算坡长坡度因子、计算脆弱度修正因子
气象数据	2020	中国气象科学数据网	30 m	计算洪涝风险致灾因子
土壤数据	2023	联合国粮农组织(FAO)HWSD v2.0	30″	计算土壤可蚀性因子
社会经济数据	2020	《溧阳年鉴》		计算洪涝风险易损性因子、脆弱度修正因子
水系、交通等矢量数据	2020	OpenStreetMap(OSM)		计算洪涝风险易损性因子

3 研究方法

3.1 景观生态风险指数评价模型

外部干扰如人为活动、自然灾害在景观方面会造成斑块破碎、空间分离、优势度下降等格局变化,因此学者们通常从景观的抗干扰能力和脆弱程度来衡量景观生态风险。选取与景观格局相关的景观干扰度指数(E_i)、景观脆弱度指数(V_i)、景观破碎度指数(F_i)、景观分离度指数(S_i)、景观优势度指数(D_i)构建生态风险评价模型,公式如下:

$$ERI_k = \sum_{i=1}^{n} \sqrt{E_{ki} \times V_{ki}} \times \frac{A_{ki}}{A_k} \quad (1)$$

式中,k 代表评价单元,i 代表景观类型;n 为景观类型数量(本研究中 $n=7$);ERI_k 是第 k 个评价单元的景观生态风险指数;E_{ki} 为第 k 个评价单元中第 i 类景观的景观干扰度;V_{ki} 为第 k 个评价单元中第 i 类景观的景观脆弱度;A_{ki} 为第 k 个评价单元中第 i 类景观的景观面积;A_k 为第 k 个评价单元的面积。

目前对于景观脆弱度指数的计算,通常采用

专家打分法,对景观类型进行排序赋值,然后进行归一化处理后得到。参考以往经验[5-8],将溧阳市七类景观类型从高到低依次赋值为：未利用地(7),水域(6),耕地(5),草地(4),林地(3),农村居民点(2),城镇及其他建设用地(1)。归一化之后的景观脆弱度依次为 0.250,0.214,0.179,0.143,0.107,0.071,0.036。然而,将这些经验赋值归一化处理后得到的脆弱度指数(EV_i)实际上仅为人为主观评价,为了使其更具客观性,需乘以调整因子(CF_k)后得到修正后的脆弱度指数(V_{ki})。根据研究区实际情况和数据可获性,本文从生态敏感性、生态恢复力和生态压力度三个方面构建调整系数评价体系[9-10],各指标的权重采用AHP-熵权法确定(表2)。

表2 生态脆弱度指数修正系数评价体系

指标类型	评价因子	单位	作用方向	综合权重
敏感性	高程	m	+	0.1537
	坡度	°	+	0.2026
恢复力	归一化植被指数	/	−	0.3156
压力度	人均GDP	万元/人	+	0.1494
	人口密度	人/km²	+	0.1967

3.2 城市洪涝风险评价体系

溧阳地处我国洪涝灾害发生多的洪涝区,因此需要注重洪涝风险评估,提高城市防洪减灾能力。本文从致灾因子危险性、孕灾环境暴露性和承灾体易损性三个方面选取相应评价指标,对城市洪涝风险进行评价。参考已有研究并基于研究区现实状况,共选择出11项指标形成如表3所示评价体系[11]。

3.3 土壤侵蚀风险评价模型

土壤侵蚀是指土壤在遭受水力、风力、冻融等外力作用下,被破坏、剥蚀、搬运的过程。自修正通用土壤流失方程(RUSLE)被引入国内以来,许多学者对该模型的参数和适用性进行了分析,并进行了大量实证研究[12-17]。计算公式如下：

$$A = R \cdot K \cdot LS \cdot C \cdot P \quad (2)$$

式中,A 为土壤侵蚀模数,t/(hm²·a),表示单位面积土壤年平均流失量；R 为降雨侵蚀力因子,MJ·mm/(hm²·h·a),表示降雨形成径流对土壤颗粒的分离与移动能力；K 为土壤可蚀性因子,t·hm²·h/(hm²·MJ·mm),反映了土壤的理化性质；LS 为坡长坡度因子,无量纲,反映了坡长和坡度对土壤侵蚀的影响；C 为植被覆盖与管理因子,无量纲；P 为水土保持措施因子,无量纲,反映了采用相关技术和管理措施对防止土壤侵蚀的有效性。

表3 城市洪涝风险评价指标体系

目标层	准则层	指标层	单位	指标属性	综合权重
洪涝风险	致灾因子危险性 0.4284	最大日降水量	mm	+	0.0987
		强降雨频率	d	+	0.1974
		总降雨量	mm	+	0.1974
	孕灾环境暴露性 0.35275	高程	m	−	0.0828
		坡度	°	−	0.0296
		植被覆盖度		−	0.0801
		水网密度	km/km²	+	0.0539
	承灾体易损性 0.21885	径流系数		+	0.0644
		人口密度	人/km²	+	0.1077
		人均GDP	万元/人	+	0.047
		道路密度	km/km²	+	0.0411

4 结果分析

4.1 基于景观格局的生态风险评价

首先由 Fragstats 计算得到各景观类型的风险格局指数,再利用格网将各景观类型所对应的干扰度进行面积加权叠加,即可得到研究区景观干扰度(E_i)的整体空间分布情况。由景观脆弱度经验值并结合修正系数评价结果,计算到研究区景观脆弱度(V_i)空间分布情况(图2)。由干扰度和脆弱度计算得到研究区景观生态风险指数(ERI)空间分布情况,并根据自然断点法对研究区景观生态风险进行等级划分(图3、图4)。从空间分布上看,低风险等级区域主要存在于城市东北边缘和中部,及南部海拔较高且植被覆盖度较高的地区,这些区域受人为干预程度较小,因此生态质量较好、风险低。景观生态风险高值区主要分布在大型水体、城市中及各镇的中心,这些区域经济发展程度高,受人为干预较大,因此所面临生态风险较高。

4.2 基于过程的生态风险评价

4.2.1 城市洪涝风险评价结果分析

本研究选择最大日降水量、强降雨频次和降雨总量作为致灾因子危险性的衡量指标。通过统计溧阳市及周围站点的日最大降水量、强降雨频次和总降水量,采用克里金插值法计算得到如图5所示危险性因子空间分布。

综合考虑地形、植被、水系等环境因素,选取高程、坡度、植被覆盖度、水网密度和径流系数作为孕灾环境暴露性评价指标(图6)。

承灾体易损性用来衡量区域遭受绝对损失的大小,从社会经济角度选取人口密度、人均GDP和道路密度作为评价指标。通过查阅《溧阳年鉴》可以得到每个镇域的人口及GDP数据,再利用ArcGIS工具转化为栅格图像,即可得到其空间分布情况。道路密度指标的处理与水网密度类似,根据道路分布矢量数据计算每个评价单元的道路密度即可得整体空间分布情况(图7)。

将标准化之后的所有指标因子按照相应的权重综合叠加,得到目标层的综合评价结果,即溧阳市洪涝风险评价空间分布情况(图8)。

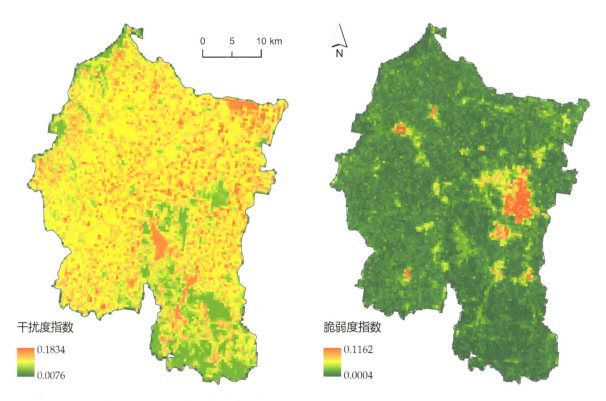

图2 景观干扰度与脆弱度空间分布

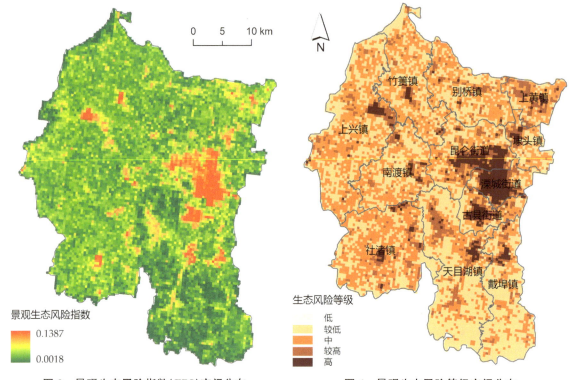

图3 景观生态风险指数(ERI)空间分布　　图4 景观生态风险等级空间分布

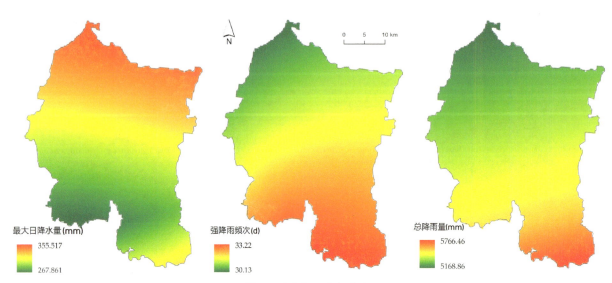

图5 致灾因子空间分布

整体呈现城南风险值高于城北,城东高于城西的空间分布。采用自然断点分级法,将城市洪涝风险由低到高划分为五个等级(图9)。

4.2.2 土壤侵蚀风险评价结果分析

图10所示为各土壤侵蚀风险因子空间分布情况。由图可知,降雨侵蚀力因子(R)呈从北到南逐渐递增空间特征,这与研究区降雨量的分布规律相一致。土壤可蚀性因子(K)反映了土壤抵抗水蚀的能力,其值越大,则越容易发生土壤侵蚀,高值区主要分布在研究区西北侧和东侧城市中心区周围。地形因子对于土壤侵蚀具有重要作用,径流量越大、坡度越大,坡面的冲刷力就越强,土壤受到侵蚀的作用力也越大。坡长因子(L)和坡度因子(S)的高值区均出现在城市南部、天目湖北侧及城市西北边缘区域。植被覆盖度与管理因子(C)能够反映植被覆盖情况和实施田间管理

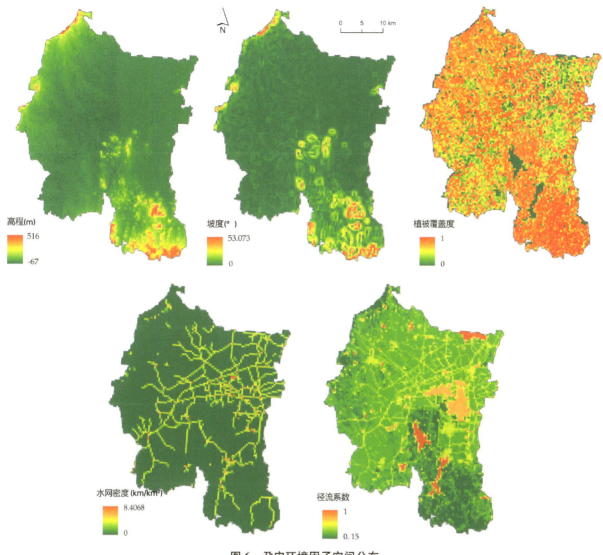

图 6 孕灾环境因子空间分布

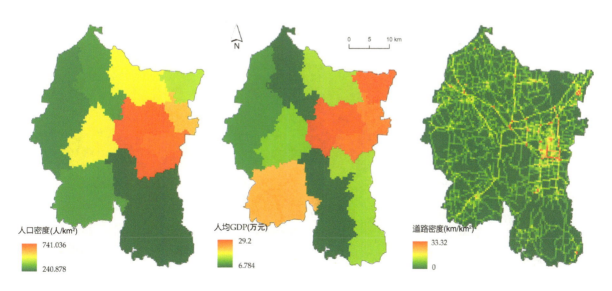

图 7 承灾体因子空间分布

418 数字景观——中国第六届数字景观学术论坛

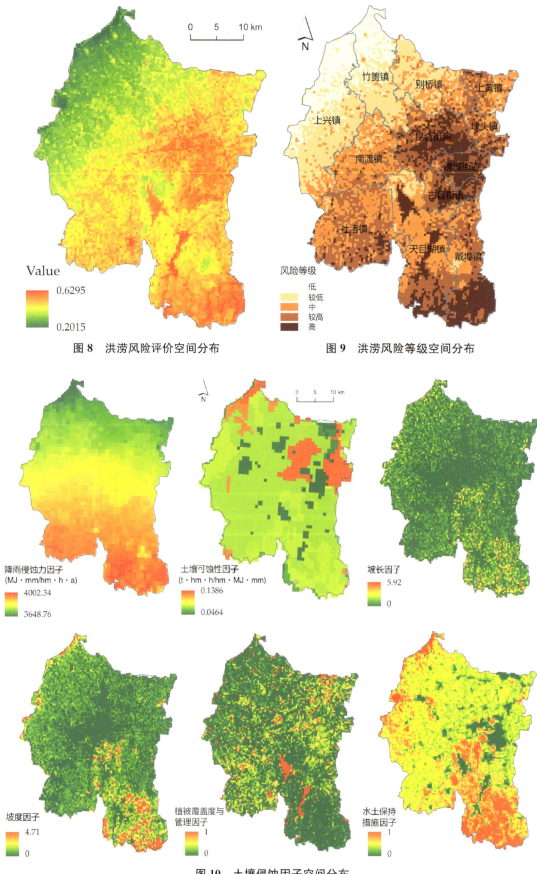

图 8 洪涝风险评价空间分布 图 9 洪涝风险等级空间分布

图 10 土壤侵蚀因子空间分布

对土壤侵蚀的抑制作用,其高值区主要分布在水体区域、城市西南部和东部,植被覆盖较高的区域则 C 值较低。合理的耕作措施和工程措施能够改变地形条件并控制土壤流失,水土保持因子(P)体现了水土保持措施对土壤侵蚀的抑制作用。根据不同景观类型土地利用进行 P 因子赋值,并利用格网计算每个评价单元的综合 P 值,可得到高值区主要分布在城市西北部边界区域、大溪水库周围区域及城市南部。

根据公式 2 将以上各土壤侵蚀因子进行叠加相乘,计算得到每个评价单元的土壤侵蚀模数,空间分布如图 11 所示。根据我国水利部颁发的《土壤侵蚀分类分级标准》(SL 190—2007)将研究区土壤侵蚀强度分为微度、轻度、中度、强烈、极强烈和剧烈六个等级,土壤侵蚀强度越大,意味着所面临的土壤侵蚀风险越高(表 4)。侵蚀级别中的极强烈和剧烈,均具很高的土壤侵蚀风险,因此将其划分为高风险级,侵蚀级别为强烈的区域划分为较高风险区域,中度、轻度和微度侵蚀区域分别对应于中风险、较低风险和低风险区域(图 12)。整体来看,较高风险和高风险区域呈现散点分布,城市中间区域比周围分布稀疏,城市西部比东部密集。

表 4 土壤侵蚀强度分级

侵蚀级别	平均侵蚀模数 [t/(km²·a)]	面积占比(%)
微度	<500	77.53
轻度	500~2 500	3.35
中度	2 500~5 000	5.13
强烈	5 000~8 000	3.8
极强烈	8 000~15 000	4.18
剧烈	>15 000	6.01

4.3 溧阳市景观生态风险管控分析

综合考虑研究区景观生态风险评价结果、地形条件和景观类型,对溧阳市景观生态风险管控进行空间划分。一级分区根据景观生态风险评价情况进行划定,即通过综合叠加溧阳市景观生态风险等级、城市洪涝风险等级和土壤侵蚀风险等级空间分布图,按照表 5 所示分区原则对研究区景观生态风险管控分区进行划分,得到优先管控区、重点管控区、预防管控区和一般管控区。由于地形条件的差异会产生不同的生态风险,而溧

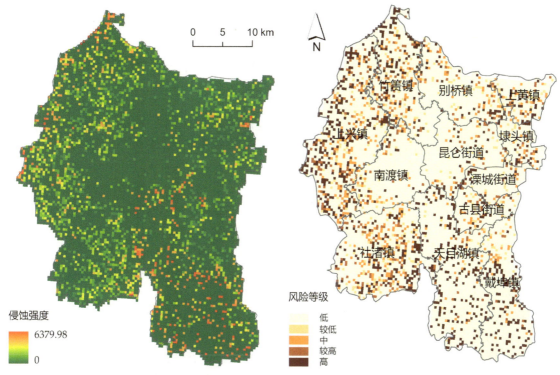

图 11 土壤侵蚀强度空间分布　　图 12 土壤侵蚀风险等级空间分布

表 5 景观生态风险管控一级分区原则

一级分区	景观生态风险等级			城市洪涝风险等级			土壤侵蚀风险等级		
	高/较高	中	较低/低	高/较高	中	较低/低	高/较高	中	较低/低
优先管控区	○			○			○		
	○			○					
	○							○	
				○				○	
重点管控区	○								
				○					
								○	
预防管控区		○			○			○	
		○			○				
		○						○	
					○			○	
一般管控区		○							
					○				
								○	
			○			○			○

阳市地形起伏多变,因此从自然立地条件出发,根据其海拔高程进行风险空间管控的二级分区划定,高程≥200 m 为低山区,高程处于 50~200 m 为丘陵区,高程<50 m 为平原区。不同性质的用地会面临不同的生态风险问题,因此基于景观类型的空间分布进行三级风险管控空间划分,主要涉及耕地、林地、草地、水域、城镇和未利用地。

根据上述三级分区原则,最终得到如图 13 所示溧阳市景观生态风险管控地图,并经过面积统计得到如表 6 和图 14 所示的各管控分区和各镇/街道的面积占比情况。优先管控区约占研究区总面积 22%,处于高生态风险水平,面对的生态胁迫问题较多,主要集中在各镇/街道中心区域和城市南部大型水体及山区,需要各级政府及相关部门优先对其进行生态风险管控。从各个分区面积统计中可以看出,处于城市南部的山林地占优先管控区总面积的约 30%,由于城市南部降水量较大且地形起伏度较大,因此同时面临较高的洪涝和土壤侵蚀风险,而旅游开发建设和伍员山、梅岭村等多处矿山开采行为更加剧了该区域的生态风险。因此应着重对采石宕口进行植被修复,同时注意对陡坡地实施水土保持工程措施。城镇用地占优先管控区总面积超过 44%,这是由于人类社会的集中建设,会对生态环境造成极大干扰,因此应重点控制城镇中心区的开发建设行为,实施集约开发,推进建成区生态修复和城市绿化。其中,溧城街道、昆仑街道和古县街道处于城市中心区,连续的不透水下垫面会导致较高城市内涝风险,因此还应格外加强该区域生态用地的雨水调蓄。社渚镇、上黄镇、埭头镇、戴埠镇和社渚镇的建成区内存在多处采矿场和乡镇工业,因此在控制城镇规模的同时,还应注意这些区域的生态修复和环境整治。天目湖镇具有丰富的山水资源,且湖区与南部山区均处于较高生态风险区,特色旅游小镇的建设吸引了大量游客,因此应格外关注旅游开发建设与游客行为对生态环境的干扰。

重点管控区面临较高的生态风险,占总面积 40.46%,连片分布在各镇/街道中心区外围,应进行片区化重点管控。该管控分区内超过 91% 均为耕地。农业活动中的化肥、农药等有害物质常常是农业生态系统的风险源,因此应对农药、化肥的施用及农业用水质量进行严格监测,防止农业污染。由于城镇扩张对耕地的侵占会造成耕地破碎化、对耕地生态系统造成压力,因此还应严格执行实耕地保护政策,防止耕地向建设用地的转化。此外,应根据不同的地形特点采取相应的工程措施以提农田系统的生态效益和降低生态风险。丘陵区耕地集中在城市西北侧和南侧,由于面临较高的水土流失风险,应针对其地形特征,通过设置截留沟、种植一定宽度的植物防冲带等工程措施以降低径流冲刷。平原区耕地包括多处连片水田,具有较高的生态发展潜质,可通过适当增加田间林网来改善农田生态系统结构简单、动植物种类单一的不足,充分发挥林田水网复合配置的生态效益。

预防管控区用地类型均为平原区耕地,占总面积 12.42%,主要分布于城市西北部。该管控分区面临着一定的生态风险,管控原则是预防该区域的生态风险进一步加重,因此应在维护现状的基础上尽量提升区域农田系统生态效益。一般管控区占总面积 25.18%,主要分布在城市北侧和中部,具有较低生态风险,不需要过多的人为改良措施,但也应注意维护现状,防止生态风险升级。

表6 景观生态风险管控分区面积统计

二级分区	三级分区	优先管控区	重点管控区	预防管控区	一般管控区
平原区	耕地(km²)	33.850	487.843	190.675	267.687
	林地(km²)	16.888	0	0	29.217
	草地(km²)	0	0	0	3.160
	水域(km²)	25.077	8.856	0	1.886
	城镇(km²)	149.107	16.319	0	5.499
	未利用地(km²)	11.708	0	0	0
丘陵区	耕地(km²)	0	81.057	0	0
	林地(km²)	80.162	10.954	0	74.814
	草地(km²)	0	12.754	0	0
	未利用地(km²)	1.428	0	0	0
低山区	林地(km²)	18.580	3.370	0	4.309
合计	总面积(km²)	336.799	621.153	190.675	386.573
	面积占比(%)	21.94	40.46	12.42	25.18

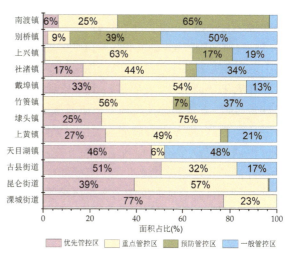

图14 各镇/街道风险管控分区面积占比

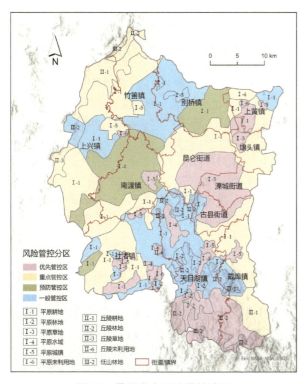

图13 景观生态风险管控地图

5 结论

本文从景观格局与过程出发,采用景观格局指数评价模型、城市洪涝评价指标体系和修正通用土壤流失方程,对研究区进行综合生态风险评价,并采用三级分区绘制景观生态风险管控地图,为溧阳市生态提升和城市管理提供参考和建议。主要结论包括以下。

（1）从景观格局指数评价结果来看，低风险等级区域主要存在于城市东北边缘和中部，及南部海拔较高且植被覆盖度较高的地区，景观生态风险高值区主要分布在大型水体、城市及各镇中心。

（2）研究区风险过程主要包括城市洪涝和土壤侵蚀风险。评价结果显示城市洪涝风险整体呈现城南风险值高于城北，城东高于城西的空间分布，且高值区主要集中在城市主城区及周边、水面集中区域和城市南端；土壤侵蚀风险呈现风险高值区呈散点分布，具有城市中间区域比周围分布稀疏、城市西部比东部密集的特点。

（3）风险管控空间划分根据综合生态风险等级、地形特征和景观类型进行三级分区。优先管控区占研究区总面积约22%，主要集中在镇中心区、城市南部大型水体和山区，需进行宕口修复、坡地水土保持、控制城镇开发、加强城镇雨水调蓄功能等措施进行生态风险综合管控。重点管控区占研究区总面积40.46%，主要为丘陵区和平原区耕地，需要对农药、化肥等风险源进行重点控制，还应根据地形特征采取截留沟、植物防冲带、田间林网等工程措施进行风险管控。预防管控区和一般管控区面积占比分别为12.42%和25.18%，所面临生态风险较低，需在维护现状的基础上适当提升其生态效益，并预防生态风险加剧。

在未来的研究中，需要进一步在景观生态风险评价维度、方法和管控反馈方面进行探索，应尽可能全面、综合地考虑自然与人为生态风险，采用多过程耦合模拟与风险监测结合的方式，进行基于景观格局与过程的景观生态风险评价，形成综合化、多视角、具有动态反馈的生态风险管控信息库，为及时有效地实施生态风险管理提供科学支持。

参考文献

［1］彭建,党威雄,刘焱序,等.景观生态风险评价研究进展与展望[J].地理学报,2015,70(4)：664-677.

［2］Agency U. S. Environmental-Protection. Framework for ecological risk assessment（1992）[R]. Washington, DC 20460：Risk Assessment Forum, 1992.

［3］Hunsaker C T, Graham R L, et al. Assessing ecological risk on a regional scale 1[J]. Environmental Management, 1990, 14(3)：325-332.

［4］陈鹏,潘晓玲.干旱区内陆流域区域景观生态风险分析：以阜康三工河流域为例[J].生态学杂志,2003,22(4)：116-120.

［5］Ran P L, Hu S G, Frazier A E, et al. Exploring changes in landscape ecological risk in the Yangtze River Economic Belt from a spatiotemporal perspective[J]. Ecological Indicators, 2022, 137：108744.

［6］刘志强.土地利用变化驱动下景观生态风险评价研究：以赣州市为例[D].赣州：江西理工大学,2022.

［7］梅志坤.陕西黄河流域土地利用变化及其景观生态风险评价[D].杨凌：西北农林科技大学,2022

［8］Wang B B, Ding M J, Li S C, et al. Assessment of landscape ecological risk for a cross-border basin：A case study of the Koshi River Basin, central Himalayas[J]. Ecological Indicators, 2020, 117：106621.

［9］常溢华,蔡海生.基于SRP模型的多尺度生态脆弱性动态评价：以江西省鄱阳县为例[J].江西农业大学学报,2022,44(1)：245-260.

［10］Qiu B K, Li H L, Zhou M, et al. Vulnerability of ecosystem services provisioning to urbanization：A case of China[J]. Ecological Indicators, 2015, 57：505-513.

［11］尹昌应,戴丽,徐丹丹,等.山地城市内涝灾害风险评价研究：以贵阳市为例[J].气象水文海洋仪器,2022,39(4)：64-69.

［12］Wischmeier W H, Smith D D. Predicting rainfall erosion losses：a guide to conservation planning[M]. Washington, D C：U. S. Department of Agriculture, 1978.

［13］蔡崇法,丁树文,史志华,等.应用RUSLE模型与地理信息系统IDRISI预测小流域土壤侵蚀量的研究[J].水土保持学报,2000,14(2)：19-24.

［14］邵方泽,张慧,缪旭波.基于RUSLE模型的南京市2006—2014年水土侵蚀时空分布特征[J].江苏农业科学,2017,45(17)：264-269.

［15］马悦,何洪鸣,赵宏飞.基于GIS和RUSLE的甘南州土壤侵蚀时空演变[J].水土保持研究,2023,30(3)：37-46.

［16］陈报章,渠俊峰,葛梦玉,等.徐州市水土流失时空变化研究[J].地球信息科学学报,2018,20(11)：1622-1630.

［17］符素华,刘宝元,周贵云,等.坡长坡度因子计算工具[J].中国水土保持科学,2015,13(5)：105-110.

作者简介：范向楠,东南大学景观系博士研究生。研究方向：景观生态规划设计。

成玉宁,东南大学景观系主任。研究方向：风景园林规划设计、数字景观及其技术。

基于三维数字技术的假山分析评价研究
——以南京部分公共园林假山石洞为例

张舒典　郭雯蔚　宋宇飞　陈柯如　顾凯

摘　要　三维数字技术已成为传统园林假山研究的有力工具。本研究尝试将三维数字技术用于园林假山的体系化、定量化分析评价，以南京部分公共园林中的假山为例，重点关注其中的假山石洞，通过以数字技术所获三维数据进一步生成的系列平面和剖面等二维图形分析为手段，选择部分关键尺度的适当性、游观体验的丰富性、局部做法的合理性等方面加以评价，结合比较方法获得优劣结论，总结其中优秀营造的一般规律，探索三维数字技术对园林假山研究作用的深层潜力，为指导当代假山营造实践提供参考。

关键词　三维数字技术；南京公共园林；假山；石洞；评价

1　引言

传统园林是我国人居文化的突出成就，在注重文化传承的当代中国风景园林事业中备受关注，而假山在传统园林中地位显要，如孟兆祯先生所说，"中国古典园林以自然山水园著称，这就决定了假山成为中国园林主要组成部分的地位"[1]。在传统园林的各项组成内容中，假山一直以来是研究的难点，其中一个重要原因在于假山作品非规则的复杂性导致难以把握其中要义，长期以来大体通过简单的测绘、局部的图片，以及模糊的定性语言大略描述，而难以进行准确论述和深入认知。近十多年来，数字技术在风景园林界蓬勃兴起，其中的三维数字技术能够针对前述问题，通过获取较为精确的数据而对复杂的假山进行精准表达。从较早期的如张勃《以三维数字技术推动中国传统园林掇山理法研究》一文开始提出数字技术在传统园林假山领域中的运用[2]，已有较多研究成果，如白雪峰《数字化掇山研究》[3]、古丽圆等《三维数字技术在园林测绘中的应用——以假山测绘为例》[4]、喻梦哲等《基于三维激光扫描与近景摄影测量技术的古典园林池山部分测绘方法探析》[5]、张青萍等《数字化测绘技术在私家园林中的应用研究》[6]等研究，在这些丰富的方法与案例探讨中，已经可以看到，以三维激光扫描和摄影测量为主要手段的三维数字技术，在假山测绘中的运用已经较为成熟。

三维数字技术在假山方面的运用得到广泛开展之际，如何运用以此方法获得的精确数据进行深入研究有待进一步探索。已有研究中获得的广泛、准确测绘成果信息本身转化为数字化档案，如《数字化视野下的乾隆花园》[7]《数字化园林遗产图录：扬州何园》[8]等；有些研究在此基础上进一步拓展，如《数字化遗产景观：基于三维点云技术的上海豫园大假山空间特征研究》[9]《三维激光扫描技术在假山雕塑表面积计算中的应用》[10]等，但关注对象和结论都还相对简单、研究价值相对有限。近来有研究进入叠石技艺分析而试图在实践层面加以运用，如《基于非物质文化遗产保护和传承的叠石技艺数字化方法研究》[11]《基于三维数字化技术的杭州文澜阁假山叠石工法研究》[12]等，然而由于通过三维数字技术获得的，主要是假山表面数据信息，技艺内容事实上大大超出了这一范畴（如缺少山体内部信息的支撑），目前这方面研究还处于初步阶段。如何更充分地发掘精确三维数据的运用潜力，并对实践发挥其更积极的作用，是目前利用三维数字技术进行假山研究的重要课题。

本研究针对目前假山研究中的现实问题，运用三维数字技术得到精确数据，结合人的主观感知进行体验优劣的分析评价，从而更为充分地发掘三维数字技术优势的潜力，为当代假山营造实践产生切实的推动作用。在当代传统式造园实践中，假山营造品质成为重要问题，如苏州叠山名师孙俭争指出，"成功的作品不是很多，得到专家学者认可的精品更是无几,这是备受关注和不争的事实"[13],其中的重要原因之一是以往难有相对精确的衡量方法,完全依赖匠师自身的经验把握,无法产生相对规范的高下认知,从而导致作品良莠不齐。在当代三维数字技术得到广泛采用的背景下,可以对假山进行相对精确化的认知,获得以往仅靠经验难以明晰把握的精确化分析评价,从而总结出相对定量化的优秀营造一般规律。

本研究作为初步尝试,以南京部分公共园林中的假山为例,重点关注其中的假山石洞,通过以数字技术所获三维数据进一步生成的系列平面和剖面等二维图形分析为重点手段,选择部分关键尺度数据、游观体验丰富度、局部技艺形态等方面加以评价,总结优秀营造的特点与规律。研究的案例选择,包括了目前较为典型的三种公共园林中的假山:其一为城市公园假山,如莫愁湖公园南入口假山(图1),其二为历史园林中的假山,如煦园假山(图2-图3),其三为特定景观假山,如江苏园博园中各城市园的假山(图4-图6),大体涵盖各种假山典型类型。由于假山形态的复杂性,本研究主要关注其中的石洞,因"山洞是最能吸引游人视觉,引起游人好奇、遐想兴趣的景观"[14]。山洞一向是假山的重点营造对象,景观体验效果突出,且其三维数据可进行充分分析。由于游人对假山石洞的游观体验感相对强烈,个体主观感受的一致性较强而差异性较小,作为初步性研究,对于游赏评价采用相对简化的研究者直接评价方式。

图1　莫愁湖公园南入口假山

图2　煦园主池南侧假山

图3　煦园主池西侧假山

图4　江苏园博园无锡园假山

图5　江苏园博园连云港园假山

图6　江苏园博园泰州园假山

2 三维数字技术运用

本研究通过三维数字技术的操作获得分析所需测绘图信息,具体步骤如图7所示。

首先是测量外业。采用三维激光扫描及近景摄影测量技术获取假山表面及周边环境信息。其次是数据处理。将三维扫描设备所获取的原始点云数据导入软件进行去噪、拼接,形成研究区域完整的点云模型,并对重复、重叠和多余的点云进行去冗和重采样,获得有效点云数据模型。通过纹理映射功能,将假山真实彩色图像映射至点云模型上,即获得具实景颜色的点云数据模型。

最后是测量结果的呈现。在软件中对三维激光扫描测量获得的点云模型进行测量和信息提取等操作,获得假山石洞面积、高度、宽度等相关数据信息。用软件处理获得假山及其周围环境的三维实景模型,充分反映研究对象及其周围环境景观要素特征。对三维实景模型作水平或垂直方向的切片,将切片后输出的平面和剖面等数据文件导入软件 AutoCAD 中,提取各园林要素的特征线和轮廓线,通过 AutoCAD 和 Photoshop 的图形编辑功能,利用园林绘图的线形和符号进行绘制,分别得出假山的各类平、立、剖面图等。

可以看到,通过三维激光扫描与摄影测量而获得点云及界面数据,再将数据进行拼接、去噪、纹理映射及剖切等处理,利用多款绘图软件对三维模型切片进行测绘图的实景化绘制,成为下一步定性和定量相结合分析的基础,从而可展开针对假山石洞以下方面的分析评价研究。

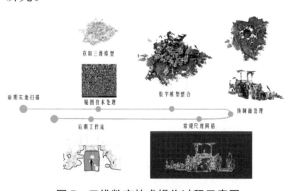

图7 三维数字技术操作过程示意图

3 关键尺度分析

对假山石洞有着供游人穿越或停留的需求,因而需要关注游人在其中获得适宜感受的尺度问题。以往的假山营造一般依赖匠师的经验,而通过三维数字技术,可以比较精确地了解山洞的高度、宽度、面积、转角等重点数据,结合游览体验对不同尺度的适当性进行评价,总结石洞可能的最佳尺度范围。

3.1 通道宽度

通过水平向剖切三维数据模型的方式绘制了各个假山石洞的平面图,包括江苏园博园中的无锡园、连云港园、泰州园以及煦园和莫愁湖公园等假山石洞平面,初步测量通道宽度,并结合游览感受进行评价(图8-图13)。泰州园假山石洞通道宽 0.9～1.6 m,连云港园的宽 0.9～1.9 m,其间行进都较为舒适。莫愁湖公园假山石洞通道宽 0.6～1.2 m,相对狭窄,但蜿蜒的通道与宽敞的石洞对比强烈,增添了游览趣味性。无锡园假山石洞通道宽 0.8～1.8 m,并有一个转折,以转角为界两段路宽在 1.2～1.5 m 之间,使人感到舒适,又不感太过宽敞;转角处宽度约 0.8 m,是通道最为狭窄的部分,丰富了游人在山洞中的体验。

综合几个石洞通道宽度数据,假山石洞通道宽度在 0.9～1.5 m 范围内较为普遍且舒适。但从趣味性的角度出发,通道宽度如果有 0.6～1.8 m 的明显变化,且与山洞产生强烈的宽窄对比,会给游览者带来更多的趣味性。

3.2 高度和面积

如图8-图13平面图所示,无锡园假山石洞面积约 7.6 m²,是长条形的通过性洞隧;煦园主池南侧假山石洞面积约 8.2 m²,形状近似圆形,整体并不算大但却让人感觉到空旷甚至乏味;煦园主池西侧假山石洞面积约 7.7 m²,由于面积较小,空旷感并不明显,但内部同样显得通透而少幽深感;莫愁湖公园假山石洞面积约 21.6 m²,相对较大,但对比连云港石洞面积约 44.1 m²、泰州园石洞面积约 25.6 m²,在面积都相对较大的情况下,莫愁湖公园假山石洞给游览者的感受要空旷

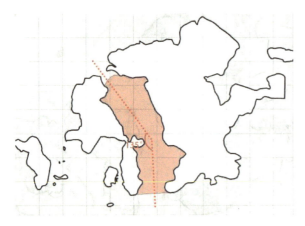

图 8　江苏园博园无锡园假山石洞平面

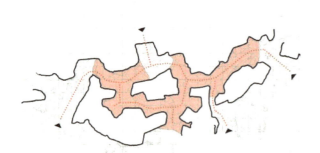

图 9　江苏园博园连云港园假山石洞平面

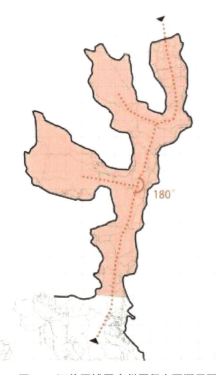

图 10　江苏园博园泰州园假山石洞平面

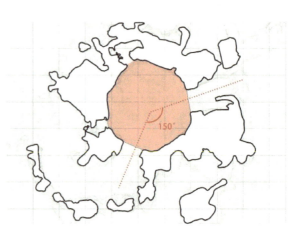

图 11　煦园主池南侧假山石洞平面

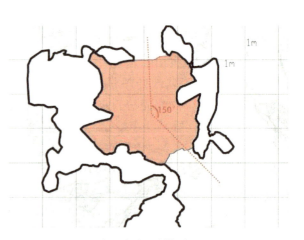

图 12　煦园主池西侧假山石洞平面

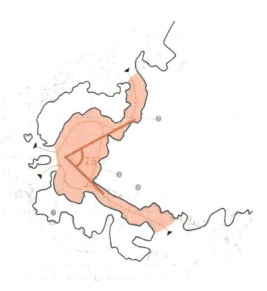

图 13　莫愁湖公园入口假山石洞平面

乏味许多。几个案例比较后可知,空旷感与面积并没有直接联系,设计不佳的较小面积石洞也会显得乏味,而处理好的大面积山洞可以让游人有丰富有趣的体验。通过截取不同位置的截面可以发现,不同石洞的面积与高度对应关系对空旷感有影响。煦园主池南侧假山石洞高度在2.7 m左右,西侧假山石洞高度在2.5~2.8 m,莫愁湖公园假山石洞高度在2.6 m左右,都容易让人感到空旷;相比之下无锡园假山高度在2.2~2.5 m之间,幽深感更加强烈,泰州园石洞高度1.9~2.6 m,连云港园石洞高度2.1~2.6 m,都较为舒适(图14 -图19)。

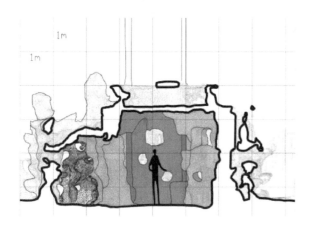

图14 煦园主池南侧假山石洞剖面

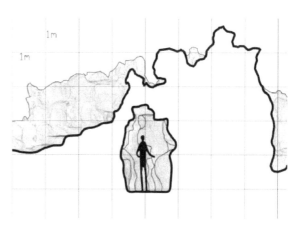

图17 江苏园博园无锡园假山石洞剖面

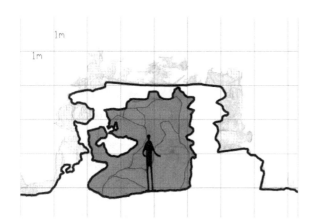

图15 煦园主池西侧假山石洞剖面

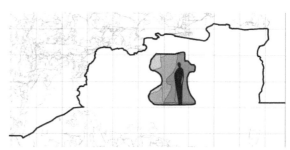

图18 江苏园博园泰州园假山石洞剖面

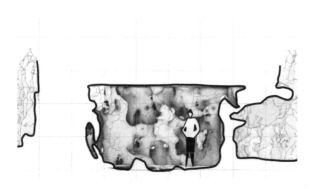

图16 莫愁湖公园入口假山石洞剖面

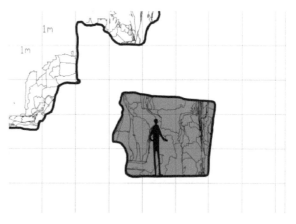

图19 江苏园博园连云港园假山石洞剖面

将以上数据汇总于表1,可以看到,面积在45 m² 内的假山石洞平均高度超过2.5 m或平均宽度超过2 m就容易产生空旷感,此时需要更精心的设计和处理。

表1 假山关键尺度与空旷感

假山石洞	面积(m²)	高度(m)	洞室/通道宽度(m)	是否空旷
无锡园	7.6	2.2～2.5	0.8～1.8	否
煦园南侧	8.2	2.5～2.7	2～3	是
煦园西侧	7.7	2.5～2.8	1.9～3	是
泰州园	25.6	1.9～2.6	1.2～3	否
连云港园	44.1	2.1～2.6	0.9～1.9	否
莫愁湖	21.6	2.5～2.7	4～6.9	是

3.3 转角

假山石洞中的通道往往设置转折,以营造曲径探幽之感,此时转角的幅度会影响游人的体验感受。

如图8-图13平面图所示,无锡园假山石洞长约5.3 m,中间有1个转折;连云港园假山石洞通道长约20 m,共6个转折,转角既有锐角也有钝角。路径转折使得游览体验变得丰富,不同转角幅度带来不同的体验。两个洞口通道转角如为锐角,不会产生对望,如莫愁湖石洞通道夹角约为80°,视线上不通透,不会有空旷感受。而路径夹角为钝角时,则容易产生洞口对望的不适通透感,需要增加障碍,如无锡园假山石洞的两个出口通道夹角约为135°,中间则增添了一处转角叠石,由此在一个洞口不会立即看到另一个洞口,使游赏体验更为幽远深邃。而泰州园假山连接两处洞口的路径夹角接近180°,由于并未增添转角设置,从入口就可隐隐望见出口,缺少引人探索的神秘感,游览效果相对较差。煦园石洞的两个出口路径夹角约为150°,由于洞中并无其他转折且整个石洞接近圆形,从一个洞口进入后就能明显看见另一个洞口,过于通透空旷,游览效果不佳。

可以看到,假山石洞通道若缺乏转折,会显得乏味而降低游赏体验效果;若石洞中部为一个大空间,连接洞口的通道转角以锐角为宜,钝角则更适用于通道中间的转折;如果通道有多次转折,钝角与锐角结合可以使游览更富有趣味效果。

4 游观体验分析

游观体验的丰富性是假山石洞营造的重要目标,借助三维数字技术生成的精确数据,可以沿石洞路径进行系列竖向截面剖切,展现游观过程中石洞空间的变化,从而相对精确地分析体验过程的丰富性,并结合游人感受评价其效果。游观体验丰富性分析,可以从空间收放的变化性和所见之景的多样性两个方面展开。

4.1 空间的收放变化

假山石洞的营造追求空间变化,包括其高度、宽度、深度等,使游人在游观过程中感到时而幽邃、时而开朗的丰富体验。空间收放变化可以在沿行进路径的连续剖面中体现出来,根据其变化情形判断空间营造的丰富度。下文从南京园博园中的泰州园、无锡园假山以及煦园主池南侧假山来具体说明。

泰州园假山石洞平面路径如图20所示,其中红色部分为石洞空间,红色虚线为行进路径,灰色虚线为剖切位置。剖切部位为路径中的关键点,皆垂直路径:①为入口处,未剖到洞顶;②剖到部分洞顶石头;③完全进入石洞之后的通道空间;

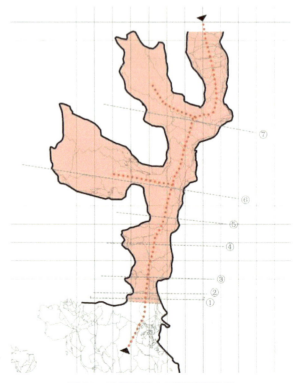

图20 泰州园假山石洞平面路径

④通道中稍宽可停留空间；⑤通道空间；⑥最宽的洞室空间；⑦临近出口的次宽洞室空间（图21）。具体来看：从①到②，洞口在宽度上变窄、高度上变低，让人在进入过程中有"初极狭，才通人"的深邃感和神秘感；②到③，石洞空间慢慢变宽，达到人通行的舒适空间大小；③到④，通道空间中出现变宽、变高的停留空间，更为舒展；④到⑤，空间慢慢收束，变成稍狭窄的通行空间；⑤到⑥，为路径体验中的高潮，由狭窄幽邃转为豁然开朗的强烈对比；⑥到⑦，变为稍小洞室并通向出口，收放变化偏于柔和，为高潮向结尾的缓慢过渡。

无锡园假山石洞的平面和连续剖切面如图22、图23所示：①洞口处宽度较窄，营造出幽深感；②随着游览深入，空间逐渐变宽；③、⑥道路转折又突然变窄，有险峻陡峭之感；⑤道路转折后又变得宽敞，为舒展的通行空间；④接着在出口附近又变窄，使人有即将出洞的紧迫感。同时，各截面中不同高度的洞壁间距也有所不同，宽窄变化从0.9～1.8 m不等；高度上洞口处较低，洞内较高，但差距不明显。

煦园主池南侧假山石洞平面及其中系列剖面如图24、图25。洞口较矮较窄（②）；从洞口进入，宽度与高度增加，空间明显变大，有豁然开朗的感觉（③、④）；但洞内就是一个大空间，行进过程中宽度和高度基本没有变化（③、⑤），导致整个空间单一，缺少山洞的深邃特征，游览体验比较单调。

比较以上三个案例，泰州园假山石洞在行进过程中，有不同空间宽度、高度收放的系列变化，空间体验也随之变化丰富。无锡园假山石洞主要为通过性的洞隧，没有设置洞室停留空间，丰富性有所不足，但整体宽度变化多样，且内部设置路径转折，有一定的丰富体验。而煦园南假山石洞缺少收放变化，空间单一，游观体验丰富性最为欠缺。

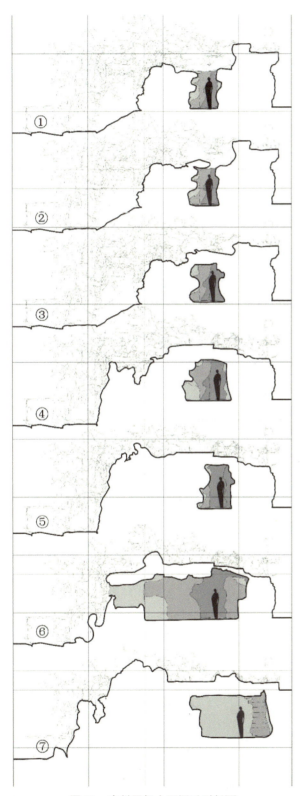

图21　泰州园假山石洞系列剖面

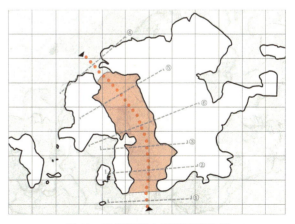

图22　无锡园假山石洞平面路径

4.2 界面的景象设置

除空间体验外,假山石洞游赏过程中所见景象也是体验效果的重要影响因素。进行内外联系的各种洞口(包括出入口、洞壁开口)能增强体验的丰富性,人在外部得见深幽的内部、在内部则从幽暗环境中瞥得外部之景,都有引人观望的强烈作用;同时,游观过程所见的洞内景象变化也能提升体验的丰富性。界面的景象设置也可通过系列剖面图加以展示和分析。

泰州园的系列剖面中,①②可见石洞外部两侧和洞顶石头的形态,同时可由外看到内部由明到暗不同层次的山石;入洞后,③至⑤没有特别明显变化;⑥看到的景象最为引人,尤其左侧洞口形成内外空间渗透,从内部可以看到瀑布水帘的"窗"外之景;⑦可以由暗处看到出口处阶梯延伸及洞外之景(图21)。

无锡园游观过程所见之景,从洞外向里看,内部层次丰富,山洞的幽深之感明显(剖面①);在内外渗透方面,除了出入的洞口,内部并不能看到外部景色,但由于石头拼叠变化丰富和路径转折,在山洞内所看到的洞壁景象较为丰富(剖面②③⑤⑥,图23)。

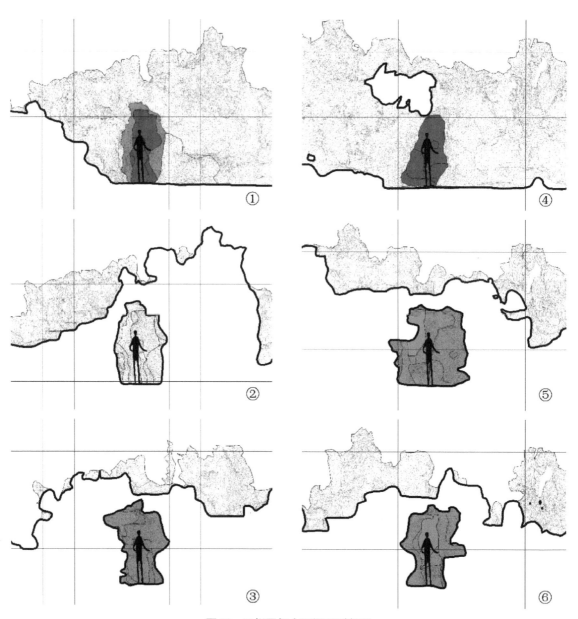

图 23 无锡园假山石洞系列剖面

煦园南假山石洞游观过程所见之景,石洞入口有石头掩映,增加层次(①),但从洞口可直接望见洞"窗"外景色,过于通透直白,缺乏趣味性(②)。内部虽然有洞"窗"可实现内外空间渗透,但在游览过程中所见之景都是石头,缺少植物、水景等吸引人的动态之景,可赏性较弱(④);从另一个洞口看也是如此(剖面⑤⑥,图25)。

比较这几个案例,泰州园假山石洞虽然所见之景略显单调,但在主要的洞室空间安排洞口,并引入外部瀑布之景,丰富了游人体验;无锡园假山石洞未设置洞口景色而使丰富性有所欠缺,但石头拼叠和路径转折带来景象变化;煦园南假山石洞虽有洞口,但可供观赏的景色设置比较乏味,丰富性不足。

5 局部做法分析

除了关键尺度与游观体验外,衡量假山作品高下的一个重要方面还在于具体营造方式,好的营造技艺能极大提升自然效果;结合三维数字模型的垂直或水平剖面绘图,以及多案例的直观比较,可以更清晰地分析评价具体做法的合理性。本文主要对假山石洞的结构及洞顶、洞口、洞壁这些对营造效果影响最为直接的局部做法进行探讨。

根据孟兆祯先生总结,传统假山石洞结构主要有三种做法:梁柱式、挑梁式、券拱式,本文结合这些类型对所选案例的石洞做法展开分析(图26)。

5.1 结构与洞顶

煦园南假山石洞结构采用梁柱式,内部结构柱较为清晰地裸露出(图27)。该假山体量较小,

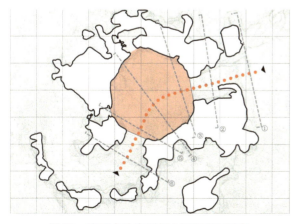

图24　煦园主池南侧假山石洞平面路径

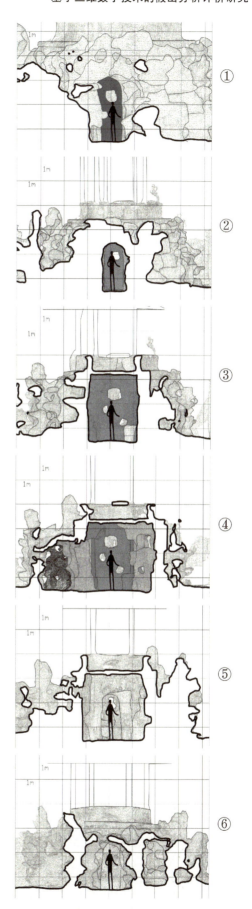

图25　煦园主池南侧假山石洞系列剖面

石壁与洞顶厚度较薄（顶厚仅有0.2 m），由此可见梁柱式石洞的优点：结构简易而稳固，在较小假山上也可以建亭台；由于主要通过梁柱承重，可在周边石壁上开较多窗洞，如图28一侧内壁上就有4处石窗。传统梁柱式石洞的结构柱一般隐于假山石中，但煦园假山在石洞内部结构处理上较为简单粗糙，且石窗也未进行构景处理；洞顶仅作简单薄板，自然效果欠佳。

莫愁湖公园假山石洞构筑采用了挑梁式，内部山石形成较为清晰的竖向纹理，自然模拟效果较好；但与传统挑梁式以周边石壁渐起延伸、最后以巨石盖压的做法不同，莫愁湖公园假山石洞顶部采用与煦园假山石洞顶部一致的钢筋混凝土板结构，洞顶简单抹平，这也导致仰视时的自然效果不足（图29）。

泰州园假山石洞采用的是券拱式结构，洞顶与石壁呈现一体式，有四处较大体量的券拱，且其间有进退，在几种石洞做法中，这种方式洞顶与石壁的连接效果较好，对真山洞的模拟效果最佳（图30）。

通过这几处案例的比较可以看到，以煦园南假山石洞为代表的简单梁柱式结构，营造难度较低，洞壁、洞顶可做到很薄，适合小尺度假山，但如缺乏精心细节处理则自然效果较差；以莫愁湖假山石洞为代表的"叠石洞壁＋板式洞顶"方式，正常平视下能得到较好效果，同时也减少了洞顶的

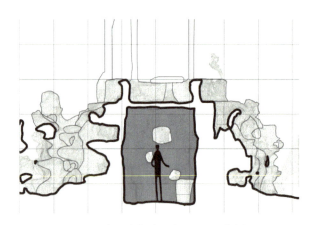

图28　煦园南假山石洞可见石壁窗洞

图29　莫愁湖公园假山石洞剖面

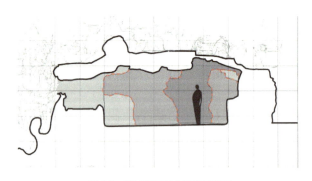

图30　泰州园假山石洞剖面

图26　传统假山石洞结构做法[15]

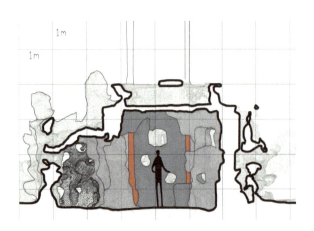

图27　煦园南假山石洞剖面

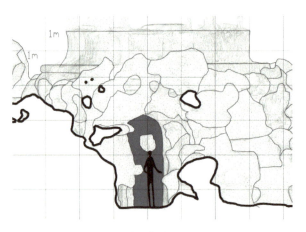

图31　煦园假山洞口立面

石材用料和营造难度，但仰视时的平顶问题难以解决，且洞壁与洞顶衔接尤其需要精心处理，否则损害自然效果。以泰州园假山为代表的券拱式营造，最为接近自然山洞形态，效果方面最为出色，但营造难度最高，对匠师技艺考验最大，同时也需要最多的石料，多用于体型较大的假山。

5.2 洞口

洞口是假山石洞在外部最显著的形态效果体现之处。梁柱式、挑梁式、券拱式做法，往往可以分别通过洞口形式有所体现。

梁柱式山洞由于洞壁并无重要承重功能，故而洞口处理相对自由，如煦园假山洞口处石壁纹理与堆叠方向各异，自成一体(图31)。这降低了营造的技术难度，但也容易造成自然感的缺失，有更高的艺术感要求。

挑梁式假山因为洞壁的承重要求，在洞口两侧因力的传递而产生符合自然感的竖向纹理，而洞顶形态可相对自由，对自然感获得也有一定的技艺要求。如莫愁湖公园假山面向园区广场的洞口可较为明显地看到竖向石块的堆叠，且可由洞顶向下挂石，模拟自然石洞中的钟乳石感，并将入口分为两部分(图32、图33)。

券拱式假山洞口呈明显整体，周边石块向上券伸而形成拱洞，并且这一形式在通道剖面一直延续，这在无锡园假山洞口可明显体现(图34)。由于其石洞呈一体式，故而内部石块的凹凸、纹理以及真山洞势的模拟感最优，但其缺点在于当构筑较大的石洞时，技艺难度较大，不如以上两种结构便捷。

5.3 洞壁

洞壁是假山石洞在内部提供主要感知的方面。从历史发展角度看，石洞结构也是对石洞洞壁纹理效果贴合自然的不断演进，从《园冶》中提到的梁柱式山洞("理洞法，起脚如造屋，立几柱著实，……合凑收顶，加条石替之……"[16])，其洞顶与洞壁很难融为一体，缺少天然感；其后采用"叠涩"的手法引出"挑梁式结构"，洞顶仍用条石，但洞壁相对贴近自然山洞(如大部分现存清代假山)；直到清代戈裕良用券拱式造洞("只将大小石钩带联络，如造环桥法……如真山洞壑一般"[17])，至此假山山洞才做到顶壁一气，整体天然。

从前述案例三维模型的剖面可以直观看到，煦园假山洞壁在垂直方向较为规整，但因其梁柱式结构使其不必承重而相对自由，但并未进一步细致处理，洞壁竖向变化未能形成较好自然感，整体设计较为粗糙(图35)。莫愁湖的挑梁式假山石洞，洞壁形成明显的垂直向纹理，洞壁在不同高度的突起变化也开始逐步形成(图36)，提高了穿行体验。无锡园的券拱式假山，几个券拱之间有了明显的空间进退关系，洞壁的纹理模拟也更为自然丰富，石洞的整体体验效果更佳(图37)。

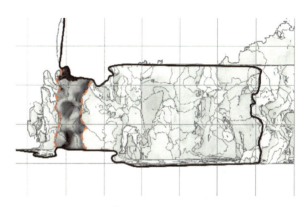

图32　莫愁湖公园假山洞口剖面

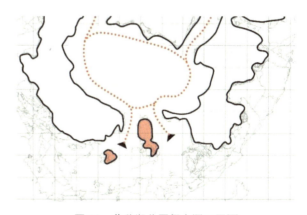

图33　莫愁湖公园假山洞口平面

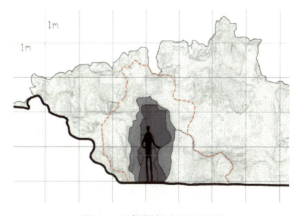

图34　无锡园假山洞口剖面

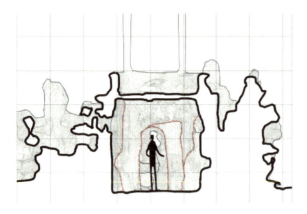

图 35　煦园假山洞壁剖面

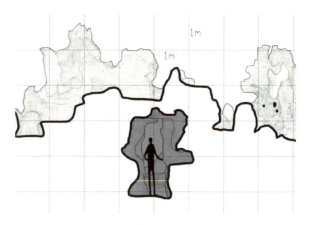

图 37　无锡园假山洞壁剖面

6　结语

基于新技术条件探究假山营造的方法规律认知，三维数字技术提供了更为便利的途径，这在山洞研究中作用尤为突出。由于以往技术条件下对复杂假山的测绘极为困难，假山分析主要通过照片记录信息，受假山内部狭窄视角及光线、受限的透视角度等问题影响，使借助照片的假山研究产生较大的误差。在三维数字化模型条件下，研究者可通过平面或剖面的截取获得研究对象的精确信息，可将局部效果置于整个假山条件中进行考察，亦可灵活生成系列图形加以理解，甚至进行多案例的直观比较，从而使原本不易认知的假山特点，得到清晰呈现甚至量化分析，进而结合研究者的亲身体验加以考察评价，得到假山石洞优劣的评判并总结其中营造规律。本文基于三维数字技术，以南京多处公共园林为例，对假山石洞进行多方面的分析评价：在关键尺度方面，对于宽度、高度、面积、转角等分析适当数值范围或关系；在游观体验方面，对空间的收放变化、界面的景象设置等分析丰富性营造的合理方式；在具体做法方面，基于洞顶、洞口、洞壁等分析在不同结构方式下的合理布设与营造重点。

本研究针对传统式园林假山营造的品质问题，得到具体营造细节方面的有效认知，以期推进当代假山营造实践的发展。与此同时，本研究的技术路径也展现出三维数字技术在复杂假山研究中的应用潜力，对园林假山的研究可以在此基础上继续深化推进。当然，本研究对三维数字技术的利用以及对园林假山的分析评价还只是初步尝试，尚存在诸多薄弱之处，有待后继研究得以完善。

图 36　莫愁湖假山洞壁剖面

参考文献

[1] 孟兆祯.假山浅识[A]//科技史文集(二)建筑史专辑.上海:上海科学技术出版社,1979.

[2] 张勃.以三维数字技术推动中国传统园林掇山理法研究[J].古建园林技术,2010(2):36-38.

[3] 白雪峰.数字化掇山研究[D].北京:北方工业大学,2015.

[4] 古丽圆,古新仁,扬·伍斯德拉.三维数字技术在园林测绘中的应用:以假山测绘为例[J].建筑学报,2016(S1):35-40.

[5] 喻梦哲,林溪.基于三维激光扫描与近景摄影测量技术的古典园林池山部分测绘方法探析[J].风景园林,2017(2):117-122.

[6] 张青萍,梁慧琳,李卫正,等.数字化测绘技术在私家园林中的应用研究[J].南京林业大学学报(自然科学版),2018,42(1):1-6.

[7] 王时伟,胡洁著.数字化视野下的乾隆花园[M].北京:中国建筑工业出版社,2018.

[8] 杨晨,李·夏特.世界遗产与文化景观数字档案系列·数字化园林遗产图录:扬州何园(汉英对照版)[M].上海:同济大学出版社,2020.

[9] 杨晨,韩锋.数字化遗产景观:基于三维点云技术的上海豫园大假山空间特征研究[J].中国园林,2018,34(11):20-24.

[10] 姜赟,陈宜金.三维激光扫描技术在假山雕塑表面积计算中的应用[J].工程勘察,2019,47(4):66-69.

[11] 秦柯,陈婉钰.基于非物质文化遗产保护和传承的叠石技艺数字化方法研究[J].中国园林博物馆学刊,2021(00):46-51.

[12] 魏宛霖.基于三维数字化技术的杭州文澜阁假山叠石工法研究[D].杭州:浙江大学,2022.

[13] 孙俭争.苏州假山传统工艺传承提高迫切需要解决的几个问题[J].古建园林技术,2007(4):59-60.

[14] 方惠.叠石造山的理论与技法[M].北京:中国建筑工业出版社,2005.

[15] 孟兆祯.风景园林工程[M].北京:中国林业出版社,2012.

[16] 计成原著.园冶注释[M].陈植注释.第2版.北京:中国建筑工业出版社,1988.

[17] 钱泳撰.履园丛话[M].张伟点校.北京:中华书局,1979.

作者简介:张舒典、郭雯蔚、宋宇飞、陈柯如,东南大学建筑学院景观学系本科生。

顾凯,东南大学建筑学院景观学系副教授。